中 国 国 家 标 准 汇 编

2010 年修订-26

中国标准出版社　编

中国质检出版社
中国标准出版社
北　京

图书在版编目（CIP）数据

中国国家标准汇编：2010年修订. 26/中国标准出版社编. —北京：中国标准出版社，2011
ISBN 978-7-5066-6539-1

Ⅰ. ①中… Ⅱ. ①中… Ⅲ. ①国家标准-汇编-中国-2010 Ⅳ. ①T-652.1

中国版本图书馆CIP数据核字(2011)第187746号

中国质检出版社
中国标准出版社 出版发行
北京市朝阳区和平里西街甲2号(100013)
北京市西城区三里河北街16号(100045)

网址:www.spc.net.cn
总编室:(010)64275323 发行中心:(010)51780235
读者服务部:(010)68523946
中国标准出版社秦皇岛印刷厂印刷
各地新华书店经销

*

开本 880×1230 1/16 印张 35.75 字数 994 千字
2011年12月第一版 2011年12月第一次印刷

*

定价 220.00 元

出 版 说 明

1.《中国国家标准汇编》是一部大型综合性国家标准全集。自1983年起，按国家标准顺序号以精装本、平装本两种装帧形式陆续分册汇编出版。它在一定程度上反映了我国建国以来标准化事业发展的基本情况和主要成就，是各级标准化管理机构，工矿企事业单位，农林牧副渔系统，科研、设计、教学等部门必不可少的工具书。

2.《中国国家标准汇编》收入我国每年正式发布的全部国家标准，分为"制定"卷和"修订"卷两种编辑版本。

"制定"卷收入上一年度我国发布的、新制定的国家标准，顺延前年度标准编号分成若干分册，封面和书脊上注明"20××年制定"字样及分册号，分册号一直连续。各分册中的标准是按照标准编号顺序连续排列的，如有标准顺序号缺号的，除特殊情况注明外，暂为空号。

"修订"卷收入上一年度我国发布的、修订的国家标准，视篇幅分设若干分册，但与"制定"卷分册号无关联，仅在封面和书脊上注明"20××年修订-1，-2，-3，……"字样。"修订"卷各分册中的标准，仍按标准编号顺序排列(但不连续)；如有遗漏的，均在当年最后一分册中补齐。需提请读者注意的是，个别非顺延前年度标准编号的新制定的国家标准没有收入在"制定"卷中，而是收入在"修订"卷中。

读者配套购买《中国国家标准汇编》"制定"卷和"修订"卷则可收齐上一年度我国制定和修订的全部国家标准。

3.由于读者需求的变化，自1996年起，《中国国家标准汇编》仅出版精装本。

4.2010年我国制修订国家标准共2846项。本分册为"2010年修订-26"，收入新制修订的国家标准28项。

中国标准出版社

2011年8月

目　　录

ICS 13.220.10
C 84

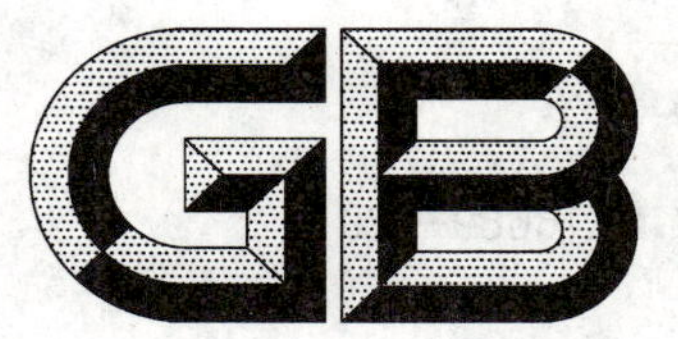

中华人民共和国国家标准

GB 16669—2010
代替 GB 16669—1996

二氧化碳灭火系统及部件通用技术条件

General technical specifications for components of carbon dioxide fire extinguishing systems

2010-09-26 发布　　2011-03-01 实施

中华人民共和国国家质量监督检验检疫总局
中国国家标准化管理委员会　发布

前　言

本标准的第4章(4.2除外)、第5章(5.5.12除外)和第7章内容为强制性,其余内容为推荐性。

本标准代替GB 16669—1996《二氧化碳灭火系统及部件通用技术条件》。

本标准与GB 16669—1996相比主要变化如下:

——增加了"使用说明书编写要求"(见第8章);

——增加了"附录"(见附录);

——修改了规范性引用文件一章的内容(1996年版的第2章,本版的第2章);

——修改了术语和定义一章的内容(1996年版的第3章,本版的第3章);

——增加了系统的型号编制方法(本版的4.2);

——修改了要求一章的内容(1996年版第4章,本版的第5章);

——修改了试验方法一章的内容(1996年版第5章,本版的第6章);

——修改了检验规则一章的内容(1996年版第6章,本版的第7章)。

本标准附录A至附录U为规范性附录。

本标准由中华人民共和国公安部提出。

本标准由全国消防标准化技术委员会第二分技术委员会(SAC/TC 113/SC 2)归口。

本标准负责起草单位:公安部天津消防研究所。

本标准参加起草单位:美国安素公司(北京)、深圳因特安全技术有限公司、南京消防器材股份有限公司、北京美力马消防设备有限公司、广东平安消防设备有限公司、西安核设备有限公司卫士消防设备分公司、上海金盾消防安全设备有限公司、四川威龙消防设备有限公司。

本标准主要起草人:刘连喜、陈泽民、宋波、董海斌、李毅、杨震铭、高云升、李习民、盛彦锋、啜凤英、许春元、张国壁、廖平、赵邦戟、冯松、杜增虎、张兆宪、汪映标。

本标准所代替标准的历次版本发布情况为:

——GB 16669—1996。

二氧化碳灭火系统及部件通用技术条件

1 范围

本标准规定了高压二氧化碳灭火系统及构成部件的术语和定义、基本参数和型号编制方法、要求、试验方法、检验规则和使用说明书编写要求。

本标准适用于高压二氧化碳灭火系统及部件。

2 规范性引用文件

下列文件中的条款通过本标准的引用而成为本标准的条款。凡是注日期的引用文件，其随后所有的修改单(不包括勘误的内容)或修订版均不适用于本标准，然而，鼓励根据本标准达成协议的各方研究是否可使用这些文件的最新版本。凡是不注日期的引用文件，其最新版本适用于本标准。

GB 4396 二氧化碳灭火剂(GB 4396—2005,ISO 5923:1989,NEQ)

GB 5099 钢质无缝气瓶(GB 5099—1994,neq ISO 4705:1983)

GB/T 9969 工业产品使用说明书 总则

GA 61 固定灭火系统驱动、控制装置通用技术条件

3 术语和定义

下列术语和定义适用于本标准。

3.1

系统工作压力 system working pressure

灭火剂瓶组容器阀出口处的压力。

3.2

充装密度 filling density

贮存容器内灭火剂的质量与该容器容积之比，单位为 kg/m^3。

3.3

贮存压力 storage pressure

对于二氧化碳灭火剂瓶组是指贮存容器内按最大充装密度灌装灭火剂，在+20 ℃环境中的平衡压力。

对于驱动气体瓶组是指贮存容器内按最大充装压力或充装密度灌装气体，在+20 ℃环境中的平衡压力。

3.4

最大工作压力 maximum working pressure

对于二氧化碳灭火剂瓶组是指贮存容器内按最大充装密度灌装灭火剂，置于工作温度范围上限的平衡压力。

对于驱动气体瓶组是指贮存容器内按最大充装压力或充装密度灌装气体，置于工作温度范围上限的平衡压力。

3.5

最小工作压力 minimum working pressure

对于二氧化碳灭火剂瓶组是指贮存容器内按最大充装密度灌装灭火剂，置于工作温度范围下限的平衡压力。

对于驱动气体瓶组是指贮存容器内按最大充装压力或充装密度灌装气体，置于工作温度范围下限的平衡压力。

3.6

喷射时间 discharge time

在+20 ℃环境条件下，喷嘴开始喷出灭火剂到喷出设计浓度所需灭火剂量95%时的时间。

3.7

低泄高封阀 low venting high close valve

安装在系统启动管路上，正常情况下处于开启状态用来排除由于气源泄漏积聚在启动管路内的气体，只有进口压力达到设定压力时才关闭的阀门。

4 基本参数和型号编制方法

4.1 基本参数

系统基本参数见表1。

表1 系统基本参数

工作温度范围[a]	贮存压力	最大充装密度	最大工作压力（+50 ℃时）	最小工作压力（0 ℃时）	最大喷射时间
0 ℃～+50 ℃	5.7 MPa	600 kg/m^3	12.4 MPa	3.4 MPa	60 s

[a] 当产品设计工作温度范围超过上述温度界限时，应在产品标牌、瓶组等主要部件上做出明显永久性标志，系统和零部件的相关性能要求和试验方法也应按实际温度范围作相应调整。

4.2 型号编制方法

系统型号由系统类别号（QME）和主参数（灭火剂瓶组容积）组成。

示例：QME70 灭火剂瓶组容积为70 L的二氧化碳灭火系统。

5 要求

5.1 系统

5.1.1 系统构成

5.1.1.1 系统至少应由灭火剂瓶组、驱动气体瓶组（可选）、单向阀、选择阀（可选）、驱动装置、集流管、连接管、喷嘴、信号反馈装置、安全泄放装置、控制盘、检漏装置、低泄高封阀（可选）、管路管件等部件构成。

5.1.1.2 系统各部件应固定牢固、连接可靠，部件安装位置正确，整体布局合理，便于操作、检查和维修。

系统各部件间连接螺纹、法兰应符合相应国家标准、行业标准的规定。

5.1.1.3 系统中相同功能部件的规格应一致（选择阀、喷嘴除外），各灭火剂贮存容器的容积、充装密度应一致。

5.1.2 外观

5.1.2.1 系统各构成部件应无明显加工缺陷或机械损伤，部件外表面应进行防腐处理，防腐涂层、镀层应完整、均匀。

5.1.2.2 在灭火剂贮存容器的外表正面标注“CO_2”或“二氧化碳”标记。字迹应明显、清晰。驱动气瓶亦应标出驱动气体名称。

5.1.2.3 系统每个手动操作部位均应以文字、图形符号标明操作方法。

5.1.2.4 铭牌应牢固地设置在系统明显部位，注明：系统名称、型号规格、执行标准代号、灭火剂总量、工作温度范围、生产单位、产品编号、出厂日期等内容。

5.1.3 系统准工作状态

系统各操作部件的工作位置、控制盘的控制、监视功能，均应处于正常准工作状态；灭火剂和驱动气体泄漏监测装置应处于正常监视状态，灭火剂和驱动气体的充装量应与瓶组上的标称值一致。

5.1.4 启动运行要求

5.1.4.1 启动方式

5.1.4.1.1 系统应具有自动启动、手动启动和机械应急启动功能。

5.1.4.1.2 手动启动和机械应急启动应有防止误动作的有效措施，并用文字或图形符号标明操作方法。

5.1.4.2 延时启动功能

系统的自动启动应具有延迟启动功能，延迟时间可在 0 s～30 s 范围内连续可调，分档可调时每档间隔不应大于 10 s。延迟时间设定误差应不大于设定时间的 20%。

5.1.4.3 组合分配系统的动作程序

组合分配系统的动作程序应在选择阀开启后或同时打开容器阀。

5.1.4.4 启动运行

5.1.4.4.1 系统采用不同方式启动，其动作应准确、可靠、无故障。

5.1.4.4.2 系统的喷射时间不应大于 60 s，延迟启动时间应符合 5.1.4.2 的要求。

5.1.4.4.3 灭火剂喷射过程中和喷射后的显示、报警及输出端子动作情况应符合 5.13 要求。

5.2 灭火剂瓶组

5.2.1 工作压力

灭火剂瓶组的工作压力应符合表 1 的规定。

5.2.2 充装密度

灭火剂瓶组中灭火剂的充装密度应符合表 1 的规定。

5.2.3 密封要求

按 6.4.2 规定的方法进行气密性试验，灭火剂瓶组应无气泡泄漏。

试验压力为系统最大工作压力，压力保持时间为 5 min。

5.2.4 强度要求

按 6.3 规定的方法进行液压强度试验，灭火剂瓶组不应出现渗漏现象。

试验压力为 1.5 倍系统最大工作压力，压力保持时间为 5 min。

5.2.5 抗震要求

按 6.12.1 规定的方法进行振动试验，灭火剂瓶组任何部件不应产生松动、脱落和结构损坏，灭火剂的净重损失量不应大于灭火剂充装量的 0.125%，试验后自动启动容器阀，不应出现任何故障。

5.2.6 温度循环泄漏要求

按 6.13 规定的方法进行温度循环泄漏试验，灭火剂的净重损失量不应大于灭火剂充装量的 0.125%，试验后自动启动容器阀，不应出现任何故障。

5.2.7 耐倾倒冲击要求

按 6.14 规定的方法进行耐倾倒冲击试验，灭火剂瓶组零件不应松动、脱落或损坏。试验后灭火剂瓶组的气密性应符合 5.2.3 的规定，自动和手动启动容器阀应能正常开启。

5.2.8 虹吸管

具有虹吸管的灭火剂瓶组，虹吸管的材料应采用能抗灭火剂腐蚀的金属材料制造。

5.2.9 误喷射防护装置

灭火剂瓶组的容器阀出口应有防止在运输、装卸、储存过程中灭火剂误喷放的防护装置，防护装置上的开孔应使灭火剂均匀喷放而不产生过大的反冲力，且不应被冲出。

5.2.10 灭火剂释放时间

灭火剂瓶组在最大充装密度下,灭火剂从容器阀的喷出时间不应大于系统喷射时间的80%。

5.2.11 灭火剂要求

二氧化碳灭火剂应符合GB 4396的要求。

5.2.12 标志

在灭火剂瓶组的明显部位应永久性标出:灭火剂名称、工作压力、充装量、充装日期、生产单位或商标等。

5.3 驱动气体瓶组

5.3.1 工作压力

驱动气体瓶组的工作压力应与瓶组上的标称值一致。

5.3.2 充装压力、充装密度

驱动气体瓶组的充装压力或充装密度应与瓶组上的标称值一致。

5.3.3 密封要求

按6.4.2规定的方法进行气密性试验,应无气泡泄漏。

试验压力为驱动气体瓶组的最大工作压力,压力保持时间为5 min。

5.3.4 强度要求

按6.3规定的方法进行液压强度试验,驱动气体瓶组不应出现渗漏现象。

试验压力为1.5倍驱动气体瓶组的最大工作压力,压力保持时间为5 min。

5.3.5 抗震要求

按6.12.1规定的方法进行振动试验,驱动气体瓶组任何部件不应产生结构损坏,驱动气体瓶组内气体的净重损失量不应大于气体充装量的0.25%,试验后自动启动容器阀,不应出现任何故障。

5.3.6 温度循环泄漏要求

按6.13规定的方法进行温度循环泄漏试验,驱动气体瓶组内气体的净重损失量不应大于气体充装量的0.25%,试验后自动启动容器阀,不应出现任何故障。

5.3.7 耐倾倒冲击要求

按6.14规定的方法进行耐倾倒冲击试验,驱动气体瓶组零件不应损坏。试验后驱动气体瓶组的气密性应符合5.3.3的规定,自动和手动启动容器阀应能正常开启。

5.3.8 误喷射防护装置

误喷射防护装置的性能应符合5.2.9的要求。

5.3.9 标志

在驱动气体瓶组的明显部位应永久性标出:气体名称、工作压力、充装压力(或充装密度)、充装日期、生产单位或商标等。

5.4 容器

5.4.1 容器的设计、制造、检验

容器的设计、制造、检验应符合GB 5099的规定。

5.4.2 公称工作压力

贮存灭火剂容器的公称工作压力不应小于系统的最大工作压力;驱动气体贮存容器的公称工作压力不应小于驱动气体瓶组的最大工作压力。

5.4.3 容积和直径

容器的公称容积和外径应符合GB 5099的规定,公称容积不应超过80 L。

5.4.4 材料

容器的材料除应符合GB 5099的规定外,其耐腐蚀性能还应允许长期贮存所充装介质。

5.4.5 标志

容器钢印标记应符合 GB 5099 的规定。

5.5 容器阀

5.5.1 标志

在容器阀明显部位应永久性标出：生产单位或商标、型号规格、工作压力。

5.5.2 材料

容器阀阀体及其内部机械零件应采用奥氏体不锈钢、铜合金制造，也可以用强度、耐腐蚀性能不低于上述材质的其他金属材料制造。

弹性密封垫、密封剂及相关部件应采用长期与所充装介质接触而不损坏或影响密封性能的材料制造。

5.5.3 工作压力

灭火剂瓶组上的容器阀的公称工作压力不应小于灭火剂瓶组的最大工作压力；驱动气体瓶组上的容器阀公称工作压力不应小于驱动气体瓶组的最大工作压力。

5.5.4 强度要求

按 6.3 规定的方法进行液压强度试验，容器阀及其附件不应渗漏、变形或损坏。

试验压力为 1.5 倍瓶组的最大工作压力，压力保持时间为 5 min。

5.5.5 密封要求

按 6.4.3 规定的方法进行气密性试验，容器阀在关闭状态下应无气泡泄漏；容器阀在开启状态下各连接密封部位的气泡泄漏量不应超过每分钟 20 个。

试验压力为瓶组的最大工作压力，压力保持时间为 5 min。

5.5.6 超压要求

按 6.5.2 规定的方法进行液压超压试验，容器阀及其附件不应有破裂现象。

试验压力为 3 倍瓶组的最大工作压力，压力保持时间为 5 min。

5.5.7 最大和最小工作压力下动作要求

按 6.7 规定的方法进行最大和最小工作压力下动作试验，容器阀的动作应准确、可靠，并完全开启。

5.5.8 工作可靠性要求

按 6.6.1 规定的方法进行工作可靠性试验，容器阀及其辅助的控制驱动装置应动作灵活、可靠，不应出现任何故障或结构损坏（正常工作时允许损坏的零件除外，但这些零件不应与阀体脱离和从出口喷出），试验后容器阀的密封性能应符合 5.5.5 的规定。

5.5.9 局部阻力损失

灭火剂瓶组上的容器阀局部阻力损失（包括虹吸管、容器阀及连接管接头的局部阻力损失）采用与其相连接的管路等效长度来表示。

按 6.8 规定的试验方法测得的容器阀等效长度值与生产单位使用说明书上的公布值相比，其差值不应超过使用说明书上的公布值的 10%。

5.5.10 耐腐蚀性能

5.5.10.1 耐盐雾腐蚀性能

按 6.9 规定的方法进行盐雾腐蚀试验，容器阀及其附件不应有明显的腐蚀损坏。试验后容器阀的密封性能应符合 5.5.5 的规定，工作可靠性按 6.6.1 的规定试验时，应能准确、可靠地开启。

5.5.10.2 耐应力腐蚀性能

按 6.11 规定的方法进行应力腐蚀试验，容器阀及其附件不应有裂纹、损坏。试验后容器阀的强度应符合 5.5.4 的规定。

5.5.10.3 耐二氧化硫腐蚀性能

按 6.10 规定的方法进行二氧化硫腐蚀试验，容器阀及其附件不应有明显的腐蚀损坏。试验后容器阀的密封性能应符合 5.5.5 的规定，工作可靠性按 6.6.1 的规定试验时，应能准确、可靠地开启。

5.5.11 手动操作要求

容器阀应具有机械应急启动功能，按 6.16 规定的方法进行应急启动手动操作试验，应符合下列要求：

a) 手动操作力不应大于 150 N；

b) 指拉操作力不应大于 50 N；

c) 指推操作力不应大于 10 N；

d) 所有手动操作位移均不应大于 300 mm；

e) 旋转开启的容器阀其操作力矩不应大于 10 N·m，旋转角度不应大于 270°。

5.5.12 结构要求

装设压力显示器的容器阀，压力显示器安装口处宜设单向针阀。

5.6 喷嘴

5.6.1 标志

在喷嘴明显部位应永久性标出：生产单位或商标、喷嘴型号、代号或等效单孔直径。

5.6.2 结构、尺寸

5.6.2.1 喷嘴代号、等效孔口尺寸应符合表 2 的规定。

5.6.2.2 喷孔横截面积小于 7 mm^2 的喷嘴应安装过滤网，网孔边长应不大于喷孔直径的 60%，过滤网总面积应大于喷孔横截面积的 10 倍。

5.6.2.3 防止喷孔被外界物质堵塞用的保护帽，按 6.24 规定的方法进行试验时保护帽应在 0.01 MPa～0.3 MPa 压力范围内与喷嘴脱离，且不应影响喷嘴正常喷射并对人员不造成损伤。

5.6.3 材料

喷嘴各部件均应采用耐腐蚀的材料制造，并应符合本标准要求的机械强度和耐温度性能。

过滤网的材料应具有良好的耐腐蚀性能。

5.6.4 流量特性

按 6.17 规定的方法进行试验，喷嘴在不同喷射压力下单位孔口面积质量流量与对应代号标准喷嘴的流量特性相比，其差值不应超过 10%。

5.6.5 耐热和耐压要求

按 6.18 规定的方法进行耐热和耐压试验，喷嘴不应有变形、裂纹或损坏。试验压力为系统最大工作压力。

5.6.6 耐热和耐冷击要求

按 6.19 规定的方法进行耐热和耐冷击试验，喷嘴不应有变形、裂纹或损坏。

表 2 喷嘴代号及等效孔口尺寸

单位为毫米

喷嘴代号	等效单孔直径/mm	喷嘴代号	等效单孔直径/mm
1	0.79	5	3.97
1.5	1.19	5.5	4.37
2	1.59	6	4.76
2.5	1.98	6.5	5.16
3	2.38	7	5.56
3.5	2.78	7.5	5.95
4	3.18	8	6.34
4.5	3.57	8.5	6.75

表 2（续）

单位为毫米

喷嘴代号	等效单孔直径/mm	喷嘴代号	等效单孔直径/mm
9	7.14	16	12.70
9.5	7.54	18	14.29
10	7.94	20	15.88
11	8.73	22	17.46
12	9.53	24	19.05
13	10.32	32	25.40
14	11.11	48	38.10
15	11.91	64	50.80
注：喷嘴代号允许每增加 1 号，等效单孔直径增加 0.793 75 mm 的比例向系列外延伸。			

5.6.7　耐冲击性能

按 6.23 规定的方法进行机械冲击试验，喷嘴不应有变形、裂纹或损坏。

5.6.8　耐腐蚀性能

5.6.8.1　耐盐雾腐蚀性能

按 6.9 规定的方法进行喷嘴盐雾腐蚀试验，喷嘴不应有明显的腐蚀损坏。试验后喷嘴耐热和耐冷击性能应符合 5.6.6 的规定。

5.6.8.2　耐应力腐蚀性能

按 6.11 规定的方法进行喷嘴应力腐蚀试验，喷嘴不应有裂纹或损坏。试验后喷嘴耐热和耐压性能应符合 5.6.5 的规定。

5.6.8.3　耐二氧化硫腐蚀性能

按 6.10 规定的方法进行喷嘴二氧化硫腐蚀试验，喷嘴不应有明显的腐蚀损坏。试验后喷嘴耐热和耐冷击性能应符合 5.6.6 的规定。

5.6.9　全淹没喷嘴的喷射特性

按 6.20 规定的方法进行浓度分布试验，一个全淹没喷嘴在规定的安装高度下，在喷射结束后 30 s 时试验火应全部被扑灭，并不应引起飞溅。

5.6.10　局部应用喷嘴的喷射特性

5.6.10.1　架空型喷嘴

按 6.21 规定的试验方法测得的架空型喷嘴的安装高度与临界飞溅流量、安装高度与保护面积数值（或曲线）与生产单位使用说明书上的公布值相比，其差值不应超过生产单位使用说明书上的公布值的 10%。

5.6.10.2　槽边型喷嘴

按 6.22 规定的试验方法测得的槽边型喷嘴的临界飞溅流量与保护面积数值（或曲线）与生产单位使用说明书上的公布值相比，其差值不应超过生产单位使用说明书上的公布值的 10%。

5.7　选择阀

5.7.1　标志

在选择阀明显部位应永久性标出：生产单位或商标、型号规格、工作压力、介质流动方向。

5.7.2　材料

选择阀阀体及其内部机械零件应采用奥氏体不锈钢、铜合金制造，也可以用强度、耐腐蚀性能不低于上述材质的其他金属材料制造。

弹性密封垫、密封剂及相关部件应采用长期与灭火剂接触而不损坏或影响密封性能的材料制造。

5.7.3 工作压力

选择阀的公称工作压力不应小于系统的最大工作压力。

5.7.4 强度要求

按 6.3 规定的方法进行液压强度试验，选择阀及其附件不应渗漏、变形或损坏。

试验压力为 1.5 倍系统的最大工作压力，压力保持时间为 5 min。

5.7.5 密封要求

按 6.4.3 规定的方法进行气密性试验，选择阀在关闭状态下应无气泡泄漏；选择阀在开启状态下各连接密封部位的气泡泄漏量不应超过每分钟 20 个。

试验压力为系统的最大工作压力，压力保持时间为 5 min。

5.7.6 工作可靠性要求

按 6.6.1 规定的方法进行工作可靠性试验，选择阀及其辅助的控制驱动装置应动作灵活、可靠，不应出现任何故障或结构损坏（正常工作时允许损坏的零件除外）。

5.7.7 局部阻力损失

选择阀局部阻力损失采用与其相连接的管路等效长度来表示。

按 6.8 规定的试验方法测得的选择阀等效长度值与生产单位使用说明书上的公布值相比，其差值不应超过使用说明书上的公布值的 10%。

5.7.8 耐腐蚀性能

5.7.8.1 耐盐雾腐蚀性能

按 6.9 规定的方法进行盐雾腐蚀试验，选择阀及其附件不应有明显的腐蚀损坏。试验后选择阀的密封性能应符合 5.7.5 的规定，工作可靠性按 6.6.1 的规定试验时，应能准确、可靠地开启。

5.7.8.2 耐应力腐蚀性能

按 6.11 规定的方法进行应力腐蚀试验，选择阀及其附件不应有裂纹、损坏。试验后选择阀的强度应符合 5.7.4 的规定。

5.7.8.3 耐二氧化硫腐蚀性能

按 6.10 规定的方法进行二氧化硫腐蚀试验，选择阀及其附件不应有明显的腐蚀损坏。试验后选择阀的密封性能应符合 5.7.5 的规定，工作可靠性按 6.6.1 的规定试验时，应能准确、可靠地开启。

5.7.9 手动操作要求

选择阀应有机械应急启动功能，按 6.16 规定的方法进行应急启动手动操作试验，应符合下列要求：

a) 手动操作力不应大于 150 N；

b) 指拉操作力不应大于 50 N；

c) 指推操作力不应大于 10 N；

d) 所有手动操作位移均不应大于 300 mm；

e) 旋转开启的选择阀其操作力矩不应大于 10 N·m，旋转角度不应大于 270°。

5.8 单向阀

5.8.1 标志

在单向阀明显部位应永久性标出：生产单位或商标、型号规格、工作压力、介质流动方向。

5.8.2 材料

单向阀及其内部机械零件应采用奥氏体不锈钢、铜合金制造，也可以用强度、耐腐蚀性能不低于上述材质的其他金属材料制造。

弹性密封垫、密封剂及相关部件应采用长期与灭火剂接触而不损坏或影响密封性能的材料制造。

5.8.3 工作压力

单向阀的公称工作压力不应小于与其连接的瓶组的最大工作压力。

5.8.4 强度要求

按 6.3 规定的方法进行液压强度试验,单向阀及其附件不应渗漏、变形或损坏。

试验压力为 1.5 倍瓶组的最大工作压力,压力保持时间为 5 min。

单向阀正向和反向强度要求相同。

5.8.5 正向密封要求

按 6.4.3 规定的方法进行气密性试验,单向阀应无气泡泄漏。试验压力为瓶组的最大工作压力,压力保持时间为 5 min。

5.8.6 反向密封要求

用于灭火剂流通管路上的单向阀按 6.4.3 规定的方法进行反向气密性试验,在瓶组的最大工作压力下,气泡泄漏量不应超过每分钟 20 个。

用于驱动气体控制管路上的单向阀,在最大工作压力下不应产生气泡泄漏。

5.8.7 工作可靠性要求

按 6.6.2 规定的方法进行工作可靠性试验,单向阀应能承受 100 次“开启-关闭”动作试验,其开启、关闭动作应灵活、准确,不应出现任何故障或结构损坏。

5.8.8 开启压力要求

按 6.25 规定的方法进行试验,单向阀的开启压力不应超过生产单位使用说明书上的公布值。

5.8.9 局部阻力损失

灭火剂流通管路上的单向阀局部阻力损失采用与其相连接的管路等效长度来表示。

按 6.8 规定的试验方法测得的单向阀等效长度值与生产单位使用说明书上的公布值相比,其差值不应超过使用说明书上的公布值的 10%。

5.8.10 耐腐蚀性能

5.8.10.1 耐盐雾腐蚀性能

按 6.9 规定的方法进行盐雾腐蚀试验,单向阀及其附件不应有明显的腐蚀损坏。试验后单向阀的反向密封性能应符合 5.8.6 的规定,其工作可靠性按 6.6.2 的规定试验时,应能准确、可靠地动作。

5.8.10.2 耐应力腐蚀性能

按 6.11 规定的方法进行应力腐蚀试验,单向阀及其附件不应有裂纹、损坏。试验后单向阀的反向密封性能应符合 5.8.6 的规定,单向阀的强度性能应符合 5.8.4 的规定。

5.8.10.3 耐二氧化硫腐蚀性能

按 6.10 规定的方法进行二氧化硫腐蚀试验,单向阀及其附件不应有明显的腐蚀损坏。试验后单向阀的反向密封性能应符合 5.8.6 的规定,其工作可靠性按 6.6 的规定试验时,应能准确、可靠地动作。

5.9 集流管

5.9.1 材料

集流管应采用无缝管制造,材质应具有耐腐蚀性能或将其内外表面做防腐蚀镀层处理。

5.9.2 工作压力

集流管的公称工作压力不小于系统的最大工作压力。

5.9.3 强度要求

按 6.3 规定的方法进行液压强度试验,集流管不应渗漏、变形或损坏。

试验压力为 1.5 倍系统的最大工作压力,压力保持时间为 5 min。

5.9.4 密封要求

按 6.4.5 规定的方法进行气密性试验,集流管应无气泡泄漏。

试验压力为系统的最大工作压力,压力保持时间为 5 min。

5.10 连接管

5.10.1 材料

连接管应采用高压软管或耐压强度、抗冲击振动能力相当的金属管材。

连接管应选用耐使用介质腐蚀的材料制造。

5.10.2 工作压力

容器阀与集流管间连接管的公称工作压力不小于系统的最大工作压力;控制管路连接管的工作压力应不小于驱动气体瓶组的最大工作压力。

5.10.3 强度要求

按 6.3 规定的方法进行液压强度试验,连接管不应渗漏、变形或损坏。

试验压力为 1.5 倍系统的最大工作压力,压力保持时间为 5 min。

5.10.4 密封要求

按 6.4.5 规定的方法进行气密性试验,连接管应无气泡泄漏。

试验压力为系统的最大工作压力,压力保持时间为 5 min。

5.10.5 非金属连接管耐热空气老化性能

按 6.27 规定的方法进行热空气老化试验,非金属软管不应有裂纹等损坏。试验后非金属软管的强度和密封要求应满足 5.10.3 和 5.10.4 的规定。

试验温度为+140 ℃,试验时间为 240 h。

5.10.6 非金属连接管低温性能

按 6.31 规定的方法进行低温试验,非金属软管内、外胶层不应出现龟裂或破裂,试验后非金属软管的强度和密封要求应满足 5.10.3 和 5.10.4 的规定。

试验温度为系统最低工作温度下,试验时间为 24 h。

5.11 安全泄放装置

5.11.1 泄放动作压力

灭火剂瓶组上设置的安全泄放装置,其泄放动作压力为 19 MPa±0.95 MPa;驱动气体瓶组上设置的安全泄放装置,其泄放动作压力设定值应不小于 1.25 倍的瓶组最大工作压力,但不大于其强度试验压力的 95%,泄放动作压力为设定值的(1±5%)范围内;组合分配系统集流管上应设置安全泄放装置,其泄放动作压力为 15 MPa±0.75 MPa。

5.11.2 耐腐蚀性能

5.11.2.1 耐盐雾腐蚀性能

按 6.9 规定的方法进行盐雾腐蚀试验,安全泄放装置不应有明显的腐蚀损坏。试验后安全泄放装置的泄放压力范围应符合 5.11.1 的规定。

5.11.2.2 耐应力腐蚀性能

按 6.11 规定的方法进行应力腐蚀试验,安全泄放装置不应有裂纹、损坏。试验后安全泄放装置的泄放压力范围应符合 5.11.1 的规定。

5.11.2.3 耐二氧化硫腐蚀性能

按 6.10 规定的方法进行二氧化硫腐蚀试验,安全泄放装置不应有明显的腐蚀损坏。试验后安全泄放装置的泄放压力范围应符合 5.11.1 的规定。

5.11.3 耐温度循环性能

按 6.13 规定的方法进行温度循环试验后,安装在瓶组上的安全泄放装置的泄放压力范围应符合 5.11.1 的规定。

5.12 驱动装置

系统的驱动装置的性能应符合 GA 61 的规定,其中工作温度范围应符合 4.1 的要求。

5.13 控制盘

5.13.1 电源要求

电源应符合下列要求：

a) 当交流供电电压在 187 V～242 V 范围内变动且频率为 50 Hz±1 Hz 时，控制盘应能可靠工作；

b) 控制盘备用电源容量应满足正常监视状态下连续工作 24 h，其间应保证系统可靠启动；

c) 主、备用电源均应有工作指示。

5.13.2 报警功能

控制盘应能接收火灾探测器和火警触发器件发来的火警信号，发出声光报警信号。在额定工作电压下，距离控制盘 1 m 处，内部和外部音响器件的声压级(A 计权)应分别在 65 dB 和 85 dB 以上，115 dB 以下。

控制盘应具备自身(包括探测、控制回路)故障报警功能。

5.13.3 控制及显示功能

5.13.3.1 控制盘应有自动、手动启动灭火系统功能，自动状态、手动状态应有明显标志并可相互转换。无论控制盘处于自动或手动状态，手动操作启动应始终有效。

5.13.3.2 控制盘应有延迟启动功能，延迟时间 0 s～30 s 连续可调，如采用分档调节时每档间隔应不大于 10 s。延时状态应有明显的光信号显示。延时期间，应能手动停止后续动作。

5.13.3.3 在控制盘设置“紧急启动”按键时，该键应有避免人员误触及的保护措施，设置“紧急中断”按键时，按键应置于易操作部位。“紧急启动”和“紧急中断”的状态应有明显的光信号显示。

5.13.3.4 控制盘应有灭火系统启动后的灭火剂喷洒情况的反馈信号显示功能。

5.13.3.5 控制盘应有灭火剂瓶组中灭火剂泄漏报警显示功能。

5.13.3.6 控制盘应提供控制外部设备的接线端子。

5.13.3.7 控制盘应设有保护接地端子。

5.13.3.8 控制盘应具有历史事件记录功能，且应能至少记录 999 条相关信息，在控制盘断电后能保持信息 14 d。

5.13.4 其他性能

控制盘的其他性能应符合 GA 61 的要求。

5.13.5 标志

在控制盘明显部位永久性标出：生产单位或商标、产品名称型号、产品编号、出厂日期等内容。

5.14 检漏装置

5.14.1 称重装置

5.14.1.1 报警功能

安装在灭火系统中的称重装置应有泄漏上限报警功能，当灭火剂泄漏量达到充装质量的 10%时，应能可靠报警。光报警信号应为黄色，在一般光线条件下，距离 3 m 远处应清晰可见；声报警信号在额定电压下，距离 1 m 远处的声压级应不低于 65 dB(A)。

5.14.1.2 耐高低温性能

称重装置在 4.1 规定的最高工作温度和最低工作温度环境中分别放置 8 h 后，其报警功能应符合 5.14.1.1 的规定。

5.14.1.3 过载要求

称重装置承受两倍灭火剂瓶组质量的静载荷(灭火剂按最大充装密度计算)，保持 15 min，不应损坏。试验后报警功能应符合 5.14.1.1 的规定。

5.14.1.4 耐腐蚀性能

5.14.1.4.1 耐盐雾腐蚀性能

按6.9规定的方法进行盐雾腐蚀试验，称重装置不应有明显的腐蚀损坏。试验后报警功能应符合5.14.1.1的规定。

5.14.1.4.2 耐二氧化硫腐蚀性能

按6.10规定的方法进行二氧化硫腐蚀试验，称重装置不应有明显的腐蚀损坏。试验后报警功能应符合5.14.1.1的规定

5.14.1.5 标志

在装置的明显部位标出：生产单位或商标、产品型号规格、称重范围等内容。

5.14.2 压力显示器

5.14.2.1 基本性能

5.14.2.1.1 压力显示器工作环境温度应为系统工作温度范围。

5.14.2.1.2 压力显示器测量范围上限不应小于最大工作压力的1.1倍。

5.14.2.1.3 示值基本误差应符合以下要求：

a） 公称工作压力点示值误差不应大于贮存压力的±4%；

b） 最大工作压力点示值误差不应大于贮存压力的±8%；

c） 最小工作压力点示值误差不应大于贮存压力的±8%；

d） 零点和测量范围上限的示值误差不应大于贮存压力的±15%。

5.14.2.2 标度盘要求

5.14.2.2.1 标度盘的零位、贮存压力、最大工作压力、最小工作压力和测量范围上限的位置应有刻度和数字标志。

5.14.2.2.2 标度盘的最大工作压力与最小工作压力范围用绿色表示，零位至最小工作压力范围、最大工作压力至测量上限范围用红色表示。

5.14.2.2.3 标度盘上应标出生产单位或商标、产品适用介质、法定计量单位（MPa）、制造年月或产品编号、计量标志等。

5.14.2.3 强度密封要求

5.14.2.3.1 密封要求

按6.4.4规定的方法进行密封试验，压力显示器不应出现气泡泄漏。

5.14.2.3.2 液压强度要求

按6.3规定的方法进行液压强度试验，压力显示器承受2倍最大工作压力的试验压力，保持压力5 min不应有渗漏或损坏现象。

5.14.2.3.3 超压要求

按6.5.2规定的方法进行超压试验，压力显示器承受4倍最大工作压力的试验压力，保持压力5 min，其任何零部件不应被冲出。

5.14.2.4 环境适应性能

5.14.2.4.1 抗震要求

按6.12.1规定的方法进行振动试验，压力显示器部件应无松动、变形或损坏，试验后压力显示器的示值基本误差应符合5.14.2.1.3的规定。

5.14.2.4.2 耐温度循环性能

按6.13规定的方法进行温度循环泄漏试验，压力显示器不应渗漏，试验后压力显示器的示值基本误差应符合5.14.2.1.3的规定。

5.14.2.4.3 耐盐雾腐蚀性能

按6.9规定的方法进行盐雾腐蚀试验，压力显示器不应产生影响性能的损坏，试验后压力显示器指

针应升降平稳,压力显示器的示值基本误差应符合5.14.2.1.3的规定。

5.14.2.4.4 耐二氧化硫腐蚀性能

按6.10规定的方法进行二氧化硫腐蚀试验,压力显示器不应产生影响性能的损坏,试验后压力显示器指针应升降平稳,压力显示器的示值基本误差应符合5.14.2.1.3的规定。

5.14.2.5 耐交变负荷性能

按6.35规定的方法进行交变负荷试验,交变频率为0.1 Hz,交变幅度为贮存压力的40%至最大工作压力,交变次数为1 000次。试验后,压力显示器贮存压力的示值误差不应超过贮存压力的±4%。

5.14.2.6 报警功能

具有泄漏报警功能的压力显示器,当瓶组内压力损失达到贮存温度条件下工作压力的10%或低于最小工作压力时,应能可靠报警。光报警信号应为黄色,在一般光线条件下,距离3 m远处应清晰可见;声报警信号在额定电压下,距离1 m远处的声压级(A计权)应不低于65 dB(A)。

5.14.3 液位测量装置

5.14.3.1 报警功能

安装在灭火系统中的液位测量装置应有泄漏上限报警功能,当灭火剂泄漏量达到充装质量的5%时,应能可靠报警。光报警信号应为黄色,在一般光线条件下,距离3 m远处应清晰可见;声报警信号在额定电压下,距离1 m远处的声压级(A计权)应不低于65 dB(A)。

5.14.3.2 耐高低温性能

液位测量装置在4.1规定的最高工作温度和最低工作温度环境中分别放置8 h后,其报警功能应符合5.14.3.1的规定。

5.14.3.3 耐腐蚀性能

5.14.3.3.1 耐盐雾腐蚀性能

按6.9规定的方法进行盐雾腐蚀试验,液位测量装置不应有明显的腐蚀损坏。试验后报警功能应符合5.14.3.1的规定。

5.14.3.3.2 耐二氧化硫腐蚀性能

按6.10规定的方法进行二氧化硫腐蚀试验,液位测量装置不应有明显的腐蚀损坏。试验后报警功能应符合5.14.3.1的规定。

5.14.3.4 标志

在装置的明显部位标出:生产单位或商标、产品型号规格、测量范围等内容。

5.15 信号反馈装置

5.15.1 工作压力

信号反馈装置的工作压力不应小于系统的最大工作压力。

5.15.2 动作压力

信号反馈装置的动作压力设定值不应大于0.5倍系统最小工作压力。当信号反馈装置安装在减压装置后时,其动作压力设定值不应大于减压装置后压力的50%。信号反馈装置的动作压力偏差不应大于设定值的10%。

信号反馈装置应具有自锁功能,动作后只能人工进行复位。

5.15.3 工作可靠性要求

按6.38规定的方法进行试验,信号反馈装置在大于等于动作压力下应可靠动作100次而不应出现任何故障和结构损坏,试验后信号反馈装置触点的接触电阻应符合5.15.9的规定。

5.15.4 强度要求

按6.3规定的方法进行液压强度试验,信号反馈装置不应损坏。

试验压力为1.5倍系统最大工作压力,压力保持时间5 min。

5.15.5 密封要求

按 6.4.2 规定的方法进行气密性试验,信号反馈装置不应产生气泡泄漏。

试验压力为系统最大工作压力,压力保持时间为 5 min。

5.15.6 耐电压性能

信号反馈装置接线端子与外壳之间的耐电压性能,按 6.28 规定的方法进行试验,不应出现表面飞弧、扫掠放电、电晕或击穿现象。

额定工作电压大于 50 V 时,试验电压为 1 500 V(有效值),50 Hz;额定工作电压小于等于 50 V 时,试验电压为 500 V(有效值),50 Hz。

5.15.7 绝缘要求

在正常的大气条件下,信号反馈装置的接线端子与外壳之间的绝缘电阻应大于 20 MΩ。

5.15.8 耐腐蚀性能

5.15.8.1 耐盐雾腐蚀性能

按 6.9 规定的方法进行盐雾腐蚀试验,信号反馈装置不应有明显的腐蚀损坏。试验后,信号反馈装置动作要求应符合 5.15.2 的规定;触点接触电阻应符合 5.15.9 的规定。

5.15.8.2 耐二氧化硫腐蚀性能

按 6.10 规定的方法进行二氧化硫腐蚀试验,信号反馈装置不应有明显的腐蚀损坏。试验后,信号反馈装置动作要求应符合 5.15.2 的规定;触点接触电阻应符合 5.15.9 的规定。

5.15.9 触点接触电阻

在正常大气条件下,信号反馈装置触点接触电阻不应大于 0.1 Ω,动作试验和腐蚀试验后不应大于 0.5 Ω。

5.15.10 标志

在信号反馈装置明显部位应永久性标出:生产单位或商标、型号规格、动作压力、工作电压、触点容量。

5.16 低泄高封阀

5.16.1 设置要求

组合分配系统的集流管上应安装低泄高封阀。

驱动气体控制管路上应安装低泄高封阀。

5.16.2 材料

低泄高封阀及其内部机械零件应采用不锈钢、铜合金制造,也可以用强度、耐腐蚀性能不低于上述材质的其他金属材料制造。

弹性密封垫、密封剂及相关部件应采用长期与灭火剂或驱动气体接触而不损坏或影响密封性能的材料制造。

5.16.3 工作压力

集流管上安装的低泄高封阀的公称工作压力不应小于系统的最大工作压力;驱动气体控制管路上安装的低泄高封阀的公称工作压力不应小于驱动气体瓶组的最大工作压力。

5.16.4 动作要求

低泄高封阀的设计应保证系统在准工作状态下始终处于开启位置,其关闭压力不应大于 0.5 倍被驱动阀门的最小开启压力且不应小于 0.1 MPa。

5.16.5 强度要求

按 6.3 规定的方法进行液压强度试验,阀门不应渗漏、变形或损坏。

试验压力为 1.5 倍最大工作压力,压力保持时间为 5 min。

5.16.6 密封要求

按 6.4.2 规定的方法进行气密性试验,阀门应无气泡泄漏。

试验压力为 1.1 倍的阀门关闭压力，压力保持时间为 5 min。

5.16.7 **工作可靠性要求**

按 6.6.4 规定的方法进行工作可靠性试验，低泄高封阀应能承受 100 次“开启-关闭”动作试验，其开启、关闭动作应灵活、准确，不应出现任何故障或结构损坏。

5.16.8 **标志**

在低泄高封阀的明显部位永久性标出：生产单位或商标、型号规格、关闭压力。

5.17 **管路、管件**

5.17.1 **材料**

管路应采用无缝管材，材质应具有耐腐蚀性能或将其内外表面做防腐镀层处理。

管件应采用耐腐蚀的金属材料制造，不应用铸铁件。

5.17.2 **工作压力**

管路、管件的公称工作压力不应小于系统最大工作压力。

5.17.3 **强度要求**

按 6.3 规定的方法进行液压强度试验，管路、管件不应渗漏、变形或损坏。

试验压力为 1.5 倍系统最大工作压力，压力保持时间为 5 min。

5.17.4 **密封要求**

按 6.4.5 规定的方法进行气密性试验，管路、管件应无气泡泄漏。

试验压力为系统最大工作压力，压力保持时间为 5 min。

5.17.5 **局部阻力损失**

按 6.8 规定的试验方法测得的管件等效长度值与生产单位使用说明书上的公布值相比，其差值不应超过使用说明书上的公布值的 10%。

5.17.6 **标志**

在管件的明显部位永久性标出：生产单位或商标、公称尺寸、工作压力。

5.18 **吊钩、支架**

5.18.1 **材料**

吊钩、支架应采用碳钢制作。

5.18.2 **承载能力**

按 6.39 规定的方法进行承载能力试验，吊钩和支架在 0.5 倍拉伸试验载荷下持续 1 min，其变形量不应大于 5 mm。在拉伸试验载荷下持续 1 min，不应破裂、脱离。

不同公称直径管路的拉伸试验载荷见表 3。

表 3 拉伸试验载荷

管道外径 D/mm	预加载荷/kg	规定试验载荷/kg
$D \leqslant 28$	10	345
$28 < D \leqslant 34$	15	345
$34 < D \leqslant 42$	20	345
$42 < D \leqslant 48$	25	345
$48 < D \leqslant 60$	35	465
$60 < D \leqslant 73$	55	573
$73 < D \leqslant 90$	80	724
$90 < D \leqslant 102$	90	837
$102 < D \leqslant 120$	115	1 016

表 3（续）

管道外径 D/mm	预加载荷/kg	规定试验载荷/kg
120＜D≤140	160	1 229
140＜D≤170	215	1 575
170＜D≤200	340	1 953

6 试验方法

6.1 试验要求

参照被检样品的设计图样和相关技术条件对系统和部件的性能检验，按本标准规定的试验方法进行。

任何部件的气密性试验项目，均应在液压强度试验后进行。

除另行注明外，本章规定的试验应在下列条件下进行，即：

a) 环境温度：＋15 ℃～＋35 ℃；

b) 相对湿度：45％～75％；

c) 大气压力：86 kPa～106 kPa。

6.2 外观、基本参数、材料检查

6.2.1 对照设计图样和相关技术文件资料，目测或用通用量器具检查，样品的工作温度范围、灭火剂充装密度、工作压力、系统喷射时间等基本参数与第 4 章的规定是否相符。样品的结构、尺寸、灭火剂、贮存容器的容积和直径、部件材料等与第 5 章的规定是否相符。

6.2.2 采用目测检查部件标志的内容和固定方式等。

6.2.3 检查样品工艺一致性情况，目测有无加工缺陷、表面涂覆缺陷、机械损伤等现象，是否符合相应条款的规定和设计要求。

6.3 液压强度试验

6.3.1 液压强度试验装置用液压源应具备消除压力脉冲的稳压功能，压力测量仪表的精度不低于 1.6 级，试验装置的升压速率应在使用压力范围内可调。

压力显示器液压强度试验亦可在活塞式压力试验仪上进行。

6.3.2 将被检样品进口与液压强度试验装置相联，排除连接管路和样品腔内空气后，封闭样品所有出口。以不大于 0.5 MPa/s 的速率缓慢升压至试验压力，保持压力 5 min 后泄压，检查样品并对试验结果进行记录。

连接管强度试验升压速率不低于 0.5 MPa/s。

6.4 气密性试验

6.4.1 试验要求

气压密封试验装置用氮气或压缩空气，压力测量仪表的精度不低于 1.6 级，试验装置的气压源应满足升压速率在使用压力范围内可调。

检漏试验用水温度不应低于＋5 ℃。

6.4.2 瓶组、信号反馈装置、低泄高封阀等部件气密性试验

将被检样品进口与气压源相联，以不大于 0.5 MPa/s 的升压速率缓慢升压至试验压力。将样品浸入水中，样品至液面深度不小于 0.3 m，在规定的压力保持时间内检查样品渗漏情况。

6.4.3 容器阀、选择阀、单向阀气密性试验

试验条件和试验程序与 6.4.2 相同，容器阀、选择阀处于关闭状态，单向阀正向状态。检查样品并对试验结果进行记录。

将容器阀、选择阀置于开启状态，单向阀置于反向状态，重复上述试验。检查样品并对试验结果进

行记录。

6.4.4 **压力显示器气密性试验**

将被检样品安装在试验管路上，充压至测量上限的2/3，保持7 d后浸入水中10 min，样品至液面深度不小于0.3 m。检查样品并对试验结果进行记录。

6.4.5 **集流管、连接管、管路管件等部件气密性试验**

将被检样品进口与气压源相联，封闭样品其他出口，以不大于0.5 MPa/s的升压速率缓慢升压至试验压力。将样品浸入水中，样品至液面深度不小于0.3 m，在规定的压力保持时间内检查样品渗漏情况。

6.5 **超压试验**

6.5.1 试验设备与6.3.1的规定相同。

6.5.2 将被检样品进口与试验装置相联，容器阀处于开启状态，压力显示器应做防止内部零件冲出的保护措施，排除连接管路和样品腔内空气后，封闭样品所有出口。以不大于0.5 MPa/s的升压速率缓慢升压至试验压力，保持5 min后泄压，检查样品并对试验结果进行记录。

6.6 **工作可靠性试验**

6.6.1 **容器阀、选择阀的工作可靠性试验**

6.6.1.1 容器阀、选择阀的工作可靠性试验在专用试验装置上进行。气源采用压缩空气或氮气；专用试验容器的容积和驱动器工作状态应满足被试阀门在启动后完全开启的需要，被试阀门出口须连接与出口公称直径相同，长度不超过0.5 m的直管和一个等效孔径不小于3 mm的喷嘴。

6.6.1.2 将被试阀门安装在专用试验容器上，连接好控制驱动部件，并使之在规定条件下工作，按下述程序进行：

a) 向被试阀门进口端充压至瓶组贮存压力 p，保压时间不小于5 s；
b) 启动控制驱动部件，使被试阀门开启(驱动部件施加于被试阀门上的驱动力应为对应温度下的驱动部件的驱动力)；
c) 待专用试验容器内压力降至小于0.5 MPa时，关闭被试阀门；
d) 再向被试阀门充压，继续下一循环。

被试阀门在正常工作时允许破坏的零件，在每个循环试验后及时更换。

6.6.1.3 在常温(+20 ℃±5 ℃)下，上述循环试验重复进行100次，将试验装置和样品移入温度试验箱内，在最低和最高工作温度下各进行10次。试验前样品在试验环境中放置时间，首次试验不低于2 h，其余试验应使样品自身温度与试验箱内温度充分平衡。

检查样品并对试验结果进行记录。

6.6.2 **单向阀工作可靠性试验**

6.6.2.1 单向阀的工作可靠性试验在专用试验装置上进行，试验装置气体流量应保证试验时单向阀达到全开。

6.6.2.2 试验在常温下进行，气源采用压缩空气或氮气，顺序给单向阀正、反向交变充压，压力为瓶组贮存压力 p，使阀门达到完全开启或关闭状态，正、反向切换频率不大于每分钟30次。完成100次开启-关闭循环试验后，检查样品并对试验结果进行记录。

6.6.3 **驱动器工作可靠性试验**

按GA 61的规定进行。

6.6.4 **低泄高封阀工作可靠性试验**

低泄高封阀的工作可靠性试验在专用试验装置上进行。试验在常温下进行，气源采用压缩空气或氮气，顺序给低泄高封阀充压至其关闭压力，之后泄压。完成100次开启-关闭循环试验后，检查样品并对试验结果进行记录。

6.7 最大最小工作压力下动作试验

容器阀在最大和最小工作压力下动作试验的试验装置、气源与6.6.1相同。将被试阀门安装在专用试验容器上，连接好控制驱动部件，使被试阀门处于正常工作状态，由气源给专用试验容器充压至0.5倍最小工作压力，启动驱动器使阀门动作，检查阀门开启状况并对试验结果进行记录。

最大工作压力下的动作试验程序同上，试验压力为1.1倍最大工作压力。

6.8 等效长度试验

等效长度试验装置在图1a)或图1b)试验装置上进行，压差测量采用压差计或压力传感器，容器阀应配装所用的虹吸管，试验介质为清水，水温应不小于+5 ℃。

试验管路中应建立雷诺数至少1×10^5的流态，可通过调整水流速实现。

雷诺数Re由式(1)计算得出：

$$Re = du\rho/\mu \qquad \cdots\cdots(1)$$

式中：

d——管道的实际内径，单位为米(m)；

u——管道中水的流速，单位为米每秒(m/s)；

ρ——水的密度，单位为千克每立方米(kg/m³)；

μ——水的动力黏度，单位为帕秒(Pa·s)。

调节进水口压力使流速满足雷诺数Re要求，开启排气阀排除容器腔内空气，流速稳定后，测取水流量Q、压差p、管道内径d等参数，按式(2)和式(3)计算等效长度L。

$$L = L_X - (a + b) \qquad \cdots\cdots(2)$$

式中：

L——样品的等效长度，单位为米(m)；

L_X——样品和试验管道的等效长度，单位为米(m)；

a——见图1a)、图1b)，单位为米(m)；

b——见图1a)、图1b)，单位为米(m)。

$$L_X = \frac{p \times c^{1.85} \times (d \times 10^3)^{4.87}}{6.05 \times 10^{10} \times Q^{1.85}} \qquad \cdots\cdots(3)$$

式中：

p——压差值，单位为帕(Pa)；

c——测量管路粗糙度系数，镀锌管取120；

d——管道的实际内径，单位为米(m)；

Q——水流量，单位为升每分钟(L/min)。

当采用图1a)试验装置时，压差值p应减去液柱H的静压力。

6.9 盐雾腐蚀试验

试验在喷雾式盐雾腐蚀箱中进行。试验用盐水溶液质量浓度为20%，密度1.126 g/cm³～1.157 g/cm³。

将样品清除油渍，封堵阀类部件的进出口，以防止试验盐雾进入内腔。按正常使用位置悬挂在试验箱工作室中间部位。工作室温度控制在+35 ℃±2 ℃。从被测样品上滴下的溶液不能循环使用。在工作室内至少应从两处收集盐雾，以调节试验过程中的喷雾速率和试验用盐水溶液的浓度，每80 cm²的收集面积，连续收集16 h，每小时应收集1.0 mL～2.0 mL盐溶液，其质量浓度应为19%～21%。

试验周期10 d，连续喷雾。试验结束后，将样品用清水清洗并置于温度+20 ℃±5 ℃、相对湿度不超过70%的环境中自然干燥7 d，检查样品的腐蚀情况并记录。

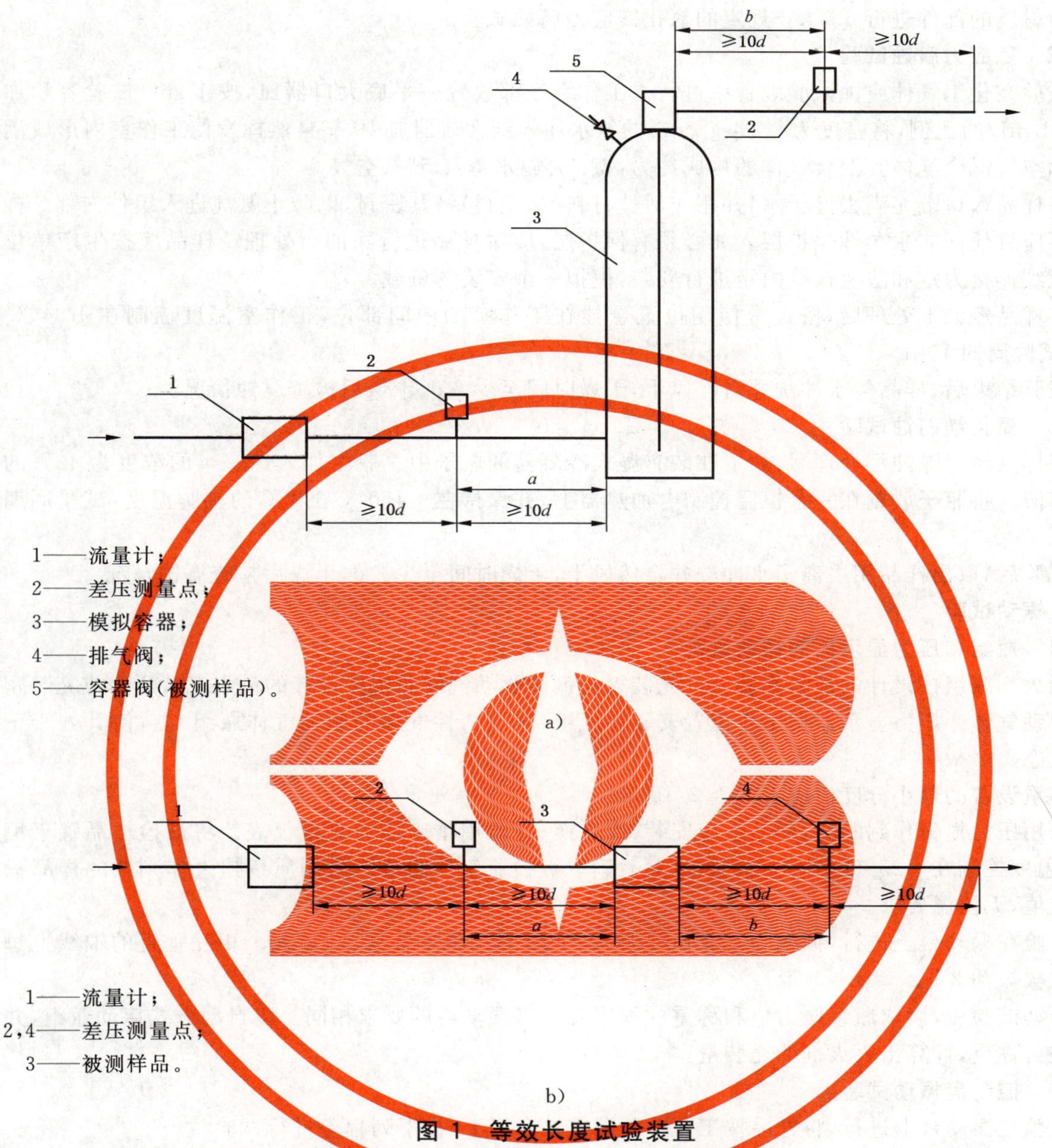

图1 等效长度试验装置

6.10 二氧化硫腐蚀试验

试验在化工气体腐蚀试验装置中进行。工作室内按体积比每24 h加入1%的二氧化硫气体。放置在工作室底部的平底大口器皿中注入足够的蒸馏水，靠自然挥发形成潮湿的环境，工作室内温度保持在+45 ℃±2 ℃。

将样品清除油渍后，按正常使用位置悬挂在工作室的中间部位，工作室顶部凝聚的液滴不应滴在样品上。

试验周期16 d，试验进行8 d时将样品取出，清水冲洗后重新放回工作室，继续试验8 d。试验结束后，将样品置于温度+20 ℃±5 ℃、相对湿度不超过70%的环境中自然干燥7 d，检查样品的腐蚀情况并记录。

试验所用的二氧化硫气体亦可每天在工作室内由 $Na_2S_2O_3 \cdot 5H_2O$ 溶液和稀硫酸反应制取。

6.11 应力腐蚀试验

6.11.1 应力腐蚀试验方法选择

采用含锌量超过15%的铜合金为材质的部件进行6.11.2规定的氨应力腐蚀试验；采用奥氏体不

锈钢为材质的部件进行6.11.3规定的氯化镁应力腐蚀试验。

6.11.2 氨应力腐蚀试验

试验在化工气体腐蚀试验装置中进行。工作室底部放置一平底大口器皿，按1 cm^3 试验容积加氨水0.01 mL的比例，将密度为0.94 g/cm^3 的氨水注入到大口器皿中，靠自然挥发使工作室内形成潮湿的氨和空气混合气体。混合气体的构成约为：氨35%、水蒸气5%、空气60%。

将样品入口端充满去离子水，并用非活性材料（如塑料）将其密封，以防止氨气进入组件内部。样品表面不应有任何非永久性保护层。如必须有保护层，应对样品进行除油污处理。样品应按生产单位规定的螺纹连接力矩和法兰连接力矩进行安装，模拟一个安装的负载。

将样品经如上处理后，按正常使用位置悬挂在工作室的中间部位，工作室温度控制在＋34 ℃±2 ℃，试验周期10 d。

试验结束后，样品经水冲洗并自然风干，干燥时间至少2 d，干燥后检查腐蚀情况。

6.11.3 氯化镁腐蚀试验

将样品经过除油污处理后，放置在装有湿式冷凝器的瓶子中。瓶中加入约一半的浓度为42%的氯化镁溶液。将瓶子放置在一个恒温控制电加热器上，并保持在＋150 ℃±2 ℃的沸腾温度，试验周期为500 h。

试验后，取出样品用去离子水冲洗并自然风干，干燥时间至少2 d，干燥后检查腐蚀情况。

6.12 振动试验

6.12.1 瓶组和压力显示器的振动试验

灭火剂瓶组按设计的最大充装密度充装灭火剂。驱动气体瓶组按设计的最大充装压力或充装密度充装驱动气体。压力显示器按工作位置安装在瓶组（充装惰性气体的驱动气体瓶组）上，使其处于正常工作状态。

称重设备的最小分度值应不大于2/10 000。

采用压力损失作判断时，样品上应安装（或更换）检验用精密压力测量仪表。将被检样品置于恒温室中，温度控制在＋25 ℃±1 ℃，放置24 h后读取被检瓶组压力值。采用质量损失作判断的样品只记录称重值，无恒温要求。

试验在振动台上进行，振幅为0.8 mm，频率为20 Hz，在样品 X、Y、Z 三个相互垂直的轴线上每个方向依次振动2 h。

振动试验后，读取瓶组压力值和称重的程序要求与振动前的要求相同。以自动方式启动瓶组，并对瓶组进行称重，计算出灭火剂的充装量。

6.12.2 控制盘振动试验

试验在振动台上进行，将样品按工作位置固定在台面上，按下列程序进行试验：

a) 在5 Hz～60 Hz～5 Hz频率范围内，以每分钟一倍频程的速率、0.19 mm振幅进行一次扫频循环，观察并记录发现的共振频率；
b) 未发现共振频率时，在60 Hz频率上，进行振幅为0.19 mm、持续时间为10 min±0.5 min的定频振动试验；
c) 发现共振频率不超过四个时，在每一个共振频率上，进行振幅为0.19 mm、持续时间为10 min±0.5 min的定频振动试验；
d) 发现共振频率超过四个时，在5 Hz～60 Hz～5 Hz频率范围内，进行振幅为0.19 mm、扫频速率为每分钟一倍频程，两次扫频循环试验。

上述试验在样品 X、Y、Z 三个轴线上依次进行。

6.13 温度循环泄漏试验

试验在温度试验箱中进行。试验前瓶组压力值读取和称重的程序要求与6.12.1相同。

按下列顺序在每个温度下放置24 h：

a) 最高工作温度±2 ℃；

b） 最低工作温度±2 ℃；

c） 最高工作温度±2 ℃；

d） 最低工作温度±2 ℃；

e） 最高工作温度±2 ℃；

f） 最低工作温度±2 ℃。

上述循环试验后，将被检样品置于＋25 ℃±5 ℃环境中放置 24 d，然后重复上述温度循环试验，再将被检样品置于＋25 ℃±5 ℃环境中放置 24 d 后结束该试验。

试验后，被检瓶组压力值读取和称重的程序要求与试验前相同。以自动方式启动瓶组，并对瓶组进行称重，计算出灭火剂的充装量。

试验后，安装在瓶组上的安全泄放装置泄放压力试验按 6.15 规定的方法进行。压力显示器示值误差试验和密封试验分别按 6.34.2、6.4.4 规定的方法进行。

6.14 瓶组倾倒冲击试验

试验示意图如图 2。灭火剂瓶组内充满清水，瓶组允许加戴保护罩，低碳钢棒直径约为 50 mm，垫起的高度使瓶组轴线与地平面成 10°角。

将一个水平力 F 缓慢作用给被检瓶组的容器阀上，使瓶组在没有任何阻力的条件下倾倒，容器阀撞击到低碳钢棒上，试验按任意方向进行。

6.15 安全泄放装置动作试验

6.15.1 安全泄放装置动作试验用设备与 6.3.1 液压强度试验设备相同，其中压力测量仪表应有瞬时记录功能，如选用压力表应带有停针机构。

6.15.2 将被检样品进口与试验装置相联，排除连接管路和样品内腔的空气后，封闭样品的所有出口。以不大于 0.5 MPa/s 的速率缓慢升压至安全泄压装置动作。记录此时压力。

6.16 手动操作试验

被检阀门处于最大工作压力状态，测力计的精度应不低于 2.5 级。

将被测阀门的手动操作机构与测力计相联，通过测力计启动被检阀门。记录最大操作力，测量并记录最大操作行程。

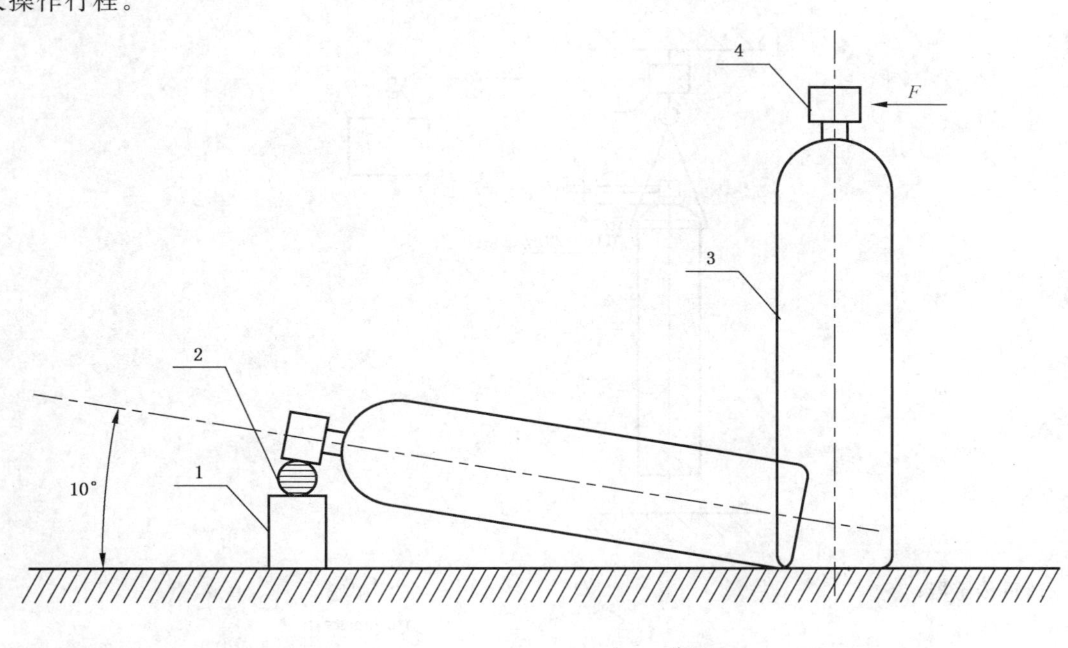

1——刚性垫；
2——低碳钢棒；
3——瓶组；
4——容器阀。

图 2 倾倒冲击试验示意图

6.17 喷嘴流量特性试验

喷嘴流量特性试验装置如图3a)和图3b)所示，容器阀至喷嘴间连接管直径 d 不应小于喷嘴入口公称直径，荷重传感器的最小分度值应不大于2/10 000。

喷嘴孔口尺寸与灭火剂贮存容器容积应协调，使喷射在合理的时间内完成。

按设计给定的充装密度灌装灭火剂并充压至贮存压力，放置2 h后安装在试验装置上。安装好喷嘴，自动启动容器阀，记录喷嘴前压力和灭火剂质量对时间的变化曲线。根据喷嘴实际孔口面积，计算出不同喷射压力下喷嘴单位孔口面积的质量流量。

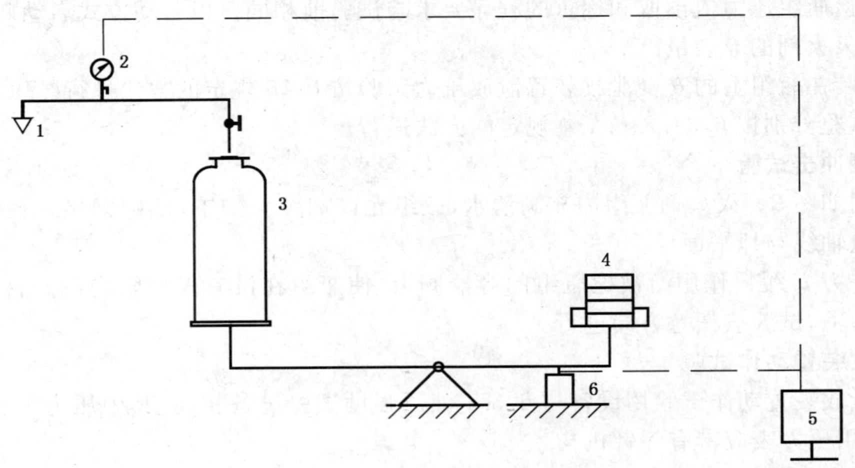

1——被测喷嘴；
2——压力传感器；
3——灭火剂瓶组；
4——配重；
5——数据采集处理系统；
6——荷重传感器。

a) 重量平衡方式

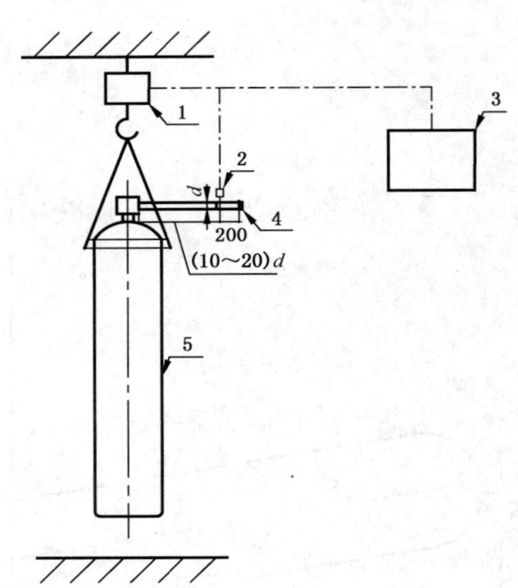

1——荷重传感器；
2——压力传感器；
3——数据采集处理系统；
4——被测喷嘴；
5——灭火剂瓶组。

b) 悬挂方式

图3 喷嘴流量特性试验装置原理示意图

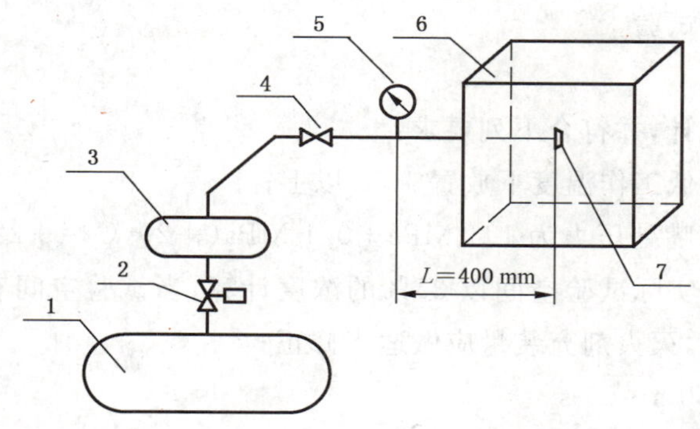

1——试验气体贮存容器；
2——减压阀；
3——缓冲容器；
4——快速开启阀；
5——压力表；
6——温度试验箱；
7——喷嘴。

图 4　喷嘴耐热和耐压试验装置

6.18　喷嘴耐热和耐压试验

喷嘴耐热和耐压试验在图 4 所示试验装置上进行，喷嘴位于温度试验箱工作室中部，试验用气体为氮气或压缩空气，连接管横截面不应小于三倍喷嘴喷孔面积。

将喷嘴安装在试验系统中，调整减压阀至工作位置，开启温度试验箱升温至＋600 ℃±20 ℃，恒温 5 min，打开温度试验箱箱门，启动快速开启阀使气体喷出，在喷射时间 10 s 内保持喷嘴前压力为规定值。

6.19　喷嘴耐热和耐冷击试验

喷嘴耐热和耐冷击试验在图 5 所示试验装置上进行，喷嘴位于温度试验箱工作室中部，试验用气体为液态二氧化碳，连接管横截面不应小于三倍喷嘴喷孔面积。

将喷嘴置于温度试验箱中，升温至＋600 ℃±20 ℃，恒温 5 min，然后迅速将喷嘴移至恒温在－20 ℃的低温温度试验箱中，开启箱门启动快速开启阀使液态二氧化碳由喷嘴喷出。喷射压力 2 MPa，喷射时间 1 min。

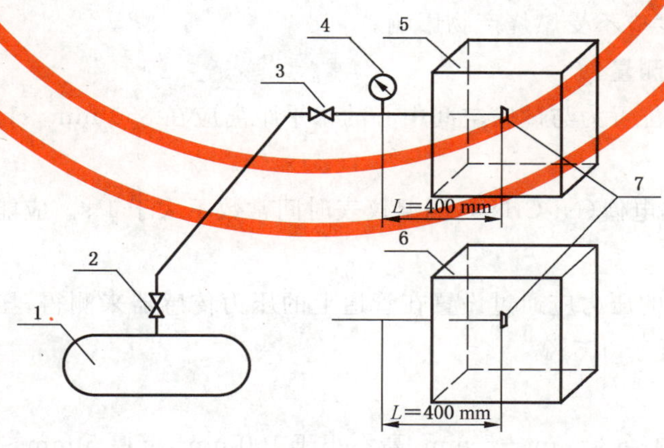

1——低压二氧化碳储罐；
2——总控阀；
3——快速开启阀；
4——压力表；
5——低温试验箱；
6——温度试验箱；
7——喷嘴。

图 5　喷嘴耐热和耐冷击试验装置

6.20 全淹没喷嘴喷射特性试验

6.20.1 灭火系统要求

灭火系统由生产单位设计，并符合下列要求：

a) 灭火剂瓶组应在最低工作温度下放置 16 h 以上；

b) 管路布置应保证喷嘴处压力为 1.4 MPa±0.1 MPa(+20 ℃～+22 ℃时)；

c) 灭火剂喷放量根据实际试验空间以 35%的浓度计算，当试验空间有实际泄漏，灭火剂瓶组喷射剩余率不为零时，灭火剂充装量应做适当修正；

d) 灭火剂喷放时间：50 s～60 s。

6.20.2 燃料要求

燃料为正庚烷，其馏分：

a) 初馏点：+90 ℃；

b) 50%：+93 ℃；

c) 干点：+96.5 ℃；

d) 密度(+15.6 ℃)：700 kg/m^3±50 kg/m^3。

6.20.3 最大高度试验空间浓度分布试验

6.20.3.1 试验空间

试验空间的体积不应小于 100 m^3，高度至少为 3.5 m。地面尺寸至少为 4 m×4 m。空间的最大高度为喷嘴的最大保护高度。

试验空间若设泄压口，应设在 3/4 空间高度以上或顶部。

6.20.3.2 喷嘴布置

喷嘴的位置应保证灭火剂不能直接喷向试验火、不能引起燃料的飞溅。

6.20.3.3 氧浓度测量

试验空间氧浓度测量取样点位置见图 6。三个取样点与试验空间中心的水平距离应在 850 mm～1 250 mm 之间，距离地面高度分别为 0.1H(H 为试验空间高度)、0.5H、0.9H。

氧浓度分析仪的分辨率不低于 0.1%(体积比)，通道数量宜取 3 个，应能连续测量，试验使用范围：17%～21%(体积比)，精度应不受燃烧产物影响。

6.20.3.4 试验空间温度测量

试验空间温度测量点位置为与试验空间中心的水平距离应在 850 mm～1 250 mm 之间，距离地面高度为 0.5H。

采用 1 mm 的 K 型热电偶(Ni-CrNi)，测温仪表时间常数不大于 1 s。应能连续测量。

6.20.3.5 喷嘴压力测量

系统喷放过程中喷嘴的压力应通过设置在管道上的压力传感器来测得，压力传感器距离喷嘴不超过 1 m，传感器的精度不低于 0.5%。

6.20.3.6 燃料罐

燃料罐为钢质圆形，内径 80 mm±5 mm，高不小于 100 mm，壁厚 5 mm～6 mm，燃料罐底部垫水，正庚烷深度至少为 50 mm，液面距燃料罐口至少 40 mm。

在喷嘴与燃料罐之间应设置一个与试验空间同高的挡板，挡板的位置见图 7a)、图 7b)，挡板宽度为试验空间宽度的 20%。

燃料罐共九个，其中八个燃料罐置于试验空间四墙面对角位置，四上四下交错放置，下角燃料罐置于地面上，距墙 50 mm，上角燃料罐口距吊顶 300 mm，距墙 50 mm；另外一只燃料罐放置在挡板后面的地面上。

6.20.3.7　试验

点燃燃料罐，预燃 30 s 后，启动系统。

6.20.3.8　试验记录

试验时应记录以下内容：

a）灭火系统有效喷射时间，喷嘴前压力；

b）释放到空间内的灭火剂总量；

c）达到灭火浓度时间；

d）观测燃料罐灭火时间宜采用红外线摄像仪或测温法。

6.20.4　最小高度试验空间浓度分布试验

6.20.4.1　试验空间

试验空间的面积、高度由喷嘴生产单位给出。

6.20.4.2　喷嘴布置

对于 360°喷嘴，喷嘴的位置应安装在试验空间中间位置。

对于 180°喷嘴，喷嘴的位置应安装在试验空间一侧壁的中间位置。试验空间的面积、高度和喷嘴布置由喷嘴生产单位给出。

6.20.4.3　氧浓度、试验空间温度、喷嘴压力的测量

氧浓度、试验空间温度、喷嘴压力的测量同 6.20.3。

如果试验空间的高度小于 0.6 m，氧浓度取样点应放置在两个或三个垂直的轴线上。

6.20.4.4　燃料罐

燃料罐尺寸按 6.20.3.6 中的规定。

将五个燃料罐置于试验空间地面上，地面对角位置各一个，距墙 50 mm，挡板的后面的地面上放置一只。

燃料罐位置上方设可关闭的开口，预燃期间保持燃料罐上方开口开启。

在喷嘴与燃料罐之间应设置一个与试验空间同高的挡板，挡板的位置见图 7a）、图 7b），挡板宽度为试验空间宽度的 20%。

6.20.4.5　试验

点燃燃料罐，预燃 30 s，启动系统。

6.20.4.6　试验记录

试验记录要求同 6.20.3.8。

单位为毫米

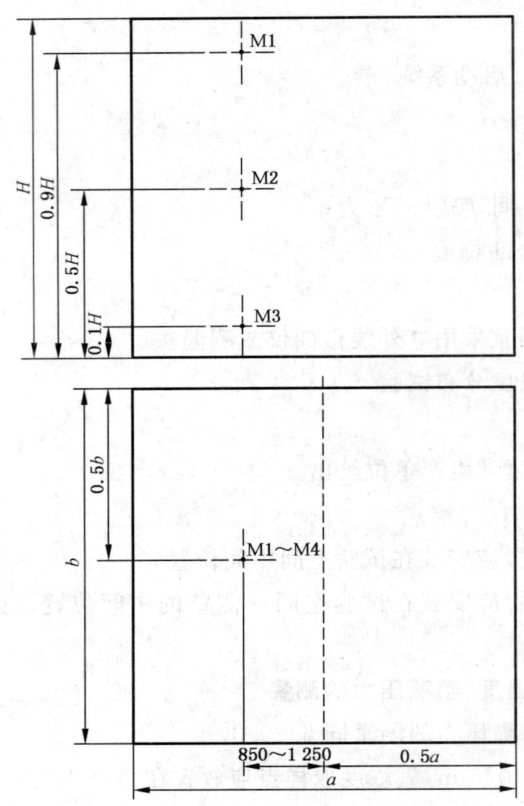

M1～M3——氧浓度测量取样点；
M4——测温点；
a——试验空间长度；
b——试验空间宽度；
H——试验空间高度。

图6　喷嘴最大安装高度试验测量点布置示意图

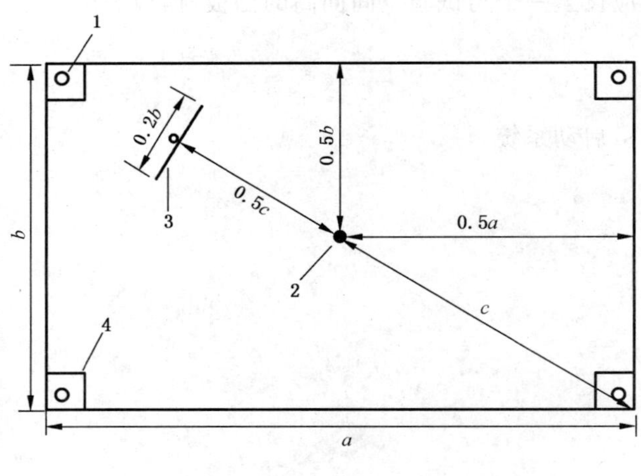

1——燃料罐；
2——360°喷嘴；
3——挡板；
4——通风口；
a——试验空间长度；
b——试验空间宽度。

a) 360°喷嘴浓度分布试验布置示意图

图7　喷嘴浓度分布试验布置示意图

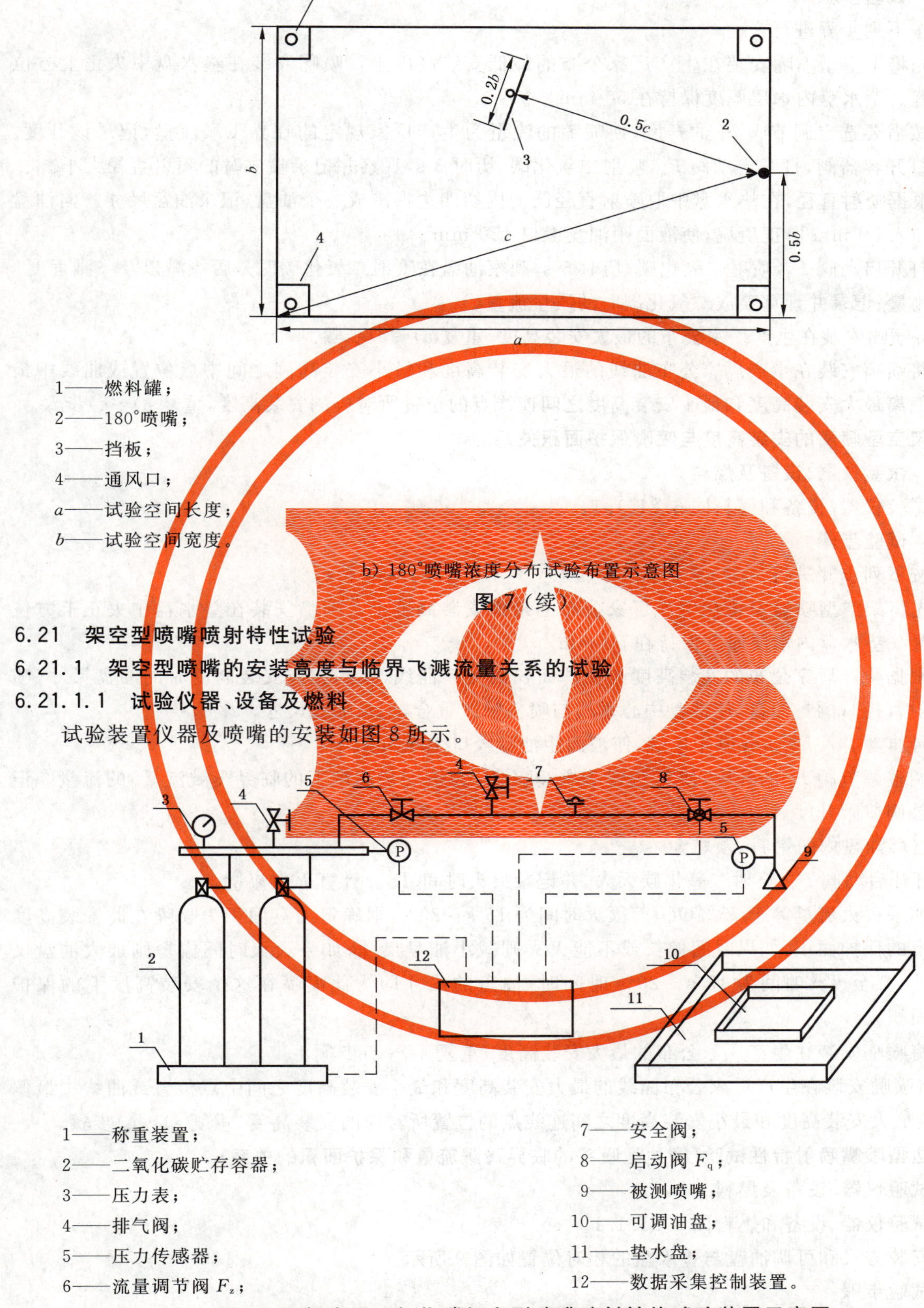

1——燃料罐；

2——180°喷嘴；

3——挡板；

4——通风口；

a——试验空间长度；

b——试验空间宽度。

b) 180°喷嘴浓度分布试验布置示意图

图 7（续）

6.21 架空型喷嘴喷射特性试验

6.21.1 架空型喷嘴的安装高度与临界飞溅流量关系的试验

6.21.1.1 试验仪器、设备及燃料

试验装置仪器及喷嘴的安装如图 8 所示。

1——称重装置；

2——二氧化碳贮存容器；

3——压力表；

4——排气阀；

5——压力传感器；

6——流量调节阀 F_z；

7——安全阀；

8——启动阀 F_q；

9——被测喷嘴；

10——可调油盘；

11——垫水盘；

12——数据采集控制装置。

图 8 局部应用二氧化碳架空型喷嘴喷射性能试验装置示意图

垫水盘 2 000 mm×2 000 mm×300 mm，采用钢制，钢板厚度 3 mm。可调油盘，采用钢板围制，钢板厚度 3 mm，钢板宽度 250 mm。燃料采用正庚烷。

6.21.1.2 试验步骤

试验按下列步骤进行：

a) 先将架空型喷嘴安装在生产厂家公布的最低安装高度上。喷嘴安装在垫水盘中央正上方位置。垫水盘内水层厚度保持在 50 mm。

b) 按需要选定调节阀 F_z 的开度，使喷嘴的流量为生产厂家规定的临界飞溅流量，记录该开度。打开容器阀，打开启动阀 F_q，喷射二氧化碳，历时 3 s，观察并记录喷放时的喷射直径大小。

c) 根据喷射直径，在垫水盘中取喷射直径圆的内切四边形围成一个油盘，记录油盘尺寸。向油盘加入 50 mm 厚正庚烷，使液面距油盘缘口 150 mm。

d) 打开启动阀 F_q，喷射二氧化碳，历时 5 s，观察油盘在喷射二氧化碳时是否飞溅以及飞溅程度。

e) 测量、记录并计算喷放二氧化碳时的质量流量。

f) 将喷嘴安装在生产厂家公布的最大安装高度，重复 a)～e)步骤。

g) 将喷嘴安装在生产厂家公布曲线的最大安装高度和最小安装高度之间中点位置或曲线中最偏离最大安装高度和最小安装高度之间连线点的位置所对应的安装高度，重复 a)～e)步骤。

6.21.2 架空型喷嘴的安装高度与喷嘴保护面积关系的试验

6.21.2.1 试验仪器、设备及燃料

配置试验仪器、设备和燃料同 6.21.1.1。

6.21.2.2 试验步骤

试验按下列步骤进行：

a) 先将架空型喷嘴安装在生产厂家公布的最低安装高度上。喷嘴安装在垫水盘中央正上方位置。垫水盘内水层厚度保持在 50 mm。

b) 根据生产厂家公布的安装高度与保护面积的关系曲线，找到相应安装高度时的油盘尺寸（喷射直径），围封油盘，使油盘中心垂线与喷头轴线重合，记录油盘尺寸。

c) 向油盘加入 50 mm 厚正庚烷，使液面距油盘缘口 150 mm。

d) 调整调节阀 F_z 的开度，使其达到 75%QL（QL 为该安装高度下的临界飞溅流量）的流量。记录调节阀开度。

e) 点燃油盘内的燃料，预燃 30 s。

f) 打开启动阀 F_q，喷射二氧化碳灭火，并记录灭火时间 T_m。计算灭火流量。

g) 如果灭火流量等于 75%QL，而灭火时间为 15 s～20 s，则确定油盘面积为喷嘴在此安装高度下的保护面积，如果时间偏长或不能灭火则减小油盘尺寸，如果灭火时间偏短则加大油盘尺寸，直至灭火时间为 15 s～20 s 时间时，油盘的尺寸即为此喷嘴在这个安装高度下的保护面积。

h) 将喷嘴安装在生产厂家公布的最大安装高度，重复 a)～g)步骤。

i) 将喷嘴安装在生产厂家公布曲线的最大安装高度和最小安装高度之间中点位置或曲线中最偏离最大安装高度和最小安装高度之间连线点的位置所对应的安装高度，重复 a)～g)步骤。

6.22 槽边型喷嘴喷射特性试验（槽边型喷头的临界飞溅流量和保护面积的关系）

6.22.1 试验仪器、设备及燃料

配置试验仪器、设备和燃料同 6.21.1.1。

喷头安装方式和可调油盘与垫水盘的相对位置如图 9 所示。

6.22.2 试验步骤

试验按下列步骤进行：

a) 先将喷嘴按生产厂家公布的方式安装，垫水盘内的油盘面积为生产单位公布的保护面积。

b) 调整调节阀 F_z 的开度，使达到预先估计的流量。打开启动阀 F_q，喷放二氧化碳，历时 5 s，观察喷头的保护宽度对射程的比例，计算喷嘴的实际流量，调节调节阀 F_z，使喷嘴流量达到生产厂家设计的临界飞溅流量。

c) 向油盘加入燃料，油层厚 50 mm，使油面距油盘缘口 150 mm。

d) 打开启动阀 F_q，历时 5 s，观察并记录向油盘喷射二氧化碳时的飞溅情况（如有飞溅情况可减小流量，直至不产生飞溅）。

e) 点燃油盘，预燃 30 s。

f) 打开启动阀 F_q，喷放二氧化碳，记录灭火时间 T_m 和灭火流量。如果灭火时间为 15 s～20 s，则确定油盘面积为喷嘴在此安装条件下的保护面积，如果时间偏长或不能灭火则减小油盘尺寸，如果灭火时间偏短则加大油盘尺寸，直至灭火时间为 15 s～20 s 时间时，油盘的尺寸即为喷嘴在此安装条件下的保护面积。

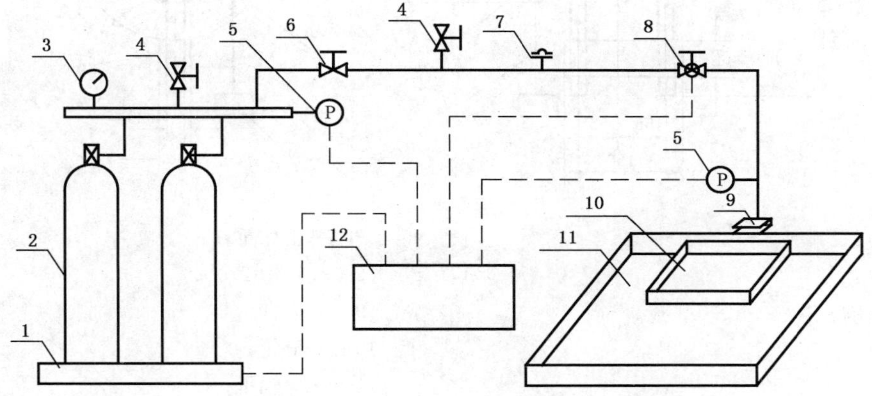

1——称重装置；

2——二氧化碳贮存容器；

3——压力表；

4——排气阀；

5——压力传感器；

6——流量调节阀 F_z；

7——安全阀；

8——启动阀 F_q；

9——被测喷嘴；

10——可调油盘；

11——垫水盘；

12——数据采集控制装置。

图 9　局部应用二氧化碳槽边型喷嘴喷射性能试验装置示意图

6.23　喷嘴耐冲击试验

喷嘴耐冲击试验装置如图 10 所示，锤头、摆杆、钢轮毂和配重块通过滚动轴承、转动轴安装在固定架上。锤头材质为铝合金，锤头打击面应有足够的硬度以防止打击时造成损伤，锤头打击面与水平成 60°。

将被试喷嘴按图示位置安装在试验装置上，调整喷嘴高度使冲击在锤头打击面的中心线上形成，此时锤头运动速度为 1.8 m/s±0.15 m/s，冲击能量为 2.7 J。

6.24　喷嘴保护帽试验

将带有保护帽的喷嘴安装在配有压力表的试验管路上。以 0.1 MPa/min 的升压速率升压，记录保护帽脱落的压力。试验次数不少于三次。

单位为毫米

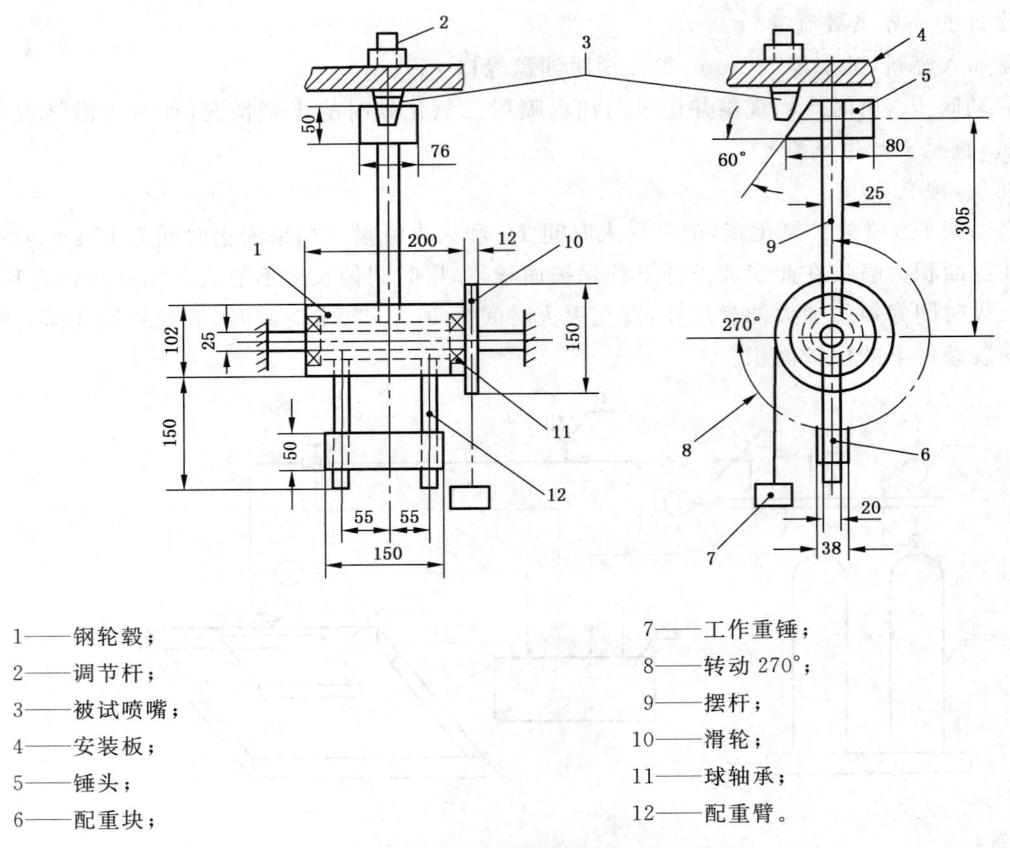

图 10 喷嘴耐冲击试验装置

6.25 单向阀开启压力试验

单向阀开启压力试验采用 6.4 规定的气密性试验装置，压力表的精度不低于 0.4 级。

将被测阀门的进口与试验装置相联，阀门处于正向关闭状态。控制装置缓慢升压，记录气体喷出时的压力，即为开启压力值，试验次数不少于三次。

6.26 低泄高封阀关闭压力试验

低泄高封阀关闭压力试验采用 6.4 规定的气密性试验装置，压力表的精度不低于 0.4 级。

将被试阀门进口与试验装置相联，阀门处于工作位置正常开启状态。控制试验装置缓慢升压，记录阀门关闭时的压力，试验次数不少于三次。

6.27 热空气老化试验

非金属连接管热空气老化试验在热空气老化试验箱内进行。

按生产单位提供的弯曲半径将被试非金属连接管弯成 90°，置于热空气老化试验箱工作室中，样品之间、样品与箱壁间不应接触。

试验温度为 +140 ℃±5 ℃，试验时间为 10 d。若样品不能承受该温度而发生软化时，允许在较低温度条件下进行加长时间试验，试验持续时间按下式计算：

$$D = 229\ 000 e^{-0.069\ 3t} \qquad \cdots\cdots(4)$$

式中：

D——试验持续时间，单位为天(d)；

t——试验温度，单位为摄氏度(℃)；

e——取值为 2.718 28。

老化试验后取出样品，在常温下空气环境中冷却 24 h 检查。

6.28 耐电压性能试验

试验采用耐电压测试仪,试验电压 0 V~+1 500 V 连续可调。试验电压设定后自动升压,升压速率为 100 V/s~500 V/s,定时 60 s±5 s,到达设定时间后自动降压。

6.29 绝缘电阻试验

试验采用绝缘电阻测试仪(也可用兆欧表或摇表),试验电压 500 Vd.c.,测量范围 0 MΩ~500 MΩ。

测试时应保证触点接触可靠,试验引线间绝缘电阻足够大。

6.30 电源试验

使被检控制盘处于正常监视状态,接入可调电源,备用电源充电至正常工作状态。

调整电源电压为 187 V~242 V,50 Hz。使控制盘所有回路处于报警和驱动喷洒状态,检查工作状况。断开主电源,备用电源处于正常监视状态 24 h 后,使控制盘一回路处于报警和驱动喷洒状态,检查工作状况。

6.31 连接管低温试验

非金属连接管低温试验在低温试验箱内进行。

在处理试样时应戴上手套以减低对试样的热传导影响。

试验芯轴的外径应等于软管公称内径的 12 倍。软管长度除能够围绕芯轴的圆周弯曲一段外还应在每一端有足够夹持长度。

将连接管固定在试验芯轴上并放入试验箱内,试验温度为系统最低温度,试验时间 24 h。

试验后,在试验箱中将整个连接管在 10 s±2 s 内将其弯曲到制造商规定的最小弯曲半径。观察软管内胶层或外胶层是否出现龟裂或破裂。取出连接管使其恢复到室温(+20 ℃±5 ℃)温度后再进行强度和密封试验。

6.32 控制、报警功能检查

6.32.1 控制盘控制、报警功能检查

使被检控制盘处于正常监视状态,对照设计图样和技术文件,使用通用量具、目测控制盘的控制、报警功能。

声响测量采用手持式声级计。

6.32.2 称重装置报警功能试验

采用重物或砝码模拟灭火剂瓶组质量,逐步缓慢减少质量直至报警,记录质量减少数值。

6.32.3 压力显示器报警功能试验

将压力显示器进口与气压供给系统连接,压力显示器的输出端与报警器连接,将气压调至贮存压力后,缓慢降压至报警器报警,记录此时的压力值。

6.32.4 液位测量装置报警功能试验

将液位测量装置与模拟容器相连,液位测量装置的输出端与报警器连接,将容器内液位充至正常水平后,缓慢泄放容器内液体至报警器报警,记录此时的液位值,之后将液位差值换算成灭火剂质量。

6.33 高低温试验

称重装置和液位测量装置的高低温试验分别在高温试验箱和低温试验箱中进行,试验箱温度控制精度为±2 ℃,达到设定温度后计算试验时间。试验结束后立即进行功能检查并记录。

6.34 压力显示器基本性能试验

6.34.1 标度盘检查

对照设计图样和技术文件,目测检查压力显示器标度盘的刻度、颜色、标志等。

6.34.2 示值基本误差检验

检验用压力源采用活塞压力计,当油压造成示值滞后过大时应采用气体压力源。作为检验用压力表精度不应低于 0.4 级。

被检压力显示器处于正常工作位置，示值检验在升压过程和降压过程各进行两次。

6.35 压力显示器交变负荷试验

将压力显示器安装在交变负荷试验台上。调整交变频率、交变幅度，然后进行 1 000 次的交变试验。

6.36 信号反馈装置触点接触电阻试验

可用数字毫欧表直接测出信号反馈装置触点接触电阻，也可以测取触点间电流和电压降，计算出触点的接触电阻。所用电工仪表的精度不低于 1.5 级，取连续五次测量平均值。

6.37 称重装置过载试验

将称重装置按工作位置安装在支架上，使其承受相当于两倍灭火剂瓶组(含灭火剂)质量的重物或拉力，保持 15 min，除去载荷后检查样品状况和报警功能。

6.38 信号反馈装置工作可靠性试验

6.38.1 将被检样品按工作位置安装在试验装置上，接通气压源，连好动作指示灯。缓慢升压至信号反馈装置动作，记录压力值。反复测试五次，其平均值为动作压力。

6.38.2 调整供气压力使其大于或等于信号反馈装置动作压力，重复动作试验 100 次，检查样品动作状况。

调整供气压力为 0.8 倍信号反馈装置动作压力，持续 3 min，检查样品动作状况。

6.39 吊钩、支架承载能力试验

试验在具备拉伸、压缩功能的材料试验机上进行，试验机的拉伸速度应满足样品产生不小于 1.27 mm/min 的拉伸变形。

将被检样品按使用状态安装在试验台(架)上，工作状态需预加载荷的样品按表 3 给出的数值预加载荷。选取适宜的加载速率，启动试验机加载至 0.5 倍规定试验载荷(见表 3)，保持 1 min，记录样品变形量。继续加载至规定试验载荷，保持 1 min，检查样品状况。

6.40 系统试验

6.40.1 系统的构成、外观、标志和系统的准工作状态

对照系统构成图样，目测检查系统的构成、外观、标志和系统的准工作状态。

6.40.2 系统启动运行试验

6.40.2.1 组装一个包括全部构成部件的灭火系统，可以用氮气或压缩空气替代灭火剂。自动启动系统，记录试验结果。

6.40.2.2 手动启动系统和机械应急启动系统试验，记录试验结果。

7 检验规则

7.1 检验分类、检验项目和试验程序

7.1.1 检验分类

检验分为型式检验和出厂检验。

有下列情况之一时，应进行型式检验：

a) 新产品试制定型鉴定；

b) 正式投产后，如产品结构、材料、工艺、关键工序的加工方法有重大改变，可能影响产品的性能时；

c) 发生重大质量事故时；

d) 产品停产一年以上，恢复生产时；

e) 质量监督机构提出要求时。

7.1.2 **检验项目**

产品型式检验项目应按表4的规定进行。产品出厂检验项目不应少于表4的规定项目。

7.1.3 **试验程序**

试验程序按附录A～附录U的规定。

7.2 抽样方法和样品数量

型式检验部件的抽样基数不应少于附录A～附录U规定的样品数量的五倍。部件采用一次性随机抽样,系统由随机抽取的部件样品组装构成。

出厂检验部件的抽样基数由生产单位根据实际生产量自定,系统由随机抽取的部件样品组装构成。样品数量结合表4和附录A～附录U的要求确定。

表4 型式检验项目、出厂检验项目及不合格类别

部件名称	检验项目	型式检验项目	出厂检验项目		不合格类别		
			全检	抽检	A类	B类	C类
系统	系统构成	★	★	—	—	★	—
	外观	★	★	—	—	—	★
	系统准工作状态	★	—	—	—	—	★
	启动运行要求	★	—	★	—	★	—
	基本参数	★	—	—	★	—	—
灭火剂瓶组	工作压力	★	★	—	★	—	—
	充装密度	★	★	—	★	—	—
	密封要求	★	★	—	★	—	—
	强度要求	★	—	★	★	—	—
	抗震要求	★	—	—	—	★	—
	温度循环泄漏要求	★	—	★	—	★	—
	耐倾倒冲击要求	★	—	★	—	★	—
	虹吸管	★	—	★	—	★	—
	误喷射防护装置	★	—	★	—	★	—
	灭火剂释放时间	★	—	★	—	★	—
	灭火剂	★	—	★	★	—	—
	标志	★	★	—	★	—	—
驱动气体瓶组	工作压力	★	★	—	★	—	—
	充装压力、充装密度	★	★	—	★	—	—
	密封要求	★	★	—	★	—	—
	强度要求	★	—	★	★	—	—
	抗震要求	★	—	—	—	★	—
	温度循环泄漏要求	★	—	★	—	★	—
	耐倾倒冲击要求	★	—	★	—	★	—
	误喷射防护装置	★	—	★	—	★	—
	标志	★	★	—	★	—	—

表 4（续）

部件名称	检验项目	型式检验项目	出厂检验项目		不合格类别		
			全检	抽检	A类	B类	C类
容器	容器的设计、制造、检验	★	—	★	★	—	—
	公称工作压力	★	★	—	★	—	—
	容积和直径	★	—	★	—	★	—
	材料	★	—	★	—	★	—
	标志	★	★	—	★	—	—
容器阀	标志	★	★	—	—	—	★
	材料	★	—	★	—	—	★
	工作压力	★	★	—	★	—	—
	强度要求	★	★	—	★	—	—
	密封要求	★	★	—	★	—	—
	超压要求	★	—	—	—	★	—
	最大和最小工作压力下动作要求	★	—	★	—	★	—
	工作可靠性要求	★	—	★	★	—	—
	局部阻力损失	★	—	—	—	—	★
	耐腐蚀性能	★	—	—	—	—	★
	手动操作要求	★	—	★	—	—	★
	结构要求	★	—	★	—	—	★
喷嘴	标志	★	★	—	—	—	★
	结构、尺寸	★	★	—	—	—	★
	材料	★	—	★	—	—	★
	流量特性	★	—	—	★	—	—
	耐热和耐压要求	★	—	—	—	★	—
	耐热和耐冷击要求	★	—	—	—	★	—
	耐冲击性能	★	—	—	—	—	★
	耐腐蚀性能	★	—	—	—	—	★
	喷射特性	★	—	—	—	★	—
选择阀	标志	★	★	—	—	★	—
	材料	★	—	★	—	—	★
	工作压力	★	★	—	—	★	—
	强度要求	★	★	—	★	—	—
	密封要求	★	★	—	—	★	—
	工作可靠性要求	★	—	★	★	—	—
	局部阻力损失	★	—	★	—	—	★
	耐腐蚀性能	★	—	—	—	—	★
	手动操作要求	★	—	★	—	—	★

表 4（续）

部件名称	检验项目	型式检验项目	出厂检验项目		不合格类别		
			全检	抽检	A 类	B 类	C 类
单向阀	标志	★	★	—	★	—	—
	材料	★	—	★	—	—	★
	工作压力	★	★	—	—	★	—
	强度要求	★	★	—	★	—	—
	正向密封要求	★	★	—	—	★	—
	反向密封要求	★	★	—	★	—	—
	工作可靠性要求	★	—	★	—	★	—
	开启压力要求	★	—	★	—	—	★
	局部阻力损失	★	—	★	—	—	★
	耐腐蚀性能	★	—	—	—	—	★
集流管	材料	★	—	★	—	—	★
	工作压力	★	★	—	—	★	—
	强度要求	★	★	—	★	—	—
	密封要求	★	★	—	—	★	—
连接管	工作压力	★	★	—	—	★	—
	强度要求	★	★	—	★	—	—
	密封要求	★	★	—	—	★	—
	非金属连接管耐热空气老化性能	★	—	—	—	—	★
	非金属连接管低温试验	★	—	—	—	—	★
安全泄放装置	泄放动作压力	★	—	★	★	—	—
	耐腐蚀性能	★	—	—	—	—	★
	耐温度循环性能	★	—	★	—	★	—
驱动装置	按 GA 61 的规定						
控制盘	电源要求	★	—	★	—	★	—
	报警功能	★	★	—	★	—	—
	控制功能	★	★	—	★	—	—
	其他性能	按 GA 61 的规定					
	标志	★	★	—	—	—	★
检漏装置 称重装置	报警功能	★	★	—	—	★	—
	耐高低温性能	★	—	—	—	—	★
	过载要求	★	—	★	—	—	★
	耐腐蚀性能	★	—	—	—	—	★
	标志	★	★	—	—	—	★

表 4（续）

部件名称		检验项目	型式检验项目	出厂检验项目		不合格类别		
				全检	抽检	A类	B类	C类
检漏装置	压力显示器	基本性能	★	★	—	★	—	—
		标度盘要求	★	★	—	—	★	—
		强度密封要求	★	—	★	—	★	—
		抗震性能	★	—	—	—	—	★
		温度循环泄漏要求	★	—	—	—	★	—
		耐腐蚀性能	★	—	—	—	—	★
		耐交变负荷性能	★	—	★	—	—	★
		报警功能	★	—	★	—	★	—
	液位测量装置	报警功能	★	—	★	—	★	—
		耐高低温性能	★	—	—	—	—	★
		耐腐蚀性能	★	—	—	—	—	★
		标志	★	★	—	—	—	★
信号反馈装置		工作压力	★	★	—	—	★	—
		动作压力	★	★	—	—	★	—
		工作可靠性要求	★	—	★	★	—	—
		强度要求	★	★	—	—	★	—
		密封要求	★	★	—	—	—	★
		耐电压性能	★	—	★	—	—	★
		绝缘要求	★	—	★	—	—	★
		耐腐蚀性能	★	—	—	—	—	★
		触点接触电阻	★	—	★	—	—	★
		标志	★	★	—	—	—	★
低泄高封阀		配置要求	★	★	—	★	—	—
		材料	★	★	—	—	★	—
		工作压力	★	★	—	—	★	—
		动作要求	★	★	—	—	★	—
		强度要求	★	—	★	—	★	—
		密封要求	★	★	—	—	—	★
		工作可靠性要求	★	—	★	★	—	—
		标志	★	★	—	—	—	★
管路、管件		材料	★	—	★	—	★	—
		工作压力	★	★	—	—	★	—
		强度要求	★	★	—	★	—	—
		密封要求	★	★	—	—	★	—

表 4（续）

部件名称	检验项目	型式检验项目	出厂检验项目		不合格类别		
			全检	抽检	A类	B类	C类
管路、管件	局部阻力损失	★	—	—	—	—	★
	标志	★	★	—	—	—	★
吊钩、支架	材料	★	—	★	—	★	—
	承载能力	★	—	★	—	★	—

7.3 检验结果判定

7.3.1 型式检验的检验结果判定

系统和部件全部合格，该产品为合格；系统和部件若出现不合格，则该产品为不合格。

系统或部件的型式检验项目全部合格，该系统或部件为合格。出现A类项目不合格，则该系统或部件为不合格。B类项目不合格数大于等于2，该系统或部件为不合格。C类项目不合格数大于等于4，该系统或部件为不合格。若已有一项B类项目不合格时，C类项目不合格数大于等于2，该系统或部件判为不合格。

7.3.2 出厂检验的检验结果判定

系统和部件全部合格，该产品为合格；系统和部件若出现不合格，则该产品为不合格。

系统或部件出厂检验项目全部合格，该系统或部件为合格。有一项A类项目不合格，则该系统或部件为不合格。若有B类项目或C类项目不合格，允许加倍抽样检验，仍有不合格项，即判该系统或部件不合格。

8 使用说明书编写要求

使用说明书应按GB/T 9969进行编写，使用说明书应至少包括下列内容：

a) 系统简介（主要是工作原理）；

b) 系统主要性能参数；

c) 系统示意图；

d) 系统操作程序；

e) 部件的名称、型号规格、主要性能参数（应包含本标准所述的公布值）、安装使用及维护说明、注意事项；

f) 灭火剂灌装方法；

g) 售后服务；

h) 制造单位名称、详细地址、邮编和电话。

附 录 A
（规范性附录）
系统试验程序及样品数量

A.1 试验程序

试验程序见图 A.1。

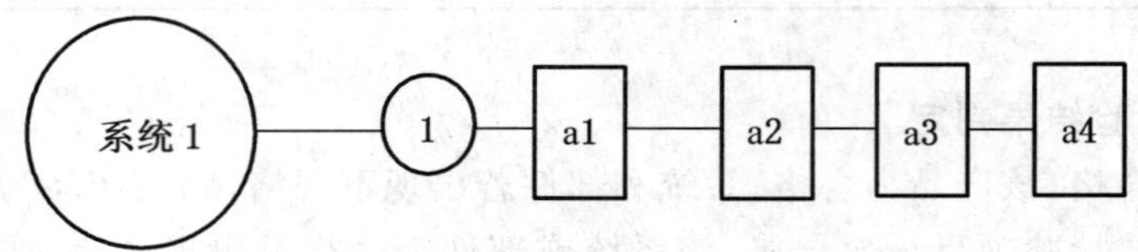

a1——系统构成(参见 6.40.1)；
a2——外观标志(参见 6.40.1)；
a3——系统准工作状态(参见 6.40.1)；
a4——启动运行试验(参见 6.40.2)。

注：图 A.1 中试验序号用方框中的数字表示，试验所需的样品数用圆圈中的数字表示。

图 A.1 系统试验程序图

A.2 样品数量

样品数量为一套。

附　录　B
（规范性附录）
灭火剂瓶组试验程序及样品数量

B.1　试验程序

试验程序见图 B.1。

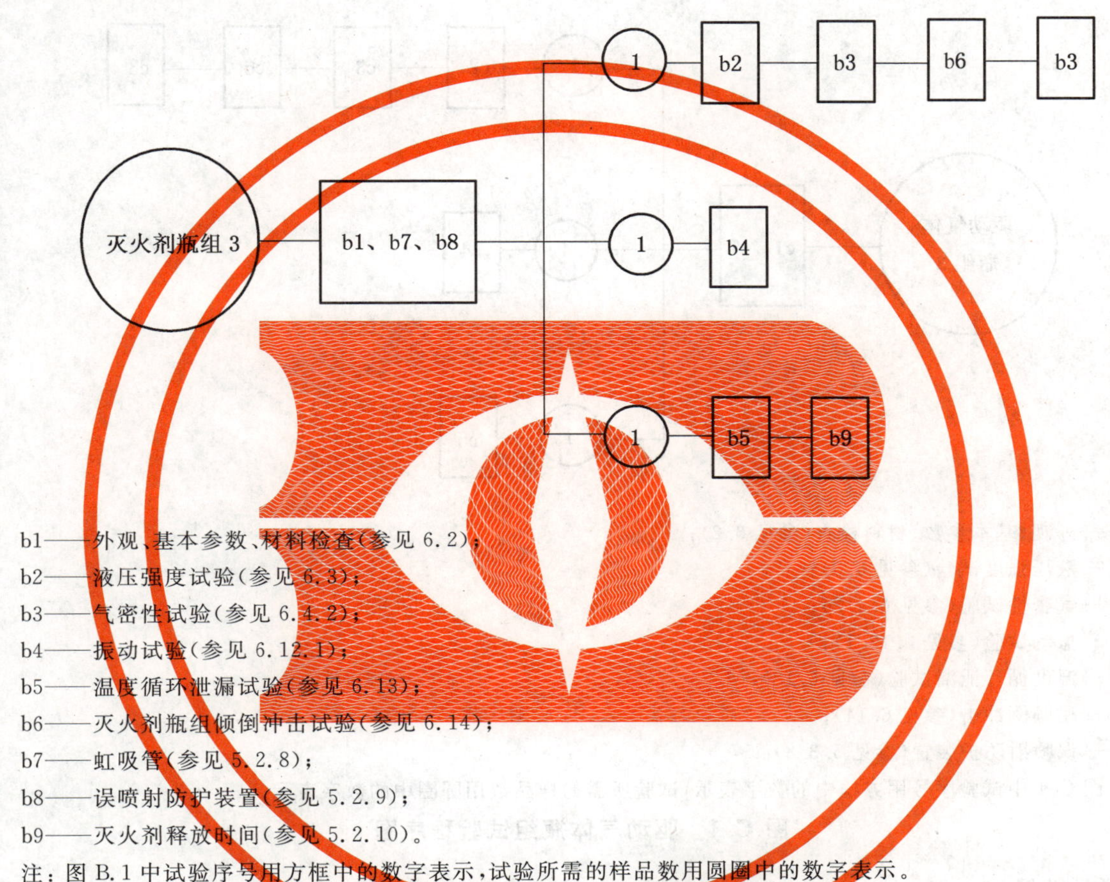

b1——外观、基本参数、材料检查(参见 6.2)；
b2——液压强度试验(参见 6.3)；
b3——气密性试验(参见 6.4.2)；
b4——振动试验(参见 6.12.1)；
b5——温度循环泄漏试验(参见 6.13)；
b6——灭火剂瓶组倾倒冲击试验(参见 6.14)；
b7——虹吸管(参见 5.2.8)；
b8——误喷射防护装置(参见 5.2.9)；
b9——灭火剂释放时间(参见 5.2.10)。

注：图 B.1 中试验序号用方框中的数字表示，试验所需的样品数用圆圈中的数字表示。

图 B.1　灭火剂瓶组试验程序图

B.2　样品数量

样品数量为三套。

附 录 C
（规范性附录）
驱动气体瓶组试验程序及样品数量

C.1 试验程序

试验程序见图 C.1。

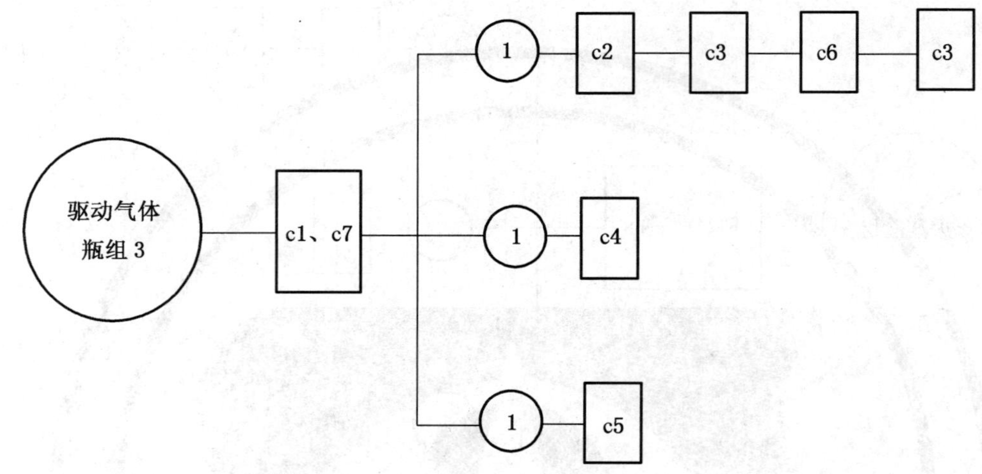

c1——外观、基本参数、材料检查(参见 6.2)；
c2——液压强度试验(参见 6.3)；
c3——气密性试验(参见 6.4.2)；
c4——振动试验(参见 6.12.1)；
c5——温度循环泄漏试验(参见 6.13)；
c6——耐倾倒冲击(参见 6.14)；
c7——误喷射防护装置(参见 5.3.8)。

注：图 C.1 中试验序号用方框中的数字表示，试验所需的样品数用圆圈中的数字表示。

图 C.1 驱动气体瓶组试验程序图

C.2 样品数量

样品数量为三套。

附 录 D
（规范性附录）
容器试验程序及样品数量

D.1 试验程序

试验程序见图 D.1。

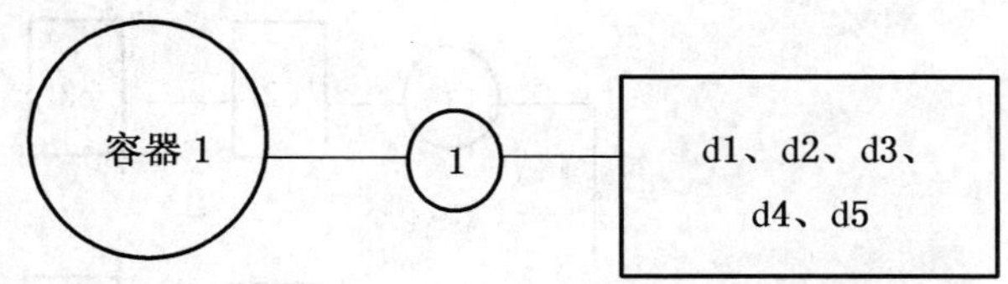

d1——外观、基本参数、材料检查(参见 6.2)；
d2——容器的设计、制造、检验(参见 5.4.1)；
d3——公称工作压力(参见 5.4.2)；
d4——容积和直径(参见 5.4.3)；
d5——材料(参见 5.4.4)。
注：图 D.1 中试验序号用方框中的数字表示，试验所需的样品数用圆圈中的数字表示。

图 D.1 容器试验程序图

D.2 样品数量

样品数量为一只。

附 录 E
（规范性附录）
容器阀试验程序及样品数量

E.1 试验程序

试验程序见图 E.1。

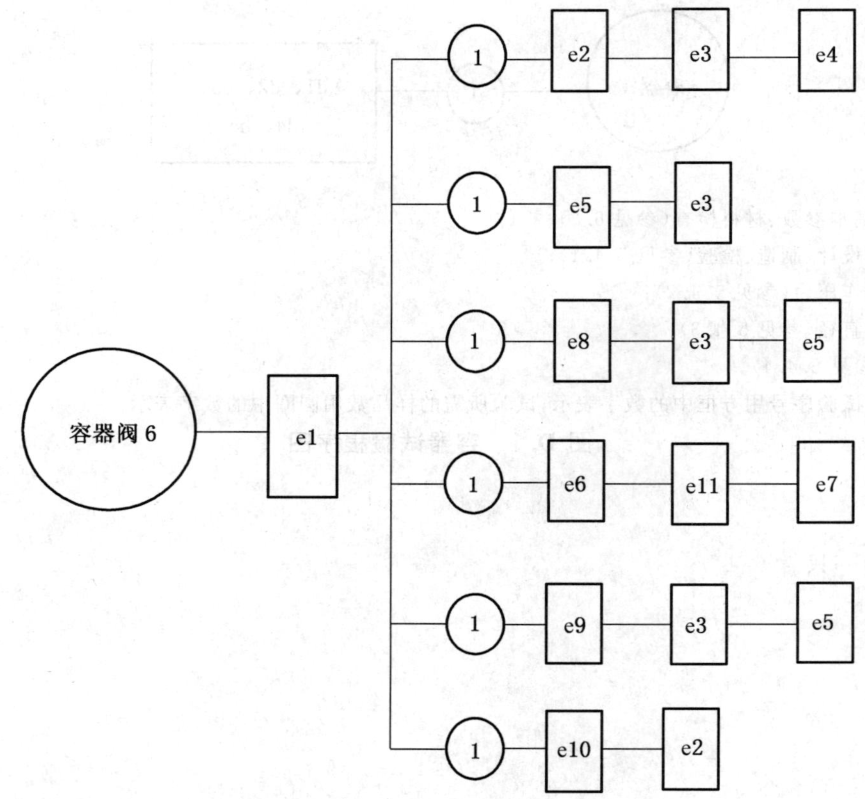

e1——外观、基本参数、材料检查(参见 6.2)；
e2——强度试验(参见 6.3)；
e3——气密性试验(参见 6.4.3)；
e4——超压试验(参见 6.5)；
e5——工作可靠性试验(参见 6.6.1)；
e6——最大和最小工作压力动作试验(参见 6.7)；
e7——等效长度试验(参见 6.8)；
e8——盐雾腐蚀试验(参见 6.9)；
e9——二氧化硫腐蚀试验(参见 6.10)；
e10——应力腐蚀试验(参见 6.11)；
e11——手动操作试验(参见 6.16)。

注：图 E.1 中试验序号用方框中的数字表示，试验所需的样品数用圆圈中的数字表示。

图 E.1 容器阀试验程序图

E.2 样品数量

样品数量为六只。

附 录 F
（规范性附录）
喷嘴试验程序及样品数量

F.1 试验程序

试验程序见图 F.1。

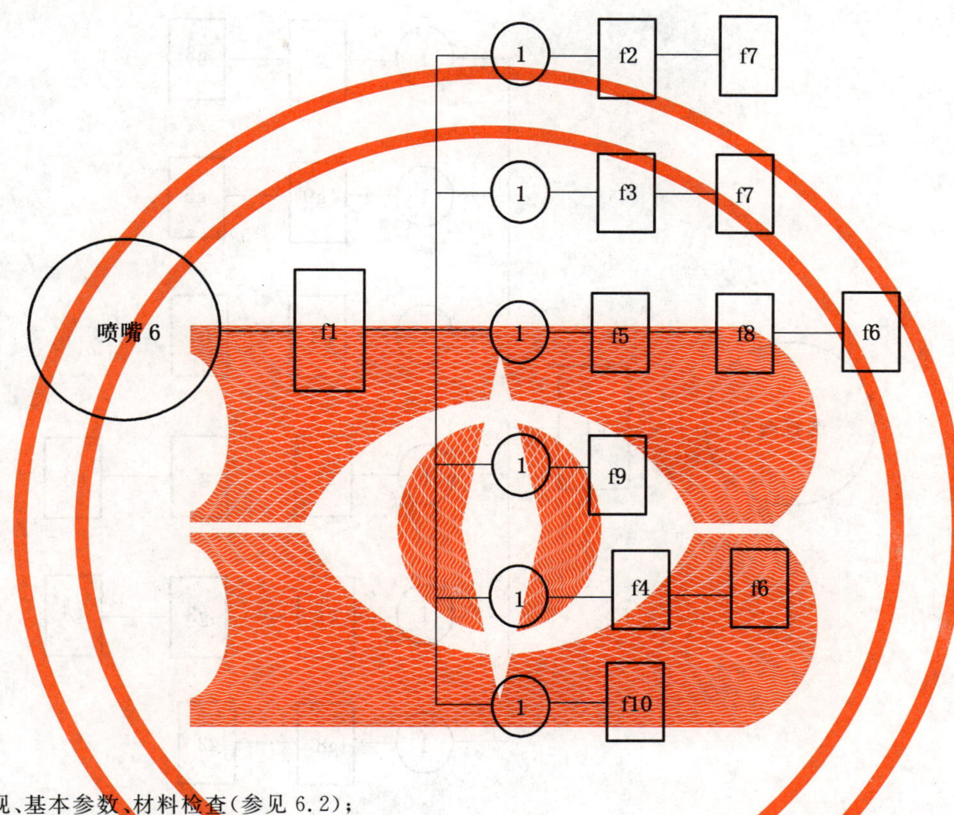

f1——外观、基本参数、材料检查(参见 6.2)；
f2——盐雾腐蚀试验(参见 6.9)；
f3——二氧化硫腐蚀试验(参见 6.10)；
f4——应力腐蚀试验(参见 6.11)；
f5——喷嘴流量特性试验(参见 6.17)；
f6——喷嘴耐热和耐压试验(参见 6.18)；
f7——喷嘴耐热和耐冷击试验(参见 6.19)；
f8——全淹没喷嘴喷射特性试验(参见 6.20)；
f9——喷嘴耐冲击试验(参见 6.23)；
f10——局部喷嘴喷射特性试验(参见 6.21、6.22)。

注：图 F.1 中试验序号用方框中的数字表示，试验所需的样品数用圆圈中的数字表示。

图 F.1 喷嘴试验程序图

F.2 样品数量

样品数量为六只。

附 录 G
（规范性附录）
选择阀试验程序及样品数量

G.1 试验程序

试验程序见图 G.1。

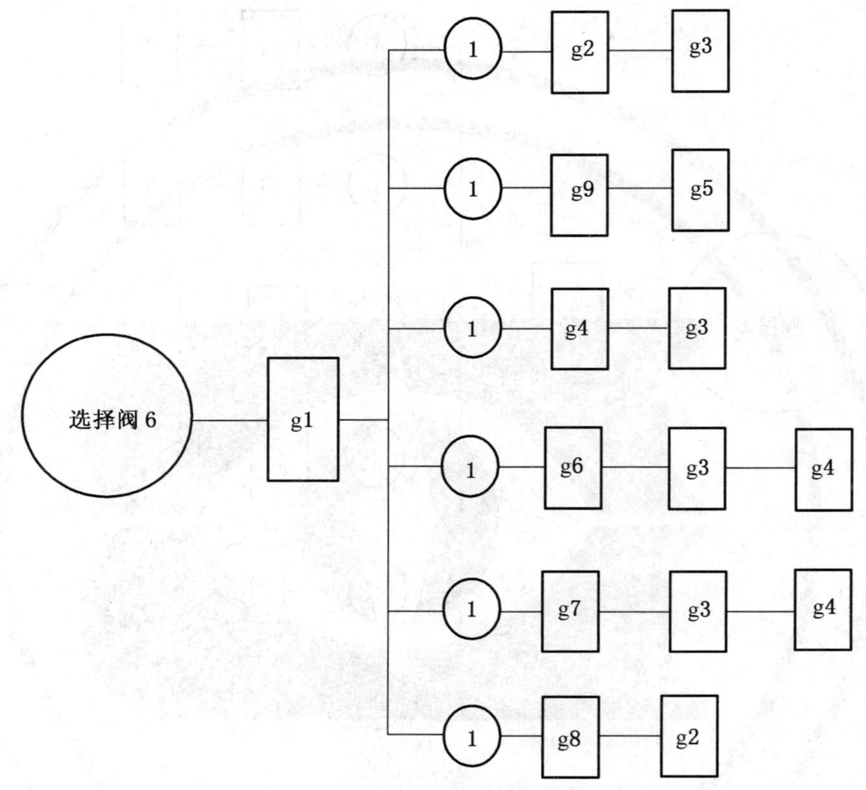

g1——外观、基本参数、材料检查(参见 6.2)；
g2——强度试验(参见 6.3)；
g3——气密性试验(参见 6.4.3)；
g4——工作可靠性试验(参见 6.6.1)；
g5——等效长度试验(参见 6.8)；
g6——盐雾腐蚀试验(参见 6.9)；
g7——二氧化硫腐蚀试验(参见 6.10)；
g8——应力腐蚀试验(参见 6.11)；
g9——手动操作试验(参见 6.16)。
注：图 G.1 中试验序号用方框中的数字表示，试验所需的样品数用圆圈中的数字表示。

图 G.1 选择阀试验程序图

G.2 样品数量

样品数量为六只。

附 录 H
（规范性附录）
单向阀试验程序及样品数量

H.1 试验程序

试验程序见图 H.1。

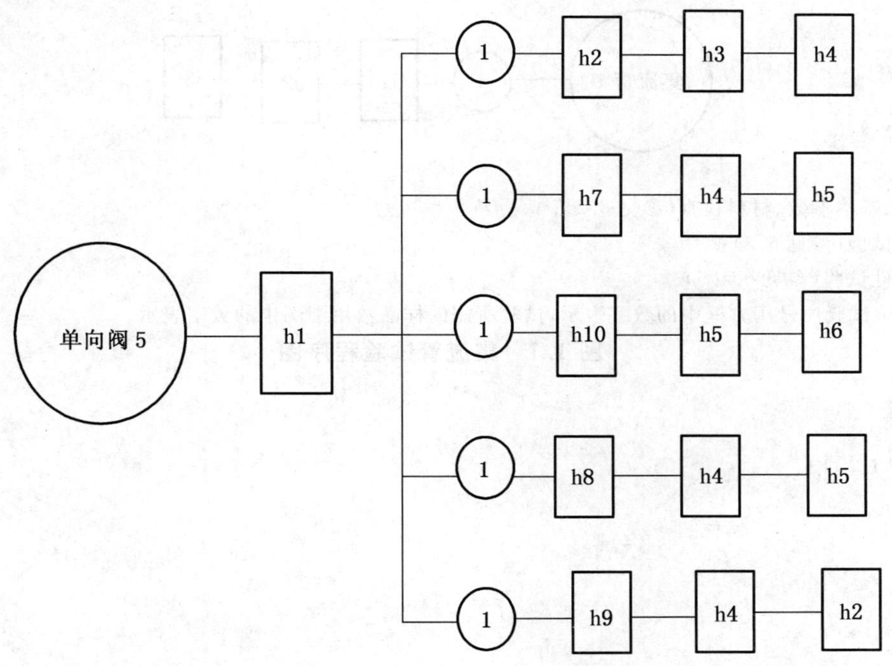

h1——外观、基本参数、材料检查(参见 6.2)；
h2——强度试验(参见 6.3)；
h3——正向气密性试验(参见 6.4.3)；
h4——反向气密性试验(参见 6.4.3)；
h5——工作可靠性试验(参见 6.6.2)；
h6——等效长度试验(参见 6.8)；
h7——盐雾腐蚀试验(参见 6.9)；
h8——二氧化硫腐蚀试验(参见 6.10)；
h9——应力腐蚀试验(参见 6.11)；
h10——开启压力试验(参见 6.25)。

注：图 H.1 中试验序号用方框中的数字表示，试验所需的样品数用圆圈中的数字表示。

图 H.1 单向阀试验程序图

H.2 样品数量

样品数量为五只。

附　录　I
（规范性附录）
集流管试验程序及样品数量

I.1　试验程序

试验程序见图 I.1。

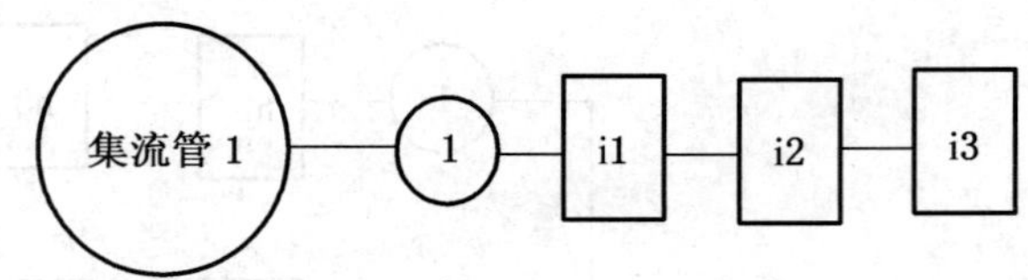

i1——外观、基本参数、材料检查(参见 6.2)；
i2——强度试验(参见 6.3)；
i3——气密性试验(参见 6.4.5)。
注：图 I.1 中试验序号用方框中的数字表示，试验所需的样品数用圆圈中的数字表示。

图 I.1　集流管试验程序图

I.2　样品数量

样品数量为一根。

附 录 J
（规范性附录）
连接管试验程序及样品数量

J.1 试验程序

试验程序见图 J.1。

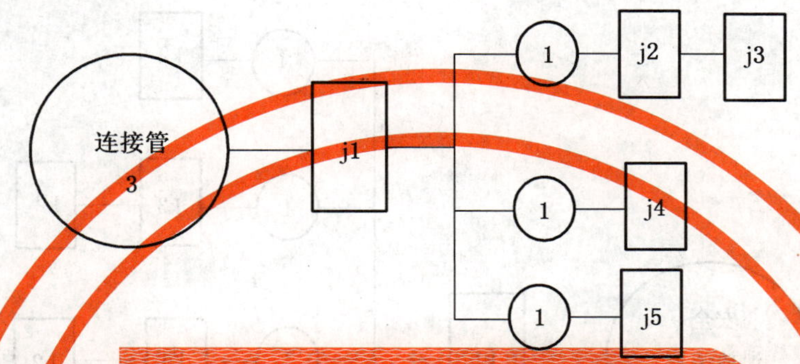

j1——外观、基本参数、材料检查(参见 6.2)；
j2——强度试验(参见 6.3)；
j3——气密性试验(参见 6.4.5)；
j4——热空气老化试验(参见 6.27)；
j5——非金属连接管低温试验(参见 6.31)。
注：图 J.1 中试验序号用方框中的数字表示，试验所需的样品数用圆圈中的数字表示。

图 J.1 连接管试验程序图

J.2 样品数量

样品数量为三根。

附　录　K
（规范性附录）
安全泄放装置试验程序及样品数量

K.1　试验程序

试验程序见图 K.1。

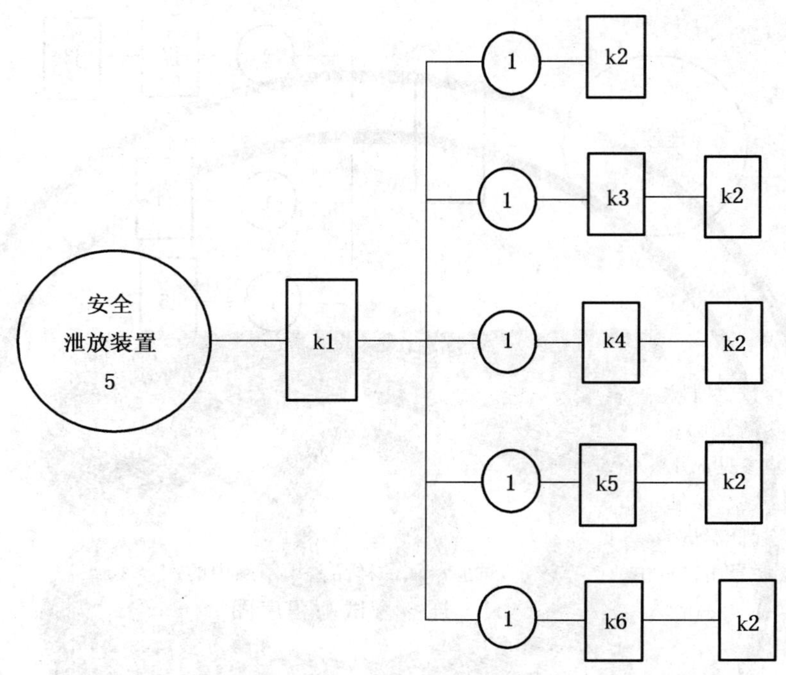

k1——外观、基本参数、材料检查(参见 6.2)；
k2——安全泄放装置动作试验(参见 6.15)；
k3——盐雾腐蚀试验(参见 6.9)；
k4——二氧化硫腐蚀试验(参见 6.10)；
k5——应力腐蚀试验(参见 6.11)
k6——温度循环泄漏试验(参见 6.13)。
注：图 K.1 中试验序号用方框中的数字表示，试验所需的样品数用圆圈中的数字表示。

图 K.1　安全泄放装置试验程序图

K.2　样品数量

样品数量为五套。

附 录 L
（规范性附录）
驱动装置试验程序及样品数量

驱动装置试验程序及样品数量按 GA 61 的规定。

附　录　M
（规范性附录）
控制盘试验程序及样品数量

M.1　试验程序

试验程序见图 M.1。

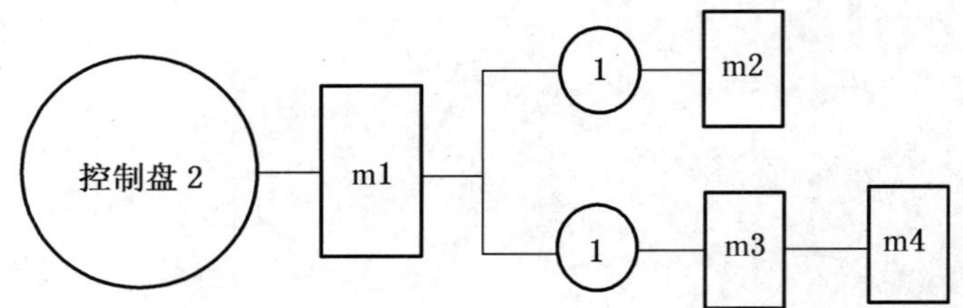

m1——外观、基本参数、材料检查(参见 6.2)；
m2——电源试验(参见 6.30)；
m3——报警功能检查(参见 6.32.1)；
m4——控制功能检查(参见 6.32.1)。
注：图 M.1 中试验序号用方框中的数字表示，试验所需的样品数用圆圈中的数字表示。

图 M.1　控制盘试验程序图

M.2　样品数量

样品数量为两套。

附 录 N
（规范性附录）
称重装置试验程序及样品数量

N.1 试验程序

试验程序见图 N.1。

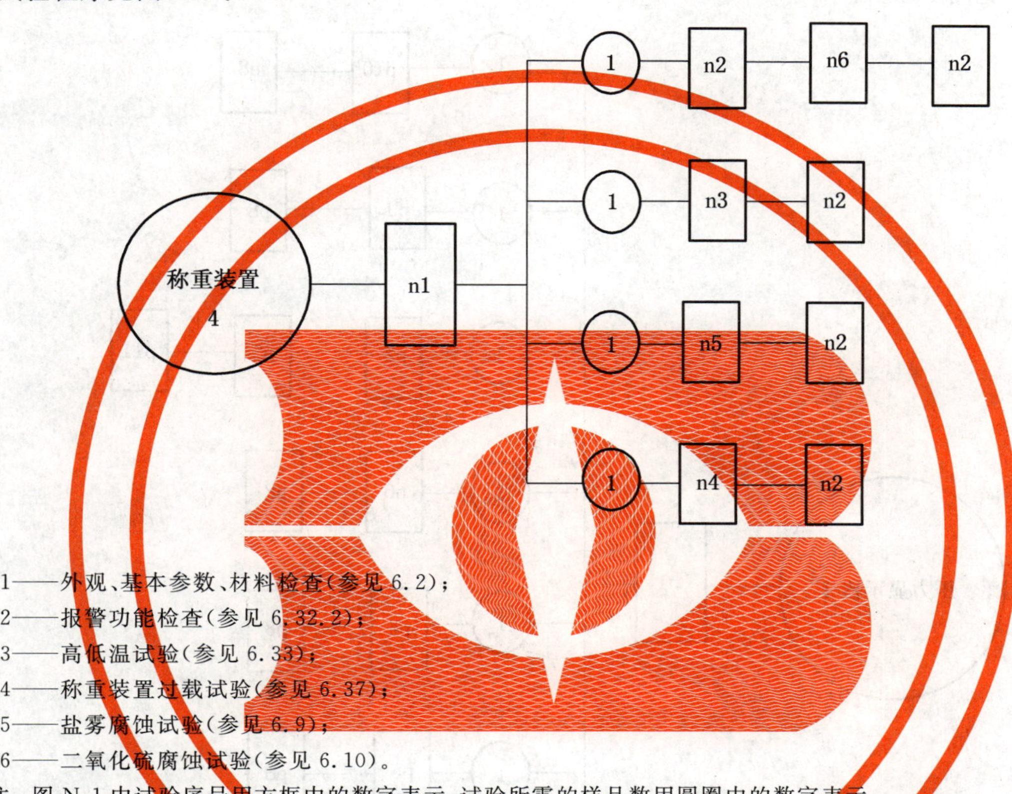

n1——外观、基本参数、材料检查(参见 6.2)；
n2——报警功能检查(参见 6.32.2)；
n3——高低温试验(参见 6.33)；
n4——称重装置过载试验(参见 6.37)；
n5——盐雾腐蚀试验(参见 6.9)；
n6——二氧化硫腐蚀试验(参见 6.10)。
注：图 N.1 中试验序号用方框中的数字表示，试验所需的样品数用圆圈中的数字表示。

图 N.1 称重装置试验程序图

N.2 样品数量

样品数量为四套。

附　录　P
（规范性附录）
压力显示器试验程序及样品数量

P.1　试验程序

试验程序见图 P.1。

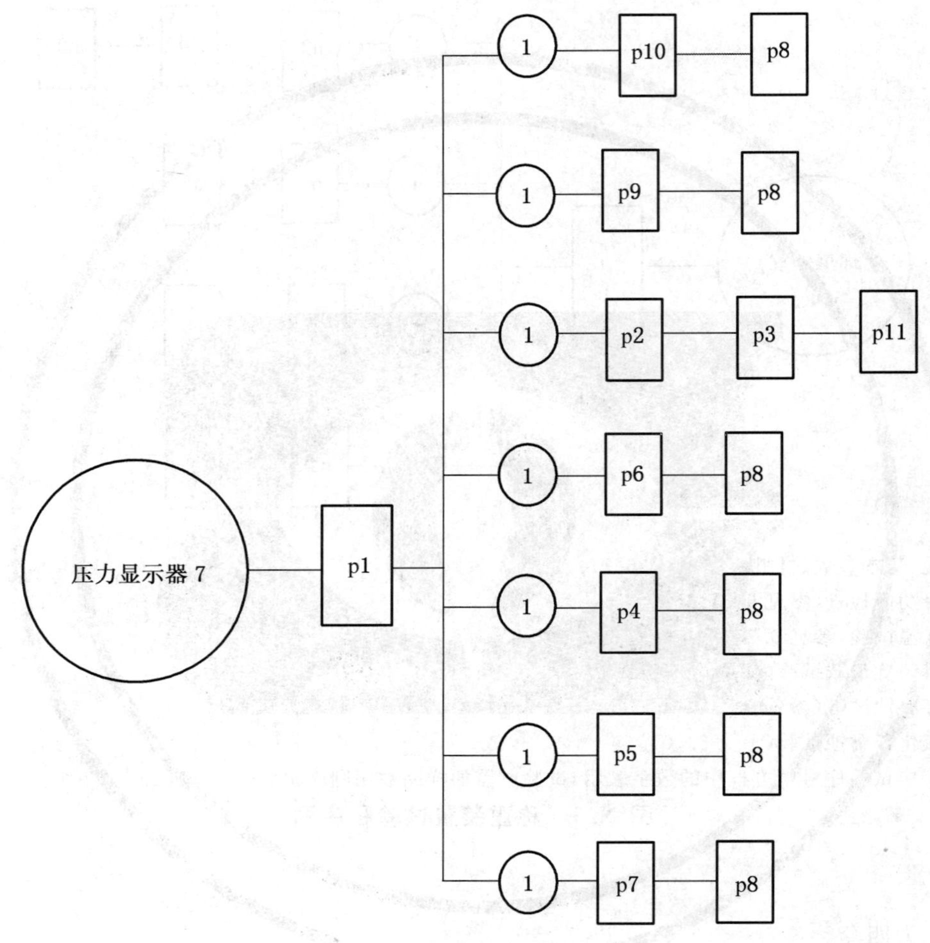

p1——外观、基本参数、材料检查(参见 6.2)；
p2——强度试验(参见 6.3)；
p3——气密性试验(参见 6.4.4)；
p4——盐雾腐蚀试验(参见 6.9)；
p5——二氧化硫腐蚀试验(参见 6.10)；
p6——温度循环泄漏试验(参见 6.13)；
p7——振动试验(参见 6.12.1)；
p8——基本性能试验(参见 6.34)；
p9——报警功能试验(参见 6.32.3)；
p10——交变负荷试验(参见 6.35)；
p11——超压试验(参见 6.5)。

注：图 P.1 中试验序号用方框中的数字表示，试验所需的样品数用圆圈中的数字表示。

图 P.1　压力显示器试验程序图

P.2　样品数量

样品数量为七套。

附 录 Q
（规范性附录）
液位测量装置试验程序及样品数量

Q.1 试验程序

试验程序见图Q.1。

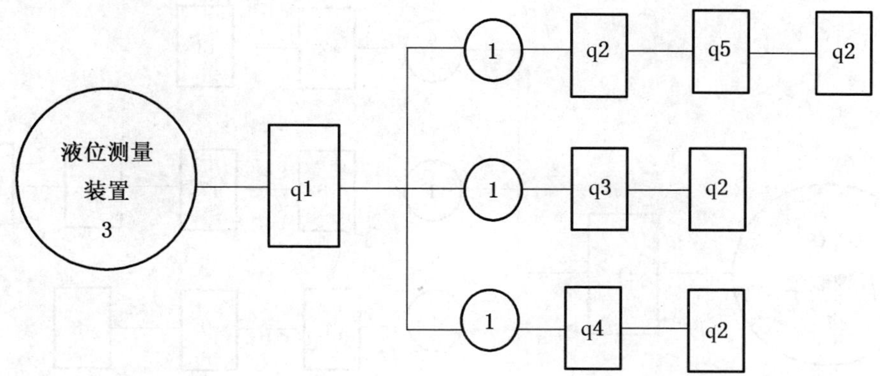

q1——外观、基本参数、材料检查(参见6.2)；
q2——报警功能检查(参见6.32.4)；
q3——高低温试验(参见6.33)；
q4——盐雾腐蚀试验(参见6.9)；
q5——二氧化硫腐蚀试验(参见6.10)。
注：图Q.1中试验序号用方框中的数字表示，试验所需的样品数用圆圈中的数字表示。

图Q.1 液位测量装置试验程序图

Q.2 样品数量

样品数量为三套。

附 录 R
（规范性附录）
信号反馈装置试验程序及样品数量

R.1 试验程序

试验程序见图 R.1。

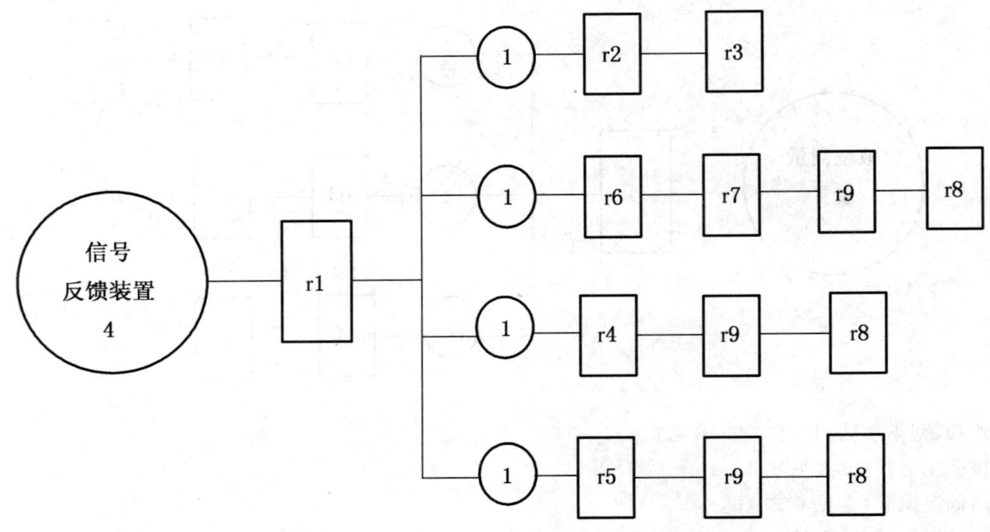

r1——外观、基本参数、材料检查(参见 6.2)；
r2——强度试验(参见 6.3)；
r3——气密性试验(参见 6.4.2)；
r4——盐雾腐蚀试验(参见 6.9)；
r5——二氧化硫腐蚀试验(参见 6.10)；
r6——耐电压性能试验(参见 6.28)；
r7——绝缘电阻试验(参见 6.29)；
r8——信号反馈装置触点接触电阻试验(参见 6.36)；
r9——信号反馈装置工作可靠性试验(参见 6.38)。
注：图 R.1 中试验序号用方框中的数字表示，试验所需的样品数用圆圈中的数字表示。

图 R.1 信号反馈装置试验程序图

R.2 样品数量

样品数量为四套。

附 录 S
（规范性附录）
管路、管件试验程序及样品数量

S.1 试验程序

试验程序见图 S.1。

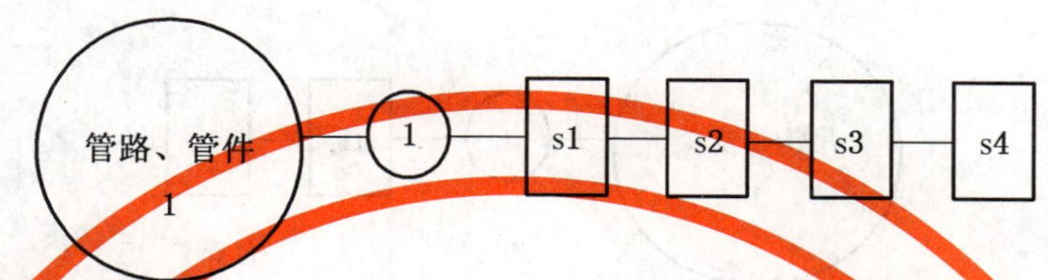

s1——外观、基本参数、材料检查（参见 6.2）；
s2——强度试验（参见 6.3）；
s3——气密性试验（参见 6.4.5）；
s4——等效长度试验（参见 6.8）。
注：图 S.1 中试验序号用方框中的数字表示，试验所需的样品数用圆圈中的数字表示。

图 S.1 管路、管件试验程序图

S.2 样品数量

样品数量为一套。

附 录 T
（规范性附录）
吊钩、支架试验程序及样品数量

T.1 试验程序

试验程序见图 T.1。

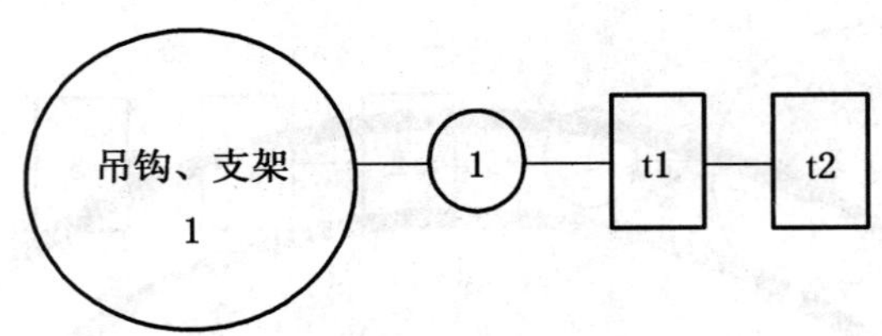

t1——外观、基本参数、材料检查(参见 6.2)；
t2——吊钩、支架承载能力试验(参见 6.39)。
注：图 T.1 中试验序号用方框中的数字表示，试验所需的样品数用圆圈中的数字表示。

图 T.1 吊钩、支架试验程序图

T.2 样品数量

样品数量为一套。

附 录 U
（规范性附录）
低泄高封阀试验程序及样品数量

U.1 试验程序

试验程序见图 U.1。

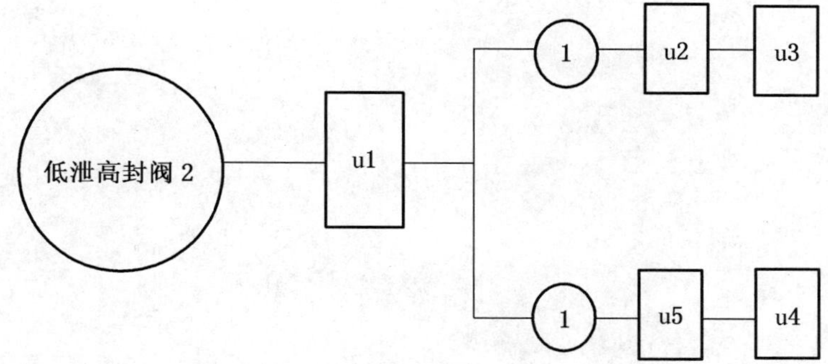

u1——外观、基本参数、材料检查(参见 6.2)；
u2——强度试验(参见 6.3)；
u3——气密性试验(参见 6.4.2)；
u4——工作可靠性试验(参见 6.6.4)；
u5——低泄高封阀关闭压力试验(参见 6.26)。
注：图 U.1 中试验序号用方框中的数字表示，试验所需的样品数用圆圈中的数字表示。

图 U.1 低泄高封阀试验程序图

U.2 样品数量

样品数量为一套。

ICS 13.310
A 91

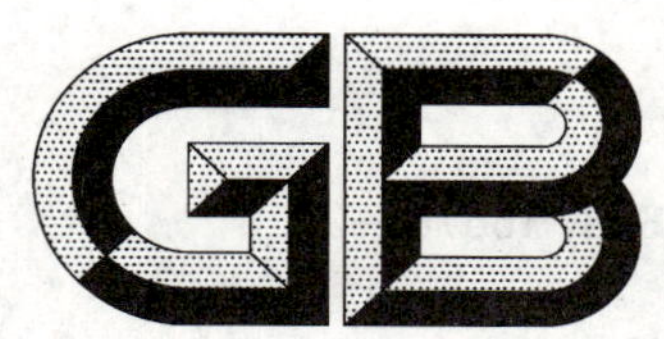

中华人民共和国国家标准

GB/T 16676—2010
代替 GB/T 16676—1996

银行安全防范报警监控联网系统技术要求

Specification of alarm and monitoring network system for bank security and protection

2010-11-10 发布　　2011-05-01 实施

中华人民共和国国家质量监督检验检疫总局
中国国家标准化管理委员会　发布

前　言

请注意：本标准的某些内容有可能涉及专利，本标准的发布机构不承担识别这些专利的责任。

本标准是对GB/T 16676—1996《银行营业场所安全防范工程设计规范》的修订。

本标准代替GB/T 16676—1996。

本标准与GB/T 16676—1996相比主要变化如下：

——标准名称修改为《银行安全防范报警监控联网系统技术要求》；

——删除了银行营业场所安全防范工程设计的内容；

——增加了：

a） 银行安全防范报警监控联网系统的架构、构建原则、功能要求、性能要求、安全性要求、可靠性要求、电磁兼容性要求、环境适应性要求、运行维护要求等内容；

b） 银行本地安全防范系统、监控中心、用户终端、传输网络等对象在联网系统构建中的基本要求；

c） 联网系统建设过程中报警和视音频监控联网的功能要求，及管理控制、用户权限管理、电子地图、统一编址管理、时钟同步等功能要求；

d） 联网系统传输网络、报警联动响应时间、视频图像质量等性能要求；

e） 联网系统建设过程中各系统及与其他系统联网的接口要求。

本标准的附录A为资料性附录。

本标准由中华人民共和国公安部提出。

本标准由全国安全防范报警系统标准化技术委员会(SAC/TC 100)归口。

本标准主要起草单位：北京声迅电子有限公司、上海天跃科技有限公司、广州浩云安防科技工程有限公司、北京中盾安全技术开发公司、广东志成冠军集团有限公司、上海迪堡安防设备有限公司、北京银河伟业数字有限公司、南京新索奇科技有限公司、中国工商银行、中国农业银行、中国银行、中国建设银行、汇丰银行(中国)有限公司。

本标准主要起草人：聂蓉、彭华、龙中胜、鲍世隆、崔云红、李民英、徐志伟、雷雨、邱求进、任骥、邓慕琼、冯勇智、熊自力、鲍宇杰、余和初。

本标准所代替标准的历次版本发布情况为：

——GB/T 16676—1996。

银行安全防范报警监控联网系统
技术要求

1 范围

本标准规定了银行安全防范报警监控联网系统(简称联网系统)的系统架构、构建基本要求、功能要求、性能要求、接口与协议要求、安全性要求、可靠性要求、电磁兼容性要求、环境适应性要求、运行维护要求等技术内容。

本标准适用于银行业金融机构营业场所、自助设备、自助银行、现金业务库及其他重要区域的联网系统建设,是联网系统设计、建设、检验和验收的依据。其他金融机构的联网系统的建设可参考实行。

2 规范性引用文件

下列文件中的条款通过本标准的引用而成为本标准的条款。凡是注日期的引用文件,其随后所有的修改单(不包括勘误的内容)或修订版均不适用于本标准,然而,鼓励根据本标准达成协议的各方研究是否可使用这些文件的最新版本。凡是不注日期的引用文件,其最新版本适用于本标准。

GB 20815—2006 视频安防监控数字录像设备

GB 50348—2004 安全防范工程技术规范

GB 50394 入侵报警系统工程设计规范

GB 50395 视频安防监控系统工程设计规范

GB 50396—2007 出入口控制系统工程设计规范

GA 38—2004 银行营业场所风险等级和安全防护级别的规定

GA/T 367—2001 视频安防监控系统技术要求

GA/T 368 入侵报警系统技术要求

GA/T 394 出入口控制系统技术要求

GA/T 669.1—2008 城市监控报警联网系统 技术标准 第1部分:通用技术要求

GA 745—2008 银行自助设备自助银行安全防范的规定

GA 858—2010 银行业务库安全防范的要求

YD/T 1171—2001 IP网络技术要求——网络性能参数与指标

3 术语和定义、缩略语

3.1 术语和定义

GB 50348—2004、GA 38—2004 和 GA 745—2008 中确立的以及下列术语和定义适用于本标准。

3.1.1

银行安全防范报警监控联网系统 alarm and monitoring network system for bank security and protection

以维护银行安全为目的,基于银行本地安全防范系统,利用网络技术构建的具有信息采集/传输/控制/显示/存储/管理等功能,可对银行管辖范围内需要防范的目标实施报警、视音频监控和安全管理的专有网络系统。

3.1.2

本地安全防范系统 local security and protection system

银行营业场所、自助设备、自助银行、现金业务库以及其他重要区域建设的安全防范系统,一般由入侵报警、视音频安防监控、出入口控制等子系统组成。

3.1.3

联网系统监控中心 monitoring center of network systems

联网系统中设备信息的汇集、处理、共享节点。

3.1.4

传输网络 transport network

由光缆、电缆、交换设备、中继设备等组成,可提供数据传输、交换和控制等服务。

3.1.5

用户终端 user terminal

经联网系统注册并授权的、对系统内的数据或/和设备有操作需求的客户端软件和设备。

3.1.6

双路由 double route

由两条独立传输通道构成,同时传输同一信息。如:使用 PSTN 和 IP 网络同时向监控中心上传报警信息。

3.1.7

双码流 two data flow

对同一视音频源编码时,同时形成两个独立的数据流。

3.1.8

断点续传 broken downloads resume (or,resume)

在网络传输录像文件的过程中因故障(如断网、死机等)而中断传输,恢复传输该文件时,可以接着前次中断的位置继续传输后续内容而不需从文件头开始。

3.1.9

前端设备 front device

安装在银行营业场所、自助设备、自助银行、现金业务库以及其他重要区域现场的视音频、报警信息采集/本地处理以及出入口控制等设备。

3.1.10

管理平台 management platform

部署在各级监控中心,对联网系统内的视频、音频、报警等各种信息资源进行集成及处理,对联网系统的设备、用户、网络、安全、业务等进行综合管理,实现联网系统所规定的相关功能。一般由服务器组和核心系统软件构成。

3.2 缩略语

CIF	通用图像格式	(Common Intermedia Format)
4CIF	四倍通用图像格式	(4 Common Intermedia Format)
QCIF	四分之一通用图像格式	(Quarter Common Intermedia Format)
GIS	地理信息系统	(Geographic Information System)
IP	互联网络协议	(Internet Protocol)
MPEG	运动图像专家组	(Moving Picture Experts Group)
PSTN	公用交换电话网	(Public Switched Telephone Network)
TCP	传输控制协议	(Transmission Control Protocol)

4 联网系统架构

4.1 系统组成

4.1.1 联网系统由本地安全防范系统、联网系统监控中心、用户终端和传输网络组成。

4.1.2　本地安全防范系统是联网系统构成的基础。

4.1.3　传输网络是联网系统图像、报警和控制等信息的传输、交换通道。

4.1.4　联网系统的监控中心可设置多级，同级监控中心可设置多个，联网系统监控中心对所辖的本地安全防范系统进行联网，实现对所辖安防系统的统一管理、远程控制、设备状态检测等；根据需要，可与上一级联网系统监控中心通信。

4.1.5　本标准未将公安接警中心列入联网系统的组成部分，但联网系统监控中心与公安接警中心的通信应符合国家和行业的相关规定。

4.1.6　根据安全管理需要，联网系统可在有关职能部门设置用户终端。有关职能部门人员根据安全管理权限通过用户终端可实现对联网系统资源的调用、控制和管理。

4.2　系统结构

联网系统的系统结构如图1所示。营业场所、自助设备、自助银行、现金业务库以及其他重要区域的安全防范系统可通过传输网络接入联网系统监控中心。联网系统监控中心可与上一级联网系统监控中心联网。

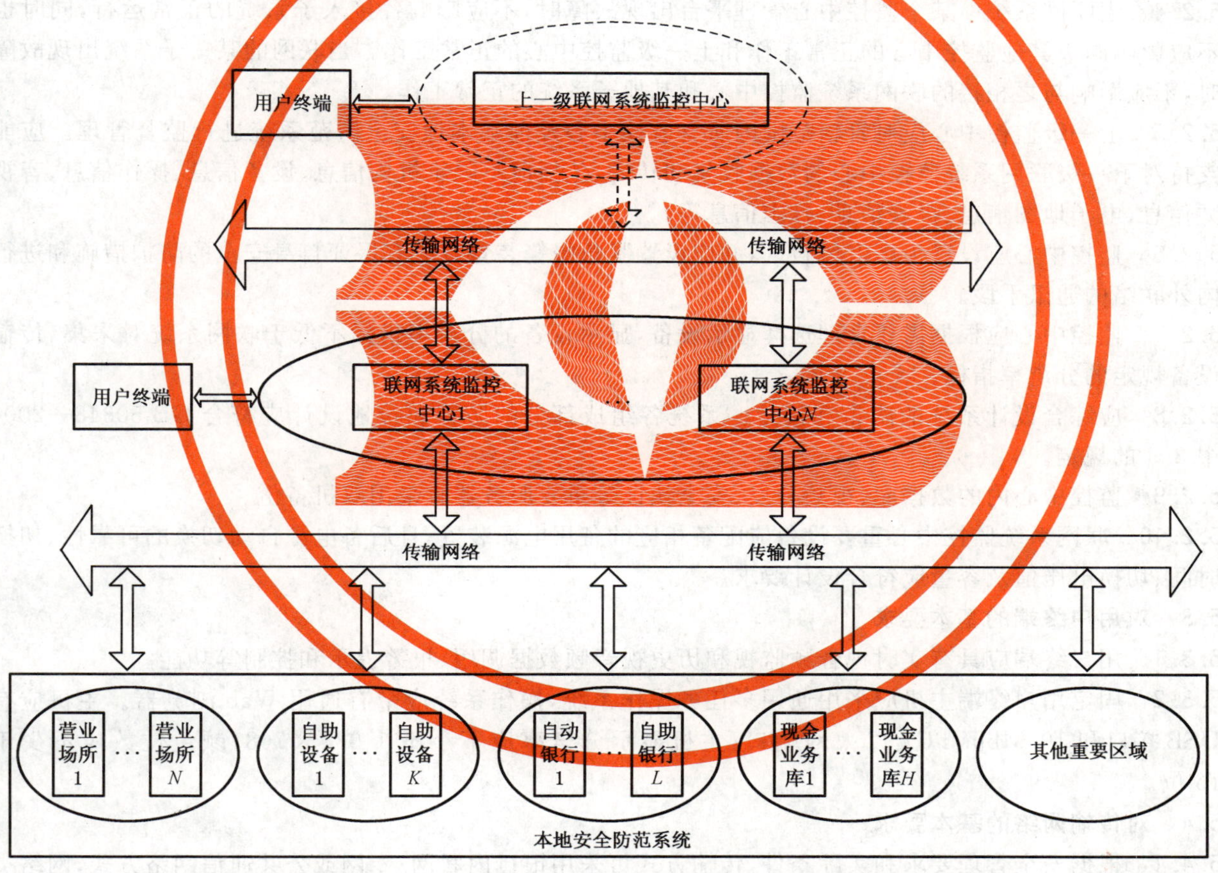

图1　银行安全防范报警监控联网系统总体结构图

5　联网系统构建基本要求

5.1　对本地安全防范系统的基本要求

5.1.1　应根据银行机构的风险等级、规模大小及实际情况建设本地安全防范系统。

5.1.2　银行营业场所安全防范系统的建设应符合GA 38、GB 50348的要求。

5.1.3　银行自助设备、自助银行安全防范系统的建设应符合GA 745的要求。

5.1.4　银行现金业务库、其他重要区域安防系统的建设应符合银行安全管理的相关规定。

5.1.5 本地安全防范系统中入侵报警系统的建设应符合 GB 50394、GA/T 368 的要求。

5.1.6 本地安全防范系统中视音频监控系统的建设应符合 GB 50395、GA/T 367 的要求。

5.1.7 本地安全防范系统中出入口控制系统的建设应符合 GB 50396、GA/T 394 的要求。

5.1.8 本地安全防范系统应能与监控中心通信，可将本地报警、视音频、出入口状态及设备故障等信息传送到监控中心。

5.2 对监控中心的基本要求

5.2.1 监控中心的管理平台应能将入侵报警、视音频监控、出入口控制等子系统进行集成，并能兼容开放式协议的相关设备，实现不同设备或/和系统间的信息交换。

5.2.2 监控中心的管理平台应综合应用软硬件技术，能通过开放式协议进行联网，并在统一的操作平台上对所辖范围内的营业场所、自助设备、自助银行、现金业务库以及其他重要区域的安全防范系统实现集中的报警受理、报警联动、视音频调用、运行维护和管理等。

5.2.3 联网系统可支持多级多中心级联架构，应能支持客户端/服务器(C/S)和/或浏览器/服务器(B/S)结构。

5.2.4 当联网系统中某个监控中心管理平台出现故障时，不应影响各接入子系统的正常运行，同时也不应影响同级其他监控中心的正常工作和上一级监控中心的正常工作。当联网的某一子系统出现故障时，不应影响与之相接的联网系统监控中心和其他子系统的正常工作。

5.2.5 上一级监控中心应对管辖范围内所有监控中心及前端本地安全防范系统进行监督管理。应能支持对下一级联网系统监控中心的数据收集和转发，包括但不限于机构信息、设备信息、操作信息、音视频信息、电子地图信息、报表信息、日志信息等。

5.2.6 监控中心应设置为高度风险区，并应设置紧急报警装置。应有保证自身安全的防护措施和进行内外联络的通讯手段。

5.2.7 监控中心应根据需要合理选择显示设备，显示设备的分辨率指标不低于联网系统对采集、传输设备规定的分辨率指标。

5.2.8 应综合设计系统的防雷和接地。系统各组成部分的防雷和接地设计应符合 GB 50348—2004 中 3.9 的规定。

5.2.9 监控中心内的数据库、视频分发、安全认证等重要服务器宜采用双机备份。

5.2.10 联网系统监控中心重要设备应配备相应的备用电源装置，且后备电源自动切换的可靠性、切换时间、切换电压值及容量应符合设计要求。

5.3 对用户终端的基本要求

5.3.1 用户终端应具有实时视音频监视和历史视音频数据调用、报警提示和控制等功能。

5.3.2 固定用户终端主机应采用通用多任务操作系统，操作系统应带有通用 Web 浏览器。主机应有 USB 接口和 10 Mbps 以上以太网端口；主机显示分辨率应不小于 1 024×768，颜色位数应不少于 16 位。

5.4 对传输网络的基本要求

5.4.1 根据安全管理要求和实际条件，传输方式可采用银行内联网/专网或公共通信网络方式，网络类型可为 DDN、XDSL、3G 网络等。根据银行系统的特点，宜优先选择专网传输方式。

5.4.2 当选用银行内部业务网传输信息时，联网系统应符合银行内部业务网的管理与技术要求，不能影响内部业务网上业务数据的正常传输。无论采用何种网络，均应保证传输数据的安全。

5.5 现金业务库联网要求

5.5.1 应支持双路由方式上传报警信息。

5.5.2 重要出入口控制宜与联网系统监控中心联网，在保留原有出入口控制管理基础上，增加远程授权控制。

5.5.3 联网系统监控中心应具备对库区现场声音监听及与库区语音对讲的功能。

5.5.4 除满足第6章要求外，还应满足GA 858—2010的相关规定。

5.6 自助设备/自助银行联网要求

5.6.1 自助银行在加钞箱开启或/和现金装填区操作时，宜自动触发向联网系统监控中心上传监控图像。

5.6.2 在自助银行和自助设备场所发生撬、砸等异常行为时，应向联网系统监控中心报警，并上传监控图像、语音提示信息。

5.6.3 在特定时段内，当有人员进入自助银行时，宜向联网系统监控中心上传监控图像并提示相关信息。

5.6.4 联网系统监控中心应支持自助银行紧急求助，具备现场声音监听功能。

5.6.5 宜对自助设备/自助银行重要部位/区域的视频监控图像进行智能分析，出现异常情况时向监控中心报警。

5.6.6 除满足第6章要求外，还应满足GA 745的相关规定。

6 联网系统功能要求

6.1 报警功能

6.1.1 本地安全防范系统紧急报警信息宜同时报送公安接警中心和联网系统监控中心。

6.1.2 联网系统监控中心应能同时接收和处理多路报警信息，同时接收多路前端联动上传的报警图像。

6.1.3 应能自动区分紧急报警、入侵报警、设备故障报警等不同的报警类型，并能对报警事件进行分级，高级别报警应能优先处置。应能根据不同时间段自动调整各类报警事件等级。应能针对不同的报警等级触发显示相应的报警响应预案。

6.1.4 当发生报警时，应能上传并保存报警信息和相关的图像信息到联网系统监控中心，应能在联网系统监控中心管理平台显示报警图像，报警点区域及具体位置应能在电子地图上明确提示。

6.1.5 联网系统监控中心应能手动或自动转发报警信息到上一级监控中心，上级中心应能监督管理下级中心的报警事件处理情况，并应能自动接收下级中心逾期未处置的报警事件。

6.1.6 联网系统监控中心宜具有接收和转发无线短信报警或彩信报警的功能。

6.1.7 联网系统监控中心可对前端报警主机布撤防状态实时监控，宜在授权状态下支持对前端报警主机的布撤防等远程控制，可支持针对辖区批量布撤防控制，可以按照时间、机构类型进行自动或手动布撤防控制。

6.1.8 联网系统对银行重要监控区域的图像宜采用智能分析技术进行视频探测，探测到异常情况时应能触发报警，并将报警和图像信息上传到相应的联网系统监控中心。

6.2 视音频监控功能

6.2.1 编解码

6.2.1.1 视音频编解码应优先采用安全防范监控数字视音频编解码相关标准的规定。视频编解码可采用MPEG-4/H.264标准；音频编解码可采用G.711/G.729/AMR标准。

6.2.1.2 视频编解码应能支持4CIF(704×576)、CIF(352×288)、QCIF(176×144)等多种分辨率。

6.2.2 视音频传输

6.2.2.1 前端视音频编码设备应具备双码流编码功能，以适应本地监控录像与网络视频传输的不同要求。

6.2.2.2 联网系统应具备视音频转发功能，支持多用户并发访问同一路图像，并发访问数量应满足用户使用要求。

6.2.2.3 应能根据带宽对视音频的传输进行码率调整和路数调整。

6.2.2.4 本地系统向联网系统监控中心传输数据的过程中，如果由于故障或失败(如SIP服务器不可连接)导致传输中断时,本地系统应具有自动重传功能。

6.2.3 实时音视频调阅与控制

6.2.3.1 应能根据权限设置,调阅视音频资源,可对联网系统内带有云台镜头解码器的摄像机进行控制。

6.2.3.2 应能按照指定通道进行单路视音频、分组视音频的实时调阅,自动或手动轮巡切换显示。应能根据时间段,自动切换不同类型的分组视音频。

6.2.3.3 应能支持对显示视频的缩放、抓拍和录像。

6.2.3.4 上下级监控中心之间应支持双向语音对讲,监控中心与前端、用户端之间宜支持双向语音对讲。系统宜支持网络对讲。

6.2.3.5 应能同时记录多个监控现场的音频信号,并能按照指定设备、指定监控现场监听任意一路音频信号。

6.2.3.6 应能支持语音广播功能。

6.2.4 文件检索、回放与下载

6.2.4.1 联网系统监控中心应能按监控现场、日期和时间、报警信息等检索条件对前端设备视音频数据进行检索。并能支持视音频数据的下载播放和在线播放,支持下载的断点续传。

6.2.4.2 支持多路的视音频数据网络回放,并能支持视频抓帧。

6.3 管理控制功能

6.3.1 联网系统应能对接入的前端设备进行注册,并形成统一的管理目录。

6.3.2 宜对前端控制设备进行远程控制。

6.3.3 联网系统监控中心宜支持重要出入口开启的授权功能,并能记录人员进出信息。

6.4 用户与权限管理功能

6.4.1 联网系统应能对用户进行分类、分级、授权和认证。

6.4.2 用户权限应包括操作权限和管理权限,不同类别的用户登录联网系统应能获得相应的用户权限。

6.4.3 对不同级别的操作员应设定不同的操作权限。联网系统应支持高级别用户抢占低级别用户操作权限(如云台镜头控制权限、视音频访问权限等)的功能。

6.4.4 经授权的操作员应能对授权范围内的事件记录依据其特征(如单位、时间、地点、类型或性质等)进行检索、显示或/和打印,并能进行统计分析,生成报表。

6.4.5 管理权限应分为多级。用户权限设置、联网系统参数设置、联网系统数据修改和删除等重要操作应配置相应权限等级,相关操作按照银行管理要求由经授权的用户完成。

6.4.6 管理用户的认证宜采用生物特征识别技术,如指纹、掌型、视网膜识别等。

6.4.7 涉及重大事件的视音频数据应设置独立用户,按照权限浏览或下载。

6.4.8 可预留与银行业务系统的接口,直接支持视音频与银行业务系统关联。

6.5 电子地图功能

6.5.1 联网系统应能提供分层电子地图。发生报警或故障时,可通过电子地图准确显示事发位置。电子地图应支持多级树状结构,并具有图层任意跳转等功能。

6.5.2 应在监控中心管理平台的电子地图上标注摄像机、报警探头等设备的位置。

6.5.3 联网系统宜预留与GIS的接口。

6.6 存储与备份存储功能

6.6.1 联网系统的前端数据应采用分布式存储和/或集中式存储、集中管理,重要数据宜能集中备份。

6.6.2 联网系统应能对重要的报警和视音频数据进行备份存储。

6.6.3 联网系统应建立报警信息、报警视音频等数据备份数据库,授权用户可检索并提取历史报警记录和回放相关重要历史视音频数据。

6.6.4 联网系统宜支持采用后端集中存储设备。

6.7 统一编址管理功能

6.7.1 可对联网系统内的营业场所、自助设备、自助银行、现金业务库及其他重要场所统一编址和管理。

6.7.2 宜对联网系统内的所涉及的视音频、报警、出入口控制、监控中心等的设备，进行统一编址，实现对联网系统内设备的寻址和统一管理。

6.7.3 各级中心的授权用户应能根据权限访问本级和下级中心的设备信息。

6.8 日志管理功能

6.8.1 联网系统日志应包括运行日志和操作日志，并具有日志信息查询和报表制作等功能。

6.8.2 运行日志应能记录联网系统内设备启动、自检、异常、故障、恢复、关闭等信息。

6.8.3 操作日志应能记录操作人员进入、退出联网系统的时间，以及布防、撤防、巡检、视音频数据回放等主要操作信息。

6.8.4 宜具有对日志、报表和设备运行状态汇总，进行趋势分析的功能。

6.9 设备检测功能

6.9.1 前端设备应具备向联网系统监控中心发送报告的功能，应可设置定时报告时间间隔。定时报告内容应包括设备状态信息及设备故障信息。

6.9.2 联网系统监控中心可对前端设备进行自动或手动巡检，巡检出的设备状态信息内容应与设备定时报告的内容相同。

6.9.3 视频编解码设备应具备故障检测功能，并可向联网系统监控中心发送故障报告；联网系统监控中心可接收视频编解码设备的故障报告并形成故障分类报表。故障监测内容包括：视频信息丢失、视频信号被遮挡、内置硬盘故障、设备复位等信息。

6.9.4 前端视频设备宜具备设备软硬件信息检测和远程传输功能，联网系统监控中心可接收前端视频设备软硬件信息并形成软硬件信息分类报表。

6.10 运行维护功能

6.10.1 联网系统应具备故障自恢复和状态自恢复功能。在出现死机或断电后恢复供电时，联网系统内的设备应能自动重新启动并恢复到原配置状态下正常运行。

6.10.2 应支持联网系统数据资料的导入导出，具备手动或自动导出备份功能。

6.10.3 宜支持通过联网系统进行维护，如：系统参数设置、下载数据等。

6.11 时钟同步功能

6.11.1 联网系统宜具有时钟同步设置功能和管理机制。

6.11.2 联网系统应能对录像设备和各级监控中心平台的时钟进行同步，系统内设备之间的时间误差应小于 10 s。联网系统与北京标准时间误差应小于 30 s。

6.12 手持移动终端监控功能

联网系统监控中心可支持报警信息发送到手持移动终端，宜预留手持移动设备查看视音频的接口。

7 联网系统性能要求

7.1 传输网络性能

7.1.1 IP 网络带宽

联网系统网络带宽设计应满足前端设备接入、监控中心接入、用户终端接入和互联的带宽要求并留有余量。网络带宽可按照下列方法估算：

a) 前端设备接入的网络带宽应不低于允许并发接入的视音频路数乘以单路视音频码率；

b) 监控中心接入和互联的网络带宽应不低于并发访问或互联的视音频路数乘以单路视音频码率；

c) 用户终端接入的网络带宽应不低于并发显示视音频路数乘以单路视频码率；

d) 预留的网络带宽应根据银行联网系统的应用情况确定。

CIF分辨率的单路视音频码率可采用512 kbps估算，4CIF分辨率的单路视音频码率可采用1 536 kbps估算。

7.1.2 IP网络性能指标

IP网络的服务质量(QoS)等级应达到YD/T 1171—2001中所规定的交互式1级或1级以上服务质量等级。具体指标如下：

a) 网络时延上限应小于400 ms；

b) 时延抖动上限应小于50 ms；

c) 丢包率上限应小于1×10^{-3}。

7.1.3 IP网络端到端的信息延迟时间

当信息(包括视音频信息、控制信息及报警信息等)经由IP网络传输时，端到端的信息延迟时间(包括发送端信息采集、编码、网络传输、信息接收端解码、显示等过程所经历的时间)应满足下列要求：

a) 信号从前端设备传输到监控中心显示终端的信息延迟时间应不大于2 s；

b) 信号从前端设备传输到用户终端设备的信息延迟时间应不大于4 s。

7.2 报警联动响应时间

7.2.1 从本地安防系统触发报警，到相关联的视音频信号经由IP网络传输至监控中心显示终端所需的响应时间应不大于4 s。

7.2.2 经PSTN传输到监控中心的报警信息所需的响应时间应不大于20 s。

7.3 视频图像质量

7.3.1 网络视频信号应符合以下规定：

a) 单路画面像素数量≥352×288(CIF)；

b) 单路显示基本帧率≥15 fps。

7.3.2 联网系统的最终显示图像画面不应有明显的缺损，物体移动时图像边缘不应有明显的锯齿、拉毛、断裂等现象。最终显示图像质量主观评价按照GB 20815—2006中10.2.3的表2或/和表3的规定进行5级评分，合格判据应按照GB 20815—2006中附录B的规定执行。

8 联网系统接口与协议要求

8.1 应对接入联网系统的设备的接口进行定义和规范，支持跨平台接入。

8.2 应能满足不同品牌、型号、编解码数据格式、通讯协议设备的接入。

8.3 应预留与公安监控报警联网系统联接的接口，联网协议符合GA/T 669.1—2008中第8章的相关要求，参见附录A。

9 联网系统安全性要求

9.1 身份认证

应对接入系统的设备和用户进行身份认证。

9.2 访问控制

在身份鉴别的基础上，联网系统宜采用多种访问控制模型对用户进行访问控制。联网系统应设置操作密码，并区分控制权限，以保证系统运行数据的安全。

9.3 数据保密

应对需要保密的数据在存储和传输过程中进行加密。视音频数据宜采用数字摘要、数字时间戳及数字水印等技术防止信息完整性被破坏。

9.4 信息安全

9.4.1 联网系统的供电应安全、可靠。应设置备用电源,以防止由于突然断电而产生信息丢失。

9.4.2 信息传输应有防泄密措施。有线专线传输应有防信号泄露和/或加密措施,有线公网传输和无线传输应有加密措施。

9.4.3 应有防病毒和防网络入侵的措施。

10 联网系统可靠性要求

10.1 联网系统监控中心关键设备应采取冗余设计,以保障系统正常运行或快速恢复。联网系统数据服务器宜采用双机热备的方式,保障系统不间断运行。

10.2 对视音频数据采用集中式存储方式的联网系统,应提供完善的数据安全策略。

10.3 联网系统的设计应以结构化、规范化、模块化、集成化的方式实现,以提高系统的可靠性、可维修性和可维护性。

10.4 联网系统前端硬件设备宜采用支持在线升级的产品。当设备异常时应能自动重新启动或由监控中心控制其重新启动。

10.5 联网系统硬件设备的平均无故障时间(MTBF)最低应不小于 20 000 h。系统中的视音频存储备份硬盘可适当降低要求。

11 联网系统电磁兼容性要求

11.1 联网系统传输线路的抗干扰设计应符合 GB 50348—2004 中 3.6.2 的规定。

11.2 系统电磁辐射防护性能应满足 GA/T 367—2001 中 9.2 的要求。

12 联网系统环境适应性要求

联网系统设备的环境适应性应符合 GA/T 367—2001 中第 7 章的要求。

13 联网系统运行维护要求

13.1 应建立对联网系统硬件的日常监测、维护计划。当监测到前端设备发生故障后,维护机构应在 4 h 内做出响应和初步判断,并根据故障的严重程度制定维修计划。重要设备的故障应在 12 h 内予以排除。

13.2 当软件系统(包括操作系统和应用软件)出现错误时,应能进行软件升级。宜采用更新升级的维护机制,自动检查软件更新状态并提供更新部署。

13.3 应制定每日和每个数据更新周期(如 15 d)的数据备份计划,每日宜对前一天(即:1 d)的系统管理日志和用户管理数据做备份,每个数据更新周期宜对本周期内的有用数据做备份。系统出现故障时,应能进行数据恢复。

附 录 A
（资料性附录）
跨平台访问的通信协议要求

A.1 通信协议结构

联网系统内部进行视频/音频/数据等信息传输时，通信协议的结构见图 A.1。

联网系统在进行视音频传输及控制时应建立两个传输通道：信令/控制通道和视音频流通道。信令和控制通道用于在设备之间建立会话并传输控制命令；视音频流通道用于传输视音频数据，经过压缩编码的视音频流采用流媒体协议 RTP/RTCP 传输。

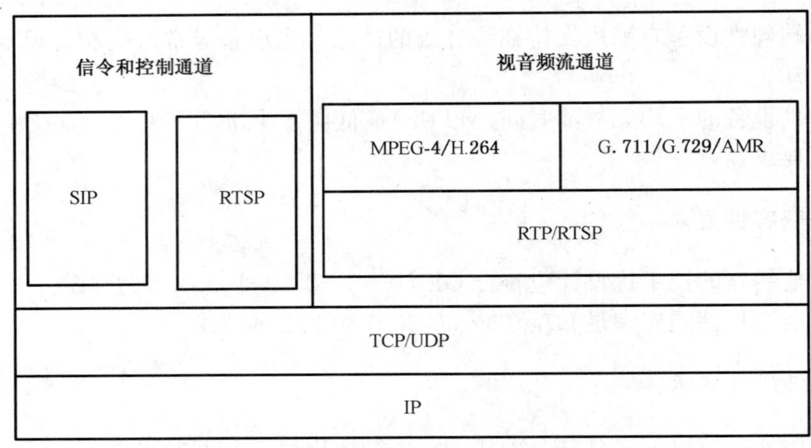

图 A.1 通信协议结构

A.2 基于 SIP 的监控报警联网系统内部信息传输

A.2.1 协议控制命令的传输

系统控制命令的传输采用 SIP 协议作会话控制，控制命令的传输流程见图 A.2。

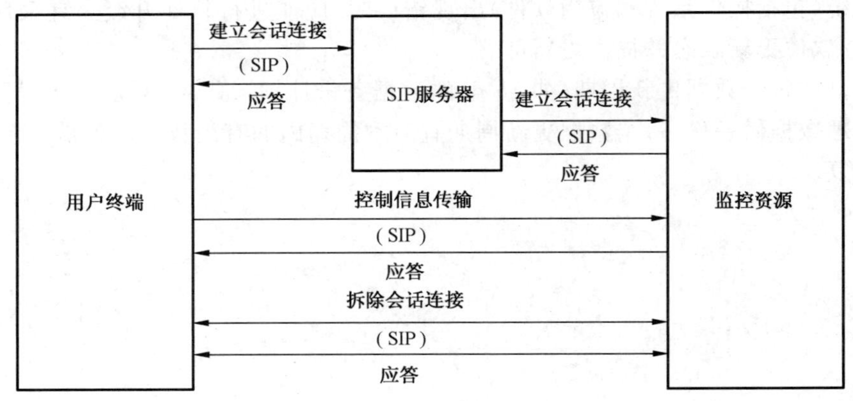

图 A.2 控制命令的传输

A.2.2 报警信息的传输

当报警发生时，服务器接收来自报警源的报警请求，发送给相应的用户终端。报警信息的传输过程采用 SIP 协议作会话控制，传输流程见图 A.3。

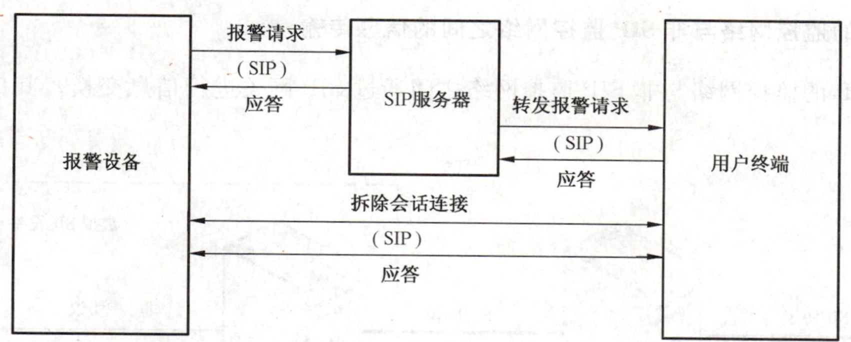

图 A.3　报警信息的传输

A.2.3　实时监控图像的传输

实时监控图像的传输采用 SIP 协议作会话控制,RTP/RTCP 协议传输视频流。实时监控图像的传输流程见图 A.4。

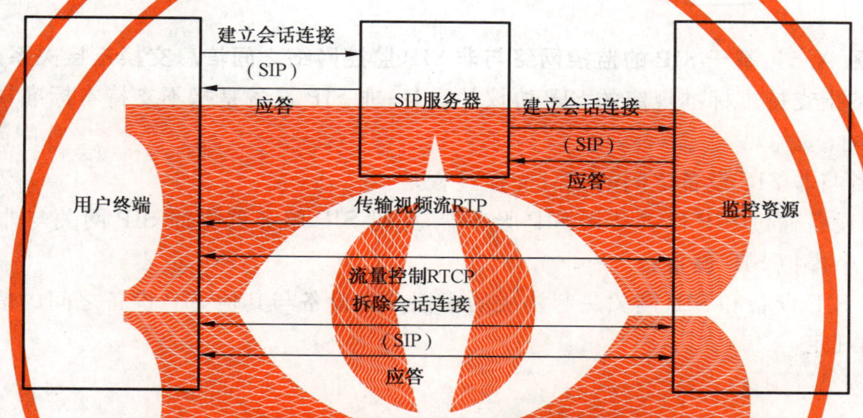

图 A.4　实时监控图像的传输

A.2.4　历史图像的传输

历史图像的传输采用 RTSP 协议作控制,RTP/RTCP 协议传输视频流。历史图像的传输流程见图 A.5。

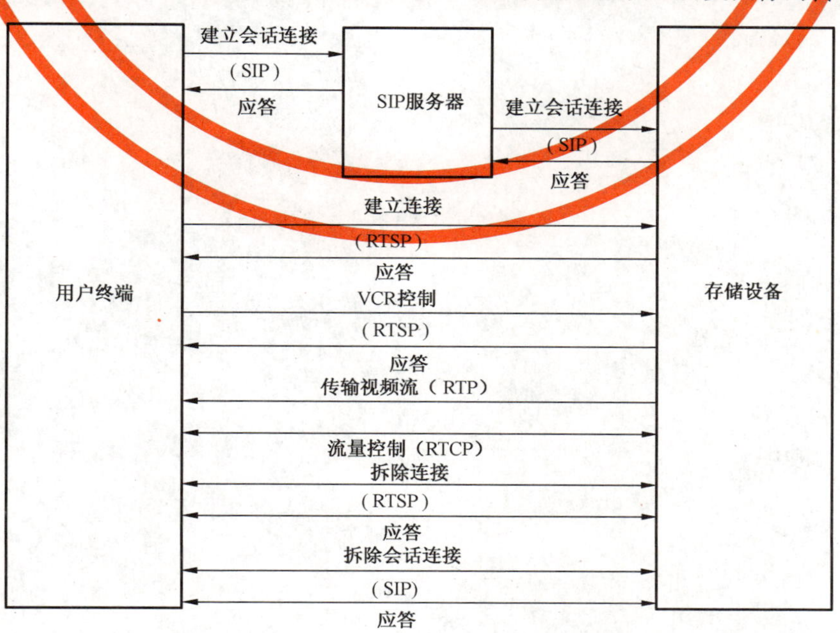

图 A.5　历史图像的传输

A.3 基于 SIP 的监控网络与非 SIP 监控网络之间的信息传输

A.3.1 基于 SIP 的监控网络与非 SIP 监控网络之间通过 SIP 网关进行信息交换。其信息交换连接关系见图 A.6。

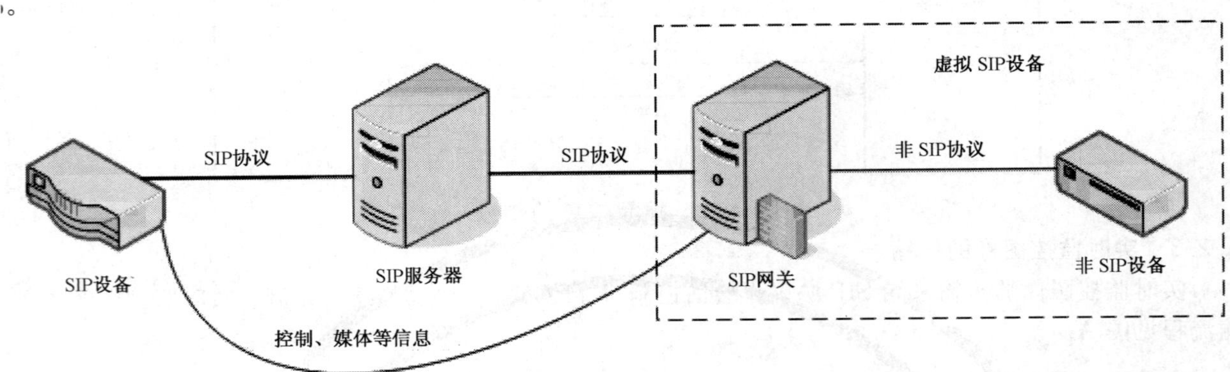

图 A.6 基于 SIP 的监控网络与非 SIP 监控网络之间信息交换连接关系

A.3.2 SIP 设备指支持本标准规定的 SIP 协议的设备；非 SIP 设备是指不支持本标准规定的 SIP 协议的设备。

A.3.3 SIP 设备与非 SIP 设备之间的信息交换过程是：

a) 非 SIP 设备通过 SIP 网关接入 SIP 服务器，此时 SIP 服务器将此 SIP 网关与非 SIP 设备一起视为一个虚拟 SIP 设备；

b) 上述非 SIP 设备和 SIP 网关一起构成的虚拟 SIP 设备与其他 SIP 设备之间的信息交换过程同 A.2 的规定。

ICS 35.100.05
L 79

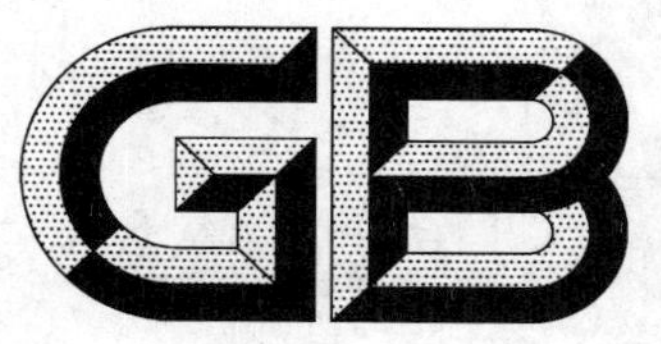

中华人民共和国国家标准化指导性技术文件

GB/Z 16682.1—2010
代替 GB/T 16682.1—1996

信息技术 国际标准化轮廓的框架和分类方法 第1部分：一般原则和文件编制框架

Information technology—Framework and taxonomy of international standardized profiles—Part 1: General principles and documentation framework

(ISO/IEC TR 10000-1:1998,MOD)

2011-01-14 发布 2011-05-01 实施

中华人民共和国国家质量监督检验检疫总局
中国国家标准化管理委员会 发布

前　言

GB/Z 16682 在《信息技术　国际标准化轮廓的框架和分类方法》总标题下，目前包括以下 2 个部分：

——第 1 部分（即 GB/Z 16682.1）：一般原则和文件编制框架；

——第 2 部分（即 GB/Z 16682.2）：OSI 轮廓用的原则和分类方法。

本部分为 GB/Z 16682 的第 1 部分。

GB/Z 16682 的本部分修改采用 ISO/IEC TR 10000-1:1998《信息技术　国际标准化轮廓的框架和分类方法　第 1 部分：一般原则和文件编制框架》。

本部分与 ISO/IEC TR 10000-1:1998 相比，主要技术差异如下：

a) 在国际标准中，"术语和定义"一章分为 3 条，在 GB/Z 16682 的本部分中将其予以合并，不分条。

b) 由于 ISO/IEC TR 10000-1 是用来指导如何制定其他轮廓国际标准的标准，而本指导性技术文件是用来指导如何制定我国轮廓标准的标准，因此，对涉及到的某些管理方面的内容和具体标准按我国情况作了适当修改，并在有关修改的条文位置用垂直单线(|)进行标识。

本部分代替 GB/T 16682.1—1996。

本部分与 GB/T 16682.1—1996 相比，主要差异如下：

a) 增加了部分术语及其定义（见第 3 章）；

b) 补充和修改了轮廓的概念（见第 6 章）；

c) 轮廓分类方法框架中删去了各 OSI 轮廓之间的关系（见第 7 章）；

d) 仅保留了附录 A，删去了附录 B、C 和 D。

本部分的附录 A 是规范性附录。

本部分由全国信息技术标准化技术委员会提出并归口。

本部分起草单位：中国电子技术标准化研究所。

本部分主要起草人：王聪、郑洪仁、吴东亚、张翠。

本部分所代替标准的历次版本发布情况为：

——GB/T 16682.1—1996。

引　　言

功能标准化的范围是信息技术(IT)标准化活动整个领域的一部分,它包括:

——基础标准,它定义了基本原则和通用程序。它们提供了一个能由各种应用使用的基础设施,每一种应用都能从基础标准提供的选项中作出它自己的选择。

——轮廓,它定义了用于提供特定功能的一致的基础标准的子集或组合。轮廓标识了在各项基础标准中可用的特殊选项的用法,并为开展统一的、国际公认的一致性测试提供了基础。

——登记机制,它提供了在基础标准或轮廓的框架中详细的参数化手段。

在ISO/IEC JTC1中,功能标准化的过程与定义轮廓的方法学有关,并且按照JTC1导则包括的程序,其文件出版物称为“国际标准化轮廓(ISP)”。正在使用该过程的信息技术标准化的范围是与通常理解的、并宽松定义的“开放系统”的概念一致的。其目标是便利于通过IT系统部件的高度互操作性和可移植性来表征IT系统的规范。

除了GB/Z 16682之外,功能标准化特别工作组(SGFS)的秘书处还保存有一个称之为“ISP及其所含轮廓的目录”的常备文件(SD-4)。这是正式的或正在制定的ISP,以及每个轮廓的执行概要的真实记录。它须经ISO/IEC JTC1/SGFS秘书处的定期更新。

信息技术 国际标准化轮廓的框架和分类方法 第1部分：一般原则和文件编制框架

1 范围

GB/Z 16682 的本部分定义了轮廓的概念，以及它们在国际标准化轮廓中形成文件的方法。它能指导国家标准起草人根据文件的性质和内容起草我国标准，或指导有关组织起草国际标准化轮廓草案的提案。

本部分概述了轮廓的概念、综合分类方法(或分类方案)，以及 ISP 的格式和内容。附录 A 给出了统一要求的 ISP 的格式和内容的细节。

GB/Z 16682.2—2010 为可以提交或已被提交作为国际标准化轮廓的各种轮廓提供了规则和分类方案。

注：这些 OSI 轮廓详细规定了 OSI 基础标准，并且这些基础标准涉及到互换格式和数据表示，希望能结合轮廓一起使用。

ISO/IEC TR 10000-3 给出了支持开放系统环境(OSE)的功能标准内容，OSE 框架的规则和分类方案，这些可能或已经作为国际标准框架而提交批准。它概述了基础 OSE 的目标和概念，并且为由国际标准框架指定的 OSE 框架定义了方法和格式，另外还与本部分内容一起为组织给与指导，就其产生的文件的特性和内容来向 ISP 草案提出建议。

第 2 和第 3 部分可能会分别扩展了 OSI 和 OSE 轮廓，还可能制定 GB/Z 16682 的几个部分去定义其他类轮廓。

GB/Z 16682 适用于 ISO 和 IEC 所有国际标准的轮廓。它最初主要涵盖了 ISO/IEC JTC1 的范围，但其他技术委员会与 JTC1 相互达成协议，可以进行类似功能的标准化活动，来得到包含这篇技术报告中的其他材料。

2 规范性引用文件

下列文件中的条款通过 GB/Z 16682 的本部分的引用而成为本部分的条款。凡是注日期的引用文件，其随后所有的修改单(不包括勘误的内容)或修订版均不适用于本部分，然而，鼓励根据本部分达成协议的各方研究是否可使用这些文件的最新版本。凡是不注日期的引用文件，其最新版本适用于本部分。

GB/T 1.1—2000 标准化工作导则 第 1 部分：标准的结构和编写规则

GB/Z 16682.2—2010 信息技术 国际标准化轮廓的框架和分类方法 第 2 部分：OSI 轮廓用的原则和分类方法(ISO/IEC TR 10000-2:1998,IDT)

GB/T 17969.1—2000 信息技术 开放系统互连 OSI 登记机构的操作规程 第 1 部分：一般规程(eqv ISO/IEC 9834-1:1993)

ISO/IEC TR 10000-3:1998 信息技术 国际标准化轮廓的框架和分类方法 第 3 部分：开放系统环境轮廓用的原则和分类方法

3 术语和定义

下列术语和定义适用于 GB/Z 16682 的本部分。

3.1

基础标准　base standard

业已批准的国际标准或ITU-T推荐性标准。

3.2

国际标准化轮廓　international standardized profile

国际上协调一致的一种文件，它标识了一个或一组标准，及其一些选项和参数，它对于完成一种功能或一套功能是必不可少的。

3.3

IT系统　IT system

在一个或多个界面上提供服务的一套IT资源。

3.4

轮廓　profile

一个或多个基础标准和/或ISP，及在可适用场合标识的从这些基础标准中选定的类别、子集、选项和参数的集合，或对于ISP完成特定功能是必不可少的。

注：ISP可能包括非国际标准的规范的引用标准，参见JTC 1 N 4047：在JTC 1国际标准框架中非国际标准的规范的引用标准——ISP提交的指南。

3.5

分类　taxonomy

对涉及到的轮廓或明确系列轮廓的分类方案。

3.6

互操作性　interoperability

两个或两个以上IT系统互换信息并共享已换信息的能力。

3.7

开放系统环境　open system environment

为了应用程序、数据或者人的互操作性和/或可移植性，被信息技术标准和轮廓指定的一整套界面、服务和支持格式，加上用户特征等多方面内容。

3.8

实现一致性声明(ICS)　implementation conformance statement(ICS)

由实现或IT系统供应商所做的声明宣布遵守一个或多个规范，用于规定哪些能力已被实现，尤其包括那些相关的选择性的能力和限制。

注：ICS可以采取多种形式(比如根据GB/T 17178.1—1997的定义，在OSI中就可以是框架ICS、协议ICS、信息目标ICS或者框架特殊ICS，而根据ISO/IEC 13210：1994的定义在POSIX中就是POSIX一致性文件)。

4　符号和缩略语

ICS	实现一致性声明	Implementation Conformance Statement
ISP	国际标准化轮廓	International Standardized Profile
OSE	开放系统环境	Open System Environment
OSI	开放系统互连	Open System Interconnection

5　轮廓的目的

轮廓为如下目的规定了若干基础标准的组合：

——标识基础标准，及其适当的类别、子集、选项和参数，它们为完成所标识的功能以实现诸如互操作性的目的是必不可少的；

——提供引用基础标准的各种用法，而这些标准对用户和供应者都有意义；

——为获得已规定的一组基础标准在功能上的一致性实现，对提高可用性提供了方法，这是所希望的实际应用系统的重要组成部分；

——对实现与轮廓有关的功能的系统，有助于在一致性测试开发中的统一。

基础性的这些目的都是一种假设，即存在着对这样一个轮廓的定义、标准化、实现和测试的要求。因此，所利用的过程应包括按轮廓的最后用户所表达对这些要求的标识、记录和监视。

在功能标准化方面，全世界有各种各样的团体以地区的或面向课题的小组的形式正在开展工作。对其工作结果给出了许多名字(诸如轮廓、功能标准、实现协定、规范)，而且，对轮廓的范围和编制文件的式样也作了许多探讨。ISO/IEC JTC1 已制定出国际标准化轮廓的这个文件框架，以便形成一个共同的分类方案、文件的范围和式样，使得提交给功能标准化团体的工作能与 ISO 和 IEC 的技术委员会和分技术委员会的工作协议一致。

然而，仅仅创建这类文件框架是不够的。产品开发和采购需求必须有全球观，而不仅关注到国家、地区或局部的规模。因此，ISO/IEC JTC1 的目标是为了创建产生和谐的轮廓的氛围，在这种氛围下，将提案提交给 ISO/IEC JTC1 之前，已达到了广泛的共识。

轮廓宜对特定用户要求提供清晰标识，而这些要求是通过轮廓来满足的。偶尔，这些要求中的某些满意的要求可以标识出通过已接受的基础标准所不能覆盖的功能度。这种事情被定义为可用标准中的一个“空隙”。

标识出在轮廓中空隙的一个目的是为了定义需要标准化活动的领域。一些空隙宜通过描述遗漏功能度来标识。

注：ISP 可以包含除标准外的若干规范的规范性引用文件；见文件 JTC1 N 4047：在 JTC1 国际标准化轮廓中除国际标准外的若干规范中的规范性引用文件——关于 ISP 提交者的指南。

国际标准化轮廓最重要的作用之一是作为建立被国际公认的一致性测试套和测试方法的基础。ISP 的产生不仅仅是对基础标准和选项的特定选择的“合法化”，而且有助于实系统的互操作性。以 ISP 为基础的一致性测试的开发以及被广泛接受，对成功完成该目标来说，是决定性的。

6 轮廓的概念

轮廓的目的已在第 5 章中作了规定，轮廓的概念首先是从抽象意义上考虑了轮廓一致声明的重要性。其次，单个轮廓的概念包括了与其他轮廓的关系，即轮廓的分类方法概念。最后，由于轮廓必需有一个实际存在物，为使它能有效使用，这些概念上的情况与正式的文件编制系统有关。

第 6 章和第 7 章集中规定了轮廓的概念和分类方法，这与它们在 ISP 中编制文件的方法无关。第 8 章规定了实际的文件编制方案，并示出了怎样才不必为每个轮廓定义制定一份单独的文件(ISP)。

轮廓与基础标准、登记机制，以及实现它们的系统的一致性测试有关。这些关系的实际含义在下面几条中将作进一步说明，某些条规定了应由 ISP 中定义的轮廓满足的要求。

6.1 与基础标准的关系

6.1.1 减少选项

某些基础标准提供了若干选项，预计到所描述的对功能度的各种应用的需求。

一些轮廓通过定义将基础标准的组合如何用于给定的功能和环境来促进基础标准的整合。除了选择基础标准外，还要对允许的每个基础标准的若干选项以及对在基础标准中未规定的遗留参数的合适值作出选择。

一些轮廓不应与基础标准相矛盾，但应对可利用的选项和值范围作出特定的选择。宜约束对基础标准选项的选择，以便使获得轮廓目标概率最大化。6.3.1 陈述了对从基础标准功能度中派生轮廓功能度的要求。

6.1.2 引用标准的应用

正式的ISP只可将基础标准或其他ISP作为引用标准。

在下面描述的几种特殊情况中，引用标准可使用ISO/IEC技术报告。要求满足下列条件的那种引用应在具体问题具体处理的基础上证明是正当的：

——没有合适的符合要求的基础标准，但有合适的技术报告；

——在解释报告中标识和讨论的应用，这个报告与ISP建议草案同时起草，而且在建议草案中也列出了那个应用；

——对技术报告负有责任的JTC1成员体赞成在引用标准中使用那个技术报告是合适的；

——我国在对ISP草案投票时赞成这种用法。

注：在本部分中，描述ISP与基础标准的关系的任何文本，还要参考与根据上述准则认可的任何技术报告的关系。

6.1.3 参考文献的使用

在定义轮廓过程中，引用其他文件可能会有帮助。

例如：

a) 可以引用适用的地区或其他国家的国家标准。具有这种应用的功能性的例子是：

——物理连接器；

——电气特性；

——安全要求；

——字符子集。

引用的地区或其他国家的国家标准应放在ISP的资料性附录中，或者以非标准的形式作为多部分ISP的单独部分。应在具体问题具体处理的基础上证明这个用法是正当的：或者是由于在标准中缺少合适的功能度的结果，或者是因为存在其他国家或地区规章要求。它应由负责分发和保管标准的成员体的下属部门列出。

b) 在合适的基础标准或ISP仍然不存在的场合，有可能需要定义所要求的轮廓功能度的某一方面。可以制作遗漏材料的资料性引用文件(见6.1.4c))。

在遗漏功能度是轮廓总范围中的相对小的比例的场合，这些事才宜做。在其功能度的较大部分都遗漏了的场合，则见6.1.4b)。

c) 有可能需要提供背景材料的引用文件，而该背景材料有助于理解轮廓，并适合于引证参考文献(按在A.4.3和A.6.1中提供的)。

6.1.4 其他因素

不要改变由ISP引用的任何文件的地位。

制定ISP时可以指出需要修改或增加基础标准中已规定的要求。如果是这样，ISP的制定者必须与该基础标准的主管部门建立联系，以便通过已建立的方法(诸如缺点报告、修正规程、或引入新的工作)对所要求的内容进行更改。

被引用的基础标准在定稿和批准之前，可以对轮廓进行分类。在这种情况下，我国可以按照自己控制的条件使用轮廓的临时版本或建议草案版本。

a) 推迟创建ISP，直到ISP已经可能修改或增加在基础标准中规定的要求，或者可能创建新基础标准为止。在这种情况下，ISP开发者与负责基础标准的标准集团进行联络是必要的，以便通过已确立的方法可以作出要求的变更，这些方法诸如缺陷报告、修正程序或引入新工作。

b) 建议对分类方法进行变更，以便增加带有与可用基础标准相匹配范围的进一步的轮廓标识符，并且推进ISP规定带有这个已修订范围的框架。

c) 以这样一种方法来起草 ISP，使 ISP 清晰地标识出要求的轮廓功能度遗漏了什么，如果有可能，制作该 ISP 用户可以选择实现的可能规范例子的资料性引用文件。

6.2 ISP 的登记

6.2.1 一般条款

基础标准的应用可以涉及对须经登记规程登记的规范的引用(例如，关于抽象语法)。引用这样的基础标准的轮廓必须定义对这样一些规范的用法(即指出这些规范是否被包括在轮廓规范中)。

若这样的规范已经被登记，则轮廓规范应使用它的登记的名称来引证它。若已登记的规范允许，则轮廓规范可以定义特定参数值。

若这样的规范已经未被登记，则必须采取动作，按照基础标准本身所定义的规程，或者按照 ISO/IEC JTC1 导则的一般登记要求，通过一种相关的登记规程标准，对这种规范进行登记。

6.2.2 GB/T 17969 条款

对通过 GB/T 17969 的条款所覆盖的有登记要求的场合，如果国际登记机构不存在，则 ISP 可以起该登记机构的作用，并且待登记的规范类型属于在本部分分类方法中所定义的轮廓类别之一的范围内。有关的 ISP 可以是轮廓规范使用的 ISP，或者多部分 ISP 可以按登记机构加以使用。在这样的情况下，JTC1 导则的一般登记要求、GB/Z 16682 的本部分的条款和 GB/T 17969.1—2000 的条款以及涉及这种类型的规范的 GB/T 17969 的任一其他部分或各部分的条款都是适用的。

在 GB/T 17969 的规定适用场合，ISP 还可以对于在该 ISP 中所包含的派生和/或合成规范来说起到登记机构的作用。这样的客体可以通过下列方法来创建：

a) 通过在基础标准或另一 ISP 中已登记的相同类型规范中的特定可选元素的选择；或

b) 按照对来自多个基础标准或 ISPs 中已登记的相同类型规范的合成；或

c) 通过上述 a)或 b)的组合。

注 1：引用的规范必须是与新范围的类型相同。只有选择可选元素才可制作新规范。

注 2：极力不鼓励已登记规范的激增，因为它会形成了“孤岛”，即，已登记规范仅在表达方式上稍有不同，但会被感觉到是总体上不同。做出的每个尝试都宜制定带有最广泛的可能使用领域的合成规范，以促进互操作性。

6.3 轮廓内容的原则

6.3.1 一般原则

轮廓要给出一起使用的一组基础标准之间的明确关系(这些关系隐含在基础标准本身的定义中)，也可以对被使用的每一项基础标准的细节作出规定。

轮廓要参考其他国际标准轮廓，以利用这些早已被其他轮廓定义了的功能和界面，因而限制了它们直接从基础标准得到参考。

轮廓应遵从：

a) 将基础标准选项的选择限制在必需的范围，以便在实现轮廓的系统之间最大限度地增加互工作的可能性，因而，轮廓可以保留基础标准选项作为不影响互工作的轮廓的选项；

b) 不应规定与涉及到的基础标准相矛盾或引起不一致的任何要求；

c) 可以包含一致性要求，其范围比涉及到的基础标准的范围更具体、更狭窄。当轮廓中的能力和行为在基础标准的条款中仍一直有效时，轮廓可以不采用基础标准中允许的某些可选能力和可选行为。

与轮廓的一致性是通过定义与涉及到的一组基础标准的一致性体现出来的。但是，与一组基础标准的一致性并不是必需体现出要与轮廓一致。

6.3.2 轮廓定义的主要要素

轮廓的定义应包括下列要素：

a) 被规定轮廓的功能范围以及轮廓满足用户要求的简明定义，该简明定义可用作轮廓的实施概要；

b) 方案的说明，在这个方案内，轮廓是可应用的，可能时给出相关 IT 系统、应用和接口的图解表示；

c) 对一组基础标准的引用，它包括所使用的基础标准或 ISP 实际文本的准确标识；以及批准的任何补篇及技术修改(勘误表)的精确标识；并标识出对于使用轮廓完成互操作具有的潜在影响的一致性；

d) 被引用的每项基础标准或 ISP 的应用规范，指明选择类别或子集的建议和挑选选项、参数值的范围等的建议，以及对被登记的客体的引用；

e) 对声称与轮廓一致的系统遵守所规定的要求所作的声明，包括被引用基础标准或 ISP 的任何允许选项，进而变为该轮廓选项的要求；

f) 如果相关，对轮廓一致性测试规范的引用；

g) 轮廓中引用的基础标准的任何补篇和技术修改单，这些参考文献已确定不适用于轮廓，且不适用于任何其他相关的源文件(见 6.1.3c))。

注：第 8 章和附录 A 提供了用来编写 ISP 轮廓的有关方法的参考信息。

6.4 与轮廓一致性的含义

按前面几章中所指示的轮廓的目的是为了规定把规范集合来提供清晰定义功能度的用法。因此，与轮廓规范的一致性总是隐含了与所引用规范的一致性。

还可以存在对组合使用规范的一致性要求，而这些一致性要求是不同于与孤立规范相关的任何要求的。

一致性要求可以是：

a) 必备的要求：在所有情况下这些要求都是要遵守的；

b) 选项：如果适用于支持选项的任何要求都是被遵守的，则可以使所选择的这些选项适合于该实现；

另外，可以规定一致性要求如下：

c) 无条件地规定：这些要求或选项无限定地适用；

d) 有条件地规定：有条件的要求是指在某些规定的条件下可以是必备的一种要求，而在另外规定的条件下可以是可选的一种要求，并且在另外规定的条件下可以在范围之外或者不适用；如果规定的条件适用，这些要求是要遵守的；

此外，一致性要求可以说明如下：

e) 从正面来说：一致性要求说明要做的是什么；

f) 从反面来说：一致性要求说明不要做的是什么。

为了评价特定实现的一致性，有必要具有对在支持一个或多个规范中已经实现的这些能力的声明，特别是该声明包括相关可选能力和限制，使得能对某个实现是否与相关要求以及是否仅与上述那些要求相一致进行测试。这样的一个声明称之为协议一致声明(ICS)。

某个 IT 系统可以支持使用相同的一些基础标准的不同能力的一个以上的轮廓。在这种情况下，它能协商在不同环境下使用哪个轮廓，或者它需要单独地进行配置，以便支持每个轮廓。类似的，单个 ICS 可以声明支持多个轮廓，或者可以对每个轮廓提供一个独立的 ICS。

在轮廓的实现内，能定义若干点，在这些点上能控制和观察测试事件的出现。例如，这些点会处于在 OSE 轮廓中定义的接口上。

测试与轮廓一致的实现要求有针对该轮廓的一致性测试规范。按照定义，由于轮廓是对基础标准的一组引用，那么针对轮廓的一致性测试规范宜基于为那些引用的基础标准而规定的一致性测试，同时合适地选择测试和对测试进行参数化。当合适时，在 GB/Z 16682 的其他各部分中标识出针对轮廓每个域的一致性测试的方法学和特性。

6.5 轮廓的一致性要求

某个轮廓的一致性要求应与下列方法表示的基础标准中的一致性要求有关，而下列方法须受在GB/Z 16682其他各部分中对轮廓特定域所给出的任何更为特定约束的支配：

a) 在基础标准中的无条件必备要求应在轮廓中仍然保持是必备的。

b) 在基础标准中的无条件选项可以仍然保持是可选的，或者在轮廓内可以被更改为：

——必备的；

——有条件的，正在引起依赖于某一合适条件的不同状态；

——在范围之外，如果选项与轮廓无关——例如，在轮廓上下文中未使用的功能元素；

——禁止的，如果选项的使用被认为是轮廓上下文中的非一致行为——当真正需要时，才宜使用这种选择，"在范围之外"通常可以是更合适的。

c) 如果在轮廓的上下文中，能够全面评价在基础标准中条件要求中的条件，那么这些要求变成无条件必备要求或者无条件选项，或者这些要求变成在范围之外的或禁止的。否则，这些条件仍然保持是无条件的，在合适时，可能部分地评价了有条件的。

7 轮廓分类方法框架

7.1 分类方法的特性和目的

分类方法是指无二义性地引用轮廓或轮廓集合的分类方案。轮廓的标识符根据分类方法导出，它们指出(以编码的形式)一个轮廓与另一个轮廓的功能关系。

分类方案(分类方法类别)基于将主要信息技术标准再细分成重要论题，在可能的场合，这些重要论题对应于定义的或假设的参考模型的内容。因此，该结构要与供应者和用户两者所储存的结果轮廓使用的类型相匹配，并且还要与负责该论题的标准和轮廓的技术委员会和分委员会的专门技术领域相匹配。

然后，进一步级别元素(子类别)的增加与有关基础标准所支持的内在的现实世界的功能度划分有关。这些子类别对应于对用户和供应者来说是有意义的功能元素；它们对应于作出选择的点，诸如是否使用/提供应用服务的特定一致子集，或者哪个通信子网环境待访问，或者什么可移植性类型需要由IT系统来提供。

这样的分类方法结构在性质上是动态的，它与基础标准的可用性和用户要求的标识一起演进。

在GB/Z 16682的后续各部分中定义了分类方法。

7.2 轮廓元素

在定义分类方法的轮廓元素时，应考虑到下列所考虑事项：

a) 用户要求的分析。

共同组合成轮廓的功能度元素宜对应于可标识的现实世界的应用单元或IT系统设计；

b) 相邻轮廓之间的显著差别。

在分类方法的子类别中太多几乎类似的轮廓会增加一种可能性，它使用户在为了成功地互工作，或端口应用或用户便利的单个轮廓选择方面不能同意；在分类方法中太少的轮廓可以导致将那么多的选项提供给轮廓，使它几乎不能在选择和简化的方法方面达到目的；

c) 随着时间的发展。

如果所引用的基础标准提供了在能力方面的显著功能变化，则这些引用的基础标准的后续版本的可用性可以是为了标识分类方法中的新轮廓的一个理由。否则，这些引用的基础标准仅引起定义轮廓的ISP的新版本。

8 轮廓文件的结构

8.1 原则

对ISP内容和格式的要求是以下列原则为基础的：

a) 轮廓与基础标准直接相关,而与轮廓的一致性就应含有与基础标准的一致性的意思。

b) ISP应符合GB/T 1.1—2000的规定。从这些规定中摘录的,并且为便于在ISP中的使用而经改编的有关规定见附录A。

c) 要力求ISP的文件简明,不要重复引用文件的正文。因此,产生简明的ISP,实质上依赖于对基础标准的引用、它们的PICS形式表(在OSI轮廓情况下),以及已登记的客体名的使用。

d) 与特定基础标准等同使用的轮廓,应与ISP中具有同样要求的等同语句一致。

e) 一个轮廓的定义就总体性而言可以包括另一个轮廓定义的引用。

8.2 多部分ISP

许多轮廓将作为单独的ISP编成文件并予以发布。然而,在一个或多个轮廓之间存在密切关系的场合(这些关系的例子在本部分的第7章中已概括地规定,并在GB/Z 16682.2—2010中详细描述),可以使用更恰当的技术。

为了确保兼容性和互工作,避免不必要的文本重复,并给ISP的起草者和审查者提供帮助,必须有相关轮廓之间所需的共同文本。共同文本的条款应包括该轮廓各篇的定义,以及与该轮廓那一篇所使用的一个或多个基础标准有关的ISPICS要求表部分。

仿照多部分标准,ISP可以形成若干个单独的部分,其中,每一部分都要分别制定。

单部分ISP或多部分ISP的某一部分只包括1个轮廓的定义。

单部分ISP或多部分ISP的某一部分常规地应包含不多于一个轮廓的定义,以便允许每个轮廓成为单独ISP投票的主题;与一个ISP或ISP一部分范围内的轮廓很密切相关的两个或两个以上的定义组合应被允许,但须经ISO/IEC JTC 1/SGFS评审和认可各个案例的正当理由。通过对客体标识符的分配来唯一地标识出各个轮廓(见8.4)。

下面规则适用于多部分ISP:

a) 多部分ISP应包含完整轮廓的定义或相关的轮廓集合;

b) 多部分ISP的一部分可以包含一个或多个轮廓的定义部分;

c) 只要可能,由某一部分到另一部分构成的引用宜是完整的部分,然而,允许受控使用单向引用另一部分的各章,以便获得合理的多部分结构。

举例,多部分ISP的这种结构在定义该OSI轮廓文本时是特别有用的:

——Tx类轮廓集,它构成一个组,从而能公共使用独立于网络功能的标准;

——Rx类轮廓集,它使用公共的中继技术;

——Tx、Ux和Rx类轮廓,它们公共使用子网技术。

在所有这些轮廓集中,ISP的单个部分能在各个期间引用同一ISP的其他部分或引用其他ISP,以保证这个公共功能度的相同规范。

由于过分使用多部分ISP的能力可能会存在潜在的缺点,例如对于各部分的复杂链接集而难于获得批准,因此,在使用时要特别谨慎。

注1:当文本的某一篇在若干个轮廓中出现时,那么,对于若干个轮廓的实现就存在共享该相应条号(等)的可能性,而且,对引用基础标准的可用性测试也适用于各个轮廓的测试。

注2:为了实现OSI以促进文本的几个公共篇等同为ISP部分,进而促进未来的标准化和轮廓的工作,使用已经定义的ISP部分,以致使轮廓成为少数几个“公共模块”。特别是,这允许ISP某一部分有把握实现,这种实现可以在尚未定义的轮廓实现中使用,以致使产品在未来开发时是开放的。

8.3 ISP的结构

ISP的文件结构按照表1提出的要点。该结构表示了第6章给出的关于单个轮廓定义的概念要求之总和。若ISP被分成几个部分,每个部分都应遵守相同的格式,但其各章内容可以有适当变化。

这是通用格式,并且本技术报告的每个后续部分包含了在其分类方法范围内的轮廓的ISPs结构的更特定细节。

表 1

前言
引言
1.范围
2.规范性引用文件
3.术语和定义
4.符号和缩略语
5.一致性
6.定义与每项基础标准有关要求的各章
规范性附录——例如,以表格形式给出轮廓一致性要求。
资料性附录包含要求的说明性材料和/或指导性材料。
注:关于上述列出的各部分内容的进一步信息在附录 A 中给出,它基于 IEC/ISO 导则的第 3 部分——国际标准编写和表示法。

对于每个轮廓,轮廓测试规范应该按照定义轮廓的 ISP 的一部分,或者按照显式引用来自轮廓定义的 ISP 的单独的 ISP 来提供。

除了特定材料外,ISP 宜记录在开发 ISP 期间作出技术选择的基本原理,捕获到在资料性附录中这些基本原理便利于对 ISP 及其规定的轮廓的使用、重新使用和维护。

8.4 轮廓客体标识符

单部分 ISP 或多部分 ISP 的某一部分可以包含一个或多个轮廓的定义。单部分 ISP 或多部分 ISP 的某一部分应是单个 ISP 投票的主题(即,当在单部分 ISP 中或在多部分 ISP 的一部分中出现这些轮廓的定义时,单独为一个以上的轮廓进行投票是不可能的)。

附　录　A
（规范性附录）
国际标准化轮廓的起草和表述规则

A.1　引言

本附录的内容与ISP的起草者有密切关系。

本部分的第8章为轮廓定义给出了所需结构的一般规范。它应遵循有关标准乃至有关GB/T 1.1—2000的规定，而且，本附录包含的是GB/T 1.1—2000中某些适合的条款的某些摘录，并根据它们在ISP中的实际使用而作了某些修改和补充。所引用的GB/T 1.1—2000的具体条款用“GB/T 1.1—2000的X.Y.Z”的形式表示。

在上述那些情况下，若根据ISO/IEC JTC1导则附录K的术语，按照与ITU-T的合作活动，正在产生某个ISP，当合适时，则ISO/IEC公共文本的表示规范（当前在附录K的附件Ⅱ中）应该也适用。

通过与文件的内容和编排密切有关的本附录，为制定ISP标准提供了一个准则。正如在第8章中明确指出的那样，一个ISP或它的某一部分可以包括整个轮廓定义，或者一个或多个轮廓定义的一部分。本附录的叙述是假定它所描述的ISP是不可分的轮廓，它定义的是一个完整的轮廓。对于其他情况很容易根据这种办法导出。然而要注意的是，多部分ISP的每一部分应使用尽可能都适合的同样格式。

A.2　总体编排（GB/T 1.1—2000的5.1.3）

构成一个ISP的全部要素分为三类：

——资料性概述要素：包括标识ISP，介绍ISP内容，说明ISP背景、ISP的制定以及与其他标准和ISP的关系等内容；

——规范性一般要素：规定了ISP的要求和必须遵守的条文；

——资料性补充要素：提供有助于理解或使用ISP的附加信息。

这几类要素在下列章条中叙述。

除封面和首页、ISP名称和脚注，条文中的注释（见A.6.3）可以是任何要素的一部分。

A.3　资料性概述要素

A.3.1　封面

封面的内容按GB 1.1—2000的6.1.1规定。

封面的格式按GB 1.1—2000的7.2规定。

标准编号由国务院标准化行政主管部门给出。

A.3.2　目次

目次为可选要素。如果需要，可设置目次。目次所列的内容和顺序按GB/T 1.1—2000的6.1.2规定。

A.3.3　前言

每个ISP均应有前言。前言由特定部分和基本部分组成。

制定部分的内容按GB/T 1.1—2000的6.1.3规定。

基本部分适当给出下列信息：

——本ISP由×××提出；

——本ISP由×××归口；

——本 ISP 起草单位;

——本 ISP 主要起草人;

——本 ISP 所代替 ISP 的历次版本发布情况。

A.3.4 引言

引言为可选要素。如果需要,可设置引言。引言的内容按 GB/T 1.1—2000 的 6.1.4 规定。

A.4 规范性一般要素

A.4.1 ISP 名称(GB/T 1.1—2000 的 6.2.1)

名称为必备要素,它应置于正文标准的封面。ISP 名称力求简练,并应明确表示出 ISP 的主题,使之与其他 ISP 或标准区分。名称不应涉及不必要的细节。任何其他必要的详细说明应在范围中给出。

ISP 名称应由下列三个要素组成:

a) 引导要素:

“信息技术”

指出该标准所属的技术领域。

b) 标识要素:

“国际标准化轮廓 XXXnnn”

由标识符 XXXnnn 指出该轮廓在分类方法中所处的位置。

注:如果一个多部分 ISP 规定了一个以上的轮廓,或一个 ISP 规定的只是若干个轮廓的公共篇,那么这个要素或者是列举出有关的全部轮廓标识符,或者是采用惯用的“X”作为变量文字,并且“n”作为可变编号,如“TXnnn”或“AFT1n”。

c) 主体要素:

主体要素指出在该领域内所要论述的主要对象,并与分类方法(GB/Z 16682.2—2010)中给出的内容相同。对于多部分 ISP,应将这个要素分为两部分,即对所有部分都公用的通用标题要素和对每部分特有的特定标题要素;在需要的情况下,这个特定要素可以包含单个轮廓的标识符。

示例:

信息技术　国际标准化轮廓 AFTnn 文卷传送、访问和管理　第 3 部分:#AFT11　简单文卷传送(非结构的)

A.4.2 范围(GB/T 1.1—2000 的 6.2.2)

范围为必备要求。这一要素包括以下三条:

a) 概述

本要素应列于 ISP 或 ISP 部分的开始,以明确规定该文件的目的和它的主题,从而指明该 ISP 或 ISP 部分的使用限制。它应该能鉴别适配轮廓的“用户要求”。它应该采取适配 ISP 独立应用的某个执行目录形式。它不应包含规范性要求(在 A.5 中指出)。

b) 在分类方法中的位置

如果 ISP 或 ISP 部分规定了轮廓,那么,它应符合 GB/Z 16682.2—2010 相应分类方法中规定的轮廓。这个要素应包括 ISP 或 ISP 部分内已规定的轮廓的标识符和标题。

c) 用户要求和方案

如果 ISP 或 ISP 部分规定了轮廓,那么,它应包括(适合时)轮廓的适用范围,即该轮廓适用环境的用户要求说明。

应使用简图的形式给出这一轮廓所覆盖的 IT 系统,以及能够互工作的其他典型 IT 系统。

A.4.3 规范性引用文件

规范性引用文件为可选要素。如果存在,它应按 GB/T 1.1—2000 的 6.2.3 规定。

A.5 规范性技术要素

A.5.1 术语和定义

术语和定义为可选要素。如果有术语和定义，它的引导语、起草和表述规则应按 GB/T 1.1—2000 的 6.3.1 规定。

在绝大多数情况下，ISP 能够指出所使用的全部术语都已经在被引用的基础标准中定义过，在这种情况下，这些术语不应在该 ISP 中重复。

A.5.2 符号和缩略语

符号和缩略语为可选要素，它给出为理解 ISP 所必要的符号和缩略语一览表。符号和缩略语的编写方法按 GB/T 1.1—2000 的 6.3.2 规定。

在绝大多数情况下，ISP 能够指出所使用的全部缩略语都已经在被引用的基础标准中定义过，在这种情况下，这些缩略语不应在该 ISP 中重复。

A.5.3 要求

这一要素包括若干章，它们与轮廓定义中引用的每项主要基础标准，以及在轮廓定义中包括的补篇和技术修改单的用法有关。对各章的内容和编排不作统一规定，但是能够对每种情况中规定的内容的类型进行剪裁。

所给的信息不应重复基础标准的正文，但应规定轮廓中对类别、子集、选项和参数值范围所作出的选择。它应以静态和动态一致性要求的形式给出，并在适当的场合可以采用表格的形式。最好是将尽可能多的这种信息一次性地记录在 ISP 附录的 ISPICS 要求表(使用时)中。

有关 ISP 这一要素中要求的内容特征详见第 6 章和第 8 章。

A.5.4 试验方法(GB/T 1.1—2000 的 6.3.5)

ISP 包括的试验方法和对 ISP 一致性测试细节的可能性有待进一步研究。然而，对某些特定领域的轮廓，可参考对该领域的轮廓如何进行的试验方法标准。

A.5.5 规范性附录(GB/T 1.1—2000 的 6.3.8)

规范性附录是 IPS 不可分割的部分。为方便起见，该附录放在所有其他 ISP 要素的后面。规范性附录(相对于资料性附录而言，见 A.6.1)应在技术要素中提及并在前言中说明(见 A.3.3)、在附录页的附录编号后加括号注明。

OSI 轮廓的第 1 个规范性附录应是轮廓要求表(IPRL)，见 8.4。

A.6 资料性补充要素

A.6.1 资料性附录(GB/T 1.1—2000 的 6.4.1)

资料性附录给出附加信息，并且放在 ISP 的规范性要素之后。它们不应包含实现一致性的要求。资料性附录(相对于规范性附录而言，见 A.5.5)应在技术要素中提及并在前言中说明(见 A.3.3)、在目次中和附录页的附录编号下方加括号标明。

引用任何其他国家的国家标准或地区标准的细节都应放在资料性附录内(也见 6.1 和 A.4.3)。

在 ISP 中要反应的有关用户的信息可以放在这里。

A.6.2 条文的脚注(GB/T 1.1—2000 的 6.5.2)

条文的脚注用来提供附加信息，应尽量少用脚注。条文的脚注不应包含要求。条文的脚注的其他编写方法按 GB/T 1.1—2000 的 6.5.2 规定。

A.6.3 条文的注和示例(GB/T 1.1—2000 的 6.5.1)

ISP 条文中的注和示例应只给出对理解或使用标准起辅助作用的附加信息，不应包含要声明符合标准而应遵守的条款。条文的注和示例的其他编写方法按 GB/T 1.1—2000 的 6.5.1 规定。

A.6.4 图注(GB/T 1.1—2000 的 6.6.4.8)

图注应区别于条文的脚注(见 A.6.2)和条文的注(见 A.6.3)并与之分开单独处理。它们应置于图题之上,并位于图的脚注之前。每幅图的图注应单独编号。图注不应包含要求。图注的其他编写方法按 GB/T 1.1—2000 的 6.6.4.8 规定。

A.6.5 表注(GB/T 1.1—2000 的 6.6.5.6)

表注应区别于条文的脚注(见 A.6.2)和条文的注(见 A.6.3)并与之分开单独处理。它们应置于表中,并位于表的脚注之前。每个表的表注应单独编号。表注不应包含要求。表注的其他编写方法按 GB/T 1.1—2000 的 6.6.5.6 规定。

A.7 编辑和编排知识

在 GB/T 1.1—2000 的其他条中给出了条文、表、图和脚注编排的更多的信息,ISP 的制定都应采用这些信息。在 GB/T 1.1—2000 的附录 E 中还给出了条款表述所用的助动词,这些助动词形式适用于起草要求、建议、许可和可能性的叙述中,它们也适用于 ISP。

ICS 35.100.05
L 79

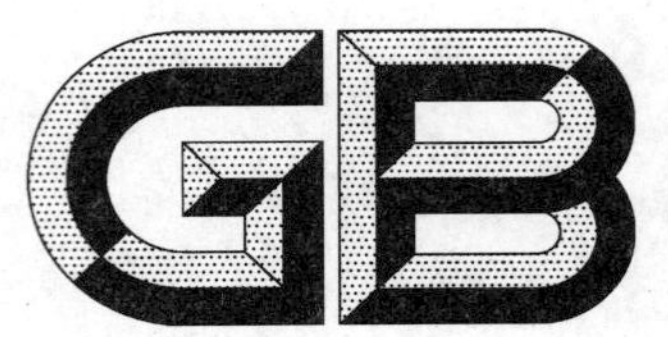

中华人民共和国国家标准化指导性技术文件

GB/Z 16682.2—2010/ISO/IEC TR 10000-2:1998
代替 GB/T 16682.2—1996

信息技术 国际标准化轮廓的框架和分类方法 第2部分:OSI轮廓用的原则和分类方法

**Information technology—
Framework and taxonomy of international standardized profiles—
Part 2:Principles and taxonomy for OSI profiles**

(ISO/IEC TR 10000-2:1998,IDT)

2011-01-14 发布　　2011-05-01 实施

中华人民共和国国家质量监督检验检疫总局
中国国家标准化管理委员会　发布

前　言

GB/Z 16682 在《信息技术　国际标准化轮廓的框架和分类方法》总标题下，目前包括以下 2 个部分：

——第 1 部分(即 GB/Z 16682.1)：一般原则和文档编制框架；

——第 2 部分(即 GB/Z 16682.2)：OSI 轮廓用的原则和分类方法。

本部分为 GB/Z 16682 的第 2 部分。

本部分等同采用 ISO/IEC TR 10000-2:1998《信息技术　国际标准化轮廓的框架和分类方法　第 2 部分：OSI 轮廓用的原则和分类方法》。

本部分代替 GB/T 16682.2—1996。

本部分与 GB/T 16682.2—1996 相比，主要差异如下：

a) 增加了部分缩略语(见第 4 章)；

b) 增加了消息处理(见 5.5.3.4.2)；

c) 增加了文档存档和检索(见 5.5.3.4.10)；

d) 增加了 ODA 文档的交互操作(见 5.5.3.4.11)；

e) 增加了计算机图形元文卷交换格式(见 6.4.2)；

f) 增加了部分轮廓的分类方法(见第 6 章)。

本部分由全国信息技术标准化技术委员会提出并归口。

本部分起草单位：中国电子技术标准化研究所。

本部分主要起草人：王聪、郑洪仁、吴东亚、张翠。

本部分所代替标准的历次版本发布情况为：

——GB/T 16682.2—1996。

引　言

功能标准化的范围是信息技术(IT)标准化活动整个领域的一部分,它包括:

——基础标准,它定义了基本原则和通用程序。它们提供了一个能由各种应用使用的基础设施,每一种应用都能从基础标准提供的选项中作出它自己的选择。

——轮廓,它定义了用于提供特定功能的一致的基础标准的子集或组合。轮廓标识了在各项基础标准中可用的特殊选项的用法,并为开展统一的、国际公认的一致性测试提供了基础。

——登记机制,它提供了在基础标准或轮廓的框架中详细的参数化手段。

在ISO/IEC JTC1中,功能标准化的过程与定义轮廓的方法学有关,并且按照JTC1导则包括的程序,其文件出版物称为"国际标准化轮廓(ISP)"。正在使用该过程的信息技术标准化的范围是与通常理解的、并宽松定义的"开放系统"的概念一致的。其目标是便利于通过IT系统部件的高度互操作性和可移植性来表征IT系统的规范。

除了GB/Z 16682之外,功能标准化特别工作组(SGFS)的秘书处还保存有一个称之为"ISP及其所含轮廓的目录"的常备文档(SD-4)。这是正式的或正在制定的ISP,以及每个轮廓的执行概要的真实记录。它须经ISO/IEC JTC1/SGFS秘书处的定期更新。

信息技术
国际标准化轮廓的框架和分类方法
第2部分:OSI轮廓用的原则和分类方法

1 范围

GB/Z 16682 的本部分的目的是为可以提交或已被提交作为国际标准化轮廓(ISP)的各种轮廓(分类方法)提供原则和分类方法。[1)]

GB/Z 16682.1 规定了 ISP 中已形成为文件的各种轮廓的概念,并指导各组织根据文件的性质和内容起草国际标准化轮廓草案的提案。

在本部分中存在的轮廓分类不反映 SGFS 对轮廓需具有某种能力的意见。它仅仅提供了唯一标识的那种功能,以及能够对 PDISP 进行评估的能力。

由于各种轮廓是根据 SGFS 确定的需要,并根据基础标准化的进展提出的,因此,该分类方法要定期进行修订或增加新的部分以便反映所达到的进展。也已认识到将会有一些对该分类方法进行扩充的建议,以便包含 GB/Z 16682 这一版在制定过程中尚未确定的功能。这些扩充可以由各个起草者确定,它包括对现有的分类方法进行简单扩充或附加一些 GB/Z 16682 目前尚未包含的新功能领域。这些扩充的内容按照 SGFS 制定的规程进行管理。

在一个轮廓和含有一个或多个轮廓文件的 ISP 之间已作了区分。这个分类方法只与轮廓有关,但在“ISP 及其包含的轮廓的目录”中已给出了进一步的信息,至于这个目录,ISP 就包含了该轮廓文件。

这个目录已作为 SGFS 的常备文档 SD-4(参见附录 A)予以维护,对于提交给 SGFS 的每一个轮廓草案,同时也要提供附加的信息,包括已确定的轮廓的状态。

2 规范性引用文件

下列文件中的条款通过 GB/Z 16682 的本部分的引用而成为本部分的条款。凡是注日期的引用文件,其随后所有的修改单(不包括勘误的内容)或修订版均不适用于本部分,然而,鼓励根据本部分达成协议的各方研究是否可使用这些文件的最新版本。凡是不注日期的引用文件,其最新版本适用于本部分。

GB/T 2311 信息处理 字符代码结构和扩充技术(GB/T 2311—2000,idt ISO 2022:1994)

GB/T 12500 信息技术 开放系统互连 提供连接方式运输服务的协议(GB/T 12500—2008,ISO/IEC 8073:1997,IDT)

GB 13000 信息技术 通用多八位编码字符集(UCS)(GB 13000—2010,ISO/IEC 10646:2003,IDT)

GB/T 16264(所有部分) 信息技术 开放系统互连 目录(ISO/IEC 9594(所有部分),IDT)

GB/T 16284.4—1996 信息技术 文本通信 面向信报的文本交换系统 第4部分:抽象服务定义和规程(idt ISO/IEC 10021-4:1990)

GB/T 16284.5—1996 信息技术 文本通信 面向信报的文本交换系统(MOTIS) 第5部分:信报存储器抽象服务定义(idt ISO/IEC 10021-5:1990)

GB/T 16284.7—1996 信息技术 文本通信 面向信报的文本交换系统(MOTIS) 第7部分:

1) 本部分仅定义了基于通信轮廓的 OSI 分类方法:其他通信轮廓的出版事宜没有提及。

人际信报系统(idt ISO/IEC 10021-7:1990)

GB/T 16505(所有部分) 信息处理系统 开放系统互连 文卷传送、访问和管理(idt ISO/IEC 8571(所有部分))

GB/Z 16682.1-2010 信息技术 国际标准化轮廓的框架和分类方法 第1部分:一般原则和文件编制框架(ISO/IEC TR 10000-1:1998,MOD)

GB/T 16723 信息技术 提供OSI无连接方式运输服务的协议(GB/T 16723—1996,idt ISO/IEC 8602:1995)

GB/T 16973(所有部分) 信息技术 文本与办公系统 文件归档和检索(DFR) 第1部分:抽象服务定义和规程[idt ISO/IEC 10166(所有部分)]

GB/T 17179.1 信息技术 提供无连接方式网络服务的协议 第1部分:协议规范(GB/T 17179.1—2008,ISO/IEC 8473-1:1998,IDT)

GB/T 17579 信息技术 开放系统互连 虚拟终端基本类服务(GB/T 17579—1998,idt,ISO/IEC 9040:1990)

GB/T 17580.1 信息技术 开放系统互连 虚拟终端基本类协议 第1部分:规范(GB/T 17580.1—1998,idt,ISO/IEC 9041-1:1990)

GB/T 17969.1 信息技术 开放系统互连 OSI登记机构的操作规程 第1部分:一般规程(GB/T 17969.1—2000,eqv,ISO/IEC 9834-1:1993)

GB/T 17969.5 信息技术 开放系统互连 OSI登记机构的操作规程 第5部分:VT控制客体定义的登记表(GB/T 17969.5—2000,eqv,ISO/IEC 9834-5:1991)

ISO/IEC 9506 工业自动化系统 制造消息规范

ISO/IEC 9646-6:1994 信息技术 开放系统互连 一致性测试方法和框架 第6部分:协议轮廓测试规范

ISO/IEC 9646-7:1995 信息技术 开放系统互连 一致性测试方法和框架 第7部分:实现一致性声明

ISO/IEC 9834-4 信息技术 开放系统互连 OSI登记机构的操作规程 第4部分:VTE轮廓的登记

ISO/IEC TR 10000-3:1998 信息技术 国际标准化轮廓的框架和分类方法 第3部分:开放系统环境轮廓用的原则和分类方法

ISO/IEC 10021-4:1996 信息技术 消息处理系统(MHS):消息传送系统——抽象服务定义和规程

ISO/IEC 10021-5:1994 信息技术 消息处理系统(MHS):消息存储——抽象服务定义

ISO/IEC 10021-7:1995 信息技术 消息处理系统(MHS):人际信报系统

ISO/IEC 10021-7:1996 信息技术 消息处理系统(MHS):人际信报系统

ISO/IEC 10021-9:1995 信息技术 消息处理系统(MHS) 第9部分:电子数据交换消息系统

ISO/IEC 10028 信息技术 系统间远程通信和信息交换 网络层中间系统中继功能的定义

ISO/IEC TR 10029 信息技术 系统间远程通信和信息交换 X.25互工作单元的操作

ISO/IEC 10161:1993 信息和文献 开放系统互连 图书馆间的借用协议规范

ISO/IEC 10163:1993 信息和文献 开放系统互连 检索和归还应用协议规范

ISO/IEC 10164 信息技术 开放系统互连 系统管理

ISO/IEC TR 10172 信息技术 系统间远程通信和信息交换 网络/运输协议互工作规范

3 术语和定义

下列术语和定义适用于GB/Z 16682的本部分。

组 group

实现某组的一个轮廓的某一IT系统,与实现同组不同轮廓的另一IT系统,当按照这些轮廓规定的协议操作时能够互工作,在这个意义上讲,是相兼容的OSI轮廓的集合。

4 缩略语

4.1 通用缩略语

CGM	计算机图形元文卷(Computer Graphics Metafile)
CL	无连接方式(Connectionless-mode)
CLNS	无连接方式网络服务(Connectionless-mode Network Service)
CLTS	无连接方式运输服务(Connectionless-mode Transport Service)
CO	连接方式(Connection-mode)
CONS	连接方式网络服务(Connection-mode Network Service)
COTS	连接方式运输服务(Connection-mode Transport Service)
CSDN	电路交换数据网(Circuit Switched Data Network)
CSI	通信服务接口(Communication Services Interface)
CSMA/CD	载波侦听多址访问/碰撞检测(Carrier Sense,Multiple Access/Collision Detection)
CULR	公共高层要求(Common Upper Layer Requirements100)
DFR	文档存档和检索(Document Filing and Retrieval)
DSA	目录服务代理(Directory Service Agent)
DTAM-DM	文档传送和操纵-文档操作(Document Transfer and Manipulation-Document Manipulation)
DTE	数据终端设备(Data Terminal Equipment)
DUA	目录用户代理(Directory User Agent)
EDI	电子数据交换(Electronic Data Interchange)
EDIMG	EDI消息处理(EDI Messaging)
FDDI	光纤分布式数据接口(Fibre Distributed Data Interface)
FR PVC	帧中继永久虚电路(Frame Relay Permanent Virtual Circuit)
FR SVC	帧中继交换虚呼叫(Frame Relay Switched Virtual Call)
FRBS	帧中继承载业务(Frame Relay Bearer Service)
FRDN	帧中继数据网(Frame Relay Data Network)
FRDTS	帧中继数据传输业务(Frame Relay Data Transmission Service)
IIF	影像互换设施(Image Interchange Facility)
IPI	影像处理和互换(Image Processing and Interchange)
IPM	人际消息(Interpersonal Message)
ISDN	综合业务数字网(Integrated Services Digital Network)
ISP	国际标准化轮廓(International Standardized Profile)
LAN	局域网(Local Area Network)
MAC	媒体访问控制(Media Access Control)
MMS	制造业消息规范(Manufacturing Message Specification)
MOTIS	面向信报(消息)的文本交换系统(Message Oriented Text Interchange System)

MS　信报(消息)存储器(Message Store)
MTA　信报(消息)传送代理(Message Transfer Agent)
MTS　信报(消息)传送系统(Message Transfer System)
ODA　开放文档体系结构(Open Document Architecture)
P1　信报(消息)传送协议(Message Transfer Protocol)
P2　人际信报(消息)交换协议(Interpersonal Messaging Protocol)
P3　MTS 访问协议(MTS Access Protocol)
P7　MS 访问协议(MS Access Protocol)
PSDN　包交换数据网(Packet Switched Data Network)
PSTN　公用电话交换网(Public Switched Telephone Network)
PVC　X. 25 永久虚电路(X. 25 Permanent Virtual Circuit)
QOS　服务质量(Quality of Service)
SGFS　ISO/IEC JTC1/功能标准化特别工作组(ISO/IEC JTC1/Special Group Functional Standardization)
SGML　标准通用置标语言(Standardized General Markup Language)
TP　事务处理(Transaction Processing)
TPSU　TP 服务用户(TP Service User)
UA　用户代理(User Agent)
VC　X. 25 虚呼叫(X. 25 Virtual Call)
VT　虚终端(Virtual Terminal)

4.2 轮廓标识符中使用的缩略语

缩略语　轮廓子类(应用)
ADF　文档存档和检索(Document Filing and Retrieval)
ADI　目录(1988)[2](Directory(1988)[2])
ADY　目录(1993)[2](Directory(1993)[2])
AFT　文卷传送、访问和管理(File Transfer, Access and Management)
ALD　图书馆,文献(Library,Documentation)
AMH　信报(消息)处理(Message Handling)
AMM　制造业消息交换(Manufacturing Messaging)
AOD　ODA 文档的交互操纵(Interacive Manipulation of ODA Documents)
ARD　远程数据库访问(Remote Database Access)
ATP　事务处理(Transaction Processing)
AVT　虚终端(Virtual Terminal)

缩略语　轮廓子类(格式)
FCG　计算机图形元文卷交换格式(Computer Graphics Metafile Interchange Format)
FCS　字符集(Character Sets)
FDI　目录数据定义(Directory Data Definitions(1988)[2])
FDY　目录数据定义(Directory Data Definitions(1993)[2])
FOD　开放文档格式(Open Document Format)
FSG　SGML 交换格式 SGML(Interchange Format)
FVT　虚终端注册客体(Virtual Terminal Registered Objects)

---

2) 1988 版的目录规范的分类子结构不同于 1993 版。

缩略语	轮廓子类(低层)
TA	CLNS上的COTS(COTS over CLNS)
TB	CONS上的COTS(COTS over CONS)
TC	CONS上的COTS(COTS over CONS)
TD	CONS上的COTS(COTS over CONS)
TE	CONS上的COTS(COTS over CONS)
UA	CLNS上的CLTS(CLTS over CLNS)
UB	CONS上的CLTS(CLTS over CONS)
RA	中继CLNS(Relaying the CLNS)
RB	中继CONS(Relaying the CONS)
RC	X.25协议中继(X.25 Protocol Relaying)
RD	用透明桥接的中继MAC服务(Relaying the MAC Service using transparent bridging)
RE	用源路由的中继MAC服务(Relaying the MAC Service using source routing)
RZ	CLNS与CONS间的中继(Relaying between CLNS and CONS)

5 OSI分类方法:原则

5.1 总则

首先将各种OSI轮廓划分成若干类,每一类代表某一适当功能的种类,它独立于另一类。轮廓的不同类别与本分类的主要划分一致。

在每一类中,对某一特定的类可以再进行细分。

OSI轮廓标识符的构成与ISO/IEC TR 10000-3:1998中定义的通用OSE分类一致。因此,一个OSI轮廓标识符包含:

——后缀"-C"(对CSI轮廓);

——一个根助记符,它是一个以字母开始的字符串,开始字母用来指明轮廓的基本类别;

——一个根据需要确定长度的反应轮廓在等级结构中位置的数字串。

除第1个字母以外,全部字符的语法取决于各个定义(见下面条款)。

注:在ISO/IEC TR 10000-3:1998中定义的普通OSE分类的上下文中,通信服务接口轮廓的OSI轮廓是以后缀"-C"标识的,在GB/Z 16682的本部分中,在描述OSI分类时,后缀被省略。

5.2 OSI轮廓的类别概念

为了从通信协议支持中分离出信息或客体的表示,以及从子网类型中分离出与应用有关的协议,现在将OSI轮廓和与OSI有关的轮廓分成如下几类:

T:提供连接方式运输服务的运输轮廓

U:提供无连接方式运输服务的运输轮廓

R:中继轮廓

A:要求连接方式运输服务的应用轮廓

B:要求无连接方式运输服务的运输轮廓

F:交换格式和表示轮廓

可能需要其他类。

T类和U类轮廓规定了在两种方式的OSI网络服务上,以及在各种类型的特定的子网上,诸如LAN、PSDN等单个类型如何提供两种方式的OSI运输服务。如此,就将A类/B类轮廓和F类轮廓与网络技术分开。

将T类和U类轮廓进一步细分成若干个组。详见5.4 OSI低层轮廓的组概念。

A类和B类应用轮廓为两种方式OSI运输服务之上的特定应用类型分别规定了通信协议支持。

F类轮廓规定了由A类和B类轮廓交换的各类信息的性能和表示。

R类轮廓规定了使得用了不同的T类或u类轮廓的系统能进行互工作所需的中继功能。在OSI的工作范围内没有考虑T类与U类轮廓之间的互工作。

在上述每一类中，可有轮廓的子类，可以要求子类再进一步细分，其分类的细度应符合GB/Z 16682.1—2010中的要求。这就导出了整个第6章中给出的轮廓(子)类的层次结构。

为了识别一个给定类中的子类和进一步的细分，要采用与类有关的分类方法。这将在后面各类的条款中予以解释。

5.3 各OSI轮廓之间的关系

图1是汇集了存在于OSI轮廓间关系示例的示意图，尤其是分类方法的三种主要子类之间相互关系的例子，以及从属于不同类别的各轮廓之间产生组合的例子。

5.3.1 A/T和B/U边界

实际使用A类或B类轮廓时，需要系统与T类或U类轮廓联合操作，以便提供特定子网类型方面的特定应用协议。A类和B类轮廓与T类和U类轮廓用A/T或B/U边界隔开。这种关系在图1的纵向上示出。由共同的A/T边界隔开的、在T类轮廓集上面的A类轮廓集的位置表示组合任一对A类和T类轮廓的可能性，这对轮廓从两类中各取一个。

B类和U类轮廓也存在类似情况。A/T边界适用于OSI连接方式运输服务，B/U边界适用于OSI无连接方式运输服务。形成组合的可能性是由于具有这样的事实，即T类或U类轮廓是用来提供OSI运输服务，A类或B类轮廓用来使用OSI运输服务。

5.3.2 A/F和B/F边界

具有一个或多个F类轮廓的A类或B类轮廓的组合由用户来选择，以便满足每种情况的功能需求。各种各样的一般可能性在图1中用纵向关系示出。在一个或多个A类/B类轮廓上面的一个或多个F类轮廓的位置表示由每一类来组合轮廓的可能性。

与A/T和B/U边界不一样，A/F和B/F边界不是用单个服务定义来定性的。

应用层基础标准隐式地或显式地要求，对通信的每个实例应规定由这些标准具有的或引用的信息的结构。具有一个或多个F类轮廓的A类/B类轮廓的组合由用户来选择，以便满足每种情况的功能需求。但是，选择可能受到约束，它能在A类/B类轮廓、F类轮廓内，或者在两者内表现出来。

在其他A类/B类轮廓中，应用层基础标准本身会约束表示上下文的选择。

约束也可以在F类轮廓内存在，或者来自它的基础标准，或者作为轮廓形成的结果。这些约束会限制能用于传送信息的A类/B类轮廓。

因此，总起来说，影响A类/B类和F类轮廓的三种约束形式为：

a) 被传送信息的选择可以受应用层基础标准的约束，并且可能受A类/B类轮廓进一步约束；

b) 某些交换和表示的基础标准可以限制特定应用基础标准的传送，这种选择可以受F类轮廓进一步约束；

c) 为了完成某些通用功能，组合不受基础标准约束，但可以受A类/B类轮廓或F类轮廓约束。

在作出它的组合选择时始终要注意到，用户在实践中不仅必须考虑由轮廓提供的各种约束，而且必须考虑在每个通信实例所包含的端系统中实现的可能性，以便支持各种各样的轮廓。

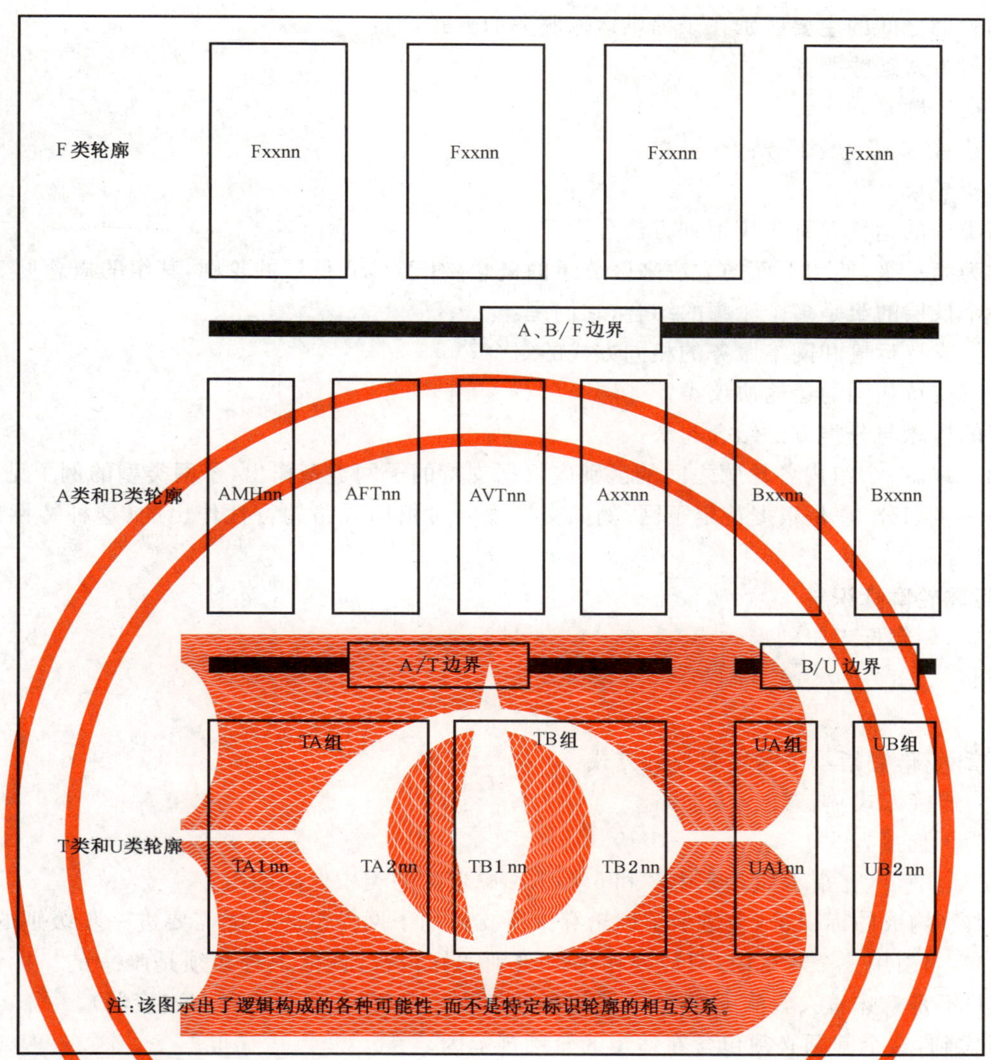

图1 在OSI分类方法中各轮廓之间相互关系的例子

5.4 OSI低层轮廓组概念

在该分类方法中使用的组概念如下:

一个组是多个T轮廓或U轮廓的集合,它们在这种意义上是一致的,即实现该组一个轮廓的某一系统,与实现同一组某一轮廓的另一系统,对于由该组中轮廓的必备特征确定的某些最小级别,按照OSI,它们是能够互工作的。

按照OSI互工作的含义是,穿越单一子网,或穿越用网络层(或更低层)中继链接的多个子网能够进行端到端操作。

作为一个组的例子是T类轮廓集,它提供了由GB/T 17179.1规定的使用无连接方式网络服务之上的类4运输协议的连接方式运输服务。这个组对应于不同的子网技术,而且,通过LAN网桥和/或网络层中继,使得遵循它们的各系统之间有可能进行互工作。

组由YXnnn标志标识,其中Y是类的标识符,X是标识该组的一个字母。

5.5 轮廓类别

5.5.1 运输轮廓

5.5.1.1 原则

运输轮廓定义了OSI第1层到第4层协议标准的用法,以便提供OSI运输服务。

各运输轮廓之间的主要区别在于提供运输服务的方式，即：

——连接方式运输服务：

T类轮廓

——无连接方式运输服务：

U类轮廓

对于每类中的运输轮廓采用下列方法分类：

a) 作为第一级，使用下面的方法来区分组的概念(对于OSI低层的轮廓，其组的概念见5.4)：

一个低层的组是多个轮廓的结合，它们是：

——支持运输和网络服务的相同方式的组合；

——支持相同的运输协议类；

组的概念与分类方法结合起来。

b) 第二级，一个组内各轮廓之间的区别应根据支持的子网类型作出(子网类型的例子见6.1.1)。

c) 进一步细分，它是根据特定子网，例如交换线路对租用线路的特性作出的(这种特性的例子见6.1.1)。

5.5.1.2 运输轮廓标识符

在低层中，轮廓标识符的形式为：

YXabcde

其中：

Y=类指示符，它指示了运输服务的方式：

T为连接方式

U为无连接方式

X=是一个字母，它指示如5.5.1.3和5.5.1.4中定义的类中低层的组，

Abcde=用数字构成的标识符，它指示了该轮廓中所支持的子网类型。可能需要进一步级别的标识符。通常，当引用一个轮廓时，只能使用那个级别的标识符，该标识符必须是唯一的。标识符的结构并不是意味着去收集OSI第1层的各种细节和选项(如连接速度和连接器)。

但应考虑到，这个问题必须包含在适当的轮廓规范内。

5.5.1.3 连接方式运输服务：T类轮廓

有关功能标准化方面的基础工作已由SGFS在进行，并且已经在制定标准，同时用实际存在的符号标出下面的低层组。它们被表征如下：

a) 无连接方式网络服务上的连接方式运输服务：

TA组

由使用GB/T 12500中定义的4类运输协议，在无连接方式网络服务(CLNS)之上提供连接方式运输服务(COTS)。

注：实现TA组轮廓并声明与GB/T 12500一致的系统，为了能在GB/T 12500要求的CONS上操作，也必须实现必备的运输协议类。

b) 连接方式网络服务上的连接方式运输服务

在连接方式网络服务(CONS)之上提供连接方式运输服务(COTS)。

根据所要支持的运输协议类别，将这种特性的轮廓进一步分为下列几组：

必备的(见注1)

运输协议类别

TB组：0，2和4类(见注2)

TC组：0和2类(见注2)

TD组：0类

TE 组:2 类(见注 3)

注 1:"必备"意味着这些运输协议类是由基础标准 GB/T 12500,加上对该组成员要求的任一类是必备的。

注 2:所采用的类别商定规则在 ITU-T Rec. X. 224 中规定。

注 3:实现 TE 组的轮廓并声明与 ITU-T Rec. X. 224 一致的系统,也必须实现运输协议的 0 类。

5.5.1.4 无连接方式运输服务:U 类轮廓

a) 无连接方式网络服务上的无连接方式运输服务:

UA 组

用 GB/T 16723 无连接方式运输协议提供无连接方式运输服务(CLTS)。这个组支持无连接方式网络服务之上的 GB/T 16723 的强制操作。

b) 连接方式网络服务上的无连接方式运输服务:

UB 组

用 GB/T 16723 无连接方式运输协议提供无连接方式运输服务(CLTS)。这个组支持连接方式网络服务之上操作的 GB/T 16723 的选项。

注:实现 UB 组轮廓并声明与 GB/T 16723 一致的系统,也必须实现由 GB/T 16723 要求的 CLNS 上的强制操作。

5.5.1.5 各运输轮廓组之间的互工作

下面的表 1 和表 2 示出了各轮廓之间的互工作能力。表 1 示出了 T 类轮廓中各轮廓之间的互工作,表 2 示出了 U 类轮廓中各轮廓之间的互工作,成功地建立起运输连接取决于协商成功的参数,其中有些参数未在表 1、表 2 中考虑。

表 1 T 类中各组间的互工作

组内的响应者	网络服务方式	组内的发起者				
		TA	TB	TC	TD	TE
TA	CL	完全	特殊 1	特殊 1	特殊 1	特殊 1
TB	CO	特殊 1	完全	完全	完全	完全
TC	CO	特殊 1	限制	完全	完全	完全
TD	CO	特殊 1	限制	限制	完全	特殊 2
TE	CO	特殊 1	限制	限制	特殊 2	完全

表 2 U 类中各组间的互工作

组内的响应者	组内的发起者	
	UA	UB
UA	完全	特殊 2
UB	特殊 2	完全

在 T 类和 U 类的组之间不可能有互工作,因为提供的运输服务方式是不同的。

表中项目的意义如下:

完全:完全的 OSI 互工作[可要求一个 OSI 中继(见 6.2)]。

限制:在运输协议类的选择可受到响应者的静态能力限制,在这个意义上来说,互工作能力是受限制的。成功的互工作取决于类别商定的满意结果。

特殊:对互工作要求的非 OSI 中继(也见 5.5.2.1)。

特殊 1:对现存互工作有特殊的限制(见 6.2.4)。

特殊 2:在 OSI 的工作范围内没有考虑这些轮廓类型之间的互工作。

注:成功的互工作不仅取决于运输协议类商定的满意结果,而且取决于运输发起期间的动态响应。这类动态响应包括响应者对提供的服务质量(QOS)或对发起者要求的特定选项的反应。

5.5.1.6 子网轮廓分类方法介绍

子网类型用数字组成的标识符表征。当用连续的数字表示细分的子网类型时，该数字标识符的第1位数字表示用于系统互连的主要子网类型，它指示出使用的子网类型是如何构成的，或者描述如何选取子网。由子网标识符的第一位数字标识的主要子网类型如下：

1——包交换数据网(PSDN)

2——数字数据电路

3——模拟电话电路

4——综合业务数字网(ISDN)

5——局域网(LAN)

6——帧中继数据网(FRDN)

可以实现和使用的子网数量可能非常大。也有这么一些情况，即一个子网类型被用来访问另一个具有更高网络功能性的子网类型。例如，ISDN或FRDN可以用来访问提供更高功能性的PSDN。这种子网分类方法需要反映出由ITU建议规定的、并由公用网络供应方提供的那些综合信息。

实际上，其他子网的变化相对于端系统的互操作性来说被认为是不太重要，例如，某些电气和物理接口对于子网连接的建立是必要的，但是对数据交换的透明性就不太重要。因此，诸如线路速度、连接器类型或调制解调器类型之类的各方面在这种子网分类方法中一般都未予反应。若认为这些要求很重要，则可将它们包含在实际的分类中，或者将这个内容作为局部问题留给系统的设置。

5.5.1.6.1 包交换数据网

该子网分类方法标识符的第二位数字用来区分对PSDN的访问是永久的还是交换的。对于访问PSDN这两种主要类型的每一种，该子网标识符的第三位数字指示出用来获得访问PSDN的网络类型。

当前已对获得访问PSDN定义过的网络有PSTN线路、CSDN线路、ISDN的B信道和FRDN。

除更复杂的FRDN访问外，该PSDN子网分类方法标识符的第四位数字用来指示是对虚呼叫操作的X.25逻辑信道还是永久虚电路。对PSDN的交换访问只有虚呼叫操作一种情况。

对PSDN的FRDN访问的这一情况，该子网标识符的第四位数字用来指示是帧中继永久虚电路(FR PVC)，同时，第五位数字用来指示该PSDN被用于提供X.25DTE操作。

在PSDN子网分类方法中留下了几个保持位置，它将用来通过其他方法，例如通过ISDN的D信道或H信道，或者通过操作ISDN之上的帧中继服务的各种组合，来对PSDN的访问作进一步的规范。

5.5.1.6.2 数字数据电路

数字数据电路是一种典形的提供以X.21为基础的服务，尽管其他接口，例如提供以ITU-TRec. G.703为基础的服务也是可能的。目前没有对这种分类方法作出区分，这留给实际轮廓去定义。

该子网标识符的第二位数字确定了该电路是永久(租用的服务)建立的，还是由交换电路(拨号)建立的。没有对数字数据电路的子网分类方法标识进一步细分。

5.5.1.6.3 模拟电话电路

模拟电话电路的子网标识符的构成与数字数据电路的子网标识符完全相同，即该子网标识符的第二位数字指出了该模拟电路是永久(租用的服务)建立的，还是由交换电路(拨号)建立的。

5.5.1.6.4 综合业务数字网

该ISDN子网分类方法标识符的第二位数字指出了ISDN的业务类型。这里标出了四种业务类型，即永久业务(包括半永久业务)、电路方式业务、包方式业务和帧中继承载业务。

永久业务和电路方式业务都在ISDN的B信道上操作(由该子网标识符的第三位数字指出)，通过该信道，通信的DTE被透明连接起来。在这种情况下，该分类方法的第四位数字就用来指示B信道是用来操作各DTE之间的X.25包层协议，还是该连接用来操作各DTE之间的GB/T 17179.1无连接方式网络协议。这后一种情况，即没有下层 X.25 协议的 GB/T 17179.1 无连接方式网络协议只适用于轮廓的 RA 组和 TA 组，而 ISDN 子网之上的 X.25 操作可用来提供连接方式网络服务或无连接方式网络服务。

在 ISDN 使用包方式业务或帧中继承载业务的情况下，ISDN 子网分类方法标识符的第三位数字用来确定该访问业务的 ISDN 信息的类型。这些信道可以是(半)永久 B 信道、请求访问 B 信道、D 信道或永久 H 信道。

对于 ISDN 的包方式业务或帧中继承载业务，该 ISDN 分类方法标识符的第四位数字用来指示所用的虚通路的类型(虚呼叫、永久虚电路或交换虚电路)，同时，第五位数字(若存在的话)提供了呼叫控制(是否使用 ITU-T Rec. Q.931)或 DTE 操作类型(帧中继承载业务是 TE1 操作)的进一步细节。

在 ISDN 子网分类方法中留下了几个保持位置，它将用来进一步扩充帧中继承载业务操作的详细级别，并增加 ISDN 的帧交换承载业务。

5.5.1.6.5 局域网

该子网标识符只有两位数字，其中第二位数字用来指示 LAN 的类型，而操作 LAN 的协议则无关紧要。目前在该分类方法中给出的 LAN 类型有 CSMA/CD、令牌总线、令牌环和 FDDI。

5.5.1.6.6 帧中继数据网

FRDN 子网分类方法只有在 FRDN 直接用于互连系统的情况下才可用。帧中继子网技术也可以用来访问 PSDN(包括下属的 PSDN 子网分类)或用来操作 ISDN(包括下属的 ISDN 子网分类)内的服务。

该子网分类方法的第二位数字指出对 FRDN 的访问是永久的(租用的服务)还是交换的(拨号)。FRDN 分类方法的第三位数字指出了用来访问 FRDN 的网络类型。它可以是一种模拟数据电路(租用的或拨号的 PSTN)或者是专门的 FRDTS(帧中继数据传输业务，永久或交换访问)。

FRDN 分类方法的第四位数字用来区别各种帧中继虚电路连接的类型(永久虚电路或交换虚呼叫)，而第五位数字用来指出终端连接的类型(由 ITU-T 定义的帧中继 TE1)。

在 FRDN 子网分类方法中留下了几个保持位置，它将用来进一步扩充帧中继业务操作的详细级别。

5.5.2 中继轮廓

5.5.2.1 原则

中继轮廓定义了从 OSI 第 1 层到第 4 层标准的用法，以便提供各 OSI 运输轮廓之间的中继功能。

不同运输轮廓类别(T、U)的各种不同轮廓之间没有中继。

中继可以在第 4 层及其以下各层上操作。然而，在第 4 层上操作的中继不是 OSI 中继，因此在它们的操作中可以预料到某些约束和限制。这些中继中的许多建议都具有与完整性、安全、QOS 等有关的体系结构问题；并且，已给它们分配了标识符这个事实并不是指出这些问题已得到解决。

5.5.2.2 中继轮廓标识符

中继轮廓标识符的形式为：

RXp · q

其中：

R＝中继功能

X＝中继类型标识符

该标识符包括：

——中继操作的那一层

——所支持的服务方式

——中继的类型

p · q ＝子网类型标识符

p 和 q 分别采用数字构成的标识符,即 abcde 的值,它们用来定义运输轮廓。全部限定结构只需选用所需要的部分(例如在各 LAN 之间必须给以区分的那些情况)。

RXp·q 表示 P 型子网和 q 型子网之间的 X 类型的中继。

除另有说明外,认为中继 RXp·q 提供的功能与 RXq·P 相同。

5.5.3 应用轮廓

5.5.3.1 原则

应用轮廓定义了从 OSI 第 5 层到第 7 层协议标准的用法,以便在端系统之间提供已构成的信息传送。

每个应用轮廓都是从 OSI 第 5 层到第 7 层协议标准用法的一个完整定义,不过,它可以共享其他应用轮廓某些部分的一个或多个公共定义。

只要合适,应避免重复与公共部分有关的文本,已对公共高层要求的概念作了介绍。这些公共高层要求能在单个 ISP 或其某一部分中以文件的形式出现,以便供使用的应用轮廓引用(见 5.5.3.2)。

此外,多个应用轮廓之间可以相互依赖,采用这种方法,对于某一特定的通信方式,一个应用轮廓就会利用由另一个应用轮廓提供的服务(即 ALD22 轮廓要以 AMH2n 轮廓为基础,而 AMH2n 轮廓又要以 AMH1n 轮廓为基础)。用一个或多个基本 A 类/B 类轮廓组合成的 A 类/B 类轮廓集要由用户选择,以便满足各种情况的功能要求。这种挑选会受到限制,它能在每个 A 类/B 类轮廓内表现出来。

与各运输轮廓之间的基本区分相似,以它们要求的运输服务方式为基础的各应用轮廓之间的基本区分为:

A 类轮廓:需要连接方式运输服务,即使用 T 类轮廓的应用轮廓;

B 类轮廓:需要无连接方式运输服务,即使用 U 类轮廓的应用轮廓。

进一步的区分要以应用的种类为基础,它与由 JTC1 和 ITU-T 制定的应用层 OSI 标准有关。

此外,与 OSI 协议的使用有关的应用种类已由有关专业,如"制造业消息"(对应于 ISO/TC 184)与"图书馆信息和文献"(对应于 ISO/TC 46)标识出。

5.5.3.2 公共高层要求

公共高层要求(CULR)的轮廓规范描述了由若干种应用轮廓共用的高层元素集,并在 ISP 文件中反应出来。

CULR 定义了会话层、表示层和部分应用层 OSI 标准的共用用法。

定义某一应用轮廓的 ISP 可以把 CULR 作为高层选项选择的公共基础,并且,可以用进一步附加选择的方式将它自己的要求增加到使用的高层标准中去。

CULR 不规定完整的轮廓,因此,在本部分的分类方法中未将其编入,而且没有给它分配轮廓标识符。

5.5.3.3 应用轮廓标识符

在应用类中,轮廓标识符的形式为:

CXYabc

其中:

C=应用轮廓类别指示符:

A:需要连接方式运输服务的轮廓;

B:需要无连接方式运输服务的轮廓。

XY=与基本细分名称相对应的两个字母。这些细分是从应用功能和 OSI 管理中得到的,它标出了 JTC1 中的主要课题。

abc=对该细分成员的用数字构成的标识符。可能需要进一步级别的细分。只能使用那个级别的标识符,该标识符必须是唯一的。这种级别可以随应用功能而变化(见注)。

注:对该用法的扩充已由网络管理分类方法采用,它建议也使用小写字母。详述见 5.5.3.4.5。

5.5.3.4 应用轮廓分类方法介绍

5.5.3.4.1 文卷传送、访问和管理

文卷传送、访问和管理轮廓以 GB/T 16505 为基础。这些轮廓被分为四类。

AFT1n 轮廓适用于文卷传送服务,包括两个端系统的文卷存储器之间的文卷或部分文卷的单个传送,它还考虑了给它们的内部文卷结构的复杂性(限制集)作出区别的文卷。

AFT2n 轮廓适用于文卷访问服务,包括对两个端系统的文卷存储器之间的文卷进行的重复读/写访问,以及给它们的内部文卷结构的复杂性作出区别的文卷。

AFT3 是对文卷的产生和删除,以及对它们的性能进行管理的轮廓,AFT4 是以管理移动系统的文卷存储器中的文卷目录的功能给出的轮廓。

5.5.3.4.2 消息处理

消息处理轮廓 AMH1n、AMH2n 和 AMH3n 都以 ISO/IEC 10021 和 GB/T 16284 为基础。

公共消息处理轮廓(AMH1n)规定了由所有 MHS 实现支持的类属要求。当使用 GB/T 16284.5—1996 定义的 P7 协议版本时,AMH13 轮廓包括了由 UA 或 MS 部件所支持的公共要求,而当使用 ISO/IEC 10021-5:1994 定义的新 P7 协议版本时,AMH15 轮廓包括了由 UA 或 MS 部件所支持的公共要求。当使用 ISO/IEC 10021-5:1994 定义的新 P7 协议版本时,AMH14 轮廓包括了由 UA 或 MS 部件所支持的公共要求。此外,如果声称支持相应的内容类型,则 AMH13 和 AMH15 轮廓允许至少支持被声称的内容类型特定的 MS 属性。当使用 GB/T 16284.4—1996 定义的 P3 协议版本时,AMH12 轮廓包括了 MTS 用户或 MTA 部件所支持的公共要求,而当使用 ISO/IEC 10021-4:1996 定义的新 P3 协议版本时,AMH14 轮廓包括了 MTS 用户或 MTA 部件所支持的公共要求。

特定内容类型的轮廓(AMH2n、AMH3n 和在未来定义的进一步的内容类型)包括了端对端的 UA 对 UA 通信(内容协议和有关联的功能度)以及使用的消息处理服务(要求与合适的 AMH1n 轮廓一致加上任何附加待定内容类型的要求)。

AMH24/AMH34 和 AMH26/AMH36 轮廓允许 IPM/EDIMG UA 以全面和灵活的,且无需检索完整消息的方式与 MS 进行交互。AMH24/AMH34 轮廓包括了与 GB/T 16284.5—1996 和 ISO/IEC 10021-9:1995 定义的 IPM/EDIMG 相关的 P7 协议各方面,而 AMH26 轮廓包括了 ISO/IEC 10021-7:1996 定义的新 P7 协议版本的上下文中定义的 IPM P7 各方面。AMH36 轮廓将包括在新 P7 协议版本的上下文中定义的 EDIMG P7 各方面,并将基于 ISO/IEC 10021-9 的进一步的新版本。AMH25 轮廓包括了 ISO/IEC 10021-5:1994 和 ISO/IEC 10021-7:1995 定义的新 P7 协议版本的上下文中定义的 IPM P7 各方面。在 IPM/EDIMG 环境中支持 MS 访问的最小属性能够通过声称与 AMH13 和/或 AMH15 一致性来规定,而 AMH13 和/或 AMH15 具有关于 IPM/EDIM 内容类型和属性支持的附加声称。AMH23/AMH33 轮廓包括了与 GB/T 16284.7—1996 和 ISO/IEC 10021-9:1995 定义的 IPM/EDIMG 相关的 P3 协议各方面,而 AMH25 轮廓包括了 ISO/IEC 10021-7:1996 定义的新 P3 协议版本的上下文中定义的 IPM P3 各方面。AMH35 轮廓将包括新 P3 协议版本的上下文中定义的 EDIMG P3 各方面,并且将基于 ISO/IEC 10021-9 的进一步的新版本。

5.5.3.4.3 目录

目录轮廓以使用的 GB/T 16264 为基础,它分为以下两类:

——协议和有关规程;

——模式和内容。

第一类用轮廓的 ADInn 系列表示,第二类由 FDInn 系列表示(见 5.5.4.3.4)。

在 ADInn 系列内,目前已定义了三类,它们与从目录用户代理访问目录的协议、该目录内各目录系统代理之间互工作的协议,以及目录的分布式操作的规程有关。

第四类正在研究,以便处理强鉴别课题,例如目录中的公开密钥密码学的用法。

子种类与对机制的支持有关,而机制则与目录用户代理和目录系统代理的不同角色,即响应者和发

起者有关。

针对目录规范的1993年版已经开发了新分类方法。针对目录规范的1988年版而开发的ISPs将与当前的1993年版ISPs并行存在。因此，在这两个版本的分类方法标识符之间宜无任何重叠部分。针对目录的1993年版而开发的分类方法使用了分类方法标识符ADYnn来表示协议及相关规程，并且使用了FDYnn表示模式及内容（见5.5.4.3.4）。

属于ADInn系列轮廓和属于ADYnn系列轮廓之间的互操作性正是通过ADYnn系列轮廓提供的。

5.5.3.4.4 虚终端

虚终端协议应用轮廓的分类方法标识符形式为AVTab，其中，标识符成分的a是一位数字，而b是不限于一位数字的整数。现在，对成分a只规定了两个值，它取决于GB/T 17580.1中规定的虚终端基本类协议的两种操作方式。它们是操作的异步方式（A方式）和同步方式（S方式）。成分a的其他值留作今后开发时用来规定基本类中的附加操作方式，或者除基本类之外的虚终端协议的附加操作类。

虚终端协议也利用交换格式和表示轮廓。对这种轮廓分类方法的介绍在5.5.4.3.5中给出。

5.5.3.4.5 OSI管理

OSI管理分类方法标识符的形式为AOMabc.e。

该分类方法标识符的第一位数字a用来标识OSI管理内的轮廓的性质。

AOM1bc是管理通信轮廓，即规定OSI高层和CMIP协议的用法的轮廓。在AOM1bc轮廓内，其第二位数字b用来标识提供OSI管理通信特性不同支持级别的管理通信轮廓。

AOM2bc是系统管理功能轮廓，即规定在ISO/IEC 10164中定义的系统管理功能的用法的轮廓。在AOM2bc轮廓内，其第二位数字b用来标识单独的管理功能性或能力，诸如性能或安全。这些功能性能生成更详细的一个级或多个级，也能将其编组，其标识符形式为AOM2ab..e。在这些分类方法标识符中，位置c、d或e的值为“1”时表示是“通用”轮廓，也就是说，这个轮廓表示了具有通用性的一组功能性，并包括了与分类方法标识符相同位置的其他值有关的全部详细能力。

AOM3bc是管理总轮廓。

在网络管理范围中，很可能只用数字标识符来限制该分类方法的构成。因此打算使用字母数字标识符，其顺序为1、2……8、9、a、b……、y、z。只用小写字母，并且应避免使用小写字母“i”。

5.5.3.4.6 事务处理

该分类方法子结构的第一级相当于OSI TP标准中规定的三种一致性类的定义。第二级相当于对每一种一致性类是选用分极控制还是共享控制。

5.5.3.4.7 远程数据库访问

（待进一步研究。）

5.5.3.4.8 制造消息交换

制造消息规范允许诸如计算机和程控装置之类的设备在制造环境中进行互工作。它属于OSI参考模型的应用层，并使用目标模型化方法来描述制造应用。MMS定义了一组消息，它适合于制造环境中的实际装置的维护。

已制定出MMS的ISO标准ISO 9506，它包括多个部分。其中的第1部分和第2部分是核心，它们描述了模型化方法、服务和协议的语法和语义。其他几个部分是伴同标准，它们针对特定应用领域来描述该核心的扩充内容，例如数字控制器、机器人控制器和过程控制系统。

5.5.3.4.9 图书馆信息和文献

图书馆和文献（ALD）轮廓以ISO/IEC 10163检索与归还（SR）和ISO/IEC 10161图书馆间的互借（ILL）协议为基础。这些SR和ILL规范能在对机构，如图书馆、信息公用事业单位及联合目录中心提供服务的各系统之间进行互工作。

SR 打算作为支持资料归还服务的系统使用。SR 给系统提供检索记录在另一个开放系统中的数据库的能力，并以响应的方式接收记录的结果。

ILL 打算作为支持图书馆间互借服务的系统使用。这些系统可以以请求者(即 ILL 请求的发起者)、响应者(即文献目录材料或信息的提供者)和/或中间人(即代表请求者去寻找响应者的代理人)的身份参与图书馆间的互借事务。

5.5.3.4.10 文档存档和检索

为了满足交互性访问在办公和图书馆系统内所存储的文档的市场需求，要求有 ISO/IEC 10166 DFR 的功能标准。该途径覆盖了在当今市场上对于办公系统开放文档互换的大多数急迫需求。

市场要求开放访问在异种环境下的办公或图书馆和档案馆，即通过使用开放标准的域来互换文档。现有的产品都是特别针对其应用领域而设计的。因此，这些产品只支持基本 DFR 功能度的若干部分，然而，如果扩充了该域的功能度，则这些产品都是为此而设计的。为了确保在异种办公室联合下的基于 DFR 的这些产品的集成，则必须定义 DFR 的功能子集。

DFR 所覆盖的功能度当前通过支持 DFR 功能度子集的各种各样的产品来实现，即：

——访问在线手册；

——访问项目文件；

——文档档案馆和检索系统；

——为存储影像或形式而裁剪的数据库；

——分布式文件系统。

DFR 功能标准提供了不同系统的公共子集——为这些不同的应用提供了统一的访问协议，足以灵活地提供与对不同办公系统的存储和存档要求有关的功能度。

此外，还可以使用本地 DFR 实现网关。网关将某一个域内的客户应用的内部协议映射到 DFR 协议，因此，允许应用去访问与网络相连接的其他 DFR 存储器。DFR 协议也被映射到内部协议，以允许超出 DFR 客户应用使用存储在该域的数据。所要求的信息内容是否可以被转换成网关内的标准化格式。无需最大可能程度的修改，就可使用现有应用，但在 DFR 协议中必须引入功能级别。

已经选择下面分类方法的子结构：

a) 公共存档和检索(ADF1n)

在许多办公室内，某些文档存储器和终端(诸如个人计算机)都是通过网络连接的。然而，某一个终端不能访问该网络上的所有文档存储器，因为在文档存储器和终端之间存在许多种类的协议，市场需要交互式访问在网络上的所有多厂商文档存储器。因此，要求 DFR 功能标准。

b) 远程存储管理(ADF2n)

需要具有以远程应用的文档存储管理为目标的功能轮廓。

当用户装备了这样处理文档存储和操纵的能力时，这种应用的举例是指一个所选择的文档。对于选择文档和热处理存储而言，DFR 是需要的。对于文档的内部操纵，文档内部操纵的辅助标准是必要的。例如，如果文档遵守 ODA 标准结构，与通信机制相结合的操作的 ODA 抽象接口可以被使用。

“远程存储管理”轮廓都面向下列内容：

——远程存储结构的远程操纵，无需读文档或创建新文档，因为所有文档操纵都在服务器上执行；

——通过知道文档结构的其他应用来远程处理关于进一步操纵选择文档的 DFR 客体。

所有 ADFnn 轮廓都是分层次定义的，ADFn1 具有最低功能度，ADFn2 包括 ADFn1 的功能度，以此类推。

5.5.3.4.11 **ODA 文档的交互操纵**

该分类方法(AOD)规定了 ODA 文档远程交互操纵的轮廓。这些轮廓规定了按[1]中规定的对 ODA 操纵的约束，并且还规定了对使用的通信协议的约束。

该分类方法首先基于使用的通信协议：

——AOD1x 轮廓：DTAM-DM 服务和协议[3][4]；

——AOD2y 轮廓：保留供其他服务和协议使用。

目前，只有一种通信机制(DTAM-DM)已被标识。

那么，结构的第 2 级别是所使用中的操纵操作的子集。

在交互 ODA 操纵的轮廓中所考虑到的操纵 ODA 文档的抽象接口[1]，与 DTAM 操纵的相关通信标准[3][4]的不同方面如下：

——实现哪些操作；

——哪些限定适用于允许操作的变元和结果。变元和结果与 ODA 文档片段[2]标识机制的使用有直接关系；

——支持哪些差错；

——使用哪些应用上下文。

在使用轮廓的其他应用中(但不是在轮廓本身中)宜考虑到操纵过程的其他方面，它们可以包括：

——宜使用哪些操作规则；

——宜使用哪些 DFR 轮廓。

[1] ISO/IEC 8613-3:1994，信息技术　开放文档体系结构(ODA)和互换格式　ODA 文档操纵用抽象接口。

[2] ISO/IEC 8613-12:1996，信息技术　开放文档体系结构(ODA)和互换格式　文档分段的标识。

[3] ITU-T 建议 T.435(1995)文档传送和操纵(DTAM)服务和协议　证实文档操纵用抽象服务定义和规程。

[4] ITU-T 建议 T.436(1995)文档传送和操纵(DTAM)服务和协议　证实文档操纵用协议规范。

5.5.4 交换格式和表示轮廓

5.5.4.1 原则

交换格式和表示轮廓定义了由应用轮廓交换的信息的结构和/或内容。因此，它们与应用轮廓不相同的主要特征是没有传送功能。

目前，在 JTC1/SC 18、JTC/SC 21、JTC/SC 24 和 ITU-T 的第 7 和第 8 工作组制定的标准中只包括了交换格式[3)]。

5.5.4.2 交换格式和表示轮廓标识符

在交换格式和表示类中，轮廓标识符的形式为：

FXYabc

其中：

F＝交换格式；

XY＝与基本细分名称相对应的两个字母；

abc＝对该细分成员的用数字构成的标识符。可能需要进一步级别的细分。只能使用那个级别的标识符，该标识符必须是唯一的。这种级别可以随基本细分而变化。

5.5.4.3 交换格式和表示轮廓分类方法介绍

5.5.4.3.1 开放文档格式

开放文档格式(FOD)由支持格式化、可处理文档和图像应用的有关 ODA 文档应用轮廓的等级组成。

开放文档格式(FOD)轮廓分类方法的结构由 a、b 和 c 三级子类组成，并以 FODabc 的形式出现：

3) F 轮廓也许也与 OSE 轮廓相关(而非仅限于 OSI 轮廓)。

——a 级反映应用或使用源，并建议采用以下两个值：

0——文档处理应用

1——图像应用

——b 级反映该文档结构与复杂性和功能性有关的等级，目前规定了以下三个值：

1——简单文档结构

2——增强型文档结构

3——扩充文档结构

简单文档结构意图涉及目前字处理应用的通用要求。增强型文档结构意图涉及到对早期的、由目前字处理应用提供的简单文档结构增强后的字处理应用的通用要求。扩充文档结构意图涉及个人发表的、文档处理应用提出的通用要求。

——c 级反映所支持的内容体系结构的组合，目前规定了以下四个值：

1——只有字符内容体系结构

2——只有光栅图形内容体系结构

3——只有几何图形内容体系结构

6——字符、光栅图形和几何图形内容体系结构

注 1：对于给定的轮廓，应规定其全部三个级别。

注 2：可以增加其他值，它作为开发具有不同内容体系结构的附加 ISP。

5.5.4.3.2　计算机图形元文卷互换格式

CGM 格式(FCG)轮廓支持图形信息的互换。适合于概念模型的轮廓如图 2 所示。该图通过问题的复杂性和 CGM 版本(如基础标准定义的)来表示在模型内所描述的轮廓。

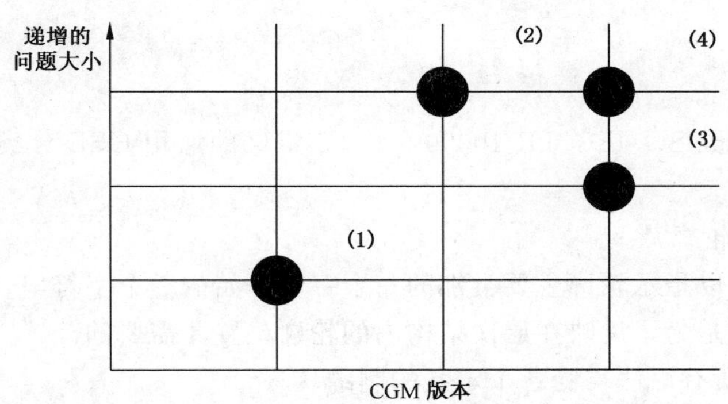

图 2　模型内所描述的轮廓

按照模型定义和描述的下列轮廓在上述图中表示：

(1) FCG11 基础科学和技术图形(BST)；例如业务表现图形，简单桌面出版；

(2) FCG23 先进科学和技术图形(AST)；例如 CAD，地图绘制，地球科学；

(3) FCG32 基本表现和可视化(BPV)；来自 CGM 标准的模型轮廓，例如图形艺术，高端桌面出版；

(4) FCG33 先进表现和可视化(APV)；例如成像，科学的可视化。

5.5.4.3.3　SGML 交换格式

(待进一步研究。)

5.5.4.3.4　目录数据定义

该目录数据定义格式(FDI)轮廓规定了与目录应用轮廓(ADInn——见 5.5.3.4.3)有关的客体类、属性类型和属性语法的性能。共包含两种类型的用法——与全部情况有关的公共用法，以及与特定应用轮廓有关的特殊用法。

类似于目录的轮廓,对目录规范的1993年版已经开发出新的分类方法。对目录规范的1988年版所开发的ISPs在当前将处于与1993年版的ISPs的并行状态。因此在这两个版的分类方法标识符之间不宜存在任何重叠部分,对目录规范的1993年版所开发的分类方法使用了分类方法标识符FDYnn。

5.5.4.3.5 虚终端环境

虚终端协议交换格式和表示轮廓的分类方法标识符形式为FVTabc,其中,标识成分的a和b分别是一位数字,而c是不限于一位数字的整数。每个分类条目相当于在通信的特定例子中由GB/T 17580.1规定的虚终端基本类协议引用的一信息客体。

这些信息客体的规范按照ISO/IEC 9834的规定予以登记。ISO/IEC 9834中的两个部分,即第4和第5部分,涉及到虚终端服务和协议的登记规程。用标识符成分a定义的三个值能分清符合某一特殊规程的客体类型与符合GB/T 17969.1的一般登记规程的客体类型之间的区别。

标识符成分b的含义与成分a的值不同。按照ISO/IEC 9834-4登记的客体是VTE轮廓,它对虚终端基本类协议的两种操作方式中的一种方式给出了详细说明。成分b能分清这两种方式。按照GB/T 17969.5登记的客体是控制客体类型定义,每个定义又被分为若干个由这些登记规程定义的子登记。成分b能分清这些不同的子登记。由GB/T 17579定义的虚终端服务也标识出了若干个在GB/T 17969.1一般规程条件下的其他客体类型。对此,成分b能分清这些不同的客体类型。

5.5.4.3.6 字符集

字符集轮廓分类方法标识符的形式为FCSab。第一级,即FCSa,它代表字符集轮廓的最高级分类。到现在为止,只标识了一种分类,即代码结构。可以增加其他分类以作为进一步研究的结果。在代码结构内,第二级,即FCS1b,它相当于不同类别的代码结构。到现在为止,只标识了两类。可以增加别的类。在每一类中可以标出若干个选项。每个选项可以根据具体情况(例如世界上的某一特定地区)来标出使用的类型。

6 轮廓的分类方法

OSI轮廓标识符按照ISO/IEC TR 10000-3:1998定义的通用OSE分类方法来构造。因此,一个OSI轮廓标识符包含:

——后缀“-C”(CSI轮廓)[4];

——根助记符,它是以指示轮廓主要类别的一个字母开始的一个字符串;

——字母数字串,它是为了反映在层次结构内的轮廓位置才需要的。

除第1个字母外的所有语法均受各个定义的制约。

由于历史的原因,存在使用了轮廓标识符而没有后缀“-C”的ISPs。使用了这些轮廓标识符的ISPs仍然保持有效。在现有ISPs的情况下,当出现修订或维护时,将增加后缀“-C”,包含OSI轮廓的新ISPs将包括后缀“-C”。

在本章中包含的轮廓均分配了唯一的、富有意义的标识符。必须注意到,本章中某一轮廓标识符所包含的内容并不是暗示这个轮廓已经制定或正在制定。这些信息应见“ISP及其包含的轮廓目录”(常备文档SD-4)。

此外,由特定分类方法项目所提出的附加功能度细节能够在包括在SD-4中的轮廓的执行概要中找到。

6.1 运输轮廓

6.1.1 子网分类方法

下面的分类方法是将各种子网进行归类,并对现存的特定子网的不同操作方式进行归类,以便提供OSI子网服务。除另有说明外,这种分类方法被用于所有运输轮廓组。

4) 在本部分OSI分类方法的描述中这个后缀被省略了。

a b c d e	子网类型
1	包交换数据网(PSDN)
1 1	永久访问 PSDN
1 1 1	PSTN 租用线
1 1 1 1	虚呼叫(VC)
1 1 1 2	永久虚电路(PVC)
1 1 2	数字数据电路/CSDN 租用线
1 1 2 1	虚呼叫(VC)
1 1 2 2	永久虚电路(PVC)
1 1 3	ISDN B 信道,永久[5]
1 1 3 1	虚呼叫(VC)
1 1 3 2	永久虚电路(PVC)
1 1 4	ISDN H 信道,永久[6]
1 1 5	ISDN D 信道,永久[5]
1 1 6	帧中继数据网(FRDN)
1 1 6 2	帧中继 PVC[7]
1 1 6 2 1	X.25 操作,虚呼叫[8][9][10]
1 2	交换访问 PSDN
1 2 1	PSTN 情况
1 2 1 1	虚呼叫(VC)
1 2 2	CSDN 情况
1 2 2 1	虚呼叫(VC)
1 2 3	ISDN B 信道情况
1 2 3 1	虚呼叫(VC)
2	数字数据电路
2 1	租用(永久)服务
2 2	拨号(CSDN)
3	模拟电话电路
3 1	租用(永久)服务
3 2	拨号(PSTN)
4	综合业务数字网(ISDN)
4 1	常设业务[5]
4 1 1	B 信道
4 1 1 1	X.25DTE 到 DTE 操作
4 1 1 2	CLNS DTE 到 DTE 操作

5) 也包括半永久情况。

6) 待进一步研究。

7) 当帧中继连接是通过电路交换连接建立,并且帧中继连接是用 FRDN 的帧中继能力建立时,各种轮廓要在各种情况之间给出区别的课题尚待进一步研究。

8) 这个轮廓可以用后面的轮廓代替:X.25DTE 操作,VC;X.25DTE 操作,PVC。

9) 在 X.25DTE 的情况下,当 ISO/IEC 7776 帧被压缩在 LAPF 内时的情况和 ISO/IEC 8208 使用多协议压缩方法直接在 LAPF 上操作时的情况,各种轮廓要在这两种情况之间给出区别的课题尚待进一步研究。

10) 各种轮廓要在对 PSDN 访问是用端口访问还是用呼叫控制成像两种情况之间给出区别的课题尚待进一步研究。

4 2	电路方式业务
4 2 1	B 信道
4 2 1 1	X.25DTE 到 DTE 操作
4 2 1 2	CLNS DTE 到 DTE 操作
4 3	包方式业务
4 3 1	D 信道访问
4 3 1 1	虚呼叫(VC)
4 3 1 1 1	不用 Q.931
4 3 1 1 2	用 Q.931
4 3 1 2	永久虚电路(PVC)
4 3 2	B 信道永久访问[5)]
4 3 2 1	虚呼叫(VC)
4 3 2 1 1	不用 Q.931
4 3 2 1 2	用 Q.931
4 3 2 2	永久虚电路(PVC)
4 3 3	B 信道要求访问
4 3 3 1	虚呼叫(VC)
4 4	帧中继承载业务(FRBS)
4 4 2	B 信道,永久
4 4 2 3	帧中继 PVC
4 4 2 3 1	TE1 操作[11)]
4 4 4	H 信道,永久
4 4 4 3	帧中继 PVC
4 4 4 3 1	TE1 操作[11)]
5	局域网
5 1	CSMA/CD
5 2	令牌总线
5 3	令牌环
5 4	FDDI
6	帧中继数据网(FRDN)
6 1	永久访问
6 1 2	帧中继数据传输业务(FRDTS),永久访问
6 1 2 2	帧中继永久虚连接
6 1 2 2 1	TE1 到 TE1 操作[9)12)]

6.1.2 运输组

TA　　TA 组:CLNS 上的 COTS

详细的子网分类方法见 6.1.1。

---

11) 帧中继 TE1 被定义为终端设备,它操作 Q.922 之上的任何第 3 层协议[可能用 X.25 包层规程(PLP)或 X.25 数据传送状态(DTP)作为其中的后选者]。X.25 数据终端设备(DTE)是在数据传送第 3 层中操作 X.25PLP 或 X.25DTP 的设备。因此,“X.25DTE 操作”被认为是“TE1 操作”的一种特殊情况,并且,这个轮廓可以用 TE1 操作或 X25DTE 操作取代。

12) 这个轮廓可以用下面的轮廓取代;TE1 操作对 TE1 操作;X.25DTE 对 X.25D 操作,VC;X.25DTE 对 X.25DTE 操作,PVC。

TB　TB 组:CONS 上的 COTS

强制运输协议类为 0、2 和 4。

详细的子网分类方法见 6.1.1。

TC　TC 组:CONS 上的 COTS

强制运输协议类为 0 和 2。

详细的子网分类方法见 6.1.1。

TD　TD 组:CONS 上的 COTS

强制运输协议类为 0。

详细的子网分类方法见 6.1.1。

TE　TE 组:CONS 上的 COTS

强制运输协议类为 2。

详细的子网分类方法见 6.1.1。

UA　UA 组:CLNS 上的 CLTS

详细的子网分类方法见 6.1.1。

UB　UB 组:CONS 上的 CLTS

详细的子网分类方法见 6.1.1。

6.2 中继轮廓

6.2.1 ISO/IEC 10028 中定义的中继网络内层服务

RA　中继无连接方式网络服务

子网标识符 p、q(在 5.5.2.2 中定义)的详细子网分类方法见 6.1.1。

RB　中继连接方式网络服务

子网标识符 p、q(在 5.5.2.2 中定义)的详细子网分类方法见 6.1.1。

6.2.2 网络层协议中继

RC　X.25 协议中继

对这种中继类型的方法与 ISO/IEC TR 10029 中建议的相同。

子网标识符 p、q(在 5.5.2.2 中定义)的详细子网分类方法见 6.1.1。

只有下列子网类型标识符有效:

11n、21n、31n、41n、43111、4312、43211、4322、5n。

6.2.3 中继 MAC 服务

RD 用透明网桥中继 MAC 服务

子网标识符 p、q(在 5.5.2.2 中定义)的详细子网分类方法见 6.1.1。

对于 RD 中继的使用,只有 5n 形式的子网类型标识符才是有效的。

RE 用源路由选择中继 MAC 服务

子网标识符 p、q(在 5.5.2.2 中定义)的详细子网分类方法见 6.1.1。

对于 RE 中继的使用,只有 53 和 54 形式的子网类型标识符才是有效的。

6.2.4 CO/CL 互工作

RZ 无连接方式网络服务与连接方式网络服务之间的中继。

这种中继类型在分类方法中的最终位置及其子结构有待进一步研究。

对这种中继类型的方法与 ISO/IEC TR 10172 中建议的相同。

6.3 应用轮廓

6.3.1 文卷传送、访问和管理

AFT 文卷传送、访问和管理

a b	子结构
1	文卷传送服务

1 1	简单的(非结构化的)
1 2	位置的(平坦的)
1 3	完全的(层次的)
2	文档访问服务
2 2	位置的(平坦的)
2 3	完全的(层次的)
3	文档管理服务
4	文档存储器管理服务

6.3.2 消息处理

AMH 消息处理

a b c	子结构
1	公共消息交换
1 1	消息传送(P1)
1 1 1	正常方式
1 1 2	X.410(1984)方式
1 2	MTS 访问(P3)
1 3	MS 访问(P7)
1 4	MTS 94 访问(P3)
1 5	MS 94 访问(P7)
2	人际消息交换(IPM)
2 1	IPM 内容协议
2 2	消息传送(P1)用的 IPM 要求
2 3	MTS 访问(P3)用的 IPM 要求
2 4	增强型 MS 访问(P7)用的 IPM 要求
2 5	MTS 94 访问(P3)的 IPM 要求
2 6	增强的 MS 94(P7)的 IPM 要求
3	EDI 消息交换(EDIM)
3 1	EDIM 内容协议
3 2	消息传送(P1)用的 EDIM 要求
3 3	MTS 访问(P3)用的 EDIM 要求
3 4	增强型 MS 访问(P7)用的 EDIM 要求
3 5	MTS 94 访问(P3)的 EDIMG 要求
3 6	增强的 MS 94(P7)的 EDIMG 要求

6.3.3 目录

6.3.3.1 1998 版

ADI 目录

a b	子结构
1	目录访问
1 1	目录访问的 DUA 支持
1 2	目录访问的 DSA 支持
2	目录系统
2 1	DSA 响应者角色
2 2	DSA 发起者角色
3	分布式操作

3 1　　分布式操作的 DUA 支持
3 2　　分布式操作的 DSA 支持

6.3.3.2　1993 版

ADY 目录

a b	子结构
1	DUA 基本功能
1 1	目录访问的 DUA 支持
1 2	分布式操作的 DUA 支持
2	DSA 基本功能
2 1	目录访问的 DSA 支持
2 2	分布式操作的 DSA 支持
4	安全性能
4 1	DAP 作为发起者的 DUA 鉴别
4 2	DAP 作为响应者的 DSA 鉴别
4 3	DSA 鉴别 DSP
4 4	DSA 简单访问控制
4 5	DSA 基本访问控制
5	庇护能力
5 1	ROSE 庇护
5 2	RTSE 庇护
5 3	庇护子集
6	目录维护和管理
6 1	维护区域
6 2	庇护协议的确立和统一
6 3	日程维护和公布
7	目录操作约束管理协议(DOP)能力
7 1	庇护操作约束
7 2	层次操作约束
7 3	非特定层次操作约束

6.3.4　虚终端

AVT 虚终端

a b	子结构
1	基本类(A 方式)
1 1	A 方式默认
1 2	Telnet
1 3	卷动
1 4	ITU-TX. 3PAD 互工作
1 5	透明的
1 6	通用 Telnet
2	基本类(S 方式)
2 1	S 方式默认
2 2	表格
2 3	分页

2 4	增强型[13]表格
2 5	增强型分页

6.3.5 OSI管理

AOM OSI管理

a b c d e	子结构
1	管理通信
1 1	基本管理通信
1 2	增强型管理通信
2	管理功能
2 0	超级组合[14]
2 1	管理能力
2 1 1	通用管理能力
2 1 2	报警报告和状态管理能力
2 1 3	报警报告能力
2 2	事件报告管理
2 2 1	通用事件报告管理
2 3	日志控制
2 3 1	通用日志控制
2 4	安全
2 4 1	通用安全能力
2 4 2	安全管理能力
2 4 2 1	通用安全管理能力
2 4 2 2	安全报警报告能力
2 4 2 3	安全审计跟踪能力
2 4 3	管理用的安全服务和机制
2 4 3 1	管理用的通用安全服务和机制
2 4 3 2	访问控制
2 4 3 2 1	通用访问控制
2 4 3 2 2	项目规则访问控制列表
2 4 3 2 3	项目规则安全表
2 4 3 2 4	项目规则能力列表
2 4 3 2 5	全球规则访问控制列表
2 4 3 2 6	全球规则安全表
2 4 3 2 7	全球规则能力列表
2 5	性能
2 5 1	通用性能
2 5 2	度量客体
2 5 2 1	通用度量客体
2 5 2 2	监视度量客体

13) “增强型”条目是附加设施的位置标识符。它在即将发布的基本类虚终端标准的第2个附录中予以规定。这些标准明确地包含了“脉动”编辑功能。

14) 这些轮廓的标识有待进一步研究。

2 5 2 3	均值监视度量客体
2 5 2 4	表示均值监视度量客体
2 5 2 5	移动的平均值监视度量客体
2 5 2 6	平均和方差监视度量客体
2 5 2 7	平均和百分位值监视度量客体
2 5 2 8	平均和最小最大监视度量客体
2 5 3	总计客体
2 5 3 1	通用总计能力
2 5 3 2	简单扫描器客体
2 5 3 3	动态简单扫描器客体
2 5 3 4	异质扫描器客体
2 5 3 5	缓冲扫描器客体
2 5 3 6	均值扫描器客体
2 5 3 7	均值变化扫描器客体
2 5 3 8	百分位扫描器客体
2 5 3 9	最小最大扫描器客体
3	管理集成轮廓
3 1	下层系统和网络管理集成
3 1 1	TA/RA/RD 轮廓的下层系统和网络管理集成
3 1 2	TB/TC/TD/TE/RB/RC 轮廓的下层系统和网络管理全体

6.3.6 事务处理

ATP 事务处理

a b	子结构
1	应用支持的事务
1 1	分极控制
1 2	共享控制
2	提供者支持的不链接事务
2 1	分极控制
2 2	共享控制
3	提供者支持的链接事务
3 1	分极控制
3 2	共享控制

6.3.7 远程数据库访问

ARD 远程数据库访问

a b	子结构

(待研究。)

6.3.8 制造消息交换

AMM 制造消息交换

a b	子结构[15]
1	一般应用
1 1	MMS 通用基本轮廓[16]

15) 为了增加轮廓分类的粒度,对该子结构下面各级的进一步细化有待研究。

16) 基于 ISO/TC 184/SC5/WG2 的积极工作,现已增加了这个分类条目。它似乎反映了赞成的有效级别。因为它还未被正式批准,所以是临时包括的。

2	机器人控制器应用
2 1	机器人控制器应用基本轮廓[16]
3	数字控制器应用
3 1	数字控制器应用基本轮廓
4	可编程逻辑控制器应用
5	过程工业应用

6.3.9 图书馆信息和文献

ALD 图书馆信息、文献

a b	子结构[17]
1	寻找和检索
1 1	ACSE
2	图书馆的互借(ILL)
2 1	ACSE
2 2	存储转发(IPMS)[18]

6.3.10 文档存档和检索

ADF 文档存档和检索

a b	子结构
ADF 文档存档和检索	
1	公共存档和检索
1 1	只读
1 2	存档
1 3	文档存储操作
2	远程存储管理
2 1	简单管理
2 2	完全管理

6.3.11 ODA 文档的交互操纵

AOD ODA 文档的交互操纵

a b	子结构
1	基于 DTAM 的轮廓
1 1	DTAM/只读
1 2	DTAM/插入
1 3	DTAM/操纵
2	其他服务和协议的保留项

6.4 交换格式和表示轮廓

OSE 上下文的 F 轮廓的特别分类有待深入研究，这些轮廓由于历史原因被认为是 OSI 轮廓。

已存在的使用轮廓标识符的 ISPs 由于历史原因没有后缀，这些 ISPs 和轮廓标识符仍然有效，包含交互格式的新 ISPs、轮廓标识符和陈述轮廓将包括适当后缀。修订或维护时将给已存在的 ISPs 添加后缀。

6.4.1 开放文档格式

FOD 开放文档格式

---

17) 对该子结构下面各级的进一步细化有待研究。

18) 这个 A 类轮廓打算用在 AMH_{2X} 轮廓“之上”。A 类轮廓的组合是 A 类轮廓概念的扩充，它已在 5.5.3.1 中反映出。

a b c	子结构[19]
0	文档处理应用
0 1	简单文档结构
0 1 1	只有字符内容体系结构
0 2	增强型文档结构
0 2 6	字符、光栅图形和几何图形内容体系结构
0 3	扩充文档结构
0 3 6	字符、光栅图形和几何图形内容体系结构
1	图像应用
1 1	简单文档结构
1 1 2	只有光栅图形内容体系结构
1 2	增强型文档结构
1 2 6	字符、光栅图形和几何图形内容体系结构

6.4.2 计算机图形元文卷交换格式

FCG 计算机图形元文卷交换格式

a b	子结构
1 1	基础科学和技术图形(BSP)
2 3	先进科学和技术图形(AST)
3 2	基本表现和可视化(BPV)
3 3	先进表现和可视化(APV)

6.4.3 SGML 交换格式

FSG SGML 交换格式

a b	子结构

(待研究。)

6.4.4 目录数据定义

6.4.4.1 1988 版

FDI 目录数据定义

a b	子结构
1	公共目录用法
1 1	正常的
2	MHS 目录用法
3	FTAM 目录用法
4	TP 目录用法
4 1	基本命名和编址
4 2	TPSU 特性
4 3	应用特性
5	VT 目录用法
6	EDI 目录用法

6.4.4.2 1993 版

FDY 目录数据定义

19) FOD 分类方法已由两级变为三级。因目前定义的轮廓(FOD1、FOD26、FOD36)拟作为文件处理,反以被称为是 FOD011、FOD026、FOD036。

a b	子结构
1	计划
1 1	公共目录用法
1 2	目录系统计划
2	MHS 目录用法
3	FTAM 目录用法
4	TP 目录用法
4 1	基本命名和编址
4 2	TPSU 特性
4 3	应用特性
5	VT 目录用法
6	EDI 目录用法

6.4.5 虚终端环境

FVT 虚终端登记的客体

a b c	子结构
1	基本类 VTE 轮廓
1 1	A 方式
1 1 1	Telnet
1 1 2	卷动
1 1 3	ITU-TX.3PAD 互工作
1 1 4	透明的
1 1 5	通用 Telnet
1 2	S 方式
1 2 1	表格
1 2 2	分页
1 2 3	增强型表格
1 2 4	增强型分页
2	基本类控制客体
2 1	杂项
2 1 1	有序应用
2 1 2	无序应用
2 1 3	有序终端
2 1 4	无序终端
2 1 5	应用 RIO 记录加载
2 1 6	终端 RIO 记录通知
2 1 7	水平制表
2 1 8	逻辑图像
2 1 9	状态消息
2 1 10	入口控制
2 1 11	等待时间
2 1 12	打印机
2 1 13	字段定义管理
2 1 14	终端信号标题

2 1 15	表格求助文本
2 1 16	通用 Telnet 同步
2 1 17	通用 Telnet 信号
2 1 18	通用 Telnet 协商
2 1 19	通用 Telnet 子协商
2 2	字段入口指令控制客体(FEICO)[20]
2 2 1	表格 FEICO N0.1
2 2 2	分页 FEICO N0.1
2 3	字段入口引导控制客体(FEPCO)[20]
2 3 1	表格 FEPCO No.1
2 3 2	分页 FEPCO No.1
2 4	参考信息客体(RIO)[20]
2 5	终止条件控制客体(TCCO)
2 5 1	TCCO No.1
3	基本类分配类型
3 1	指令系统[20]
3 1 1	ISO/IEC 10646 的指令系统分配类型
3 1 2	ISO/IEC 2022 第二级的指令系统分配类型
3 2	字型
3 2 1	字型分配类型 No.1
3 2 2	字型分配类型 No.2
3 3	颜色[20]

6.4.6 字符集

FCS 字符集轮廓

a b c	子结构[21]
1	代码结构
1 1	GB/T 2311 代码结构
1 1 1	2311 选项 1
1 2	GB 13000 代码结构
1 2 1	13000 选项 1

7 OSI 轮廓的一致性

OSI 轮廓一致性要求的一般原则已在 GB/Z 16682.1—2010 中作了概述。

OSI 轮廓的详细一致性要求在 ISO/IEC 9646-7:1995 中定义,它定义了与轮廓实现一致性声明(轮廓 ICS)和轮廓要求表(轮廓 RL)的各种要求。这些要求在 OSI 轮廓的一致性篇中给出。

对每个轮廓都应提供轮廓测试规范(PTS)。它可以作为定义某一轮廓的 ISP 的一个部分;也可以作为一个独立的 ISP,同时,在轮廓定义中直接引用它。PTS 的详细情况在 ISO/IEC 9646-6:1994 中规定。

20) 这种分类方法的这些条目有待于登记。

21) 鉴于积极的工作(SGFS),现已增加了这个分类条目,它反映了赞成的有效级别。因为它还未被正式批准,所以是临时包括的。

参 考 文 献

［1］ SGFS 常备文档 SD-424《ISP 及其包含的轮廓目录》.

ICS 17.200.20
N 05

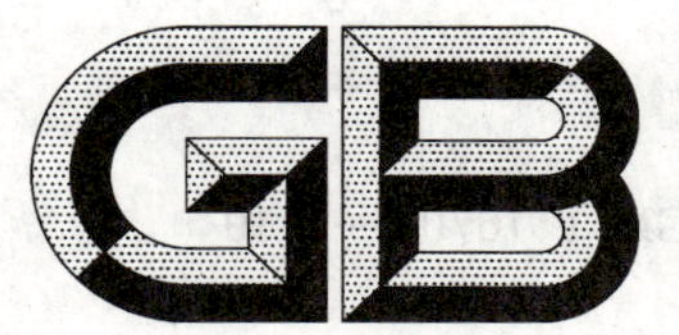

中华人民共和国国家标准

GB/T 16701—2010
代替 GB/T 16701.1—1996,GB/T 16701.2—1996

贵金属、廉金属热电偶丝热电动势测量方法

Methods for measuring the thermoelectric force of noble metal and base metal thermocouple wires

2010-12-01 发布　　　　2011-05-01 实施

中华人民共和国国家质量监督检验检疫总局
中国国家标准化管理委员会　发布

前　言

本标准代替GB/T 16701.1—1996《热电偶材料试验方法　第1部分:贵金属热电偶丝热电动势测量方法》和GB/T 16701.2—1996《热电偶材料试验方法　第2部分:廉金属热电偶丝热电动势测量方法》。

本标准与GB/T 16701.1—1996和GB/T 16701.2—1996相比,除了编辑、文字、格式上的修订外,其主要变化如下:

——增加了比较法的术语和定义;

——删除了有关测试数据记录表的附录。

在贵金属热电偶丝热电动势测量方法方面:

——测量温度范围为300 ℃～1 600 ℃;

——测量温度点中以铝凝固点(660.323 ℃)代替锑凝固点(630.63 ℃);

——B型偶丝的检测温度点修改为:1 100 ℃、1 300 ℃、1 500 ℃;

——增加了S、R、B型标准级偶丝检测温度点并在标准器的选择上进行了相应的规定;

——将高温管形检定炉炉长修改为600 mm,对后面装炉中规定的B型热电偶丝插入深度修改为300 mm;

——增加了S、R型和B型标准级偶丝的稳定度退火时间和温度。

在廉金属热电偶丝热电动势测量方法方面:

——对参考纯铂丝的要求修改为其在0 ℃～100 ℃温度范围内的平均电阻温度系数值应≥0.003 920;

——管状检定炉的轴向温场修改为最高均匀温场中心与检定炉的几何中心沿轴线上偏离不应超过10 mm,并增加了径向温场的规定;

——增加了检测Ⅰ级偶丝应采用等级不低于一等的标准铂铑10-铂热电偶的要求;

——在捆扎的要求中取消了对支数的规定,修改为:包括标准在内捆扎成束的热电偶总数应以满足管形检定炉的尺寸和对温场的规定要求为宜。

本标准的附录A和附录B为资料性附录。

本标准由机械工业联合会提出。

本标准由全国仪表功能材料标准化技术委员会(SAC/TC 419)归口。

本标准负责起草单位:重庆仪表材料研究所。

本标准参加起草单位:宁波奥崎自动化仪表设备有限公司、中国测试技术研究院、绍兴春晖自动化仪表有限公司、昆山万通仪表材料有限公司、重庆川仪十七厂有限公司、重庆川仪自动化股份有限公司金属功能材料分公司、常州市潞城伟业合金厂、江苏华鑫合金有限公司、乐清市华东仪表厂、安徽鑫国仪表有限公司、安徽天康(集团)股份有限公司、安徽蓝德集团股份有限公司、甘肃白银西北铜加工有限责任公司、辽宁省计量科学研究院、上海嘉翎电子科技有限公司、昆明大方自动控制科技有限公司、德州群力合金材料有限公司。

本标准主要起草人:吴承汕、唐锐、何伦英、孙炯、付志勇、邹华、余大才、康文捷、万伟建、王伯伟、袁勤华、吴兴华、潘百来、周步余、殷成楼、杨永刚、侯素兰、王沁、李福洪、张力群。

本标准所代替标准的历次版本发布情况为:

——GB/T 16701.1—1996;GB/T 16701.2—1996。

贵金属、廉金属热电偶丝热电动势测量方法

1 范围

本标准规定了用比较法测量贵金属和廉金属热电偶丝热电动势的方法。

本标准适用于分度号为 S、R 和 B 的贵金属热电偶丝(以下简称 S 型、R 型和 B 型热电偶丝)在 300 ℃～1 600 ℃各段温度范围内的热电动势测量以及分度号为 K、T、E、J 和 N 的廉金属热电偶丝(以下简称 K 型、T 型、E 型、J 型、N 型热电偶丝)在－196 ℃～1 200 ℃各段温度范围内的热电动势测量。对于其他类型的贵金属、廉金属热电偶丝亦可参照采用。本标准不适用于铠装热电偶材料的热电动势的测量。

2 规范性引用文件

下列文件中的条款通过本标准的引用而成为本标准的条款。凡是注日期的引用文件,其随后所有的修改单(不包括勘误的内容)或修订版均不适用于本标准,然而,鼓励根据本标准达成协议的各方研究是否可使用这些文件的最新版本。凡是不注日期的引用文件,其最新版本适用于本标准。

GB/T 1598 铂铑 10-铂热电偶丝、铂铑 13-铂热电偶丝、铂铑 30-铂铑 6 热电偶丝

GB/T 2614 镍铬-镍硅热电偶丝

GB/T 2903 铜-铜镍(康铜)热电偶丝

GB/T 4993 镍铬-铜镍(康铜)热电偶丝

GB/T 4994 铁-铜镍(康铜)热电偶丝

GB/T 17615 镍铬硅-镍硅镁热电偶丝

JB/T 6819.2 仪表材料术语:测温材料

3 术语

JB/T 6819.2 确立的以及下列术语和定义适用于本标准。

3.1

允差 tolerance

当热电偶的参考端温度为 0 ℃而测量端温度为某一设定温度时,所测得的实际热电动势-温度关系偏离分度表在该温度点标称值的最大允许范围。

3.2

比较法 compare test methods

在恒定的温度内,用标准器的指示值与被测热电偶的指示值进行比较来确定被测热电偶的实际值。

4 方法原理

4.1 双极比较法

双极比较法的连接线路如图 1、图 2 所示:

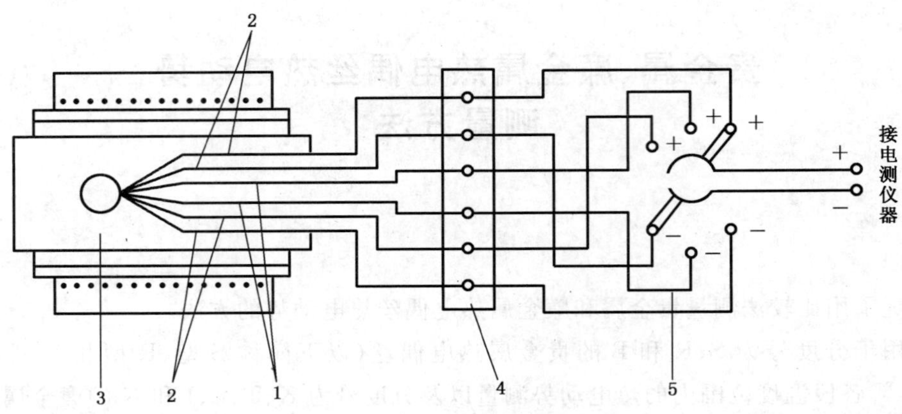

1——标准热电偶；

2——被测热电偶；

3——检定炉；

4——参考端恒温器；

5——转换开关。

图 1　双极比较法接线示意图(高温部分)

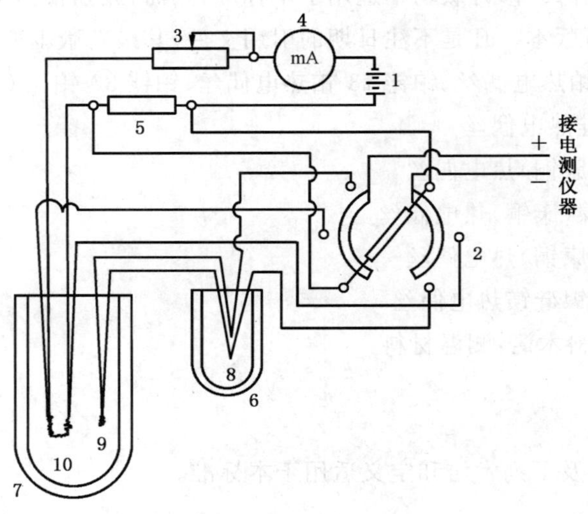

1——直流电源；

2——多点转换开关；

3——变阻器；

4——毫安表；

5——标准电阻；

6——冰点器；

7——恒温槽；

8——热电偶参考端；

9——热电偶测量端；

10——标准温度计。

图 2　双极比较法接线示意图(低温部分)

4.2　同名极比较法

同名极比较法的连接线路如图 3 所示：

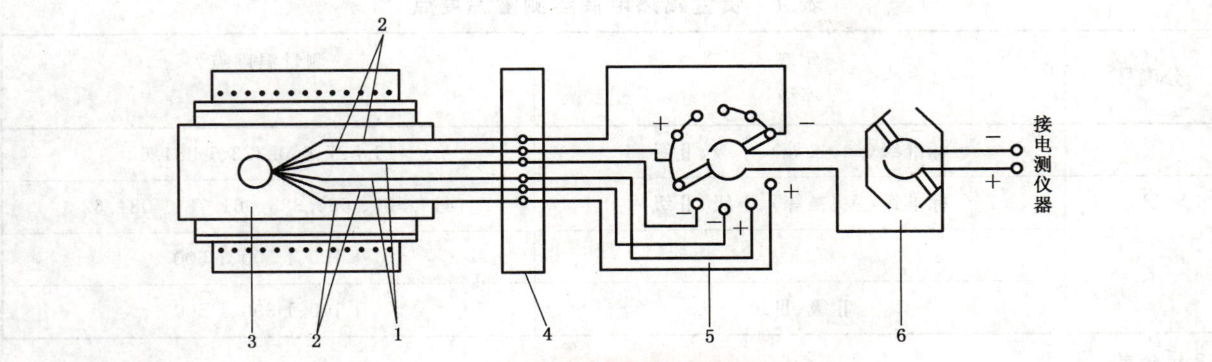

1——标准热电偶；

2——被测热电偶；

3——检定炉；

4——参考端恒温器；

5——转换开关；

6——转向开关。

图 3 同名极比较法接线示意图

4.3 单极比较法

将被检热电偶丝与参考铂丝焊在一起，与标准器进行比较，测量正极对铂与铂对负极的热电势值。连接线路如图 4 所示：

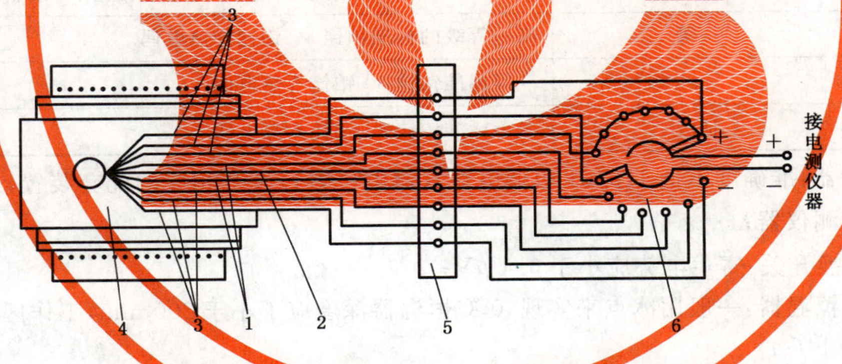

1——标准热电偶；

2——参考铂丝；

3——被测热电偶丝；

4——检定炉；

5——参考端恒温器；

6——转换开关。

图 4 单极比较法接线示意图

5 贵金属热电偶丝测量

5.1 测量方法

采用双极比较法或同名极比较法。它们的测量结果具有同等效力。

5.2 测量温度点

S 型、R 型和 B 型的热电偶丝，其测量温度如表 1 所示：

表 1　贵金属热电偶丝测量温度点

分度号	允差 等级	测量温度点 ℃
S	标准级(一、二等)、Ⅰ级、Ⅱ级	419.527、660.323、1 084.62
R	标准级(一、二等)、Ⅰ级、Ⅱ级	419.527、660.323、961.78、1 084.62
B	标准级	1 100、1 300、1 500
	Ⅱ级、Ⅲ级	1 100、1 300、1 500

5.3　允差

由贵金属热电偶丝构成的热电偶，当参考端温度为 0 ℃时，其允差应符合 GB/T 1598 的规定。

5.4　测量仪器、设备

测量仪器和设备应满足下列要求：

a）标准器：标准器的选择应不低于表 2 的规定；

表 2　贵金属热电偶丝允差等级与标准器的选用要求

分度号	允差等级	选用的标准器
S	一等	标准组铂铑 10-铂热电偶
	二等、Ⅰ级、Ⅱ级	一等标准铂铑 10-铂热电偶
R	一等	标准组铂铑 10-铂热电偶或标准组铂铑 13-铂热电偶
	二等、Ⅰ级、Ⅱ级	一等标准铂铑 10-铂热电偶或一等标准铂铑 13-铂热电偶
B	一等	高一等级的标准铂铑 30-铂铑 6 热电偶
	二等、Ⅱ级	一等标准铂铑 30-铂铑 6 热电偶
	Ⅲ级	二等标准铂铑 30-铂铑 6 热电偶

b）电测仪器：准确度不低于 0.01 级低电势直流电位差计及其相应的配套装置，或同等准确度的其他电测仪器；

c）多点转换开关：寄生电势应小于 0.4 μV；

d）参考端恒温器：一般用冰点来实现，0 ℃恒温器深度应不小于 200 mm，工作区域温度变化不得大于 0.1 ℃；

e）检定炉：

管形检定炉：炉长约 600 mm，常用最高温度为 1 200 ℃，温度最高区域偏离炉中心不得超过 20 mm，并有不小于 20 mm、温度差不大于 1 ℃的均匀温场；

高温管形检定炉：炉长约 600 mm，常用最高温度为 1 600 ℃，温度最高区域偏离炉中心不得超过 20 mm，并有不小于 20 mm、温度差不大于 1 ℃的均匀温场；

f）退火炉：炉长约 1 000 mm，常用最高温度为 1 100 ℃时应有±20 ℃的均匀温场，均匀温场的长度应大于 400 mm，均匀温场一端离炉口应小于 100 mm。

5.5　试样及其制备

5.5.1　试样要求

试样长度为 800 mm～1 200 mm。

5.5.2　清洗

将试样放入 30%～50%(按容积比)的盐酸或硝酸溶液中，煮沸 15 min 或浸泡 1 h，取出后用蒸馏水煮沸数次，直至清除试样上的酸液为止。

5.5.3 退火

5.5.3.1 通电退火

将偶丝悬挂在退火架上通电退火，退火规范：铂铑 10 合金丝及铂铑 13 合金丝退火温度为 1 400 ℃（直径为 0.5 mm 的偶丝通入电流为 11.5 A，亮度温度为 1 250 ℃），退火时间为 2 h。铂丝退火温度为 1 100 ℃（直径为 0.5 mm 的偶丝通入电流为 10.5 A，亮度温度为 1 000 ℃），退火时间为 3 h。铂铑 30 合金丝退火温度为 1 450 ℃（直径为 0.5 mm 的偶丝通入电流为 12 A，亮度温度为 1 250 ℃），退火时间为 1.5 h。铂铑 6 合金丝退火温度为 1 250 ℃（直径为 0.5 mm 的偶丝，通入电流为 11 A，亮度温度为 1 170 ℃），退火时间为 1.5 h。

5.5.3.2 稳定性退火

S 型Ⅰ级允差偶丝、R 型Ⅰ级允差偶丝和 B 型标准级偶丝按 5.5.4 规定穿上清洁的绝缘瓷管，焊接成热电偶后，放进退火炉中，试样从测量端起其 400 mm 长一段应处在 1 100 ℃±20 ℃均匀温场内，其中 S 型、R 型退火时间为 4h，B 型退火时间为 6 h。

5.5.4 焊接

先将正、负极偶丝用清洁的双孔高温绝缘瓷管穿好，然后将一端的两极焊成球形的测量端，球形表面层应光洁、牢固、无划痕，其直径约为偶丝的 2 倍～3 倍。

5.5.5 捆扎

先将被测热电偶与标准热电偶用直径为 0.3 mm～0.5 mm 铂铑合金丝或铂丝捆扎成束，每束热电偶的总数（包括标准热电偶）不应超过五支，然后再用直径为 0.2 mm～0.3 mm 清洁铂铑丝或铂丝将其测量端捆扎在一起。捆扎时被测热电偶与标准热电偶的测量端应在同一垂直平面上。

5.6 试验程序

5.6.1 装炉

将捆扎好的热电偶束置于管形检定炉中，使测量端处于炉轴心最高温区，插入深度约 300 mm。

5.6.2 热电偶参考端连接导线要求及其连接

5.6.2.1 检测时参考端不得使用补偿导线连接，应直接用一卷铜导线连接。铜导线在 20 ℃时的电阻率应不大于 0.018 μΩ·m。

5.6.2.2 将被测热电偶与标准热电偶的参考端与测量铜导线进行可靠连接后，插入同一个参考端恒温器中，插入深度约 100 mm～120 mm。各参考端之间的温差不得超过 0.1 ℃。

5.6.2.3 在保证测量准确度的情况下，亦可采用其他方法连接。

5.7 测量

5.7.1 双极比较法

5.7.1.1 双极比较法测量系统线路按图 1 规定连接。

5.7.1.2 测量时炉温应控制在检测温度点的±5 ℃以内，当炉温变化每分钟不超过 0.2 ℃时开始测量，整个测量过程炉温变化不得超过 0.5 ℃，其测量顺序如下：

标 → 被 1 → 被 2 → 被 3… → 被 n

↓

标 ← 被 1 ← 被 2 ← 被 3… ← 被 n

S 型、R 型热电偶的Ⅰ级允差、标准级和 B 型热电偶的Ⅱ级允差、标准级每支测量次数不少于四次，S 型、R 型热电偶的Ⅱ级允差和 B 型热电偶的Ⅲ级允差每支测量次数不少于二次。

5.7.2 同名极比较法

同名极比较法测量仅适用于标准热电偶与被测热电偶为同种材料的热电偶。

5.7.2.1 同名极比较法测量系统线路按图3规定连接。在线路中应使被测的热电极与电测仪器"+"端相接,当换向开关处在"正"位置时,测得的组合热电动势值为正,换向开关处在"负"位置时,测得的组合热电动势值为负。

5.7.2.2 测量时炉温应控制在检测温度点的±5 ℃以内,测量每组热电极的组合热电动势值对于S型、R型热电偶的Ⅰ级允差、标准级和B型热电偶的Ⅱ级允差、标准级应不少于四次。S型、R型热电偶的Ⅱ级允差和B型热电偶的三级允差应不少于二次。整个测量过程炉内温度变化不得超过5 ℃。

5.7.2.3 S型、R型热电偶的Ⅰ级允差和B型热电偶的Ⅱ级允差,按表1规定的检测温度点测量完成后,作为第一次测量数值,然后从炉内取出,再按5.5.5规定重新捆扎测量端,放进检定炉中,再按上述相同的测量方法进行第二次测量,测得的数值作为第二次测量数值。其两次测量之差,S型、R型、B型热电偶在各测量温度点上应分别小于5 μV、6 μV、8 μV,并以两次测量的算术平均值作为测量数值。若两次测量的差值大于上述规定,应重复再测量一次。作为第三次测量数值。在三组数值中选择两组不大于规定的数值的平均值作为测量数值。

6 廉金属热电偶丝测量

6.1 测量方法

采用双极比较法或单极比较法。

6.2 测量温度点

K、N、E、J和T型的热电偶丝,一般测量温度点按表3规定。也可根据需要确定其他测量点。测量温度点的顺序由低温向高温逐点升温测量。

6.3 允差

由热电偶丝构成的热电偶,在规定的温度范围内,当参考端温度为0 ℃时,K、T、E、J、N型热电偶丝的允差应分别符合GB/T 2614、GB/T 2903、GB/T 4993、GB/T 4994、GB/T 17615的规定。

6.4 测量仪器、设备

测量仪器和设备的精度应满足下列要求:

a) 标准器:
   标准铂铑10-铂热电偶(其中检测Ⅰ级偶丝应采用等级不低于一等的标准铂铑10-铂热电偶);
   标准铜-铜镍(康铜)热电偶;
   标准水银温度计,可选用其他标准温度计(如标准铂电阻温度计)。
b) 参考铂丝:直径为0.5 mm,在0 ℃~100 ℃温度范围内的平均电阻温度系数值应≥0.003 920。
c) 电测仪器:准确度不低于0.01级低电势直流电位差计及配套装置,或具有同等准确度的其他电测仪器。
d) 管形检定炉:其长度约600 mm,常用最高温度为1 200 ℃,最高均匀温场中心与检定炉的几何中心沿轴线上偏离不应超过10 mm。在均匀温场长度不小于60 mm,半径为14 mm范围内,任意两点温差不大于1 ℃。
e) 水槽、恒温油槽,在有效工作区域内温差不大于0.1 ℃。
f) 液氮槽、干冰槽或低温槽。
g) 控温设备。
h) 多点转换开关:寄生电势应不大于0.5 μV。
i) 参考端恒温器,恒温器内温度为0 ℃±0.1 ℃。

j) 读数望远镜(测高仪)。

表 3 廉金属热电偶丝测量温度点

分度号	偶丝直径 mm	测量温度 ℃
K 或 N	0.3	−79 −196 400 600 700
	0.5	−79 −196 400 600 800
	0.8 1.0	400 600 800
	1.2 1.6 2.0 2.5	400 600 800 1 000
	3.2	400 600 800 1 000(1 200)
E	0.3 0.5	−79 −196 100 200 250
	0.8 1.0 1.2	100 300 400
	1.6 2.0 2.5	100 (300) 400 600
	3.2	400 600 700
J	0.3 0.5	100 200 250
	0.8 1.0 1.2	100 200 400
	1.6 2.0	(100) 300 400 500
	2.5 3.2	(100) 300 400 600
T	0.2 0.3 0.5	−79 −196 100 200
	0.8	100 200
	1.0 1.2 1.6 2.0	100 200 250
注:括号内测量温度根据用户要求进行测量。		

6.5 试样及其制备

6.5.1 试样要求

试样长度为 800 mm~1 100 mm。

6.5.2 校直、清洗、穿绝缘瓷珠

将试样校直,用砂纸清除试样两端约 20 mm 左右的表面氧化层,再用清洁的双孔(或单孔)瓷珠穿约 500 mm 左右,测量端露出 40 mm 左右,尾部穿塑料套管并在端部露出 20 mm 左右,以连接参考端引线。

6.5.3 焊接焊点表面应光洁、牢固、无划痕

双极比较法测量:将同种规格的正、负极偶丝焊接成热电偶。

单极比较法测量:将被检热电偶丝与参考铂丝焊在一起,焊接时直径为 3.2 mm 的偶丝总数不应超过七根(包括参考铂丝),直径小于 2.5 mm(含 2.5 mm)的偶丝总数不应超过九根(包括参考铂丝)。

6.5.4 退火

Ⅰ级允差和Ⅱ级允差的偶丝应进行退火处理,Ⅲ级允差的偶丝不进行退火处理,将焊接好的热电偶或热电偶束放进热电偶退火炉或检定炉内退火 2 h。退火温度为被测热电偶最高检测点的温度。

6.5.5 捆扎

6.5.5.1 300 ℃以上各点的检测

6.5.5.1.1 双极比较法:选择标准铂铑 10-铂热电偶后,将标准热电偶套上高铝保护管,与已退火的被检热电偶用细镍铬丝或偶丝捆扎成束,捆扎时,应将被检热电偶的测量端围绕标准热电偶的测量端均匀分布一周,并处于同一垂直平面上。捆扎成束的热电偶总数应以满足管形检定炉的尺寸和对温场的规定要求为宜。

6.5.5.1.2 单极比较法:选择标准铂铑 10-铂热电偶后,用细镍铬或偶丝将已退火的被检热电偶束与标准热电偶捆扎在一起,且测量端均处于同一垂直平面上。

6.5.5.2 300 ℃以下各点的检测:试样的捆扎按水槽、油槽及低温槽的结构确定。

6.6 测量程序

6.6.1 装炉

6.6.1.1 0 ℃以下各点的测量，在液氮槽、干冰槽或低温箱中与标准器进行比较，插入深度不应小于200 mm。

6.6.1.2 300 ℃以下各点的测量，在水槽或油槽中与标准器进行比较，插入深度不应小于200 mm。

6.6.1.3 300 ℃以上各点的测量，在管形检定炉中与标准铂铑10-铂热电偶进行比较，插入深度约300 mm。调整好插入方向，炉口处沿热电偶束周围用绝热材料封堵。

6.6.2 热电偶参考端连接导线要求及其连接

6.6.2.1 将被检热电偶与标准热电偶的参考端插入同一个参考端恒温器中，各参考端之间的温差不得超过0.1 ℃。

6.6.2.2 检测时参考端不准使用补偿导线连接，应直接用同一卷铜导线连接。铜导线在20 ℃时的电阻率应不大于0.018 μΩ·m。

6.6.2.3 参考端与导线连接方法

先将铜导线二端各剥去约20 mm绝缘层，一端连接转换开关，另一端与热电偶参考端连接，连接时接触要良好，然后将被检热电偶和标准热电偶的参考端置于装有变压器油的玻璃试管中（或塑料管）再插入参考端恒温器内，插入深度应不小于200 mm。

6.6.3 测量

6.6.3.1 0 ℃以下各点的测量，按图2连接测试系统线路，测量时槽内温度应控制在检测点的±1 ℃以内，待温度稳定后按5.7.1.2规定的顺序依次测量。每个检测点的测量次数应不少于四次，整个测量过程槽内温度变化应不大于0.1 ℃。

6.6.3.2 300 ℃以下各点的测量

6.6.3.2.1 双极比较法测量，按图1连接测试系统线路，直接测量标准与被检热电偶的热电动势值，测量时槽内温度控制在检测点±1 ℃以内，测量顺序与6.6.3.1相同。整个测量过程槽内温度变化不得大于0.2 ℃。

6.6.3.2.2 单极比较法测量，按图4连接测试系统线路。Ⅰ级允差偶丝每个检测点的测量次数不应小于4次，Ⅱ级允差不应少于2次，测量顺序与6.6.3.1相同。

6.6.3.3 300 ℃以上各点的测量

按图1或图4连接测试系统线路，测量时炉温控制在检测点±5 ℃以内，操作方法与6.6.3.2相同，当炉温变化每分钟不超过0.2 ℃时开始测量，整个测量过程炉温变化不得大于0.5 ℃。

6.6.3.4 原始测量数据应作详细记录。

7 数据处理

7.1 双极、单极比较法测量数据的处理

采用双极、单极比较法测量时，被测热电偶在各检定点上的热电动势值按公式(1)进行修正计算：

$$E_{t被} = E'_{t被} + \frac{E_{t标} - E'_{t标}}{S_{t标}} \times S_{t被} \qquad (1)$$

式中：

$E_{t被}$——被测热电偶在测量温度点 t ℃时的热电动势值，单位为毫伏(mV)；

$E'_{t被}$——被测热电偶在测量温度点 t ℃时测得的热电动势值，单位为毫伏(mV)；

$E_{t标}$——标准热电偶证书上检定温度点 t ℃时的热电动势值，单位为毫伏(mV)；

$E'_{t标}$——标准热电偶在测量温度点 t ℃时测得的热电动势值，单位为毫伏(mV)；

$S_{t标}$——标准热电偶在测量温度点 t ℃时的热电动势率(塞贝克系数)，单位为微伏每摄氏度(μV/℃)；

$S_{t被}$——被测热电偶在测量温度点 t ℃时的热电势率(塞贝克系数)，单位为微伏每摄氏度(μV/℃)。

贵金属热电偶的热电动势率参见附录A,廉金属热电偶的热电动势率参见附录B。

若 $S_{t标}=S_{t被}$(同种型号热电偶),则公式(1)可简化为:

$$E_{t被}=E'_{t被}+E_{t标}-E'_{t标} \quad \cdots\cdots(2)$$

示例1:在1 084.62 ℃检测温度点附近,二等标准铂铑10-铂热电偶测得的热电动势算术平均值为10.576 mV,被测铂铑13-铂热电偶测得的热动势算术平均值为11.650 mV,求被测铂铑13-铂热电偶在1 084.62 ℃时的热电动势值。

测得 $E'_{1\,084.62标}=10.576$ mV,$E_{1\,084.62被}=11.650$ mV

查二等标准铂铑10-铂热电偶检定证书 $E_{1\,084.62标}=10.570$ mV,

查附录A,$S_{1\,084.62标}=11.80\ \mu V/℃$

$S_{1\,084.62被}=13.58\ \mu V/℃$,代入计算公式(1)求得

$$E_{被}=11.650+\frac{10.570-10.576}{0.011\,80}\times 0.013\,58=11.643(mV)$$

则被测铂铑13-铂热电偶在1 084.62 ℃时其热电动势为11.643 mV。

示例2:在1 000 ℃检测温度点附近,测得二等标准铂铑10-铂,被检镍铬-铂的热电动势算术平均值,分别是为9.571 mV和32.421 mV,参考端为0 ℃,标准热电偶证书中1 000 ℃的热电动势为9.587 mV,求被检镍铬-铂在1 000 ℃时的热电动势值。

测得 $E'_{1\,000标}=9.571$ mV,$E'_{1\,000被}=32.421$ mV,

查 $E'_{1\,000标}=9.587$ mV,查附录B,$S_{1\,000标}=0.011\,53$ mV/℃,$S_{1\,000被}=0.030\,75$ mV/℃。

将上述代入公式(1)即得:

$$E_{t被}=E'_{t被}+\frac{E_{t标}-E'_{t标}}{S_{t标}}\times S_{t被}$$

$$E_{1\,000被}=32.421+\frac{9.587-9.571}{0.011\,53}\times 0.030\,75$$

$$=32.421+0.043=32.464\ mV$$

则镍铬-铂在1 000 ℃时的热电动势值为32.464 mV。

7.2 同名极比较法测试数据的处理

采用同名极比较法测量时,被测热电偶在各检定点上的热电动势值,按公式(3)进行计算:

$$E_{t被}=E_{t标}+E_{tP}-E_{tN} \quad \cdots\cdots(3)$$

式中:

$E_{t被}$——被测热电偶在测量温度点 t ℃时的热电动势值,单位为毫伏(mV);

$E_{t标}$——被测热电偶在测量温度点 t ℃时测得的热电动势值,单位为毫伏(mV);

E_{tP}——被测热电偶正极与标准热电偶正极在测量温度点 t ℃时进行比较所测得的热电动势,单位为毫伏(mV);

E_{tN}——被测热电偶负极与标准热电偶负极在测量温度点 t ℃时进行比较所测得的热电动势,单位为毫伏(mV)。

示例3:用同名极比较法测量,铂铑10-铂热电偶在660.323 ℃附近测得热电动势的算术平均值为:

$E_{660.323p}=0.004$ mV　　$E_{660.323N}=0.008$ mV

求被测热电偶在660.323 ℃时的热电动势值:

查 $E_{660.323标}=5.864$,代入公式(3):$E_{660.323被}=5.864+(0.004-0.008)=5.860$(mV)

则被测热电偶在660.323 ℃时 $E_{660.323}=5.860$ mV。

8 检测报告

检测报告应至少包括下列内容:

a) 产品名称、分度号及规格;

b) 样品编号;

c) 委托单位;

d) 测量结果和测量依据;

e) 测量人、复核人及批准人签名;

f) 测量日期。

附　录　A
（资料性附录）
贵金属热电偶热电动势率

A.1　贵金属热电偶热电动势率(塞贝克系数)如表 A.1 所示。

表 A.1　贵金属热电偶在各温度点热电动势率(塞贝克系数)

温度/℃	热电动势率/(μV/℃)		
	铂铑 10-铂	铂铑 13-铂	铂铑 30-铂铑 6
100	7.39	7.48	0.90
200	8.46	8.84	2.00
300	9.13	9.74	3.05
400	9.57	10.37	4.06
419.527	9.64	10.48	4.26
500	9.90	10.88	5.03
600	10.21	11.36	5.96
630.63	10.30	11.50	6.23
660.323	10.40	11.64	6.48
700	10.53	11.83	6.81
800	10.87	12.31	7.64
900	11.21	12.78	8.41
961.78	11.42	13.07	8.85
1 000	11.54	13.23	9.12
1 084.62	11.80	13.58	9.67
1 100	11.84	13.63	9.77
1 200	12.03	13.92	10.36
1 300	12.13	14.08	10.87
1 400	12.13	14.13	11.28
1 500	12.04	14.06	11.56
1 554.8	11.95	13.98	11.65
1 600	11.85	13.88	11.69

附 录 B
（资料性附录）
廉金属热电偶热电动势率

B.1 廉金属热电偶在各温度点的热电动势率(塞贝克系数)如表 B.1 所示。

表 B.1 廉金属热电偶在各温度点的热电动势率 单位为微伏每摄氏度

温度 ℃	K			N			E			J			T		
	镍铬-镍硅	镍铬-铂	铂-镍硅	镍铬硅-镍硅	镍铬硅-铂	铂-镍硅	镍铬-铜镍	镍铬-铂	铂-铜镍	铁-铜镍	铁-铂	铂-铜镍	铜-铜镍	铜-铂	铂-铜镍
−196	16.00	5.57	10.43	10.64	−1.00	11.46	26.13	5.57	20.56				16.30	−4.26	20.56
−100	30.49	18.00	12.49	20.92	8.47	12.45	45.18	18.00	27.18				28.39	1.21	27.18
−79	32.92	20.01	12.91	22.55	10.21	12.34	48.46	20.02	28.44				30.77	2.32	28.45
0	39.48	25.84	13.64	26.15	15.44	10.71	58.70	25.84	32.86	50.37	17.91	32.46	38.74	5.88	32.83
100	41.37	30.12	11.25	29.63	19.96	9.67	67.51	30.12	37.39	54.35	17.18	37.17	46.77	9.38	37.39
200	39.95	32.76	7.19	32.99	22.99	10.00	74.02	32.76	41.26	55.50	14.57	40.93	53.15	11.89	41.26
300	41.46	34.12	7.34	35.43	24.99	10.44	77.91	34.13	43.78	55.36	11.69	43.67	58.08	14.30	43.78
400	42.22	34.55	7.67	37.11	26.33	10.78	80.04	34.55	45.49	55.14	9.72	45.42	61.79	16.30	45.49
500	42.61	34.33	8.28	38.25	27.28	10.97	80.89	34.33	46.56	55.96	9.57	46.39			
600	42.53	33.73	8.80	38.97	28.02	10.95	80.68	33.73	46.95	58.50	11.67	46.83			
700	41.93	32.96	8.97	39.29	28.65	10.64	79.75	32.96	46.79	62.24	11.36	46.88			
800	41.00	32.16	8.84	39.26	29.22	10.04	78.43	32.16	46.27						
900	39.96	31.43	8.53	38.98	29.73	9.25	76.70	31.42	45.28						
1 000	38.93	30.75	8.18	38.55	30.17	8.38	74.93	30.75	44.18						
1 100	37.84	30.05	7.78	37.98	30.50	7.48									
1 200	36.50	29.18	7.32	37.17	30.71	6.46									
1 300	34.88	27.81	7.07	36.15	30.78	5.37									

ICS 23.160
J 78

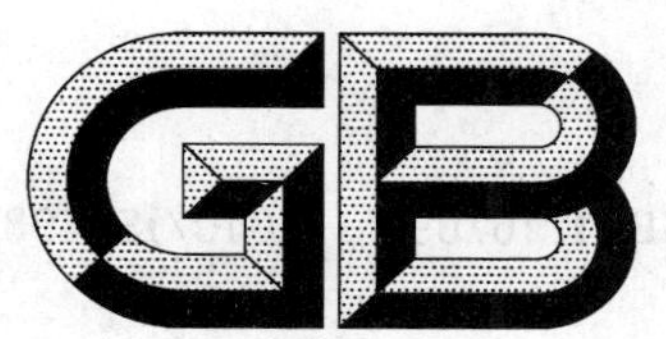

中华人民共和国国家标准

GB/T 16709.1—2010/ISO 9803-1:2007
部分代替 GB/T 16709—1996

真空技术 管路配件的装配尺寸 第1部分:非刀口法兰型

Vacuum technology—Mounting dimensions of pipeline fittings—Part 1:Non knife-edge flange type

(ISO 9803-1:2007,IDT)

2010-12-23 发布 2011-10-01 实施

中华人民共和国国家质量监督检验检疫总局
中国国家标准化管理委员会 发布

前　言

GB/T 16709《真空技术　管路配件的装配尺寸》分为两个部分：

——第 1 部分：非刀口法兰型；

——第 2 部分：刀口法兰型。

本部分为 GB/T 16709 的第 1 部分。

本部分等同采用 ISO 9803-1:2007《真空技术　管路配件的装配尺寸　第 1 部分：非刀口法兰型》。

本部分等同翻译 ISO 9803-1:2007《真空技术　管路配件的装配尺寸　第 1 部分：非刀口法兰型》。

为了便于使用，本部分做了下列编辑性修改：

a) 将 ISO 9803-1:2007 的“本国际标准”一词改为 GB/T 16709.1 的“本部分”；

b) 用小数点符号“.”代替作为小数点的逗号“,”；

c) 删除了国际标准的前言和引言。

本部分规范性引用文件 GB/T 6070《真空技术　法兰尺寸》的引用部分与 ISO 1609《真空技术　法兰尺寸》的内容完全一致。

GB/T 16709.1《真空技术　管路配件的装配尺寸　第 1 部分：非刀口法兰型》和 GB/T 16709.2《真空技术　管路配件的装配尺寸　第 2 部分：刀口法兰型》代替 GB/T 16709—1996《真空技术　管路配件装配尺寸》。

本部分由中国机械工业联合会提出。

本部分由全国真空技术标准化技术委员会归口。

本部分起草单位：沈阳真空技术研究所、上海真空阀门制造有限公司、北京巨友行科技发展有限公司。

本部分主要起草人：王学智、章东林、刘志峰、郑荣禧、陈军。

本部分所代替标准的历次版本发布情况为：

——GB/T 16709—1996。

真空技术　管路配件的装配尺寸 第1部分:非刀口法兰型

1　范围

GB/T 16709的本部分规定了R5系列,公称通径由10 mm到250 mm非烘烤型和非刀口法兰的真空管路的配件(弯管、T形管、十字管)的装配尺寸。

2　规范性引用文件

下列文件中的条款通过GB/T 16709的本部分的引用而成为本部分的条款。凡是注日期的引用文件,其随后所有的修改单(不包括勘误的内容)或修订版均不适用于本部分,然而,鼓励根据本部分达成协议的各方研究是否可使用这些文件的最新版本。凡是不注日期的引用文件,其最新版本适用于本部分。

GB/T 4982　真空技术　快卸连接器　尺寸　第1部分:夹紧型(GB/T 4982—2003,ISO 2861-1:1974,IDT)

GB/T 6070　真空技术　法兰尺寸(GB/T 6070—2007,ISO 1609:1986,MOD)

3　术语和定义

GB/T 4982和GB/T 6070中给出的术语和定义适用于本部分。

4　要求

4.1　真空管路配件的装配尺寸应与表1中规定的一样。见图1至图3。

4.2　法兰尺寸应与GB/T 4982和GB/T 6070中规定的一样。GB/T 6070法兰最好是活套形式。

4.3　GB/T 6070中规定的法兰上的螺钉孔应置于图4中所示的位置。角α是螺钉孔数的函数。

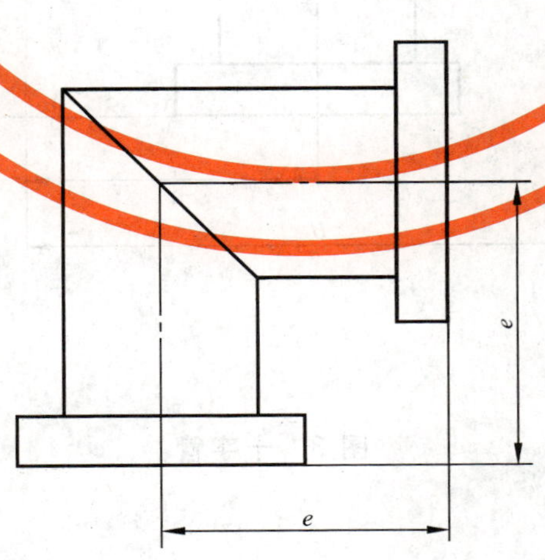

e——尺寸。

图1　弯管

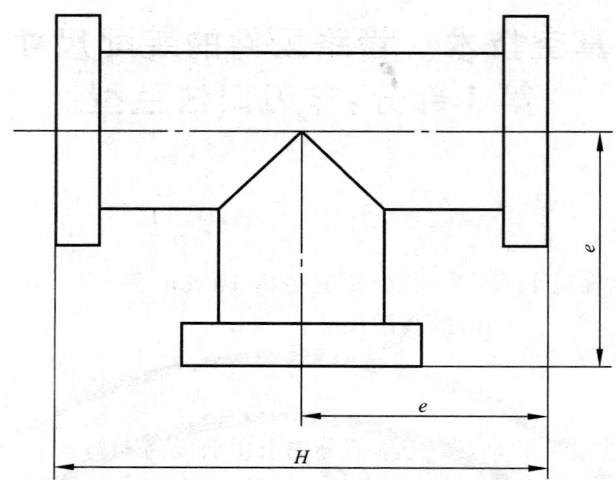

e——尺寸；
H——长度。

图 2　T 型管

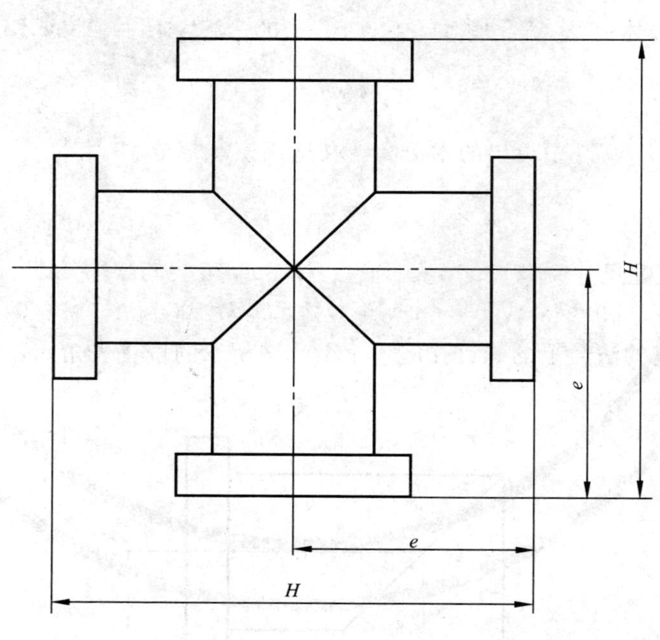

e——尺寸；
H——长度。

图 3　十字管

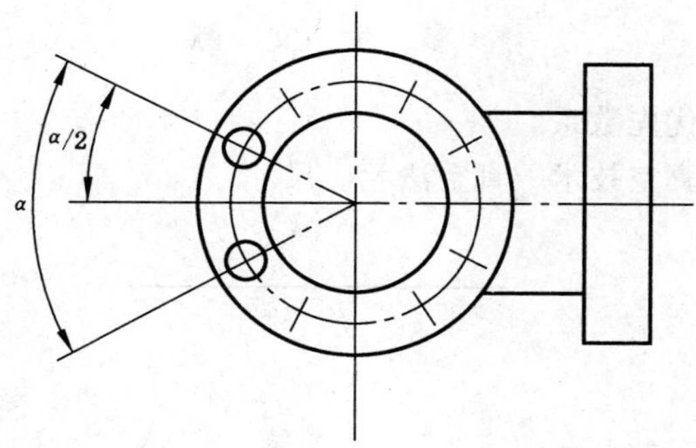

α——360°/螺栓孔的全部数量。

图 4 螺栓孔的位置

表 1 管路配件的装配尺寸

单位为毫米

<table>
<tr><th rowspan="2">公称通径</th><th rowspan="2">尺寸 e</th><th rowspan="2">公　差</th><th rowspan="2">长度 H</th><th rowspan="2">公　差</th><th colspan="2">两个法兰配合面的垂直或平行公差</th></tr>
<tr><th>GB/T 4982</th><th>GB/T 6070</th></tr>
<tr><td>10</td><td>30/40[a]</td><td rowspan="6">±1.5</td><td>60/80[a]</td><td rowspan="3">±1.5</td><td rowspan="4">±2°</td><td rowspan="3">±1°</td></tr>
<tr><td>16</td><td>40</td><td>80</td></tr>
<tr><td>25</td><td>50</td><td>100</td></tr>
<tr><td>40</td><td>65</td><td>130</td><td rowspan="4">±2</td><td rowspan="6">±0°30′</td></tr>
<tr><td>63</td><td>88</td><td>176</td><td rowspan="5">—</td></tr>
<tr><td>100</td><td>108</td><td>216</td></tr>
<tr><td>160</td><td>138</td><td rowspan="3">±2</td><td>276</td></tr>
<tr><td>200</td><td>178</td><td>356</td><td rowspan="2">±3</td></tr>
<tr><td>250</td><td>208</td><td>416</td></tr>
<tr><td colspan="7">[a] 标识的值仅适用于 GB/T 6070 中规定的法兰。</td></tr>
</table>

参 考 文 献

［1］ ISO 3 优先数和优先数系.

［2］ ISO 1609:1986 真空技术 真空法兰 尺寸.

ICS 23.160
J 78

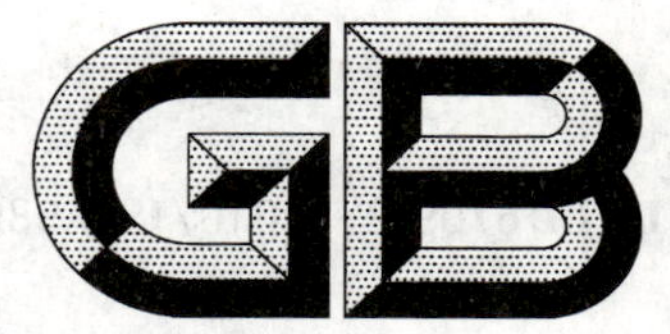

中华人民共和国国家标准

GB/T 16709.2—2010/ISO 9803-2:2007
部分代替 GB/T 16709—1996

真空技术　管路配件的装配尺寸
第2部分:刀口法兰型

Vacuum technology—Mounting dimensions of pipeline fittings—
Part 2: Knife-edge flange type

(ISO 9803-2:2007,IDT)

2010-12-23 发布　　2011-10-01 实施

中华人民共和国国家质量监督检验检疫总局
中国国家标准化管理委员会　发布

前　言

GB/T 16709《真空技术　管路配件的装配尺寸》分为两个部分：

——第1部分：非刀口法兰型；

——第2部分：刀口法兰型。

本部分为GB/T 16709的第2部分。

本部分等同采用ISO 9803-2:2007《真空技术　管路配件的装配尺寸　第2部分：刀口法兰型》。

本部分等同翻译ISO 9803-2:2007《真空技术　管路配件的装配尺寸　第2部分：刀口法兰型》。

为了便于使用，本部分做了下列编辑性修改：

a) 将ISO 9803-2:2007的"本国际标准"一词改为GB/T 16709.2的"本部分"；

b) 用小数点符号"."代替作为小数点的逗号","；

c) 删除了国际标准的前言和引言。

GB/T 16709.2《真空技术　管路配件的装配尺寸　第2部分：刀口法兰型》和GB/T 16709.1《真空技术　管路配件的装配尺寸　第1部分：非刀口法兰型》代替GB/T 16709—1996《真空技术　管路配件　装配尺寸》。

本部分由中国机械工业联合会提出。

本部分由全国真空技术标准化技术委员会归口。

本部分起草单位：沈阳真空技术研究所、上海真空阀门制造有限公司、北京巨友行科技发展有限公司。

本部分主要起草人：王学智、章东林、刘志峰、郑荣禧、陈军。

本部分所代替标准的历次版本发布情况为：

——GB/T 16709—1996。

真空技术　管路配件的装配尺寸
第2部分:刀口法兰型

1　范围

GB/T 16709的本部分规定了公称通径由16 mm到200 mm刀口法兰的真空管路的配件(弯管、T形管、十字管)的装配尺寸。

2　规范性引用文件

下列文件中的条款通过GB/T 16709的本部分的引用而成为本部分的条款。凡是注日期的引用文件,其随后所有的修改单(不包括勘误的内容)或修订版均不适用于本部分,然而,鼓励根据本部分达成协议的各方研究是否可使用这些文件的最新版本。凡是不注日期的引用文件,其最新版本适用于本部分。

ISO 3669　真空技术　可烘烤法兰　尺寸

3　术语和定义

ISO 3669中给出的术语和定义适用于本部分。

4　要求

4.1　真空管路配件的装配尺寸应与表1中规定的一样。见图1至图3。

4.2　法兰尺寸应与ISO 3669中规定的一样。法兰最好是活套形式。

4.3　ISO 3669中规定的法兰上的螺钉孔应置于如图4中所示的位置。角α是螺钉孔数的函数。

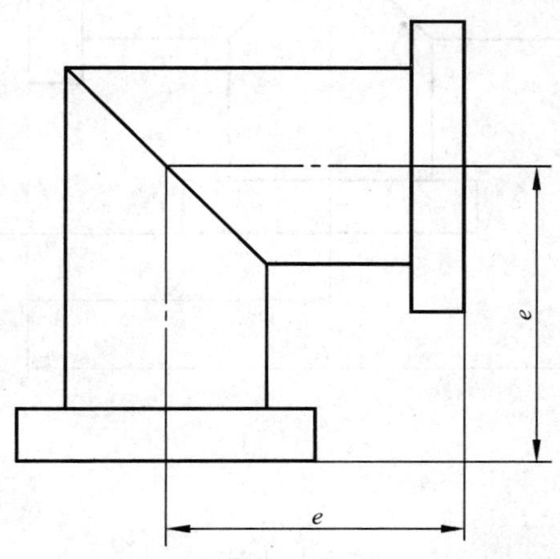

e——尺寸。

图1　弯管

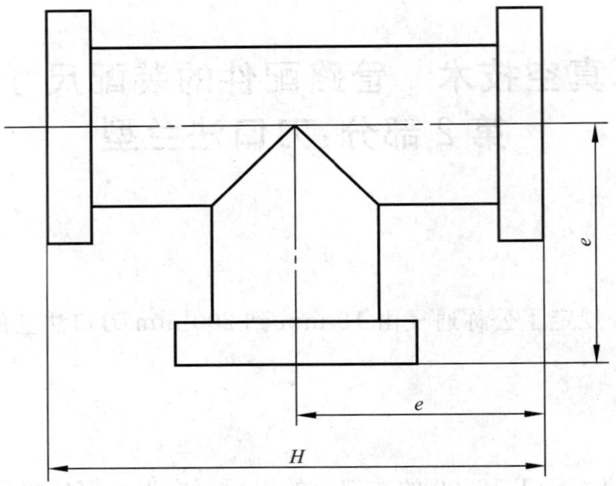

e——尺寸；

H——长度。

图 2　T 型管

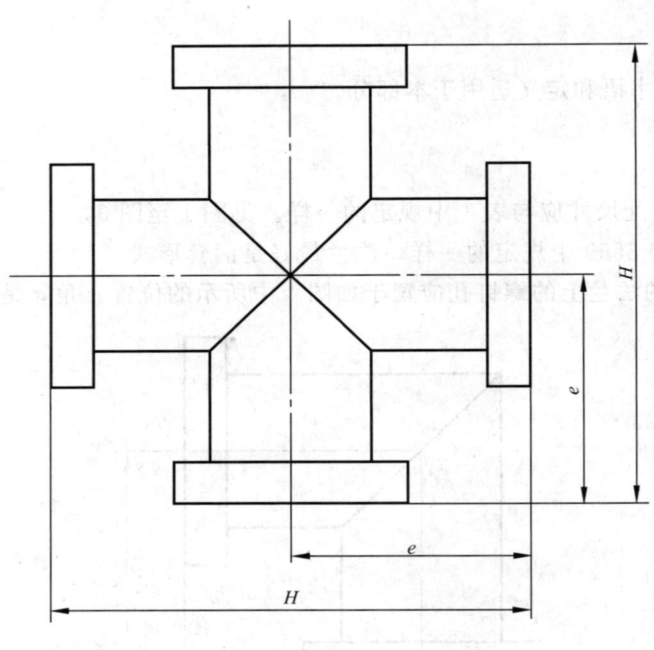

e——尺寸；

H——长度。

图 3　十字管

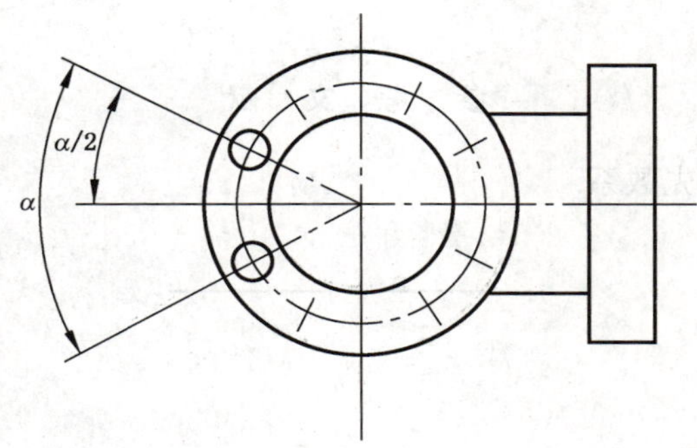

α——360°/螺栓孔的全部数量。

图 4 螺栓孔的位置

表 1 管路配件的装配尺寸

单位为毫米

公称通径	尺寸 e	公差	长度 H	公差	两个法兰配合面的垂直或平行公差
16	38	±1.5	76	±1.5	±1°
40	63		126		
63	105		210		±0°30′
100	135		270		
160	167	±2	334	±2	
200	203		406		

参 考 文 献

[1] ISO 3 优先数和优先数系.

ICS 53.100
P 97

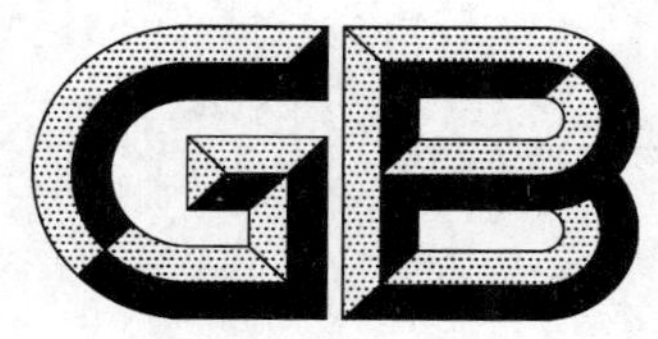

中华人民共和国国家标准

GB 16710—2010
代替 GB 16710.1—1996

土方机械 噪声限值

Earth-moving machinery—Noise limits

2010-12-23 发布 2012-01-01 实施

中华人民共和国国家质量监督检验检疫总局
中国国家标准化管理委员会 发布

前　言

本标准的第4章为强制性条款，其余为推荐性条款。

本标准代替 GB 16710.1—1996《工程机械　噪声限值》。

本标准与 GB 16710.1—1996 相比主要变化如下：

——标准名称由“工程机械　噪声限值”改为“土方机械　噪声限值”。

——标准号由分部分的标准号改为单独的标准号。

——扩大了标准适用的土方机械类型：

原标准适用机器为4类：挖掘机、推土机、装载机、挖掘装载机；

现标准适用机器为11类：推土机、装载机、挖掘装载机、挖掘机、自卸车、铲运机、平地机、吊管机、挖沟机、回填压实机、压路机。

——修改了机种分类及机外发射噪声的发动机功率分档。

——修改了噪声限值，并增加了逐步递减的噪声限值阶段和实施时间。

本标准由中国机械工业联合会提出。

本标准由全国土方机械标准化技术委员会(SAC/TC 334)归口。

本标准负责起草单位：天津工程机械研究院、厦门厦工机械股份公司、天津移山工程机械有限公司、合肥振宇工程机械有限公司。

本标准参加起草单位：广西柳工机械股份有限公司、徐工集团工程机械股份有限公司、三一重工股份有限公司、福建晋工机械有限公司、上海彭浦机器厂有限公司、山东山工机械有限公司。

本标准主要起草人：吴润才、李蔚苹、方贵龙、张振涛、黄建兵、吴凌云、杨军、张文中、陈宝明、刘艳芳。

本标准所代替标准的历次版本发布情况为：

——GB 16710.1—1996。

引　言

随着技术的发展和对环境及人身健康的关注，世界各国对机器噪声控制的要求越来越严格。为保护环境和人体健康，必须要对土方机械的机器发射噪声进行控制。噪声限值的控制水平，既应满足环境保护、司机听力保护的需要，也要考虑国内产品的技术现状。本标准规定的限值，是现阶段我国对土方机械产品噪声的最低要求。

考虑到技术进步，尤其是在声源处降低噪声措施的有效性，机器在设计和制造时应尽可能降低噪声发射对环境和人体健康的影响。在机器设计时，应考虑在声源处控制噪声的可行性及技术措施。推荐的低噪声机器设计方法参见 ISO/TR 11688。

土方机械 噪声限值

1 范围

本标准规定了土方机械的机外发射噪声限值和司机位置噪声限值。

本标准适用于 GB/T 8498 定义的土方机械，其他派生的土方机械可参照执行。

本标准不适用于在本标准规定的噪声限值实施前制造的机器。

2 规范性引用文件

下列文件中的条款通过本标准的引用而成为本标准的条款。凡是注日期的引用文件，其随后所有的修改单(不包括勘误的内容)或修订版均不适用于本标准，然而，鼓励根据本标准达成协议的各方研究是否可使用这些文件的最新版本。凡是不注日期的引用文件，其最新版本适用于本标准。

GB/T 8498 土方机械 基本类型 识别、术语和定义(GB/T 8498—2008，ISO 6165:2006，IDT)

GB/T 16936 土方机械 发动机净功率试验规范(GB/T 16936—2007，ISO 9249:1997，MOD)

GB/T 25614 土方机械 声功率级的测定 动态试验条件(GB/T 25614—2010，ISO 6395:2008，IDT)

GB/T 25615 土方机械 司机位置发射声压级的测定 动态试验条件(GB/T 25615—2010，ISO 6396:2008，IDT)

3 术语和定义

GB/T 8498 和 GB/T 25614 确立的术语和定义适用于本标准。

4 噪声限值

4.1 机外发射噪声限值

土方机械机外发射噪声按 GB/T 25614 规定的方法测试时，发射声功率级值应不大于表 1 的规定。

4.2 司机位置噪声限值

装有司机室的土方机械在司机位置处的发射噪声按 GB/T 25615 规定的方法测试时，司机位置发射声压级值应不大于表 2 的规定。

表 1 土方机械机外发射噪声限值及实施阶段

机器类型	发动机净功率 P^{ab}/kW	发射声功率级限值/dB(A)	
		Ⅰ阶段(2012-01-01 起实施)	Ⅱ阶段(2015-01-01 起实施)
压路机(振动、振荡)	$P \leqslant 8$	110	107
	$8 < P \leqslant 70$	111	108
	$70 < P \leqslant 500$	$91 + 11 \lg P$	$88 + 11 \lg P$
履带式推土机、履带式装载机、履带式挖掘装载机、履带式吊管机、挖沟机	$P \leqslant 40$	108	106
	$40 < P \leqslant 500$	$87 + 13 \lg P$	$87 + 11.8 \lg P$

表 1（续）

机器类型	发动机净功率 P^{ab}/kW	发射声功率级限值/dB(A)	
		Ⅰ阶段（2012-01-01 起实施）	Ⅱ阶段（2015-01-01 起实施）
轮胎式装载机、轮胎式推土机、轮胎式挖掘装载机、自卸车、平地机、轮式回填压实机、压路机（非振动、非振荡）、轮胎式吊管机、铲运机	$P \leqslant 40$	107	104
	$40 < P \leqslant 500$	$88 + 12.5 \lg P$	$86 + 12 \lg P$
挖掘机	$P \leqslant 15$	96	93
	$15 < P \leqslant 500$	$84.5 + 11 \lg P$	$81.5 + 11 \lg P$

注：公式计算的噪声限值圆整至最接近的整数（尾数＜0.5 时，圆整到较小的整数，尾数≥0.5 时，圆整到较大的整数）。

[a] 发动机净功率 P 按 GB/T 16936 确定。

[b] 发动机净功率是机器安装发动机净功率的总和。

表 2　土方机械司机位置处噪声限值及实施阶段

机器类型	司机位置发射声压级限值/dB(A)	
	Ⅰ阶段（2012-01-01 起实施）	Ⅱ阶段（2015-01-01 起实施）
履带式挖掘机	83	80
轮胎式装载机、轮胎式推土机、铲运机、轮胎式吊管机、轮胎式挖掘机、压路机（非振动、非振荡）、轮胎式挖掘装载机	89	86
平地机	88	85
轮式回填压实机	91	88
履带式推土机、履带式装载机、履带式挖掘装载机、挖沟机、履带式吊管机	95	92
压路机（振动、振荡）	90	87
自卸车	85	82

参 考 文 献

[1] GB/T 17248.1—2000 声学 机器和设备发射的噪声 测定工作位置和其他指定位置发射声压级的基础标准使用导则(eqv ISO 11200:1995).

[2] GB/T 25612—2010 土方机械 声功率级的测定 定置试验条件(ISO 6393:2008,IDT).

[3] GB/T 25613—2010 土方机械 司机位置发射声压级的测定 定置试验条件(ISO 6394:2008,IDT).

[4] ISO/TR 11688-1:1995 声学 低噪声机器和设备设计的推荐实用规程 第1部分:计划(Acoustics—Recommended practice for the design of low-noise machinery and equipment—Part 1:Planning).

[5] ISO/TR 11688-2:1998 声学 低噪声机器和设备设计的推荐实用规程 第2部分:低噪声设计的物理工程说明(Acoustics—Recommended practice for the design of low-noise machinery and equipment—Part 2:Introduction to the physics of low-noise design).

[6] 2000/14/EC 欧洲议会和欧洲联盟理事会关于使各成员国有关户外用设备在环境中排放噪声的法律趋于一致的指令(DIRECTIVE 2000/14/EC OF THE EUROPEAN PARLIAMENT AND OF THE COUNCIL on the approximation of the laws of the Member States relating to the noise emission in the environment by equipment for use outdoors).

[7] 2005/88/EC 修订2000/14/EC欧洲议会和欧洲联盟理事会关于使各成员国有关户外用设备在环境中排放噪声的法律趋于一致的指令(DIRECTIVE 2005/88/EC OF THE EUROPEAN PARLIAMENT AND OF THE COUNCIL amending Directive 2000/14/EC on the approximation of the laws of the Member States relating to the noise emission in the environment by equipment for use outdoors).

参 考 文 献

[illegible]

[illegible] Acoustics—Recommended practice for [illegible] machines and equipment—Part 1: Planning

[illegible] ISO/TR 11688-2 [illegible] Recommended practice for the design of low-noise machinery and equipment—Part 2: Introduction to the physics of low-noise design

[illegible]

ICS 67.080.01
B 31

中华人民共和国国家标准

GB 16715.1—2010
代替 GB 4862—1984,GB/T 16715.1—1996

瓜菜作物种子　第1部分:瓜类

Seed of gourd and vegetable crops—Part 1:Gourd

2011-01-14 发布　　　　2012-01-01 实施

中华人民共和国国家质量监督检验检疫总局
中国国家标准化管理委员会　发布

前言

GB 16715 的本部分的全部技术内容为强制性。

GB 16715《瓜菜作物种子》分为以下几个部分:

——第 1 部分:瓜类;

——第 2 部分:白菜类;

——第 3 部分:茄果类;

——第 4 部分:甘蓝类;

——第 5 部分:绿叶菜类;

……

本部分为 GB 16715 的第 1 部分。

本部分代替 GB 4862—1984《中国哈密瓜种子》和 GB/T 16715.1—1996《瓜菜作物种子 瓜类》。

本部分与 GB 4862—1984 和 GB/T 16715.1—1996 相比,主要变化如下:

——明确了适用范围;

——修订了定义和术语;

——取消了西瓜杂交种子质量分级;

——修改了二倍体西瓜杂交种子的质量要求;

——增加了三倍体西瓜杂交种子的质量指标;

——增加了甜瓜种子的质量指标;

——增加了黄瓜种子的质量指标;

——取消了包装、运输、贮藏的引用规定;

——修订了检验规则。

本部分由中华人民共和国农业部提出。

本部分由全国农作物种子标准化技术委员会(SAC/TC 37)归口。

本部分起草单位:全国农业技术推广服务中心、安徽省种子管理总站、中国农业科学院郑州果树研究所、新疆生产建设兵团种子管理总站、天津市种子管理站、合肥丰乐种业股份有限公司、南京红太阳种业有限公司。

本部分主要起草人:支巨振、盛海平、马跃、赵莉、李文琴、刘学堂、王兆贤。

本部分所代替标准的历次版本发布情况为:

——GB 4862—1984;

——GB 8079—1987;

——GB/T 16715.1—1996。

瓜菜作物种子　第1部分:瓜类

1　范围

GB 16715 的本部分规定了西瓜[*Citrullus lanatus*（Thunb.）Matsum. et Nakai]、甜瓜[*Cucumis melo* L.]、冬瓜[*Benincasa hispida*（Thunb.)Cogn.]、黄瓜[*Cucumis sativus* L.]种子的质量要求、检验方法和检验规则。

本部分适用于中华人民共和国境内生产、销售的上述瓜类种子,涵盖包衣种子和非包衣种子。

2　规范性引用文件

下列文件中的条款通过 GB 16715 的本部分的引用而成为本部分的条款。凡是注日期的引用文件,其随后所有的修改单(不包括勘误的内容)或修订版均不适用于本部分,然而,鼓励根据本部分达成协议的各方研究是否可使用这些文件的最新版本。凡是不注日期的引用文件,其最新版本适用于本部分。

GB/T 3543(所有部分)　农作物种子检验规程

GB 20464　农作物种子标签通则

3　术语和定义

下列术语和定义适用于 GB 16715 的本部分。

3.1

原种　basic seed

用育种家种子繁殖的第一代至第三代,经确认达到规定质量要求的种子。

3.2

大田用种　qualified seed

用原种繁殖的第一代至第三代或杂交种,经确认达到规定质量要求的种子。

3.3

三倍体种　triploid seed

用四倍体作母本和二倍体作父本进行杂交所生产的种子。

4　质量要求

4.1　总则

种子质量要求由质量指标和质量标注值组成。质量指标包括品种纯度、净度、发芽率、水分;质量标注值应真实,并符合 4.2 的规定。

4.2　质量标准

4.2.1　西瓜

西瓜种子质量应符合表 1 的最低要求。

表 1

%

作物种类	种子类别		品种纯度 不低于	净度(净种子) 不低于	发芽率 不低于	水分 不高于
西瓜	亲　本	原种	99.7	99.0	90	8.0
		大田用种	99.0			
	二倍体杂交种	大田用种	95.0	99.0	90	8.0
	三倍体杂交种	大田用种	95.0	99.0	75	8.0

注 1：三倍体西瓜杂交种发芽试验通常需要进行预先处理。

注 2：二倍体西瓜杂交种销售可以不具体标注二倍体，三倍体西瓜杂交种销售则需具体标注。

4.2.2 甜瓜

甜瓜种子质量应符合表 2 的最低要求，其中哈密瓜种子质量应符合表 3 的最低要求。

表 2

%

作物种类	种子类别		品种纯度 不低于	净度(净种子) 不低于	发芽率 不低于	水分 不高于
甜瓜	常规种	原种	98.0	99.0	90	8.0
		大田用种	95.0		85	
	亲本	原种	99.7	99.0	90	8.0
		大田用种	99.0		90	
	杂交种	大田用种	95.0	99.0	85	8.0

表 3

%

作物种类	种子类别		品种纯度 不低于	净度(净种子) 不低于	发芽率 不低于	水分 不高于
哈密瓜	常规种	原种	98.0	99.0	90	7.0
		大田用种	90.0	99.0	85	
	亲本	大田用种	99.0	99.0	90	7.0
	杂交种	大田用种	95.0	99.0	90	7.0
注：哈密瓜是厚皮甜瓜的一种。本表所指的是产于我国西北地区、作物种类标注为哈密瓜的种子。						

4.2.3 冬瓜

冬瓜种子质量应符合表 4 的最低要求。

表 4

%

作物种类	种子类别	品种纯度 不低于	净度(净种子) 不低于	发芽率 不低于	水分 不高于
冬瓜	原种	98.0	99.0	70	9.0
	大田用种	96.0		60	

4.2.4 黄瓜

黄瓜种子质量应符合表 5 的最低要求。

表 5

%

<table>
<tr><th>作物种类</th><th colspan="2">种子类别</th><th>品种纯度
不低于</th><th>净度(净种子)
不低于</th><th>发芽率
不低于</th><th>水分
不高于</th></tr>
<tr><td rowspan="5">黄瓜</td><td rowspan="2">常规种</td><td>原种</td><td>98.0</td><td rowspan="2">99.0</td><td rowspan="2">90</td><td rowspan="2">8.0</td></tr>
<tr><td>大田用种</td><td>95.0</td></tr>
<tr><td rowspan="2">亲本</td><td>原种</td><td>99.9</td><td rowspan="2">99.0</td><td>90</td><td rowspan="2">8.0</td></tr>
<tr><td>大田用种</td><td>99.0</td><td>85</td></tr>
<tr><td>杂交种</td><td>大田用种</td><td>95.0</td><td>99.0</td><td>90</td><td>8.0</td></tr>
</table>

5 检验方法

净度分析、发芽试验、水分测定、真实性和品种纯度检测应执行 GB/T 3543 的规定。

6 检验规则

6.1 扦样

扦样方法和种子批的确定应执行 GB/T 3543 的规定。

6.2 质量判定规则

质量判定规则应执行 GB 20464 的规定。

ICS 67.080.01
B 31

中华人民共和国国家标准

GB 16715.2—2010
代替 GB 16715.2—1999

瓜菜作物种子 第2部分：白菜类

Seed of gourd and vegetable crops—Part 2：Chinese cabbage

2011-01-14 发布 2012-01-01 实施

中华人民共和国国家质量监督检验检疫总局
中国国家标准化管理委员会 发布

前言

GB 16715 的本部分的全部技术内容为强制性。

GB 16715《瓜菜作物种子》分为以下几个部分：

——第 1 部分：瓜类；

——第 2 部分：白菜类；

——第 3 部分：茄果类；

——第 4 部分：甘蓝类；

——第 5 部分：绿叶菜类；

……

本部分为 GB 16715 的第 2 部分。

本部分代替 GB 16715.2—1999《瓜菜作物种子　白菜类》。

本部分与 GB 16715.2—1999 相比，主要变化如下：

——修订了术语和定义；

——修改了结球白菜常规种的纯度要求；

——修改了结球白菜亲本发芽率的要求；

——取消了结球白菜杂交种质量分级；

——修改了不结球白菜常规种的纯度要求；

——取消了包装、运输、贮藏的引用规定；

——修订了检验规则。

本部分由中华人民共和国农业部提出。

本部分由全国农作物种子标准化技术委员会(SAC/TC 37)归口。

本部分起草单位：全国农业技术推广服务中心、农业部农作物种子质量监督检验测试中心(济南)、北京市种子管理站、北京市农林科学院蔬菜研究中心、河南省种子管理站、辽宁省种子管理局、四川省种子站。

本部分主要起草人：梁志杰、王桂娥、贾希海、金石桥、詹根印、李秀清、肖国峰、高宏。

本部分所代替标准的历次版本发布情况为：

——GB 8079—1987；

——GB 16715.2—1999。

瓜菜作物种子　第2部分：白菜类

1　范围

GB 16715 的本部分规定了结球白菜[*Brassica campestris* L. ssp. *pekinensis* (Lour). Olsson]、不结球白菜[*Brassica campestris* L. ssp. *Chinensis* (L.) Makino.]种子的质量要求、检验方法和检验规则。

本部分适用于中华人民共和国境内生产、销售的上述白菜类种子，涵盖包衣种子和非包衣种子。

2　规范性引用文件

下列文件中的条款通过 GB 16715 的本部分的引用而成为本部分的条款。凡是注日期的引用文件，其随后所有的修改单(不包括勘误的内容)或修订版均不适用于本部分，然而，鼓励根据本部分达成协议的各方研究是否可使用这些文件的最新版本。凡是不注日期的引用文件，其最新版本适用于本部分。

GB/T 3543(所有部分)　农作物种子检验规程

GB 20464　农作物种子标签通则

3　术语和定义

下列术语和定义适用于 GB 16715 的本部分。

3.1

原种　basic seed

用育种家种子繁殖的第一代至第三代，经确认达到规定质量要求的种子。

3.2

大田用种　qualified seed

用原种繁殖的第一代至第三代或杂交种，经确认达到规定质量要求的种子。

4　质量要求

4.1　总则

种子质量要求由质量指标和质量标注值组成。质量指标包括品种纯度、净度、发芽率、水分；质量标注值应真实，并符合 4.2 的规定。

4.2　质量标准

白菜类种子质量应符合表 1 的最低要求。

表 1　　%

作物种类	种子类别		品种纯度 不低于	净度(净种子) 不低于	发芽率 不低于	水分 不高于
结球白菜	常规种	原种	99.0	98.0	85	7.0
		大田用种	96.0			
	亲本	原种	99.9	98.0	85	7.0
		大田用种	99.0			
	杂交种	大田用种	96.0	98.0	85	7.0

表 1（续） %

作物种类	种子类别		品种纯度 不低于	净度(净种子) 不低于	发芽率 不低于	水分 不高于
不结球白菜	常规种	原种	99.0	98.0	85	7.0
		大田用种	96.0			

5 检验方法

净度分析、发芽试验、水分测定、真实性和品种纯度检测应执行 GB/T 3543 的规定。

6 检验规则

6.1 扦样

扦样方法和种子批的确定应执行 GB/T 3543 的规定。

6.2 质量判定规则

质量判定规则应执行 GB 20464 的规定。

ICS 67.080.01
B 31

中华人民共和国国家标准

GB 16715.3—2010
代替 GB 16715.3—1999

瓜菜作物种子　第3部分:茄果类

Seed of gourd and vegetable crops—Part 3:Solanaceous fruits

2011-01-14 发布　　2012-01-01 实施

中华人民共和国国家质量监督检验检疫总局
中国国家标准化管理委员会　发布

前　言

GB 16715 的本部分的全部技术内容为强制性。

GB 16715《瓜菜作物种子》分为以下几个部分：

——第 1 部分：瓜类；

——第 2 部分：白菜类；

——第 3 部分：茄果类；

——第 4 部分：甘蓝类；

——第 5 部分：绿叶菜类；

……

本部分为 GB 16715 的第 3 部分。

本部分代替 GB 16715.3—1999《瓜菜作物种子　茄果类》。

本部分与 GB 16715.3—1999 相比，主要变化如下：

——修订了定义和术语；

——取消了茄果类杂交种质量分级；

——修改了茄子杂交种大田用种的质量要求；

——修改了辣椒(甜椒)种子的质量要求；

——修改了番茄种子的质量要求；

——取消了包装、运输、贮藏的引用规定；

——修订了检验规则。

本部分由中华人民共和国农业部提出。

本部分由全国农作物种子标准化技术委员会(SAC/TC 37)归口。

本部分起草单位：全国农业技术推广服务中心、北京市农林科学院蔬菜研究中心、农业部农作物种子质量监督检验测试中心(沈阳)、农业部农作物种子质量监督检验测试中心(武汉)、农业部农作物种子质量监督检验测试中心(济南)、广西壮族自治区种子管理总站、浙江省种子总站。

本部分主要起草人：林展、郑晓鹰、李洪建、谢建平、傅友兰、孙淑珍、黄祖纹、严见方、马连平。

本部分所代替标准的历次版本发布情况为：

——GB 8079—1987；

——GB 16715.3—1999。

瓜菜作物种子　第3部分:茄果类

1　范围

GB 16715 的本部分规定了茄子(*Solanum melongena* L.)、辣椒(甜椒)(*Capsicum frutescens* L.)、番茄(*Lycopersicon esculentum* Mill.)种子的质量要求、检验方法和检验规则。

本部分适用于中华人民共和国境内生产、销售的上述茄果类种子,涵盖包衣种子和非包衣种子。

2　规范性引用文件

下列文件中的条款通过 GB 16715 的本部分的引用而成为本部分的条款。凡是注日期的引用文件,其随后所有的修改单(不包括勘误的内容)或修订版均不适用于本部分,然而,鼓励根据本部分达成协议的各方研究是否可使用这些文件的最新版本。凡是不注日期的引用文件,其最新版本适用于本部分。

GB/T 3543(所有部分)　农作物种子检验规程

GB 20464　农作物种子标签通则

3　术语和定义

下列术语和定义适用于 GB 16715 的本部分。

3.1

原种　basic seed

用育种家种子繁殖的第一代至第三代,经确认达到规定质量要求的种子。

3.2

大田用种　qualified seed

用原种繁殖的第一代至第三代或杂交种,经确认达到规定质量要求的种子。

4　质量要求

4.1　总则

种子质量要求由质量指标和质量标注值组成。质量指标包括品种纯度、净度、发芽率、水分;质量标注值应真实,并符合 4.2 的规定。

4.2　质量标准

4.2.1　茄子

茄子种子质量应符合表 1 的最低要求。

表 1　　%

作物种类	种子类别		品种纯度 不低于	净度(净种子) 不低于	发芽率 不低于	水分 不高于
茄子	常规种	原种	99.0	98.0	75	8.0
		大田用种	96.0			
	亲本	原种	99.9	98.0	75	8.0
		大田用种	99.0			
	杂交种	大田用种	96.0	98.0	85	8.0

4.2.2 辣椒(甜椒)

辣椒(甜椒)种子质量应符合表2的最低要求。

表 2

%

作物种类	种子类别		品种纯度 不低于	净度(净种子) 不低于	发芽率 不低于	水分 不高于
辣椒(甜椒)	常规种	原种	99.0	98.0	80	7.0
		大田用种	95.0			
	亲本	原种	99.9	98.0	75	7.0
		大田用种	99.0			
	杂交种	大田用种	95.0	98.0	85	7.0

4.2.3 番茄

番茄种子质量应符合表3的最低要求。

表 3

%

作物种类	种子类别		品种纯度 不低于	净度(净种子) 不低于	发芽率 不低于	水分 不高于
番茄	常规种	原种	99.0	98.0	85	7.0
		大田用种	95.0			
	亲本	原种	99.9	98.0	85	7.0
		大田用种	99.0			
	杂交种	大田用种	96.0	98.0	85	7.0

5 检验方法

净度分析、发芽试验、水分测定、真实性和品种纯度检测应执行 GB/T 3543 的规定。

6 检验规则

6.1 扦样

扦样方法和种子批的确定应执行 GB/T 3543 的规定。

6.2 质量判定规则

质量判定规则应执行 GB 20464 的规定。

ICS 67.080.01
B 31

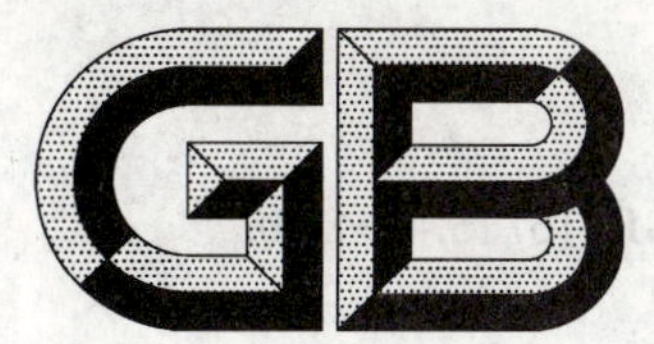

中华人民共和国国家标准

GB 16715.4—2010
代替 GB 16715.4—1999

瓜菜作物种子 第4部分：甘蓝类

Seed of gourd and vegetable crops—Part 4：Cole

2011-01-14 发布 2012-01-01 实施

中华人民共和国国家质量监督检验检疫总局
中国国家标准化管理委员会 发布

前 言

GB 16715 的本部分的全部技术内容为强制性。

GB 16715《瓜菜作物种子》分为以下几个部分：

——第 1 部分：瓜类；

——第 2 部分：白菜类；

——第 3 部分：茄果类；

——第 4 部分：甘蓝类；

——第 5 部分：绿叶菜类；

……

本部分为 GB 16715 的第 4 部分。

本部分代替 GB 16715.4—1999《瓜菜作物种子　甘蓝类》。

本部分与 GB 16715.4—1999 相比，主要变化如下：

——修订了定义和术语；

——取消了甘蓝杂交种子质量分级；

——修改了结球甘蓝常规原种的净度要求和大田用种的净度、纯度要求；

——修改了结球甘蓝亲本原种和大田用种的净度、发芽率要求；

——修改了结球甘蓝杂交种大田用种的纯度、净度、发芽率要求；

——修改了球茎甘蓝常规原种和大田用种的纯度、净度要求；

——取消了包装、运输、贮藏的引用规定；

——修订了检验规则。

本部分由中华人民共和国农业部提出。

本部分由全国农作物种子标准化技术委员会(SAC/TC 37)归口。

本部分起草单位：全国农业技术推广服务中心、河北省种子管理总站、江苏省种子管理站、天津市种子管理站、黑龙江省种子管理局、农业部农作物种子质量监督检验测试中心(太原)。

本部分主要起草人：支巨振、刘玉欣、毛从亚、李琦、刘青、杨军、孟令辉。

本部分所代替标准的历次版本发布情况为：

——GB 8079—1987；

——GB 16715.4—1999。

瓜菜作物种子　第4部分:甘蓝类

1　范围

GB 16715 的本部分规定了结球甘蓝(*Brassica oleracea* L. var. *capitata* L.)、球茎甘蓝(*Brassica deracea* L. var. *capitata* DC.)、花椰菜(*Brassica oleracea* L. var. *botrytis* L.)种子的质量要求、检验方法和检验规则。

本部分适用于中华人民共和国境内生产、销售的上述甘蓝类种子,涵盖包衣种子和非包衣种子。

2　规范性引用文件

下列文件中的条款通过 GB 16715 的本部分的引用而成为本部分的条款。凡是注日期的引用文件,其随后所有的修改单(不包括勘误的内容)或修订版均不适用于本部分,然而,鼓励根据本部分达成协议的各方研究是否可使用这些文件的最新版本。凡是不注日期的引用文件,其最新版本适用于本部分。

GB/T 3543(所有部分)　农作物种子检验规程

GB 20464　农作物种子标签通则

3　术语和定义

下列术语和定义适用于 GB 16715 的本部分。

3.1

原种　basic seed

用育种家种子繁殖的第一代至第三代,经确认达到规定质量要求的种子。

3.2

大田用种　qualified seed

用原种繁殖的第一代至第三代或杂交种,经确认达到规定质量要求的种子。

4　质量要求

4.1　总则

种子质量要求由质量指标和质量标注值组成。质量指标包括品种纯度、净度、发芽率、水分;质量标注值应真实,并符合 4.2 的规定。

4.2　质量标准

甘蓝类作物种子质量应符合表1的最低要求。

表1　　%

作物种类	种子类别		品种纯度 不低于	净度(净种子) 不低于	发芽率 不低于	水分 不高于
结球甘蓝	常规种	原种	99.0	99.0	85	7.0
		大田用种	96.0			
	亲本	原种	99.9	99.0	80	7.0
		大田用种	99.0			
	杂交种	大田用种	96.0	99.0	80	7.0

表 1（续） %

作物种类	种子类别	品种纯度不低于	净度(净种子)不低于	发芽率不低于	水分不高于
球茎甘蓝	原种	98.0	99.0	85	7.0
	大田用种	96.0			
花椰菜	原种	99.0	98.0	85	7.0
	大田用种	96.0			

5 检验方法

净度分析、发芽试验、水分测定、真实性和品种纯度鉴定应执行 GB/T 3543 的规定。

6 检验规则

6.1 扦样

扦样方法和种子批的确定应执行 GB/T 3543 的规定。

6.2 质量判定规则

质量判定规则应执行 GB 20464 的规定。

ICS 67.080.01
B 31

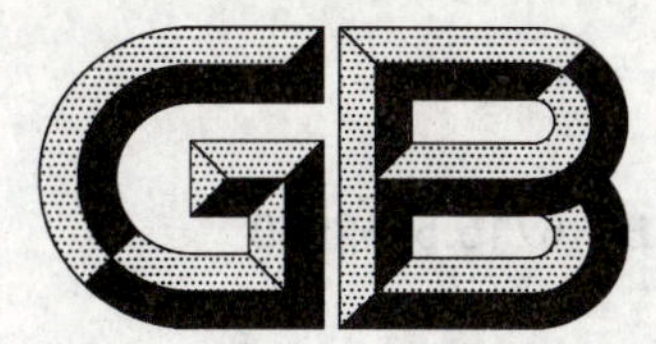

中华人民共和国国家标准

GB 16715.5—2010
代替 GB 16715.5—1999

瓜菜作物种子　第5部分：绿叶菜类

Seed of gourd and vegetable crops—Part 5：Leaf vegetables

2011-01-14 发布　　2012-01-01 实施

中华人民共和国国家质量监督检验检疫总局
中国国家标准化管理委员会　发布

前言

GB 16715 的本部分的全部技术内容为强制性。

GB 16715《瓜菜作物种子》分为以下几个部分：

——第 1 部分：瓜类；

——第 2 部分：白菜类；

——第 3 部分：茄果类；

——第 4 部分：甘蓝类；

——第 5 部分：绿叶菜类；

……

本部分为 GB 16715 的第 5 部分。

本部分代替 GB 16715.5—1999《瓜菜作物种子 叶菜类》。

本部分与 GB 16715.5—1999 相比，主要变化如下：

——明确了适用范围；

——修订了定义和术语；

——修改了芹菜原种和大田用种的发芽率要求；

——修改了芹菜大田用种的纯度要求；

——修改了菠菜大田用种的纯度要求；

——修改了莴苣原种和大田用种的净度要求；

——取消了包装、运输、贮藏的引用规定；

——修订了检验规则。

本部分由中华人民共和国农业部提出。

本部分由全国农作物种子标准化技术委员会(SAC/TC 37)归口。

本部分起草单位：全国农业技术推广服务中心、农业部农作物种子质量监督检验测试中心(太原)、农业部农作物种子质量监督检验测试中心(西安)、四川省种子站、江苏省种子管理站。

本部分主要起草人：林展、王圆荣、赵建宗、余有海、吴毓谦、方明奎。

本部分所代替标准的历次版本发布情况为：

——GB 8079—1987；

——GB 16715.5—1999。

瓜菜作物种子　第5部分:绿叶菜类

1　范围

GB 16715 的本部分规定了芹菜(*Apium Graveolens* L.)、菠菜(*Spinacia oleracea* L.)、莴苣(*Lactuca sativa* L.)种子的质量要求、检验方法和检验规则。

本部分适用于中华人民共和国境内生产、销售的上述绿叶菜类种子,涵盖包衣种子和非包衣种子。

2　规范性引用文件

下列文件中的条款通过 GB 16715 的本部分的引用而成为本部分的条款。凡是注日期的引用文件,其随后所有的修改单(不包括勘误的内容)或修订版均不适用于本部分,然而,鼓励根据本部分达成协议的各方研究是否可使用这些文件的最新版本。凡是不注日期的引用文件,其最新版本适用于本部分。

GB/T 3543(所有部分)　农作物种子检验规程

GB 20464　农作物种子标签通则

3　术语和定义

下列术语和定义适用于 GB 16715 的本部分。

3.1

原种　basic seed

用育种家种子繁殖的第一代至第三代,经确认达到规定质量要求的种子。

3.2

大田用种　qualified seed

用原种繁殖的第一代至第三代或杂交种,经确认达到规定质量要求的种子。

4　质量要求

4.1　总则

种子质量要求由质量指标和质量标注值组成。质量指标包括品种纯度、净度、发芽率、水分;质量标注值应真实,并符合 4.2 的规定。

4.2　质量标准

4.2.1　芹菜

芹菜种子质量应符合表 1 的最低要求。

表 1　　　%

作物名称	种子类别	品种纯度 不低于	净度(净种子) 不低于	发芽率 不低于	水分 不高于
芹菜	原种	99.0	95.0	70	8.0
	大田用种	93.0			

4.2.2　菠菜

菠菜种子质量应符合表 2 的最低要求。

表 2

%

作物名称	种子类别	品种纯度 不低于	净度(净种子) 不低于	发芽率 不低于	水分 不高于
菠菜	原种	99.0	97.0	70	10.0
	大田用种	95.0			

4.2.3 莴苣

莴苣种子质量应符合表 3 的最低要求。

表 3

%

作物名称	种子类别	品种纯度 不低于	净度(净种子) 不低于	发芽率 不低于	水分 不高于
莴苣	原种	99.0	98.0	80	7.0
	大田用种	95.0			

5 检验方法

净度分析、发芽试验、水分测定、真实性和品种纯度检测应执行 GB/T 3543 的规定。

6 检验规则

6.1 扦样

扦样方法和种子批的确定应执行 GB/T 3543 的规定。

6.2 质量判定规则

质量判定规则应执行 GB 20464 的规定。

ICS 55.020
A 80

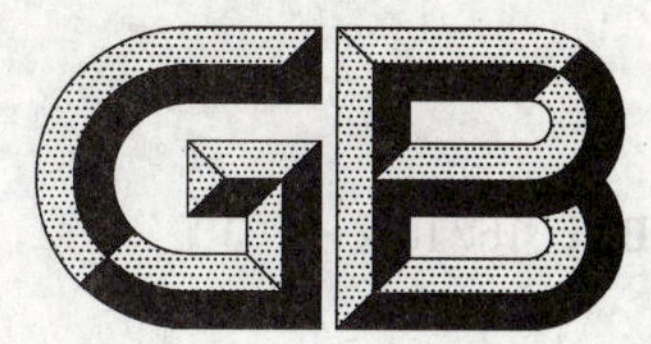

中华人民共和国国家标准

GB/T 16716.2—2010

包装与包装废弃物 第2部分:评估方法和程序

Packaging and packaging waste—
Part 2: Means and program for evaluation

2010-08-09 发布　　2011-01-01 实施

中华人民共和国国家质量监督检验检疫总局
中国国家标准化管理委员会　发布

前言

GB/T 16716《包装与包装废弃物》共分为七个部分：

——第1部分：处理和利用通则；

——第2部分：评估方法和程序；

——第3部分：预先减少用量；

——第4部分：重复使用；

——第5部分：材料循环再生；

——第6部分：能量回收利用；

——第7部分：生物降解和堆肥。

本部分为GB/T 16716的第2部分。

本部分技术内容与EN 13427—2004《包装　包装和包装废弃物范围内欧洲标准的使用要求》(英文版)的一致性程度为等同。

为便于使用，本部分做了下列编辑性修改：

a) “本欧洲标准”一词改为“本部分”；

b) 删除了欧洲标准的目录、前言、引言和附录ZA；

c) 用“GB/T 16716.1的条款”代替“94/62/EC的条款和附录”；

d) 用“GB/T 16716.3”代替“EN 13428”；

e) 用“GB/T 16716.4”代替“EN 13429”；

f) 用“GB/T 16716.5”代替“EN 13430”；

g) 为便于应用表A.1，附录A增加了关于“基本要求”的详细陈述；

h) 增加了资料性附录NA以引导应用GB/T 16716的各部分和其他有关标准。

本部分的附录A、附录B和附录NA为资料性附录。

本部分由全国包装标准化技术委员会提出并归口。

本部分由中国出口商品包装研究所负责起草，山东省产品质量监督检验研究院、联想(北京)有限公司参加起草。

本部分主要起草人：王远德、李建华、郭振梅、孙琦、周加彦、邵永红。

包装与包装废弃物 第2部分:评估方法和程序

1 范围

GB/T 16716 的本部分规定了对包装与包装废弃物进行预先全面评估的方法、要求、程序和准则。

本部分适用于所有投放市场的商品包装和交付使用的产品包装。

2 规范性引用文件

下列文件中的条款通过 GB/T 16716 的本部分的引用而成为本部分的条款。凡是注日期的引用文件,其随后所有的修改单(不包括勘误的内容)或修订版均不适用于本部分,然而,鼓励根据本部分达成协议的各方研究是否可使用这些文件的最新版本。凡是不注日期的引用文件,其最新版本适用于本部分。

GB/T 16716.1—2008 包装与包装废弃物 第1部分:处理和利用通则

GB/T 16716.3 包装与包装废弃物 第3部分:预先减少用量

GB/T 16716.4 包装与包装废弃物 第4部分:重复使用

GB/T 16716.5 包装与包装废弃物 第5部分:材料循环再生

CEN CR 13695-1 包装 检测和验证包装中存在的四种重金属和其他危险性物质及其向环境的排放 第1部分:检测和验证包装中存在的四种重金属的要求

CEN TR 13695-2 包装 检测和验证包装中存在的四种重金属和其他危险性物质及其向环境的排放 第2部分:检测和验证包装中存在的危险性物质及其向环境的排放的要求

EN 13431 包装 以能量回收形式再利用的要求 最低热量值陈述

EN 13432 包装 堆肥和生物降解再利用的要求 试验方案和最终验收的判定准则

3 术语和定义

下列术语和定义适用于 GB/T 16716 的本部分。

3.1

供应商 supplier

对投放市场或交付使用的包装或包装产品负有责任的经营者。

注:指在产品及其包装出售之前的所有者;或在标签上注明的生产或销售商,更确切的是自愿执行本标准的经营者。当供应商使用的包装是由其他生产商提供,供应商可追溯有关技术资料。

3.2

包装组分 packaging component

用手或用简单物理方法可以分离的包装的组成部分。

4 基本原理和方法

4.1 一般方法

本部分根据 GB/T 16716.1—2008 的规定和第2章引用标准的技术内容确立了评估准则。附录 A 和表 A.1 给出了评估准则及其相对应的适用标准。

GB/T 16716 的其他5部分以及 CEN CR 13695-1 和 CEN TR 13695-2 之间的关系和适用范围见表1。CEN CR 13695-1 和 CEN TR 13695-2 涉及重金属和化学品。供应商可以根据包装或包装产品的技术特征应用表1,确定应符合的要求并且选择适用标准。附录明确了评估准则并且给出了评估方法。

表1 引用标准之间的关系和适用范围

1 生产过程和包装成分	2 重复使用	3 回收利用
1.1 预先减少用量 GB/T 16716.3	2 重复使用 GB/T 16716.4	3.1 材料循环再生 GB/T 16716.5
1.2 检测和验证四种重金属 CEN CR 13695-1		3.2 能量回收利用 EN 13431
1.3 检测和验证危险性物质 CEN TR 13695-2		3.3 生物降解和堆肥 EN 13432

按包装不同层次的分别评估能够明确评估对象、内容和相对应的标准。重金属和化学品及其含量的评估针对包装组分,减少用量的评估适用于包装系统全部要素,见4.3和表2。

表2 按层次分别评估

包装组分	包装功能性单元	完整的包装系统
四种重金属的存在 危险性物质或制剂的限度	重复使用 材料循环再生 能量回收利用 生物降解和堆肥	预先减少用量
注:完整的包装系统中预先减少用量的评估,指该系统中的所有组分均需要评估。		

供应商可以从本部分中选择适用的评估程序,为任何特定的包装确定设计要求,诸如包装的功能要求,包括内装产品的安全、卫生和消费者(用户)的需求,包括确认包装是否可以重复使用并且考虑是否与其他标准的要求相互协调。

确定评估程序需要考虑其他特殊需求,可以通过相互协调获得显著的最佳效果。当选择和应用其他特定标准时,需要注意任何特殊用途或要求之间的适度平衡。

推荐供应商采纳上述措施,作为企业管理体系的一部分,例如,采纳一个评估程序并入现有的ISO 9001或ISO 14001管理体系之内,按一定规则逐步改善经营运作环境并且为持续的改进投放市场或交付使用的包装性能创造条件。

4.2 包装中存在的重金属和化学品对环境影响的评估

在包装焚烧或陆地填埋之后,重金属对环境影响的评估在CEN CR 13695-1中陈述,应特别注意标准中阐述的观点及其技术措施的应用。

危险性物质和制剂由有关法规或标准给出定义,在焚烧或填埋废弃物时,排放烟尘、飞灰和渗滤液应按GB/T 16716.1—2008的4.4要求。GB/T 16716.3和CEN TR 13695-2给出了包装符合GB/T 16716.1—2008的4.1的措施。

4.3 按层次分别评估

包装的最小局部是包装组分,单独组分的组合形成包装的功能性单元,而且这种组合可以变化。完整的包装系统可能由第一层、第二层和第三层组成。各层的评估按表2的规定。

5 要求

5.1 选择适用的评估标准

5.1.1 应根据预期投放市场或交付使用的包装及其内装产品的特定性能,选择本部分引用文件中适用的标准,按本部分提出的方法和程序进行预先的全面评估。参见附录NA。

5.1.2 应首先评估包装符合GB/T 16716.1—2008中4.1规定的基本要求。按GB/T 16716.3、CEN CR 13695-1和CEN TR 13695-2的要求,进一步降低重金属的含量,控制危险性物质或制剂(化学品)

的用量。

5.1.3 应按表2和表3选择适用标准，在降低包装废弃物对环境不利影响的同时，确保包装应具备的基本功能并且满足消费者(用户)的需求。

表3 评估项目和适用标准

<table>
<tr><th>序号</th><th colspan="2">评 估</th><th>适用范围</th></tr>
<tr><td rowspan="3">1</td><td colspan="2">1.1 预先减少用量(GB/T 16716.3)</td><td rowspan="3">全部</td></tr>
<tr><td colspan="2">1.2 限制重金属含量(CEN CR 13695-1)</td></tr>
<tr><td colspan="2">1.3 限制危险性物质或制剂用量(GB/T 16716.3 和 CEN TR 13695-2)</td></tr>
<tr><td>2</td><td colspan="2">2. 重复使用 (GB/T 16716.4)</td><td>条件允许时</td></tr>
<tr><td rowspan="3">3</td><td rowspan="3">回收利用</td><td>3.1 材料循环再生(GB/T 16716.5)</td><td rowspan="3">至少一项</td></tr>
<tr><td>3.2 能量回收利用(EN 13431)</td></tr>
<tr><td>3.3 生物降解和堆肥(EN 13432)</td></tr>
<tr><td colspan="4">注：评估应简要记录1.1、1.2和1.3的结论。应至少应用3.1、3.2或3.3的其中一项。当满足重复使用条件时，同样记录评估结论。当回收利用的途径超过一项时，评估的每一项结论均应记录。</td></tr>
</table>

5.2 评估次序和应用标准

应根据包装及其内装产品的特定性能选择适用标准，按表1的次序评估：

——包装系统采用的全部材料达到“最小且适当用量”的要求，按GB/T 16716.3的规定；

——包装组分中仅为满足特定性能必需加入的重金属不应超过GB/T 16716.1规定的最大允许含量。减少或代替重金属按CEN CR 13695-1推荐的方法；

——包装组分中存在的可能成为烟尘、飞灰或渗滤液一类的危险性物质达到“最小且适当用量”的要求，按GB/T 16716.3和CEN TR 13695-2的规定；

——包装的特定性能符合重复使用条件的评估，按GB/T 16716.4的规定；

——包装的特定性能符合材料循环再生条件的评估，按GB/T 16716.5的规定；

——包装的特定性能符合能量回收利用条件的评估，按EN 13431的规定；

——包装的特定性能符合生物降解和堆肥条件的评估，按EN 13432的规定。

注：“最小且适当用量”指包装在满足基本功能的前提下，减少材料用量且降低重金属或化学品的含量。见GB/T 16716.3。

5.3 评估资料文件

评估资料联同有关的支持文件证明包装符合5.1和5.2的要求，供应商应将其保留到该包装或包装产品投放市场或交付使用以后至少2年。评估资料应记录必要的测试。评估资料文件的示例参见附录B。

6 程序

6.1 目的

从表1选择适用的评估项目，按规定全面的、有效的降低包装废弃物处理对环境的不利影响。

注：因为材料和功能要求的多样性，某些减少废弃物的方法可能是互斥的，经过程序的反复运用和改进，能够获得最适用的减少废弃物的方法。

6.2 应用

对于任何现有的、改进的或新设计的包装，均按表2的规定进行评估并且符合表1中有关标准的要求。

6.3 结论

在评估程序的执行中应记录所有的结果，以评估摘要的形式制定一个备查的表格作为阶段性结论。附录B给出了评估摘要格式的示例。

附 录 A
(资料性附录)
评估准则和适用标准

A.1 包装应满足保护产品、方便运输的基本功能，适应消费者(用户)需求，符合有关安全、卫生和环境的基本要求。在此基础上，为了节约有限的资源，减少向环境的排放，应采取减少用量、重复使用、材料循环再生或各种形式的回收利用的必要措施，符合GB/T 16716.1的要求。

表A.1给出了包装应符合的基本要求和评估准则及其相对应的适用标准，引导供应商对其投放市场或交付使用的包装进行预先的全面评估并且由此确定适用标准。

表 A.1 包装应符合的基本要求和评估准则及其适用标准

基本要求		评估准则	适用标准(见表1)						
			1.1	1.2	1.3	2	3.1	3.2	3.3
A.2.1	A.2.1.1	材料最少且适当的用量	A						
	A.2.1.2	重复使用和(或)回收利用包括循环再生对环境的影响最小		A	A	A	A	A	A
	A.2.1.3	有害的和其他危险性物质对环境的影响最小	A		A			R	
A.2.2	A.2.2.1	能够往返或周转一定次数				A			
	A.2.2.2	健康和安全				R			
	A.2.2.3	废弃物处理时对环境的影响最小					A	A	A
A.2.3	A.2.3.1	适用于材料循环再生					A		
	A.2.3.2	适用于能量回收利用						A	
	A.2.3.3	适用于堆肥							A
	A.2.3.4	适用于生物降解							R
GB/T 16716.1—2008的4.1.3		四种重金属(镉、铅、汞和六价铬)的总含量不允许超过100 mg/kg	A	A					
注：在适用标准栏中，A表示应用标准，R表示引用标准。									

A.2 为了便于应用上述表A.1，以下给出各项要求的详细陈述。

A.2.1 对包装生产和包装成分的特定要求

A.2.1.1 包装应在为产品和消费者提供充分必要的安全、卫生和可接受的保障水平的前提条件下，将制造的质量(体积)限制到最小且适当程度。

A.2.1.2 包装应在设计、生产和商品化方面有利于重复使用，或包括循环再生在内的回收利用，并且将包装废弃物及其操作处理产生的残余物对环境的影响降到最低。

A.2.1.3 包装应在生产制造过程中将其材料或组分的所有成分中存在的有害的或其他危险性物质减到最少，致使废弃包装或处理包装废弃物产生的残余物在焚烧或填埋时，存在于飞灰、烟尘或渗滤液的这些物质也最少。

上述A.2.1的三条要求应同时满足。

A.2.2 对包装可重复使用性能的特定要求

A.2.2.1 包装的物理性能和技术特征应使其能够在常规可预见的使用条件下返回或循环使用若干次。

A.2.2.2 处理用过的包装应按一定规则，符合对操作者的健康和安全的要求。

A.2.2.3 当包装不再重复使用成为废弃物时，符合可回收利用的特定要求。

上述A.2.2的三条要求应同时满足。

A.2.3 对包装可回收利用性能的特定要求

A.2.3.1 以材料循环再生的形式回收利用的包装

能够循环再生的包装应在其后的制造过程中，对用过的材料以某一确定的质量百分比再生成为符合现行法规或标准并且有销售渠道的产品。由于构成包装所需要的材料类型不同，这个确定的百分比可以改变。

A.2.3.2 以能量回收的形式回收利用的包装

适合于能量回收处理的包装废弃物应具有最低的热能值，致使能量回收的效果最佳。

A.2.3.3 以堆肥的形式回收利用的包装

适合于堆肥处理的包装废弃物应具有可生物降解的性质，不应妨碍分解收集和堆肥处理或向其施加活性。

A.2.3.4 以生物降解的形式回收利用的包装

可生物降解的包装废弃物应能够施加物理、化学、热能或生物分解的处理，致使其大部分形成堆肥，最终分解成为二氧化碳、生物量和水。

附 录 B
（资料性附录）
评估结论的示例

包装鉴定	评估声明

主要材料鉴定

第1部分 评估摘要

标准	评估准则和应用标准	判定	记录
1.1 预先减少用量	包装系统中材料的使用达到最小且适当量 (GB/T 16716.3)		
1.2 重金属	在最大允许量以下 (CEN CR 13695-1)		
1.3 危险性物质	符合 GB/T 16716.3		
2 重复使用	包装的可重复使用功能符合标准中所有的技术条件 (GB/T 16716.4)		
3.1 材料循环再生	包装的可循环再生性能符合标准中所有的技术条件 (GB/T 16716.5)		
3.2 能量回收利用	包装的能量可回收性能符合标准中所有的技术条件 (EN 13431)		
3.3 有机回收利用	包装的可堆肥性能符合标准中所有的技术条件 (EN 13432)		
注：按本部分的要求，评估应简要记录 1.1、1.2 和 1.3 的结论。应至少应用 3.1、3.2 或 3.3 其中一项。当满足重复使用条件时，同样记录。当回收利用的途径超过一项时，评估的每一项结论均应记录。			

第2部分 符合声明

鉴于以上第1部分的评估记录，本包装符合 GB/T 16716.1—2008 的要求。 代表签名（供应商的名称和地址） 签名： 职务：　　　　　　　　日期：
注：供应商按本部分的定义。

附 录 NA
（资料性附录）
包装与包装废弃物标准的各部分和相关标准的关系

为实现本标准确立的目标，应按实际情况选用图 NA.1 列出的标准。

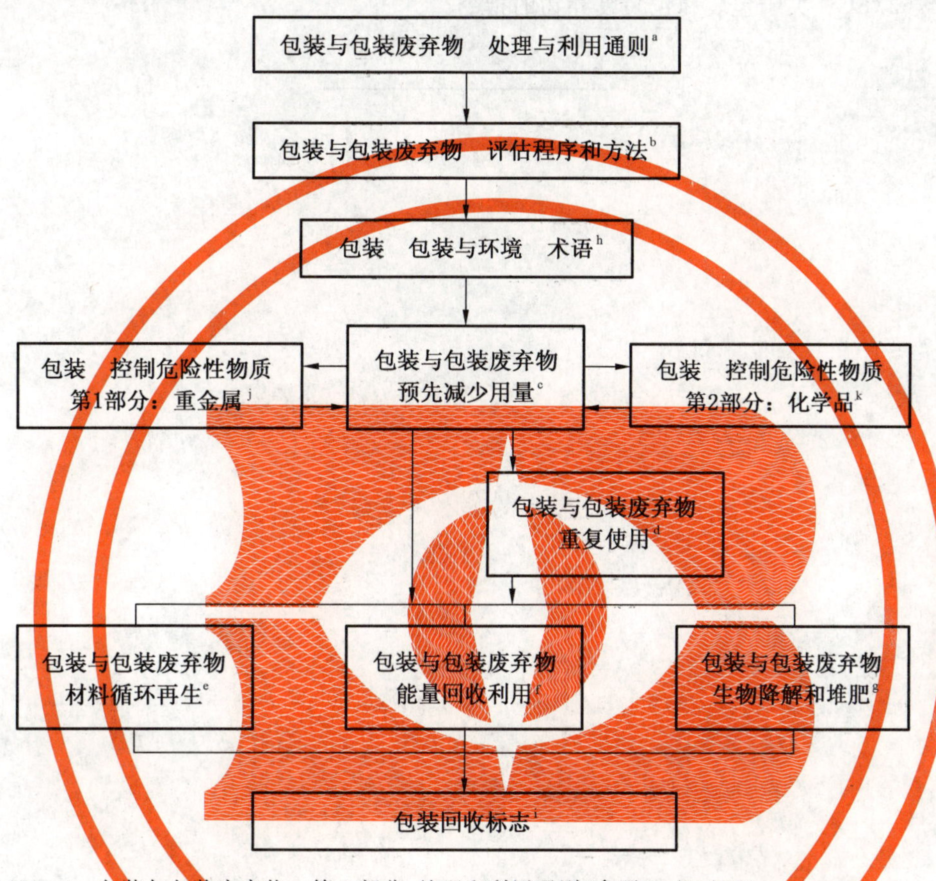

[a] GB/T 16716.1　包装与包装废弃物　第 1 部分：处理和利用通则(参照 94/62/EC)

[b] GB/T 16716.2　包装与包装废弃物　第 2 部分：评估方法和程序（EN 13427—2004，IDT）

[c] GB/T 16716.3　包装与包装废弃物　第 3 部分：预先减少用量（EN 13428—2004，IDT）

[d] GB/T 16716.4　包装与包装废弃物　第 4 部分：重复使用（EN 13429—2004，IDT）

[e] GB/T 16716.5　包装与包装废弃物　第 5 部分：材料循环再生（EN 13430—2004，IDT）

[f] EN 13431　包装　以能量回收形式再利用的要求　最低热量值陈述

[g] EN 13432　包装　堆肥和生物降解再利用的要求　试验方案和最终验收的判定准则

[h] GB/T 23156　包装　包装与环境　术语（EN 13193—2000，IDT）

[i] GB/T 18455　包装回收标志（参照 EN 14311）

[j] CR 13695-1　包装　检测和验证包装中存在的四种重金属和其他危险性物质及其向环境的排放　第 1 部分：检测和验证包装中存在的四种重金属的要求

[k] TR 13695-2　包装　检测和验证包装中存在的四种重金属和其他危险性物质及其向环境的排放　第 2 部分：检测和验证包装中存在的危险性物质及其向环境排放的要求

图 NA.1　GB/T 16716 的七个部分之间及其他相关标准的关系

参考文献

[1] EN 14182　包装　术语　基础术语和定义
[2] EN ISO 9001　质量管理体系　要求
[3] EN ISO 14001　环境管理体系　规范及使用指南
[4] 94/62/EC　关于包装和包装废弃物的指令

ICS 55.020
A 80

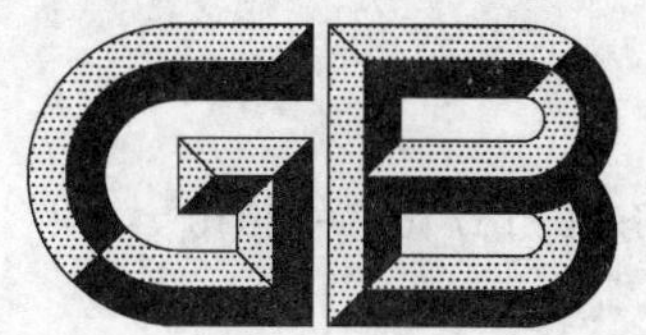

中华人民共和国国家标准

GB/T 16716.3—2010

包装与包装废弃物
第3部分：预先减少用量

Packaging and packaging waste—
Part 3: Prevention by source reduction

2010-08-09 发布　　2011-01-01 实施

中华人民共和国国家质量监督检验检疫总局
中国国家标准化管理委员会　发布

前　言

GB/T 16716《包装与包装废弃物》分为七个部分：

——第1部分：处理和利用通则；

——第2部分：评估方法和程序；

——第3部分：预先减少用量；

——第4部分：重复使用；

——第5部分：材料循环再生；

——第6部分：能量回收利用；

——第7部分：生物降解和堆肥。

本部分为GB/T 16716的第3部分。

本部分修改采用EN 13428—2004《包装　制造和成分的特定要求　预先减少用量》(英文版)。

本部分与EN 13428—2004相比，存在如下技术性差异：

——删除了EN 13428—2004中3.6的注1。因为此注中提及的危险物质指令67/548/EEC及其修正案"和"危险制剂指令1999/45/EC"在我国暂不适用，与其相对应的、制定化学品安全资料表依据的我国现行标准的目录在增加的附录E中给出；

——删除了EN 13428—2004中4.2.1的第2段、4.2.3的第2段的第1项和4.2.3的第2段关于归类为危害环境带有符号'N'的物质或制剂的陈述。因为相对应的我国现行标准尚未对危害环境的物质或制剂标示符号"N"；

——删除了EN 13428—2004中4.2.3的第1段的注，并将这条注稍作修改后，作为此条的注，以便应用我国的现行标准，制定化学品安全资料表；

——在4.3.3下增加了一个注，说明允许重金属含量适当降低要求的具体情况。

为便于使用，本部分还对EN 13428—2004做了下列编辑性修改：

a)　"本欧洲标准"一词改为"本部分"；

b)　删除了欧洲标准的目录、前言、引言和附录ZA；

c)　用"GB/T 16716.2"代替"EN 13427"；

d)　用"GB/T 23156"代替"EN 13193"。

本部分的附录C为规范性附录，附录A、附录B、附录D和附录E为资料性附录。

本部分由全国包装标准化技术委员会提出并归口。

本部分由中国出口商品包装研究所负责起草，山东省产品质量监督检验研究院、联想(北京)有限公司参加起草。

本部分主要起草人：王远德、李建华、郭振梅、孙琦、周加彦、邵永红。

包装与包装废弃物
第3部分：预先减少用量

1 范围

GB/T 16716 的本部分规定了预先评估包装或包装材料的用量及其重金属和化学品含量的要求、方法、程序和准则，前提是满足：

——供应链和使用过程的功能；

——产品和消费者（用户）的卫生和安全；

——消费者（用户）可接受。

本部分适用于所有投放市场或交付使用的包装或包装产品预先减少用量的评估。

2 规范性引用文件

下列文件中的条款通过 GB/T 16716 的本部分的引用而成为本部分的条款。凡是注日期的引用文件，其随后所有的修改单（不包括勘误的内容）或修订版均不适用于本部分，然而，鼓励根据本部分达成协议的各方研究是否可使用这些文件的最新版本。凡是不注日期的引用文件，其最新版本适用于本部分。

GB/T 16716.1—2008 包装与包装废弃物 第1部分：处理和利用通则

GB/T 16716.2—2010 包装与包装废弃物 第2部分：评估方法和程序

GB/T 23156 包装 包装与环境 术语

CEN CR 13695-1—2000 包装 检测和验证包装中存在的四种重金属和其他危险性物质及其向环境的排放 第1部分：检测和验证包装中存在的四种重金属的要求

CEN TR 13695-2—2004 包装 检测和验证包装中存在的四种重金属和其他危险性物质及其向环境的排放 第2部分：检测和验证包装中存在的危险性物质及其向环境的排放的要求

3 术语和定义

GB/T 23156 确立的以及下列术语和定义适用于 GB/T 16716 的本部分。

3.1

预先减少用量 prevention by source reduction

为了减少资源消耗，降低对环境的不利影响，在包装的第一层、第二层和（或）第三层满足其功能，且在消费者（用户）可接受的条件下，使包装的质量（体积）达到用量适当的水平而预先采取的措施。

注：用一种包装材料代替另外一种包装材料不视为减少用量。

3.2

减少用量的临界范围 critical area for source reduction

包装质量（体积）再度减少即危及其功能和安全，或导致消费者（用户）不可接受的判定域。

3.3

供应商 supplier

对投放市场或交付使用的包装或包装产品负有责任的经营者。

[GB/T 16716.2—2010，定义3.1]

3.4

物质　substances

自然状态的或通过任何生产过程获得的化学元素及其化合物，包括任何为保持产品的稳定性所需的添加剂，任何来自生产过程的杂质，但不包括任何可以分解而不影响物质的稳定性或组分变化的溶剂。

3.5

制剂　preparations

由两种或多种物质组成的混合物或溶液。

3.6

安全资料表　safety data sheets

由预期投放市场或交付使用的有危险性的物质或制剂的责任人(可以是生产商、进口商或经销商)制定的，使任何接触该物质或制剂的工业用户容易接受并应随附的资料性技术文件。

注：安全资料表应包括16项。关于危险性物质或制剂的成分信息为第2项。第12项(生态学信息)要求陈述最重要的特征，即可能由于该物质或制剂的本质所造成的对环境的影响和可行的使用方法。由于物质或制剂品质退化引发危险产品性质变化的类似信息也应提供。详见CEN TR 13695-2—2004。

4　要求

4.1　应用

本部分所有应用的详细说明见GB/T 16716.2。

4.2　包装评估

4.2.1　概述

应按4.2.2界定的临界范围，证明包装达到包括第5章在内的所有性能准则，符合适当用量(质量或体积)的要求。

应按附录D给出的评估程序，证明包装成分中存在的危害环境的物质或制剂的限制符合附录C的规定。

应按4.2.4的规定，证明包装成分中存在的重金属铅、镉、汞和六价铬符合允许极限。

4.2.2　临界范围的界定

临界范围应以本部分规定的最小极限值为界定依据。当包装不存在确定的临界范围，则不在本部分要求的范围之内。潜在的或更深层次的减少用量应进一步研究。

应按准则的全部条款进行评估，并且符合4.2.1的规定。应按确定的临界范围控制和减少用量。

4.2.3　危险性物质或制剂的确定

应使用相应的安全资料表确定包装及其生产操作期间的残留物或包装废弃物在焚烧或填埋时，是否存在于烟尘、飞灰或渗滤液中。

供应商应向供应链上游索取危险性物质或制剂的安全资料表(见3.6的定义)。

可以根据有关常用公式和制造过程资料，测试和(或)计算危险性物质或制剂的含量。

当危险性物质或制剂达到一定含量或含量范围，即可能危及环境安全，安全资料表的第2项"合成物(成分信息)"应给出明确表达。制定化学品安全资料表依据的标准参见附录E。

注：附录E给出了制定化学品安全资料表依据的标准目录，以代替EN 13428在此引用的文件。在此引用的文件名称见参考文献。

4.2.4　重金属的确定

当包装成分中存在重金属(铅、镉、汞和六价铬)，供应商应通过测试和(或)计算获得结论，或向供应链上游追溯有关资料。

4.3 符合性声明

4.3.1 预先减少用量的声明

供应商应:

——准备一份符合 4.2.1 和 4.2.2 的书面声明;

——制定资料性文件,可以包括其他有待开发的性能准则的详细资料,明确表达包装的本质特征和经过鉴定的、合理有效的功能;

——列出符合声明的根据清单,参见附录 B 的示例,或给出符合第 5 章规定的全部性能准则的资料性文件。

4.3.2 控制危险性物质或制剂的声明

供应商应:

——准备一份符合 4.2.1 和 4.2.2 的书面声明;

——确定从安全资料表获得的包装成分中存在危险性物质或制剂,给出可能存在于烟尘、飞灰或渗滤液中的物质及其处理过程的必要说明。

——当危险性物质或制剂存在,则应随附相应的资料文件。物质或制剂的处理过程资料用于论证控制措施达到了第 5 章规定的性能准则,应用方法按附录 C。

4.3.3 控制重金属存在的符合性声明

供应商应:

——确定重金属总含量不超过 GB/T 16716.1 规定的允许值。不包括可以适当降低要求的包装[1]。

——按 CEN CR 13695-1—2000 第 8 章给出的方法获得评估结论并且记录。

5 性能准则评估内容

——产品保护;

——包装制造过程;

——包装(灌装)操作;

——物流(包括运输,储存和操作);

——介绍和经销产品;

——消费者(用户)接受;

——资料;

——安全;

——法规;

——其他。

1) 在受控制的闭合循环系统中重复使用的包装可以有条件的适当降低要求,如塑料托盘或周转箱。某些特殊场合或特殊用途的包装,如医疗设备、药品、小尺寸包装等可能需要适当降低要求。详见 CEN CR 13695-1—2000 的 8.3。

铅晶玻璃(水晶玻璃)包装制品中的铅含量不受此限制。详见 CEN CR 13695-1—2000 的 8.3 和附录 D2(b)。

附 录 A
（资料性附录）
包装最小且适当质量(体积)评估

A.1 概述

本附录提出包装预先减少用量的评估，旨在为供应商和用户之间就新包装定型达成一致意见提供依据。A.2 提出评估方法，陈述不同阶段的评估过程。A.3 阐述 10 个特定的性能准则，并给出涉及包装一般性能要求的典型示例。A.4 给出的检验清单示例，表达评估程序的执行和最终结论的记录。

预先减少用量的评估程序适用于各种具体的包装，使其达到适当用量(质量或体积)，从而直接有效地减少包装废弃物，同时要求不因此导致内装产品的损坏或消耗。评估检验表可以记录为实现适当用量(质量或体积)而采取的起主要决定作用的措施。

减少用量是设计和操作经验积累的持续过程，由此获得实用的界定临界范围的数据。

附录 B 给出本附录的评估检验表及其详细说明的两个应用示例。

A.2 评估方法

以减少用量为目的检验表是评估声明的根据(见 A.4)，因此应确保：

——减少用量应逐步达到适当用量的水平，全面判定仅适用于采用相同包装材料的情况(见 3.1 注)；

——减少用量应在满足包装基本功能的条件下实施；

——上述措施中起主要决定作用的数据资料应记录。

包装的各项要求可能因为实际情况发生变化，在包装设计过程中考虑减少用量时，每项要求的分析涉及包装的全部规范，要求可以在一张检验表中分类。如评估最重要的要求为第一个步骤，其中每项性能准则可以在检验表的第 2 栏中给出。

在包装设计过程中，针对各种特定用途或同类用途的要求，可能限制进一步减少质量(体积)，按常规，不应降低安全、卫生和消费者(用户)可接受的水平。

在评估程序的第二个步骤，性能准则限制了包装减少质量(体积)，因此界定了临界范围。界定临界范围应依据测试的结论，或研究通常的现象，逐步探讨实现减少用量的可行性和有效性。

来自市场的实践证明文件同样有效，例如关于可接受程度及其原始资料文件。在研究并且检验同类包装链上的运作之后，应作为临界范围记录，由此确定实际有效的性能准则。

A.3 性能准则

A.3.1 概述

下述 10 项特定性能准则仅是典型的，并不全面，旨在提出普遍适用并且起重要决定作用的要求。

A.3.2 保护产品

包装的基本功能是保护产品，防止损坏或消耗。要求包括抵抗震动、压缩、潮湿、光照、氧化、微生物、危险性物质、有害气体等造成内装产品损坏或消耗的因素。“功能性包装”同样有助于保护产品，典型的诸如采用了防氧化剂或温度变化显示剂的包装。

常见重要要求举例：

——易碎产品规定堆码高度承受垂直载荷；

——水果汁规定阻隔紫外线并且防止氧化。

A.3.3 包装制造过程

包装设计受包装制造的生产操作方法的局限，能够实现的技术性能是充分协调的结果，要求包括容器的形状、壁厚、公差、尺寸、加工的可行性和生产期间降低消耗的措施等。

常见重要要求举例：

——瓶子不同部位的壁厚分配；

——瓦楞纸箱瓦楞方向的选择。

A.3.4 包装(灌装)过程

灌装机、打包机的操作在技术性能的有效范围内，实现设计的意图，要求包括降低产品和包装的损耗；控制碰撞、压力和其他机械力；包装线速度和效率；传送的稳定性；热力(升温)的影响；有效的封口；最小量的预留顶部空隙；安全和卫生等。

常见重要要求举例：

——金属罐在运输、灌装和封口时的稳定性；

——装入刚性容器的工业精细粉末(如：颜料、色素)预留充分的顶部空隙，避免使用前溢出。

A.3.5 物流(包括运输、储存和操作)

包装(任何第一层、第二层和第三层包装的组合)应适合于预期的物流过程。要求包括露天操作和产品包装方式；运输和操作系统应提供足够的产品保护和操作安全；适当的利用空间；协调托盘和装载系统的兼容性；完善操作和存储系统等。

常见重要要求举例：

——标准的托盘和(或)木箱的空间兼容性；

——高价值产品(如：计算机配件)包装避免任何明显的损坏。

A.3.6 介绍和经销产品

提供给消费者(用户)的包装(标签)应按其产品性质命名，并且涉及商标、标签、标志和产品说明等。要求包括产品名称和商标的合法性；标签和零售场所的适应性；再灌装系统的兼容性；防盗窃功能等。

常见重要要求举例：

——新鲜的水果汁给出与产品性质一致的命名，确定容器的特定形状；

——高价值的小体积产品提供适合零售场所的防盗窃功能。

A.3.7 消费者(用户)接受

包装应满足消费者(用户)的需求和期望，涉及定量、开启、再次打开、封闭和存储等。要求包括定量大小；组合(单元)包装的数量；操作符合人体工效学；受损(开启)后留有明显迹象；保存期限(货架寿命)；易于开启、倒出和倒空的性能；适当的介绍和说明等。

常见重要要求举例：

——大型容器采用手柄和封闭器，容易运输和开启；

——常用食品、饮料和为单身家庭足以在保质期限之前耗尽，采用适当定量的小包装。

A.3.8 资料

包装应按规定提供关于产品用途和受关注的必要信息以及其他有用信息。要求包括提供产品资料；储存、用途和使用方法的说明；条形码、最佳有效期等。

常见重要要求举例：

——半成品餐食在包装上表达容易阅读并且适合不同生活习惯的详细烹调信息；

——危险品的标记，或规定标签的最小尺寸。

A.3.9 安全

包装应汇集内装产品有关的安全信息，就关系消费者(用户)安全给出使用说明。安全使用说明应涵盖可预见的全部销售系统和滞留场所，特别是危险品。要求包括安全操作的设计；防止儿童打开；受损后留有明显的迹象；危险警告语；产品性质的清晰表达；安全开启装置；封闭器压力释放等。

常见重要要求举例：

——婴儿食品采用一旦受损(打开)即留明显迹象的方法，防止(识别)可能的污染；

——为了起重操作者的安全，限制工业产品包装单元的尺寸。

A.3.10 法规

包装应符合已经颁布的法律、法规和国际贸易规则的有关要求。包装大量的要求是依据国家或国际的法规或标准的规定。包装可能涉及重要产品，诸如食品、药品和化妆品。当危险品或化工产品采用航空、铁路和海洋运输方式时，包装(供应商)负有重要的法律责任。

包装应就上述要求，采用特殊设计并且给出特定信息。

在包装的设计、选择和使用过程中，应特别重视有关消费者(用户)利益保护的法律和法规。对于包装材料和辅助材料，应随时关注因其危及生命或环境安全而限制使用的法规。

A.3.11 其他

为了验证包装达到适当用量的成果，当评估不属于上述前九项准则所包括的范围，仅为包装现实特定的质量要求，应在本项目下逐一说明。这些内容可能涉及经济、社会和环境保护。

A.4 检验表示例

包装的适当用量(质量或体积)评估检验表参照表 A.1 的示例。

表 A.1 包装的适当用量(质量或体积)评估检验表

包装用量评估检验表	包装：		
性能准则	大部分重要(有关)要求	临界范围	证明
产品保护			
包装制造过程			
包装(灌装)操作			
物流			
介绍和经销产品			
消费者(用户)接受			
资料			
安全			
法规			
其他			
签字		日期：	年　月　日

附 录 B
（资料性附录）
质量（体积）符合性评估过程和检验表应用的示例

B.1 概述

本附录陈述评估过程，提示填写检验表。

B.2 计算机显示器和附件包装

B.2.1 概述

产品日趋进入两个不同的销售渠道，计算机商店销售或按预定快递交货。包装必需的编码两者共用。计算机显示器包装箱内可附加由客户选择是否需要的软件光盘。包装需要适当空间装进光盘和说明书。

B.2.2 产品保护

产品本身需要防潮湿。包装的机械性能应能够符合保护产品的要求。经验证明，它应属于运输和操作的要求和性能准则。防潮湿可以采用塑料袋和干燥剂，不影响包装的质量和体积。不存在临界范围。

B.2.3 包装制造过程

任何类型的瓦楞纸箱和缓冲垫制造技术已经成熟，可以满足要求。不存在临界范围。

B.2.4 包装（灌装）操作

嵌入式铸塑缓冲垫是重要的需求之一，在生产过程中起到运载底盘的作用，减少产品损伤并且便于操作。铸塑缓冲垫可以有效的满足缓冲和运输要求，并且不额外明显增加质量或体积。不存在临界范围。

B.2.5 物流

瓦楞纸箱和缓冲垫包装系统符合通常的运输和操作条件。降低测试条件应根据销售经验和在不同的瓦楞纸箱上进行的机械性能试验。结论是，可接受的瓦楞纸板箱最小应采用400克重的板材。根据物流管理的经验，该包装存在明显的临界范围，对于给定结构和成分的瓦楞纸板材，其克重直接关系运输和操作的机械强度。

B.2.6 介绍和经销产品

介绍产品的条件充分并且在经销时不增加任何质量（体积）。不存在临界范围。

B.2.7 消费者（用户）接受

在邮递和快递交货时，对产品的接受与否，通常首先体现在包装上，当损坏则拒绝。在包装完好的情况下，产品可接受。较高的机械强度是通常的要求。目前，一般要求机械强度适合于物流管理。运输和操作的机械强度比消费者（用户）可接受的要求高。当包装在质量方面不影响消费者（用户）可接受的要求时，不存在临界范围。

B.2.8 资料

包装内部的产品使用资料没有限制。包装件的较大表面允许充分表达所有识别信息和标记。不存在临界范围。

B.2.9 安全

通常是可以符合产品安全要求的。包装具有的保护功能，确保内装物在严重损坏的情况下，被完全包容，不对操作者造成危害。为了便于操作，有必要开两个提手。在箱体侧面上开两个提手不额外增加质量。不存在临界范围。

B.2.10 法规

尚未检索到与上述有关的法规。

B.2.11 其他

在产品的成本中,包装仅占一小部分,在物流期间产品的稳定性是首要的。因此,一个百万件产品小于4件的破损率是预期目标。包装应能够促进贸易,满足消费者的需求。本条款特别要求在"储存、运输、操作"期间的包装强度达到上述的临界范围。

示例见表B.1。

表 B.1 包装的适当用量(质量或体积)评估检验表

包装用量评估检验表	包装:瓦楞纸箱和缓冲垫,用于计算机商店销售和按预定快递交货的包装 产品证明 VDU 216/14 包装证明 CB 16/PS27 检验表证明 971127		
性能准则	大部分重要(有关)要求	临界范围	证明
产品保护	防潮湿保护	无	
包装制造过程		无	
包装(灌装)操作	缓冲垫起到运载工具作用将产品集合	无	
物流	适于运输和操作	有	见实验报告
介绍和经销产品		无	
使用者(消费者)接受	包装未发现损害迹象	无	
资料		无	
安全	需要提手	无	
法规		无	
其他	破损率 4×10^{-6}	无	
签字:		日期:27/11/98	

实验报告——××实验室

按××公司的要求,测试不同种类的瓦楞纸箱。设计要求从一个类型的箱中选择最保守的测试结果并且按不同克重的瓦楞纸板依次测试。

测试采用标准的垂直跌落试验,按GB/T 4857.5的规定,高度0.75 m,6个面和1个角。模拟典型的运输和操作条件。测试预处理条件:温度:20 ℃、湿度:65%、时间:48 h。

在装满模拟显示器的塑料模型之后,瓦楞纸箱进行20次测试。破损定义在箱体的任何部位出现一个超过5 mm长的永久变形的范围。结果见表B.2。

表 B.2 测试记录

瓦楞纸箱纸板克重/(g/m²)	样品在20次测试中的破损数
200	8
250	4
300	1
350	0
400	0
450	0
500	0

结论：尽管上述的表显示克重 350 g/m² 的纸板能够抵抗破损，为了达到小于破损率 4×10^{-6} 的预期目标，按统计学原理，确定采用 400 g/m² 的纸板是必要的。

B.3 新鲜水果汁包装

B.3.1 概述

包装容器是不可退回的 1 L 装新鲜水果汁玻璃瓶，采用螺纹旋转盖。

B.3.2 产品保护

为保护新鲜水果汁的品质和味觉，包装应采取有效的阻隔紫外线、防止氧化和水分散失的措施。选择容器和封口应与其物理特征相适应。因此，确定采用遮光彩色玻璃瓶。玻璃瓶的质量和体积在用量上不冲突，不存在临界范围。

B.3.3 包装制造过程

采用艺术级的生产技术制造容器确保玻璃的壁厚均匀一致。因此，可以达到符合尺寸、形状和机械稳定性要求前提下的最小壁厚。不存在临界范围。

B.3.4 包装(灌装)操作

为了避免高速传输的损害，有必要规定灌装和包装生产线的机械稳定性。因为容器壁厚直接关系瓶子的稳定性，所以视其为一个临界范围。

玻璃瓶子耐冲击性的增强是采用特殊的表面涂层处理，在这种情况下，壁厚允许进一步的减小，因而瓶子质量降低。

B.3.5 物流

在运输和操作期间，玻璃容器具有适当机械强度是必要的。因为包装在物流期间的运输和操作承受的力不会超过灌装操作的冲击力，所以不存在临界范围。

B.3.6 介绍和经销产品

设计瓶子应考虑灌装商的经营策略和零售商的要求，两个方面的介绍均应符合要求，因此存在两个潜在的临界范围：

——为了便于销售和货架展示，瓶子尺寸选择标准的、容易实现的；

——瓶子的造型应显现商标并且体现品牌的知名度。

因此，设计不存在确定的临界范围，例如，因造型选择允许的最小壁厚，确定最小质量。

B.3.7 消费者(用户)接受

螺纹旋转盖便于瓶子重复开启和封闭，容易提供受损迹象的防盗功能。受损迹象功能是消费者(用户)普遍公认的非常重要的要求。当包装曾经被打开或不密封，购买者可以发觉拒绝接受。提供受损迹象的防盗功能仅在包装质量和(或)体积上增加了一个可以忽略的量，不视为存在临界范围。

B.3.8 资料

产品资料在标签上印刷。当瓶子的表面面积足够标签内容表达时，不存在临界范围。

B.3.9 安全

密封良好的螺纹旋转盖和受损迹象防盗功能决定瓶子的安全性能。在上述“消费者(用户)接受”中已经说明不存在临界范围。

B.3.10 法规

尚未检索到与上述有关的法规。

B.3.11 其他

尚未发现。

示例见表 B.3。

表 B.3 包装的适当用量(质量或体积)评估检验表

<table>
<tr><td>包装用量评估检验表</td><td colspan="3">包装:1 L 不可退回的玻璃瓶
产品:新鲜的水果汁 026
包装:BPSC/1L
检验表:970117</td></tr>
<tr><td>性能准则</td><td>大部分重要(有关)要求</td><td>临界范围</td><td>证明</td></tr>
<tr><td>产品保护</td><td>阻隔紫外线和防止氧化</td><td>无</td><td></td></tr>
<tr><td>包装制造过程</td><td>玻璃壁厚一致</td><td>无</td><td></td></tr>
<tr><td>包装(灌装)操作</td><td>冲击强度/技术稳定性</td><td>有</td><td>稳定性测试和计算</td></tr>
<tr><td>物流</td><td>机械强度/技术稳定性</td><td>无</td><td></td></tr>
<tr><td>介绍和经销产品</td><td>标准化尺寸/个性造型</td><td>无</td><td></td></tr>
<tr><td>消费者(用户)接受</td><td>受损迹象/重复开启和封闭</td><td>无</td><td></td></tr>
<tr><td>资料</td><td></td><td>无</td><td></td></tr>
<tr><td>安全</td><td>受损迹象显著</td><td>无</td><td></td></tr>
<tr><td>法规</td><td>尚未检索到</td><td>无</td><td></td></tr>
<tr><td>其他</td><td>尚未发现</td><td>无</td><td></td></tr>
<tr><td colspan="4">签字:

日期:17/01/97</td></tr>
</table>

附 录 C
（规范性附录）
控制危害环境的物质或制剂符合要求的声明

C.1 概述

对投放市场或交付使用的包装或包装产品负有责任的供应商应证明，在包装和包装组分中使用的任何危害环境的物质或制剂限制到适当含量，并且按 CEN TR 13695-2—2004 的详细说明采取了措施，限制了可能随焚烧或填埋期间的烟尘、飞灰或渗滤液排放的可能性。

GB/T 16716.1 规定的重金属允许含量的控制方法见 CEN CR 13695-1—2000 的详细陈述。

检测和验证适当用量的步骤和次序见附录 D 的流程图。

C.2 危险性物质或制剂微量化判定

C.2.1 判断制造过程中使用的，且存在于包装和（或）包装组分中的物质或制剂是否归类为危害环境的，应依据化学品安全资料表第 2 项"合成物（成分信息）"和第 12 项"生态学信息"的描述：

——当确定不存在危害环境的物质或制剂，则应按 C.3.1 的要求；

——当确定存在危害环境的物质或制剂，则应按 C.2.2 的要求。

C.2.2 当包装、生产过程的废料或包装废弃物需要焚烧或填埋时，则应推断上述 C.2.1 确定的任何危害环境的物质或制剂是否可能存在于烟尘、飞灰或渗滤液中：

——当推断危害环境的物质或制剂不可能随烟尘、飞灰或渗滤液排放，则应按 C.3.1 的要求；

——当推断危害环境的物质或制剂可能随烟尘、飞灰或渗滤液排放，则应按 C.3.2 的要求。

C.3 符合微量化要求

C.3.1 当包装制造过程中使用的物质或制剂不属于危害环境的，或不可能随烟尘、飞灰或渗滤液排放，则该包装符合 GB/T 16716.1 中 4.1.3 的要求。保留资料性文件。

C.3.2 当包装制造过程中使用的物质或制剂属于危害环境的，并且可能随烟尘、飞灰或渗滤液排放，则该包装应按 GB/T 16716.1 中 4.1.3 的要求控制使用量，并且按下述：

——保留按上述 C.2.1 和 C.2.2 的规定，判定的物质或制剂的声明文件；

——证明采用控制措施达到本部分第 5 章给出的性能准则，并且按 CEN TR 13695-2—2004 第 7.4.2 款的要求，陈述采用该物质或制剂获得的产品性能或效果。保留资料性文件。

附 录 D
（资料性附录）
控制危险性物质符合要求的评估流程图

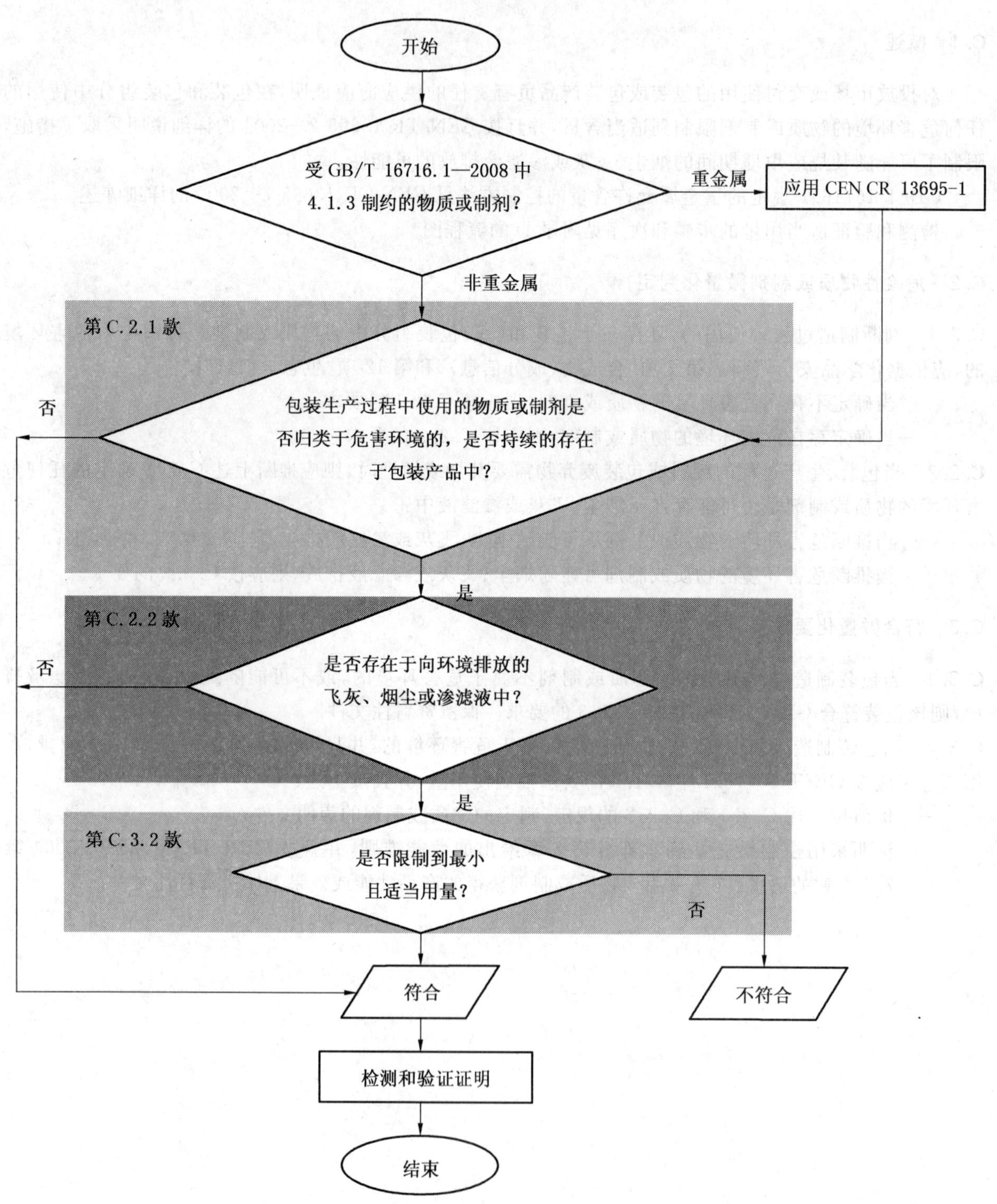

图 D.1 控制危险性物质符合要求的评估流程图

附 录 E
（资料性附录）
制定化学品安全资料表依据的标准目录

GB 20576—2006 化学品分类、警示标签和警示性说明安全规范 爆炸物
GB 20577—2006 化学品分类、警示标签和警示性说明安全规范 易燃气体
GB 20578—2006 化学品分类、警示标签和警示性说明安全规范 易燃气溶胶
GB 20579—2006 化学品分类、警示标签和警示性说明安全规范 氧化性气体
GB 20580—2006 化学品分类、警示标签和警示性说明安全规范 压力下气体
GB 20581—2006 化学品分类、警示标签和警示性说明安全规范 易燃液体
GB 20582—2006 化学品分类、警示标签和警示性说明安全规范 易燃固体
GB 20583—2006 化学品分类、警示标签和警示性说明安全规范 自反应物质
GB 20584—2006 化学品分类、警示标签和警示性说明安全规范 自热物质
GB 20585—2006 化学品分类、警示标签和警示性说明安全规范 自燃液体
GB 20586—2006 化学品分类、警示标签和警示性说明安全规范 自燃固体
GB 20587—2006 化学品分类、警示标签和警示性说明安全规范 遇水放出易燃气体的物质
GB 20588—2006 化学品分类、警示标签和警示性说明安全规范 金属腐蚀物
GB 20589—2006 化学品分类、警示标签和警示性说明安全规范 氧化性液体
GB 20590—2006 化学品分类、警示标签和警示性说明安全规范 氧化性固体
GB 20591—2006 化学品分类、警示标签和警示性说明安全规范 有机过氧化物
GB 20592—2006 化学品分类、警示标签和警示性说明安全规范 急性毒性
GB 20593—2006 化学品分类、警示标签和警示性说明安全规范 皮肤腐蚀/刺激
GB 20594—2006 化学品分类、警示标签和警示性说明安全规范 严重眼睛损伤/眼睛刺激性
GB 20595—2006 化学品分类、警示标签和警示性说明安全规范 呼吸或皮肤过敏
GB 20596—2006 化学品分类、警示标签和警示性说明安全规范 生殖细胞突变性
GB 20597—2006 化学品分类、警示标签和警示性说明安全规范 致癌性
GB 20598—2006 化学品分类、警示标签和警示性说明安全规范 生殖毒性
GB 20599—2006 化学品分类、警示标签和警示性说明安全规范 特异性靶器官系统毒性 一次接触
GB 20601—2006 化学品分类、警示标签和警示性说明安全规范 特异性靶器官系统毒性 反复接触
GB 20602—2006 化学品分类、警示标签和警示性说明安全规范 对水环境的危害
GB/T 17519.1—1998 化学品安全资料表 第1部分:内容和项目顺序
GB/T 17519.2—2003 化学品安全资料表 第2部分:编写细则

参 考 文 献

[1] GB/T 4857.5—1992 包装 运输包装件 跌落试验方法

[2] GB/T 16716.1—2008 包装与包装废弃物 第1部分:处理和利用通则

[3] EN ISO 9000:2000 质量管理体系 术语

[4] EN ISO 14001 环境管理体系 规范及使用指南

[5] 67/548/EEC 关于统一成员国关联危险物质的分级、包装和标识的法律、法规和管理制度的指令

[6] 94/62/EC 关于包装和包装废弃物的指令

[7] 1999/45/EC 关于统一成员国关联危险制剂的分级、包装和标识的法律、法规和管理制度的指令

ICS 55.020
A 80

中华人民共和国国家标准

GB/T 16716.4—2010

包装与包装废弃物
第4部分:重复使用

Packaging and packaging waste—
Part 4: Reuse

2010-08-09 发布　　　　2011-01-01 实施

中华人民共和国国家质量监督检验检疫总局
中国国家标准化管理委员会　发布

前 言

GB/T 16716《包装与包装废弃物》分为七个部分：

——第1部分：处理和利用通则；

——第2部分：评估方法和程序；

——第3部分：预先减少用量；

——第4部分：重复使用；

——第5部分：材料循环再生；

——第6部分：能量回收利用；

——第7部分：生物降解和堆肥。

本部分为GB/T 16716的第4部分。

本部分技术内容与EN 13429—2004《包装　重复使用》(英文版)的一致性程度为等同。

为便于使用，本部分做了下列编辑性修改：

a) “本欧洲标准”一词改为“本部分”；

b) 删除了欧洲标准的目录、前言、引言和附录ZA；

c) 用“GB/T 16716.2”代替“EN 13427”；

d) 用“GB/T 16716.5”代替“EN 13430”；

e) 用“GB/T 23156”代替“EN 13193”；

f) 为便于可重复使用包装的识别，增加了附录NA。

本部分的附录A和附录NA为资料性附录，附录B和附录C为规范性附录。

本部分由全国包装标准化技术委员会提出并归口。

本部分由中国出口商品包装研究所负责起草，山东省产品质量监督检验研究院、联想(北京)有限公司参加起草。

本部分主要起草人：王远德、李建华、郭振梅、孙琦、周加彦、邵永红。

包装与包装废弃物
第4部分:重复使用

1 范围

GB/T 16716 的本部分规定了评估可重复使用的包装及其系统的方法、要求、程序和准则。

本部分适用于可重复使用的包装及其系统。

2 规范性引用文件

下列文件中的条款通过 GB/T 16716 的本部分的引用而成为本部分的条款。凡是注日期的引用文件,其随后所有的修改单(不包括勘误的内容)或修订版均不适用于本部分,然而,鼓励根据本部分达成协议的各方研究是否可使用这些文件的最新版本。凡是不注日期的引用文件,其最新版本适用于本部分。

GB/T 16716.2 包装与包装废弃物 第2部分:评估方法和程序

GB/T 16716.5 包装与包装废弃物 第5部分:材料循环再生

GB/T 23156 包装 包装与环境 术语

EN 13431 包装 以能量回收形式再利用的要求 最低热量值陈述

EN 13432 包装 堆肥和生物降解再利用的要求 试验方案和最终验收的判定准则

3 术语和定义

GB/T 23156 和 GB/T 16716.2 确立的以及下列术语和定义适用于 GB/T 16716 的本部分。

3.1

重复使用 reuse

包装的所有运作是预期的或有计划的在其生命周期之内达到周转或循环有限次数,并且是预先确定的再灌装或用于相同的产品,或许使用补助物使产品能够在市场销售,受不能长久的重复使用的条件限制,重复使用的包装也将成为废弃物。

3.2

可重复使用包装 reusable packaging

在重复使用的系统中,预期的或有计划的完成往返或循环使用有限次数的包装或包装组分。

3.3

传递 trip

包装从装货(灌装)到卸货(倒空)的转移,传递可以是一次周转的一部分。

3.4

周转 rotation

可重复使用包装从装货(灌装)到再装货(灌装)经历的循环,一次周转至少包含一次传递。

3.5

同目的包装 packaging used for the same purpose

完成一次周转以后、按预期目的在一个系统中重复使用的包装。

注:当可重复使用包装未按预期目的而再次使用,不视为可重复使用的同目的包装。

示例1:托盘的重复使用,最初装载乳制品,现在装载建筑用砖,视为同目的包装。

示例2:盛装芥菜的广口瓶,倒空之后用作饮水杯,不视为同目的包装。

示例3:最初商业化生产装果酱的广口瓶,倒空之后盛装自制果酱或其他物品,不视为同目的包装。

3.6

重复使用系统　systems for reuse

包括组织、技术和(或)财务在内的保障重复使用可持续运作的生产销售体系。

注：在本部分范围内，下列各项是普遍公认的有效“系统”：

——闭环系统；

——开放系统；

——混合系统。

3.7

闭环系统　closed loop system

可重复使用包装由一家公司或一个集团公司独立运作。

3.8

开放系统　open loop system

可重复使用包装不由一家公司独立运作。

3.9

混合系统　hybrid system

系统有两个部分：

——可重复使用包装由使用者存留，因为当地没有再分销系统实施商业重复灌装；

——需要补助物补充才能实现重复使用的包装方式。

3.10

补助物　auxiliary product

可重复使用包装再灌装(再装货)需要的补充物品。

注1：补助物属于一类产品，因此不是本部分讨论的范围。

注2：补助物诸如家用灌装容器的清洁袋。

注3：可重复使用包装的某些组分不能够再次使用，诸如标签或封闭器等。

3.11

维护　reconditioning

恢复可重复使用包装初始功能状态的一系列操作。

4　方法

4.1　可行条件的评估

在可预见的重复使用包装生产销售系统中(参见附录A)，经销商(灌装商)应按下述条件依次评估：

a)　重复使用的包装是为实现同一个目的；

b)　在正常可预见的情况下，包装的设计能够使主要组分实现一定次数的传递或周转；

　　注：次要组分如封闭器可能丢弃，进入废弃物流[见B.1 b)]，因其比例较小，可以忽略。

c)　包装能够顺利的维护，遵照附录B的规定；

d)　包装能够重新灌装(装货)；

e)　包装能够适应市场销售环境，并且获得有关各方必要的支持。

4.2　评估确认

经销商(灌装商)应就上述评估结论，按第5章的要求给出书面声明。

4.3　环境条件

4.3.1　实现重复使用取决于包装本身的技术特征与生产销售系统的协调。在实践中，预期可以重复使用的包装的详细要求可能由于不同情况而改变。设计需要根据包装重复使用的运作经验而不断改进。重复使用的包装应耐久适用，适应环境。

4.3.2 评估需要支持文件和评估过程中特定结果的详细记录，并以一个书面声明的形式表达所有能够实现重复使用的确切条件。

4.3.3 在重复使用的过程中，影响从业人员健康和安全的问题，诸如包装的重新清理或洗涤，应符合现行法规的规定。

5 要求

5.1 条件

预期投放市场的重复使用包装应初步符合下述条件：

a) 在可预见的使用条件下，经销商(灌装商)应预先确认该包装的目标市场，获得可以重复使用的书面声明；

注：上述信息可以直接从包装供应商或有关标准中获得。

b) 在包装卸货时，经销商(灌装商)应得到贸易、货运或零售公司有关包装能够重复使用的周期或次数的书面声明；

c) 经销商(灌装商)应确认和记录某个组织或个人持续提供的回收包装(消费者使用后的)；

注：组织可以是地方设立的机构或商业经营者。

d) 为了包装能够符合下述5.2f)的要求，经销商(灌装商)应确认有效的维护系统。混合系统的运作应按上述5.1a)的要求。

5.2 确认

经销商(灌装商)应对每种已经投放市场和预期投放市场的包装按类型建立档案：

a) 预先考虑包装重复使用的可行性，给出需要考虑的在重复使用期间可能出现的各种情况细节；

b) 包装的设计能够使主要组分在可预见的使用情况下实现一定周期或次数的传递或周转；

c) 包装可以倒空或卸货而不受重大损伤，出现损伤可以进行维修；

d) 包装可以依据附录B的规定以确定的方法和规定的质量要求进行维护(清洁、洗涤、补充)，保持初始功能，在此期间的操作应可靠，不影响健康和安全；

e) 在维护过程中不危害环境，处理方法或操作过程可以控制；

f) 对于附录B中定义的包装，维护过程应符合各项规定；

g) 包装可以重复灌装(装货)并且保持产品质量，操作可靠不影响健康和安全；

h) 对投放市场的包装负有责任的经营者应促使重复使用系统有效运作；

i) 确认重复使用系统符合第6章陈述的类型之一。

5.3 应用

附录C规定的评估记录和声明应与本部分的全部评估结果符合一致。附录C的表格是推荐的示例。

本部分的全部评估应符合GB/T 16716.2的规定。当评估判定合格，应按附录NA采用重复使用标志。

6 重复使用系统

6.1 系统的类型

本部分的术语界定了下述三种类型：

——闭环系统(6.2)；

——开放系统(6.3)；

——混合系统(6.4)。

应根据预期的特定情况，为每一种包装确认适用的系统，应符合6.2的规则。

6.2 闭环系统

闭环系统见图1，其规则如下：

a) 可重复使用包装属一家公司拥有或由一个集团公司运作；

b) 包装由一家公司经营或由一个商业组织协同运作；

c) 包装设计规格通过协议各方可以接受；

d) 包装运作程序通过协议各方可以接受；

e) 收集、维护和再分销系统运作有效。包装破损或失效离开系统可以按 GB/T 16716.5、EN 13431 或 EN 13432 的规定回收利用；

f) 当用过的包装符合规格，由供应商(灌装商)回收重复使用包装；

g) 为实现重复使用的预期目标，由供应商(灌装商)提供包装处理方法和用过后放置地点的信息；

h) 根据有关技术规范，管理系统保障重复使用的持续运作。

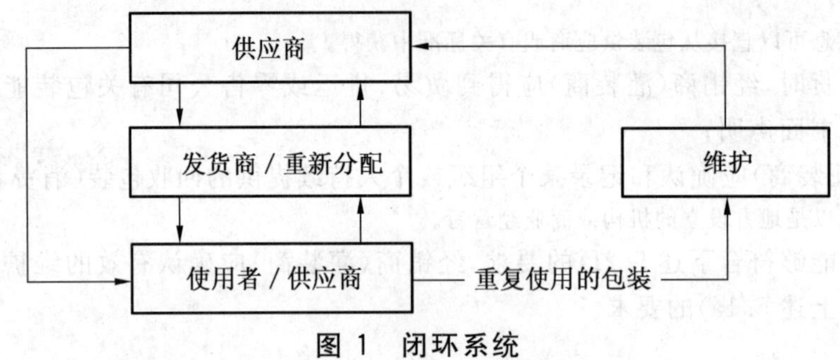

图 1 闭环系统

6.3 开放系统

开放系统见图 2，其规则如下：

a) 可重复使用包装在一定时间内由每个用户持有；

b) 包装设计按规定符合一般公认的标准规格；

c) 包装运作程序通过协议，符合共享系统的规范；

d) 在可重复使用包装用过之后，由用户决定是否再用该包装或通过第三方重复使用；

e) 包装适用于再分配系统并且在一般情况下使用有效；

f) 由供应商、灌装商或零售商提供包装的处理方法和用过后放置地点的信息；

g) 包装破损或失效离开系统可以按 GB/T 16716.5、EN 13431 或 EN 13432 的规定回收利用；

h) 维护可以通过用户担保或参与各方的协议为条件，并且符合附录 B 的规定。

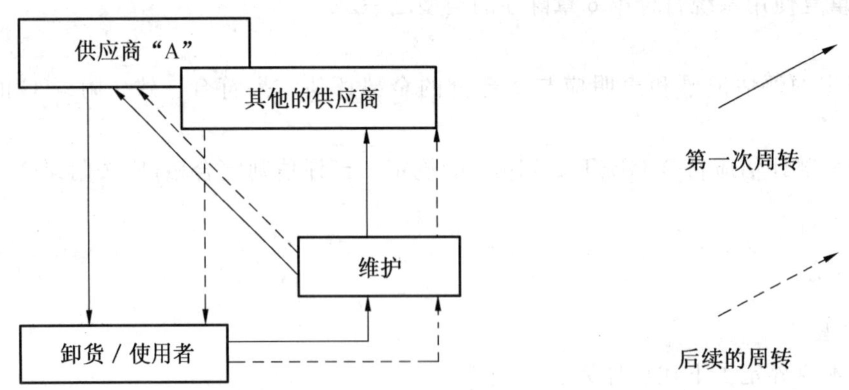

图 2 开放系统

6.4 混合系统

混合系统见图 3，其规则如下：

a) 可重复使用包装由终端用户重复灌装并且需要补助物补充；

b) 可重复使用包装属使用(倒空)者所有；

c) 由使用(倒空)者重复灌装;

d) 当补助物容易获得,包装才适合投放市场;

e) 由供应商、灌装商或零售商提供包装的处理方法和用过后放置地点的信息;

f) 可重复使用包装和补助物可以按 GB/T 16716.5、EN 13431 或 EN 13432 的规定回收利用。

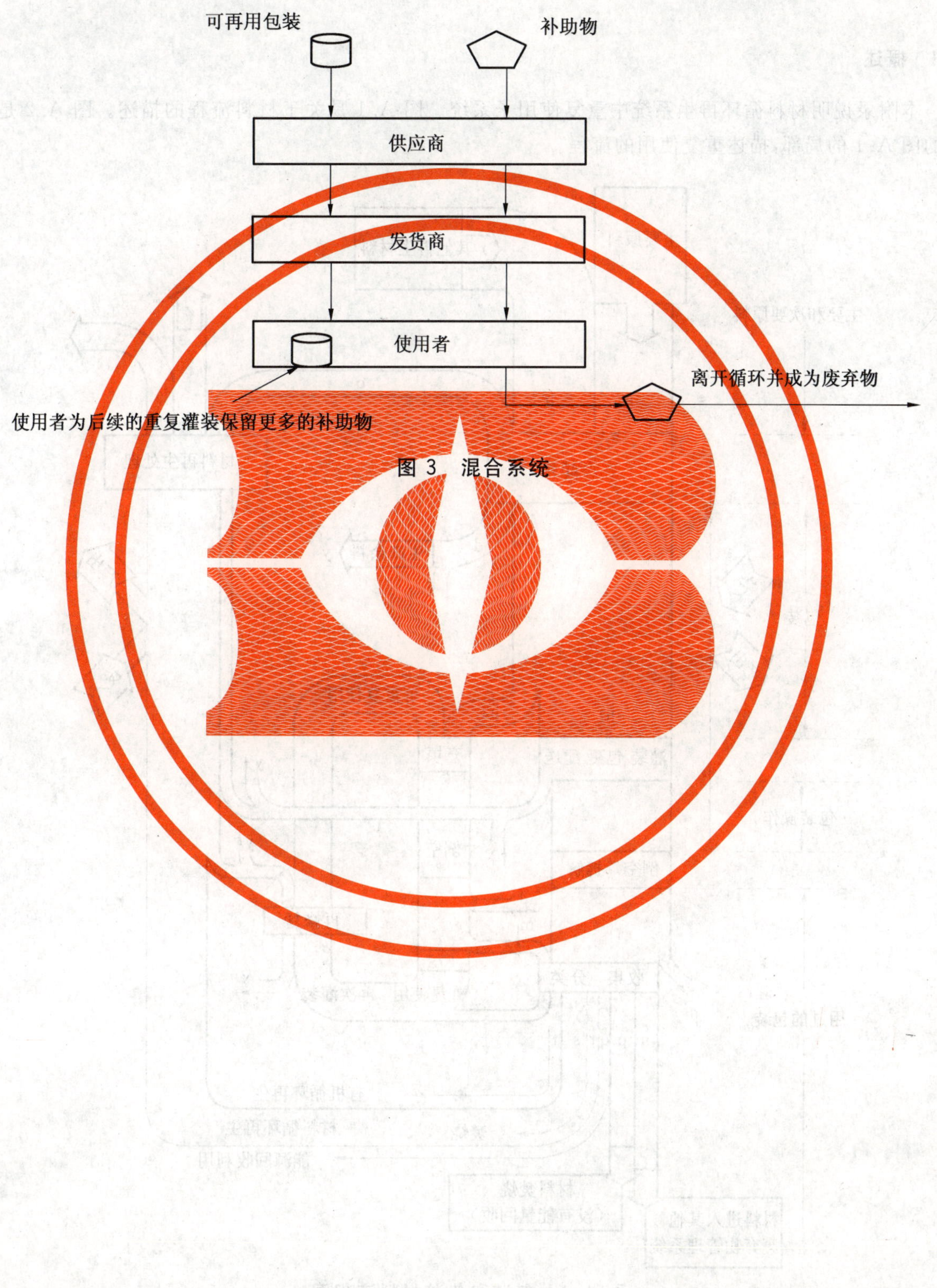

图 3 混合系统

附　录　A
（资料性附录）
材料循环再生系统中的重复使用子系统

A.1　概述

本附录说明材料循环再生系统中重复使用子系统。图 A.1 是关于材料流程的描述。图 A.2 是放大的图 A.1 的局部，描述重复使用的流程。

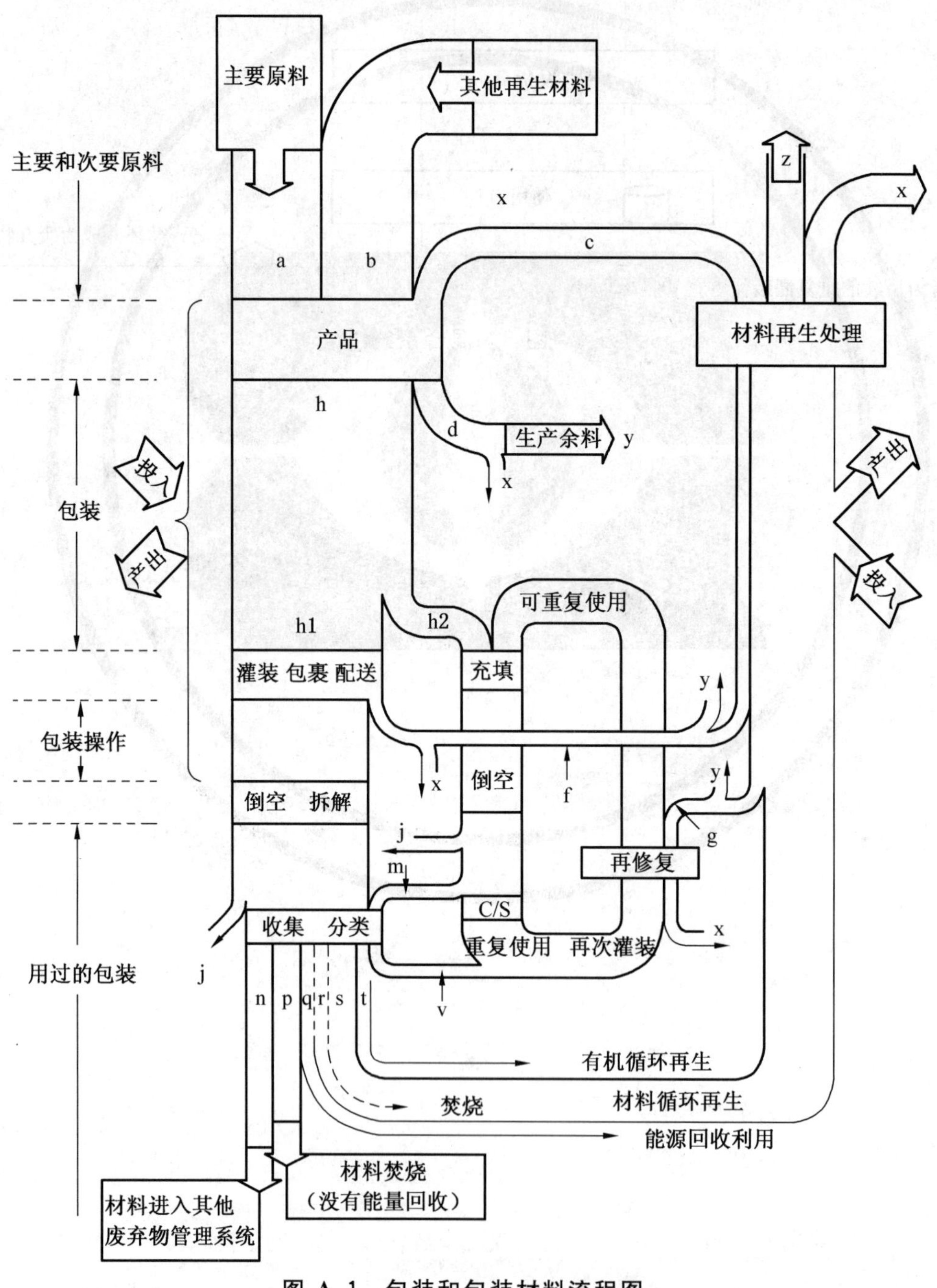

图 A.1　包装和包装材料流程图

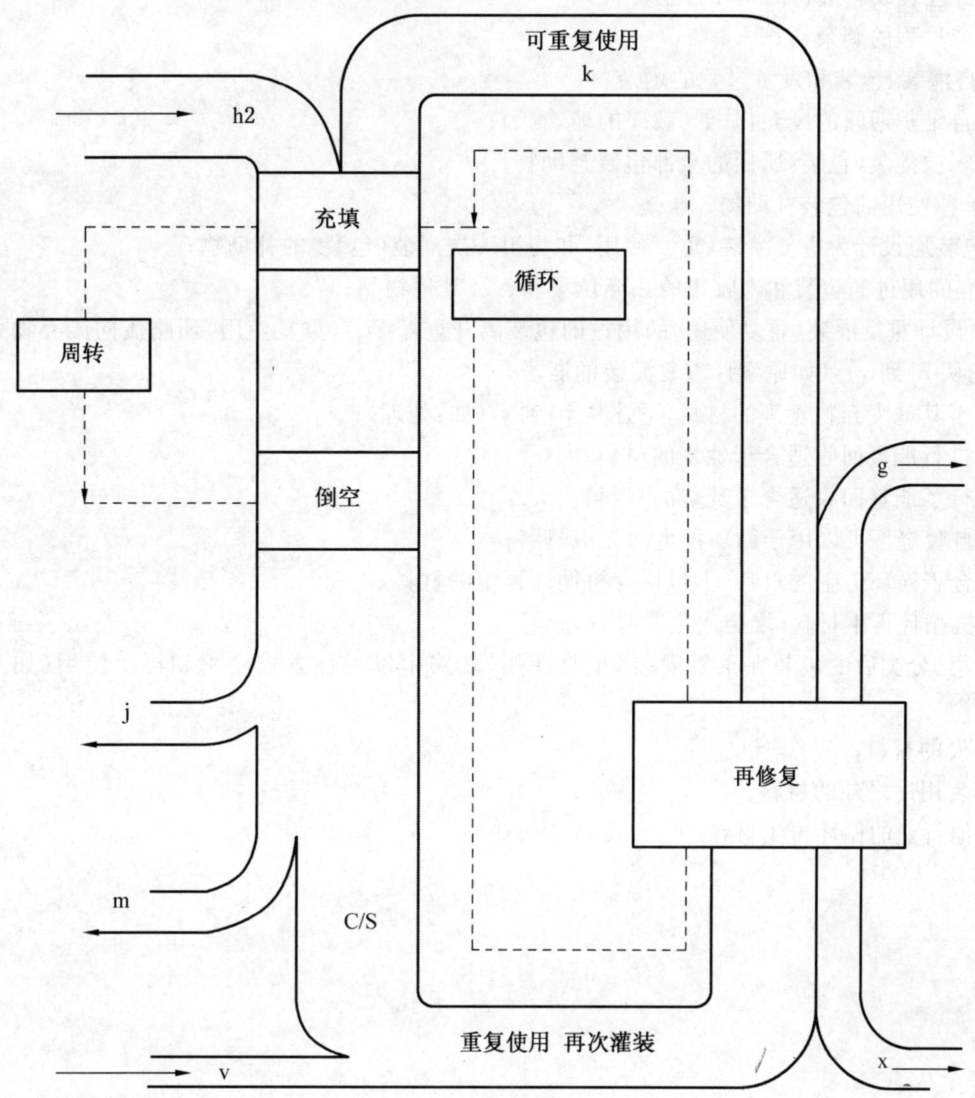

g 来自维护点的包装废弃物流向材料循环再生；

h2 包装设计成适用于重复灌装(使用)并且提供给第一次灌装(包装)；

j 丢弃的用过的包装和未收集的丢弃垃圾和(或)其他物品；

k 用过和维护点的包装用于再一次灌装(包装)；

m 原设计重复灌装(使用)的用过的包装离开重复灌装(使用)环路流向废弃物处理；

v 收集、分类之后的包装在重复灌装(使用)环路中以一种方式使用和再次使用(木板条箱)；

x 丢失的材料；

C/S 表示:收集/分类(collection/sorting)

注 1：表达流向的尺寸大小不视为实际流向的量。

注 2：损失可能发生在环路中的任何处。

注 3：流程图和术语“传递”和“周转”是由 EN 13437 提出的。

图 A.2 重复使用过程流程图

A.2 图 A.1 中每个流程的说明

a) 主要原材料；

b) 来自包装之外的循环再生材料；

c) 来自包装或剩余料的循环再生材料；

d) 生产过程的剩余料；

f) 来自灌装、包装和发货过程的剩余料；

g) 来自维护期间的废弃物(如：破碎的玻璃瓶)；

h) 第一次灌装(包装)所用的全部包装补助物；

h1) 单独使用的包装补助物；

h2) 包装原设计为重复灌装(重复使用)和为第一次灌装(包装)的补助物；

j) 丢弃的用过的包装和未收集的丢弃垃圾和(或)其他物品；

m) 原设计重复灌装(重复使用)的用过的包装离开重复灌装(重复使用)环路流向废弃物处理[下述从 n)到 v)](如原设计重复灌装的瓶子)；

n) 属于其他废弃物管理的材料，下述从 p)到 t)(如：处理)；

p) 未进行能量回收适合于焚烧的材料；

q) 进行了能量回收适合于焚烧的材料；

r) 来自焚烧厂可以用于循环再生的无机材料；

s) 适合于循环再生的材料(不包括有机循环再生的材料)；

t) 有机循环再生材料(堆肥或生物降解)；

v) 收集、分类后的包装在重复灌装(重复使用)环路中以一种方式使用和再次使用(如：木板条箱)；

x) 丢失的材料；

y) 包装用途之外的材料；

z) 其他行业的循环再生材料(如：汽车或建筑业)。

注：参见 EN 13437。

附 录 B
（规范性附录）
维护系统的功能要求

投放市场或交付使用的可重复使用包装适用的维护系统应具备下述功能：

a） 包装条件的评估；

b） 去除损坏的或不可再用的部分；

c） 去除的部分放入回收利用系统；

d） 根据要求清洁和（或）洗涤；

e） 可重复使用包装的维护；

f） 有目的检验和评价；

g） 再次进入到重复使用系统。

注：不需要维修的包装，步骤 e）省略。

清洁（洗涤）过程可以应用在不同的阶段并且可以重复。

上述功能要求的次序在一般情况下适用，但不一定是必需的。

附 录 C
（规范性附录）
符合性评估声明

重复使用的包装应按表C.1进行评估。表C.1的评估准则依据本部分提出的关于重复使用包装的条件、要求和方法列出。当原始资料和声明文件能够证实预期重复使用包装符合所有评估准则，则判定包装符合本部分的要求。表C.1可以作为重复使用的包装投放市场或交付使用的符合性声明。表C.1的格式仅为示例，适用于经营者符合本部分评估的声明。表中全部说明还应包括“可追溯”信息。

表 C.1 符合性声明的示例

<table>
<tr><td>包装鉴定（packaging identification）</td><td>评估声明（assessment reference）</td></tr>
<tr><td colspan="2">使用的主要材料鉴定（Identification of significant materials used）</td></tr>
<tr><td>准 则</td><td>原始资料和证明</td></tr>
<tr><td>说明预期重复使用的包装在特定环境（区域）能够使用的理由</td><td></td></tr>
<tr><td>包装的主要组分能够在可预见的使用情况下实现一定次数的传递或周转</td><td></td></tr>
<tr><td>包装可以倒空（卸货）而不受重大损伤，若有损伤可以进行维护</td><td></td></tr>
<tr><td>包装可以按附录B的规定以任何指定的方法和规定的水平进行维护
（清洁、洗涤、维修），具备保持初始功能的性能</td><td></td></tr>
<tr><td>在维护过程中不危害环境，处理方法或操作过程可以控制</td><td></td></tr>
<tr><td>包装可以有效维护，符合本部分附录B中列出的全部功能要求</td><td></td></tr>
<tr><td>包装可以重复灌装（重复装货）并且始终保持产品质量的一致性，操作稳定可靠，不影响健康和安全</td><td></td></tr>
<tr><td>在可预见的环境（区域）中，重复使用条件（组织、技术、经济等）具备</td><td></td></tr>
<tr><td>重复使用系统符合第6章陈述的其中一种类型</td><td></td></tr>
<tr><td colspan="2">鉴于上述评估，本包装符合GB/T 16716.4的要求，可以重复使用。
供应商（灌装商）名称和地址：　　　　签名：　　　　日期：</td></tr>
</table>

附 录 NA
（资料性附录）
包装的重复使用标志

NA.1 当预期重复使用的包装通过本部分的评估，并且符合 GB/T 16716.2 的最终合格判定，为便于循环系统内的有关各方的识别，应采用重复使用标志。标志应表达在包装的显著部位，在可预见的有效使用期内保持清晰牢固。

NA.2 重复使用标志图形的表达方式、颜色和尺寸可根据包装本身的特征确定。例如，重复使用的铸塑托盘可以在铸造模型设计时预先确定。包装的重复使用标志图形见图 NA.1。

图 NA.1 包装的重复使用标志图形

参 考 文 献

[1] EN 13437 包装和材料循环再生 再生方法规则 再生过程描述和流程图

ICS 55.020
A 80

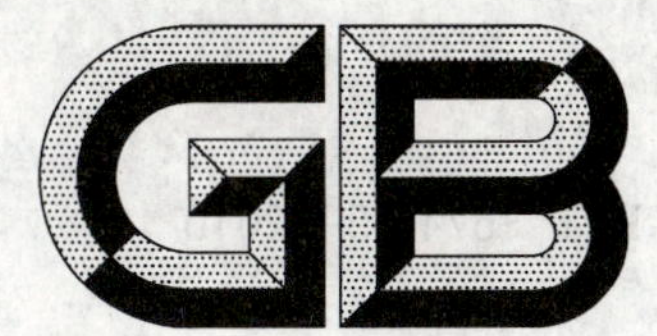

中华人民共和国国家标准

GB/T 16716.5—2010

包装与包装废弃物 第5部分：材料循环再生

Packaging and packaging waste—
Part 5: Recoverable by material recycling

2010-08-09 发布　　2011-01-01 实施

中华人民共和国国家质量监督检验检疫总局
中国国家标准化管理委员会　发布

前　言

GB/T 16716《包装与包装废弃物》分为七个部分：

——第1部分：处理和利用通则；

——第2部分：评估方法和程序；

——第3部分：预先减少用量；

——第4部分：重复使用；

——第5部分：材料循环再生；

——第6部分：能量回收利用；

——第7部分：生物降解和堆肥。

本部分为GB/T 16716的第5部分。

本部分技术内容与EN 13430—2004《包装　材料循环再生利用的要求》(英文版)的一致性程度为等同。

为便于使用，本部分做了下列编辑性修改：

a) “本欧洲标准”一词改为“本部分”；

b) 删除了欧洲标准的目录、前言、引言和附录ZA；

c) 用小数点“.”代替作为小数点的逗号“,”；

d) 用“GB/T 16716.1的条款”代替“94/62/EC的条款和附录”；

e) 用“GB/T 16716.2”代替“EN 13427”；

f) 用“GB/T 18455”代替“CR 14311”；

g) 用“GB/T 23156”代替“EN 13193”。

本部分的附录A和附录B为规范性附录，附录C和附录D为资料性附录。

本部分由全国包装标准化技术委员会提出并归口。

本部分由中国出口商品包装研究所负责起草，山东省产品质量监督检验研究院、联想(北京)有限公司参加起草。

本部分主要起草人：王远德、李建华、郭振梅、孙琦、周加彦、邵永红。

包装与包装废弃物
第5部分:材料循环再生

1 范围

GB/T 16716 的本部分规定了评估包装或包装材料可循环再生的要求、方法、程序和准则。

本部分适用于可以材料循环再生形式回收利用的包装或包装材料。

2 规范性引用文件

下列文件中的条款通过 GB/T 16716 的本部分的引用而成为本部分的条款。凡是注日期的引用文件,其随后所有的修改单(不包括勘误的内容)或修订版均不适用于本部分,然而,鼓励根据本部分达成协议的各方研究是否可使用这些文件的最新版本。凡是不注日期的引用文件,其最新版本适用于本部分。

GB/T 16716.1—2008　包装与包装废弃物　第1部分:处理和利用通则

GB/T 16716.2—2010　包装与包装废弃物　第2部分:评估方法和程序

GB/T 18455　包装回收标志

GB/T 23156　包装　包装与环境　术语

CEN CR 13688—2000　包装　材料循环再生　预防阻碍循环再生对物质和原料的要求

EN 13437—2003　包装和材料循环再生　再生方法规则　再生过程描述和流程图

3 术语和定义

GB/T 23156、GB/T 16716.2 和 EN 13437 确立的以及下列术语和定义适用于 GB/T 16716 的本部分。

3.1

倒空包装　empty packaging

在可预见的情况下,不使用抽空设备,一般从业人员简单操作能够将所有产品残留物倒空的包装。

常见的做法(并非无遗漏)包括:

——除去一个内部的衬垫;

——倾倒;

——抽;

——吸;

——摇动;

——刮;

——挤压;

——冲洗;

——外部擦拭。

3.2

初级材料　primary raw material

从未以任何方法使其成为任何形式的最终产品的材料。

3.3

循环再生 recycling

将废弃的包装材料通过有目的生产加工得以利用，包括有机物再生利用(不包括能源回收)的技术与方法。

3.4

循环再生过程 recycling process

将废弃的包装、包装材料或包装组分分类收集，通过物理和(或)化学的技术与方法使其成为中间材料或产品的生产过程，在此期间或许加入其他材料。

3.5

次级原材料 secondary raw material

收集废弃产品和边角余料，用于原材料的再生产，不包括初级生产过程中的剩余料。

3.6

供应商 supplier

对投放市场或交付使用的包装或包装产品负有责任的经营者。

[GB/T 16716.2—2010，定义 3.1]

4 要求

4.1 应用

本部分所有应用的详细说明见 GB/T 16716.2。

4.2 包装评估

在设计阶段应按附录 A 和附录 B 规定的准则和程序进行评估，确定包装材料可循环再生的质量百分比。

4.3 可循环再生百分比的声明

4.3.1 按包装的功能单元预见材料循环再生的流向，证明其质量百分比。

4.3.2 证明文件按附录 C。功能单元见 GB/T 16716.2—2010 中 4.3 的解释。

4.3.3 在分类收集过程中，可能接触外来的物质或包装内部的残留污染物，当清除后状态正常，可以不妨碍材料循环再生。

注：材料循环再生的比率可能随小的组分和辅助材料的脱离而改变，例如标签和封闭器。

4.4 符合材料循环再生的证明

供应商应制定一份符合 4.2 和 4.3 要求的书面声明。

4.5 支持文件

参照附录 C 给出的示例。

附 录 A
（规范性附录）
包装材料可循环再生的准则

A.1 目的

在评估包装材料循环再生可行性时，应充分分析各方面的影响因素，全面考虑来自各个渠道的所有已经发现的问题。包装生命周期包括的设计、制造、使用、收集、分类，直到实现循环再生得以利用为止的各步骤可能影响材料的循环再生。

本附录给出评估包装材料可循环再生的准则。

表 A.1 给出包装生命周期各步骤和材料循环再生所有准则之间的关系。

表 A.1 包装生命周期步骤和材料循环再生准则之间的关系

生命周期步骤	包装可循环再生的准则		
	结构(成分)和过程控制 A.2	适用有效的循环再生技术 A.3	循环再生过程向环境的排放 A.4
设计		有关	有关
制造	有关		有关
使用	有关		有关
使用者分类	有关		
收集/分类	有关	有关	有关
注：表中表达的编码是附录 A 的条款号。			

A.2 包装构造(成分)和过程的控制

A.2.1 包装设计应优先选择可以循环再生的材料。

A.2.2 制造、裹包、灌装期间应监控使用的材料，不妨碍其后的收集和分类操作。

A.3 适用有效的循环再生技术

A.3.1 包装设计和生产选用材料或材料成分应明确，已知性能应与下游回收再生企业采用的技术或方法协调一致，符合有关的技术标准(见 GB/T 16716.2)。

注：开发和经销一种或一个系列的新包装材料，可在回收利用之前适当介绍产品的独特功能和环境效益，确认这项开发和循环再生方法的拓展可能要经历一段时间。当供应商能够论证在合理的时段内，可以开发出有效的工业循环再生技术，则允许暂时将此包装归类为可循环再生的。

A.3.2 应有计划的建立一个系统，监控和记录新开发的包装材料循环再生技术的应用。建立有效的设计和功能档案。

A.4 循环再生过程向环境的排放

在循环再生过程中，应监控废弃包装和(或)产品残留物向环境的排放和潜在变化。

附　录　B
（规范性附录）
评估循环再生性能的准则

B.1　目的

附录A和表A.1给出了符合本部分第4章规定的各项要求的评估准则和相互关系。本附录阐述各项准则，表B.1给出了关于包装材料循环再生的更进一步详细说明。

表B.1　包装生命周期步骤和材料循环再生能力的准则之间的关系

生命周期步骤	包装材料循环再生能力的准则		
	结构(成分)和过程控制 A.2	适用有效的循环再生技术 A.3	循环再生过程向环境的排放 A.4
设计		B.2	B.2
制造	B.3		B.3
使用	B.4.2		B.4.1
使用者分类	B.4.3		
收集/分类	B.5	B.5	B.5
注：表中表达的编码是附录A和附录B的条款号。			

B.2　设计

B.2.1　包装的设计应包括构造、成分、化合物和组分的可分离性，与有关的材料循环再生技术规范协调一致。为使材料按确定的质量百分比实现再生利用，应按下述的详细说明进行评估：

——物质或材料在再生过程中可能发生的技术问题；

——材料循环再生之前，材料及其成分或设计的包装在收集和分类期间可能发生的问题；

——物质或材料普遍存在的再生以后质量可能下降的问题(见CEN CR 13688—2000)。

B.2.2　当包装功能单元的材料和(或)成分符合国家、行业或国际的标准或规格，适合于收集、分类和循环再生，可作为循环再生性能的证明依据。附录C表C.2给出可循环再生质量百分比证明的表达格式。

下列因素影响材料循环再生过程的适应性：

a)　材料循环再生需要有效的特定配方，生产过程需要投放适当量的主要原材料；

b)　大多数包装使用一种以上的材料，各组分所占比例可能不同，如标签占较小比例，封闭器则占较大比例，规格大小可能相当程度的影响材料实现循环再生。由3.1定义的倒空包装的效果同样影响材料实现循环再生；

c)　包装的说明应给出：

1)　成分的可分解性；

2)　材料的成分或化合物在循环再生过程中的适应性；

注：上述说明应符合投放市场或交付使用的包装技术要求，以及有关标准，适合于有关的循环再生方法。

d)　在完成的最终包装设计中说明影响循环再生性能的任何其他特定因素；

e)　化学成分中的重金属应符合GB/T 16716.1—2008的4.1.3的规定。影响倒空的特性设计按B.4.2的规定。

B.3 生产

B.3.1 产品中的原材料和物质成分，转化和填料

原材料的来源、加工、转化和填料操作应适用于包装产品并且在生产过程中能够控制，任何的变化或偏差不应影响循环再生处理的适应性。

B.3.2 加工过程变化的控制

设计阶段选择的材料，在循环再生技术方面没有出现过问题，加工过程中不应改变，不因此影响再生处理的适应性。

注：本条款同样适用于其他成分的选择，如黏合剂、印刷油墨、涂料、标签、封闭器或其他辅助材料。

B.4 使用

B.4.1 符合基本要求

包装构造应符合所有相关的基本要求和B.4.2的规定。符合包装的安全、卫生的要求和消费者（用户）的需求。

B.4.2 消费者（用户）倒空（卸货）

第一级（直接接触产品）包装设计的造型、开口位置和形状等，应能够让消费者（用户）以一般习惯的方法倒空（卸货），使废弃包装易于再生利用。

当包装件由直接接触产品的第一级包装和第二级组合包装和（或）配送包装等组成，第二级和以外的包装也应能够让消费者（用户）用常规的方法容易分离、卸货，同时不受产品沾染。

B.4.3 最终用户分类

由一种以上的材料或组分构成的包装应分离，以适应收集系统的要求，适合循环再生的技术与方法，包装构造应便于最终用户在可预见的情况下进行分离。

B.5 收集和分类

包装的设计（构造）应采纳预计的和已经获得的关于收集和分类方法的所有情况，并且以此为依据改进，使收集和分类可行。

注：受收集（分类）的局限，在包装设计、生产或灌装时，可能尚未明确产品的目的地，因此，可能视收集和分类不可行，对此特定的实际情况，可分区域建立有效的回收系统。

B.6 材料的识别

GB/T 18455提出的包装回收标志是为识别常用的主要材料，支持后续使用链上的不同场合：

——为用户提示处理选项；

——为便于收集和分类；

——为材料集中进入物流之内，以适应循环再生处理。

有些材料的识别属于常识，不需要回收标志。识别可以借助其他方法，例如颜色或特殊形状的容器。

附　录　C
（资料性附录）
包装材料符合循环再生要求的声明示例

C.1　关于表 C.1 的说明

表 C.1 给出包装材料符合循环再生要求的声明示例。

表 C.1　包装材料符合循环再生要求的声明

包装鉴定(描述)		评估声明	
准　　则		评估	证明
A.2 和 B.3	设计、材料成分、生产过程控制充分适应循环再生的技术和方法		
A.2 和 B.4.2	设计、构造、成分控制、使用方法有利于用户或消费者倒空		
A.2 和 B.4.3	设计、构造、成分控制、使用方法有利于最终用户分类和收集		
A.2 和 B.5	设计、构造、成分控制、使用方法充分适应收集和分类系统		
A.3 和 B.2	加工方法、材料成分、化合物（添加剂）适应循环再生技术和方法		
A.3 和 B.5	可预见的任何必要的分类系统适应材料循环再生的实现		
A.4 和 B.2	结构、材料和可分离的成分在循环再生过程中的排放减到最少		
A.4 和 B.3	过程控制和包装(灌装)确保在循环再生系统中的排放减到最少		
A.4 和 B.4.1	内装物可以倒空,循环再生过程的额外烟尘(残渣)减到最少		
A.4 和 B.5	包装可以收集和分类,循环再生操作中额外烟尘(残渣)最少		

纵向栏上的标题和内容的说明见下述：

第 1 栏：“准则”关系表 B.1 的内容和附录 A 以及附录 B 的有关条款。

第 2 栏：“准则”是对应附录 B 中的包装生命周期步骤的有关要求的概要。全面的理解准则和生命周期步骤,应详见本部分的附录 A 和附录 B。

第 3 栏：“评估”记录对准则的规定是满足或不足。

第 4 栏：“证明”提供所有的证明材料,注释和(或)对特定的要求略有不足的解释。

C.2　关于表 C.2 的说明

本表提出评估途径和记录内容。材料循环再生的质量百分比是以包装功能单元划分的。

采用新材料时,循环再生技术的开发见附录 A.3.1 的注释。

某些包装的功能单元的符合声明举例在附录 D 中给出。D.4 给出采用相同材料构成类似系列包装的可循环再生的符合性声明示例（表中保留英文原文是考虑到出口企业的需要）。

表 C.2　包装的功能单元可用于循环再生的百分比声明

序号	评估途径和内容	包装类型及其简要描述		
1	包装的功能单元 functional unit of packaging 组分见注 1 component see NOTE 1	组分 1 component 1	组分 2 component 2	组分 3 component 3
2	描述 description			
3	功能单元成分的质量占总量的百分比 weight of component as % of total functional unit			
4	根据国家、行业、地区、国际的标准或规格，如果全部组分是一般公认的适合于循环再生，给出详细的证明 If the whole component is accepted for recycling based on national, European, international, commercial standards or specifications, give detailed reference			
5	如果组分符合上述标准或规格，填写第 6 条和第 11 条并且注释可用于循环再生的 100%。否则，拓展第 6 条 If the component complies with such standard(s) or specification(s) fill in line 6 and then go to line 11 and note that 100% is available for recycling. If not, continue with line 6			
6	预计材料流向见注 2 Intended material stream see NOTE 2			
7	在规格之内的要素查出很可能引发问题，推荐全面的循环再生可以选择回收利用的各种适用方法，参照 CEN CR 13688 Identification of constituents within the component likely to create problems in the overall recycling such that alternative recovery is recommended. Reference to CR 13688			
8	素查引发收集和分类问题的倾向 Constituents liable to cause problems in collection and sorting			
9	素查引发循环再生问题的倾向 Constituents liable to cause problems in recycling			

表 C.2（续）

<table>
<tr><th>序号</th><th colspan="2">评估途径和内容</th><th colspan="3">包装类型及其简要描述</th></tr>
<tr><td>10</td><td colspan="2">在循环再生材料中存在负面影响的倾向
Constituents liable to have a negative influence in the recycle material</td><td></td><td></td><td></td></tr>
<tr><td>11</td><td colspan="2">可用于循环再生的组分的质量百分比
Percentage by weight of component available for recycling</td><td></td><td></td><td></td></tr>
<tr><td>12</td><td colspan="2">可用于循环再生的功能单元的质量百分比(第 11 条×第 3 条)。
Percentage by weight of functional unit available for recycling (Line 11x Line 3)</td><td></td><td></td><td></td></tr>
<tr><td>13</td><td>可用于循环再生的包装的总量(第 12 条的总和)
Total percentage available for recycling (Sum line 12)</td><td></td><td></td><td colspan="2">日期和签名
date and signature</td></tr>
<tr><td colspan="6">注 1：GB/T 16716.2—2010 中的组分定义:用手或用简单物理方法可以分离的包装的组成部分。
注 2：预计材料循环再生的流向:铝、玻璃、纸、塑料、铁、木材、其他。当循环再生的操作不可行或正在开发中,见 A.3.1 的注释。
注 3：用 N/A 表示无适用的。</td></tr>
</table>

附 录 D
（资料性附录）
材料可用于循环再生的质量百分比声明示例

以下是表 C.2 的评估应用的示例并且声明材料可用于循环再生，如同 4.3 的陈述，适用于不同包装功能单元的示例见表 D.1、表 D.2、表 D.3 和表 D.4。

表 D.1 包装的功能单元可用于循环再生的百分比声明

序号	评估途径和内容	Description：Printed Steel Aerosol，fill volume 250 mL，with plastic cap (overall volume 335 mL) 描述：印刷的铁气雾剂罐，灌装容量 250 mL，带有塑料盖（总体积 335 mL）		
1	包装的功能单元 functional unit of packaging 组分见表 D.2 注 1 component see NOTE 1	组分 1 component 1	组分 2 component 2	组分 3 component 3
2	描述 description	can with valve and nozzle 带有阀门和喷嘴的铁罐	plastic cap 塑料的盖	
3	功能单元组分的质量占总量的百分比 weight of component as % of total functional unit	91%	9%	
4	根据国家、行业、地区、国际的标准或规格，如果全部组分是一般公认的适合于循环再生，给出详细的证明 If the whole component is accepted for recycling based on national, European, international, commercial standards or specifications, give detailed reference	德国 BDSV-WVS 第 47 号《钢铁废料规格》 German BDSV-WVS steel scrap specification No 47	DSD 产品规格 第 06-09/02 号 第 324 部分 聚丙烯 DSD product specification No. 06-09/02, fraction No. 324 Polypropylene	
5	如果组分符合上述标准或规格，填写第 6 条和第 11 条并且注释可用于循环再生的 100%。否则，拓展第 6 条 If the component complies with such standard(s) or specification(s) fill in line 6-and then go to line 11 and note that 100% is available for recycling. If not, continue with line 6			
6	预计材料流向见注 2 Intended material stream See NOTE 2	Steel 钢铁	Plastic 塑料	

表 D.1（续）

序号	评估途径和内容		Description：Printed Steel Aerosol，fill volume 250 mL，with plastic cap（overall volume 335 mL） 描述：印刷的铁气雾剂罐，灌装容量 250 mL，带有塑料盖（总体积 335 mL）		
7	在组分之内的素查出很可能引发的问题，推荐全面的循环再生可以选择回收利用的各种适用的方法，参照 CEN CR 13688 Identification of constituents within the component likely to create problems in the overall recycling such that alternative recovery is recommended. Reference to CR 13688				
8	素查引发收集和分类问题的倾向 Constituents liable to cause problems in collection and sorting		—	—	
9	素查引发循环再生问题的倾向 Constituents liable to cause problems in recycling		—	—	
10	在循环再生材料中存在负面影响的倾向 Constituents liable to have a negative influence in the recycle material		—	—	
11	可用于循环再生的组分的质量百分比 Percentage by weight of component available for recycling		100%	100%	
12	可用于循环再生的功能单元的质量百分比（第 11 条×第 3 条） Percentage by weight of functional unit available for recycling（Line 11x Line 3）		91%	9%	
13	可用于循环再生的包装的总量（第 12 条的总和） Total percentage available for recycling（Sum line 12）	100%		日期和签名 date and signature	

表 D.2　包装的功能单元可用于循环再生的百分比声明

序号	评估途径和内容	description：Corrugated tray with waxed corrugated lid and PE tray for fresh fish. Total weight 550 g 描述：瓦楞纸底盘带有上蜡的盖和 PE 盘子适用于新鲜的鱼，总质量 550 g		
1	包装的功能单元 functional unit of packaging 组分见注 1 component see NOTE 1	组分 1 component 1	组分 2 component 2	组分 3 component 3

表 D.2（续）

序号	评估途径和内容	description：Corrugated tray with waxed corrugated lid and PE tray for fresh fish. Total weight 550 g 描述：瓦楞纸底盘带有上蜡的盖和 PE 盘子适用于新鲜的鱼，总质量 550 g		
2	描述 description	敞开的瓦楞纸容器 open corrugated case	PE 制造的盘子 tray made of PE	上蜡的瓦楞纸板制造的盖子 lid made of corrugated paper board and waxed
3	功能单元成分的质量占总量的百分比 weight of component as % of total functional unit	64%	9%	27%
4	根据国家、行业、地区、国际的标准或规格，如果全部组分是一般公认的适合于循环再生，给出详细的证明 If the whole component is accepted for recycling based on national, European, international, commercial standards or specifications, give detailed reference	纸的循环再生流向 EN 643 回收利用纸的等级标准，第 1.05 条 Paper recycling stream. EN 643 Standard grades of recovered paper and board. Item 1.05		
5	如果组分符合上述标准或规格，填写第 6 条和第 11 条并且注释可用于循环再生的 100%。否则，拓展第 6 条 If the component complies with such standard(s) or specification(s) fill in line 6 and then go to line 11 and note that 100% is available for recycling. If not, continue with line 6			
6	预计材料流向见注 2 Intended material stream See NOTE 2	Paper 纸	Plastic 塑料	Paper 纸
7	在组分之内的素查出很可能引发的问题，推荐全面的循环再生可以选择回收利用的各种适用的方法，参照 CEN CR 13688 Identification of constituents within the component likely to create problems in the overall recycling such that alternative recovery is recommended. Reference to CR 13688			
8	素查引发收集和分类问题的倾向 Constituents liable to cause problems in collection and sorting	—	无 None	
9	素查引发循环再生问题的倾向 Constituents liable to cause problems in recycling	—	无 None	蜡涂层 CR 13688:2000 表 5.3 ii Wax coating CR 13688:2000 Table 5.3 ii

表 D.2(续)

序号	评估途径和内容	description: Corrugated tray with waxed corrugated lid and PE tray for fresh fish. Total weight 550 g 描述:瓦楞纸底盘带有上蜡的盖和 PE 盘子适用于新鲜的鱼,总质量 550 g		
10	在循环再生材料中存在负面影响的倾向 Constituents liable to have a negative influence in the recycle material	—	无 None	蜡涂层 Wax coating
11	可用于循环再生的组分的质量百分比 Percentage by weight of component available for recycling	100%	100%	
12	可用于循环再生的功能单元的质量百分比(第 11 条×第 3 条) Percentage by weight of functional unit available for recycling (Line 11x Line 3)	64%	9%	
13	可用于循环再生的包装的总量(第 12 条的总和) Total percentage available for recycling (Sum line 12) 73%		日期和签名 date and signature	
注 1: GB/T 16716.2—2010 中的组分定义:用手或用简单物理方法可以分离的包装的组成部分。				

表 D.3 包装的功能单元可用于循环再生的百分比声明

序号	评估途径和内容	描述:陶瓷广口瓶带有陶瓷的盖子和纸商标 description: Ceramic pottery jar with ceramic lid and paper labels		
1	包装的功能单元 functional unit of packaging 组分见注 1 Component see NOTE 1	组分 1 component 1	组分 2 component 2	组分 3 component 3
2	描述 description	陶瓷广口瓶 ceramic pottery jar	陶瓷盖 ceramic lid	纸商标 paper labels
3	功能单元组分的质量占总量的百分比 weight of component as % of total functional unit	87.2%	12%	0.8%

表 D.3（续）

序号	评估途径和内容	描述：陶瓷广口瓶带有陶瓷的盖子和纸商标 description：Ceramic pottery jar with ceramic lid and paper labels		
4	根据国家、行业、地区、国际的标准或规格，如果全部组分是一般公认的适合于循环再生，给出详细的证明 If the whole component is accepted for recycling based on national，European，international，commercial standards or specifications，give detailed reference			
5	如果组分符合上述标准或规格，填写第 6 条和第 11 条并且注释可用于循环再生的 100%。否则，拓展第 6 条 If the component complies with such standard(s) or specification(s) fill in line 6 - and then go to line 11 and note that 100% is available for recycling. If not，continue with line 6			
6	预计材料流向见注 2 Intended material stream See NOTE 2	无适用的 N/A	无适用的 N/A	无 None
7	在组分之内的素查出很可能引发的问题，推荐全面的循环再生可以选择回收利用的各种适用的方法，参照 CEN CR 13688 Identification of constituents within the component likely to create problems in the overall recycling such that alternative recovery is recommended. Reference to CR 13688			
8	素查引发收集和分类问题的倾向 Constituents liable to cause problems in collection and sorting	无 None	无 None	无 None
9	素查引发循环再生问题的倾向 Constituents liable to cause problems in recycling	没有成熟可利用的循环再生见注释 4 No recycling facilities available See NOTE 4	没有成熟可利用的循环再生 No recycling facilities available—	无 None
10	在循环再生材料中存在负面影响的倾向。 Constituents liable to have a negative influence in the recycle material	无适用的 N/A	—	无 None
11	可用于循环再生的组分的质量百分比 Percentage by weight of component available for recycling	0%	0%	0%

表 D.3（续）

序号	评估途径和内容		描述:陶瓷广口瓶带有陶瓷的盖子和纸商标 description: Ceramic pottery jar with ceramic lid and paper labels		
12	可用于循环再生的功能单元的质量百分比(第 11 条×第 3 条)。 Percentage by weight of functional unit available for recycling (Line 11x Line 3)		0%	0%	0%
13	可用于循环再生的包装的总量(第 12 条的总和)。 Total percentage available for recycling (Sum line 12)	0%		日期和签名 Date and Signature	

注 1：GB/T 16716.2—2010 中的组分定义:用手或用简单物理方法可以分离的包装的组成部分。

注 2：预计材料循环再生的流向:铝、玻璃、纸、塑料、铁、木材 、其他。当循环再生的操作不可行或正在开发中,见 A.3.1 的注释。

注 3：N/A 表示无适用的。

注 4：成熟的循环再生技术的有效性在未来可能变化,但是现阶段不能就循环再生提出要求,见 EN 13437—2003,附录 H.4。

表 D.4　包装的功能单元可用于循环再生的百分比声明

序号	评估途径和内容	描述:无色透明单层 PET 瓶,带有塑料封闭器和纸(贴膜)标签,体积 0.33 L～3.0 L 软饮料。 description: Clear, non coloured monolayer PET bottles with plastic closure and paper/foil label, volume 0.33 litre to 3.0 litre for soft drinks		
1	包装的功能单元 functional unit of packaging 成分见注 1 component see NOTE 1	组分 1 component 1	组分 2 component 2	组分 3 component 3
2	描述 description	PET 瓶 PET bottle	PP 封闭器 PP closure	纸(贴膜)标签 paper/foil label
3	功能单元成分的质量占总量的百分比 weight of component as % of total functional unit	81.25%～90.00%	12.50%～5.00%	6.26%～5.00%
4	根据国家、行业、地区、国际的标准或规格,如果全部组分是一般公认的适合于循环再生,给出详细的证明 If the whole component is accepted for recycling based on national, European, international, commercial standards or specifications, give detailed reference	意大利 UNI 10667-7 《消费后的 PET 用于制造纤维》 Italian UNI 10667-7 Post consumer PET to be used for fibres		

表 D.4（续）

序号	评估途径和内容	描述：无色透明单层 PET 瓶，带有塑料封闭器和纸(贴膜)标签，体积 0.33 L～3.0 L 软饮料。 description: Clear, non coloured monolayer PET bottles with plastic closure and paper/foil label, volume 0.33 litre to 3.0 litre for soft drinks		
5	如果组分符合上述标准或规格，填写第 6 条和第 11 条并且注释可用于循环再生的 100%。否则，拓展第 6 条 If the component complies with such standard(s) or specification(s) fill in line 6 and then go to line 11 and note that 100% is available for recycling. If not, continue with line 6			
6	预计材料流向见注 2 Intended material stream See NOTE 2			
7	在组分之内的素查出很可能引发的问题，推荐全面的循环再生可以选择回收利用的各种适用的方法，参照 CEN CR 13688 Identification of constituents within the component likely to create problems in the overall recycling such that alternative recovery is recommended. Reference to CR 13688			
8	素查引发收集和分类问题的倾向 Constituents liable to cause problems in collection and sorting	—	无 None	
9	素查有引发循环再生问题的倾向 Constituents liable to cause problems in recycling	—	无 None	
10	在循环再生材料中存在负面影响的倾向 Constituents liable to have a negative influence in the recycle material	—	无 None	
11	可用于循环再生的组分的质量百分比 Percentage by weight of component available for recycling	100%	100%	100%
12	可用于循环再生的功能单元的质量百分比(第 11 条×第 3 条) Percentage by weight of functional unit available for recycling (Line 11x Line 3)	81.25%～90.00%	12.50%～5.00%	0%
13	可用于循环再生的包装的总量(第 12 条的总和) Total percentage available for recycling (Sum line 12)	93.75%～95%		日期和签名 date and signature	

注：GB/T 16716.2—2010 中的组分定义：用手或用简单物理方法可以分离的包装的组成部分。

ICS 25.020
J 32

中华人民共和国国家标准

GB/T 16743—2010
代替 GB/T 16743—1997

冲裁间隙

Blanking clearance

2010-09-26 发布　　2011-02-01 实施

中华人民共和国国家质量监督检验检疫总局
中国国家标准化管理委员会　发布

前　言

本标准代替 GB/T 16743—1997《冲裁间隙》。

本标准与 GB/T 16743—1997 相比，主要变化如下：

——将冲裁类别作了进一步细分，放宽了冲裁间隙选择值；

——规定了生产中常用冲裁间隙的取值范围；

——增加了电加工模具刃口时冲裁间隙的选取原则；

——增加了有关双金属复层板料冲裁间隙的选用原则；

——删除了已淘汰的热轧硅钢片牌号；

——增加了参考文献；

——对部分文字作了编辑性修改。

本标准由全国锻压标准化技术委员会(SAC/TC 74)提出并归口。

本标准起草单位：西安交通大学。

本标准主要起草人：郭成、吴华英、史东才。

本标准所代替标准的历次版本发布情况为：

——GB/T 16743—1997。

冲 裁 间 隙

1 范围

本标准规定了金属板料与非金属板料的冲裁间隙值，以及采用此间隙值时冲裁件可以达到的尺寸精度与剪切面质量水平。

本标准适用于厚度为 10 mm 以下的金属与非金属板料的普通冲裁。

2 定义、符号

冲裁间隙的定义以及标准中所用到的符号如表 1 和表 2 所示。

表 1 定义

	冲裁间隙(Blanking clearance)	图 例
定义	指冲裁模具中凹模与凸模刃口侧壁之间的距离。	1—板料；2—凸模；3—凹模 冲裁模示意图

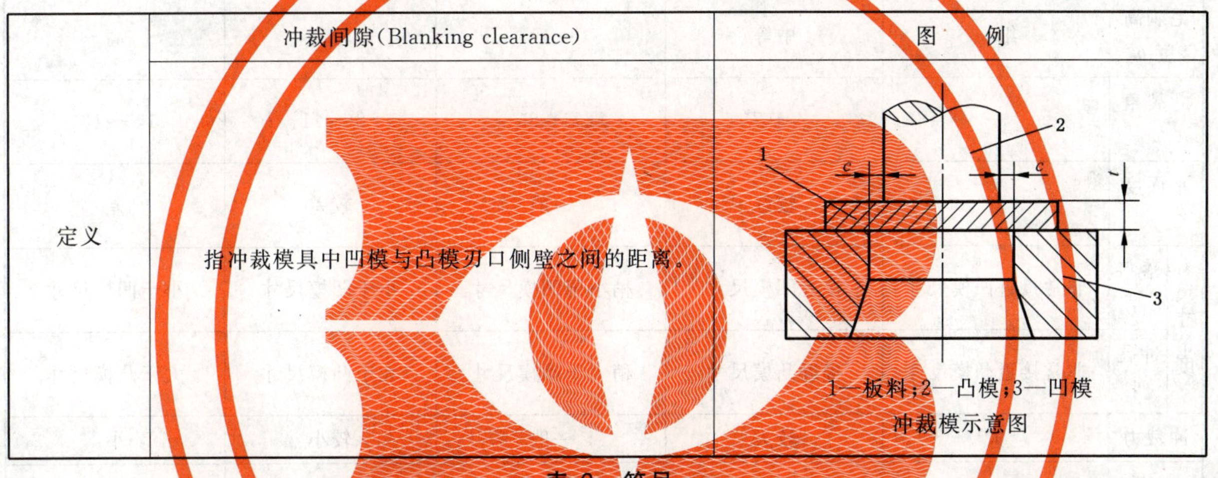

表 2 符号

	符号	名称	单位	图例	图例
符号	c	冲裁间隙(单边间隙)	以料厚百分比表示/%t		
	t	板料厚度	mm		
	τ	材料抗剪强度	MPa		
	R	塌角高度	以料厚百分比表示/%t		
	B	光亮带高度	以料厚百分比表示/%t		
	F	断裂带高度	以料厚百分比表示/%t		
	α	断裂角	(°)		
	h	毛刺高度	mm		
	f	平面度	mm		

3 冲裁间隙

3.1 金属板料冲裁间隙

3.1.1 冲裁间隙分类

按冲裁件尺寸精度、剪切面质量、模具寿命和力能消耗等主要因素，将金属板料冲裁间隙分成表 3 所示五类，即：ⅰ类(小间隙)，ⅱ类(较小间隙)，ⅲ类(中等间隙)，ⅳ类(较大间隙)和ⅴ类(大间隙)。

表 3　金属板料冲裁间隙分类

项目名称	类别和间隙值				
	ⅰ类	ⅱ类	ⅲ类	ⅳ类	Ⅴ类
剪切面特征	毛刺细长 α很小 光亮带很大 塌角很小	毛刺中等 α小 光亮带大 塌角小	毛刺一般 α中等 光亮带中等 塌角中等	毛刺较大 α大 光亮带小 塌角大	毛刺大 α大 光亮带最小 塌角大
塌角高度 R	(2～5)%t	(4～7)%t	(6～8)%t	(8～10)%t	(10～20)%t
光亮带高度 B	(50～70)%t	(35～55)%t	(25～40)%t	(15～25)%t	(10～20)%t
断裂带高度 F	(25～45)%t	(35～50)%t	(50～60)%t	(60～75)%t	(70～80)%t
毛刺高度 h	细长	中等	一般	较高	高
断裂角 α	—	4°～7°	7°～8°	8°～11°	14°～16°
平面度 f	好	较好	一般	较差	差
尺寸精度 落料件	非常接近凹模尺寸	接近凹模尺寸	稍小于凹模尺寸	小于凹模尺寸	小于凹模尺寸
尺寸精度 冲孔件	非常接近凸模尺寸	接近凸模尺寸	稍大于凸模尺寸	大于凸模尺寸	大于凸模尺寸
冲裁力	大	较大	一般	较小	小
卸、推料力	大	较大	最小	较小	小
冲裁功	大	较大	一般	较小	小
模具寿命	低	较低	较高	高	最高

3.1.2　冲裁间隙档次

按金属板料的种类、供应状态、抗剪强度，表 4 给出了对应于表 3 的 5 类冲裁间隙值。

表 4　金属板料冲裁间隙值

材　　料	抗剪强度 τ MPa	初始间隙(单边间隙)/%t				
		ⅰ类	ⅱ类	ⅲ类	ⅳ类	Ⅴ类
低碳钢 08F、10F、10、20、Q235-A	≥210～400	1.0～2.0	3.0～7.0	7.0～10.0	10.0～12.5	21.0
中碳钢 45、不锈钢 1Cr18Ni9Ti、4Cr13、膨胀合金(可伐合金)4J29	≥420～560	1.0～2.0	3.5～8.0	8.0～11.0	11.0～15.0	23.0
高碳钢 T8A、T10A、65Mn	≥590～930	2.5～5.0	8.0～12.0	12.0～15.0	15.0～18.0	25.0
纯铝 1060、1050A、1035、1200、铝合金(软态)3A21、黄铜(软态)H62、纯铜(软态)T1、T2、T3	≥65～255	0.5～1.0	2.0～4.0	4.5～6.0	6.5～9.0	17.0

表4(续)

材　　料	抗剪强度 τ MPa	初始间隙(单边间隙)/%t				
		ⅰ类	ⅱ类	ⅲ类	ⅳ类	ⅴ类
黄铜(硬态)H62、铅黄铜 HPb59-1、纯铜(硬态)T1、T2、T3	≥290～420	0.5～2.0	3.0～5.0	5.0～8.0	8.5～11.0	25.0
铝合金(硬态)ZA12、锡磷青铜 QSn4-4-2.5、铝青铜 QA17、铍青铜 QBe2	≥225～550	0.5～1.0	3.5～6.0	7.0～10.0	11.0～13.5	20.0
镁合金 MB1、MB8	≥120～180	0.5～1.0	1.5～2.5	3.5～4.5	5.0～7.0	16.0
电工硅钢	190	—	2.5～5.0	5.0～9.0	—	—

3.1.3 冲裁间隙适用场合

ⅰ类冲裁间隙适用于冲裁件剪切面、尺寸精度要求高的场合;ⅱ类冲裁间隙适用于冲裁件剪切面、尺寸精度要求较高的场合;ⅲ类冲裁间隙适用于冲裁件剪切面、尺寸精度要求一般的场合。因残余应力小,能减小破裂现象,适用于继续塑性变形的工件的场合;ⅳ类冲裁间隙适用于冲裁件剪切面、尺寸精度要求不高时,应优先采用较大间隙,以利于提高冲模寿命的场合;ⅴ类冲裁间隙适用于冲裁件剪切面、尺寸精度要求较低的场合。

3.2 非金属板料冲裁间隙

表5给出了常用非金属板料的冲裁间隙值。

表5　非金属板料冲裁间隙值

材　　料	初始间隙(单边间隙)/%t
酚醛层压板、石棉板、橡胶板、有机玻璃板、环氧酚醛玻璃布	1.5～3.0
红纸板、胶纸板、胶布板	0.5～2.0
云母片、皮革、纸	0.25～0.75
纤维板	2.0
毛毡	0～0.2

4 冲裁间隙选用原则与方法

4.1 选用原则

4.1.1 对金属板料的普通冲裁而言,生产中常用冲裁间隙的取值范围为板料厚度的3%～12.5%。选取冲裁间隙时,需根据实际生产要求综合考虑多种因素的影响,主要依据应在保证冲裁件尺寸精度和满足剪切面质量要求前提下,考虑模具寿命、模具结构、冲裁件尺寸与形状、生产条件等因素所占的权重综合分析后确定。

4.1.2 对下列情况,应酌情增减冲裁间隙值。

a) 在同样条件下,可根据不同零件质量要求,依据生产实践把握,使冲孔间隙比落料间隙适当增加;
b) 冲小孔(一般为孔径小于料厚)时,凸模易折断,间隙应取大值。但这时要采取有效措施,防止废料回升;
c) 硬质合金冲裁模应比钢模的间隙大30%左右;
d) 复合模的凸凹模壁单薄时,为防止胀裂,根据不同产品质量要求,实践把握放大冲孔凹模间隙;
e) 硅钢片随含硅量增加,间隙相应取大些,由实验确定放大间隙量;
f) 采用弹性压料装置时,间隙可大些,放大间隙量根据不同弹压装置实际中应用测定;

g) 高速冲压时，模具容易发热，间隙应增大。如行程次数超过每分钟 200 次，间隙应增大 10% 左右；

h) 电加工模具刃口时，间隙应考虑变质层的影响；

i) 加热冲裁时，间隙应减小，减小间隙量由实际情况测定；

j) 凹模为斜壁刃口时，应比直壁刃口间隙小；

k) 对需攻丝的孔，间隙应取小些，减小间隙量由实际情况测定。

4.1.3 表 4 所列冲裁间隙值适用于厚度为 10 mm 以下的金属板料，考虑到料厚对间隙的影响，实际选用时可将料厚分成≤1.0 mm；>1.0 mm～2.5 mm；>2.5 mm～4.5 mm；>4.5 mm～7.0 mm；>7.0 mm～10.0 mm 五档。当料厚为≤1.0 mm 时，各类间隙取其下限值，并以此为基数，随着料厚的增加，逐档递增；对于双金属复层板料，应以抗剪强度高的金属层厚度为主来选取冲裁间隙。

4.1.4 凸、凹模的制造偏差和磨损均使间隙变大，故新模具的初始间隙应取最小合理间隙。

4.1.5 落料时凹模尺寸为工件要求尺寸，间隙值由减小凸模尺寸获得；冲孔时凸模尺寸为工件孔要求尺寸，间隙值由增大凹模尺寸获得。

4.2 选用方法

4.2.1 两步法

选用金属板料冲裁间隙时，应针对冲裁件技术要求、使用特点和特定的生产条件等因素，首先按表 3 确定拟采用的间隙类别，然后按表 4 相应选取该类间隙值。

4.2.2 类比法

其他金属板料的冲裁间隙值可参照表 4 中抗剪强度相近的材料选取。

参考文献

[1] ASM Handbook Volume 14B Metalworking: Sheet Forming, 2006.

ICS 01.040.01
A 22

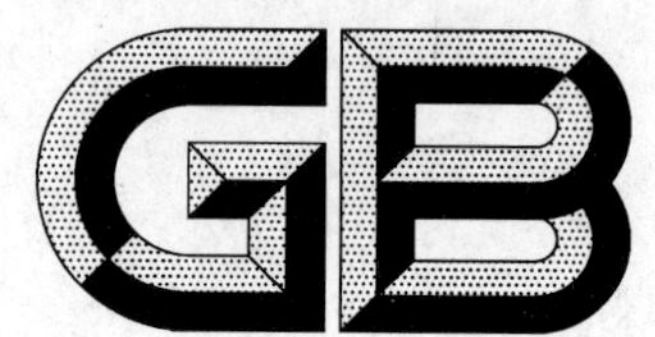

中华人民共和国国家标准

GB/T 16766—2010
代替 GB/T 16766—1997

旅游业基础术语

Basic terminology in travel and tourism

2011-01-14 发布

2011-06-01 实施

中华人民共和国国家质量监督检验检疫总局
中国国家标准化管理委员会 发布

前　言

本标准代替GB/T 16766—1997《旅游服务基础术语》。

本标准与GB/T 16766—1997相比，主要变化如下：

——更改了标准名称中的关键词，将旅游服务改为旅游业；

——增加了目次、引言和参考文献部分；

——增加到12章，章的标题和结构都与1997年版本不同；

——删除了已不适应目前旅游业实践的术语(1997年版的3.2.3、4.3.1、4.3.3和4.3.5)；

——增加了大量新的旅游业基础术语，术语条目增加到363条(1997年版本仅有57条)；

——更新了一些旅游业基础术语的表述内容。

本标准由国家旅游局提出。

本标准由全国旅游标准化技术委员会归口。

本标准起草单位：北京第二外国语学院旅游发展研究院。

本标准主要起草人：张凌云、李任芷、刘士军、汪黎明、刘莉莉、张源、朱莉蓉、李嘉宁、刘威、刘波、崔秀娟、赵瑞娟、庞世明。

本标准所代替的历次版本发布情况为：

——GB/T 16766—1997。

引　言

GB/T 16766—1997 发布已经 10 多年了，其间中国旅游业从旅游需求到旅游供给都发生了很大的变化，产生了许多新的产品类型和新的业态，为了适应新形势下旅游行业标准化工作的需要，规范旅游业的基础术语，有必要对 GB/T 16766—1997 进行修订。

旅游业基础术语

1 范围

本标准规定了我国旅游业中的基础术语。

本标准适用于各类旅游业的国家标准、行业标准和地方标准的编写，也可供旅游行业各相关部门在行业管理、市场营销、经营管理等活动中引用和参考。

2 规范性引用文件

下列标准的条款通过本标准的引用而成为本标准的条款。凡是注日期的引用文件，其随后所有的修改单（不包括勘误的内容）或修订版均不适用于本标准，然而，鼓励根据本标准达成协议的各方研究是否可使用这些文件的最新版本。凡是不注日期的引用文件，其最新版本适用于本标准。

GB/T 14308 旅游饭店星级的划分与评定

GB/T 18973 旅游厕所质量等级的划分与评定

3 旅游和旅游业基础

3.1

旅游活动 tour;travel

为了休闲、商务或其他目的离开他们的惯常环境，到某些地方居停，但连续不超过一年的活动。

3.2

旅游者 visitor

到他惯常环境以外的地方去旅行，时间不超过12个月，并且其出游的主要目的不是通过所从事活动获取报酬的人。

3.2.1

过夜游客 tourist

在一个旅游目的地逗留至少24 h以上的游客。

3.2.2

一日游游客 excursionist;day tripper

在一个旅游目的地逗留不超过24 h的游客。

3.3

常住国 country of residence

一个人在近一年的大部分时间所居住的国家或地区，或在这个国家或地区只居住了较短的时间，但在12个月内仍将返回的这个国家或地区。

3.4

常住地 place of residence

一个常住国的居民，在近一年的大部分时间所居住的城镇或在这个城镇只居住了较短的时期，但在12个月内仍将返回的这个城镇。

3.5

国籍 nationality;citizenship

给游客颁发护照（或其他身份证明文件）的政府所在地的国家。

3.6

外国人 foreigner

属于外国国籍的人，包括已加入外国国籍的具有中国血统的华裔人士。

3.7

入境［国际］游客 international visitors

在一段时间内来我国境内观光、度假、探亲访友、就医疗养、购物、参加会议或从事经济、文化、体育、宗教活动的外国人、港澳台同胞等海外游客。

3.8

国民旅游 national tourism

本国居民国内旅游与出境旅游的总称。

3.9

国内游客 domestic visitors

任何以观光游览、度假、探亲访友、就医疗养、购物、参加会议或从事经济、文化、体育、宗教活动等为目的的居民，在自己定居的国家内，不论国籍如何，对某个目的地进行短暂访问，其出游目的不是通过所从事的活动谋取报酬。

3.10

出境游客 outbound travellers

中国内地公民出境前往其他国家或地区观光、度假、探亲访友、就医疗养、购物、参加会议或从事经济、文化、体育、宗教活动的人。

3.11

中国公民出国旅游目的地 Approved Destination Status

ADS

与我国签署了《旅游目的地国地位谅解备忘录》，互相开通旅游，能提供团队签证，即 ADS 签证的国家。

3.12

边境旅游 border tourism

在那些两国间边境不自由开放的，有管制的地区进行的越境或跨境旅游，其旅游的区域和期限由双方政府商定。

3.13

团体旅游 group tour

通过旅行社和相关旅游服务中介机构，以旅游包价的形式，按照一定的旅游行程进行的有组织的旅游活动。

3.14

散客旅游 independent tour

由旅游者自行安排旅游活动行程，或通过旅游中介机构办理单项委托业务，零星支付旅游费用的旅游形式。

3.15

自助旅游 self-service tour

由旅游者完全自主选择和安排旅游活动，且没有全程导游陪同的一种旅游形式。

3.16

背包旅游 bag packing；backpacker travel

自助旅游的一种，以尽可能少花钱多去一些旅游地、享受大自然和旅行的快乐、深度体验当地的民风民情为目的的旅游。

3.17

季节性　seasonality

受气候等自然地理条件的限制，有些旅游活动具有明显的季节性。

3.18

旅游旺季　on season；high season

一年中旅游者到访较集中的几个月份。由于各旅游目的地自然地理条件不同、旅游吸引物性质和主要客源市场不同，各地的旺季出现的月份不尽相同。

3.19

旅游淡季　off season；low season

一年中旅游者到访人数较稀少的几个月份。由于各旅游目的地自然地理条件不同、旅游吸引物性质和主要客源市场不同，各地的淡季出现的月份不尽相同。

3.20

旅游平季　shoulder season

一年中处于旺季与淡季之间的月份。

3.21

旅游季节性差价　seasonal adjustment fare

一种旅游企业为平抑旅游者人流季节性波动而采取差异化定价的市场行为。

3.22

旅游收入　tourism revenue

游客(海外游客和国内游客)在旅游过程中支付的一切旅游支出。包括国际旅游(外汇)收入和国内旅游收入。

3.23

国际旅游外汇收入　foreign exchange receipts of international tourism

海外旅游者在中国(大陆)境内旅行、游览过程中用于交通、参观游览、住宿、餐饮、购物、娱乐等全部花费。

3.24

国内旅游收入　domestic tourism receipts

国内旅游者在国内旅行、游览过程中用于交通、参观游览、住宿、餐饮、购物、娱乐等全部花费。

3.25

旅游外汇漏损　tourism foreign exchange leakage

旅游目的地的国家或地区的旅游部门和企业为了发展旅游业，将获得的外汇用于购买国外的物品、劳务以及支付对外贷款利息等导致的外汇收入支出，从而使目的地国家或地区的旅游外汇减少或流失。

3.26

旅游购物退税　tax refund for tourism shopping

旅游者在国外购买商品时，退还其在国内生产和流通环节实际缴纳的产品税、增值税、营业税和特别消费税等。

3.27

边际旅游消费倾向　marginal propensity of tourism consume

可支配收入每增加一个货币单位时用于旅游消费的增加量。

3.28

旅游业六要素　the six components of tourism

构成旅游的食、住、行、游、购、娱等六个基本要素。

3.29

旅游业　tourism industry

以旅游者为服务对象，以旅游市场为联系纽带，以旅游资源和设施为基础，以旅游经营活动为中心，将相关行业和企业集合起来，向旅游者提供旅游过程中所需要的产品和服务的综合性产业。

3.30

旅游企业　tourist enterprise

以旅游者为主要服务对象的经营实体。在现行的旅游统计制度中，仅指旅行社、星级饭店、旅游景点和旅游车船公司等。

3.31

旅游行业景气度　tourism prosperity

对旅游业景气调查中定性经济指标的定量描述，以直观反映宏观旅游经济运行和企业生产经营所处的状况和未来发展变化趋势。

3.32

旅游行业景气指数　tourism prosperity index

一种测度和衡量旅游行业景气程度的指数。

3.33

旅游价格指数　tourism price index

TPI

由与旅游者出游有关的产品及劳务价格统计出来的物价变动指标，反映一定时期居民旅游消费价格变动的相对数。

3.34

旅游卫星账户　tourism satellite account

TSA

在国民经济核算体系之外，经联合国世界旅游组织等国际机构的建议，按照国民经济核算体系的概念和分类标准，将所有由于旅游而产生的消费和产出部分分离出来进行单独核算的虚拟账户，也称为旅游附属账户。

3.35

旅游特征产品　tourism characteristic product

编制旅游卫星账户使用的一种产品分类方案，是指如果没有游客，将不再存在有规模的产品数量或产品消费水平将大幅度下降的那些产品，并可获得其统计信息。

3.36

旅游特征企业　tourism characterization enterprise

只进行单一旅游特征活动生产的企业，是编制旅游卫星账户的一种企业分类方法。

3.37

旅游业增加值　value-added of the tourism industry

由旅游产业所生产的各种旅游和非旅游产品组成的总产出减去生产过程中消耗的来自各产业部门的产品（即中间消耗），可具体分解为雇员报酬、营业盈余、混合收入等部分。

3.38

旅游业乘数　tourism multiplier

因旅游企业收入增加而引起的相关产业所产生的经济总量的增加的数量比例关系，表示一个特定地区的旅游业的收入对整个地区的经济总量增长的影响。

3.39

旅游就业　tourism employment

旅游吸纳就业的能力，是由满足旅游消费而产生的就业，可用就业人数指标和工作时间表示。

3.40

旅游产业链　tourism industrial chain

在旅游经济活动过程中,各产业之间存在着广泛密切的经济联系,而依据产业前、后向的关联关系构成的一种链条式关系。

3.41

旅游投诉　tourist complaint

旅游者、海外旅行商、国内旅游经营者为维护自身和他人的旅游合法权益,对损害其合法权益的旅游经营者和有关服务单位,以书面或口头形式向旅游行政管理部门提出请求处理或要求补偿的行为。

4　旅游市场基础

4.1

旅游客源地　traveller-generating region;source region

具备一定人口规模和旅游消费能力,能够向旅游地提供一定数量旅游者的地区。

4.2

目标市场　target market

某旅游目的地接待的主要客源市场区域或主要人群。

4.3

机会市场　opportunity market

那些目前仍不是某旅游目的地的目标市场,但通过有针对性的市场营销活动有可能转化为目标市场的区域或人群。

4.4

潜在市场　potential market

某区域或某特定人群受某个或某几个因素的限制或影响,目前还不能或很难将其开发成为现实市场,但又具有较大潜在开发价值的市场。

4.5

市场细分　market segmentation

以消费需求的某些特征或变量为依据,区分具有不同需求的顾客群体。目的是针对每个购买者群体采取独特的产品或市场营销组合战略以求获得最佳收益。

4.5.1

大众旅游市场　mass tourism market

一般包含两层含义,一是指参加社会上广泛流行的旅游方式的消费者人群;二是指大批量销售的,标准化定制的,有组织的全包价团体旅游市场。

4.5.2

替代旅游市场　alternative tourism market

与大众旅游相对的,一种小规模的、灵活的、为游客量身订做的,同时也兼顾旅游目的地社会效益和环境保护的旅游市场。也称选择性旅游市场。

4.5.3

利基市场　niche market

被传统优势旅游企业忽略的市场细部,其市场规模较小,也称超细分市场旅游。

4.5.4

深度旅游市场　deeply tourism market,experiential tourism market

一种对旅游目的地更为融入,体验更加细致和丰富的旅游,与大众观光旅游不同的是,这种旅游的目的地一般都避开热闹的旅游区,并深入社区体验当地的风土人情和生活方式。

4.5.5

观光旅游市场 sightseeing market

以参观、欣赏自然景观和民俗风情为主要目的和游览内容的旅游消费活动。一般来说，观光旅游属于大众旅游，但也有些是属于专题旅游或替代旅游。

4.5.6

度假旅游市场 holiday market; vacation market

以度假和休闲为主要目的和内容的旅游，其特点是在一地逗留时间较长，活动项目安排一般较宽松、节奏较慢。

4.5.7

探亲访友市场 visiting relatives and friends

VRF

以探亲访友为目的而产生的旅游活动。其旅游目的地不局限于旅游者的故乡，还包括亲友的当今的居住地以及双方约定会面的其他目的地。

4.5.8

商务旅游市场 business travel market

职业人士在商务活动过程中产生的所有旅游消费行为。除了传统的商贸经营外，还包括参加行业会展、跨国公司的区域年会、调研与考察、公司间跨区域的技术交流、产品发布会以及公司奖励旅游等。

4.5.9

特种旅游市场 special interests tourism market

具有较强自主性和个性化的非常规性旅游，一般带有一定的冒险性和竞技性，如探险、狩猎、潜水、登山、汽车拉力赛及洲际、跨国汽车旅行等，选择志同道合的人作为旅伴，其内部有共同的价值观。有的特种旅游要经过非对外开放区，因此在政策上属于需要特别审批的旅游活动，也有的将其称为专题旅游、专项旅游和特色旅游等。

4.5.10

本地旅游市场 local travel market

旅游目的地本地的旅游消费者群体。

4.5.11

周边旅游市场 city break market

旅游目的地周边(一般在300 km范围内)的旅游消费者群体。

4.5.12

远程旅游市场 long-haul travel market

距旅游目的地较远(一般在1 000 km以上)的旅游消费者群体。

4.5.13

修学旅游市场 study tour market

以参加结合课程教学而进行的历史、文化或自然科学的现场教学、野外实习和考察以及参观大学校园等活动内容的消费者群体，一般都为各级各类的在校学生。

4.5.14

青年旅游市场 youth tourist market

以在校大学生和年轻职员为主体的旅游消费者群体。

4.5.15

新婚蜜月市场 bridal market; honeymoon market

新婚夫妇为庆祝新婚、欢度蜜月而外出旅行的消费者群体。

4.5.16

家庭旅游市场　family tourist market

以家庭成员为单位，以加深家庭成员之间的感情交流，共同探索和体验新鲜而有趣的事物为目的而出游的消费者群体。如果是家长与孩子一起参与的旅游也称亲子旅游。

4.5.17

老年旅游市场　senior tourist market

以具有一定消费能力和体力，并有旅游欲望的退休人士为主体的消费者群体。

4.6

旅游业市场营销　tourism marketing

旅游企业和旅游目的地对旅游产品的开发、定价、促销和分销的计划和实施过程，以满足旅游者的需求和实现旅游企业、旅游目的地的发展目标。

5　旅游资源、产品和活动基础

5.1

旅游资源　tourist resources

对旅游者具有吸引力，并能给旅游经营者带来效益的自然和社会事物的总和。

5.2

旅游吸引物　tourist attractions

能激发人们的旅游动机，吸引旅游者进行旅游活动的自然客体与人文因素的总和。

5.3

旅游产品　tourist product

为了满足旅游者旅游需求所生产和开发的物质产品和服务的总和。

5.4

旅游活动　tourist activity

人们离开其惯常环境前往目的地的一种旅行消费活动。

5.5

观光旅游　sightseeing tour

见4.5.5。

5.5.1

文化旅游　cultural tourism

以观赏异国异地传统文化、追寻文化名人遗踪或参加当地举办的各种文化活动为目的的旅游。

5.5.2

遗产旅游　heritage tourism

以遗产资源为旅游吸引物，到遗产所在地去欣赏遗产景观，体验遗产文化氛围的旅游，一般包括自然遗产、文化遗产、工农业遗产和非物质遗产等多种类型。

5.5.3

红色旅游　red tourism

以中国共产党领导人民在革命和战争时期建树丰功伟绩所形成的纪念地、标志物为载体，以其所承载的革命历史、革命事迹和革命精神为内涵，组织接待旅游者开展缅怀学习、参观游览的主题旅游。

5.5.4

黑色旅游　dark tourism

到访一些特殊纪念地的旅游，这些纪念地以前曾经发生过悲剧事件或历史上著名的死亡事件且这些事件至今仍然影响着我们的社会生活。

5.5.5

工业旅游　industrial tourism

以运营中的工厂、企业、工程等为主要吸引物，开展参观、游览、体验、购物等活动的旅游。

5.5.6

农业旅游　agricultural tourism; farm tourism

以各类农业(包括林业、牧业和渔业)生产活动，以及各种当地民俗节庆活动作为主要吸引物的旅游。

5.5.7

科技旅游　science and technology tourism

以各类高新科技产业的生产过程和成果开展参观、游览、体验、购物等活动的旅游。

5.5.8

教育旅游　educational tourism

以增长知识、提高教养、丰富阅历、受到启发等为目的的旅游。

5.6

寻根旅游　genealogy tourism

以寻找祖籍宗族和寻访祖上故地为目的的旅游，一般包括名人后代寻根、姓氏寻根、家族寻根、文化寻根游等多种形式。

5.7

宗教旅游　religious tourism

以宗教活动为目的的旅游活动。一般是指宗教信徒为进行朝拜、求道或参加重大宗教节日而离开居住地的旅游，有时也称朝觐旅游。

5.8

购物旅游　shopping tour

以购买名牌商品、廉价商品、地方土特产品和旅游纪念品等为主要目的的旅游。

5.9

民族旅游　ethnic tourism

以体验异域风情、独特自然生态环境和少数民族文化真实性为目的的旅游。

5.10

民俗旅游　folk custom tourism

以民俗事务、民俗活动和民间节事为主要吸引物的旅游。

5.11

节事旅游　festival and special event

FSE

以地方节日、事件活动和节日庆典为吸引物的旅游。

5.12

创意旅游　creative tourism

旅游者与旅游地之间进行创意性互动的一种旅游。在旅游过程中，旅游者实现知识或技能的输入，开发个人创意潜能，并形成个性化旅游体验及旅游经历，实现目的地资源向旅游者经验的转化。

5.13

城市旅游　urban tourism

以城市的历史文化、现代建设成就和商业街区等为主要吸引物的旅游。

5.14

乡村旅游　rural tourism

以乡村自然景观、民俗和农事活动为主要吸引物的旅游。

5.15

自然旅游 nature tourism

以各种地理环境或生物构成的自然景观为主要吸引物的旅游。

5.15.1

森林旅游 forest tourism

以森林景观和森林生态系统为主要吸引物的旅游;森林是以乔木树种为主的具有一定面积、密度和郁闭度的木本植物群落。一般包括观光游览、森林浴、野营探险、狩猎采撷、观鸟赏蝶和科考科普等几大类型。

5.15.2

草原旅游 prairie tourism

利用独特的草原自然风光、气候及此环境形成的历史人文景观和特有的民俗风情为吸引物的旅游。草原是指在半干旱条件下,以旱生或半旱生草本植物为主的生态系统,一般包括观光游览、体验民俗风情、节庆活动等。

5.15.3

湿地旅游 wetland tourism

以湿地资源和湿地生态系统作为主要吸引物的旅游。湿地是指天然的或人工的、永久性的或暂时性的沼泽地,泥炭地和水域,蓄有静止或流动、淡水或咸水水体,包括低潮时的水深浅于 6 m 的水区。自然湿地一般可分为滨海湿地、河流湿地、湖泊湿地和沼泽湿地等四大类型。湿地旅游活动一般包括观光游览、观鸟垂钓和科考科普等几大类型。

5.15.4

观鸟旅游 bird watching tourism

在自然环境中借助望远镜和鸟类图鉴在不影响野生鸟类栖息的前提下,观察和观赏鸟类的旅游。

5.15.5

山岳旅游 mountain tourism

以观赏自然山体景观、登山运动和保健养生为主要目的的旅游。

5.16

度假旅游 vacation tourism

见 4.5.6。

5.16.1

温泉旅游 hot spring tourism

以温泉为主要吸引物,享受、体验沐浴和水疗以及温泉文化,康体养生为目的的度假旅游。温泉是指水温高于 25 ℃,且不含有对人体有害物质的地下涌出热水。

5.16.2

海洋旅游 marine tourism

以海洋为场所,以探险、观光、娱乐、运动、疗养为主要目的的度假旅游,一般包括海滨(海岸沙滩)旅游、海上旅游、海底旅游、海岛旅游等几大类。

5.16.3

观鲸旅游 whale watching tour

以可持续的方法在海上观赏或是通过诸如喂食和游泳等一些相互影响的互动行为方式来观察鲸类活动的旅游。

5.16.4

滑雪旅游 skiing tour

以滑雪运动及其相关设施为主要旅游吸引物的度假旅游。一般包括高山滑雪、越野滑雪、高空滑雪和单板滑雪等几大类。

5.16.5

高尔夫球旅游　golf tour

离开惯常环境，前往异地的高尔夫球场以打球、切磋球技、商务应酬、公关社交等为目的的度假旅游。

5.17

会展奖励旅游　MICE

会议(Meeting)、奖励(Incentive)、大型会议(Conference/Convention)、展览(Exhibition)旅游的总称。

5.17.1

会议旅游　Meeting;Convention;Exhibition

以组织、招揽各种会议，提供相应的会议服务，并在会前、会中或会后安排游览活动的一种商务旅游。业界习惯上根据参会人数规模，将会议分为专业会议和大型会议两大类。包括协会会议(年会、研讨会、人员培训会等)、公司会议(董事会、销售会、人员培训会、股东大会等)、政府会议，展(销)览会、博览会和其他专题会议。

5.17.2

奖励旅游　Incentive travel

企业为奖励员工、代理商、合作伙伴和客户、而由公司出资的旅游。这种旅游改变了单纯旅游的形式，将培训与旅游相结合，把业务会议与奖励性活动相结合。

5.18

专业旅游　professional tour

以专业学习、业务交流、观摩考察为主要目的的旅游。

5.19

公益旅游　public welfare tourism

一种能促进社会公共利益的旅游活动。

5.19.1

社区旅游　community tourism

以社区为目的地，能促进东道社区旅游业及其经济、环境和社会效益持续发展的旅游。

5.19.2

扶贫旅游　poverty lift tourism

以帮助旅游目的地的贫困人口摆脱生活困境或改善生存条件为主要目的的旅游。

5.19.3

慈善旅游　charity trip

慈善团体组织的为特定目的地做善事的旅游。

5.19.4

社会旅游　social tourism;welfare tourism

政府或其他协会组织以津贴或其他形式资助低收入者或无法承担旅游费用等特定群体的旅游。

5.19.5

志愿者旅游　volunteer tourism

利用旅游过程中的部分时间自愿从事为当地社区、自然资源保护及需要帮助的人群提供不计报酬的服务和劳动，但不作为固定职业的行为。

5.20

负责任的旅游　responsible tourism

一种旅游者对旅游目的地环境保护自觉地负起责任的旅游方式。

5.20.1

可持续旅游 sustainable tourism

在满足当前旅游者和旅游经营者利益的同时，又不对未来旅游者和旅游经营者满足其自身利益的能力构成损害的负责任的旅游方式。

5.20.2

绿色旅游 green tourism

以保护环境，保护生态平衡为前提的远离喧嚣与污染，亲近大自然，并能获得健康精神情趣的旅游。

5.20.3

生态旅游 ecotourism tourism

以独特的生态资源、自然景观和与之共生的人文生态为主要吸引物，以促进游客对自然、生态的理解与学习，提高对生态环境与社区发展可持续的责任感为重要内容的旅游。

5.21

特殊兴趣旅游 special interest tour

以满足旅游者个人的某种特殊兴趣为目的的旅游活动。

5.21.1

烹饪旅游 culinary tourism

以体验、学习异地烹饪为目的，旅游者与旅游地之间进行互动的一种旅游方式。

5.21.2

美食旅游 gastronomic tourism

以品尝和体验异域美食为主要目的的旅游。

5.21.3

葡萄酒旅游 wine tourism

到访位于葡萄酒产地的葡萄种植园、葡萄酒庄园和作坊，以了解葡萄种植、酿造工艺过程和体验葡萄酒文化为主要目的的旅游。

5.21.4

摄影旅游 photographic tourism

以欣赏和拍摄自然人文景观和民俗采风为主要目的的旅游。

5.21.5

垂钓旅游 fishing tour

以在优美的自然环境中垂钓、赏景和养生为主要目的的旅游。垂钓是利用钓具将鱼从水中捕捉出来的一项活动。一般可分为河湖垂钓和海上垂钓两大类。

5.21.6

狩猎旅游 hunting safari

经目的地政府管理部门许可，对野生动物或圈养动物进行捕猎的旅游。

5.21.7

保健旅游 health tourism

以增进身体健康或治疗某些慢性疾病为目的的旅游。目的地一般为温泉、山地森林度假村、海滨和阳光地带，有些保健旅游也属于度假旅游。

5.21.8

医疗旅游 medical tourism

到外地或外国寻求医疗费用较为低廉或医效更好的旅游，并将医疗保健与休闲旅游相结合。

5.22

特种旅游 special tourism

见 4.5.9。

5.22.1

科考旅游　research tourism

以探索大自然奥秘,探求科学原理为主要目的的旅游。

5.22.2

探险旅游　adventure tourism

到人迹罕至、充满神秘性或环境险恶的地方,进行带有一定危险性和刺激性的考察旅游。或者以挑战自我为目的的冒险旅游。

5.22.3

体育旅游　sport tourism

以参与体育运动或观看体育赛事为目的的旅游。

5.22.4

户外运动　outdoor activities;outdoor exercises;outdoor sports

到野外或者自然场地(非专用场地)进行的以健身、休闲、娱乐、观光为目的的运动项目,主要包括登山、攀岩、徒步、漂流、探洞、溯溪、速降、溜索、滑翔、探险、穿越、野营、野炊等非竞技类活动。

5.22.4.1

徒步旅游　hiking

在自然环境下以散步或漫走的方式,边走边赏景的旅游。

5.22.4.2

自行车旅游　cycling tour

以锻炼身体为目的,以自行车为主要代步工具,深度接近大自然,体验当地民风民情的一种旅游方式。

5.22.4.3

皮划艇运动　kayaking

皮艇和划艇运动的总称,也是奥运会比赛项目,皮艇是手持两边带桨叶的桨在艇的两侧轮流划动,依靠脚操纵舵控制航向。划艇是手持一头带有铲状桨叶的桨在固定的舷侧划水,并控制方向。分为静水和激流两大类。

5.22.4.4

极限运动　extreme-sports

一项借助于现代高科技手段、最大限度地发挥自我身心潜能、向自身挑战的娱乐体育运动。包括多个单项运动的综合运动项目群,主要有:极限滑板、极限直排轮、BMX 特技单车、极限攀岩、高山滑翔、滑水、激流皮划艇、摩托艇、冲浪、水上摩托、蹦极、滑板(轮滑、小轮车)的 U 台跳跃赛和街区障碍赛等多种比赛和表演项目。

6　交通旅游与旅游交通基础

6.1

交通旅游　transport tourism

以交通工具作为旅游吸引物,以获得在运动中观光或度假的特殊体验。

6.1.1

邮轮旅游　cruising

以定期航行的海洋邮轮为休闲娱乐场所,利用邮轮上提供的各种设施和服务所作的度假旅游,而海洋只是作为观光场所(如观赏港口风光、海上日出、海洋动物和海鸟等)。

6.1.2

游艇旅游　yachting;speedboat

一种行驶速度较快的,用于水上观光的小型轻便船只。可分为私人游艇和客运游艇两类。私人游艇装修布置如流动居室,适合家庭度假和朋友聚会;客运游艇一般用于载客观光。

6.1.3

直升飞机旅游　helicopter tour

乘坐直升飞机在空中鸟瞰壮丽景观的一种观赏体验旅游。

6.1.4

观光火车　sightseeing train

一种以专门运送旅游者为运营目的的特色火车，车厢装修豪华，车顶一般采用透光材料，便于游客观赏车外全景。

6.1.5

观光小火车　sightseeing track

在一些大型旅游景区(如森林公园、矿山公园、滑雪山地等)内运营的窄轨火车。

6.1.6

蒸汽机车旅游　steam locomotive travel

以乘驾蒸汽机车和满足怀旧心理为目的的旅游，属于特殊兴趣旅游的一种。

6.1.7

观光马车　hansom cab

一种用马匹来牵引车座(一般为双人座)的双轮非机动车辆，观光马车的车座布置或古色古香，或富有浓郁的地方特色；马车夫一般着具有民族特色或地方特色的服装，游客可以坐在车上体验当地的特殊风土民情。

6.1.8

太空旅游　space tourism

观赏太空旖旎的风光，体验失重状态的最新奇和最刺激的旅游。可分为抛物线飞行、接近太空的高空飞行、亚轨道飞行和轨道飞行等四种类型。

6.2

旅游交通工具　travel transport

在旅游途中使用的交通工具。一般来说，这种交通工具本身不是主要的旅游吸引物，而是作为观景的代步工具。

6.2.1

自驾车旅游　self-driving tour

自行驾车的旅游，是一种具有较强的灵活性和机动性的旅游方式，属于自助旅游的一种。

6.2.2

旅游房车　recreation vehicle

RV

一种集"旅行、住宿、娱乐、烹饪、沐浴"于一体化的旅行交通工具，又称汽车上的家。房车内有舒适的卧室和清洁的卫生间、客厅和厨房，还配有空调、彩电、VCD、冰箱、微波炉、煤气灶、沐浴器、双人床及沙发，可供(4～6)人住宿，还有多套供电系统，行驶和住宿时都能全天供电。分为不带动力的拖挂式(caravan)和带动力的自行式(motorhome)两类。

6.2.3

房车营地　RV camp

提供房车停靠，为露营者提供娱乐休闲的服务场所。一个标准的汽车营地一般包括供电、供气、照明、给排水、餐饮、通讯、医疗、洗浴、超市、游乐等设施。

6.2.4

旅游客车　tourist coach

为旅游团提供的一般需要预订的客运汽车。

6.2.5

旅游巴士　tourist bus

为旅游者提供的发往周边城市或旅游目的地的定期客运班车。

6.2.6

城市观光[巴士]　city tour

对一种专供旅游者在城市市区内沿途观赏市容市貌的旅游巴士的习惯称谓。这种巴士一般车身图案较为鲜艳，双层敞篷，车上配有人员导游或可供选择的多语种电子导游，游客可在行车沿线各站(一般都设在旅游景点)随意上下，所购车票一日有效。

6.2.7

河湖游船　river yacht;cruiser

在江河湖泊及近海岸航行的，以观光作为主体功能的船舶，与海洋邮轮相比，单体规模较小，娱乐设施也较为简易。

6.2.8

索道缆车　cable car;telpherage

利用钢绳牵引，输送人员或货物的设备和装置的统称。车辆和钢绳架空运行称架空索道;车辆和钢绳在地面沿轨道行走的称地面缆车。一般在山岳型旅游景区使用的大多是架空索道。按牵引和行进方式，索道可以分为单线式、复线式、往复式、循环式(固定抱索式、脱挂式)等多种类型。

6.2.9

电瓶车　golf car;light electric vehicle

LEV

以可充电电池为主要能源，以电机为主要驱动装置的中小功率的电动车辆，属于一种轻型电动车。一般用于大型景区、度假区、海滩和高尔夫球场等。

7　旅行社业基础

7.1

旅行社　travel agency

为旅游者提供相关旅游服务，开展国内旅游业务、入境旅游业务或出境旅游业务，并实行独立核算的企业。

7.1.1

旅游经营商　tour operator

旅游批发商　tour wholesaler

根据对市场需求的了解和预测，大批量的订购旅游交通、旅游饭店、旅游目的地的旅行社、旅游景点等有关旅游企业的产品和服务，将这些单项产品和服务组合成为不同的包价旅游线路产品或包价度假产品，并制作旅游产品小册子，通过一定的销售渠道出售给旅游消费者的企业。

7.1.2

旅游代理商　travel agent

旅游零售商　travel retailer

不制作包价旅游产品，只销售批发商的包价产品和各类单项委托服务的企业。

7.1.3

出境游组团社　tour operator in outbound travel

依法取得出境旅游经营资格的旅行社。

7.1.4

旅行社门市部　store;travel outlet

旅行社为提供旅游咨询和销售旅游产品而专门设立的营业场所。

7.1.5

网上旅行社　travel service on the internet;online travel agency

基于互联网从事经营旅行社业务的网络公司,也称在线旅行社。

7.1.6

专业旅行社　special interest tour operator

专门经营单一的专项产品或单一的旅游目的地产品的旅行社。

7.1.7

会议组织者　meeting planner

国内旅游业界习惯上指跨国公司的采购部或市场部、会展公司和会奖旅行社。其组织的会议一般是指公司会议或商务性会议,这类会议虽然规模不大,但频度很高。

7.1.8

专业会议运营商　professional congress organizer

PCO

专业的国际性大型会议和活动组织者。

7.1.9

目的地管理公司　destination management company

DMC

以经营接待会奖、展览和节事活动为主要业务的经营实体。这类公司具有整合和协调目的地的各种资源和各项服务要素的能力,能为客户量身定制以及具体实施大型会议和活动方案。

7.2　**旅行社业务**

7.2.1

出境旅游业务　outbound travel

组团社组织的以团队旅游的方式,前往中国公布的旅游目的地国家/地区的旅行游览活动。

7.2.2

入境旅游业务　inbound travel

旅行社招徕或接待境外旅游者在中华人民共和国境内进行的旅游活动。

7.2.3

国内旅游业务　domestic tour

旅行社组织的在中华人民共和国境内进行的旅游活动。

7.2.4

外联业务　sales

旅行社经营入境旅游业务中的一个重要经营业务内容,包括设计旅游线路、促销旅游产品、与客户进行业务联系、信息推介、洽谈、出售旅行社产品并以此来招徕客源。

7.2.5

组团业务　group business

通过旅游零售商将旅游产品销售给旅游者,并与旅游接待服务商一起共同为旅游者提供满意的旅游体验,从而获得企业利润的经营业务。

7.2.6

接待业务　reception service

旅行社按照旅游接待计划为旅游者(团队或散客)在旅游目的地提供导游翻译、安排旅游者的游览,并负责订房、订餐、订票及旅游目的地之间的联络等综合性旅游服务,并从中获得经营利润的业务。

7.2.7

地方接待业务　local reception service

地方接待旅行社主要从事的按照组团旅行社既定的旅游接待计划组织旅游者进行旅游活动的业务。

7.2.8

计调业务　group operation

旅行社在接待业务工作中，为旅游团安排各种旅游活动所提供的后台服务，包括安排食、住、行、游、购、娱等事宜，选择旅游合作伙伴或导游，编制和发送旅游接待计划、旅游预算单等，以及为确保这些服务而与其他旅游企业或有关行业、部门建立合作关系。

7.2.9

团队拓展　team building

会议和奖励旅游活动中的一个常见内容。通过团队成员参与的一系列活动和游戏项目来达到加强团队凝聚力和团队和谐运转的目的。这些活动可以活跃团队气氛，增进团队的融洽，加强参与感，给旅游活动增加趣味性，也称团队建设。

7.3

旅行社产品　tour product

旅行社向旅游者销售的以旅游吸引物、旅游设施和策划安排为主要构成的旅游线路或项目，以及附着其上的配套服务，包括各种形式的包价旅游线路和单项委托服务等。

7.3.1

包价旅游　package tour

一种包含房费、综合服务费、交通费以及专项附加费等的全包价旅游，包括旅行社推出的标准产品和由客户指定的定制产品。

7.3.2

小包价旅游　mini-package tour

要求旅游者预付的费用仅包括房费、早餐及旅行社的手续费，其他旅游费用在旅游过程中现付的旅游。

7.3.3

散客成团　joint tour

介于团体旅游和散客旅游之间的一种组团方式，旅游者分别从不同的地方来到旅游目的地后，才组成旅游团队。一般这类旅游团不设全陪，旅游者选择性较强，既可参加团队活动，亦有相当多的自由活动时间。

7.3.4

自由行　self package tour

只向旅游者提供飞机票(或火车票)加上饭店预订等业务的单项委托产品，对于出境旅游者一般还包括签证送签服务。

7.3.5

单项预订服务　ticketing or hotel reservation

旅行社根据旅游者具体要求而提供的各种非综合性有偿服务，内容非常广泛，常规性服务项目主要包括：导游服务、接送服务、代订票服务、代订酒店服务、代联系参观游览项目、代办签证、代办旅游保险等。

7.4

导游服务公司　tour guide agency

依照有关规定到工商管理部门登记注册，对外以公司名义独立开展经营活动并承担法律责任的劳动服务公司，但不从事旅行社业务，而依照有关法律、法规，通过合同、协议、保险等形式明确与导游人员、旅行社的相互法律关系及相应的法律责任，如导游人员的人身保障责任、导游人员在服务过程中因个人行为造成损失的责任划分等。

7.5

领队　tour escort; tour leader; tour manager

依照规定取得出境旅游领队证，接受具有出境旅游业务经营权旅行社的委派，担任出境旅游团领队工作的人员。

7.6

导游员　tour guide

取得导游证，接受旅行社委派，为旅游者提供向导、讲解以及相关服务的人员。

7.6.1

全程陪同导游员　national guide

简称全陪，由接待方旅行社委派或聘用，负责向旅游者提供境内全程旅游服务的导游人员。

7.6.2

地方陪同导游人员　local guide

简称地陪，由地方接待旅行社聘用或委派，负责为在当地游览的旅游者提供接待和导游服务的人员。

7.6.3

外语导游员　foreign language-speaking tour guide

以外语作为工作语言和讲解语言的导游员，一般分英语导游员和小语种导游员，常用的小语种包括日语、朝语或韩语、法语、德语、西班牙语、葡萄牙语、俄语、阿拉伯语、泰语和印尼语等。

7.6.4

中文导游员　Chinese-speaking tour guide

以中文作为工作语言和讲解语言的导游员，一般分普通话导游员和方言导游员，常用的方言有广东话和闽南话。

7.7

旅行社行业分工体系　travel trade division system

旅行社行业内形成的垂直分工(上下游业务分工)，水平分工(同一业务流程环节上的市场分工)和斜向分工(多元化的跨行业分工)的分工体系。

7.8

旅行社批零体系　wholesale and retail system

旅行社行业内的垂直分工体系，即由旅游线路(旅行社产品)的生产商和零售商(代理商和门市销售网点)构成的专业化分工体系。

7.9

旅游呼叫中心　call center

继旅游互联网以后，又一种利用信息通讯技术构建的新型旅游产品营销业态。是一种基于电话、传真(Fax)、电子邮件(Email)、超文本连接(Web)、移动通信(WAP)、自动语音识别技术(ASR)、计算机电话集成技术(VoIP)和短信互动等多媒体通信平台与客户实现互动的旅游企业。

7.10

旅游合同　tourism contract

旅游者同与其具有平等民事主体资格的旅游经营者、旅游经营者与有关行业以及旅游企业相互之间，为完成旅行游览活动，实现旅游的目的，明确相互权利义务关系而达成的协议。

7.11

综合服务费　service fee; inclusive fee

为旅游团[者]提供综合服务所收取的费用，包括导游费、餐饮费、市内交通费、全程陪同费、组团费和接团手续费。

7.12

汽车超公里费 extra mile charge

旅游团超出市区及近郊范围，到远距离的景区[点]参观时所需加收的交通费用。这是因为实际发生的交通费用已经超出了综合服务费中所含的市内交通费。

7.13

特殊项目费 costs for special service items

对旅游团[者]要求增加的某些特殊旅游项目所加收的费用。

7.14

小费 tip; gratuity

旅游者对为其提供优质服务的人员表示谢意而自愿额外支付的赏金。

7.15

回扣 commission

一些购物商店、社会餐馆和旅游景点，为报答旅行社将旅游团队带入其经营场所消费而给予旅行社或导游员的酬金，也称回佣或佣金。

7.16

零(负)团费 keepback

组团社不向地接社支付地接的综合服务费(甚至按旅游团人数按一定比例向地接社收取送团费用)的做法。

7.17

旅游小册子 brochure

旅游批发商提供给代理商的旅游产品销售目录。

7.18

旅游包机 chartered flight

旅行社或旅游组织者为方便游客出游或节省交通费用，以一定的价格包租下来的运载旅游团(者)到达旅游目的地的客机。

7.19

同业包机 sharing chartered flight

两个以上的旅行社或团体共同包租一个航班。

7.20

同业拼团 pack cluster; wholesale

散拼团

按照组团社或旅游批发商之间的协议，将各自从门市部(门店、销售中心等)招徕到购买的同一旅游目的地产品的游客(一般来说，人数不足以独立成团)，交由其中的一家旅行社作为组团社来负责组织和实施旅游接待计划。

7.21

行前说明会 pre-tour meeting

在旅游团成行前由旅行社组织的，由领队和旅游团成员参加的说明会，目的是告知旅游者关于外出旅游过程中应遵守和了解的一些规定和注意事项等。

8 住宿接待业基础

8.1

旅游饭店 tourist hotel

以提供住宿服务为主，同时还提供餐饮、购物、娱乐、度假和商务活动等多种服务的接待型企业。按地区、类别和等级不同，习惯上也被称为宾馆、酒店、旅馆、旅社、旅舍、宾舍、客舍、度假村、俱乐部、大厦、中心等。

8.2

星级饭店　star-rated hotel

依据 GB/T 14308 评定的饭店，分一星、二星、三星、四星、五星和白金五星等六个等级。

8.3

绿色饭店　green hotel

以可持续发展为理念，坚持清洁生产、倡导绿色消费、保护生态环境和合理使用资源的饭店。

8.4

经济型饭店　budget hotel；economy hotel；economy lodging

以提供交通便捷，价格低廉和干净、整洁的客房为核心产品和基本产品的住宿接待企业，满足住客一般性的住宿需求。

8.5

度假饭店　resort hotel

主要是为度假游客提供住宿、饮食、康乐和各种交际活动场所的饭店。此类饭店一般位于海滨、滑雪胜地、温泉、高尔夫球场、山地河湖等度假区内。

8.6

商务饭店　business hotel

为从事企业活动的商务旅行者提供住宿、饮食和商业活动及有关设施的饭店。

8.7

会议型饭店　convention hotel

提供能够满足大的团体、协会组织的会议及贸易博览会所需求的设施和服务的饭店。

8.8

公寓式饭店　service apartment

引入饭店服务和管理模式的公寓。

8.9

主题饭店　theme hotel

以某一素材（历史、城市、故事）为主题，从硬件（建筑、装饰、产品等有形方面）到软件（文化氛围、文化理念、服务等无形方面）都围绕主题展开，带给住客富有个性的文化感受和难忘体验的饭店。

8.10

分时度假　time-share resort

一种介于房地产产品与旅游住宿产品之间的中间产品。不同的游客在度假地购买和拥有同一处房产（度假饭店和公寓的客房、度假别墅）的产权或使用权，每个游客拥有每年一定时段的使用权，并可通过全世界分时度假系统交换其使用权。根据购买者的权益内容和使用方式不同，一般可分为时权饭店、养老型饭店和有限自用的投资型饭店三类。

8.11

汽车露营地　auto-campsite

在交通发达的风景优美之地开设的，专门为自驾车爱好者提供自助或半自助服务的休闲度假区，其提供的主要服务包括住宿、露营、餐饮、娱乐、汽车保养与维护等。

8.12

汽车旅馆　motel；motor lodge

设在公路旁，为自驾汽车游客提供食宿等服务的旅馆。

8.13

青年旅舍　youth hostel

为自助旅游者，特别是青年旅游者提供住宿接待的经营场所。

8.14

家庭旅馆　home inn；home-stay

旅游地居民将自己闲置的住宅通过改造和装修建成的一种小型社会旅馆，可以让游客感受到家庭氛围和增加对当地居民的接触和了解。

8.15

农舍旅馆　country inn

设在农村，具有浓厚乡土气息的，为旅游者提供食宿服务的小型饭店。农舍旅馆通常为游客提供农场的工作环境，游客在逗留期间可以参与各种日常的农业劳动。

8.16

B&B　Bed and Breakfast

直译为"床铺加早餐"，指只供应住宿和早餐的小旅馆。

8.17

连锁饭店　chained hotel

直接或间接控制两个以上的饭店，并以相同的店名、店徽、统一的经营程序、管理水平、规章制度、操作规程和服务标准联合经营的饭店企业集团。

8.18

饭店集团　hotel group

以饭店企业为核心，以经营饭店资产为主体，通过产权交易、资本融合、品牌输出、管理合同、人员派遣以及技术和市场网络等制度制约而相互关联的企业集团。不拥有饭店产权，只接受委托进行管理的饭店集团称饭店管理集团。

8.19　**饭店设施**

8.19.1

大堂　lobby

饭店入口进入后的公共空间，供住店客人办理入住手续、旅游团集合、小憩、会客和咨询等。大堂一般设有大堂副理台、前台区、住店客人休息区、行李房、大堂吧、钢琴、购物中心等。

8.19.2

前台　front office；front desk

提供信息咨询、办理入住、退房结账、外币汇兑、访客留言、寄存贵重物品、取存房门钥匙等服务的工作台。

8.19.3　**客房**

8.19.3.1

单人客房　single room

仅供一位客人入住的房间，通常只有一张床位。

8.19.3.2

双人客房　twin room

可供两位客人同时入住的房间。分两张单人床和一张双人床两种类型。

8.19.3.3

三人客房　triple room

可供三位客人同时入住的房间。一般布置为三张单人床，也有的是在双人客房基础上加折叠床。

8.19.3.4

标准客房　standard room

带有独立卫生间，房间面积和设施符合住客基本要求的客房。

8.19.3.5

豪华房　deluxe room

房间面积较大，家具、装修、设施等方面都较豪华，朝向和观景效果俱佳的客房。

8.19.3.6

行政楼层　executive floor

高星级饭店中为商务客人和高级行政人员设立的独立楼面，一般包括行政酒廊、行政客房和行政套房等，也称商务楼层。

8.19.3.7

总统套房　president suite

高星级饭店中，最高档的套房，房间数至少在五开间以上，装修和陈设奢华考究，除主人房外，还应配备随员房间，并有 24 h 的专业管家服务。

8.19.3.8

客房“六小件”　toiletry items

为住宿客人免费提供的牙刷、牙膏、沐浴液、洗发水、拖鞋、梳子等六种一次性卫生用品。

8.19.4

餐厅　restaurant

以服务形式销售膳食和食品的场所。

8.19.4.1

自助餐厅　buffet restaurant

以供应自助餐为主的餐厅，参见 8.20.1.3。

8.19.4.2

多功能厅　function room

可以进行空间区割，形成不同活动空间，以满足多种功能需要的厅房，一般具有举办宴会和会议等多功能用途。

8.19.4.3

宴会厅　ball room

专门用于提供宴会服务的餐厅。

8.19.4.4

旋转餐厅　revolving restaurant

设在一些高层建筑的饭店顶层，地面可旋转的餐厅，供顾客边用餐边赏景。

8.19.4.5

酒吧　bar

酒廊　lounge

以供应酒类、饮料和西式点心为主，满足客人休闲小憩、社交娱乐、商务会谈、夜生活和宴会专项服务等需要的消费场所。一般包括主酒吧（英式酒吧）、大堂吧、酒廊、客房迷你酒吧、宴会酒吧、服务酒吧和主题酒吧（如雪茄吧）等多种类型。

8.19.5

商务中心　business center

为住店客人提供传真、打字、文印、文件装订、复印、上网、文件翻译等有偿服务的部门。

8.19.6

健身娱乐设施　facilities of fitness and recreation

饭店提供的美容美发、桑拿按摩、温泉水疗、游泳池、健身房、乒乓球、网球、壁球、棋牌、歌舞厅、卡拉OK等设施和服务的统称。

8.20

饭店服务　hotel service

饭店为住店客人和来访客人提供客房、餐饮、商务、康乐、健身等服务的统称。

8.20.1　**餐饮服务**

8.20.1.1

餐桌服务　table service

餐具摆台、引位、沏茶、斟酒、传菜、特色菜品介绍、分餐、更换骨碟、结账、送客等一系列服务流程的统称。狭义的餐桌服务仅指服务员将每道菜放在托盘上，递到桌上的服务。

8.20.1.2

西式服务　services in western style

服务员使用托盘传菜的操作程序，按照服务细节不同，可分为俄式服务、美式服务和法式服务等。

8.20.1.3

自助餐　buffet

将各类食品摆放在餐桌上由客人自取，就餐者无固定餐桌的一种服务方式。

8.20.1.4

开瓶费　corkage

对在餐厅、酒吧等营业场所饮用自带的啤酒、酒和饮料的客人收取的特别费用。

8.20.2

客房服务　housekeeping

提供与客人入住的客房有关的所有设施和服务的统称，狭义的客房服务仅指送餐服务。

8.20.2.1

送餐服务　room service

为住宿客人提供送到客房食用的餐食、点心和饮料等的服务。一般在客房里备有送餐的菜单，送餐费用不含在房费内，需额外付费。也称客房服务。

8.20.2.2

叫醒服务　wake-up call; morning call

为住宿客人提供唤醒的服务。

8.20.2.3

留言服务　message service

为住宿客人提供来访客人的留言转告服务。

8.20.2.4

开夜床服务　turndown service

把床铺整理成睡前准备状态，包括赠送供客人睡前食用的巧克力、次日早餐的送餐服务菜单等。

8.20.2.5

布草　linen

对卫生间的针织用品（浴衣、浴巾和毛巾等）和床上用棉织品（床单、枕芯、枕套、棉被和被单等）的通称。

8.20.2.6

洗熨服务　laundry service

为住宿客人提供的洗衣（干湿洗）、上浆、熨烫、缝补等有偿服务。

8.20.3

金钥匙服务　Concierge

来自法语的守门人一词，原意是指西方古代客店的守门人，负责迎来送往和掌管客房钥匙，现在指为住店客人提供全方位“一条龙”的礼宾服务。

8.20.4

会议服务　convention service

为住店从事商务和参加会议的住客提供会议设施和服务的统称。

8.20.4.1

茶歇　tea break；coffee break；refreshment break

会间休息时，供应咖啡、茶或其他饮料及小食品的服务。

8.20.4.2

主题茶歇　theme break

在一个正式项目会议的会间休息期间，除提供食品和饮料外，按照一定主题进行装饰、化妆、表演和互动性娱乐的主题性聚会。

8.20.4.3

欢宴晚会　gala dinner

大型奖励旅游团全体成员出席的规模盛大的晚宴，是奖励旅游活动中的一个重要内容，也是奖励旅游活动中最具创意的项目。一般在活动中要突出企业文化、公司形象以及为优秀员工、代理商和重要客户颁奖等内容。

8.20.4.4

主题晚宴　theme party

一种与中心概念有联系的晚会，其中的邀请、食物、装饰、娱乐活动和其他节目都与主题有关。

8.21　住店客人

8.21.1

团体客人　group guests

由旅行社或团体活动的组织者预订和安排的集体入住的客人。

8.21.2

临时散客　walk-in guests

没有事先预订客房而临时入住的客人。

8.21.3

零散游客　foreign individual traveler

FIT

原意指不经过旅行社预定而入住酒店的外国零散游客，现泛指国内外的散客。

8.21.4

已确认的客人　confirmed guests；guarantee guests

已确定入住的客人。

8.21.5

已确认未出现的客人　no show guests；guarantee no show

已确定入住，但未入住的客人。

8.21.6

未确认的客人　guests without confirmed reservation；non-guarantee guests

虽曾有预订但未做确认入住的客人。

8.21.7

候补住客　guests on the waiting list;stand-by guests

客房满员时,预约排队等待入住的客人。

8.21.8

预付房费的住客　paid-in-advance guests

预先已将房费付清的客人。

8.21.9

常住客人　permanent guests

长期下榻在饭店的客人。

8.21.10

短期客人　transient guests

短期暂住在饭店的客人。

8.21.11

迟到客人　late arrival

超过预订入住时间的最后期限仍未登记入住,但已通知饭店推迟入住的客人。

8.21.12

获准晚走的客人　late checkout

获得饭店同意,免费推迟退房时间的客人。

8.21.13

延住客人　overstay

推迟原先预订退房日期,准备再多居留几天的客人。

8.21.14

逃账客人　skipper

未办退房手续,没有支付房费而离店的住店客人。

8.21.15

外宿客人　sleep-out guests

已登记入住并支付房费,但没有在饭店过夜的客人。

8.21.16

欠账客人　high risk guests

已欠饭店房费较多,且有可能无力支付房费的客人。

8.21.17

贵宾　very important person

VIP

饭店的重要客人。

9　旅游景区(点)和旅游目的地基础

9.1

旅游景区　attraction;places of interests;scenic spot

旅游景点

以满足旅游者出游目的为主要功能(包括参观游览、审美体验、休闲度假、康乐健身等),并具备相应旅游服务设施,提供相应旅游服务的独立管理区。该管理区应有统一的经营管理机构和明确的地域范围。

9.1.1

世界遗产　world heritage

在全世界范围内具有突出意义和普遍价值的古迹和自然景观。物质性世界遗产包括世界自然遗产、世界文化遗产、文化景观、世界自然和文化双遗产等四大类。

9.1.2

自然景区　natural scenic area

以大自然的山川、河湖、海洋、森林、草原、荒漠等地质地貌及生物系统为景观的旅游景区。

9.1.2.1

自然公园　natural parks

具有观光游览、科普教育和科学研究等功能的自然景观或自然生态区域系统。

9.1.2.2

国家公园　national parks

由国家设定的一个生态区域系统，设立该系统的主要目的是为了保护区内自然景观和生态资源的多样性和重要性，使其自然进化并最小地受到人类社会的影响。

9.1.2.3

地质公园　geoparks

由联合国教科文组织(UNESCO)在开展“地质公园计划”可行性研究中创立的新名称。它指具有特殊地质意义，珍奇或秀丽景观特征的自然保护区。这些特征是该地区地质历史、地质事件和形成过程的典型代表。

9.1.2.4

森林公园　forest parks

一种以森林景观为主体的自然公园，为游客提供旅游度假、休憩娱乐、保健疗养、科学研究、生态教育的场所。

9.1.2.5

湿地公园　wetland parks

一种以湿地景观为主体的自然公园，为游客提供旅游度假、休憩娱乐、保健疗养、科学研究、生态教育的场所。

9.1.2.6

野生动物园　safari park；wild-life zoo

以保护野生动物为目的，并进行科普教育、科学研究以及供游人参观游览的场所。

9.1.2.7

海洋馆　aquarium

集海洋科普宣传、水生生物物种保护和研究、观赏休闲娱乐为一体的人造室内海洋生态系统。

9.1.3

文化景区　cultural attraction

文化景点

以人文活动、文化遗址和遗产以及当代建设成就为景观的旅游景区。

9.1.3.1

文化遗址　ancient cultural relic；cultural heritage

人类的建筑废墟以及对自然环境改造利用所遗留下来的痕迹，如民居、村落、都城、宫殿、官署、寺庙、作坊等。

9.1.3.2

风景名胜区　scenic area

具有欣赏、文化或科学价值，自然景物、人文景观比较集中，环境优美，具有一定规模和范围，可供人们游览、休息或进行科学文化活动的地域。根据景观价值和规模大小,在中国分为国家重点风景名胜区、省级风景名胜区和市级风景名胜区三个等级。

9.1.3.3

博物馆　museum

不以营利为目的、为社会和社会发展服务的永久性机构。它把收集、保存、研究有关人类及其环境见证物作为基本职责,并向公众开放和展出,提供他们学习、教育、观赏的场所。

9.1.3.4

历史文化名城　cities of historical and cultural importance

经国务院核定公布的,保存文物特别丰富,具有重大历史价值和革命意义的城市。

9.1.3.5

文物保护单位　cultural relics preservation unit

由各级人民政府依法确定的、具有重要价值的地面、地下不可移动文物的总称。根据其价值,一般分为国家级、省级、县[市]级三个级别,分别由国务院、省、县[市]人民政府公布;根据文物类型,一般可分为古遗址、古墓葬、古建筑、石窟寺及石刻、近现代重要史迹及代表性建筑、其他等。

9.1.4

人造景区　man made attraction

专为吸引旅游者而人工建造的旅游景区。

9.1.4.1

游乐园　amusement park

具有各种乘骑设施、游艺机、餐饮供应以及综艺表演的娱乐场所。

9.1.4.2

主题乐园　theme park

具有一个或一组主题的游乐园,其中的乘骑、景观、表演和建筑都围绕着某个或某组主题,也称主题公园。

9.1.4.3

海洋公园　ocean park

以海洋作为主要吸引物,供游客观赏海洋生物和生态、了解海洋知识、开展海洋科普教育的主题公园。

9.1.4.4

动物园　zoo

专门饲养各种动物以供展览参观,并进行科普教育和科学研究的场所。

9.1.4.5

植物园　botanical garden

搜集、种植各种植物,以科研为主,并进行科普教育和供游客观赏的园林。

9.1.4.6

城市公园　city park

设在城市市区、主要供市民晨练、游憩和休闲的人工绿地或园林。

9.1.4.7

郊野公园　suburb park

设在城市郊区、主要供市民郊游、远足和游憩的乡村园林。

9.1.5

旅游度假区　resort

旅游度假村

以吸引游客休闲放松为主要目的,以提供一种特殊的环境和氛围体验为特征而开发的,能够自给自足地满足游客度假功能所需的设施和服务的综合体。

9.2

景区导游员　on-site guide

景点

在旅游景区/点为参观者进行讲解的工作人员，也称讲解员。

9.3

旅游厕所　toilets at the tourist attraction

在旅游者活动场所建设的，主要为旅游者服务的公用厕所。

9.4

星级旅游厕所　star-rated toilets at the tourist attraction

根据GB/T 18973所认定的旅游厕所的五个等级，用星的数量来表示，数量越多，等级越高。

9.5

游客中心　visitor information center

旅游景区设立的为游客提供信息、咨询、游程安排、讲解、教育、休息等旅游设施和服务功能的专门场所。

9.6

旅游目的地　tourist destination

能够吸引一定规模数量的旅游者，具有较大空间范围和较齐全接待设施的旅游地域综合体。

9.7

旅游城市　tourist city

那些具有鲜明城市文化特色，旅游业在当地经济发展中占据较重要地位的城市。这些城市本身就是一项重要的旅游吸引物。

9.8

景区管理　attraction management

在充分认识景区内游客行为特点的基础上，运用恰当的管理技术、管理方法对游客进行引导、约束和管理，实现旅游者生命财产安全保障、高质量旅游体验、景区资源环境的保护、设施合理利用的统一。

9.8.1

环境管理　environment management

以环境科学为基础，运用技术、经济、法律以及教育和行政手段，协调景区相关者利益和环境保护之间的关系，使景区达到可持续发展，实现经济利益、社会利益和环境利益的有机统一。

9.8.1.1

环境容量　environment carrying capacity

一定时间内，在旅游景区的自然生态环境不致退化的前提下，所能容纳的旅游者人数或旅游活动强度，也称环境承载力，一般将环境容量的极限值称为最大环境容量。

9.8.1.2

心理容量　psychic carrying capacity

游客在特定的环境中，心理上能承受最大客流量的极限值。

9.8.1.3

经济容量　economic carrying capacity

景区企业维持正常经营管理费用所需要接待的最低游客人数。

9.8.1.4

可接受的改变　limits of acceptable change

LAC

一种试图解决国家公园和保护区中资源保护与利用之间矛盾的理论和技术工具，其主要思想是在绝对保护和无限制利用之间,寻找一种妥协和平衡。一般来说,只要有利用,资源必然有损害,也就是变化,关键的问题是如何将这种变化控制在可接受的范围之内。该技术的操作要点是,首先为主导性目标制定"可允许改变"的标准;在可允许改变的标准内,对旅游利用不加严格限制;一旦超出了"可允许改变的"范围,则严格限制旅游利用,并采取必要的手段,使资源状况恢复到标准内。

9.8.1.5

最佳环境容量　the most suitable environmental carrying capacity

同时满足环境容量、游客心理容量和企业经济容量的游客接待人数。

9.8.2

资源管理　resource management

运用规划、法律、经济、技术、行政、教育等手段,对一切可能损害景区旅游资源的行为和活动施加影响,协调旅游发展、资源利用和环境保护之间的关系,从而实现经济效益、社会效益、环境效益的有机统一。

9.8.3

质量管理　quality management

对确定和达到景区质量所必须的全部职能和活动的管理。其管理职能主要是负责景区质量方针政策的制定和实施等。

9.8.4

游客管理　visitor management

在一些环境容量有限和生态环境较为脆弱的景区,如一些自然保护区和遗产地,对于游客人数规模、时空分布、活动强度、旅游方式等采取的干预、疏导和控制等措施。

9.9

旅游目的地信息系统　tourist destination information system

DIS

一种非常庞大的电子数据库,主要包括旅游产品数据库、游客情况数据库、市场信息数据库和计算机预定中心四个部分,多由一个国家或地区的政府旅游部门来组织创建和实施。

9.10

旅游目的地管理系统　destination management system

DMS

通过行政、经济和法律方法,将旅游目的地视为一个开放的完整系统,开发利用和保护旅游资源,调控目的地的运行机制,组织各种丰富多彩的旅游项目活动,创造显著的经济效益和社会效益的地域综合体。

9.10.1

游客信息咨询中心　visitor information center

由旅游目的地组织(destination management organization,简称 DMO)或旅游管理部门设立的,主要为散客旅游者提供有关该目的地食、住、行、游、购、娱等各方面实时信息的场所,一般设在机场、火车站、景点、商业街区等外来游客密集的地方。

9.10.2

游客集散中心　tourist rendezvous

在一些口岸城市、交通枢纽城市或经济中心城市,为方便本地居民和外地游客去周边远郊或邻近城市旅游而设立的旅游客车运营中心。

9.10.3

免费问讯电话　toll free phone

由旅游目的地组织(destination management organization,简称 DMO)或旅游管理部门开通的免费问讯电话，主要解答游客的旅游信息问讯，有的也接受游客对当地旅游企业服务质量的投诉。

9.11

旅游目的地营销系统　destination marketing system

DMS

由政府主导、企业参与建设的一种以互联网为平台、信息技术为手段进行宣传和咨询服务等营销活动的旅游信息化应用系统，其目的是为整合目的地的所有资源和满足旅游者个性化需求提供一个完整的解决方案。

9.12

全球分销系统　global distribution system

GDS

从航空公司订座系统中发展而来的，面向旅行社的网络销售系统，除原有的航空运输业外，各国的旅游饭店、租车公司、旅游公司、铁路公司等纷纷加入这一系统，为旅行者提供及时、准确、全面的目的地信息服务，并可满足消费者旅行中包括交通、住宿、娱乐、支付及其他后续服务的全方位需求。与一般的旅游预订网站不同，该系统不基于互联网，而是通过终端专线接入为其客户服务。

9.13

金旅工程　golden travel project

中国旅游业信息化的系统工程，主要建设全国旅游行政办公网络、旅游行业管理网络、公众信息网络等三网一库工程。其目的是最大限度地整合国内外旅游信息资源，实现较完备的政府、市场、公众多方位的信息采集、共享和发布的体系。

10　旅游购物基础

10.1

旅游购物　tourist shopping

在旅游活动过程中所进行的各类产品的购买活动，包括工业产品、农副产品、土特产品、工艺品、旅游纪念品等。

10.2　旅游商品

10.2.1

旅游纪念品　souvenir

旅游者在旅游目的地购买的具有浓厚当地特色的土特产品或手工艺品。

10.2.2

手工艺品　hand-craft

观赏性、艺术性和纪念性较强的，以手工制作为主的商品。一般包括雕塑工艺品、织绣工艺品、编织工艺品、漆器工艺品、金属工艺品、美术字画和美术陶瓷等。

10.2.3

土特产品　native product; local product

以当地原材料或当地传统制作工艺生产加工的传统特色产品，具有浓厚的地方性特征。

10.2.4

旅游日用品　tourist commodity

旅游者在旅游途中所使用的日用消费品，一般包括旅游服装、鞋帽、洗涤用品、化妆用品、防护用品、娱乐用品等，这些用品的特点是简易轻便，便于携带。

10.2.5

旅游专用品　outdoor fittings

旅游者参加一些特种旅游所需的专门器材或装备，如钓具、滑雪器具、高尔夫球杆、望远镜和指南针等。

10.2.6

旅游休闲食品　snack

供旅游者在旅游途中购买或消费的特色食品，一般包括糖果糕点、风味食品、方便食品、坚果蜜饯等。

10.3　旅游购物场所

10.3.1

免税店　duty free shop

为离境游客提供购买免收海关关税商品的店铺和场所，一般分为口岸店、市内店和国际间交通工具上的购物点。

10.3.2

大型购物中心　shopping mall

一种空间大，功能全的购物场所。空间大是指占地面积大、公用空间大、停车场大、建筑规模大，由若干个主力店、众多专业店和商业走廊形成封闭式商业集合体，且业态复合度高；功能全是指集购物、餐饮、休闲、娱乐、旅游甚至金融、文化功能于一体，提供全方位的服务。

10.3.3

露天市场　open market

以销售价格低廉的特色商品、过时商品和旧货为主的开放性购物场所，又称自由市场、跳蚤市场、旧货市场等。

10.3.4

步行街　walking street

禁止机动车驶入的商业街区，一般设在游客密集的市中心。街道两侧商店林立，道路较窄便于游客穿行，是游客主要的购物场所。

11　旅游金融保险与救援基础

11.1

旅游上市公司　listed tourist companies

所发行的股票在证券交易所上市交易的股份有限公司，公司的主营收入主要来自旅游业务。

11.2

信贷旅游　credit travel

由银行先行支付旅游费用，游客以分期付款的方式偿还旅游费用的一种旅游方式。

11.3

旅行支票　traveller's check

境内商业银行代售的、由境外银行或专门金融机构印制、以发行机构作为最终付款人、以可自由兑换货币作为计价结算货币、有固定面额的票据。境内居民在购买时，须本人在支票上签名，兑换时，只需再次签名即可。

11.4

旅游信用卡　travel credit card

一种由大型旅游企业与银行联合发行的联名信用卡。

11.5

旅游保险　travel insurance

旅游者和旅游企业为保障自身权益而参加投保的险种的统称。一般包括旅游救助保险、旅游人身意外伤害保险、旅游景点意外伤害保险和住宿游客人身保险等几大类。

11.6

旅行社责任保险 travel agents liability insurance

旅行社根据保险合同的约定，向保险公司支付保险费，保险公司对旅行社在从事旅游业务经营活动中，因旅行社的过失致使旅游者人身、财产遭受损害而承担的赔偿责任。

11.7

旅游意外伤害保险 travel personal accident insurance

对旅游者在旅游过程中，因发生意外事故导致旅游者的生命或身体受到伤害而进行赔偿的一个险种。

11.8

旅游医疗保险 travel medical [health] insurance

赴申根国家旅游必需投保的险种，主要用于由于生病可能送返回国的费用及急救和紧急住院等的费用。

11.9

旅客人身意外伤害保险 passenger personal accident insurance

以航空旅客的生命或身体为保险标的，意外伤害事故为保险事件的短期性人身保险。也称航空意外险。

11.10

旅游救援 travel assistance

一种由专业的救援公司为出境旅游者提供的援助服务，当游客在境外旅游遇到人身安全的事故、突发疾病或证件遗失等麻烦时，这些公司分布在全球的办事处会及时施援。

11.11

旅游救援体系 travel assistance system

由专业的救援公司、保险公司、专业的医疗队伍和通晓各种语言的援助专员组成的专业化和网络化的救援系统。

11.12

旅行社质量保证金 quality guarantee fee of travel agency

保障旅游者权益的专用款项，属于缴纳的旅行社所有。当旅行社在经营服务过程中出现损害旅游者权益等情况，而旅行社不承担或无力承担赔偿责任时，可以动用旅行社质量保证金对旅游者进行赔偿。

11.13

旅游发展基金 tourism development fund

各级政府用于发展旅游业的专项资金。

12 旅游规划基础

12.1

旅游发展规划 tourism development planning

根据旅游业的历史、现状和市场要素的变化所制定的目标体系，以及为实现目标体系在特定的发展条件下对旅游发展的要素所做的安排。

12.2

国家旅游规划 national tourism planning

由国家旅游主管部门组织制定的，对于全国旅游发展所作的科学合理的战略部署和工作安排，是国家社会经济发展总体规划中的一个有机组成部分。

12.3

区域旅游规划　regional tourism planning

一种中长期战略规划，从宏观、长远的角度，在分析区域的发展背景、资源与市场条件之下，对旅游业在该地区经济地位、发展方向、市场定位、总体布局、发展期限、项目开发顺序、投入产出、政策和法规等重大问题方面做出明确计划，作为政府部门宏观调整和项目建设的依据。

12.4

地方旅游规划　local tourism planning

根据国家旅游规划和本地区实际情况对当地旅游业发展所作的科学合理的战略部署和工作安排。这类规划不仅具有地方特点，还与区域旅游规划相衔接。一般可分为省级旅游规划、市级旅游规划和县乡级旅游规划。

12.5

景区景点规划　attraction planning

以区域性的发展规划为基础，对景区景点的开发项目和设施建设进行安排设计。是对旅游景区景点发展规划的进一步落实与细化，期限一般较短，在五年或五年以下，属于近期规划。

12.6

旅游产业规划　tourism industrial planning

全面部署和谋划由旅游行业和为旅游行业直接提供物质、文化、信息、人力、智力服务和支持的行业和部门所形成的产业群，使其得到综合发展和相互协调。

12.7

旅游概念性规划　tourism conceptual planning

一种介于发展规划和建设规划之间的规划类型，是一种理想状态下的创新性构思规划，不硬性要求后续规划编制及建筑设计完全照搬此构思，它强调思路的创新性、前瞻性和指导性，在宏观层面上对规划区的旅游发展勾勒理想蓝图。

12.8

旅游总体规划　tourism master planning

在较大的区域范围内，对旅游业的发展在预期的时段范围内做出全面具体的安排，同时也根据需要对旅游区的远景发展做出轮廓性的规划安排。期限一般为(10～20)年。

12.9

旅游控制性详细规划　tourism regulatory planning

在旅游区总体规划的指导下，为了近期建设的需要，在某一景区或某一个项目上从宏观角度提出原则性的意见，详细规定区内建设用地的各项控制指标和其他规划管理要求，为区内一切开发建设活动提供指导。

12.10

旅游修建性详细规划　tourism site planning

在总体规划或控制性详细规划的基础上，对旅游区当前要建设的项目进一步深化和细化，用以直接指导各项建筑、工程设施的设计和施工，又称实施性详规或施工性详规，也就是通常所说的操作性规划。

12.11

旅游基础设施规划　tourism infrastructure planning

对旅游地的旅游交通道路、邮电通讯、给水排水和供电能源，以及防洪、防火、抗灾、环保、环卫等基础设施内容做出系统编制和安排。

12.12

旅游设施规划　tourism facilities planning

对直接向旅游者提供食、住、行、游、购、娱等服务的旅游服务设施以及间接为旅游者提供服务的公共设施进行统筹安排，以满足旅游者的需求。

12.13

旅游专项规划　tourism project planning

以总体规划为依据，集中对具体的旅游功能单位的发展所做的详细管理规定或具体安排和规划设计，具有现实的可操作性、内容生动性和技术经济合理性的特点。

12.14

旅游产品体系规划　tourism products system planning

在富有创造性的策划创意的基础上，通过游览观光体系规划、娱乐体系规划、旅游线路规划、接待设施体系规划、形象与营销规划，使策划创意最后整合成为一个景观品质——活动内容——空间条件——时间序列——信息引导的有机整体，为旅游者提供舒适、优质、价格合理的旅游经历。

12.15

旅游保障体系规划　tourism security system planning

对在旅游市场条件下通常无法解决或难以迅速解决的一系列矛盾，如旅游容量、环境保护、文化保护、安全防灾等方面进行安排部署，并予以协调解决，以保障旅游经济的健康发展。

12.16

旅游支持体系规划　tourism support system planning

根据旅游发展的专门需要，对与旅游发展相关的其他规划进行调整和改善，通过合理调动社会经济系统中的已有支持力量或组合，创建新的支持力量，以便为旅游产品的生产和市场交换提供必要的物力、人力和财力支持等。

12.17

旅游专题规划　specialized tourism planning

根据实际需要，根据旅游区规划过程中的具体环节而编制的更具有针对性的规划，包括项目开发规划、旅游地建设规划、旅游市场营销规划、旅游区保护规划等。

12.18

景观规划　landscape planning

注重景观的丰富度和美誉度，以规划对象景观化为手段，对旅游项目、游客活动、设施建设这三者进行空间布局、时间分期和设施设计，谋求人与环境的可持续发展。

12.19

旅游空间规划　tourism spatial planning

旅游产业的区域建设用地和功能分区的规划。

12.20

旅游环境规划　tourism environment planning

根据旅游地特点，按环境要素、规划内容和时间编制具体的污染控制规划和计划或生态保护规划和计划。

12.21

旅游规划信息系统　tourism planning information system

一个运用地理信息系统（GIS）、遥感（RS）、全球定位系统（GPS）、多媒体等技术对旅游规划相关信息进行收集、存储、分析、管理、维护及辅助决策支持的系统。

中 文 索 引

H

J

K

L

M

N

P

Q

R

S

T

W

X

Y

Z

英 文 索 引

A

B

C

I

J

K

L

M

N

O

P

Q

R

S

T

U

V

W

Y

Z

参 考 文 献

[1] GB/T 1.1 标准化工作导则 第1部分:标准的结构和编写规则

[2] GB/T 7714 文后参考文献著录规则

[3] GB/T 10112 术语工作 原则与方法

[4] GB/T 15237.1 术语工作 词汇 第1部分:理论与应用

[5] GB/T 15731 内河旅游船星级的划分及评定

[6] GB/T 15971 导游服务质量

[7] GB/T 17775 旅游区(点)质量等级的划分与评定

[8] GB/T 18971 旅游规划通则

[9] GB/T 18972 旅游资源分类、调查与评价

[10] 白殿一.标准编写指南—GB/T 1.2—2002 和 GB/T 1.1—2000 的应用[M].北京:中国标准出版社.2002

[11] 中华人民共和国国家旅游局.中国旅游统计年鉴 2007//旅游统计基本概念和主要指标解释[M].北京:中国旅游出版社.2007

[12] 欧洲共同体委员会.经济合作与发展组织.世界旅游组织,旅游附属账户:建议的方法框架[R].马德里:世界旅游组织.2001

[13] 世界旅游组织.旅游统计数字的收集和编纂[G].马德里:世界旅游组织.1995

[14] 国家旅游局人教司.导游员职业等级标准[G].北京:国家旅游局.1994

[15] 陈树青.旅游术语略语小词典(英-法-汉)[M].北京:中国旅游出版社.1981

[16] 朱葆琛.最新汉英旅游词典[M].北京:旅游教育出版社.1992

[17] 陶汉军,等.英汉国际旅游与管理词典[M].北京:旅游教育出版社.1994

[18] 编委会.旅游辞典[M].西安:陕西旅游出版社.1992

[19] 刘世杰,王立纲.旅游经济小词典[M].北京:中国展望出版社.1983

[20] Chief editor Jafar jafari. Encyclopedia of Tourism[M]. London: Routledge. 2000

[21] Ray Youell. the complete A-Z Leisure, Travel and Tourism Handbook[M] London:. Hodder & Stoughton. 1996

[22] Charles R. Goeldner, J. R. Brent Ritchie. Tourism: Principles, Practices and Philosophies [M]. 9th ed. Hoboken: Wiley. 2003

[23] J. Christopher Holloway. The Business of Tourism [M]. 6th ed. Harlow: Pearson. 2002

[24] Norma Polovitz Nickerson. Foundations of Tourism [M]. Upper Saddle River: Prentice Hall. 1996

[25] Adrian Franklin. Tourism: An Introdution[M]. London: Sage. 2003

[26] Peter M. Burns, Andrew Holden. Tourism: A New Perspective[M]. Harlow: Prentice Hall. 1995

[27] William C. Gartner. Tourism Development: Principes, Processes, and Policies[M]. New York: Wiley. 1996

[28] David Weaver, Martin Oppermann. Tourism Management[M]. Brisbane: Wiley Australia. 2000

[29] Neil Leiper. Tourism Management[M]. 2nd ed. New South Wales: Pearson Australia. 2003

[30] M. Thea Sinclair, Mike Stabler. The Economics of Tourism[M]. London: Routledge. 1997

[31] John Swarbrooke. The Development and Management of Visitor Attractions[M]. 2nd ed. Oxford: Elsevice. 2002

[32] Myra Shackley. Managing Sacred Sites: Service Provision and Visitor Experience[M]. London:

Continuum. 2002

[33] Chuck Y. Gee. Resort Development and Management[M]. 2nd ed. Michigan:AH&LA. 1996

[34] John R. Walker. Introduction to Hospitility[M]. 2nd ed. Upper Saddle River:Prentice Hall. 1999

[35] Rob Davidson,Beulah Cope. Business Travel[M]. Harlow:Prentice Hall. 2004

[36] John Swarbrooke,Susan Horner. Business Travel and Tourism[M]. Oxford:Butterworth. 2001

[37] David Fennell. Ecotourism [M]. 2nd ed. London:Routledge. 2003

[38] Stephen J. Page. Transport and Tourism :Global Perspectives[M]. 2nd ed. Harlow:Pearson 2005

[39] Stephen J. Page,C. Michael Hall. Managing Urban Tourism[M]. Harlow:Pearson 2003

[40] Chritopher M. Law. Urban Tourism:The Visitor Economy and the Growth of Large Cities [M]. 2nd ed. London:Continuum. 2002

[41] Edited Richard Butler,C. Michael Hall,John Jenkins. Tourism and Recreation in Rural Areas[C]. Chichester:Wiley. 1998

[42] Edited Marina Novelli. Niche Tourism : Contemporary Issues, Trends and Cases[C]. Oxford: Elsevice. 2005

[43] Glenn Bowdin,Ian McDonnell,Johnny Allen. et al. Events Management[C]. Oxford:Butterworth. 1999

[44] Douglas Michele Turce ,Roger Riley,Kamilla Swart. Sport Tourism [C]. Morgantown:Fitness Information Technology. 2002

[45] Simon Hudson. Sport and Adventure Tourism[M] Binghamton:Haworth. 2003

[46] Mark Orams. Marine Tourism[M]. London:Routledge. 1999

[47] Simon Hudson. Snow Business: A Study of the International Ski Industry[M]. London: Cassell. 2000

[48] Robert A. Gentry, Pedro Mandoki, Jack Rush. Resort Condominium and Vacation Ownership Management:A Hospitality Perspective[M]. Michigan:AH&LA. 1996

[49] Victor T. C. Middleton,Jackie Clarke. Marketing in Travel and Tourism[M]. 3rd ed. Oxford:Butterworth. 1999

[50] Edited Richard W. Butler,Stephen W. Boyd. Tourism and National Parks[C]. Chichester: Wiley. 2000

[51] Pat Yale. The Business of Tour Operations[M]. Harlow:Longman. 1995

[52] Pauline Horner. Travel Agency Practice[M]. Harlow:Longman. 1996

[53] Edward Inskeep. Tourism Planning:An Integrated and Sustainable Development Approach [M]. New York:Wiley. 1991

[54] Clare A. Gunn,Turgut Var. Tourism Planning:Basics,Concepts,Cases[M]. 4th ed. Philadelphia: Taylor & Franccis. 2002

[55] Eric Laws. Tourist Destination Management: Issues, Analysis and Policies[M]. London: Routledge. 1995

[56] Pauline J. Sheldon. Tourism Information Technology[M]. Wallingford:CABI. 1997

[57] Auliana Poon. Tourism ,Technology and Competitive Strategies[M]. Wallingford:CABI. 1993

[58] Dimirios Buhalis. eTourism:Infoirmation Technology for Strategic Tourism Management [M]. Harlow:Prentice Hall. 2003

[59] Marvin Cetron,Fred DeMicco,Owen Davies. Hospitality 2010:The Future of Hospitality and Travel[M]. Upper Saddle River:Prentice Hall. 2006

[60] Benedict Kruse, Bettijune Kruse. English for the Travel Industry[M]. New York: McGraw-Hill, 1982

[61] Editor Chuck Y. Gee, International Tourism: A Global Perspective[G]. 2nd ed. Madrid: WTO. 1999

[62] Dr. Joe Goldblatt, Kathleen S. Nelson. The International Dictionary of Event Management [M]. New York: Wiley. 2001

[63] Chris Cooper, John Fletcher, David Gilbert, et al. Tourism: Principles and Practice[M]. 2nd ed. Harlow: Longman. 1998

ICS 03.080
A 12

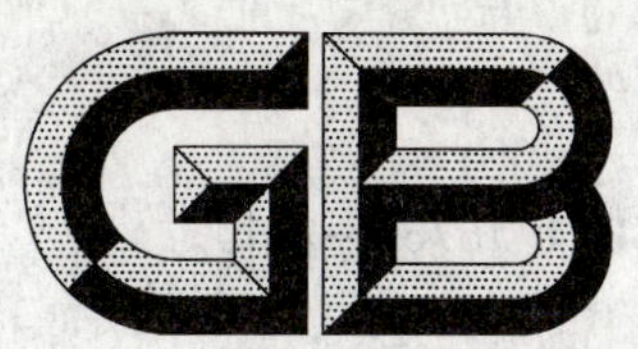

中华人民共和国国家标准

GB/T 16767—2010
代替 GB/T 16767—1997

游乐园(场)服务质量

Service quality in the amusement park

2011-01-14 发布　　　　2011-06-01 实施

中华人民共和国国家质量监督检验检疫总局
中国国家标准化管理委员会　发布

前　言

本标准代替 GB/T 16767—1997《游乐园(场)安全和服务质量》。

本标准与 GB/T 16767—1997 的主要区别为：

a) 第 3 章　术语和定义
——增加了节庆活动、高度危险作业、乘骑服务的定义；
——删减了游乐设施、水上游乐设施和游客有效投诉的定义；
——修改了游乐园(场)、文化娱乐设施和水上乐园等定义。

b) 第 4 章　总则
——增加了游乐园(场)经营单位设立条件和游乐园本身的硬件设施要求；
——删减了秩序要求；
——修改了游乐园(场)安全、服务、环境卫生要求。

c) 原标准第 5 章章标题“服务设施”改为“设施管理”；
——增加了设施分类和设施运营要求；
——增加了引进新型游乐设施(含水上游乐设施)和租赁经营游乐设施的规范要求；
——增加了基础设施里的监控设施、无障碍设施、园内道路和消防设施；
——删减了卫生、秩序要求；
——修改的内容：“信息指示设施”改为“引导标识设施”；“接待处”和“问讯服务设施”合并为“游客中心”；“公用设施”名称改为“基础设施”；游客中心增加婴儿服务设施；公用电话增加直拨长途功能和园区增加接收移动信号；垃圾桶增加可回收和不可回收垃圾分类等内容。

d) 原标准第 6 章章标题“安全制度与措施”改为“安全管理”；
——增加了安全管理机构与人员、安全检查、食品安全、用电消防安全、园内交通安全、节庆活动安全、高度危险作业安全、应急处理等内容；
——删减了安全设施、安全及救援措施、安全作业要求，这些相关内容分别归类到设施配置、设施运营要求和安全管理等章节；
——修改的内容：游客安全和员工安全，对重复内容进行了删减。

e) 删减原第 7 章安全作业要求，将内容归纳到第 6 章“安全管理”中。原第 8 章“服务质量要求”改为本标准第 7 章“服务质量”；
——增加了总要求；增加了服务岗位要求内容：水上乐园服务、VIP 服务、导游服务、停车场服务、安保服务、保洁服务、游客投诉处理；
——增加了服务质量监督等内容；
——修改的内容：服务人员基本要求中的“职业道德”、“服务态度”、“礼节礼貌”、“指示技能”，服务岗位要求中的“机台服务”改为“乘骑服务”、“问讯服务”改为“咨询服务”，广播服务、餐饮服务、购物服务等内容也进行了部分修改。

f) 原第 9 章“卫生与环境要求”改为本标准第 8 章“环境卫生”；
——增加了总要求和环保要求；
——修改的内容有：水上乐园卫生要求，公共场所卫生要求。

g) 原第 10 章“服务质量保证和监督”取消；
——删减了建立服务质量保证体系、建立安全操作保证体系、建立安全维护保证体系、“投诉处理”内容调整到“游客投诉服务”。

h） 删减了原标准附录A、附录B、附录C、附录D、附录E、附录F，原有相关内容分别归类到设施运营要求和安全管理等章节。

本标准由国家旅游局提出。

本标准由全国旅游标准化技术委员会归口。

本标准起草单位：国家旅游局综合协调司、深圳华侨城控股股份有限公司、深圳市标准技术研究院。

本标准主要起草人：刘小军、杨宏远、唐兵、周梅、袁璟、赵珂、王刚、王清华、罗金水、孙金岭、何风云、高振亚、杜佳。

引　言

随着我国主题乐园业的蓬勃发展,科技水平和管理水平的不断进步,广大游客对游乐园(场)的安全与服务质量要求越来越高。为了适应新形势,更好地保障游客在游乐园(场)的安全和合法权益,满足游客娱乐体验需求,促进游乐园(场)运营管理和服务水平的提高,本标准对 GB/T 16767—1997 进行了修订。

本标准在修订过程中总结了原标准在实施过程中的经验,吸收了国内外游乐园最新的管理理念和技术规范。游乐园(场)经营管理者应根据本标准的要求制定具体的工作制度和操作规程并付诸实施,以保障游乐设施安全运行,杜绝安全事故发生,为游客提供安全、舒适、快乐的服务。

游乐园(场)服务质量

1 范围

本标准界定了游乐园(场)的相关术语和定义、规定了游乐园(场)的设施管理、安全管理、服务质量和环境卫生等方面的要求。

本标准适用于设有游乐设施的主题公园和各类游乐园(场)。

2 规范性引用文件

下列文件中的条款通过本标准的引用而成为本标准的条款。凡是注日期的引用文件,其随后所有的修改单(不包括勘误的内容)或修订版均不适用于本标准,然而,鼓励根据本标准达成协议的各方研究是否可使用这些文件的最新版本。凡是不注日期的引用文件,其最新版本适用于本标准。

GB 2893 安全色

GB 2894 安全标志

GB 3096 声环境质量标准

GB 5749 生活饮用水卫生标准

GB 8408 游乐设施安全规范

GB 9664 文化娱乐场所卫生标准

GB 9665 公共浴室卫生标准

GB 9667 游泳场所卫生标准

GB 9670 商场(店)、书店卫生标准

GB/T 10001.1 标志用公共信息图形符号 第1部分:通用符号

GB/T 10001.2 标志用公共信息图形符号 第2部分:旅游休闲符号

GB/T 11651 劳动防护用品选用规则

GB 13495 消防安全标志

GB 15630 消防安全标志设置要求

GB/T 17775 旅游区(点)质量等级的划分与评定

GB/T 18973 旅游厕所质量等级的划分与评定

GB 20286 公共场所阻燃制品及组件燃烧性能要求和标识

CJJ 48—1992 公园设计规范

JGJ 46 施工现场临时用电安全技术规范

WH 0201 歌舞厅照明及光污染限定标准

3 术语和定义

下列术语和定义适用于本标准。

3.1

游乐园(场) amusement park

以游乐设施为主要载体,以娱乐活动为重要内容,为游客提供游乐体验的合法经营场所。

3.2

文化娱乐设施 culture & entertainment facilities

在游乐园(场)内为增加游客娱乐体验而设置的文化配套设施,如表演场所、影院、歌舞厅等。

3.3

水上乐园　waterparks

为游客提供嬉水活动的水上游乐场所或区域。

3.4

节庆活动　events

在游乐园(场)内举办的具有特定主题的各种节日庆典和文化活动，以及根据社会需求而举办的各种专场活动。

3.5

高度危险作业　high-risk operations

在游乐园(场)内开展的行为人即使采取适当的注意和预防措施仍难免对自己、他人产生伤害，或对财产造成严重损害的作业，包括高空、高压、易燃、易爆、剧毒、高速运输作业。

3.6

乘骑服务　rides services

为满足游客乘坐或驾骑游乐设施的娱乐需求而提供的相关服务。

4　总则

4.1　游乐园(场)的规划建设以及设施的配置等应符合安全、质检、旅游、消防、卫生、环保等国家和地方现行的有关法规和标准。

4.2　游乐园(场)应建立健全安全生产责任制和各项安全管理制度，配备专门机构及人员负责安全工作，确保园区正常运营，杜绝安全事故发生。

4.3　游乐园(场)应树立全员服务意识，制定详细的岗位服务守则，通过培训和服务质量监督，提升园区服务水平，满足游客娱乐体验需求。

4.4　游乐园(场)应建立健全环境卫生管理制度，严格执行相关卫生标准，为游客娱乐体验营造一个生态和谐、整洁美观的园区环境。

5　设施管理

5.1　设施的配置要求

5.1.1　基本要求

5.1.1.1　游乐园(场)所应根据园(场)主题特征，综合考虑地形地貌现状、占地面积、投资规模、建设分期、内容布局等因素进行科学地规划、设计，合理配置游乐设施、接待设施、引导标识设施和基础设施。有条件的可增加文化娱乐设施和水上游乐设施等。

5.1.1.2　游乐园(场)内特种设备应符合国家相关规定。

5.1.2　游乐设施(含水上游乐设施)

5.1.2.1　游乐设施(含水上游乐设施)的购置、安装、运行、改造、维修以及使用管理、监督管理应按GB 8408及国家有关部门制定的游乐设施(含水上游乐设施)安全监督管理办法等有关规定执行。使用这些设备设施，应取得法定技术检验部门出具的合格证书。

5.1.2.2　对于引进的新型游乐设施(含水上游乐设施)，若无相应国家或行业标准，应采用设备引进国家或地区关于该设备的标准进行管理，制定相应的企业标准和操作规范，并报有关主管部门进行标准备案。

5.1.3　文化娱乐设施与文化主题

5.1.3.1　各种文化娱乐设施及其配套装置的建设、安装应符合国家有关法律法规要求，确保性能良好，使用安全可靠。

5.1.3.2　舞台、灯光、音响等演出设施设备的安装、摆放应整齐美观，充分满足表演要求。

5.1.3.3 舞台内设备防坠装置应安全有效,幕帷、道具等选材和制作应符合 GB 20286 要求。

5.1.3.4 场内应通风良好,设置有充足的紧急疏散通道。

5.1.3.5 文化主题的设置应遵循文化的本真性。

5.1.4 引导标识设施

5.1.4.1 游乐园(场)应在主入口附近设置导游全景图和游客须知,全景图应正确标识出主要景点及旅游服务设施的位置,游客须知应简明扼要地对园区注意事项进行说明。

5.1.4.2 游乐园(场)应在园区内主要通道、交叉路口设置导览图,标明现在位置及周边景点和服务设施的图示。

5.1.4.3 在游乐项目的入口处,应在显著的地方设置该项目的游乐规则介绍牌。

5.1.4.4 游乐园(场)中的所有引导标识应符合 GB/T 10001.1、GB/T 10001.2 要求,同时以中、英文 2 种以上文字表示;各类介绍牌和标识牌的外形应与景区环境和谐一致;安全色应符合 GB 2893 要求。

5.1.5 接待设施

5.1.5.1 停车场

5.1.5.1.1 停车场应设置在游乐园(场)主入口附近,其规模与游乐园(场)接待规模相适应。按 GB/T 10001.1设置停车场的标志。

5.1.5.1.2 收费明示牌应设置在停车场入口显著地方,收费价格按国家相关规定执行。

5.1.5.1.3 场内应设置停车场布置图、车辆走向简图及出入标识。

5.1.5.1.4 应平整坚实、绿化美观,有条件的应建生态化、景观化停车场。

5.1.5.1.5 应有专人负责管理、疏导,车辆停靠整齐有序。

5.1.5.2 售票处

5.1.5.2.1 售票处应设在游乐园(场)主入口显著位置,周围环境良好、开阔,设置遮阴避雨设施及排队栅栏。

5.1.5.2.2 售票窗口的数量应与游乐园(场)能接纳的游客量相适应。

5.1.5.2.3 游乐园(场)内分单项购票游乐的,应设置专门的售票处,方便游客购票。

5.1.5.2.4 应向游客公布门票价格及园区所有收费游乐项目价格表、购票须知、营业时间、游乐园(场)简介、项目介绍等服务指南。

5.1.5.3 游客中心

5.1.5.3.1 游客中心应设在游乐园(场)主入口附近,有醒目的标志,面积与游客接待量相适应。

5.1.5.3.2 应配有影视介绍系统,能提供本游乐园(场)导览宣传资料和游程线路图等,并应明示免费服务项目。

5.1.5.3.3 应设包括咨询处、咨询电话和广播室在内的咨询服务设施。

5.1.5.3.4 应设婴儿服务设施,如热奶设备、喂奶场所等。

5.1.5.3.5 应设有专门接受游客投诉的柜台,并有专人值班。

5.1.5.4 行李保管处

5.1.5.4.1 行李保管处应设在游乐园(场)主入口附近,方便游客寄存行李等物品。

5.1.5.4.2 配备适当数量保险箱(柜),设置贵重物品保管。

5.1.5.4.3 行李保管处应向游客公布保管须知。

5.1.5.5 餐饮服务设施

5.1.5.5.1 餐饮服务设施规模数量应与游乐园(场)接待游客规模相适应,能满足不同层次游客的基本要求。

5.1.5.5.2 餐厅的设施应符合国家有关卫生标准,使用的餐具应符合卫生、环保要求。

5.1.5.5.3 应配备必要的消毒杀蚊设备,并符合国家卫生防疫部门的要求。

5.1.5.6 购物设施

5.1.5.6.1 旅游购物场所的建筑造型、色彩、材质应与景观环境相协调，不破坏主要景观，不妨碍游客游览，布局合理；广告标志不影响观景效果。

5.1.5.6.2 能提供与游乐园主题相关的或具有地方特色的旅游商品。

5.1.6 基础设施

5.1.6.1 基本要求

游乐园(场)的公共基础设施应符合国家有关规定，并考虑设施运营中的安全和服务需要。

5.1.6.2 安全标志

5.1.6.2.1 在有必要提醒人们注意安全的场所和位置，应按 GB 2894 规定设置安全标志。

5.1.6.2.2 安全标志应在醒目的位置设立，清晰易辨，不应设在可移动的物体上。

5.1.6.2.3 各种安全标志应随时检查，发现有变形、破损或变色的，应及时整修或更换。

5.1.6.3 监控设施

游乐园(场)应按公安部门的规定在出入口、主要通道及人员密集型场所等地安装闭路电视监控设备，并应保证在开园期间工作正常、不中断。

5.1.6.4 公用电话

5.1.6.4.1 游乐园(场)应在出入口及区内游客集中场所设置公用电话，公用电话亭及标志与环境相协调，美观醒目，数量与接待规模相适应，公用电话具有直拨长途功能。

5.1.6.4.2 游乐园(场)区域内应能有效接收移动电话信号。

5.1.6.5 医疗急救设施

5.1.6.5.1 游乐园(场)应视情为游客准备常用药品，或设置医务室。

5.1.6.5.2 设置医务室的，应备有常用救护器材和药品，并能协助处理突发事故中伤病员的急救工作。

5.1.6.5.3 应与当地的急救中心和医院建立联系和紧急救援机制，确保为游客提供急救服务。

5.1.6.6 休憩设施

游乐园(场)内应设置供游人休息的座椅，数量、布局要适当、合理。视地区季节气候需要，座椅可带遮阳篷。座椅和遮阳篷的色调、色彩、重量、造型应与游乐园(场)主体设施相协调。

5.1.6.7 无障碍设施

为方便残障人行动，游乐园(场)的主出入口、游乐项目出入口、文化娱乐场所出入口、厕所等应设置无障碍通道和残障人专用设施。

5.1.6.8 园区道路

游乐园(场)的交通道路应符合 CJJ 48—1992 中 5.1.1～5.1.11 要求。

5.1.6.9 照明设施

5.1.6.9.1 开放夜场的游乐园(场)，其主要通道和公共场地应设有充足的灯光照明设备。各游乐设备设施自身也应有灯光照明。

5.1.6.9.2 室内公共服务设施应有充足的灯光照明和应急照明设备，并符合 WH 0201 的要求。

5.1.6.10 消防设施

5.1.6.10.1 游乐园(场)内应依据国家消防的相关规定，配备足够的消防器材和火警报警设施，按 GB 13495 和 GB 15630 设置消防安全标志，并保证设施应急有效。

5.1.6.10.2 游乐园(场)内适当位置设置吸烟区，文化娱乐场所内禁止吸烟。

5.1.6.11 公共厕所

5.1.6.11.1 游乐园(场)内应设公共厕所，其数量、分布应与游乐园(场)本身的面积和游客容量相适应，并专设残障人厕位。

5.1.6.11.2 公共厕所的标志应醒目，厕所的外观、色彩、造型应与景观环境协调，内部装修及设施配置应按 GB/T 17775 中规定的三星级以上要求执行。

5.1.6.12 垃圾桶(箱)

5.1.6.12.1 游乐园(场)内应设置垃圾桶(箱),数量、布局应适当、合理。

5.1.6.12.2 垃圾桶(箱)应有可回收垃圾和不可回收垃圾的分类。

5.1.6.12.3 垃圾桶(箱)的造型应与游乐园(场)气氛和谐一致。

5.2 设施的运营要求

5.2.1 基本要求

游乐园(场)应按各类游乐设施的技术要求,分别制定有关操作运行、定期检查维护、关键零部件更换等方面的规章制度。建立管理和维修人员的岗位责任制。管理、操作和维修人员应经过培训考试合格后才能上岗。

5.2.2 游乐设施运营要求

5.2.2.1 每天运营前应做好安全检查,检查内容根据各单位相关规章制度要求进行。

5.2.2.2 每天运营前空载试机运行应不少于二次,确认一切正常后,才能开机营业。

5.2.2.3 每天运营中应严格按照各岗位操作规程进行作业,并注意安全。

5.2.2.4 每天运营后应清洁、整理检查各承载物、附属设备及游乐场地,确保其整洁有序,无安全隐患;同时做好当天游乐设施运转情况记录,并签字确认。

5.2.3 水上乐园运营要求

5.2.3.1 水上乐园应设立专门的管理部门,并按规定配备足够的救生员、医护人员和急救设施。

5.2.3.2 各水上游乐项目均应设立监视台,有专人值勤,监视台的数量和位置应能看清水上游乐项目全部范围。

5.2.3.3 应在明显的位置公布各种水上游乐项目的游乐规则,视频或广播系统应反复宣传,提醒游客注意安全,防止意外事故发生。

5.2.3.4 每天运营前,应对具有一定危险度的水上游乐设施试运行。

5.2.3.5 每天运营前应对水面漂浮物和水池底杂物清除一次。

5.2.3.6 每天应定时检查水质,水质标准应符合 GB 9667、GB 5749、GB 9665 的要求。

5.2.4 文化娱乐设施运营要求

5.2.4.1 各种文化娱乐设施的使用应严格遵守相应的操作规范,保证演出效果和安全。

5.2.4.2 舞台特效、特技应在专业人员指导下操作,并注意安全。

5.2.4.3 应为高空道具装置设计制作人员、辅助人员和高空表演人员购买人身意外事故保险。

5.2.4.4 应指定专人管理有危险性的道具及物品。

5.2.5 租赁设施运营要求

在园区内租赁给其他单位经营的、或向其他单位租赁的游乐设施和游乐项目应参照自营游乐设施和游乐项目的运营要求进行管理,并接受游乐园(场)的管理和监督。

6 安全管理

6.1 安全管理机构与人员

6.1.1 安全管理机构

6.1.1.1 游乐园(场)应建立安全管理机构,负责安全管理工作。

6.1.1.2 安全管理机构应至少履行下列职责:

——建立健全安全管理制度体系;

——制定安全操作规程;

——确定各级、各岗位安全责任人及其职责;

——落实各项安全措施,组织安全检查;

——制定突发事件的应急预案,并定期组织实施演习;

——组织员工的安全培训及对游客的安全宣传。

6.1.2 安全管理人员

6.1.2.1 游乐园(场)应设专职安全主任一人,并根据园区的规模设置足够的专职和兼职安全管理员,负责全游乐园(场)的安全管理工作。

6.1.2.2 游乐园(场)应按管理层级设置安全责任人,并赋予相应的安全管理责任。基层岗位的安全责任人应结合自身岗位情况落实本岗位安全规章、制度和操作规范,并应承担安全隐患巡查及上报、游客流量监控、紧急情况下的疏散救援,以及承担对安全设施、灭火器材和安全标志的维护保养等工作。

6.2 安全基本要求

6.2.1 从业人员要求

6.2.1.1 上岗与培训

6.2.1.1.1 游乐园(场)应制定安全培训计划,对员工进行各类岗位安全培训,并对培训结果进行检查与考核。

6.2.1.1.2 游乐园(场)从业人员应经过相应培训,掌握本岗位专业知识,并经考试合格后才能上岗。从业人员应熟练掌握本岗位有关应急处理方法。

6.2.1.1.3 特种设备作业人员应按照国家有关规定,经专门的安全作业培训,取得特种设备作业人员证书才能上岗。

6.2.1.2 安全防护

6.2.1.2.1 劳动防护用品的配备应符合 GB/T 11651 的要求,并有专人监督、教育从业人员按照使用规则佩戴和使用。

6.2.1.2.2 员工上岗前应按岗位要求检查劳动防护用品的佩戴和使用情况,并确认佩戴正确,使用情况良好,才能上岗。

6.2.1.3 安全操作

6.2.1.3.1 在游乐活动开始前,应向游客介绍安全知识、安全注意事项和游乐活动规则,指导游客正确使用游乐设施,掌握游乐活动的安全要领;对外籍游客的安全讲解和培训应使用外语,并用图文表示。

6.2.1.3.2 在游乐过程中,应密切注视游客安全状态,关注游乐设施运行状况,及时排除安全隐患。

6.2.1.3.3 因遇突发恶劣天气或游乐设施机械故障抢修而造成设施临时停运时,应有应急、应变措施,并及时向游客公告。

6.2.1.3.4 游乐园(场)应当向参与特种惊险游乐项目游玩的游客推荐投保人身意外伤害保险。

6.2.2 游客安全

6.2.2.1 对游客身体条件有要求的,或不适合某种疾病患者参加的游乐活动,应在该项活动入门处以"警告"方式予以公布。

6.2.2.2 应婉拒不符合乘座条件的游客参与相应游乐活动。

6.2.3 员工安全

6.2.3.1 未持有专业技术上岗证的,不得操作园区内电气设备设施。

6.2.3.2 员工着装、头发、佩戴的首饰应符合安全要求;高空或工程作业时应佩戴安全帽、安全绳等安全防护设备,并应严格按安全规章作业。

6.2.4 安全检查

6.2.4.1 游乐园(场)应制定游乐设施、文化娱乐设施和水上乐园等安全检查制度。

6.2.4.2 游乐设施应进行日、周、月、节假日前和旺季开始前的例行检查,还应每年全面检修一次,超过安全检验有效期的游乐设施不得运营载客。严禁设备带故障运转。

6.2.4.3 游乐设施每天运营前应进行例行安全检查,并经安全检查人员签字确认后才能投入运营。

6.2.4.4 不定期的安全检查,每周不少于一次,检查发现的隐患和问题应及时做好记录,并视情节轻重签发限期整改通知或处罚通知。

6.3 食品安全

6.3.1 游乐园(场)应建立符合国家卫生部要求的食品安全管理制度。

6.3.2 从事食品加工、销售的工作人员应取得健康证才能上岗。

6.3.3 餐厅经营应取得卫生许可证,食品采购应建立索证制度,从正规合法渠道采购,并保持新鲜。

6.3.4 发现食物中毒现象,就近工作人员应在第一时间通知医务室,并将严重患者及时送医院救治,并按有关规定上报当地防疫部门。

6.4 用电和消防安全

6.4.1 基本要求

游乐园(场)应制定用电、防火安全管理制度与操作规范,相关人员应严格遵守。

6.4.2 用电安全

6.4.2.1 游乐园(场)所配置各类电器设施、设备及用材应是经安全认证的合格产品。如设施、设备不属于安全认证目录内,应采用经法定检验机构检验合格后的产品。

6.4.2.2 园区内所有用电线路的更改和用电设施的增设,应按国家有关电气施工验收规范验收,验收合格后才可送电。

6.4.2.3 临时用电的线路敷设、电箱及开关安装均应符合 JGJ 46 的要求。

6.4.3 消防安全

6.4.3.1 应建立健全消防组织,定期或不定期地组织消防安全检查,及时消除隐患。

6.4.3.2 应开展全员消防教育,定期组织所属员工进行消防培训和应急演练。应建立义务消防队伍,有条件的游乐园(场)可组织专业消防队,每年至少举行一次消防演习。

6.4.3.3 游乐园(场)内的重点防火区域和室内活动设施应严格按照国家消防规定进行规划、设计、建设和配备消防器材,并取得消防验收许可证。

6.4.3.4 表演场、剧场、室内游乐项目等消防通道应保持畅通。

6.5 园内交通安全

6.5.1 驾驶员安全操作要求

6.5.1.1 游览道路上行驶的游览车应按园区规定线路行驶,限速 10 km/h,在交叉路口和人多情况下应缓行。轨道行驶车辆、缆车等交通设施应按相应操作规范运行。

6.5.1.2 驾驶员、操作员应认真做好车辆使用前后的日常安全检查及维护保养工作,确保车况良好,并认真填写记录。

6.5.1.3 车辆起步前,驾驶员应观察乘客的安全状况,并提醒乘客注意安全。

6.5.1.4 当车辆发生事故,驾驶员应保护好事故现场,及时报告安全管理部门,协助调查事故原因,按有关规定妥善处理。

6.5.2 车辆安全

6.5.2.1 开园前十分钟至闭园期间,禁止游览车以外的机动车辆在游览道路行使。遇特殊情况,如工程抢修、紧急救护等,应有相关的管理措施。

6.5.2.2 车辆应在规定地点停放,有条件的游乐园(场)应设置游览车辆专用车库。

6.5.2.3 救护车、消防车进园时,沿途工作人员应积极主动地疏导游客,消除路障,保障车辆顺利通行。

6.6 节庆活动安全

6.6.1 节庆活动的安全工作应遵循“谁承办,谁负责”的原则,承办者的主要负责人为节庆活动安全责任人。

6.6.2 节庆活动举办前,承办单位应制定相应的安全应急预案,并报公安、消防和上级主管部门审查批准。

6.6.3 游乐园(场)活动举办区域应有安全通道和安全出入口,并设置清晰明显的安全引导标识。必要时可在出入口处设置安全缓冲区和单行线。

6.6.4 节庆活动期间，游乐园（场）接待游客人数超过园区设计容量时，应及时向有关部门报告，并启动应急预案，采取有效措施疏导游客。

6.7 高度危险作业安全

6.7.1 游乐园（场）在营业期间内不得进行高度危险作业。

6.7.2 因特殊情况需高度危险作业时，应事先征得游乐园（场）安全管理部门审批同意后才能实施，安全管理部门应派专业技术人员到作业现场进行安全监督管理。

6.7.3 高度危险作业应聘请专业机构和专业人员进行操作。

6.8 应急处理

6.8.1 基本要求

6.8.1.1 游乐园（场）应针对火灾、自然灾害、游乐设备设施事故、节假日及节庆活动制定应急预案，应急预案应至少包括下列内容：

——应急组织系统及其职责；

——应急预案启动程序；

——紧急处置措施方案；

——应急组织的训练和演习；

——应急设备和器材的储备和保养；

——履行预案规定的岗位职责。

6.8.1.2 应配备完好有效的应急广播、照明和发电设施。应急广播应采用中英文双语，如有必要可增加方言广播和其他语种广播。

6.8.1.3 应及时发布地质灾害、天气变化、洪涝汛情、交通路况、治安形势、流行疫情预防等安全警示信息以及游览安全提示信息。

6.8.1.4 在游乐园（场）发生生产安全事故时，应严格执行国务院有关生产安全事故报告规定。

6.8.2 发生火灾

6.8.2.1 确认火灾发生后，应立即启动应急预案，组织扑救，疏散人员，并报火警。

6.8.2.2 火灾调查结束后，有关单位应总结事故教训，提出并实施整改方案。

6.8.3 自然灾害

6.8.3.1 建筑物、较高的游乐设施和园区制高点应按规定安装防雷设备，每年应进行至少一次检测维修，确保完好有效。

6.8.3.2 园区应建立暴雨、台风、雷暴、大雾、冰雹等自然灾害预警机制，尽量在自然灾害发生之前，做好应对工作。

6.8.3.3 因遇暴雨、台风、雷暴、大雾、冰雹等自然灾害须停业或闭园时，应通过媒体提前对外公告。

6.8.4 游客人身伤害和财产损失

6.8.4.1 如遇游客受伤，就近工作人员应在第一时间通知医务室，并将重伤者及时送医院救治，并上报领导和相关主管部门。

6.8.4.2 如遇游客物品丢失，工作人员应协助游客将丢失物品特征如实报公安部门。游乐园（场）安保部门应配合公安部门查找丢失物品。

6.8.4.3 如发生打架斗殴、暴力、恐怖等事件，就近工作人员应在第一时间启动应急预案，并立即报告公安部门处理。

7 服务质量

7.1 总要求

游乐园（场）应结合自身游乐园（场）特色，制定符合游客需求的服务宗旨、服务目标和岗位服务规范等，并严格执行。

7.2 服务人员基本要求

7.2.1 职业道德

游乐园(场)从业人员应具备职业所需的基本素养和诚实敬业的精神。

7.2.2 服务态度

员工应热情、主动、诚恳、耐心、细致地为游客服务。

7.2.3 礼节礼貌

7.2.3.1 员工上岗应仪容仪表整洁,着工作服,佩戴服务岗位标牌。

7.2.3.2 站、坐、行姿应符合岗位规范与要求,举止端正大方。

7.2.3.3 使用的语言应文明礼貌,通俗、清晰,符合礼节规范。

7.2.4 知识技能

7.2.4.1 员工应根据服务岗位要求熟练掌握相关职业技能。

7.2.4.2 应熟练使用普通话,具备简单的英语听说能力。

7.2.4.3 应熟知经营服务信息,应能提供基本信息咨询。

7.2.4.4 应熟知紧急救援电话、方式,应能提供基本的紧急救援服务。

7.2.4.5 应掌握拍照、摄影等数码产品的基本使用方法。

7.3 服务岗位要求

7.3.1 乘骑服务

7.3.1.1 服务人员应熟知本岗位游乐项目安全事项和该项目操作规程。

7.3.1.2 主持人员应向游客介绍安全注意事项和游乐活动规则。

7.3.1.3 在项目结束时,服务人员应提醒游客拿齐个人物品,引导游客参与园区其他游乐项目。

7.3.2 水上乐园服务

7.3.2.1 服务人员应熟悉水上乐园各区域特征,具备基本的抢险救生知识和技能。

7.3.2.2 救生员应符合有关部门规定,经专门培训,熟练掌握救生知识与技能,并持证上岗。

7.3.2.3 服务人员应随时向游客报告天气变化情况,遇恶劣天气时应引导游客避雷电和采取其他保护措施。

7.3.3 文化娱乐服务

7.3.3.1 游乐园(场)应根据市场需求开发文娱产品和举办节庆活动,丰富游乐活动。

7.3.3.2 文化娱乐活动内容应高雅文明,有益于青少年和社会公众的身心健康。

7.3.3.3 文化娱乐活动的参演人员应服从舞台监督或管理人员的指挥。

7.3.4 咨询服务

7.3.4.1 游乐园(场)应通过视频、网站、报纸、宣传单、电话等渠道,为游客提供及时准确的游乐信息。

7.3.4.2 咨询服务人员应熟悉园区经营活动信息,随时掌握游乐项目动态,并准确回答游客咨询。应了解周边公共服务设施信息,协助提供相关咨询服务。

7.3.5 停车场服务

7.3.5.1 停车场服务人员应熟知停车场有关管理规定、各类车型及收费标准,能熟练使用交通服务手势信号。

7.3.5.2 车辆进出场时,应行礼问候;车辆拥堵时,应及时疏导。

7.3.6 售票服务

7.3.6.1 售票员应熟悉各种票券的价格,做到唱收唱付;售票时应迅速、准确,误差率应不超过万分之五。

7.3.6.2 应熟悉了解游乐园(场)的各种游乐项目信息,耐心回答游客咨询,并及时掌握游乐项目调整信息,对重要游乐项目的调整信息应提醒游客。

7.3.6.3 视情况设立团体和 VIP 专用窗口,建立团体客人和 VIP 游客的登记制度,并及时将信息和特殊服务要求传递到游乐园(场)其他相关部门。

7.3.7 导游服务

7.3.7.1 导游员应熟悉游乐园(场)游乐项目和景点知识、客源地风俗与禁忌,普通话达标,外语服务应能满足游客需要。

7.3.7.2 应提前与游客确认游览计划等事项,变更计划需征得游客同意。

7.3.7.3 应主动承担乘车、游乐、观看表演、就餐等环节的协调工作。

7.3.8 VIP服务

7.3.8.1 VIP接待人员应根据游乐园(场)相关规定划分接待对象级别,提供相应的接待礼遇。

7.3.8.2 应熟知接待程序、接待礼仪,具备良好的计划、表述、沟通、协调、应变能力。

7.3.8.3 应提前与贵宾方确认接待计划和警卫方案,并预留贵宾通道、停车位、游览车、演出座位等。

7.3.8.4 应记录贵宾的参观评价,做好后续反馈。

7.3.9 广播服务

7.3.9.1 广播员应使用普通话播音和英语广播;接待海外游客时应同时使用英语播音。

7.3.9.2 播音应清晰、匀速、准确。

7.3.10 行李保管服务

7.3.10.1 行李保管员在接收游客交付保管的行李物品时,应确保无易燃、易爆、有毒等危险品或其他违禁品,并认真核对游客的身份证件和行李件数,做好登记工作。

7.3.10.2 贵重物品应保存于专用保险箱中,配备专用钥匙。

7.3.10.3 物品的交付和领取应由交付人和服务人员双方共同清点清楚,并签字确认。

7.3.11 门岗服务

7.3.11.1 游乐园(场)出入口以及园内主要娱乐场所应设门岗服务。在游客入场高峰期间,应增设现场工作人员,协助门岗工作。

7.3.11.2 门岗服务人员应熟悉游乐园(场)规定的各种票券的使用方法,迅速、准确验收票券,正确引导游客进场。

7.3.11.3 应能提供团体接待服务,方便团体游客进场。

7.3.11.4 遇老人、儿童、病人和残障人士时应提供相关特殊服务。

7.3.12 餐饮服务

7.3.12.1 餐厅和饮食服务网点的营业时间应适应游乐园(场)的开放时间。

7.3.12.2 餐厅应根据游乐园(场)的环境、特色、背景及节庆活动的不同,设置特色饮食或自助餐服务。

7.3.12.3 餐饮服务人员应熟知餐厅的经营服务信息,具备餐厅工作所需的卫生安全、出品及推销等知识,掌握餐饮设备、器具、工具的使用与保养方法。

7.3.12.4 应为带小孩的客人提供儿童椅。

7.3.13 购物服务

7.3.13.1 旅游商场(店)、商亭的橱窗和柜台应布局合理、结构牢固,商品陈列应既有艺术性又能方便游客选购。

7.3.13.2 服务人员应熟悉和掌握所推销商品的性能、产地、特点,主动热情为游客介绍商品,服务中尽量满足游客的要求。

7.3.13.3 各类商品应明码标价,保证质量。

7.3.14 医疗急救服务

7.3.14.1 当园内发生意外伤害事故后,应确保游客在事故发生后的10 min内得到紧急医疗救助。

7.3.14.2 设置医务室的,应配备具有医师执业资格的医护人员,医护人员人数应与游乐园(场)规模相当。

7.3.14.3 设置医务室的,应有医护人员值班,为游客和工作人员进行一般性突发病痛的诊治和救护。

7.3.15 安保服务

7.3.15.1 安全保卫人员应掌握治安、消防等基本常识和相关的法律法规，熟练使用通讯、治安工具和消防器材。

7.3.15.2 应能及时制止违法行为，及时劝阻客人的违规行为，并协助其他岗位工作人员为游客提供所需服务。

7.3.15.3 接到报警后应在 3 min 内赶到现场处理，协助警方处理相关事件。

7.3.16 保洁服务

7.3.16.1 保洁服务人员应熟悉垃圾分类，熟练使用各种清洁用具和清洁剂。

7.3.16.2 全场扫除、冲洗工作应在非营业期间进行，对新出现垃圾应及时清除。

7.3.16.3 保洁效果应达到游乐园(场)各场所设施相关卫生要求。

7.3.17 游客投诉处理

7.3.17.1 接受投诉人员应具备良好的沟通、应变能力，能处理良好的人际关系。

7.3.17.2 在接受投诉时，应耐心倾听游客申述，记录投诉情况，积极、热情地为投诉者解决问题，当场不能解决的问题应尽快呈报上级主管解决。

7.3.17.3 对有效投诉，应向游客致歉或做出适当补偿。

7.3.17.4 事后应查找引起投诉产生的原因，及时改进，避免产生新的类似投诉。

7.4 服务质量监督

7.4.1 游乐园(场)应制定服务质量管理目标，并建立监督检查制度。

7.4.2 应设立服务质量管理部门或岗位，受理游客的投诉和咨询。

7.4.3 应设立服务监督电话，人工接听的时间不少于营业时间。

7.4.4 应配置专职人员负责服务质量的监督考核，有奖惩制度，并严格执行。

7.4.5 应定期向游客发放并回收“征求意见表”，并有计划、有目的、有选择地回访游客。

7.4.6 每年应进行至少一次由第三方机构组织的游客满意度调查。

7.4.7 对游客提出的合理化建议应采取有效的纠正措施，改进服务工作，提高服务质量。

8 环境卫生

8.1 总要求

游乐园(场)应设立部门负责绿化保养、卫生清扫等管理工作，制定各项环保卫生制度和措施，定期进行各项环保卫生检查。游乐园(场)园内卫生应符合 GB 9664 的要求；环境噪声应符合 GB 3096 的要求。

8.2 环保要求

游乐园(场)应逐步建立环境管理体系，采取节能环保等多种措施，减少水、空气和噪音污染，减少固体废弃物的产生，减少游乐园(场)开发及经营对周边居民生活的干扰，提高景区环境质量，共同维护公共环境。

8.3 游乐设施卫生要求

8.3.1 机台、棚顶、台顶及周围应干净无杂物。

8.3.2 承载物地板应无杂物、无呕吐物，座席无污渍。

8.3.3 游客等候游乐的场所应无烟头、纸屑、杂物，栅栏应无浮尘。

8.4 水上乐园卫生要求

8.4.1 水上乐园应设置相应能力的池水过滤净化及消毒设施。

8.4.2 水质标准及卫生管理应按 GB 9667、GB 5749、GB 9665 中规定执行。

8.4.3 水上乐园范围内的地面应无积水、无碎玻璃及其他尖锐物品。

8.5 园区公共场所卫生要求

8.5.1 餐厅和饮食服务网点的卫生应符合国家法律法规和相关标准要求。

8.5.2 购物商场(店)、商亭的卫生标准及管理应按 GB 9670 中规定执行。

8.5.3 厕所的卫生标准及管理应按 GB/T 18973 中规定的三星级以上要求执行。

8.5.4 其他公共场所的卫生标准及管理应按 GB/T 17775 中规定的三星级以上要求执行。

ICS 75.060
E 24

中华人民共和国国家标准

GB/T 16781.2—2010
代替 GB/T 16781.2—1997

天然气　汞含量的测定
第2部分：金-铂合金汞齐化取样法

Natural gas—Determination of mercury—
Part 2: Sampling of mercury by amalgamation on gold/platinum alloy

(ISO 6978-2:2003, MOD)

2010-08-09 发布　　2010-12-01 实施

中华人民共和国国家质量监督检验检疫总局
中国国家标准化管理委员会　发布

前 言

GB/T 16781《天然气 汞含量的测定》分为以下两个部分：

——第1部分：碘化学吸附取样法；

——第2部分：金-铂合金汞齐化取样法。

本部分为GB/T 16781的第2部分。

本部分修改采用ISO 6978-2:2003《天然气 汞含量的测定 第2部分：金-铂合金汞齐化取样法》(英文版)。

本部分与ISO 6978-2:2003的主要差异是：

——删除ISO 6978-2:2003的前言，重新编写本部分的前言；

——第2章规范性引用文件中，将一些适用于国际标准的表述修改为适用于我国标准的表述，部分ISO标准替换为我国对应内容的国家标准，其余章节对应内容也作相应修改，删掉"测量不确定度表达导则(GUM)"规范性引用文件；

——删掉第4章有关气体体积计量的标准参比条件的表述；

——将6.2中有关汞的安全措施的表述放在第8章；

——为了与我国现形的《天然气标准参比条件》等相关标准一致，将ISO 6978-2:2003中第10章"用式(2)计算273.15 K，10.325 kPa条件下抽取的样品体积"改为"用式(2)计算293.15 K，10.325 kPa条件下抽取的样品体积"，并对公式(2)中标准参比条件的标注作相应修改。

本部分代替GB/T 16781.2—1997《天然气中汞含量的测定 冷原子荧光光度法》。本部分与GB/T 16781.2—1997在技术内容，即测量范围、试验原理、仪器、试剂、取样、汞的测定等内容完全不同，作了较大的修改。

本部分由中国石油天然气集团公司提出。

本部分由全国天然气标准化技术委员会归口。

本部分起草单位：中国石油西南油气田分公司天然气研究院。

本部分主要起草人：涂振权、罗勤、许文晓、黄黎明、常宏岗、张娅娜、何斌。

本部分所代替标准的历次版本发布情况为：

——GB/T 16781.2—1997。

引　言

天然气中可能含一定量汞，这些汞通常以元素形式存在。必须对汞含量高的天然气进行净化处理，这样既可避免处理和输送过程中汞的凝析，又符合气体销售合同的要求。天然气液化时规定只能含有低浓度的汞，这是为了避免严重的腐蚀问题，例如液化设备铝制热交换器的腐蚀。

天然气含有的烃类，尤其是低浓度芳香烃的存在会干扰原子吸收光谱（AAS）或原子荧光光谱（AFS）对汞的测定，故此时天然气中的汞不能直接测定。因此，在分析前，应该对汞进行收集使其与芳香烃分离。

测量汞含量的目的为：

——监控气体质量，

——监控气体处理厂脱除汞的操作。

已开发了从天然气中收集或富集汞的几种方法。从干天然气中收集汞通常不涉及特殊问题。但在天然气接近凝析状态时对汞取样则应加小心（见 ISO 6570）。

GB/T 16781 的两个部分描述了汞的取样原理，规定了汞的取样方法及确定了管输天然气中汞含量的一般要求。GB/T 16781 的本部分规定了金-铂合金汞齐化取样法，而第 1 部分规定了碘浸渍硅胶化学吸附取样法。

天然气 汞含量的测定
第2部分:金-铂合金汞齐化取样法

警告——GB/T 16781 应用可能涉及危险物质及其操作和设备。但 GB/T 16781 没有说明与其使用有关的所有安全问题。本部分的使用者有责任制定适当的安全和健康措施,并在使用前确定其适用性或适用范围。

1 范围

本部分规定了用金-铂(Au/Pt)合金汞齐化取样法测定管输天然气中汞含量的方法。本方法适用于不含凝析产物的粗天然气取样。本方法适用于大气压下天然气中 0.01 μg/m³～100 μg/m³ 范围内汞含量的测定和高压(最高压力达 8 MPa)下天然气中 0.001 μg/m³～1 μg/m³ 范围内汞含量的测定。通过测量波长为 253.7 nm 处汞蒸气的吸光度或荧光度来确定其被收集的量。

注:GB/T 16781.1 给出的方法适用于用碘浸渍硅胶化学吸附法测定天然气中的汞含量,取样压力最高达 40 MPa 时,测定范围为 0.1 μg/m³～5 000 μg/m³。

2 规范性引用文件

下列文件中的条款通过 GB/T 16781 的本部分的引用而成为本部分的条款。凡是注日期的引用文件,其随后所有的修改单(不包括勘误的内容)或修订版均不适用于本部分,然而鼓励根据本部分达成协议的各方研究是否可使用这些文件的最新版本。凡是不注日期的引用文件,其最新版本适用于本部分。

GB/T 13609 天然气取样导则(GB/T 13609—1999,eqv ISO 10715:1997)

GB/T 20604 天然气 词汇(GB/T 20604—2006,ISO 14532:2001,IDT)

3 术语和定义

GB/T 20604 给出的术语和定义适用于本标准。

4 试验原理

取样应在温度高于气样露点至少 10 ℃的条件下进行。气体通过两支串联的、充填一系列精细金-铂合金丝的石英玻璃取样管;汞在其上通过汞齐化作用而被收集。然后,将每支取样管分别加热到 700 ℃,使汞从汞齐中脱附。被释放的汞随空气流转移至充填金-铂合金丝的分析管(二次汞齐化)。然后将分析管加热到 800 ℃,将汞转移到原子吸收光谱或原子荧光光谱仪,在波长 253.7 nm 处测量。

本取样方法适用于大气压下天然气中 0.01 μg/m³～100 μg/m³ 范围内汞含量的测定和高压下天然气中 0.001 μg/m³～1 μg/m³ 范围内汞含量的测定。为了避免汞从表面扩散到金-铂合金丝内部,从而降低在规定转移条件下汞的回收率,必须在取样后一周内测定收集的汞。

可使用其他吸附材料代替金-铂合金丝,如具有高比表面的金浸渍硅胶,只要它们对天然气显示等效的作用。

注:已通过室间试验证明,上述两种取样技术在两个不同的浓度等级上具有可比性。

5 仪器

影响测量的参数应溯源到国家标准或国际标准。体积测量(体积、温度、气体压力和大气压力)的不确定度直接影响气体中汞含量测定的不确定度。因此应使用合适的、经过可接受的参比器具校准的测量设备将体积测量的不确定度降低到小于 1%。

5.1 取样设备(见图 1)。

5.1.1 大气压力下取样设备,包括下列部件。

5.1.1.1 可加热的旁通阀。

5.1.1.2 可加热的流量控制阀(针型阀)。

5.1.1.3 三通阀,用于第二个旁通。

5.1.1.4 铝块,可被加热至≤100 ℃(见图 2),被涂有硅橡胶涂层(大约 2 mm)的中心孔均分为两部分,在升温(如果需要)取样过程中容纳充满金-铂合金丝的石英玻璃取样管,并配备一温度计(未在图 1 中标示)。

5.1.1.5 流量计(三个):

——一个流量计用于流量≤50 L/min;

——两个流量计用于流量≤5 L/min。

5.1.1.6 气体流量计,适合测量≤5 L/min 的流量,可调节旁通流量和测量体积,并配备以下仪表:

a) 压力表;

b) 温度表,测量温度范围 0 ℃～40 ℃。

5.1.1.7 气压计,用于测量大气压力。

5.1.2 高压取样设备(见图 4),包括下列部件。

5.1.2.1 压力表,测量压力范围 0 MPa～25 MPa。

5.1.2.2 阀。

5.1.2.3 旁通阀。

5.1.2.4 减压阀(两个)。

5.1.2.5 三通阀。

5.1.2.6 安全阀(两个),压力分别设置为 10 MPa 和 4 kPa,防止高压容器和气体流量计超压。

5.1.2.7 压力表,高压容器内适合测量的压力范围为 0 MPa～10 MPa。

5.1.2.8 流量指示器,调节通过高压容器的气体流量。

5.1.2.9 加热带,用于缠绕除安全阀和流量指示器以外的组件。

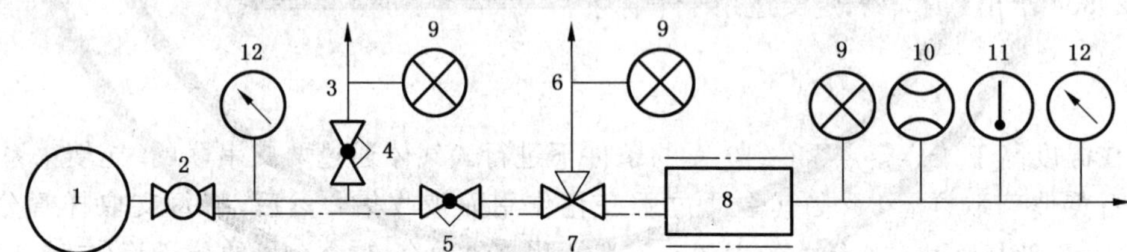

1——管道;

2——取样阀;

3——一级旁通;

4——旁通阀;

5——流量控制阀;

6——二级旁通;

7——三通阀;

8——加热铝块;

9——流量计;

10——气体流量计;

11——温度表;

12——压力表。

图 1 取样设备

单位为毫米

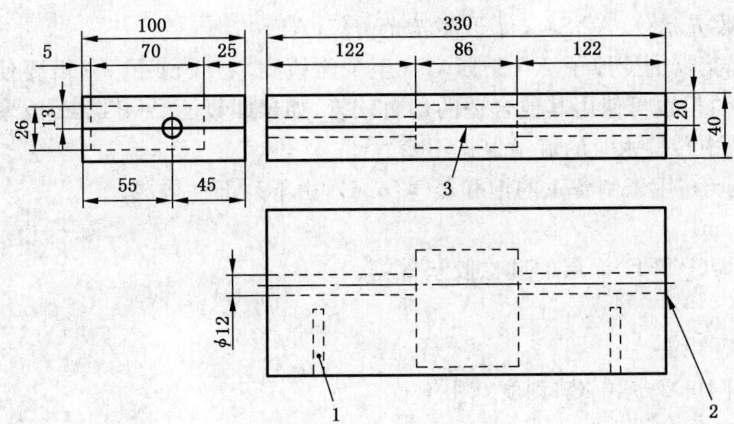

1——加热插头；

2——硅橡胶(胶合)；

3——分届线。

图 2　加热块(可加热的铝块)

5.1.2.10　气体流量计,测量样品体积,测量流量≤50 L/min,并配备以下仪表：

a)　压力表；

b)　温度表,测量温度范围 0 ℃～40 ℃。

5.1.2.11　气压计,用于测量大气压力。

5.1.2.12　高压容器(结构详见图 4),所有部件为不锈钢材质。

也可使用 GB/T 16781.1 中规定的装入两支取样管的高压取样器。高压取样器也可用于常压取样。

5.1.2.13　连接件由带螺帽和可拆螺钉构成,用于连接容器入口和取样管的球窝。

单位为毫米

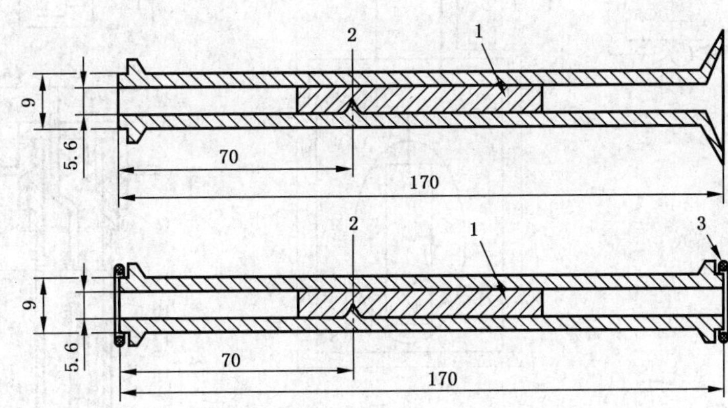

1——金-铂丝(350 Au/150 Pt 合金)；

2——压痕；

3——O 型密封圈。

图 3　石英玻璃取样管和分析管

5.2　解吸装置(见图 5),包含下列部件。

5.2.1　管式炉,用于热解吸石英玻璃取样管或石英玻璃分析管中的汞。

管式炉加热段长度应为(120±20)mm,应大于充满金-铂合金丝的管段的长度。管式炉内径应允许取样管的球窝自由通过。管式炉加热能力应在 2 min 内达到 800 ℃。

5.2.2　石英玻璃分析管(见图 3)。

5.2.3　汞捕集器(见图 5),充满硫浸渍活性碳或其他合适的汞吸附剂,如金-铂合金。

5.2.4　空气泵,可提供 0.5 L/min～2 L/min 的流量。

5.2.5　流量计,测量流量范围为 1 L/min～5 L/min。

5.2.6 聚乙酸乙烯管(PVA),内径 3 mm。

5.3 冷蒸气原子吸收光谱仪(AAS)或原子荧光光谱仪(AFS)。

带积分仪和汞捕集器的冷原子 AAS 或 AFS 至少能检测 0.05 ng 的汞,需要使用标准实验设备和聚乙酸乙烯管(PVA);但也可使用其他合适的塑料软管,如聚四氟乙烯(PTFE)或聚酰胺(PA)。

应确保分析系统中转移汞时的流量保持不变。

5.4 校准装置(见图 6),用于制备汞的饱和蒸气(6.6),由下列部件构成。

5.4.1 瓶,容量 500 mL。

5.4.2 带聚四氟乙烯(PTFE)涂层的硅橡胶垫螺帽。

5.4.3 PVA 管。

5.4.4 不锈钢注射器针头。

5.4.5 温度计,范围 10 ℃~40 ℃,刻度 0.1 ℃。

5.4.6 保温箱。

5.4.7 气密型玻璃注射器,配备 PTFE 柱塞,不锈钢针头,抽取体积为 0.5 mL~5 mL。

5.5 取样管和分析管(见图 3)。

单位为毫米

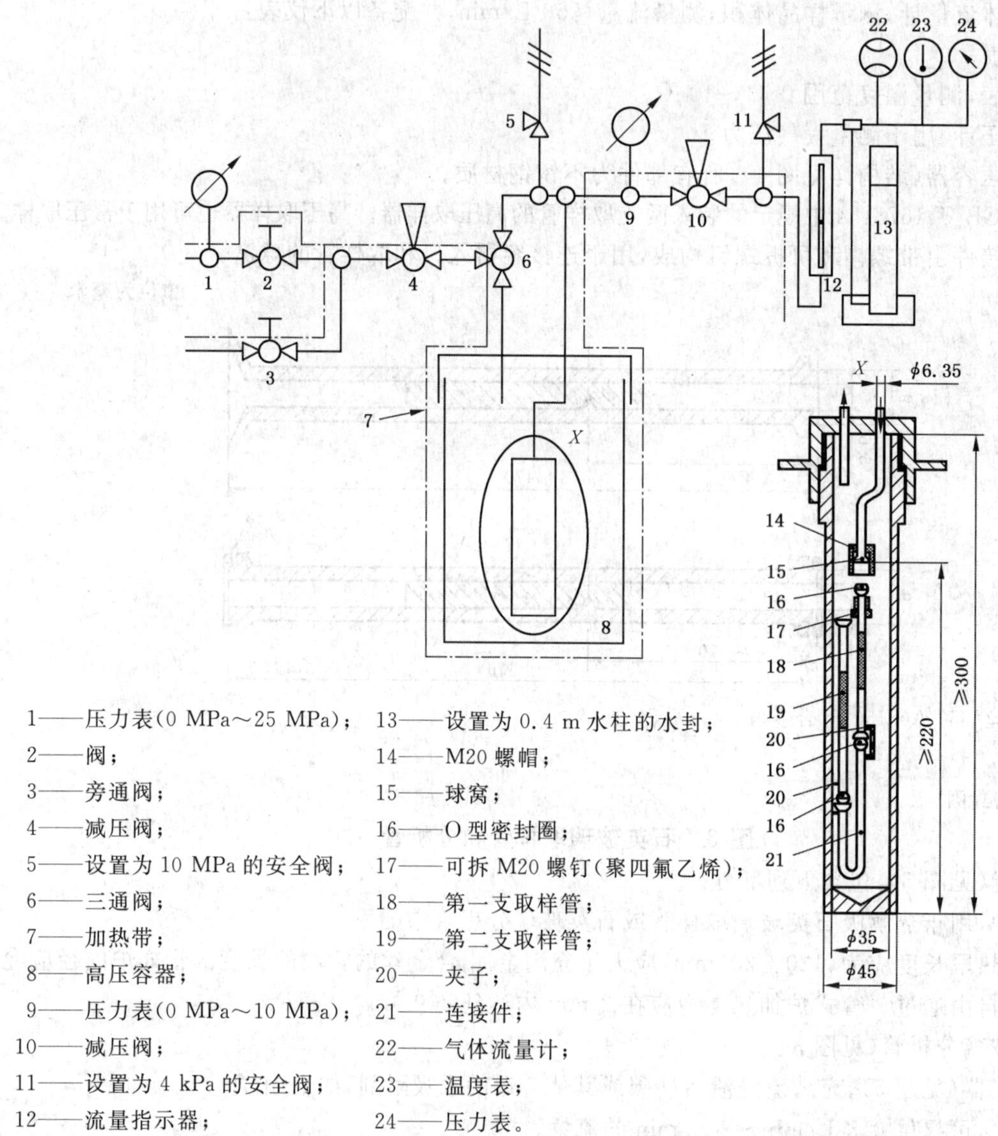

1——压力表(0 MPa~25 MPa);
2——阀;
3——旁通阀;
4——减压阀;
5——设置为 10 MPa 的安全阀;
6——三通阀;
7——加热带;
8——高压容器;
9——压力表(0 MPa~10 MPa);
10——减压阀;
11——设置为 4 kPa 的安全阀;
12——流量指示器;
13——设置为 0.4 m 水柱的水封;
14——M20 螺帽;
15——球窝;
16——O 型密封圈;
17——可拆 M20 螺钉(聚四氟乙烯);
18——第一支取样管;
19——第二支取样管;
20——夹子;
21——连接件;
22——气体流量计;
23——温度表;
24——压力表。

图 4 高压取样设备

单位为毫米

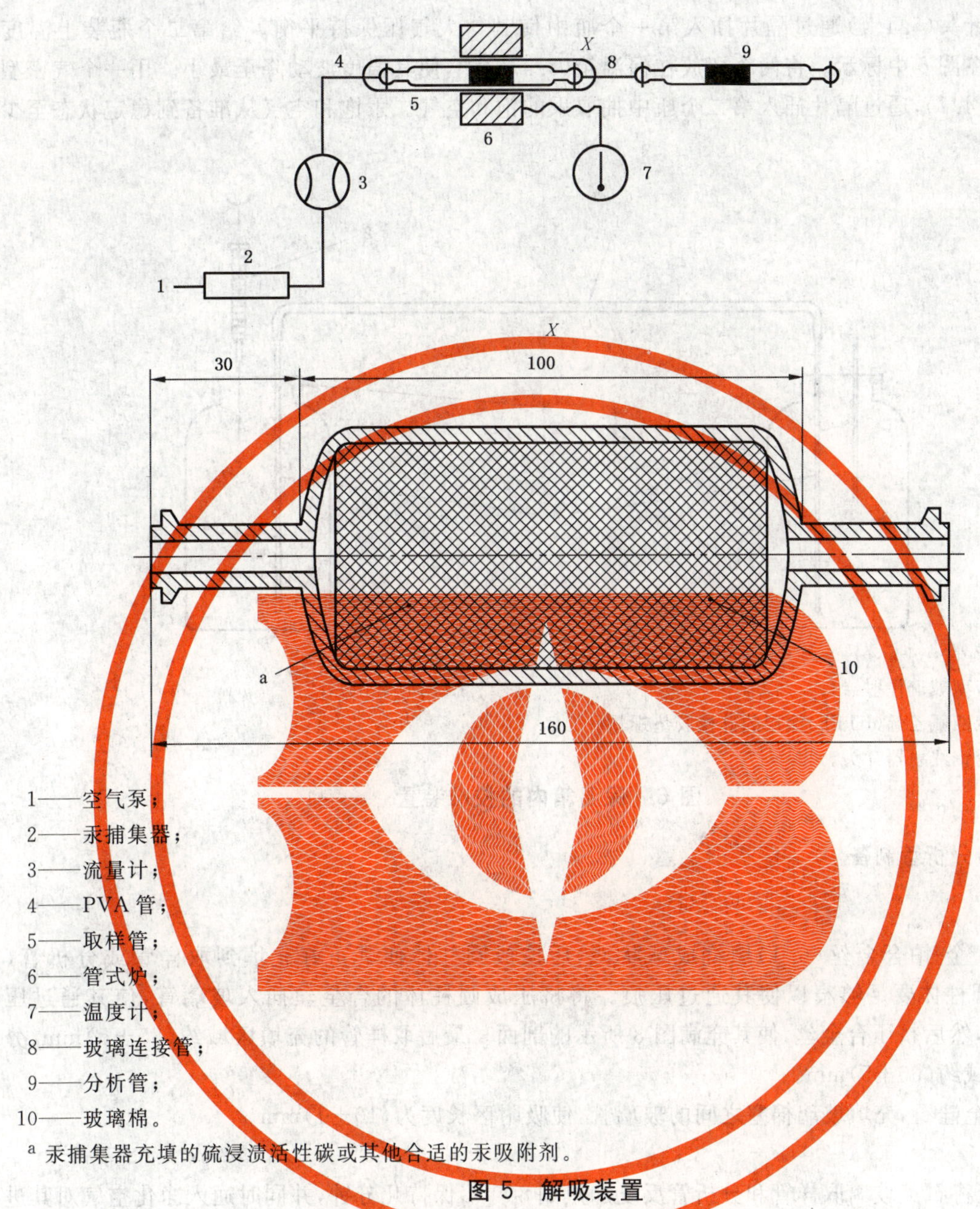

1——空气泵；

2——汞捕集器；

3——流量计；

4——PVA 管；

5——取样管；

6——管式炉；

7——温度计；

8——玻璃连接管；

9——分析管；

10——玻璃棉。

[a] 汞捕集器充填的硫浸渍活性碳或其他合适的汞吸附剂。

图 5 解吸装置

6 试剂和材料

仅使用汞含量可忽略不计的试剂和材料。

6.1 金-铂合金丝螺圈，由金(Au)占 80%～90%、剩余成分为铂制成的金-铂合金，直径为 0.1 mm，长度为 10 m(充填一支石英玻璃管)。

可以使用比表面约为 10 m^2/g 并浸渍有 3%(质量分数)金的硅球作为替代金-铂合金丝的物质。

6.2 金属汞，纯度≥99.9%。

6.3 溶剂甲醇和异辛烷。

6.4 活性碳，以硫浸渍(用于空气净化)或其他合适的汞吸附剂，如金-铂合金丝。

6.5 硫磺粉，用于覆盖少量洒落的汞。

6.6 汞饱和空气(见图 6)

用螺帽(5.4.2)盖紧两个均盛有 20 g 金属汞(6.2)的瓶(5.4.1)。用两端带不锈钢注射器针头

(5.4.4)的PVA管(5.4.3),通过将注射器针头从隔片(见图6)插入瓶中将两瓶连接起来。将另一个不锈钢注射器针头(5.4.4)通过隔片插入第一个瓶中使其与大气压保持平衡。给第二个瓶装上温度计(5.4.5),未在图6中标示。将两个瓶放在保温箱(5.4.6)中,使其温度波动降至最小。用一个气密型玻璃注射器(5.4.7),通过隔片插入第二个瓶中抽取汞的饱和空气。汞饱和空气从准备到稳定状态至少需要1 h。

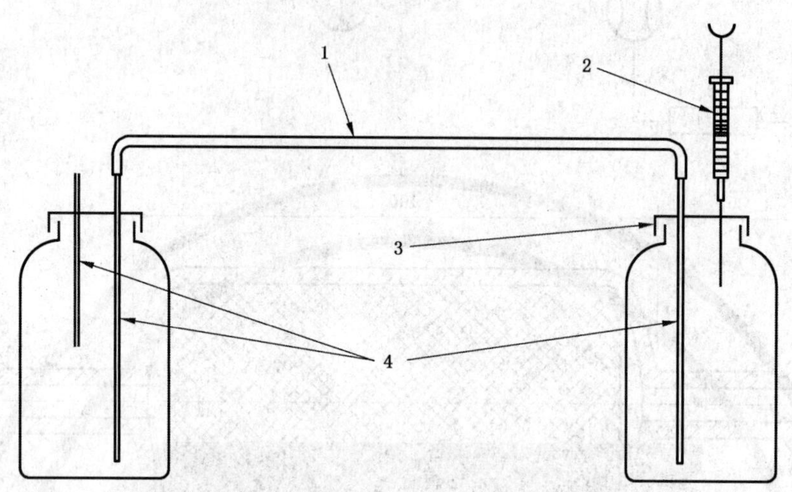

1——PVA管;
2——气密型玻璃注射器;
3——带聚四氟乙烯(PTFE)涂层的硅橡胶垫螺帽;
4——不锈钢注射器针头。

图6 保温箱内的校准装置

7 取样管和分析管制备

7.1 充填

将10 m金-铂合金丝(6.1)缠绕成球状,然后拉成圆柱体使其正好充填到取样管或分析管(见图3),部分圆柱体要足够窄以使其通过压痕。将挤压成圆柱体的合金丝插入玻璃管,使其通过压痕(15±5)mm,然后挤压合金丝,使其充满图3所示的剖面。最后取样管的充填区域约(80±5)mm,分析管的充填区域约(60±5)mm。

对于浸金硅石,充填玻璃棉塞之间的玻璃管,使吸附区长度为(10±1)mm。

7.2 清洁

使用前,将石英玻璃取样管和分析管反复加热到800 ℃保持几分钟,并同时通入净化空气对其进行彻底清洁。

按7.3的规定将石英玻璃管连接到AAS或AFS,检查管内的汞污染物。如果石英玻璃管内汞含量≥0.1 ng,则需重复清洁步骤直到汞含量符合要求。

清洁和冷却石英管后,立即用塑料薄片或干净的橡皮塞盖紧石英管并储存在密闭容器中。建议至少使用一支石英管作为空白来检查储存过程中可能引起的污染。

7.3 效率试验

由于取样管和分析管的效率会随着时间和/或使用而降低,因此汞可能穿透石英管而未被吸附。应根据使用情况定期检查石英管的效率,尤其当汞浓度低于用其他管进行的平行测量浓度时或第一支和第二支管的汞浓度比不同于平行测量值时。

效率检查是将石英管连接到AAS或AFS,吸入空气或惰性气体,使其通过石英管进入AAS或AFS的测量室。然后注入少量含约10 ng汞的饱和空气(见6.6)。如果AAS或AFS显示的响应值大于0.1 ng汞,则效率不可接受,应将石英管加热至800 ℃几次,每次10 min~20 min,并通入净化空气使石英管内的金-铂合金丝再生。

完成此操作后，再次检查效率。当效率试验成功后，按7.2中的规定清洁石英管。

8 取样

警告——如果处理不正确汞会危害健康。避免吸入汞蒸气。应立即除去溢出的汞，包括难以进入的地方。用塑料注射器抽取汞。少量的汞可用硫磺粉覆盖并除去。

安全预防措施——取样应遵守GB/T 13609的所有安全规程。使用的所有设备应符合当地特定的安全法规。

8.1 总则

天然气中的汞处于极低的浓度水平。因此，测定如此低含量的汞，为了得到可靠的结果采取一定的措施是必要的。痕量分析尤其受下列因素的影响：

a) 取样设备对汞的吸附，导致结果偏低；

b) 实验室空气、设备和化学试剂中汞的本底污染，导致测定结果偏高。

因此，本方法中用到的设备和化学试剂使用前应对其进行检查。

汞容易被通常用于取样的大多数材质吸附。因此，为了得到可接受的结果，应使用石英玻璃、硅酸盐玻璃和不锈钢。建议根据管线的长度、使用的材质和流量对取样系统进行预处理。将汞蒸气转移到光谱仪的连接管建议使用聚乙酸乙烯酯(PVA)导管；但也可使用其它合适的塑料，如聚四氟乙烯(PTFE)或聚酰胺(PA)。

体积测量(体积、温度、气体压力和大气压力)的不确定度直接影响气体中汞含量测定的不确定度。因此应使用合适的、经过可接受的参比器具校准的测量设备将体积测量的不确定度降低到小于1%。

8.2 代表性取样条件

天然气取样一般要求见GB/T 13609。由于存在8.1提到的吸附现象，根据GB/T 13609，取样最好在操作压力下不连续地进行。

取样前吹扫取样系统(取样探头和取样阀)以除去沉积物或杂质。避免过度吹扫，因为气体膨胀(焦耳-汤姆逊效应)可能引起取样阀结冰。

取样管线和转移管线应尽可能短。

强烈推荐使用快速回路绕过吸附管。这样可保证取样系统(取样探头和取样阀)中气体高速流动，并使吸附现象降低到最小。当取样压力降低和取样方法只需要相对少量的气体时，使用快速回路尤为重要。

8.3 常压下取样步骤(见图1)

在常压下进行取样。在低压系统(5.1.1)直接进行低压(接近大气压)取样。当不得不从高压气源取样时，在压力降低前加热气体，并加热压力控制阀以避免出现任何凝析和吸附现象。

当使用2 L/min的低流量时，首先充分吹扫取样系统(取样探头，取样阀和压力表)。通常至少用10倍于取样系统死体积并乘以气体压力的气量进行吹扫。为了最大程度地减少由于取样系统高压支路中的低气速引起的吸附现象，应使用流量至少比样品流量高10倍的旁通管线。

将取样设备(见图1)连接到取样阀。当在取样前必须降低压力时，用热交换器加热气流，使膨胀后气体温度比露点高10 ℃以上(天然气温度将以4 K/MPa下降)。

将铝块(5.1.1.4和图1)加热到相同的温度。调节一级旁通流量到约20 L/min。用三通阀(5.1.1.3和图1)调节通过取样管的气流，并将二级旁通的气体流量调节为约2 L/min。当取样管设旁路或被备用管取代时，开始取样前至少吹扫1 h。

为了避免AAS或AFS过量吸附汞，应确保收集的汞在AAS或AFS的测量范围内。清除一些AAS检测器上的汞可能要花几个小时。因此建议开始时先取少量样品，例如第一次测试5 L，逐渐增加取样量直到AAS或AFS显示合适的汞量。如果在远离取样站场的实验室进行测量，可抽取不同体积的几个样品。

在完成三通阀(5.1.1.3)仍处于旁通位置的这些准备步骤后，用有弹性的短硅胶管连接两支干净的取样管，并将其置于加热到高于露点10 ℃以上的铝块内。取样管的一端连接三通阀，另一端连接气体流量计。记录气体流量计的初始读数(V_i)，转动三通阀使气样通过。取样过程中，以一定时间间隔记录表压(p_G)和气体温度(t_G)，并在取样开始和结束时记录这些读数。

当足够的气体体积通过取样管时，转动三通阀到旁通位置。记录气体流量计的最终读数(V_f)，从取样设备卸下取样管，并从铝块中取出，按7.2中的规定堵住取样管两端。记录取样日期和时间以及大气压力(p_a)。标注第一支取样管和第二支取样管，并标记流动方向。

如果通过目测发现取样管取样后有凝析液，则报废该取样管(会产生不可靠结果)并改变取样条件，例如气体温度和取样量。按8.5中的规定清洁取样管。

受凝析物覆盖金-铂合金丝表面的影响，在取样过程中汞可能穿透第一支取样管。如果超过两支取样管中汞含量25%的汞穿透第一支取样管，应降低取样过程中的天然气流量和/或取样量。如果穿透量少于10%则应增加天然气流量和/或取样量。

如果怀疑取样管内有凝析物聚集，这将降低取样效率，应按7.3中的规定将少量含5 ng汞的汞饱和空气(6.6)注入载荷取样管检查取样效率。汞的穿透表明或者是由于不可见凝析物的不利影响，或者是吸附剂过载。在这种情况下，按7.2中的规定清洁取样管。

最好在现场分析样品。也可用塑料片或干净橡胶塞密封样品并储存在密闭容器中，分析前最多可储存一周。储存样品时，建议至少储存一支空白取样管来控制储存过程中的汞污染。

8.4 高压取样步骤(见图4)

高压取样(高于大气压)允许大量的气体，在其压力和温度不变的情况下短时间内通过取样管。高压取样还可防止烃类的反凝析。降压前需用热交换器加热气体以保证准确测量气体样品的体积。由于安全原因，应将旁通气流再次引入低压管线或火炬和/或放空口。

打开连接管线的取样阀(未在图4中标示)吹扫沉积物或杂质。注意避免过度吹扫，否则焦耳-汤姆孙效应会造成取样阀结冰。从取样阀到高压取样设备(见图4)的不锈钢取样管线应尽可能短，避免由于取样管线内表面吸附或温度下降造成的汞损失。

加热取样设备和管线到比露点高10 ℃的温度。下列操作可参考图4。用O型密封圈、螺帽和可拆螺钉将第一支取样管(按7.1充填金-铂合金丝)连接到高压容器的入口球窝上。用玻璃连接件和夹子连接第二支取样管和第一支取样管。关闭高压容器后将其连接到取样设备上。关闭阀2(见图4)，开启取样阀(未在图4中标示)，读取压力表(0 MPa～25 MPa)的压力。关闭高压容器上游的减压阀(图4中4)，开启阀2(见图4)，然后开启旁通阀(图4中3)吹扫取样管线。将三通阀(图4中6)置于高压容器的旁通位置。关闭高压容器下游的减压阀(图4中10)，慢慢开启高压容器上游的减压阀(图4中4)。然后慢慢开启高压容器下游的减压阀(图4中10)，并调节气体流量计的流量至流量计指示器(图4中12)指示约为20 L/min。

当吹扫设备至少1 h后，转动三通阀(图4中6)至气体流经高压容器的位置。同时记下气体流量计的初始读数(V_i)。取样过程中，以一定时间间隔记录气体流量计的气体温度(t_G)和表压(p_G)，至少应记录取样开始和取样结束时的读数。当足够的气体通过取样管时，转动三通阀(图4中6)到高压容器的旁通位置，同时记录气体流量计的最终读数(V_f)。关闭高压容器上游的减压阀(图4中4)，当达到大气压力时迅速从高压容器取出取样管。按7.2所述封住取样管的两端。记录取样日期和时间以及大气压力(p_a)。标注第一支取样管和第二支取样管，并标记流动方向。

为了避免AAS或AFS过量吸附汞，应确保收集的汞在AAS或AFS的测量范围内。清除一些

AAS 检测器上的汞可能要花几个小时。因此建议开始时先取少量样品,例如第一次测试取 20 L,逐渐增加取样量直到 AAS 或 AFS 显示合适的汞量。如果在远离取样站场的实验室进行测量,可抽取不同体积的几个样品。

如果通过目测发现取样管取样后有凝析液,则报废该取样管(会产生不可靠结果)并改变取样条件,例如气体温度和取样量。按 8.5 中的规定清洁取样管。

受凝析物覆盖金-铂合金丝表面的影响,在取样过程中汞可能穿透第一支取样管。如果超过两支取样管中汞含量的 25%的汞穿透第一支取样管,应降低取样过程中的天然气流量和/或取样量。如果穿透量少于 10%则应增加天然气流量和/或取样量。

最好在现场分析样品。也可用塑料片或干净橡胶塞密封样品并储存在密闭容器中,分析前最多可储存一周。储存样品时,建议至少储存一支空白取样管来控制储存过程中的汞污染。

8.5 清除报废取样管中的凝析物

为了清除凝析物(烃和水),尤其从原料气采集汞样时,用 5 mL 异辛烷和 5 mL 甲醇逐次清洗取样管。在排出剩余的溶剂后,用一股经过充填汞吸附剂的汞捕集器的纯净空气流(见图 5)通过取样管,20 ℃以上吹扫至少 3 min 使其干燥。然后按 7.2 中的规定清洁取样管。建议在使用前按 7.3 中的规定检查取样效率。

9 汞的测定

警告——汞如果不正确处理会危害健康。避免吸入汞蒸气。应立即除去溢出的汞,包括难以进入的地方。用塑料注射器抽取汞。少量的汞可用硫磺粉覆盖并除去。

9.1 汞转移到分析管(二次汞齐化)

将解吸装置中(见 5.2 和图 5)每支取样管依次连接到分析管。确保流动方向与取样过程中的流动方向相反。将取样管置入冷的管式炉(<200 ℃)(图 5)中,并用 PVA 管通过汞捕集器连接到空气泵。用流量指示器调节空气流量至 500 mL/min。加热管式炉至 700 ℃(由温度计指示)。1 min 后停止加热。从分析管和气源卸下取样管并将其从管式炉中取出。

在吸附后一周内解吸取样管内的汞。

9.2 汞转移到 AAS 或 AFS 仪器

用 PVA 管将分析管连接到 AAS 或 AFS(5.3)入口并将分析管置入温度低于 200 ℃的管式炉中。将管式炉快速加热至约 800 ℃,用合适的载气将汞蒸气转移到检测器,记录积分仪的响应值。

9.3 校准

在计算分析管内汞含量之前通过引入已知浓度的汞(一定体积的汞饱和空气)来校准 AAS 或 AFS。使校准装置(5.4)内的汞饱和空气(6.6)和气密型注射器在等于或低于常温的稳定温度下平衡足够的时间。使注射器充满第二个瓶内汞饱和空气(见图 6)并将其放入保温箱内几分钟进行预处理。取出注射器,将其中的气体排放到第一个瓶中。抽取第二个瓶中的蒸气,用 3 s~4 s 再次将注射器充满。总是抽取超过注射器刻度的样品,等几秒钟后,将超过 0.5 mL 的额外体积推回同一瓶内。记录保温箱中内的温度。通过一个带密封垫的 T 部件立即将汞饱和空气注入到干净取样管上游的解吸装置(5.2)。用经过汞捕集器的纯净空气充分吹扫解吸设备,使注入的汞蒸气完全转移到取样管。

按 9.1 的规定将汞转移到分析管,按 9.2 的规定测量汞的浓度。重复注入和测量直到至少连续三次测量结果的相对标准偏差小于 3%。对于通过原点的一级校准曲线,在测定范围内至少需要两个不同浓度校准点,不通过原点的曲线至少需要三个校准点。

由校准曲线和适当温度下的汞饱和空气含量(见表 1)获得样品测量信号的相应的响应因子。

表 1　不同温度下空气中汞的饱和浓度

温度 ℃	浓度 ng/mL	温度 ℃	浓度 ng/mL	温度 ℃	浓度 ng/mL	温度 ℃	浓度 ng/mL	温度 ℃	浓度 ng/mL	温度 ℃	浓度 ng/mL	温度 ℃	浓度 ng/mL
10.0	5.55	13.9	7.83	17.8	10.95	21.7	15.17	25.6	20.83	29.5	28.37	33.4	38.33
10.1	5.60	14.0	7.90	17.9	11.04	21.8	15.30	25.7	21.00	29.6	28.60	33.5	38.63
10.2	5.65	14.1	7.97	18.0	11.14	21.9	15.42	25.8	21.17	29.7	28.82	33.6	38.92
10.3	5.70	14.2	8.04	18.1	11.23	22.0	15.55	25.9	21.34	29.8	29.05	33.7	39.22
10.4	5.75	14.3	8.11	18.2	11.33	22.1	15.68	26.0	21.51	29.9	29.27	33.8	39.52
10.5	5.81	14.4	8.18	18.3	11.42	22.2	15.81	26.1	21.69	30.0	29.50	33.9	39.82
10.6	5.86	14.5	8.25	18.4	11.52	22.3	15.94	26.2	21.86	30.1	29.73	34.0	40.12
10.7	5.91	14.6	8.33	18.5	11.62	22.4	16.07	26.3	22.04	30.2	29.97	34.1	40.43
10.8	5.96	14.7	8.40	18.6	11.72	22.5	16.20	26.4	22.21	30.3	30.20	34.2	40.74
10.9	6.02	14.8	8.47	18.7	11.82	22.6	16.34	26.5	22.39	30.4	30.44	34.3	41.05
11.0	6.07	14.9	8.54	18.8	11.92	22.7	16.47	26.6	22.57	30.5	30.67	34.4	41.36
11.1	6.12	15.0	8.62	18.9	12.02	22.8	16.61	26.7	22.75	30.6	30.91	34.5	41.67
11.2	6.18	15.1	8.69	19.0	12.12	22.9	16.74	26.8	22.93	30.7	31.15	34.6	41.99
11.3	6.23	15.2	8.77	19.1	12.22	23.0	16.88	26.9	23.11	30.8	31.40	34.7	42.31
11.4	6.29	15.3	8.84	19.2	12.32	23.1	17.02	27.0	23.30	30.9	31.64	34.8	42.63
11.5	6.35	15.4	8.92	19.3	12.43	23.2	17.16	27.1	23.49	31.0	31.89	34.9	42.95
11.6	6.40	15.5	9.00	19.4	12.53	23.3	17.30	27.2	23.67	31.1	32.13	35.0	43.27
11.7	6.46	15.6	9.08	19.5	12.64	23.4	17.44	27.3	23.86	31.2	32.38	35.1	43.60
11.8	6.52	15.7	9.15	19.6	12.74	23.5	17.58	27.4	24.05	31.3	32.63	35.2	43.93
11.9	6.57	15.8	9.23	19.7	12.85	23.6	17.73	27.5	24.24	31.4	32.89	35.3	44.26
12.0	6.63	15.9	9.31	19.8	12.06	23.7	17.87	27.6	24.44	31.5	33.14	35.4	44.60
12.1	6.69	16.0	9.39	19.9	13.07	23.8	18.02	27.7	24.63	31.6	33.40	35.5	44.93
12.2	6.75	16.1	9.47	20.0	13.18	23.9	18.16	27.8	24.83	31.7	33.66	35.6	45.27
12.3	6.81	16.2	9.56	20.1	13.29	24.0	18.31	27.9	25.02	31.8	33.92	35.7	45.61
12.4	6.87	16.3	9.64	20.2	13.40	24.1	18.46	28.0	25.22	31.9	34.18	35.8	45.95
12.5	6.93	16.4	9.72	20.3	13.51	24.2	18.61	28.1	25.42	32.0	34.44	35.9	46.30
12.6	6.99	16.5	9.80	20.4	13.62	24.3	18.76	28.2	25.62	32.1	34.71	36.0	46.65
12.7	7.05	16.6	9.89	20.5	13.74	24.4	18.91	28.3	25.82	32.2	34.97	36.1	47.00
12.8	7.12	16.7	9.97	20.6	13.85	24.5	19.07	28.4	26.03	32.3	35.24	36.2	47.35
12.9	7.18	16.8	10.06	20.7	13.97	24.6	19.22	28.5	26.23	32.4	35.52	36.3	47.71
13.0	7.24	16.9	10.14	20.8	14.08	24.7	19.38	28.6	26.44	32.5	35.79	36.4	48.06
13.1	7.31	17.0	10.23	20.9	14.20	24.8	19.54	28.7	26.65	32.6	36.06	36.5	48.42
13.2	7.37	17.1	10.32	21.0	14.32	24.9	19.69	28.8	26.86	32.7	36.34	36.6	48.79
13.3	7.43	17.2	10.41	21.1	14.44	25.0	19.85	28.9	27.07	32.8	36.62	36.7	49.15
13.4	7.50	17.3	10.50	21.2	14.56	25.1	20.01	29.0	27.29	32.9	36.90	36.8	49.52
13.5	7.57	17.4	10.59	21.3	14.68	25.2	20.18	29.1	27.50	33.0	37.18	36.9	49.89
13.6	7.63	17.5	10.68	21.4	14.80	25.3	20.34	29.2	27.72	33.1	37.47	37.0	50.26
13.7	7.70	17.6	10.77	21.5	14.92	25.4	20.50	29.3	27.93	33.2	37.76	37.1	50.64
13.8	7.77	17.7	10.86	21.6	15.05	25.5	20.67	29.4	28.15	33.3	38.04	37.2	51.01

表 1（续）

温度 ℃	浓度 ng/mL	温度 ℃	浓度 ng/mL	温度 ℃	浓度 ng/mL	温度 ℃	浓度 ng/mL	温度 ℃	浓度 ng/mL	温度 ℃	浓度 ng/mL	温度 ℃	浓度 ng/mL
37.3	51.39	38.4	55.75	39.5	60.44	40.6	65.48	41.7	70.90	42.8	76.73	43.9	83.00
37.4	51.78	38.5	56.16	39.6	60.88	40.7	65.96	41.8	71.42	42.9	77.29	44.0	83.59
37.5	52.16	38.6	56.57	39.7	61.33	40.8	66.44	41.9	71.93	43.0	77.84	44.1	84.19
37.6	52.55	38.7	56.99	39.8	61.77	40.9	66.92	42.0	72.45	43.1	78.40	44.2	84.79
37.7	52.94	38.8	57.41	39.9	62.23	41.0	67.41	42.1	72.98	43.2	78.96	44.3	85.39
37.8	53.33	38.9	57.84	40.0	62.28	41.1	67.90	42.2	73.50	43.3	79.53	44.4	86.00
37.9	53.73	39.0	58.26	40.1	63.14	41.2	68.39	42.3	74.03	43.4	80.10	44.5	86.61
38.0	54.13	39.1	58.69	40.2	63.60	41.3	68.89	42.4	74.57	43.5	80.67	44.6	87.22
38.1	54.53	39.2	59.12	40.3	64.07	41.4	69.39	42.5	75.10	43.6	81.25	44.7	87.84
38.2	54.93	39.3	59.56	40.4	64.54	41.5	69.89	42.6	75.64	43.7	81.83	44.8	88.47
38.3	55.34	39.4	59.99	40.5	65.01	41.6	70.39	42.7	76.19	43.8	82.41	44.9	89.09
												45.0	89.72

9.4 空白试验

通过直接将空气引入 AAS 或 AFS 来检查大气中汞的本底水平。达到稳定状态后，先使空气经过汞捕集器，然后进入 AAS 或 AFS。如果显示值变化，则汞的本底水平太高，仪器应放在另一位置。如果仪器不可能放在其它位置，应采用汞捕集器来捕集流经 AAS 或 AFS 的空气中的汞。

10 计算

用式(1)计算收集在两支取样管中的汞质量 m_{Hg}，用纳克表示：

$$m_{Hg} = \frac{A}{R_f} \quad \cdots\cdots(1)$$

式中：

A——AAS 或 AFS 显示的积分信号，任意单位；

R_f——从校准曲线获得的响应因子，任意单位/ng。

用式(2)计算样品在 293.15 K 和 101.325 kPa 的体积 V_G，用升表示：

$$V_G = \frac{(V_f - V_i) \times (p_a + p_G) T_N}{p_N (273.15 + t_G)} \quad \cdots\cdots(2)$$

式中：

V_f——气体流量计的最终体积读数，L；

V_i——气体流量计的初始体积读数，L；

p_a——大气压力，kPa；

p_G——气体流量计的表压(取样期间的平均值)，kPa；

t_G——气体流量计内的气体温度(取样期间的平均值)，℃；

T_N——标准参比温度，293.15 K；

p_N——标准参比压力，101.325 kPa。

用式(3)计算标准状态下以质量浓度表示的汞含量 β_{Hg}，用纳克每升表示(ng/L)，相当于微克每立方米($\mu g/m^3$)：

$$\beta_{Hg} = \frac{m_{Hg}}{V_G} \quad \cdots\cdots(3)$$

11 精密度

对本方法的重复性，再现性和不确定度，没有可用的统计数据。

12 实验报告

实验报告应包括以下信息：

——取样日期和取样时间；

——取样地点；

——依据 GB/T 16781.2；

——取样条件，如温度、压力、流量；

——测量汞的分析方法(AAS 或 AFS 仪器)；

——汞含量($\mu g/m^3$)；

——所有校准数据；

——相应的空白测量值；

——在取样和测定过程中记录的任何异常现象。

参考文献

[1] GB/T 16781.1 天然气 汞含量的测定 第1部分:碘化学吸附取样法
[2] ISO 641 实验室玻璃仪器 互换性球形磨接口
[3] ISO 6570 天然气 潜在液烃含量的测量 称量法

ICS 35.040
L 71

中华人民共和国国家标准

GB 16793.1—2010
代替 GB 16793—1997

信息技术　通用多八位编码字符集（CJK 统一汉字）24 点阵字型 第1部分:宋体

Information technology—Universal multiple-octet coded character set (CJK unified ideographs)—24 dot matrix font—Part 1:Song Ti

2011-01-10 发布　　2011-11-01 实施

中华人民共和国国家质量监督检验检疫总局
中国国家标准化管理委员会 发布

前 言

GB 16793 的本部分的全部技术内容为强制性。

GB 16793《信息技术　通用多八位编码字符集(CJK 统一汉字)　24 点阵字型》分为如下两个部分：

——第 1 部分：宋体；

——第 2 部分：黑体。

本部分为 GB 16793 的第 1 部分。

本部分规定的 24 点阵汉字字型是以《第一批异体字整理表》、《简化字总表》、《印刷通用汉字字形表》和《现代汉语通用字表》(见参考文献)为依据，按照现行汉字字形整理原则进行设计。

本部分代替 GB 16793—1997《信息技术　通用多八位编码字符集(Ⅰ区)　汉字 24 点阵字型》。

本部分依据 GB 13000 中 CJK 统一汉字所提供的汉字字符，设计了汉字信息系统用 24 点阵宋体字型。为了进一步提高字型质量和保证字型标准之间的协调统一，对 GB 16793—1997 中不正确的汉字字型进行了修正。

本部分的附录 A 和附录 B 是规范性附录。

本部分由中华人民共和国工业和信息化部提出。

本部分由全国信息技术标准化技术委员会(SAC/TC 28)归口。

本部分起草单位：中国电子技术标准化研究所、第二炮兵装备研究院第四研究所。

本部分起草人：周济萍、王颜尊、翟广臣、代红、王立建、熊涛、戴涌、王啸。

本部分历次版本发布情况为：

——GB 16793—1997。

引　言

有关字型数据的授权转让使用事宜，字型标准数据的维护、更新及修订工作，统一由归口单位负责。

地　　址：北京市东城区安定门东大街1号（北京市1101信箱）
邮　　编：100007
电　　话：64007689　84029173
传　　真：64007681
E-mail：daihong@cesi.ac.cn

信息技术 通用多八位编码字符集（CJK 统一汉字） 24 点阵字型 第1部分:宋体

1 范围

GB 16793 的本部分规定了 GB 13000—2010 中 CJK 统一汉字的 24 点阵宋体字型。

本部分主要适用于各种电子信息产品、各种数字化产品,也可用于其他有关设备。

2 规范性引用文件

下列文件中的条款通过 GB 16793 的本部分的引用而成为本部分的条款。凡是注日期的引用文件,其随后所有的修改单(不包括勘误的内容)或修订版均不适用于本部分,然而,鼓励根据本部分达成协议的各方研究是否可使用这些文件的最新版本。凡是不注日期的引用文件,其最新版本适用于本部分。

GB 13000—2010 信息技术 通用多八位编码字符集(UCS)(ISO/IEC 10646:2003,IDT)

3 术语和定义

下列术语和定义适用于 GB 16793 的本部分。

3.1

字形 glyph

一种可辨认的抽象的图形符号,它不依赖于任何特定的设计。

3.2

字型 font

具有同一基本设计的字形图像的集合,如:宋体。

3.3

点阵字型 dot matrix font

以点的集合来表现图形字符的型(形)。

3.4

字序 character order

图形字符在集合中按一定规则排列的次序。

4 点阵字型的排列次序

本部分汉字点阵字型的字序按 GB 13000—2010 中 CJK 统一汉字的字序排列。

5 标准数据的管理

为加强对电子信息技术产品用汉字字型标准数据的管理,保证本部分在实施中数据的正确性和一致性,有关字型数据的授权转让使用事宜,字型标准数据的维护、更新及修订工作,统一由归口单位负责。

6 点阵字型的表示方法

6.1 栅格

栅格由若干条等距离的垂直线与水平线相交叉而形成。

本部分规定的是24点阵字型,其栅格横向24格,纵向24格。每个方格的中心定为点的中心位置。

栅格仅对构成点阵字型的各点进行定位。24点阵的栅格图如图1所示。

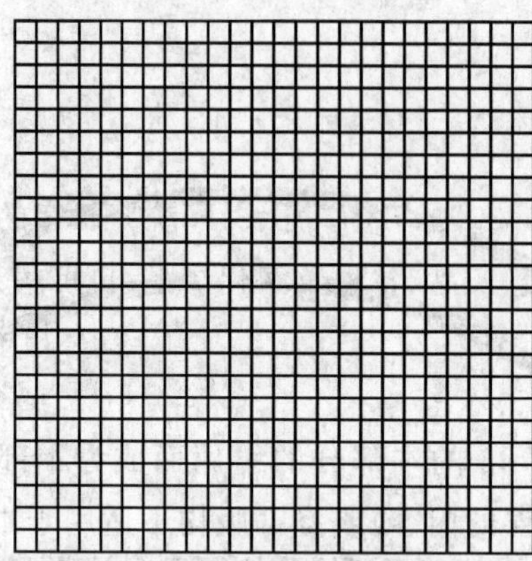

图1 24点阵栅格图

6.2 点

点是构成点阵字型的最小单位,以圆形表示,它是位于各方格内的黑色区域。

6.3 点阵字样

汉字点阵字型的字样,由置于栅格内的若干个点的集合来表示。汉字"永"的24点阵字样如图2所示。

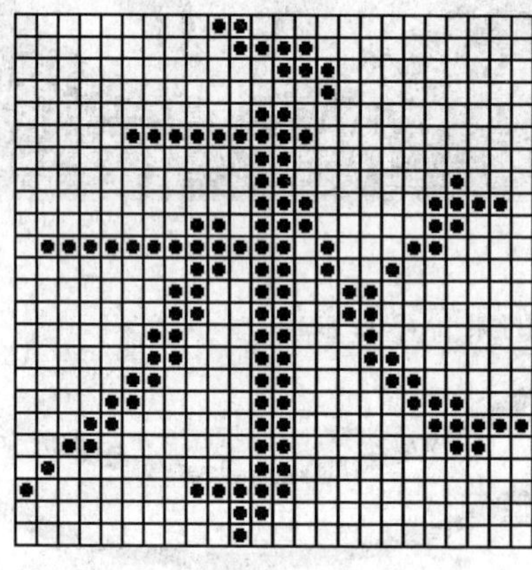

图2 汉字"永"的24点阵字样

7 汉字点阵字型

7.1 字数

本部分依据GB 13000—2010中CJK统一汉字设计了20 902个汉字的24点阵宋体字型。

7.2 汉字字型数据

汉字24点阵字型数据的表示,见附录A。

7.3 减少笔画处理的汉字

在本部分中,有8个汉字作了减少笔画的处理,见附录B。

7.4 汉字点阵字型表

本部分提供的20 902个24点阵宋体字型如下:

	0	1	2	3	4	5	6	7	8	9	A	B	C	D	E	F
4E0	一	丁	丂	七	丄	丅	丆	万	丈	三	上	下	丌	不	与	丏
4E1	丐	丑	丒	专	且	丕	世	丗	丘	丙	业	丛	东	丝	丞	丟
4E2	丠	両	丢	丣	两	严	並	丧	丨	丩	个	丫	丬	中	丮	丯
4E3	丰	丱	串	丳	临	丵	丶	丷	丸	丹	为	主	丼	丽	举	丿
4E4	乀	乁	乂	乃	乄	久	乆	乇	么	义	乊	之	乌	乍	乎	乏
4E5	乐	乑	乒	乓	乔	乕	乖	乗	乘	乙	乚	乛	乜	九	乞	也
4E6	习	乡	乢	乣	乤	乥	书	乧	乨	乩	乪	乫	乬	乭	乮	乯
4E7	买	乱	乲	乳	乴	乵	乶	乷	乸	乹	乺	乻	乼	乽	乾	乿
4E8	亀	亁	亂	亃	亄	亅	了	亇	予	争	亊	事	二	亍	于	亏
4E9	亐	云	互	亓	五	井	亖	亗	亘	亙	亚	些	亜	亝	亞	亟
4EA	亠	亡	亢	亣	交	亥	亦	产	亨	亩	亪	享	京	亭	亮	亯
4EB	亰	亱	亲	亳	亴	亵	亶	亷	亸	亹	人	亻	亼	亽	亾	亿
4EC	什	仁	仂	仃	仄	仅	仆	仇	仈	仉	今	介	仌	仍	从	仏
4ED	仐	仑	仒	仓	仔	仕	他	仗	付	仙	仚	仛	仜	仝	仞	仟
4EE	仠	仡	仢	代	令	以	仦	仧	仨	仩	仪	仫	们	仭	仮	仯
4EF	仰	仱	仲	仳	仴	仵	件	价	仸	仹	仺	任	仼	份	仾	仿
4F0	伀	企	伂	伃	伄	伅	伆	伇	伈	伉	伊	伋	伌	伍	伎	伏
4F1	伐	休	伒	伓	伔	伕	伖	众	优	伙	会	伛	伜	伝	伞	伟
4F2	传	伡	伢	伣	伤	伥	伦	伧	伨	伩	伪	伫	伬	伭	伮	伯
4F3	估	伱	伲	伳	伴	伵	伶	伷	伸	伹	伺	伻	似	伽	伾	伿
4F4	佀	佁	佂	佃	佄	佅	但	佇	佈	佉	佊	佋	佌	位	低	住
4F5	佐	佑	佒	体	佔	何	佖	佗	佘	余	佚	佛	作	佝	佞	佟
4F6	你	佡	佢	佣	佤	佥	佦	佧	佨	佩	佪	佫	佬	佭	佮	佯
4F7	佰	佱	佲	佳	佴	併	佶	佷	佸	佹	佺	佻	佼	佽	佾	使

	0	1	2	3	4	5	6	7	8	9	A	B	C	D	E	F
4F8	侀	侁	侂	侃	侄	侅	來	侇	侈	侉	侊	例	侌	侍	侎	侏
4F9	侐	侑	侒	侓	侔	侕	侖	侗	侘	侙	侚	供	侜	依	侞	侟
4FA	侠	価	侢	侣	侤	侥	侦	侧	侨	侩	侪	侫	侬	侭	侮	侯
4FB	侰	侱	侲	侳	侴	侵	侶	侷	侸	侹	侺	侻	侼	侽	侾	便
4FC	俀	俁	係	促	俄	俅	俆	俇	俈	俉	俊	俋	俌	俍	俎	俏
4FD	俐	俑	俒	俓	俔	俕	俖	俗	俘	俙	俚	俛	俜	保	俞	俟
4FE	俠	信	俢	俣	俤	俥	俦	俧	俨	俩	俪	俫	俬	俭	修	俯
4FF	俰	俱	俲	俳	俴	俵	俶	俷	俸	俹	俺	俻	俼	俽	俾	俿
500	倀	倁	倂	倃	倄	倅	倆	倇	倈	倉	倊	個	倌	倍	倎	倏
501	倐	們	倒	倓	倔	倕	倖	倗	倘	候	倚	倛	倜	倝	倞	借
502	倠	倡	倢	倣	値	倥	倦	倧	倨	倩	倪	倫	倬	倭	倮	倯
503	倰	倱	倲	倳	倴	倵	倶	倷	倸	倹	债	倻	值	倽	倾	倿
504	偀	偁	偂	偃	偄	偅	偆	假	偈	偉	偊	偋	偌	偍	偎	偏
505	偐	偑	偒	偓	偔	偕	偖	偗	偘	偙	做	偛	停	偝	偞	偟
506	偠	偡	偢	偣	偤	健	偦	偧	偨	偩	偪	偫	偬	偭	偮	偯
507	偰	偱	偲	偳	側	偵	偶	偷	偸	偹	偺	偻	偼	偽	偾	偿
508	傀	傁	傂	傃	傄	傅	傆	傇	傈	傉	傊	傋	傌	傍	傎	傏
509	傐	傑	傒	傓	傔	傕	傖	傗	傘	備	傚	傛	傜	傝	傞	傟
50A	傠	傡	傢	傣	傤	傥	傦	傧	储	傩	傪	傫	催	傭	傮	傯
50B	傰	傱	傲	傳	傴	債	傶	傷	傸	傹	傺	傻	傼	傽	傾	傿
50C	僀	僁	僂	僃	僄	僅	僆	僇	僈	僉	僊	僋	僌	働	僎	像
50D	僐	僑	僒	僓	僔	僕	僖	僗	僘	僙	僚	僛	僜	僝	僞	僟
50E	僠	僡	僢	僣	僤	僥	僦	僧	僨	僩	僪	僫	僬	僭	僮	僯
50F	僰	僱	僲	僳	僴	僵	僶	僷	僸	價	僺	僻	僼	僽	僾	僿

	0	1	2	3	4	5	6	7	8	9	A	B	C	D	E	F
510	儀	儁	儂	儃	億	儅	儆	儇	儈	儉	儊	儋	儌	儍	儎	儏
511	儐	儑	儒	儓	儔	儕	儖	儗	儘	儙	儚	儛	儜	儝	儞	償
512	儠	儡	儢	儣	儤	儥	儦	儧	儨	儩	優	儫	儬	儭	儮	儯
513	儰	儱	儲	儳	儴	儵	儶	儷	儸	儹	儺	儻	儼	儽	儾	儿
514	兀	允	兂	元	兄	充	兆	兇	先	光	兊	克	兌	免	兎	兏
515	児	兑	兒	兓	兔	兕	兖	兗	兘	兙	党	兛	兜	兝	兞	兟
516	兠	兡	兢	兣	兤	入	兦	內	全	兩	兪	八	公	六	兮	兯
517	兰	共	兲	关	兴	兵	其	具	典	兹	兺	养	兼	兽	兾	兿
518	冀	冁	冂	冃	冄	内	円	冇	冈	冉	冊	冋	册	再	冎	冏
519	冐	冑	冒	冓	冔	冕	冖	冗	冘	写	冚	军	农	冝	冞	冟
51A	冠	冡	冢	冣	冤	冥	冦	冧	冨	冩	冪	冫	冬	冭	冮	冯
51B	冰	冱	冲	决	冴	况	冶	冷	冸	冹	冺	冻	冼	冽	冾	冿
51C	净	凁	凂	凃	凄	凅	准	凇	凈	凉	凊	凋	凌	凍	凎	减
51D	凐	凑	凒	凓	凔	凕	凖	凗	凘	凙	凚	凛	凜	凝	凞	凟
51E	几	凡	凢	凣	凤	凥	処	凧	凨	凩	凪	凫	凬	凭	凮	凯
51F	凰	凱	凲	凳	凴	凵	凶	凷	凸	凹	出	击	凼	函	凾	凿
520	刀	刁	刂	刃	刄	刅	分	切	刈	刉	刊	刋	刌	刍	刎	刏
521	刐	刑	划	刓	刔	刕	刖	列	刘	则	刚	创	刜	初	刞	刟
522	删	刡	刢	刣	判	別	刦	刧	刨	利	刪	别	刬	刭	刮	刯
523	到	刱	刲	刳	刴	刵	制	刷	券	刹	刺	刻	刼	刽	刾	刿
524	剀	剁	剂	剃	剄	剅	剆	則	剈	剉	削	剋	剌	前	剎	剏
525	剐	剑	剒	剓	剔	剕	剖	剗	剘	剙	剚	剛	剜	剝	剞	剟
526	剠	剡	剢	剣	剤	剥	剦	剧	剨	剩	剪	剫	剬	剭	剮	副
527	剰	剱	割	剳	剴	創	剶	剷	剸	剹	剺	剻	剼	剽	剾	剿

	0	1	2	3	4	5	6	7	8	9	A	B	C	D	E	F
528	劀	劁	劂	劃	劄	劅	劆	劇	劈	劉	劊	劋	劌	劍	劎	劏
529	劐	劑	劒	劓	劔	劕	劖	劗	劘	劙	劚	力	劜	劝	办	功
52A	加	务	劢	劣	劤	劥	劦	劧	动	助	努	劫	劬	劭	劮	劯
52B	劰	励	劲	劳	労	劵	劶	劷	劸	効	劺	劻	劼	劽	劾	势
52C	勀	勁	勂	勃	勄	勅	勆	勇	勈	勉	勊	勋	勌	勍	勎	勏
52D	勐	勑	勒	勓	勔	動	勖	勗	勘	務	勚	勛	勜	勝	勞	募
52E	勠	勡	勢	勣	勤	勥	勦	勧	勨	勩	勪	勫	勬	勭	勮	勯
52F	勰	勱	勲	勳	勴	勵	勶	勷	勸	勹	勺	勻	勼	勽	勾	勿
530	匀	匁	匂	匃	匄	包	匆	匇	匈	匉	匊	匋	匌	匍	匎	匏
531	匐	匑	匒	匓	匔	匕	化	北	匘	匙	匚	匛	匜	匝	匞	匟
532	匠	匡	匢	匣	匤	匥	匦	匧	匨	匩	匪	匫	匬	匭	匮	匯
533	匰	匱	匲	匳	匴	匵	匶	匷	匸	匹	区	医	匼	匽	匾	匿
534	區	十	卂	千	卄	卅	卆	升	午	卉	半	卋	卌	卍	华	协
535	卐	卑	卒	卓	協	单	卖	南	単	卙	博	卛	卜	卝	卞	卟
536	占	卡	卢	卣	卤	卥	卦	卧	卨	卩	卪	卫	卬	卭	卮	卯
537	印	危	卲	即	却	卵	卶	卷	卸	卹	卺	卻	卼	卽	卾	卿
538	厀	厁	厂	厃	厄	厅	历	厇	厈	厉	厊	压	厌	厍	厎	厏
539	厐	厑	厒	厓	厔	厕	厖	厗	厘	厙	厚	厛	厜	厝	厞	原
53A	厠	厡	厢	厣	厤	厥	厦	厧	厨	厩	厪	厫	厬	厭	厮	厯
53B	厰	厱	厲	厳	厴	厵	厶	厷	厸	厹	厺	去	厼	厽	厾	县
53C	叀	叁	参	參	叄	叅	叆	叇	又	叉	及	友	双	反	収	叏
53D	叐	发	叒	叓	叔	叕	取	受	变	叙	叚	叛	叜	叝	叞	叟
53E	叠	叡	叢	口	古	句	另	叧	叨	叩	只	叫	召	叭	叮	可
53F	台	叱	史	右	叴	叵	叶	号	司	叹	叺	叻	叼	叽	叾	叿

	0	1	2	3	4	5	6	7	8	9	A	B	C	D	E	F
540	吀	吁	吂	吃	各	吅	吆	吇	合	吉	吊	吋	同	名	后	吏
541	吐	向	吒	吓	吔	吕	吖	吗	吘	吙	吚	君	吜	吝	吞	吟
542	吠	吡	吢	吣	吤	吥	否	吧	吨	吩	吪	含	听	吭	吮	启
543	吰	吱	吲	吳	吴	吵	吶	吷	吸	吹	吺	吻	吼	吽	吾	吿
544	呀	呁	呂	呃	呄	呅	呆	呇	呈	呉	告	呋	呌	呍	呎	呏
545	呐	呑	呒	呓	呔	呕	呖	呗	员	呙	呚	呛	呜	呝	呞	呟
546	呠	呡	呢	呣	呤	呥	呦	呧	周	呩	呪	呫	呬	呭	呮	呯
547	呰	呱	呲	味	呴	呵	呶	呷	呸	呹	呺	呻	呼	命	呾	呿
548	咀	咁	咂	咃	咄	咅	咆	咇	咈	咉	咊	咋	和	咍	咎	咏
549	咐	咑	咒	咓	咔	咕	咖	咗	咘	咙	咚	咛	咜	咝	咞	咟
54A	咠	咡	咢	咣	咤	咥	咦	咧	咨	咩	咪	咫	咬	咭	咮	咯
54B	咰	咱	咲	咳	咴	咵	咶	咷	咸	咹	咺	咻	咼	咽	咾	咿
54C	哀	品	哂	哃	哄	哅	哆	哇	哈	哉	哊	哋	哌	响	哎	哏
54D	哐	哑	哒	哓	哔	哕	哖	哗	哘	哙	哚	哛	哜	哝	哞	哟
54E	哠	員	哢	哣	哤	哥	哦	哧	哨	哩	哪	哫	哬	哭	哮	哯
54F	哰	哱	哲	哳	哴	哵	哶	哷	哸	哹	哺	哻	哼	哽	哾	哿
550	唀	唁	唂	唃	唄	唅	唆	唇	唈	唉	唊	唋	唌	唍	唎	唏
551	唐	唑	唒	唓	唔	唕	唖	唗	唘	唙	唚	唛	唜	唝	唞	唟
552	唠	唡	唢	唣	唤	唥	唦	唧	唨	唩	唪	唫	唬	唭	售	唯
553	唰	唱	唲	唳	唴	唵	唶	唷	唸	唹	唺	唻	唼	唽	唾	唿
554	啀	啁	啂	啃	啄	啅	商	啇	啈	啉	啊	啋	啌	啍	啎	問
555	啐	啑	啒	啓	啔	啕	啖	啗	啘	啙	啚	啛	啜	啝	啞	啟
556	啠	啡	啢	啣	啤	啥	啦	啧	啨	啩	啪	啫	啬	啭	啮	啯
557	啰	啱	啲	啳	啴	啵	啶	啷	啸	啹	啺	啻	啼	啽	啾	啿

	0	1	2	3	4	5	6	7	8	9	A	B	C	D	E	F
558	喀	喁	喂	喃	善	喅	喆	喇	喈	喉	喊	喋	喌	喍	喎	喏
559	喐	喑	喒	喓	喔	喕	喖	喗	喘	喙	喚	喛	喜	喝	喞	喟
55A	喠	喡	喢	喣	喤	喥	喦	喧	喨	喩	喪	喫	喬	喭	單	喯
55B	喰	喱	喲	喳	喴	喵	営	喷	喸	喹	喺	喻	喼	喽	喾	喿
55C	嗀	嗁	嗂	嗃	嗄	嗅	嗆	嗇	嗈	嗉	嗊	嗋	嗌	嗍	嗎	嗏
55D	嗐	嗑	嗒	嗓	嗔	嗕	嗖	嗗	嗘	嗙	嗚	嗛	嗜	嗝	嗞	嗟
55E	嗠	嗡	嗢	嗣	嗤	嗥	嗦	嗧	嗨	嗩	嗪	嗫	嗬	嗭	嗮	嗯
55F	嗰	嗱	嗲	嗳	嗴	嗵	嗶	嗷	嗸	嗹	嗺	嗻	嗼	嗽	嗾	嗿
560	嘀	嘁	嘂	嘃	嘄	嘅	嘆	嘇	嘈	嘉	嘊	嘋	嘌	嘍	嘎	嘏
561	嘐	嘑	嘒	嘓	嘔	嘕	嘖	嘗	嘘	嘙	嘚	嘛	嘜	嘝	嘞	嘟
562	嘠	嘡	嘢	嘣	嘤	嘥	嘦	嘧	嘨	嘩	嘪	嘫	嘬	嘭	嘮	嘯
563	嘰	嘱	嘲	嘳	嘴	嘵	嘶	嘷	嘸	嘹	嘺	嘻	嘼	嘽	嘾	嘿
564	噀	噁	噂	噃	噄	噅	噆	噇	噈	噉	噊	噋	噌	噍	噎	噏
565	噐	噑	噒	噓	噔	噕	噖	噗	噘	噙	噚	噛	噜	噝	噞	噟
566	噠	噡	噢	噣	噤	噥	噦	噧	器	噩	噪	噫	噬	噭	噮	噯
567	噰	噱	噲	噳	噴	噵	噶	噷	噸	噹	噺	噻	噼	噽	噾	噿
568	嚀	嚁	嚂	嚃	嚄	嚅	嚆	嚇	嚈	嚉	嚊	嚋	嚌	嚍	嚎	嚏
569	嚐	嚑	嚒	嚓	嚔	嚕	嚖	嚗	嚘	嚙	嚚	嚛	嚜	嚝	嚞	嚟
56A	嚠	嚡	嚢	嚣	嚤	嚥	嚦	嚧	嚨	嚩	嚪	嚫	嚬	嚭	嚮	嚯
56B	嚰	嚱	嚲	嚳	嚴	嚵	嚶	嚷	嚸	嚹	嚺	嚻	嚼	嚽	嚾	嚿
56C	囀	囁	囂	囃	囄	囅	囆	囇	囈	囉	囊	囋	囌	囍	囎	囏
56D	囐	囑	囒	囓	囔	囕	囖	囗	囘	囙	囚	四	囜	囝	回	囟
56E	因	囡	团	団	囤	囥	囦	囧	囨	囩	囪	囫	囬	园	囮	囯
56F	困	囱	囲	図	围	囵	囶	囷	囸	囹	固	囻	囼	国	图	囿

	0	1	2	3	4	5	6	7	8	9	A	B	C	D	E	F
570	圀	圁	圂	圃	圄	圅	圆	圇	圈	圉	圊	國	圌	圍	圎	圏
571	圐	圑	園	圓	圔	圕	圖	圗	團	圙	圚	圛	圜	圝	圞	土
572	圠	圡	圢	圣	圤	圥	圦	圧	在	圩	圪	圫	圬	圭	圮	圯
573	地	圱	圲	圳	圴	圵	圶	圷	圸	圹	场	圻	圼	圽	圾	圿
574	址	坁	坂	坃	坄	坅	坆	均	坈	坉	坊	坋	坌	坍	坎	坏
575	坐	坑	坒	坓	坔	坕	坖	块	坘	坙	坚	坛	坜	坝	坞	坟
576	坠	坡	坢	坣	坤	坥	坦	坧	坨	坩	坪	坫	坬	坭	坮	坯
577	坰	坱	坲	坳	坴	坵	坶	坷	坸	坹	坺	坻	坼	坽	坾	坿
578	垀	垁	垂	垃	垄	垅	垆	垇	垈	垉	垊	型	垌	垍	垎	垏
579	垐	垑	垒	垓	垔	垕	垖	垗	垘	垙	垚	垛	垜	垝	垞	垟
57A	垠	垡	垢	垣	垤	垥	垦	垧	垨	垩	垪	垫	垬	垭	垮	垯
57B	垰	垱	垲	垳	垴	垵	垶	垷	垸	垹	垺	垻	垼	垽	垾	垿
57C	埀	埁	埂	埃	埄	埅	埆	埇	埈	埉	埊	埋	埌	埍	城	埏
57D	埐	埑	埒	埓	埔	埕	埖	埗	埘	埙	埚	埛	埜	埝	埞	域
57E	埠	埡	埢	埣	埤	埥	埦	埧	埨	埩	埪	埫	埬	埭	埮	埯
57F	埰	埱	埲	埳	埴	埵	埶	執	埸	培	基	埻	埼	埽	埾	埿
580	堀	堁	堂	堃	堄	堅	堆	堇	堈	堉	堊	堋	堌	堍	堎	堏
581	堐	堑	堒	堓	堔	堕	堖	堗	堘	堙	堚	堛	堜	堝	堞	堟
582	堠	堡	堢	堣	堤	堥	堦	堧	堨	堩	堪	堫	堬	堭	堮	堯
583	堰	報	堲	堳	場	堵	堶	堷	堸	堹	堺	堻	堼	堽	堾	堿
584	塀	塁	塂	塃	塄	塅	塆	塇	塈	塉	塊	塋	塌	塍	塎	塏
585	塐	塑	塒	塓	塔	塕	塖	塗	塘	塙	塚	塛	塜	塝	塞	塟
586	塠	塡	塢	塣	塤	塥	塦	塧	塨	塩	塪	填	塬	塭	塮	塯
587	塰	塱	塲	塳	塴	塵	塶	塷	塸	塹	塺	塻	塼	塽	塾	塿

	0	1	2	3	4	5	6	7	8	9	A	B	C	D	E	F
588	墀	墁	墂	境	墄	墅	墆	墇	墈	墉	墊	墋	墌	墍	墎	墏
589	墐	墑	墒	墓	墔	墕	墖	増	墘	墙	墚	墛	墜	墝	增	墟
58A	墠	墡	墢	墣	墤	墥	墦	墧	墨	墩	墪	墫	墬	墭	墮	墯
58B	墰	墱	墲	墳	墴	墵	墶	墷	墸	墹	墺	墻	墼	墽	墾	墿
58C	壀	壁	壂	壃	壄	壅	壆	壇	壈	壉	壊	壋	壌	壍	壎	壏
58D	壐	壑	壒	壓	壔	壕	壖	壗	壘	壙	壚	壛	壜	壝	壞	壟
58E	壠	壡	壢	壣	壤	壥	壦	壧	壨	壩	壪	士	壬	壭	壮	壯
58F	声	壱	売	壳	壴	壵	壶	壷	壸	壹	壺	壻	壼	壽	壾	壿
590	夀	夁	夂	夃	处	夅	夆	备	夈	変	夊	夋	夌	复	夎	夏
591	夐	夑	夒	夓	夔	夕	外	夗	夘	夙	多	夛	夜	夝	夞	够
592	夠	夡	夢	夣	夤	夥	夦	大	夨	天	太	夫	夬	夭	央	夯
593	夰	失	夲	夳	头	夵	夶	夷	夸	夹	夺	夻	夼	夽	夾	夿
594	奀	奁	奂	奃	奄	奅	奆	奇	奈	奉	奊	奋	奌	奍	奎	奏
595	奐	契	奒	奓	奔	奕	奖	套	奘	奙	奚	奛	奜	奝	奞	奟
596	奠	奡	奢	奣	奤	奥	奦	奧	奨	奩	奪	奫	奬	奭	奮	奯
597	奰	奱	奲	女	奴	奵	奶	奷	奸	她	奺	奻	奼	好	奾	奿
598	妀	妁	如	妃	妄	妅	妆	妇	妈	妉	妊	妋	妌	妍	妎	妏
599	妐	妑	妒	妓	妔	妕	妖	妗	妘	妙	妚	妛	妜	妝	妞	妟
59A	妠	妡	妢	妣	妤	妥	妦	妧	妨	妩	妪	妫	妬	妭	妮	妯
59B	妰	妱	妲	妳	妴	妵	妶	妷	妸	妹	妺	妻	妼	妽	妾	妿
59C	姀	姁	姂	姃	姄	姅	姆	姇	姈	姉	姊	始	姌	姍	姎	姏
59D	姐	姑	姒	姓	委	姕	姖	姗	姘	姙	姚	姛	姜	姝	姞	姟
59E	姠	姡	姢	姣	姤	姥	姦	姧	姨	姩	姪	姫	姬	姭	姮	姯
59F	姰	姱	姲	姳	姴	姵	姶	姷	姸	姹	姺	姻	姼	姽	姾	姿

	0	1	2	3	4	5	6	7	8	9	A	B	C	D	E	F
5A0	娀	威	娂	娃	娄	娅	娆	娇	娈	娉	娊	娋	娌	娍	娎	娏
5A1	娐	娑	娒	娓	娔	娕	娖	娗	娘	娙	娚	娛	娜	娝	娞	娟
5A2	娠	娡	娢	娣	娤	娥	娦	娧	娨	娩	娪	娫	娬	娭	娮	娯
5A3	娰	娱	娲	娳	娴	娵	娶	娷	娸	娹	娺	娻	娼	娽	娾	娿
5A4	婀	婁	婂	婃	婄	婅	婆	婇	婈	婉	婊	婋	婌	婍	婎	婏
5A5	婐	婑	婒	婓	婔	婕	婖	婗	婘	婙	婚	婛	婜	婝	婞	婟
5A6	婠	婡	婢	婣	婤	婥	婦	婧	婨	婩	婪	婫	婬	婭	婮	婯
5A7	婰	婱	婲	婳	婴	婵	婶	婷	婸	婹	婺	婻	婼	婽	婾	婿
5A8	媀	媁	媂	媃	媄	媅	媆	媇	媈	媉	媊	媋	媌	媍	媎	媏
5A9	媐	媑	媒	媓	媔	媕	媖	媗	媘	媙	媚	媛	媜	媝	媞	媟
5AA	媠	媡	媢	媣	媤	媥	媦	媧	媨	媩	媪	媫	媬	媭	媮	媯
5AB	媰	媱	媲	媳	媴	媵	媶	媷	媸	媹	媺	媻	媼	媽	媾	媿
5AC	嫀	嫁	嫂	嫃	嫄	嫅	嫆	嫇	嫈	嫉	嫊	嫋	嫌	嫍	嫎	嫏
5AD	嫐	嫑	嫒	嫓	嫔	嫕	嫖	嫗	嫘	嫙	嫚	嫛	嫜	嫝	嫞	嫟
5AE	嫠	嫡	嫢	嫣	嫤	嫥	嫦	嫧	嫨	嫩	嫪	嫫	嫬	嫭	嫮	嫯
5AF	嫰	嫱	嫲	嫳	嫴	嫵	嫶	嫷	嫸	嫹	嫺	嫻	嫼	嫽	嫾	嫿
5B0	嬀	嬁	嬂	嬃	嬄	嬅	嬆	嬇	嬈	嬉	嬊	嬋	嬌	嬍	嬎	嬏
5B1	嬐	嬑	嬒	嬓	嬔	嬕	嬖	嬗	嬘	嬙	嬚	嬛	嬜	嬝	嬞	嬟
5B2	嬠	嬡	嬢	嬣	嬤	嬥	嬦	嬧	嬨	嬩	嬪	嬫	嬬	嬭	嬮	嬯
5B3	嬰	嬱	嬲	嬳	嬴	嬵	嬶	嬷	嬸	嬹	嬺	嬻	嬼	嬽	嬾	嬿
5B4	孀	孁	孂	孃	孄	孅	孆	孇	孈	孉	孊	孋	孌	孍	孎	孏
5B5	子	孑	孒	孓	孔	孕	孖	字	存	孙	孚	孛	孜	孝	孞	孟
5B6	孠	孡	孢	季	孤	孥	学	孧	孨	孩	孪	孫	孬	孭	孮	孯
5B7	孰	孱	孲	孳	孴	孵	孶	孷	學	孹	孺	孻	孼	孽	孾	孿

	0	1	2	3	4	5	6	7	8	9	A	B	C	D	E	F
5B8	宀	宁	宂	它	宄	宅	宆	宇	守	安	宊	宋	完	宍	宎	宏
5B9	宐	宑	宒	宓	宔	宕	宖	宗	官	宙	定	宛	宜	宝	实	実
5BA	宠	审	客	宣	室	宥	宦	宧	宨	宩	宪	宫	宬	宭	宮	宯
5BB	宰	宱	宲	害	宴	宵	家	宷	宸	容	宺	宻	宼	宽	宾	宿
5BC	寀	寁	寂	寃	寄	寅	密	寇	寈	寉	寊	寋	富	寍	寎	寏
5BD	寐	寑	寒	寓	寔	寕	寖	寗	寘	寙	寚	寛	寜	寝	寞	察
5BE	寠	寡	寢	寣	寤	寥	實	寧	寨	審	寪	寫	寬	寭	寮	寯
5BF	寰	寱	寲	寳	寴	寵	寶	寷	寸	对	寺	寻	导	寽	対	寿
5C0	尀	封	専	尃	射	尅	将	將	專	尉	尊	尋	尌	對	導	小
5C1	尐	少	尒	尓	尔	尕	尖	尗	尘	尙	尚	尛	尜	尝	尞	尟
5C2	尠	尡	尢	尣	尤	尥	尦	尧	尨	尩	尪	尫	尬	尭	尮	尯
5C3	尰	就	尲	尳	尴	尵	尶	尷	尸	尹	尺	尻	尼	尽	尾	尿
5C4	局	屁	层	屃	屄	居	屆	屇	屈	屉	届	屋	屌	屍	屎	屏
5C5	屐	屑	屒	屓	屔	展	屖	屗	屘	屙	屚	屛	屜	屝	属	屟
5C6	屠	屡	屢	屣	層	履	屦	屧	屨	屩	屪	屫	屬	屭	屮	屯
5C7	屰	山	屲	屳	屴	屵	屶	屷	屸	屹	屺	屻	屼	屽	屾	屿
5C8	岀	岁	岂	岃	岄	岅	岆	岇	岈	岉	岊	岋	岌	岍	岎	岏
5C9	岐	岑	岒	岓	岔	岕	岖	岗	岘	岙	岚	岛	岜	岝	岞	岟
5CA	岠	岡	岢	岣	岤	岥	岦	岧	岨	岩	岪	岫	岬	岭	岮	岯
5CB	岰	岱	岲	岳	岴	岵	岶	岷	岸	岹	岺	岻	岼	岽	岾	岿
5CC	峀	峁	峂	峃	峄	峅	峆	峇	峈	峉	峊	峋	峌	峍	峎	峏
5CD	峐	峑	峒	峓	峔	峕	峖	峗	峘	峙	峚	峛	峜	峝	峞	峟
5CE	峠	峡	峢	峣	峤	峥	峦	峧	峨	峩	峪	峫	峬	峭	峮	峯
5CF	峰	峱	峲	峳	峴	峵	島	峷	峸	峹	峺	峻	峼	峽	峾	峿

	0	1	2	3	4	5	6	7	8	9	A	B	C	D	E	F
5D0	崀	崁	崂	崃	崄	崅	崆	崇	崈	崉	崊	崋	崌	崍	崎	崏
5D1	崐	崑	崒	崓	崔	崕	崖	崗	崘	崙	崚	崛	崜	崝	崞	崟
5D2	崠	崡	崢	崣	崤	崥	崦	崧	崨	崩	崪	崫	崬	崭	崮	崯
5D3	崰	崱	崲	崳	崴	崵	崶	崷	崸	崹	崺	崻	崼	崽	崾	崿
5D4	嵀	嵁	嵂	嵃	嵄	嵅	嵆	嵇	嵈	嵉	嵊	嵋	嵌	嵍	嵎	嵏
5D5	嵐	嵑	嵒	嵓	嵔	嵕	嵖	嵗	嵘	嵙	嵚	嵛	嵜	嵝	嵞	嵟
5D6	嵠	嵡	嵢	嵣	嵤	嵥	嵦	嵧	嵨	嵩	嵪	嵫	嵬	嵭	嵮	嵯
5D7	嵰	嵱	嵲	嵳	嵴	嵵	嵶	嵷	嵸	嵹	嵺	嵻	嵼	嵽	嵾	嵿
5D8	嶀	嶁	嶂	嶃	嶄	嶅	嶆	嶇	嶈	嶉	嶊	嶋	嶌	嶍	嶎	嶏
5D9	嶐	嶑	嶒	嶓	嶔	嶕	嶖	嶗	嶘	嶙	嶚	嶛	嶜	嶝	嶞	嶟
5DA	嶠	嶡	嶢	嶣	嶤	嶥	嶦	嶧	嶨	嶩	嶪	嶫	嶬	嶭	嶮	嶯
5DB	嶰	嶱	嶲	嶳	嶴	嶵	嶶	嶷	嶸	嶹	嶺	嶻	嶼	嶽	嶾	嶿
5DC	巀	巁	巂	巃	巄	巅	巆	巇	巈	巉	巊	巋	巌	巍	巎	巏
5DD	巐	巑	巒	巓	巔	巕	巖	巗	巘	巙	巚	巛	巜	川	州	巟
5DE	巠	巡	巢	巣	巤	工	左	巧	巨	巩	巪	巫	巬	巭	差	巯
5DF	巰	己	已	巳	巴	巵	巶	巷	巸	巹	巺	巻	巼	巽	巾	巿
5E0	帀	币	市	布	帄	帅	帆	帇	师	帉	帊	帋	希	帍	帎	帏
5E1	帐	帑	帒	帓	帔	帕	帖	帗	帘	帙	帚	帛	帜	帝	帞	帟
5E2	帠	帡	帢	帣	帤	帥	带	帧	帨	帩	帪	師	帬	席	帮	帯
5E3	帰	帱	帲	帳	帴	帵	帶	帷	常	帹	帺	帻	帼	帽	帾	帿
5E4	幀	幁	幂	幃	幄	幅	幆	幇	幈	幉	幊	幋	幌	幍	幎	幏
5E5	幐	幑	幒	幓	幔	幕	幖	幗	幘	幙	幚	幛	幜	幝	幞	幟
5E6	幠	幡	幢	幣	幤	幥	幦	幧	幨	幩	幪	幫	幬	幭	幮	幯
5E7	幰	幱	干	平	年	幵	并	幷	幸	幹	幺	幻	幼	幽	幾	广

	0	1	2	3	4	5	6	7	8	9	A	B	C	D	E	F
5E8	庀	庁	庂	広	庄	庅	庆	庇	庈	庉	床	庋	庌	庍	庎	序
5E9	庐	庑	庒	库	应	底	庖	店	庘	庙	庚	庛	府	庝	庞	废
5EA	庠	庡	庢	庣	庤	庥	度	座	庨	庩	庪	庫	庬	庭	庮	庯
5EB	庰	庱	庲	庳	庴	庵	庶	康	庸	庹	庺	庻	庼	庽	庾	庿
5EC	廀	廁	廂	廃	廄	廅	廆	廇	廈	廉	廊	廋	廌	廍	廎	廏
5ED	廐	廑	廒	廓	廔	廕	廖	廗	廘	廙	廚	廛	廜	廝	廞	廟
5EE	廠	廡	廢	廣	廤	廥	廦	廧	廨	廩	廪	廫	廬	廭	廮	廯
5EF	廰	廱	廲	廳	廴	廵	延	廷	廸	廹	建	廻	廼	廽	廾	廿
5F0	开	弁	异	弃	弄	弅	弆	弇	弈	弉	弊	弋	弌	弍	弎	式
5F1	弐	弑	弒	弓	弔	引	弖	弗	弘	弙	弚	弛	弜	弝	弞	弟
5F2	张	弡	弢	弣	弤	弥	弦	弧	弨	弩	弪	弫	弬	弭	弮	弯
5F3	弰	弱	弲	弳	弴	張	弶	強	弸	弹	强	弻	弼	弽	弾	弿
5F4	彀	彁	彂	彃	彄	彅	彆	彇	彈	彉	彊	彋	彌	彍	彎	彏
5F5	彐	彑	归	当	彔	录	彖	彗	彘	彙	彚	彛	彜	彝	彞	彟
5F6	彠	彡	形	彣	彤	彥	彦	彧	彨	彩	彪	彫	彬	彭	彮	彯
5F7	彰	影	彲	彳	彴	彵	彶	彷	彸	役	彺	彻	彼	彽	彾	彿
5F8	往	征	徂	徃	径	待	徆	徇	很	徉	徊	律	後	徍	徎	徏
5F9	徐	徑	徒	従	徔	徕	徖	得	徘	徙	徚	徛	徜	徝	從	徟
5FA	徠	御	徢	徣	徤	徥	徦	徧	徨	復	循	徫	徬	徭	微	徯
5FB	徰	徱	徲	徳	徴	徵	徶	德	徸	徹	徺	徻	徼	徽	徾	徿
5FC	忀	忁	忂	心	忄	必	忆	忇	忈	忉	忊	忋	忌	忍	忎	忏
5FD	忐	忑	忒	忓	忔	忕	忖	志	忘	忙	忚	忛	応	忝	忞	忟
5FE	忠	忡	忢	忣	忤	忥	忦	忧	忨	忩	忪	快	忬	忭	忮	忯
5FF	忰	忱	忲	忳	忴	念	忶	忷	忸	忹	忺	忻	忼	忽	忾	忿

	0	1	2	3	4	5	6	7	8	9	A	B	C	D	E	F
600	怀	态	怂	怃	怄	怅	怆	怇	怈	怉	怊	怋	怌	怍	怎	怏
601	怐	怑	怒	怓	怔	怕	怖	怗	怘	怙	怚	怛	怜	思	怞	怟
602	怠	怡	怢	怣	怤	急	怦	性	怨	怩	怪	怫	怬	怭	怮	怯
603	怰	怱	怲	怳	怴	怵	怶	怷	怸	怹	怺	总	怼	怽	怾	怿
604	恀	恁	恂	恃	恄	恅	恆	恇	恈	恉	恊	恋	恌	恍	恎	恏
605	恐	恑	恒	恓	恔	恕	恖	恗	恘	恙	恚	恛	恜	恝	恞	恟
606	恠	恡	恢	恣	恤	恥	恦	恧	恨	恩	恪	恫	恬	恭	恮	息
607	恰	恱	恲	恳	恴	恵	恶	恷	恸	恹	恺	恻	恼	恽	恾	恿
608	悀	悁	悂	悃	悄	悅	悆	悇	悈	悉	悊	悋	悌	悍	悎	悏
609	悐	悑	悒	悓	悔	悕	悖	悗	悘	悙	悚	悛	悜	悝	悞	悟
60A	悠	悡	悢	患	悤	悥	悦	悧	您	悩	悪	悫	悬	悭	悮	悯
60B	悰	悱	悲	悳	悴	悵	悶	悷	悸	悹	悺	悻	悼	悽	悾	悿
60C	惀	惁	惂	惃	惄	情	惆	惇	惈	惉	惊	惋	惌	惍	惎	惏
60D	惐	惑	惒	惓	惔	惕	惖	惗	惘	惙	惚	惛	惜	惝	惞	惟
60E	惠	惡	惢	惣	惤	惥	惦	惧	惨	惩	惪	惫	惬	惭	惮	惯
60F	惰	惱	惲	想	惴	惵	惶	惷	惸	惹	惺	惻	惼	惽	惾	惿
610	愀	愁	愂	愃	愄	愅	愆	愇	愈	愉	愊	愋	愌	愍	愎	意
611	愐	愑	愒	愓	愔	愕	愖	愗	愘	愙	愚	愛	愜	愝	愞	感
612	愠	愡	愢	愣	愤	愥	愦	愧	愨	愩	愪	愫	愬	愭	愮	愯
613	愰	愱	愲	愳	愴	愵	愶	愷	愸	愹	愺	愻	愼	愽	愾	愿
614	慀	慁	慂	慃	慄	慅	慆	慇	慈	慉	慊	態	慌	慍	慎	慏
615	慐	慑	慒	慓	慔	慕	慖	慗	慘	慙	慚	慛	慜	慝	慞	慟
616	慠	慡	慢	慣	慤	慥	慦	慧	慨	慩	慪	慫	慬	慭	慮	慯
617	慰	慱	慲	慳	慴	慵	慶	慷	慸	慹	慺	慻	慼	慽	慾	慿

	0	1	2	3	4	5	6	7	8	9	A	B	C	D	E	F
618	憀	憁	憂	憃	憄	憅	憆	憇	憈	憉	憊	憋	憌	憍	憎	憏
619	憐	憑	憒	憓	憔	憕	憖	憗	憘	憙	憚	憛	憜	憝	憞	憟
61A	憠	憡	憢	憣	憤	憥	憦	憧	憨	憩	憪	憫	憬	憭	憮	憯
61B	憰	憱	憲	憳	憴	憵	憶	憷	憸	憹	憺	憻	憼	憽	憾	憿
61C	懀	懁	懂	懃	懄	懅	懆	懇	懈	應	懊	懋	懌	懍	懎	懏
61D	懐	懑	懒	懓	懔	懕	懖	懗	懘	懙	懚	懛	懜	懝	懞	懟
61E	懠	懡	懢	懣	懤	懥	懦	懧	懨	懩	懪	懫	懬	懭	懮	懯
61F	懰	懱	懲	懳	懴	懵	懶	懷	懸	懹	懺	懻	懼	懽	懾	懿
620	戀	戁	戂	戃	戄	戅	戆	戇	戈	戉	戊	戋	戌	戍	戎	戏
621	成	我	戒	戓	戔	戕	或	戗	战	戙	戚	戛	戜	戝	戞	戟
622	戠	戡	戢	戣	戤	戥	戦	戧	戨	戩	截	戫	戬	戭	戮	戯
623	戰	戱	戲	戳	戴	戵	戶	户	戸	戹	戺	戻	戼	戽	戾	房
624	所	扁	扂	扃	扄	扅	扆	扇	扈	扉	扊	手	扌	才	扎	扏
625	扐	扑	扒	打	扔	払	扖	扗	托	扙	扚	扛	扜	扝	扞	扟
626	扠	扡	扢	扣	扤	扥	扦	执	扨	扩	扪	扫	扬	扭	扮	扯
627	扰	扱	扲	扳	扴	扵	扶	扷	扸	批	扺	扻	扼	扽	找	承
628	技	抁	抂	抃	抄	抅	抆	抇	抈	抉	把	抋	抌	抍	抎	抏
629	抐	抑	抒	抓	抔	投	抖	抗	折	抙	抚	抛	抜	抝	択	抟
62A	抠	抡	抢	抣	护	报	抦	抧	抨	抩	抪	披	抬	抭	抮	抯
62B	抰	抱	抲	抳	抴	抵	抶	抷	抸	抹	抺	抻	押	抽	抾	抿
62C	拀	拁	拂	拃	拄	担	拆	拇	拈	拉	拊	拋	拌	拍	拎	拏
62D	拐	拑	拒	拓	拔	拕	拖	拗	拘	拙	拚	招	拜	拝	拞	拟
62E	拠	拡	拢	拣	拤	拥	拦	拧	拨	择	拪	拫	括	拭	拮	拯
62F	拰	拱	拲	拳	拴	拵	拶	拷	拸	拹	拺	拻	拼	拽	拾	拿

	0	1	2	3	4	5	6	7	8	9	A	B	C	D	E	F
630	挀	持	挂	挃	挄	挅	挆	指	挈	按	挊	挋	挌	挍	挎	挏
631	挐	挑	挒	挓	挔	挕	挖	挗	挘	挙	挚	挛	挜	挝	挞	挟
632	挠	挡	挢	挣	挤	挥	挦	挧	挨	挩	挪	挫	挬	挭	挮	振
633	挰	挱	挲	挳	挴	挵	挶	挷	挸	挹	挺	挻	挼	挽	挾	挿
634	捀	捁	捂	捃	捄	捅	捆	捇	捈	捉	捊	捋	捌	捍	捎	捏
635	捐	捑	捒	捓	捔	捕	捖	捗	捘	捙	捚	捛	捜	捝	捞	损
636	捠	捡	换	捣	捤	捥	捦	捧	捨	捩	捪	捫	捬	捭	据	捯
637	捰	捱	捲	捳	捴	捵	捶	捷	捸	捹	捺	捻	捼	捽	捾	捿
638	掀	掁	掂	掃	掄	掅	掆	掇	授	掉	掊	掋	掌	掍	掎	掏
639	掐	掑	排	掓	掔	掕	掖	掗	掘	掙	掚	掛	掜	掝	掞	掟
63A	掠	採	探	掣	掤	接	掦	控	推	掩	措	掫	掬	掭	掮	掯
63B	掰	掱	掲	掳	掴	掵	掶	掷	掸	掹	掺	掻	掼	掽	掾	掿
63C	揀	揁	揂	揃	揄	揅	揆	揇	揈	揉	揊	揋	揌	揍	揎	描
63D	提	揑	插	揓	揔	揕	揖	揗	揘	揙	揚	換	揜	揝	揞	揟
63E	揠	握	揢	揣	揤	揥	揦	揧	揨	揩	揪	揫	揬	揭	揮	揯
63F	揰	揱	揲	揳	援	揵	揶	揷	揸	揹	揺	揻	揼	揽	揾	揿
640	搀	搁	搂	搃	搄	搅	搆	搇	搈	搉	搊	搋	搌	損	搎	搏
641	搐	搑	搒	搓	搔	搕	搖	搗	搘	搙	搚	搛	搜	搝	搞	搟
642	搠	搡	搢	搣	搤	搥	搦	搧	搨	搩	搪	搫	搬	搭	搮	搯
643	搰	搱	搲	搳	搴	搵	搶	搷	搸	搹	携	搻	搼	搽	搾	搿
644	摀	摁	摂	摃	摄	摅	摆	摇	摈	摉	摊	摋	摌	摍	摎	摏
645	摐	摑	摒	摓	摔	摕	摖	摗	摘	摙	摚	摛	摜	摝	摞	摟
646	摠	摡	摢	摣	摤	摥	摦	摧	摨	摩	摪	摫	摬	摭	摮	摯
647	摰	摱	摲	摳	摴	摵	摶	摷	摸	摹	摺	摻	摼	摽	摾	摿

	0	1	2	3	4	5	6	7	8	9	A	B	C	D	E	F
648	撀	撁	撂	撃	撄	撅	撆	撇	撈	撉	撊	撋	撌	撍	撎	撏
649	撐	撑	撒	撓	撔	撕	撖	撗	撘	撙	撚	撛	撜	撝	撞	撟
64A	撠	撡	撢	撣	撤	撥	撦	撧	撨	撩	撪	撫	撬	播	撮	撯
64B	撰	撱	撲	撳	撴	撵	撶	撷	撸	撹	撺	撻	撼	撽	撾	撿
64C	擀	擁	擂	擃	擄	擅	擆	擇	擈	擉	擊	擋	擌	操	擎	擏
64D	擐	擑	擒	擓	擔	擕	擖	擗	擘	擙	據	擛	擜	擝	擞	擟
64E	擠	擡	擢	擣	擤	擥	擦	擧	擨	擩	擪	擫	擬	擭	擮	擯
64F	擰	擱	擲	擳	擴	擵	擶	擷	擸	擹	擺	擻	擼	擽	擾	擿
650	攀	攁	攂	攃	攄	攅	攆	攇	攈	攉	攊	攋	攌	攍	攎	攏
651	攐	攑	攒	攓	攔	攕	攖	攗	攘	攙	攚	攛	攜	攝	攞	攟
652	攠	攡	攢	攣	攤	攥	攦	攧	攨	攩	攪	攫	攬	攭	攮	支
653	攰	攱	攲	攳	攴	攵	收	攷	攸	改	攺	攻	攼	攽	放	政
654	敀	敁	敂	敃	敄	故	敆	敇	效	敉	敊	敋	敌	敍	敎	敏
655	敐	救	敒	敓	敔	敕	敖	敗	敘	教	敚	敛	敜	敝	敞	敟
656	敠	敡	敢	散	敤	敥	敦	敧	敨	敩	敪	敫	敬	敭	敮	敯
657	数	敱	敲	敳	整	敵	敶	敷	數	敹	敺	敻	敼	敽	敾	敿
658	斀	斁	斂	斃	斄	斅	斆	文	斈	斉	斊	斋	斌	斍	斎	斏
659	斐	斑	斒	斓	斔	斕	斖	斗	斘	料	斚	斛	斜	斝	斞	斟
65A	斠	斡	斢	斣	斤	斥	斦	斧	斨	斩	斪	斫	斬	断	斮	斯
65B	新	斱	斲	斳	斴	斵	斶	斷	斸	方	斺	斻	於	施	斾	斿
65C	旀	旁	旂	旃	旄	旅	旆	旇	旈	旉	旊	旋	旌	旍	旎	族
65D	旐	旑	旒	旓	旔	旕	旖	旗	旘	旙	旚	旛	旜	旝	旞	旟
65E	无	旡	既	旣	旤	日	旦	旧	旨	早	旪	旫	旬	旭	旮	旯
65F	旰	旱	旲	旳	旴	旵	时	旷	旸	旹	旺	旻	旼	旽	旾	旿

	0	1	2	3	4	5	6	7	8	9	A	B	C	D	E	F
660	昀	昁	昂	昃	昄	昅	昆	昇	昈	昉	昊	昋	昌	昍	明	昏
661	昐	昑	昒	易	昔	昕	昖	昗	昘	昙	昚	昛	昜	昝	昞	星
662	映	昡	昢	昣	昤	春	昦	昧	昨	昩	昪	昫	昬	昭	昮	是
663	昰	昱	昲	昳	昴	昵	昶	昷	昸	昹	昺	昻	昼	昽	显	昿
664	晀	晁	時	晃	晄	晅	晆	晇	晈	晉	晊	晋	晌	晍	晎	晏
665	晐	晑	晒	晓	晔	晕	晖	晗	晘	晙	晚	晛	晜	晝	晞	晟
666	晠	晡	晢	晣	晤	晥	晦	晧	晨	晩	晪	晫	晬	晭	普	景
667	晰	晱	晲	晳	晴	晵	晶	晷	晸	晹	智	晻	晼	晽	晾	晿
668	暀	暁	暂	暃	暄	暅	暆	暇	暈	暉	暊	暋	暌	暍	暎	暏
669	暐	暑	暒	暓	暔	暕	暖	暗	暘	暙	暚	暛	暜	暝	暞	暟
66A	暠	暡	暢	暣	暤	暥	暦	暧	暨	暩	暪	暫	暬	暭	暮	暯
66B	暰	暱	暲	暳	暴	暵	暶	暷	暸	暹	暺	暻	暼	暽	暾	暿
66C	曀	曁	曂	曃	曄	曅	曆	曇	曈	曉	曊	曋	曌	曍	曎	曏
66D	曐	曑	曒	曓	曔	曕	曖	曗	曘	曙	曚	曛	曜	曝	曞	曟
66E	曠	曡	曢	曣	曤	曥	曦	曧	曨	曩	曪	曫	曬	曭	曮	曯
66F	曰	曱	曲	曳	更	曵	曶	曷	書	曹	曺	曻	曼	曽	曾	替
670	最	朁	朂	會	朄	朅	朆	朇	月	有	朊	朋	朌	服	朎	朏
671	朐	朑	朒	朓	朔	朕	朖	朗	朘	朙	朚	望	朜	朝	朞	期
672	朠	朡	朢	朣	朤	朥	朦	朧	木	朩	未	末	本	札	朮	术
673	朰	朱	朲	朳	朴	朵	朶	朷	朸	朹	机	朻	朼	朽	朾	朿
674	杀	杁	杂	权	杄	杅	杆	杇	杈	杉	杊	杋	杌	杍	李	杏
675	材	村	杒	杓	杔	杕	杖	杗	杘	杙	杚	杛	杜	杝	杞	束
676	杠	条	杢	杣	杤	来	杦	杧	杨	杩	杪	杫	杬	杭	杮	杯
677	杰	東	杲	杳	杴	杵	杶	杷	杸	杹	杺	杻	杼	杽	松	板

	0	1	2	3	4	5	6	7	8	9	A	B	C	D	E	F
678	枀	极	枂	枃	构	枅	枆	枇	枈	枉	枊	枋	枌	枍	枎	枏
679	析	枑	枒	枓	枔	枕	枖	林	枘	枙	枚	枛	果	枝	枞	枟
67A	枠	枡	枢	枣	枤	枥	枦	枧	枨	枩	枪	枫	枬	枭	枮	枯
67B	枰	枱	枲	枳	枴	枵	架	枷	枸	枹	枺	枻	枼	枽	枾	枿
67C	柀	柁	柂	柃	柄	柅	柆	柇	柈	柉	柊	柋	柌	柍	柎	柏
67D	某	柑	柒	染	柔	柕	柖	柗	柘	柙	柚	柛	柜	柝	柞	柟
67E	柠	柡	柢	柣	柤	查	柦	柧	柨	柩	柪	柫	柬	柭	柮	柯
67F	柰	柱	柲	柳	柴	柵	柶	柷	柸	柹	柺	査	柼	柽	柾	柿
680	栀	栁	栂	栃	栄	栅	栆	标	栈	栉	栊	栋	栌	栍	栎	栏
681	栐	树	栒	栓	栔	栕	栖	栗	栘	栙	栚	栛	栜	栝	栞	栟
682	栠	校	栢	栣	栤	栥	栦	栧	栨	栩	株	栫	栬	栭	栮	栯
683	栰	栱	栲	栳	栴	栵	栶	样	核	根	栺	栻	格	栽	栾	栿
684	桀	桁	桂	桃	桄	桅	框	桇	案	桉	桊	桋	桌	桍	桎	桏
685	桐	桑	桒	桓	桔	桕	桖	桗	桘	桙	桚	桛	桜	桝	桞	桟
686	桠	桡	桢	档	桤	桥	桦	桧	桨	桩	桪	桫	桬	桭	桮	桯
687	桰	桱	桲	桳	桴	桵	桶	桷	桸	桹	桺	桻	桼	桽	桾	桿
688	梀	梁	梂	梃	梄	梅	梆	梇	梈	梉	梊	梋	梌	梍	梎	梏
689	梐	梑	梒	梓	梔	梕	梖	梗	梘	梙	梚	梛	梜	條	梞	梟
68A	梠	梡	梢	梣	梤	梥	梦	梧	梨	梩	梪	梫	梬	梭	梮	梯
68B	械	梱	梲	梳	梴	梵	梶	梷	梸	梹	梺	梻	梼	梽	梾	梿
68C	检	棁	棂	棃	棄	棅	棆	棇	棈	棉	棊	棋	棌	棍	棎	棏
68D	棐	棑	棒	棓	棔	棕	棖	棗	棘	棙	棚	棛	棜	棝	棞	棟
68E	棠	棡	棢	棣	棤	棥	棦	棧	棨	棩	棪	棫	棬	棭	森	棯
68F	棰	棱	棲	棳	棴	棵	棶	棷	棸	棹	棺	棻	棼	棽	棾	棿

	0	1	2	3	4	5	6	7	8	9	A	B	C	D	E	F
690	椀	椁	椂	椃	椄	椅	椆	椇	椈	椉	椊	椋	椌	植	椎	椏
691	椐	椑	椒	椓	椔	椕	椖	椗	椘	椙	椚	椛	検	椝	椞	椟
692	椠	椡	椢	椣	椤	椥	椦	椧	椨	椩	椪	椫	椬	椭	椮	椯
693	椰	椱	椲	椳	椴	椵	椶	椷	椸	椹	椺	椻	椼	椽	椾	椿
694	楀	楁	楂	楃	楄	楅	楆	楇	楈	楉	楊	楋	楌	楍	楎	楏
695	楐	楑	楒	楓	楔	楕	楖	楗	楘	楙	楚	楛	楜	楝	楞	楟
696	楠	楡	楢	楣	楤	楥	楦	楧	楨	楩	楪	楫	楬	業	楮	楯
697	楰	楱	楲	楳	楴	極	楶	楷	楸	楹	楺	楻	楼	楽	楾	楿
698	榀	榁	概	榃	榄	榅	榆	榇	榈	榉	榊	榋	榌	榍	榎	榏
699	榐	榑	榒	榓	榔	榕	榖	榗	榘	榙	榚	榛	榜	榝	榞	榟
69A	榠	榡	榢	榣	榤	榥	榦	榧	榨	榩	榪	榫	榬	榭	榮	榯
69B	榰	榱	榲	榳	榴	榵	榶	榷	榸	榹	榺	榻	榼	榽	榾	榿
69C	槀	槁	槂	槃	槄	槅	槆	槇	槈	槉	槊	構	槌	槍	槎	槏
69D	槐	槑	槒	槓	槔	槕	槖	槗	様	槙	槚	槛	槜	槝	槞	槟
69E	槠	槡	槢	槣	槤	槥	槦	槧	槨	槩	槪	槫	槬	槭	槮	槯
69F	槰	槱	槲	槳	槴	槵	槶	槷	槸	槹	槺	槻	槼	槽	槾	槿
6A0	樀	樁	樂	樃	樄	樅	樆	樇	樈	樉	樊	樋	樌	樍	樎	樏
6A1	樐	樑	樒	樓	樔	樕	樖	樗	樘	標	樚	樛	樜	樝	樞	樟
6A2	樠	模	樢	樣	樤	樥	樦	樧	樨	権	横	樫	樬	樭	樮	樯
6A3	樰	樱	樲	樳	樴	樵	樶	樷	樸	樹	樺	樻	樼	樽	樾	樿
6A4	橀	橁	橂	橃	橄	橅	橆	橇	橈	橉	橊	橋	橌	橍	橎	橏
6A5	橐	橑	橒	橓	橔	橕	橖	橗	橘	橙	橚	橛	橜	橝	橞	機
6A6	橠	橡	橢	橣	橤	橥	橦	橧	橨	橩	橪	橫	橬	橭	橮	橯
6A7	橰	橱	橲	橳	橴	橵	橶	橷	橸	橹	橺	橻	橼	橽	橾	橿

	0	1	2	3	4	5	6	7	8	9	A	B	C	D	E	F
6A8	檀	檁	檂	檃	檄	檅	檆	檇	檈	檉	檊	檋	檌	檍	檎	檏
6A9	檐	檑	檒	檓	檔	檕	檖	檗	檘	檙	檚	檛	檜	檝	檞	檟
6AA	檠	檡	檢	檣	檤	檥	檦	檧	檨	檩	檪	檫	檬	檭	檮	檯
6AB	檰	檱	檲	檳	檴	檵	檶	檷	檸	檹	檺	檻	檼	檽	檾	檿
6AC	櫀	櫁	櫂	櫃	櫄	櫅	櫆	櫇	櫈	櫉	櫊	櫋	櫌	櫍	櫎	櫏
6AD	櫐	櫑	櫒	櫓	櫔	櫕	櫖	櫗	櫘	櫙	櫚	櫛	櫜	櫝	櫞	櫟
6AE	櫠	櫡	櫢	櫣	櫤	櫥	櫦	櫧	櫨	櫩	櫪	櫫	櫬	櫭	櫮	櫯
6AF	櫰	櫱	櫲	櫳	櫴	櫵	櫶	櫷	櫸	櫹	櫺	櫻	櫼	櫽	櫾	櫿
6B0	欀	欁	欂	欃	欄	欅	欆	欇	欈	欉	權	欋	欌	欍	欎	欏
6B1	欐	欑	欒	欓	欔	欕	欖	欗	欘	欙	欚	欛	欜	欝	欞	欟
6B2	欠	次	欢	欣	欤	欥	欦	欧	欨	欩	欪	欫	欬	欭	欮	欯
6B3	欰	欱	欲	欳	欴	欵	欶	欷	欸	欹	欺	欻	欼	欽	款	欿
6B4	歀	歁	歂	歃	歄	歅	歆	歇	歈	歉	歊	歋	歌	歍	歎	歏
6B5	歐	歑	歒	歓	歔	歕	歖	歗	歘	歙	歚	歛	歜	歝	歞	歟
6B6	歠	歡	止	正	此	步	武	歧	歨	歩	歪	歫	歬	歭	歮	歯
6B7	歰	歱	歲	歳	歴	歵	歶	歷	歸	歹	歺	死	歼	歽	歾	歿
6B8	殀	殁	殂	殃	殄	殅	殆	殇	殈	殉	殊	残	殌	殍	殎	殏
6B9	殐	殑	殒	殓	殔	殕	殖	殗	殘	殙	殚	殛	殜	殝	殞	殟
6BA	殠	殡	殢	殣	殤	殥	殦	殧	殨	殩	殪	殫	殬	殭	殮	殯
6BB	殰	殱	殲	殳	殴	段	殶	殷	殸	殹	殺	殻	殼	殽	殾	殿
6BC	毀	毁	毂	毃	毄	毅	毆	毇	毈	毉	毊	毋	毌	母	毎	每
6BD	毐	毑	毒	毓	比	毕	毖	毗	毘	毙	毚	毛	毜	毝	毞	毟
6BE	毠	毡	毢	毣	毤	毥	毦	毧	毨	毩	毪	毫	毬	毭	毮	毯
6BF	毰	毱	毲	毳	毴	毵	毶	毷	毸	毹	毺	毻	毼	毽	毾	毿

	0	1	2	3	4	5	6	7	8	9	A	B	C	D	E	F
6C0	氀	氁	氂	氃	氄	氅	氆	氇	氈	氉	氊	氋	氌	氍	氎	氏
6C1	氐	民	氒	氓	气	氕	氖	気	氘	氙	氚	氛	氜	氝	氞	氟
6C2	氠	氡	氢	氣	氤	氥	氦	氧	氨	氩	氪	氫	氬	氭	氮	氯
6C3	氰	氱	氲	氳	水	氵	氶	氷	永	氹	氺	氻	氼	氽	氾	氿
6C4	汀	汁	求	汃	汄	汅	汆	汇	汈	汉	汊	汋	汌	汍	汎	汏
6C5	汐	汑	汒	汓	汔	汕	汖	汗	汘	汙	汚	汛	汜	汝	汞	江
6C6	池	污	汢	汣	汤	汥	汦	汧	汨	汩	汪	汫	汬	汭	汮	汯
6C7	汰	汱	汲	汳	汴	汵	汶	汷	汸	汹	決	汻	汼	汽	汾	汿
6C8	沀	沁	沂	沃	沄	沅	沆	沇	沈	沉	沊	沋	沌	沍	沎	沏
6C9	沐	沑	沒	沓	沔	沕	沖	沗	沘	沙	沚	沛	沜	沝	沞	沟
6CA	沠	没	沢	沣	沤	沥	沦	沧	沨	沩	沪	沫	沬	沭	沮	沯
6CB	沰	沱	沲	河	沴	沵	沶	沷	沸	油	沺	治	沼	沽	沾	沿
6CC	泀	況	泂	泃	泄	泅	泆	泇	泈	泉	泊	泋	泌	泍	泎	泏
6CD	泐	泑	泒	泓	泔	法	泖	泗	泘	泙	泚	泛	泜	泝	泞	泟
6CE	泠	泡	波	泣	泤	泥	泦	泧	注	泩	泪	泫	泬	泭	泮	泯
6CF	泰	泱	泲	泳	泴	泵	泶	泷	泸	泹	泺	泻	泼	泽	泾	泿
6D0	洀	洁	洂	洃	洄	洅	洆	洇	洈	洉	洊	洋	洌	洍	洎	洏
6D1	洐	洑	洒	洓	洔	洕	洖	洗	洘	洙	洚	洛	洜	洝	洞	洟
6D2	洠	洡	洢	洣	洤	津	洦	洧	洨	洩	洪	洫	洬	洭	洮	洯
6D3	洰	洱	洲	洳	洴	洵	洶	洷	洸	洹	洺	活	洼	洽	派	洿
6D4	浀	流	浂	浃	浄	浅	浆	浇	浈	浉	浊	测	浌	浍	济	浏
6D5	浐	浑	浒	浓	浔	浕	浖	浗	浘	浙	浚	浛	浜	浝	浞	浟
6D6	浠	浡	浢	浣	浤	浥	浦	浧	浨	浩	浪	浫	浬	浭	浮	浯
6D7	浰	浱	浲	浳	浴	浵	浶	海	浸	浹	浺	浻	浼	浽	浾	浿

	0	1	2	3	4	5	6	7	8	9	A	B	C	D	E	F
6D8	涀	涁	涂	涃	涄	涅	涆	涇	消	涉	涊	涋	涌	涍	涎	涏
6D9	涐	涑	涒	涓	涔	涕	涖	涗	涘	涙	涚	涛	涜	涝	涞	涟
6DA	涠	涡	涢	涣	涤	涥	润	涧	涨	涩	涪	涫	涬	涭	涮	涯
6DB	涰	涱	液	涳	涴	涵	涶	涷	涸	涹	涺	涻	涼	涽	涾	涿
6DC	淀	淁	淂	淃	淄	淅	淆	淇	淈	淉	淊	淋	淌	淍	淎	淏
6DD	淐	淑	淒	淓	淔	淕	淖	淗	淘	淙	淚	淛	淜	淝	淞	淟
6DE	淠	淡	淢	淣	淤	淥	淦	淧	淨	淩	淪	淫	淬	淭	淮	淯
6DF	淰	深	淲	淳	淴	淵	淶	混	淸	淹	淺	添	淼	淽	淾	淿
6E0	渀	渁	渂	渃	渄	清	渆	渇	済	渉	渊	渋	渌	渍	渎	渏
6E1	渐	渑	渒	渓	渔	渕	渖	渗	渘	渙	渚	減	渜	渝	渞	渟
6E2	渠	渡	渢	渣	渤	渥	渦	渧	渨	温	渪	渫	測	渭	渮	港
6E3	渰	渱	渲	渳	渴	渵	渶	渷	游	渹	渺	渻	渼	渽	渾	渿
6E4	湀	湁	湂	湃	湄	湅	湆	湇	湈	湉	湊	湋	湌	湍	湎	湏
6E5	湐	湑	湒	湓	湔	湕	湖	湗	湘	湙	湚	湛	湜	湝	湞	湟
6E6	湠	湡	湢	湣	湤	湥	湦	湧	湨	湩	湪	湫	湬	湭	湮	湯
6E7	湰	湱	湲	湳	湴	湵	湶	湷	湸	湹	湺	湻	湼	湽	湾	湿
6E8	満	溁	溂	溃	溄	溅	溆	溇	溈	溉	溊	溋	溌	溍	溎	溏
6E9	源	溑	溒	溓	溔	溕	準	溗	溘	溙	溚	溛	溜	溝	溞	溟
6EA	溠	溡	溢	溣	溤	溥	溦	溧	溨	溩	溪	溫	溬	溭	溮	溯
6EB	溰	溱	溲	溳	溴	溵	溶	溷	溸	溹	溺	溻	溼	溽	溾	溿
6EC	滀	滁	滂	滃	滄	滅	滆	滇	滈	滉	滊	滋	滌	滍	滎	滏
6ED	滐	滑	滒	滓	滔	滕	滖	滗	滘	滙	滚	滛	滜	滝	滞	滟
6EE	滠	满	滢	滣	滤	滥	滦	滧	滨	滩	滪	滫	滬	滭	滮	滯
6EF	滰	滱	滲	滳	滴	滵	滶	滷	滸	滹	滺	滻	滼	滽	滾	滿

	0	1	2	3	4	5	6	7	8	9	A	B	C	D	E	F
6F0	漀	漁	漂	漃	漄	漅	漆	漇	漈	漉	漊	漋	漌	漍	漎	漏
6F1	漐	漑	漒	漓	演	漕	漖	漗	漘	漙	漚	漛	漜	漝	漞	漟
6F2	漠	漡	漢	漣	漤	漥	漦	漧	漨	漩	漪	漫	漬	漭	漮	漯
6F3	漰	漱	漲	漳	漴	漵	漶	漷	漸	漹	漺	漻	漼	漽	漾	漿
6F4	潀	潁	潂	潃	潄	潅	潆	潇	潈	潉	潊	潋	潌	潍	潎	潏
6F5	潐	潑	潒	潓	潔	潕	潖	潗	潘	潙	潚	潛	潜	潝	潞	潟
6F6	潠	潡	潢	潣	潤	潥	潦	潧	潨	潩	潪	潫	潬	潭	潮	潯
6F7	潰	潱	潲	潳	潴	潵	潶	潷	潸	潹	潺	潻	潼	潽	潾	潿
6F8	澀	澁	澂	澃	澄	澅	澆	澇	澈	澉	澊	澋	澌	澍	澎	澏
6F9	澐	澑	澒	澓	澔	澕	澖	澗	澘	澙	澚	澛	澜	澝	澞	澟
6FA	澠	澡	澢	澣	澤	澥	澦	澧	澨	澩	澪	澫	澬	澭	澮	澯
6FB	澰	澱	澲	澳	澴	澵	澶	澷	澸	澹	澺	澻	澼	澽	澾	澿
6FC	激	濁	濂	濃	濄	濅	濆	濇	濈	濉	濊	濋	濌	濍	濎	濏
6FD	濐	濑	濒	濓	濔	濕	濖	濗	濘	濙	濚	濛	濜	濝	濞	濟
6FE	濠	濡	濢	濣	濤	濥	濦	濧	濨	濩	濪	濫	濬	濭	濮	濯
6FF	濰	濱	濲	濳	濴	濵	濶	濷	濸	濹	濺	濻	濼	濽	濾	濿
700	瀀	瀁	瀂	瀃	瀄	瀅	瀆	瀇	瀈	瀉	瀊	瀋	瀌	瀍	瀎	瀏
701	瀐	瀑	瀒	瀓	瀔	瀕	瀖	瀗	瀘	瀙	瀚	瀛	瀜	瀝	瀞	瀟
702	瀠	瀡	瀢	瀣	瀤	瀥	瀦	瀧	瀨	瀩	瀪	瀫	瀬	瀭	瀮	瀯
703	瀰	瀱	瀲	瀳	瀴	瀵	瀶	瀷	瀸	瀹	瀺	瀻	瀼	瀽	瀾	瀿
704	灀	灁	灂	灃	灄	灅	灆	灇	灈	灉	灊	灋	灌	灍	灎	灏
705	灐	灑	灒	灓	灔	灕	灖	灗	灘	灙	灚	灛	灜	灝	灞	灟
706	灠	灡	灢	灣	灤	灥	灦	灧	灨	灩	灪	火	灬	灭	灮	灯
707	灰	灱	灲	灳	灴	灵	灶	灷	灸	灹	灺	灻	灼	災	灾	灿

	0	1	2	3	4	5	6	7	8	9	A	B	C	D	E	F
708	炀	炁	炂	炃	炄	炅	炆	炇	炈	炉	炊	炋	炌	炍	炎	炏
709	炐	炑	炒	炓	炔	炕	炖	炗	炘	炙	炚	炛	炜	炝	炞	炟
70A	炠	炡	炢	炣	炤	炥	炦	炧	炨	炩	炪	炫	炬	炭	炮	炯
70B	炰	炱	炲	炳	炴	炵	炶	炷	炸	点	為	炻	炼	炽	炾	炿
70C	烀	烁	烂	烃	烄	烅	烆	烇	烈	烉	烊	烋	烌	烍	烎	烏
70D	烐	烑	烒	烓	烔	烕	烖	烗	烘	烙	烚	烛	烜	烝	烞	烟
70E	烠	烡	烢	烣	烤	烥	烦	烧	烨	烩	烪	烫	烬	热	烮	烯
70F	烰	烱	烲	烳	烴	烵	烶	烷	烸	烹	烺	烻	烼	烽	烾	烿
710	焀	焁	焂	焃	焄	焅	焆	焇	焈	焉	焊	焋	焌	焍	焎	焏
711	焐	焑	焒	焓	焔	焕	焖	焗	焘	焙	焚	焛	焜	焝	焞	焟
712	焠	無	焢	焣	焤	焥	焦	焧	焨	焩	焪	焫	焬	焭	焮	焯
713	焰	焱	焲	焳	焴	焵	然	焷	焸	焹	焺	焻	焼	焽	焾	焿
714	煀	煁	煂	煃	煄	煅	煆	煇	煈	煉	煊	煋	煌	煍	煎	煏
715	煐	煑	煒	煓	煔	煕	煖	煗	煘	煙	煚	煛	煜	煝	煞	煟
716	煠	煡	煢	煣	煤	煥	煦	照	煨	煩	煪	煫	煬	煭	煮	煯
717	煰	煱	煲	煳	煴	煵	煶	煷	煸	煹	煺	煻	煼	煽	煾	煿
718	熀	熁	熂	熃	熄	熅	熆	熇	熈	熉	熊	熋	熌	熍	熎	熏
719	熐	熑	熒	熓	熔	熕	熖	熗	熘	熙	熚	熛	熜	熝	熞	熟
71A	熠	熡	熢	熣	熤	熥	熦	熧	熨	熩	熪	熫	熬	熭	熮	熯
71B	熰	熱	熲	熳	熴	熵	熶	熷	熸	熹	熺	熻	熼	熽	熾	熿
71C	燀	燁	燂	燃	燄	燅	燆	燇	燈	燉	燊	燋	燌	燍	燎	燏
71D	燐	燑	燒	燓	燔	燕	燖	燗	燘	燙	燚	燛	燜	燝	燞	營
71E	燠	燡	燢	燣	燤	燥	燦	燧	燨	燩	燪	燫	燬	燭	燮	燯
71F	燰	燱	燲	燳	燴	燵	燶	燷	燸	燹	燺	燻	燼	燽	燾	燿

	0	1	2	3	4	5	6	7	8	9	A	B	C	D	E	F
720	爀	爁	爂	爃	爄	爅	爆	爇	爈	爉	爊	爋	爌	爍	爎	爏
721	爐	爑	爒	爓	爔	爕	爖	爗	爘	爙	爚	爛	爜	爝	爞	爟
722	爠	爡	爢	爣	爤	爥	爦	爧	爨	爩	爪	爫	爬	爭	爮	爯
723	爰	爱	爲	爳	爴	爵	父	爷	爸	爹	爺	爻	爼	爽	爾	爿
724	牀	牁	牂	牃	牄	牅	牆	片	版	牉	牊	牋	牌	牍	牎	牏
725	牐	牑	牒	牓	牔	牕	牖	牗	牘	牙	牚	牛	牜	牝	牞	牟
726	牠	牡	牢	牣	牤	牥	牦	牧	牨	物	牪	牫	牬	牭	牮	牯
727	牰	牱	牲	牳	牴	牵	牶	牷	牸	特	牺	牻	牼	牽	牾	牿
728	犀	犁	犂	犃	犄	犅	犆	犇	犈	犉	犊	犋	犌	犍	犎	犏
729	犐	犑	犒	犓	犔	犕	犖	犗	犘	犙	犚	犛	犜	犝	犞	犟
72A	犠	犡	犢	犣	犤	犥	犦	犧	犨	犩	犪	犫	犬	犭	犮	犯
72B	犰	犱	犲	犳	犴	犵	状	犷	犸	犹	犺	犻	犼	犽	犾	犿
72C	狀	狁	狂	狃	狄	狅	狆	狇	狈	狉	狊	狋	狌	狍	狎	狏
72D	狐	狑	狒	狓	狔	狕	狖	狗	狘	狙	狚	狛	狜	狝	狞	狟
72E	狠	狡	狢	狣	狤	狥	狦	狧	狨	狩	狪	狫	独	狭	狮	狯
72F	狰	狱	狲	狳	狴	狵	狶	狷	狸	狹	狺	狻	狼	狽	狾	狿
730	猀	猁	猂	猃	猄	猅	猆	猇	猈	猉	猊	猋	猌	猍	猎	猏
731	猐	猑	猒	猓	猔	猕	猖	猗	猘	猙	猚	猛	猜	猝	猞	猟
732	猠	猡	猢	猣	猤	猥	猦	猧	猨	猩	猪	猫	猬	猭	献	猯
733	猰	猱	猲	猳	猴	猵	猶	猷	猸	猹	猺	猻	猼	猽	猾	猿
734	獀	獁	獂	獃	獄	獅	獆	獇	獈	獉	獊	獋	獌	獍	獎	獏
735	獐	獑	獒	獓	獔	獕	獖	獗	獘	獙	獚	獛	獜	獝	獞	獟
736	獠	獡	獢	獣	獤	獥	獦	獧	獨	獩	獪	獫	獬	獭	獮	獯
737	獰	獱	獲	獳	獴	獵	獶	獷	獸	獹	獺	獻	獼	獽	獾	獿

	0	1	2	3	4	5	6	7	8	9	A	B	C	D	E	F
738	玀	玁	玂	玃	玄	玅	玆	率	玈	玉	玊	王	玌	玍	玎	玏
739	玐	玑	玒	玓	玔	玕	玖	玗	玘	玙	玚	玛	玜	玝	玞	玟
73A	玠	玡	玢	玣	玤	玥	玦	玧	玨	玩	玪	玫	玬	玭	玮	环
73B	现	玱	玲	玳	玴	玵	玶	玷	玸	玹	玺	玻	玼	玽	玾	玿
73C	珀	珁	珂	珃	珄	珅	珆	珇	珈	珉	珊	珋	珌	珍	珎	珏
73D	珐	珑	珒	珓	珔	珕	珖	珗	珘	珙	珚	珛	珜	珝	珞	珟
73E	珠	珡	珢	珣	珤	珥	珦	珧	珨	珩	珪	珫	珬	班	珮	珯
73F	珰	珱	珲	珳	珴	珵	珶	珷	珸	珹	珺	珻	珼	珽	現	珿
740	琀	琁	琂	球	琄	琅	理	琇	琈	琉	琊	琋	琌	琍	琎	琏
741	琐	琑	琒	琓	琔	琕	琖	琗	琘	琙	琚	琛	琜	琝	琞	琟
742	琠	琡	琢	琣	琤	琥	琦	琧	琨	琩	琪	琫	琬	琭	琮	琯
743	琰	琱	琲	琳	琴	琵	琶	琷	琸	琹	琺	琻	琼	琽	琾	琿
744	瑀	瑁	瑂	瑃	瑄	瑅	瑆	瑇	瑈	瑉	瑊	瑋	瑌	瑍	瑎	瑏
745	瑐	瑑	瑒	瑓	瑔	瑕	瑖	瑗	瑘	瑙	瑚	瑛	瑜	瑝	瑞	瑟
746	瑠	瑡	瑢	瑣	瑤	瑥	瑦	瑧	瑨	瑩	瑪	瑫	瑬	瑭	瑮	瑯
747	瑰	瑱	瑲	瑳	瑴	瑵	瑶	瑷	瑸	瑹	瑺	瑻	瑼	瑽	瑾	瑿
748	璀	璁	璂	璃	璄	璅	璆	璇	璈	璉	璊	璋	璌	璍	璎	璏
749	璐	璑	璒	璓	璔	璕	璖	璗	璘	璙	璚	璛	璜	璝	璞	璟
74A	璠	璡	璢	璣	璤	璥	璦	璧	璨	璩	璪	璫	璬	璭	璮	璯
74B	環	璱	璲	璳	璴	璵	璶	璷	璸	璹	璺	璻	璼	璽	璾	璿
74C	瓀	瓁	瓂	瓃	瓄	瓅	瓆	瓇	瓈	瓉	瓊	瓋	瓌	瓍	瓎	瓏
74D	瓐	瓑	瓒	瓓	瓔	瓕	瓖	瓗	瓘	瓙	瓚	瓛	瓜	瓝	瓞	瓟
74E	瓠	瓡	瓢	瓣	瓤	瓥	瓦	瓧	瓨	瓩	瓪	瓫	瓬	瓭	瓮	瓯
74F	瓰	瓱	瓲	瓳	瓴	瓵	瓶	瓷	瓸	瓹	瓺	瓻	瓼	瓽	瓾	瓿

	0	1	2	3	4	5	6	7	8	9	A	B	C	D	E	F
750	甀	甁	甂	甃	甄	甅	甆	甇	甈	甉	甊	甋	甌	甍	甎	甏
751	甐	甑	甒	甓	甔	甕	甖	甗	甘	甙	甚	甛	甜	甝	甞	生
752	甠	甡	產	産	甤	甥	甦	甧	用	甩	甪	甫	甬	甭	甮	甯
753	田	由	甲	申	甴	电	甶	男	甸	甹	町	画	甼	甽	甾	甿
754	畀	畁	畂	畃	畄	畅	畆	畇	畈	畉	畊	畋	界	畍	畎	畏
755	畐	畑	畒	畓	畔	畕	畖	畗	畘	留	畚	畛	畜	畝	畞	畟
756	畠	畡	畢	畣	畤	略	畦	畧	畨	畩	番	畫	畬	畭	畮	畯
757	異	畱	畲	畳	畴	畵	當	畷	畸	畹	畺	畻	畼	畽	畾	畿
758	疀	疁	疂	疃	疄	疅	疆	疇	疈	疉	疊	疋	疌	疍	疎	疏
759	疐	疑	疒	疓	疔	疕	疖	疗	疘	疙	疚	疛	疜	疝	疞	疟
75A	疠	疡	疢	疣	疤	疥	疦	疧	疨	疩	疪	疫	疬	疭	疮	疯
75B	疰	疱	疲	疳	疴	疵	疶	疷	疸	疹	疺	疻	疼	疽	疾	疿
75C	痀	痁	痂	痃	痄	病	痆	症	痈	痉	痊	痋	痌	痍	痎	痏
75D	痐	痑	痒	痓	痔	痕	痖	痗	痘	痙	痚	痛	痜	痝	痞	痟
75E	痠	痡	痢	痣	痤	痥	痦	痧	痨	痩	痪	痫	痬	痭	痮	痯
75F	痰	痱	痲	痳	痴	痵	痶	痷	痸	痹	痺	痻	痼	痽	痾	痿
760	瘀	瘁	瘂	瘃	瘄	瘅	瘆	瘇	瘈	瘉	瘊	瘋	瘌	瘍	瘎	瘏
761	瘐	瘑	瘒	瘓	瘔	瘕	瘖	瘗	瘘	瘙	瘚	瘛	瘜	瘝	瘞	瘟
762	瘠	瘡	瘢	瘣	瘤	瘥	瘦	瘧	瘨	瘩	瘪	瘫	瘬	瘭	瘮	瘯
763	瘰	瘱	瘲	瘳	瘴	瘵	瘶	瘷	瘸	瘹	瘺	瘻	瘼	瘽	瘾	瘿
764	癀	癁	療	癃	癄	癅	癆	癇	癈	癉	癊	癋	癌	癍	癎	癏
765	癐	癑	癒	癓	癔	癕	癖	癗	癘	癙	癚	癛	癜	癝	癞	癟
766	癠	癡	癢	癣	癤	癥	癦	癧	癨	癩	癪	癫	癬	癭	癮	癯
767	癰	癱	癲	癳	癴	癵	癶	癷	癸	癹	発	登	發	白	百	癿

	0	1	2	3	4	5	6	7	8	9	A	B	C	D	E	F
768	皀	皁	皂	皃	的	皅	皆	皇	皈	皉	皊	皋	皌	皍	皎	皏
769	皐	皑	皒	皓	皔	皕	皖	皗	皘	皙	皚	皛	皜	皝	皞	皟
76A	皠	皡	皢	皣	皤	皥	皦	皧	皨	皩	皪	皫	皬	皭	皮	皯
76B	皰	皱	皲	皳	皴	皵	皶	皷	皸	皹	皺	皻	皼	皽	皾	皿
76C	盀	盁	盂	盃	盄	盅	盆	盇	盈	盉	益	盋	盌	盍	盎	盏
76D	盐	监	盒	盓	盔	盕	盖	盗	盘	盙	盚	盛	盜	盝	盞	盟
76E	盠	盡	盢	監	盤	盥	盦	盧	盨	盩	盪	盫	盬	盭	目	盯
76F	盰	盱	盲	盳	直	盵	盶	盷	相	盹	盺	盻	盼	盽	盾	盿
770	眀	省	眂	眃	眄	眅	眆	眇	眈	眉	眊	看	県	眍	眎	眏
771	眐	眑	眒	眓	眔	眕	眖	眗	眘	眙	眚	眛	眜	眝	眞	真
772	眠	眡	眢	眣	眤	眥	眦	眧	眨	眩	眪	眫	眬	眭	眮	眯
773	眰	眱	眲	眳	眴	眵	眶	眷	眸	眹	眺	眻	眼	眽	眾	眿
774	着	睁	睂	睃	睄	睅	睆	睇	睈	睉	睊	睋	睌	睍	睎	睏
775	睐	睑	睒	睓	睔	睕	睖	睗	睘	睙	睚	睛	睜	睝	睞	睟
776	睠	睡	睢	督	睤	睥	睦	睧	睨	睩	睪	睫	睬	睭	睮	睯
777	睰	睱	睲	睳	睴	睵	睶	睷	睸	睹	睺	睻	睼	睽	睾	睿
778	瞀	瞁	瞂	瞃	瞄	瞅	瞆	瞇	瞈	瞉	瞊	瞋	瞌	瞍	瞎	瞏
779	瞐	瞑	瞒	瞓	瞔	瞕	瞖	瞗	瞘	瞙	瞚	瞛	瞜	瞝	瞞	瞟
77A	瞠	瞡	瞢	瞣	瞤	瞥	瞦	瞧	瞨	瞩	瞪	瞫	瞬	瞭	瞮	瞯
77B	瞰	瞱	瞲	瞳	瞴	瞵	瞶	瞷	瞸	瞹	瞺	瞻	瞼	瞽	瞾	瞿
77C	矀	矁	矂	矃	矄	矅	矆	矇	矈	矉	矊	矋	矌	矍	矎	矏
77D	矐	矑	矒	矓	矔	矕	矖	矗	矘	矙	矚	矛	矜	矝	矞	矟
77E	矠	矡	矢	矣	矤	知	矦	矧	矨	矩	矪	矫	矬	短	矮	矯
77F	矰	矱	矲	石	矴	矵	矶	矷	矸	矹	矺	矻	矼	矽	矾	矿

	0	1	2	3	4	5	6	7	8	9	A	B	C	D	E	F
780	砀	码	砂	砃	砄	砅	砆	砇	砈	砉	砊	砋	砌	砍	砎	砏
781	砐	砑	砒	砓	研	砕	砖	砗	砘	砙	砚	砛	砜	砝	砞	砟
782	砠	砡	砢	砣	砤	砥	砦	砧	砨	砩	砪	砫	砬	砭	砮	砯
783	砰	砱	砲	砳	破	砵	砶	砷	砸	砹	砺	砻	砼	砽	砾	砿
784	础	硁	硂	硃	硄	硅	硆	硇	硈	硉	硊	硋	硌	硍	硎	硏
785	硐	硑	硒	硓	硔	硕	硖	硗	硘	硙	硚	硛	硜	硝	硞	硟
786	硠	硡	硢	硣	硤	硥	硦	硧	硨	硩	硪	硫	硬	硭	确	硯
787	硰	硱	硲	硳	硴	硵	硶	硷	硸	硹	硺	硻	硼	硽	硾	硿
788	碀	碁	碂	碃	碄	碅	碆	碇	碈	碉	碊	碋	碌	碍	碎	碏
789	碐	碑	碒	碓	碔	碕	碖	碗	碘	碙	碚	碛	碜	碝	碞	碟
78A	碠	碡	碢	碣	碤	碥	碦	碧	碨	碩	碪	碫	碬	碭	碮	碯
78B	碰	碱	碲	碳	碴	碵	碶	碷	碸	碹	確	碻	碼	碽	碾	碿
78C	磀	磁	磂	磃	磄	磅	磆	磇	磈	磉	磊	磋	磌	磍	磎	磏
78D	磐	磑	磒	磓	磔	磕	磖	磗	磘	磙	磚	磛	磜	磝	磞	磟
78E	磠	磡	磢	磣	磤	磥	磦	磧	磨	磩	磪	磫	磬	磭	磮	磯
78F	磰	磱	磲	磳	磴	磵	磶	磷	磸	磹	磺	磻	磼	磽	磾	磿
790	礀	礁	礂	礃	礄	礅	礆	礇	礈	礉	礊	礋	礌	礍	礎	礏
791	礐	礑	礒	礓	礔	礕	礖	礗	礘	礙	礚	礛	礜	礝	礞	礟
792	礠	礡	礢	礣	礤	礥	礦	礧	礨	礩	礪	礫	礬	礭	礮	礯
793	礰	礱	礲	礳	礴	礵	礶	礷	礸	礹	示	礻	礼	礽	社	礿
794	祀	祁	祂	祃	祄	祅	祆	祇	祈	祉	祊	祋	祌	祍	祎	祏
795	祐	祑	祒	祓	祔	祕	祖	祗	祘	祙	祚	祛	祜	祝	神	祟
796	祠	祡	祢	祣	祤	祥	祦	祧	票	祩	祪	祫	祬	祭	祮	祯
797	祰	祱	祲	祳	祴	祵	祶	祷	祸	祹	祺	祻	祼	祽	祾	禄

	0	1	2	3	4	5	6	7	8	9	A	B	C	D	E	F
798	禀	禁	禂	禃	禄	禅	禆	禇	禈	禉	禊	禋	禌	禍	禎	福
799	禐	禑	禒	禓	禔	禕	禖	禗	禘	禙	禚	禛	禜	禝	禞	禟
79A	禠	禡	禢	禣	禤	禥	禦	禧	禨	禩	禪	禫	禬	禭	禮	禯
79B	禰	禱	禲	禳	禴	禵	禶	禷	禸	禹	禺	离	禼	禽	禾	禿
79C	秀	私	秂	秃	秄	秅	秆	秇	秈	秉	秊	秋	秌	种	秎	秏
79D	秐	科	秒	秓	秔	秕	秖	秗	秘	秙	秚	秛	秜	秝	秞	租
79E	秠	秡	秢	秣	秤	秥	秦	秧	秨	秩	秪	秫	秬	秭	秮	积
79F	称	秱	秲	秳	秴	秵	秶	秷	秸	秹	秺	移	秼	秽	秾	秿
7A0	稀	稁	稂	稃	稄	稅	稆	稇	稈	稉	稊	程	稌	稍	税	稏
7A1	稐	稑	稒	稓	稔	稕	稖	稗	稘	稙	稚	稛	稜	稝	稞	稟
7A2	稠	稡	稢	稣	稤	稥	稦	稧	稨	稩	稪	稫	稬	稭	種	稯
7A3	稰	稱	稲	稳	稴	稵	稶	稷	稸	稹	稺	稻	稼	稽	稾	稿
7A4	穀	穁	穂	穃	穄	穅	穆	穇	穈	穉	穊	穋	穌	積	穎	穏
7A5	穐	穑	穒	穓	穔	穕	穖	穗	穘	穙	穚	穛	穜	穝	穞	穟
7A6	穠	穡	穢	穣	穤	穥	穦	穧	穨	穩	穪	穫	穬	穭	穮	穯
7A7	穰	穱	穲	穳	穴	穵	究	穷	穸	穹	空	穻	穼	穽	穾	穿
7A8	窀	突	窂	窃	窄	窅	窆	窇	窈	窉	窊	窋	窌	窍	窎	窏
7A9	窐	窑	窒	窓	窔	窕	窖	窗	窘	窙	窚	窛	窜	窝	窞	窟
7AA	窠	窡	窢	窣	窤	窥	窦	窧	窨	窩	窪	窫	窬	窭	窮	窯
7AB	窰	窱	窲	窳	窴	窵	窶	窷	窸	窹	窺	窻	窼	窽	窾	窿
7AC	竀	竁	竂	竃	竄	竅	竆	竇	竈	竉	竊	立	竌	竍	竎	竏
7AD	竐	竑	竒	竓	竔	竕	竖	竗	竘	站	竚	竛	竜	竝	竞	竟
7AE	章	竡	竢	竣	竤	童	竦	竧	竨	竩	竪	竫	竬	竭	竮	端
7AF	竰	竱	竲	竳	竴	竵	競	竷	竸	竹	竺	竻	竼	竽	竾	竿

	0	1	2	3	4	5	6	7	8	9	A	B	C	D	E	F
7B0	笀	笁	笂	笃	笄	笅	笆	笇	笈	笉	笊	笋	笌	笍	笎	笏
7B1	笐	笑	笒	笓	笔	笕	笖	笗	笘	笙	笚	笛	笜	笝	笞	笟
7B2	笠	笡	笢	笣	笤	笥	符	笧	笨	笩	笪	笫	第	笭	笮	笯
7B3	笰	笱	笲	笳	笴	笵	笶	笷	笸	笹	笺	笻	笼	笽	笾	笿
7B4	筀	筁	筂	筃	筄	筅	筆	筇	筈	等	筊	筋	筌	筍	筎	筏
7B5	筐	筑	筒	筓	答	筕	策	筗	筘	筙	筚	筛	筜	筝	筞	筟
7B6	筠	筡	筢	筣	筤	筥	筦	筧	筨	筩	筪	筫	筬	筭	筮	筯
7B7	筰	筱	筲	筳	筴	筵	筶	筷	筸	筹	筺	筻	筼	筽	签	筿
7B8	简	箁	箂	箃	箄	箅	箆	箇	箈	箉	箊	箋	箌	箍	箎	箏
7B9	箐	箑	箒	箓	箔	箕	箖	算	箘	箙	箚	箛	箜	箝	箞	箟
7BA	箠	管	箢	箣	箤	箥	箦	箧	箨	箩	箪	箫	箬	箭	箮	箯
7BB	箰	箱	箲	箳	箴	箵	箶	箷	箸	箹	箺	箻	箼	箽	箾	箿
7BC	節	篁	篂	篃	範	篅	篆	篇	篈	築	篊	篋	篌	篍	篎	篏
7BD	篐	篑	篒	篓	篔	篕	篖	篗	篘	篙	篚	篛	篜	篝	篞	篟
7BE	篠	篡	篢	篣	篤	篥	篦	篧	篨	篩	篪	篫	篬	篭	篮	篯
7BF	篰	篱	篲	篳	篴	篵	篶	篷	篸	篹	篺	篻	篼	篽	篾	篿
7C0	簀	簁	簂	簃	簄	簅	簆	簇	簈	簉	簊	簋	簌	簍	簎	簏
7C1	簐	簑	簒	簓	簔	簕	簖	簗	簘	簙	簚	簛	簜	簝	簞	簟
7C2	簠	簡	簢	簣	簤	簥	簦	簧	簨	簩	簪	簫	簬	簭	簮	簯
7C3	簰	簱	簲	簳	簴	簵	簶	簷	簸	簹	簺	簻	簼	簽	簾	簿
7C4	籀	籁	籂	籃	籄	籅	籆	籇	籈	籉	籊	籋	籌	籍	籎	籏
7C5	籐	籑	籒	籓	籔	籕	籖	籗	籘	籙	籚	籛	籜	籝	籞	籟
7C6	籠	籡	籢	籣	籤	籥	籦	籧	籨	籩	籪	籫	籬	籭	籮	籯
7C7	籰	籱	籲	米	籴	籵	籶	籷	籸	籹	籺	类	籼	籽	籾	籿

	0	1	2	3	4	5	6	7	8	9	A	B	C	D	E	F
7C8	粀	粁	粂	粃	粄	粅	粆	粇	粈	粉	粊	粋	粌	粍	粎	粏
7C9	粐	粑	粒	粓	粔	粕	粖	粗	粘	粙	粚	粛	粜	粝	粞	粟
7CA	粠	粡	粢	粣	粤	粥	粦	粧	粨	粩	粪	粫	粬	粭	粮	粯
7CB	粰	粱	粲	粳	粴	粵	粶	粷	粸	粹	粺	粻	粼	粽	精	粿
7CC	糀	糁	糂	糃	糄	糅	糆	糇	糈	糉	糊	糋	糌	糍	糎	糏
7CD	糐	糑	糒	糓	糔	糕	糖	糗	糘	糙	糚	糛	糜	糝	糞	糟
7CE	糠	糡	糢	糣	糤	糥	糦	糧	糨	糩	糪	糫	糬	糭	糮	糯
7CF	糰	糱	糲	糳	糴	糵	糶	糷	糸	糹	糺	系	糼	糽	糾	糿
7D0	紀	紁	紂	紃	約	紅	紆	紇	紈	紉	紊	紋	紌	納	紎	紏
7D1	紐	紑	紒	紓	純	紕	紖	紗	紘	紙	級	紛	紜	紝	紞	紟
7D2	素	紡	索	紣	紤	紥	紦	紧	紨	紩	紪	紫	紬	紭	紮	累
7D3	細	紱	紲	紳	紴	紵	紶	紷	紸	紹	紺	紻	紼	紽	紾	紿
7D4	絀	絁	終	絃	組	絅	絆	絇	絈	絉	絊	絋	経	絍	絎	絏
7D5	結	絑	絒	絓	絔	絕	絖	絗	絘	絙	絚	絛	絜	絝	絞	絟
7D6	絠	絡	絢	絣	絤	絥	給	絧	絨	絩	絪	絫	絬	絭	絮	絯
7D7	絰	統	絲	絳	絴	絵	絶	絷	絸	絹	絺	絻	絼	絽	絾	絿
7D8	綀	綁	綂	綃	綄	綅	綆	綇	綈	綉	綊	綋	綌	綍	綎	綏
7D9	綐	綑	綒	經	綔	綕	綖	綗	綘	継	続	綛	綜	綝	綞	綟
7DA	綠	綡	綢	綣	綤	綥	綦	綧	綨	綩	綪	綫	綬	維	綮	綯
7DB	綰	綱	網	綳	綴	綵	綶	綷	綸	綹	綺	綻	綼	綽	綾	綿
7DC	緀	緁	緂	緃	緄	緅	緆	緇	緈	緉	緊	緋	緌	緍	緎	総
7DD	緐	緑	緒	緓	緔	緕	緖	緗	緘	緙	線	緛	緜	緝	緞	緟
7DE	締	緡	緢	緣	緤	緥	緦	緧	編	緩	緪	緫	緬	緭	緮	緯
7DF	緰	緱	緲	緳	練	緵	緶	緷	緸	緹	緺	緻	緼	緽	緾	緿

	0	1	2	3	4	5	6	7	8	9	A	B	C	D	E	F
7E0	縀	縁	縂	縃	縄	縅	縆	縇	縈	縉	縊	縋	縌	縍	縎	縏
7E1	縐	縑	縒	縓	縔	縕	縖	縗	縘	縙	縚	縛	縜	縝	縞	縟
7E2	縠	縡	縢	縣	縤	縥	縦	縧	縨	縩	縪	縫	縬	縭	縮	縯
7E3	縰	縱	縲	縳	縴	縵	縶	縷	縸	縹	縺	縻	縼	總	績	縿
7E4	繀	繁	繂	繃	繄	繅	繆	繇	繈	繉	繊	繋	繌	繍	繎	繏
7E5	繐	繑	繒	繓	織	繕	繖	繗	繘	繙	繚	繛	繜	繝	繞	繟
7E6	繠	繡	繢	繣	繤	繥	繦	繧	繨	繩	繪	繫	繬	繭	繮	繯
7E7	繰	繱	繲	繳	繴	繵	繶	繷	繸	繹	繺	繻	繼	繽	繾	繿
7E8	纀	纁	纂	纃	纄	纅	纆	纇	纈	纉	纊	纋	續	纍	纎	纏
7E9	纐	纑	纒	纓	纔	纕	纖	纗	纘	纙	纚	纛	纜	纝	纞	纟
7EA	纠	纡	红	纣	纤	纥	约	级	纨	纩	纪	纫	纬	纭	纮	纯
7EB	纰	纱	纲	纳	纴	纵	纶	纷	纸	纹	纺	纻	纼	纽	纾	线
7EC	绀	绁	绂	练	组	绅	细	织	终	绉	绊	绋	绌	绍	绎	经
7ED	绐	绑	绒	结	绔	绕	绖	绗	绘	给	绚	绛	络	绝	绞	统
7EE	绠	绡	绢	绣	绤	绥	绦	继	绨	绩	绪	绫	绬	续	绮	绯
7EF	绰	绱	绲	绳	维	绵	绶	绷	绸	绹	绺	绻	综	绽	绾	绿
7F0	缀	缁	缂	缃	缄	缅	缆	缇	缈	缉	缊	缋	缌	缍	缎	缏
7F1	缐	缑	缒	缓	缔	缕	编	缗	缘	缙	缚	缛	缜	缝	缞	缟
7F2	缠	缡	缢	缣	缤	缥	缦	缧	缨	缩	缪	缫	缬	缭	缮	缯
7F3	缰	缱	缲	缳	缴	缵	缶	缷	缸	缹	缺	缻	缼	缽	缾	缿
7F4	罀	罁	罂	罃	罄	罅	罆	罇	罈	罉	罊	罋	罌	罍	罎	罏
7F5	罐	网	罒	罓	罔	罕	罖	罗	罘	罙	罚	罛	罜	罝	罞	罟
7F6	罠	罡	罢	罣	罤	罥	罦	罧	罨	罩	罪	罫	罬	罭	置	罯
7F7	罰	罱	署	罳	罴	罵	罶	罷	罸	罹	罺	罻	罼	罽	罾	罿

	0	1	2	3	4	5	6	7	8	9	A	B	C	D	E	F
7F8	羀	羁	羂	羃	羄	羅	羆	羇	羈	羉	羊	羋	羌	羍	美	羏
7F9	羐	羑	羒	羓	羔	羕	羖	羗	羘	羙	羚	羛	羜	羝	羞	羟
7FA	羠	羡	羢	羣	群	羥	羦	羧	羨	義	羪	羫	羬	羭	羮	羯
7FB	羰	羱	羲	羳	羴	羵	羶	羷	羸	羹	羺	羻	羼	羽	羾	羿
7FC	翀	翁	翂	翃	翄	翅	翆	翇	翈	翉	翊	翋	翌	翍	翎	翏
7FD	翐	翑	習	翓	翔	翕	翖	翗	翘	翙	翚	翛	翜	翝	翞	翟
7FE	翠	翡	翢	翣	翤	翥	翦	翧	翨	翩	翪	翫	翬	翭	翮	翯
7FF	翰	翱	翲	翳	翴	翵	翶	翷	翸	翹	翺	翻	翼	翽	翾	翿
800	耀	老	耂	考	耄	者	耆	耇	耈	耉	耊	耋	而	耍	耎	耏
801	耐	耑	耒	耓	耔	耕	耖	耗	耘	耙	耚	耛	耜	耝	耞	耟
802	耠	耡	耢	耣	耤	耥	耦	耧	耨	耩	耪	耫	耬	耭	耮	耯
803	耰	耱	耲	耳	耴	耵	耶	耷	耸	耹	耺	耻	耼	耽	耾	耿
804	聀	聁	聂	聃	聄	聅	聆	聇	聈	聉	聊	聋	职	聍	聎	聏
805	聐	聑	聒	聓	联	聕	聖	聗	聘	聙	聚	聛	聜	聝	聞	聟
806	聠	聡	聢	聣	聤	聥	聦	聧	聨	聩	聪	聫	聬	聭	聮	聯
807	聰	聱	聲	聳	聴	聵	聶	職	聸	聹	聺	聻	聼	聽	聾	聿
808	肀	肁	肂	肃	肄	肅	肆	肇	肈	肉	肊	肋	肌	肍	肎	肏
809	肐	肑	肒	肓	肔	肕	肖	肗	肘	肙	肚	肛	肜	肝	肞	肟
80A	肠	股	肢	肣	肤	肥	肦	肧	肨	肩	肪	肫	肬	肭	肮	肯
80B	肰	肱	育	肳	肴	肵	肶	肷	肸	肹	肺	肻	肼	肽	肾	肿
80C	胀	胁	胂	胃	胄	胅	胆	胇	胈	胉	胊	胋	背	胍	胎	胏
80D	胐	胑	胒	胓	胔	胕	胖	胗	胘	胙	胚	胛	胜	胝	胞	胟
80E	胠	胡	胢	胣	胤	胥	胦	胧	胨	胩	胪	胫	胬	胭	胮	胯
80F	胰	胱	胲	胳	胴	胵	胶	胷	胸	胹	胺	胻	胼	能	胾	胿

	0	1	2	3	4	5	6	7	8	9	A	B	C	D	E	F
810	脀	脁	脂	脃	脄	脅	脆	脇	脈	脉	脊	脋	脌	脍	脎	脏
811	脐	脑	脒	脓	脔	脕	脖	脗	脘	脙	脚	脛	脜	脝	脞	脟
812	脠	脡	脢	脣	脤	脥	脦	脧	脨	脩	脪	脫	脬	脭	脮	脯
813	脰	脱	脲	脳	脴	脵	脶	脷	脸	脹	脺	脻	脼	脽	脾	脿
814	腀	腁	腂	腃	腄	腅	腆	腇	腈	腉	腊	腋	腌	腍	腎	腏
815	腐	腑	腒	腓	腔	腕	腖	腗	腘	腙	腚	腛	腜	腝	腞	腟
816	腠	腡	腢	腣	腤	腥	腦	腧	腨	腩	腪	腫	腬	腭	腮	腯
817	腰	腱	腲	腳	腴	腵	腶	腷	腸	腹	腺	腻	腼	腽	腾	腿
818	膀	膁	膂	膃	膄	膅	膆	膇	膈	膉	膊	膋	膌	膍	膎	膏
819	膐	膑	膒	膓	膔	膕	膖	膗	膘	膙	膚	膛	膜	膝	膞	膟
81A	膠	膡	膢	膣	膤	膥	膦	膧	膨	膩	膪	膫	膬	膭	膮	膯
81B	膰	膱	膲	膳	膴	膵	膶	膷	膸	膹	膺	膻	膼	膽	膾	膿
81C	臀	臁	臂	臃	臄	臅	臆	臇	臈	臉	臊	臋	臌	臍	臎	臏
81D	臐	臑	臒	臓	臔	臕	臖	臗	臘	臙	臚	臛	臜	臝	臞	臟
81E	臠	臡	臢	臣	臤	臥	臦	臧	臨	臩	自	臫	臬	臭	臮	臯
81F	臰	臱	臲	至	致	臵	臶	臷	臸	臹	臺	臻	臼	臽	臾	臿
820	舀	舁	舂	舃	舄	舅	舆	與	興	舉	舊	舋	舌	舍	舎	舏
821	舐	舑	舒	舓	舔	舕	舖	舗	舘	舙	舚	舛	舜	舝	舞	舟
822	舠	舡	舢	舣	舤	舥	舦	舧	舨	舩	航	舫	般	舭	舮	舯
823	舰	舱	舲	舳	舴	舵	舶	舷	舸	船	舺	舻	舼	舽	舾	舿
824	艀	艁	艂	艃	艄	艅	艆	艇	艈	艉	艊	艋	艌	艍	艎	艏
825	艐	艑	艒	艓	艔	艕	艖	艗	艘	艙	艚	艛	艜	艝	艞	艟
826	艠	艡	艢	艣	艤	艥	艦	艧	艨	艩	艪	艫	艬	艭	艮	良
827	艰	艱	色	艳	艴	艵	艶	艷	艸	艹	艺	艻	艼	艽	艾	艿

	0	1	2	3	4	5	6	7	8	9	A	B	C	D	E	F
828	芀	芁	节	芃	芄	芅	芆	芇	芈	芉	芊	芋	芌	芍	芎	芏
829	芐	芑	芒	芓	芔	芕	芖	芗	芘	芙	芚	芛	芜	芝	芞	芟
82A	芠	芡	芢	芣	芤	芥	芦	芧	芨	芩	芪	芫	芬	芭	芮	芯
82B	芰	花	芲	芳	芴	芵	芶	芷	芸	芹	芺	芻	芼	芽	芾	芿
82C	苀	苁	苂	苃	苄	苅	苆	苇	苈	苉	苊	苋	苌	苍	苎	苏
82D	苐	苑	苒	苓	苔	苕	苖	苗	苘	苙	苚	苛	苜	苝	苞	苟
82E	苠	苡	苢	苣	苤	若	苦	苧	苨	苩	苪	苫	苬	苭	苮	苯
82F	苰	英	苲	苳	苴	苵	苶	苷	苸	苹	苺	苻	苼	苽	苾	苿
830	茀	茁	茂	范	茄	茅	茆	茇	茈	茉	茊	茋	茌	茍	茎	茏
831	茐	茑	茒	茓	茔	茕	茖	茗	茘	茙	茚	茛	茜	茝	茞	茟
832	茠	茡	茢	茣	茤	茥	茦	茧	茨	茩	茪	茫	茬	茭	茮	茯
833	茰	茱	茲	茳	茴	茵	茶	茷	茸	茹	茺	茻	茼	茽	茾	茿
834	荀	荁	荂	荃	荄	荅	荆	荇	荈	草	荊	荋	荌	荍	荎	荏
835	荐	荑	荒	荓	荔	荕	荖	荗	荘	荙	荚	荛	荜	荝	荞	荟
836	荠	荡	荢	荣	荤	荥	荦	荧	荨	荩	荪	荫	荬	荭	荮	药
837	荰	荱	荲	荳	荴	荵	荶	荷	荸	荹	荺	荻	荼	荽	荾	荿
838	莀	莁	莂	莃	莄	莅	莆	莇	莈	莉	莊	莋	莌	莍	莎	莏
839	莐	莑	莒	莓	莔	莕	莖	莗	莘	莙	莚	莛	莜	莝	莞	莟
83A	莠	莡	莢	莣	莤	莥	莦	莧	莨	莩	莪	莫	莬	莭	莮	莯
83B	莰	莱	莲	莳	莴	莵	莶	获	莸	莹	莺	莻	莼	莽	莾	莿
83C	菀	菁	菂	菃	菄	菅	菆	菇	菈	菉	菊	菋	菌	菍	菎	菏
83D	菐	菑	菒	菓	菔	菕	菖	菗	菘	菙	菚	菛	菜	菝	菞	菟
83E	菠	菡	菢	菣	菤	菥	菦	菧	菨	菩	菪	菫	菬	菭	菮	華
83F	菰	菱	菲	菳	菴	菵	菶	菷	菸	菹	菺	菻	菼	菽	菾	菿

	0	1	2	3	4	5	6	7	8	9	A	B	C	D	E	F
840	萀	萁	萂	萃	萄	萅	萆	萇	萈	萉	萊	萋	萌	萍	萎	萏
841	萐	萑	萒	萓	萔	萕	萖	萗	萘	萙	萚	萛	萜	萝	萞	萟
842	萠	萡	萢	萣	萤	营	萦	萧	萨	萩	萪	萫	萬	萭	萮	萯
843	萰	萱	萲	萳	萴	萵	萶	萷	萸	萹	萺	萻	萼	落	萾	萿
844	葀	葁	葂	葃	葄	葅	葆	葇	葈	葉	葊	葋	葌	葍	葎	葏
845	葐	葑	葒	葓	葔	葕	葖	著	葘	葙	葚	葛	葜	葝	葞	葟
846	葠	葡	葢	董	葤	葥	葦	葧	葨	葩	葪	葫	葬	葭	葮	葯
847	葰	葱	葲	葳	葴	葵	葶	葷	葸	葹	葺	葻	葼	葽	葾	葿
848	蒀	蒁	蒂	蒃	蒄	蒅	蒆	蒇	蒈	蒉	蒊	蒋	蒌	蒍	蒎	蒏
849	蒐	蒑	蒒	蒓	蒔	蒕	蒖	蒗	蒘	蒙	蒚	蒛	蒜	蒝	蒞	蒟
84A	蒠	蒡	蒢	蒣	蒤	蒥	蒦	蒧	蒨	蒩	蒪	蒫	蒬	蒭	蒮	蒯
84B	蒰	蒱	蒲	蒳	蒴	蒵	蒶	蒷	蒸	蒹	蒺	蒻	蒼	蒽	蒾	蒿
84C	蓀	蓁	蓂	蓃	蓄	蓅	蓆	蓇	蓈	蓉	蓊	蓋	蓌	蓍	蓎	蓏
84D	蓐	蓑	蓒	蓓	蓔	蓕	蓖	蓗	蓘	蓙	蓚	蓛	蓜	蓝	蓞	蓟
84E	蓠	蓡	蓢	蓣	蓤	蓥	蓦	蓧	蓨	蓩	蓪	蓫	蓬	蓭	蓮	蓯
84F	蓰	蓱	蓲	蓳	蓴	蓵	蓶	蓷	蓸	蓹	蓺	蓻	蓼	蓽	蓾	蓿
850	蔀	蔁	蔂	蔃	蔄	蔅	蔆	蔇	蔈	蔉	蔊	蔋	蔌	蔍	蔎	蔏
851	蔐	蔑	蔒	蔓	蔔	蔕	蔖	蔗	蔘	蔙	蔚	蔛	蔜	蔝	蔞	蔟
852	蔠	蔡	蔢	蔣	蔤	蔥	蔦	蔧	蔨	蔩	蔪	蔫	蔬	蔭	蔮	蔯
853	蔰	蔱	蔲	蔳	蔴	蔵	蔶	蔷	蔸	蔹	蔺	蔻	蔼	蔽	蔾	蔿
854	蕀	蕁	蕂	蕃	蕄	蕅	蕆	蕇	蕈	蕉	蕊	蕋	蕌	蕍	蕎	蕏
855	蕐	蕑	蕒	蕓	蕔	蕕	蕖	蕗	蕘	蕙	蕚	蕛	蕜	蕝	蕞	蕟
856	蕠	蕡	蕢	蕣	蕤	蕥	蕦	蕧	蕨	蕩	蕪	蕫	蕬	蕭	蕮	蕯
857	蕰	蕱	蕲	蕳	蕴	蕵	蕶	蕷	蕸	蕹	蕺	蕻	蕼	蕽	蕾	蕿

	0	1	2	3	4	5	6	7	8	9	A	B	C	D	E	F
858	薀	薁	薂	薃	薄	薅	薆	薇	薈	薉	薊	薋	薌	薍	薎	薏
859	薐	薑	薒	薓	薔	薕	薖	薗	薘	薙	薚	薛	薜	薝	薞	薟
85A	薠	薡	薢	薣	薤	薥	薦	薧	薨	薩	薪	薫	薬	薭	薮	薯
85B	薰	薱	薲	薳	薴	薵	薶	薷	薸	薹	薺	薻	薼	薽	薾	薿
85C	藀	藁	藂	藃	藄	藅	藆	藇	藈	藉	藊	藋	藌	藍	藎	藏
85D	藐	藑	藒	藓	藔	藕	藖	藗	藘	藙	藚	藛	藜	藝	藞	藟
85E	藠	藡	藢	藣	藤	藥	藦	藧	藨	藩	藪	藫	藬	藭	藮	藯
85F	藰	藱	藲	藳	藴	藵	藶	藷	藸	藹	藺	藻	藼	藽	藾	藿
860	蘀	蘁	蘂	蘃	蘄	蘅	蘆	蘇	蘈	蘉	蘊	蘋	蘌	蘍	蘎	蘏
861	蘐	蘑	蘒	蘓	蘔	蘕	蘖	蘗	蘘	蘙	蘚	蘛	蘜	蘝	蘞	蘟
862	蘠	蘡	蘢	蘣	蘤	蘥	蘦	蘧	蘨	蘩	蘪	蘫	蘬	蘭	蘮	蘯
863	蘰	蘱	蘲	蘳	蘴	蘵	蘶	蘷	蘸	蘹	蘺	蘻	蘼	蘽	蘾	蘿
864	虀	虁	虂	虃	虄	虅	虆	虇	虈	虉	虊	虋	虌	虍	虎	虏
865	虐	虑	虒	虓	虔	處	虖	虗	虘	虙	虚	虛	虜	虝	虞	號
866	虠	虡	虢	虣	虤	虥	虦	虧	虨	虩	虪	虫	虬	虭	虮	虯
867	虰	虱	虲	虳	虴	虵	虶	虷	虸	虹	虺	虻	虼	虽	虾	虿
868	蚀	蚁	蚂	蚃	蚄	蚅	蚆	蚇	蚈	蚉	蚊	蚋	蚌	蚍	蚎	蚏
869	蚐	蚑	蚒	蚓	蚔	蚕	蚖	蚗	蚘	蚙	蚚	蚛	蚜	蚝	蚞	蚟
86A	蚠	蚡	蚢	蚣	蚤	蚥	蚦	蚧	蚨	蚩	蚪	蚫	蚬	蚭	蚮	蚯
86B	蚰	蚱	蚲	蚳	蚴	蚵	蚶	蚷	蚸	蚹	蚺	蚻	蚼	蚽	蚾	蚿
86C	蛀	蛁	蛂	蛃	蛄	蛅	蛆	蛇	蛈	蛉	蛊	蛋	蛌	蛍	蛎	蛏
86D	蛐	蛑	蛒	蛓	蛔	蛕	蛖	蛗	蛘	蛙	蛚	蛛	蛜	蛝	蛞	蛟
86E	蛠	蛡	蛢	蛣	蛤	蛥	蛦	蛧	蛨	蛩	蛪	蛫	蛬	蛭	蛮	蛯
86F	蛰	蛱	蛲	蛳	蛴	蛵	蛶	蛷	蛸	蛹	蛺	蛻	蛼	蛽	蛾	蛿

	0	1	2	3	4	5	6	7	8	9	A	B	C	D	E	F
870	蜀	蜁	蜂	蜃	蜄	蜅	蜆	蜇	蜈	蜉	蜊	蜋	蜌	蜍	蜎	蜏
871	蜐	蜑	蜒	蜓	蜔	蜕	蜖	蜗	蜘	蜙	蜚	蜛	蜜	蜝	蜞	蜟
872	蜠	蜡	蜢	蜣	蜤	蜥	蜦	蜧	蜨	蜩	蜪	蜫	蜬	蜭	蜮	蜯
873	蜰	蜱	蜲	蜳	蜴	蜵	蜶	蜷	蜸	蜹	蜺	蜻	蜼	蜽	蜾	蜿
874	蝀	蝁	蝂	蝃	蝄	蝅	蝆	蝇	蝈	蝉	蝊	蝋	蝌	蝍	蝎	蝏
875	蝐	蝑	蝒	蝓	蝔	蝕	蝖	蝗	蝘	蝙	蝚	蝛	蝜	蝝	蝞	蝟
876	蝠	蝡	蝢	蝣	蝤	蝥	蝦	蝧	蝨	蝩	蝪	蝫	蝬	蝭	蝮	蝯
877	蝰	蝱	蝲	蝳	蝴	蝵	蝶	蝷	蝸	蝹	蝺	蝻	蝼	蝽	蝾	蝿
878	螀	螁	螂	螃	螄	螅	螆	螇	螈	螉	螊	螋	螌	融	螎	螏
879	螐	螑	螒	螓	螔	螕	螖	螗	螘	螙	螚	螛	螜	螝	螞	螟
87A	螠	螡	螢	螣	螤	螥	螦	螧	螨	螩	螪	螫	螬	螭	螮	螯
87B	螰	螱	螲	螳	螴	螵	螶	螷	螸	螹	螺	螻	螼	螽	螾	螿
87C	蟀	蟁	蟂	蟃	蟄	蟅	蟆	蟇	蟈	蟉	蟊	蟋	蟌	蟍	蟎	蟏
87D	蟐	蟑	蟒	蟓	蟔	蟕	蟖	蟗	蟘	蟙	蟚	蟛	蟜	蟝	蟞	蟟
87E	蟠	蟡	蟢	蟣	蟤	蟥	蟦	蟧	蟨	蟩	蟪	蟫	蟬	蟭	蟮	蟯
87F	蟰	蟱	蟲	蟳	蟴	蟵	蟶	蟷	蟸	蟹	蟺	蟻	蟼	蟽	蟾	蟿
880	蠀	蠁	蠂	蠃	蠄	蠅	蠆	蠇	蠈	蠉	蠊	蠋	蠌	蠍	蠎	蠏
881	蠐	蠑	蠒	蠓	蠔	蠕	蠖	蠗	蠘	蠙	蠚	蠛	蠜	蠝	蠞	蠟
882	蠠	蠡	蠢	蠣	蠤	蠥	蠦	蠧	蠨	蠩	蠪	蠫	蠬	蠭	蠮	蠯
883	蠰	蠱	蠲	蠳	蠴	蠵	蠶	蠷	蠸	蠹	蠺	蠻	蠼	蠽	蠾	蠿
884	血	衁	衂	衃	衄	衅	衆	衇	衈	衉	衊	衋	行	衍	衎	衏
885	衐	衑	衒	術	衔	衕	衖	街	衘	衙	衚	衛	衜	衝	衞	衟
886	衠	衡	衢	衣	衤	补	衦	衧	表	衩	衪	衫	衬	衭	衮	衯
887	衰	衱	衲	衳	衴	衵	衶	衷	衸	衹	衺	衻	衼	衽	衾	衿

	0	1	2	3	4	5	6	7	8	9	A	B	C	D	E	F
888	袀	袁	袂	袃	袄	袅	袆	袇	袈	袉	袊	袋	袌	袍	袎	袏
889	袐	袑	袒	袓	袔	袕	袖	袗	袘	袙	袚	袛	袜	袝	袞	袟
88A	袠	袡	袢	袣	袤	袥	袦	袧	袨	袩	袪	被	袬	袭	袮	袯
88B	袰	袱	袲	袳	袴	袵	袶	袷	袸	袹	袺	袻	袼	袽	袾	袿
88C	裀	裁	裂	裃	裄	装	裆	裇	裈	裉	裊	裋	裌	裍	裎	裏
88D	裐	裑	裒	裓	裔	裕	裖	裗	裘	裙	裚	裛	補	裝	裞	裟
88E	裠	裡	裢	裣	裤	裥	裦	裧	裨	裩	裪	裫	裬	裭	裮	裯
88F	裰	裱	裲	裳	裴	裵	裶	裷	裸	裹	裺	裻	裼	製	裾	裿
890	褀	褁	褂	褃	褄	褅	褆	複	褈	褉	褊	褋	褌	褍	褎	褏
891	褐	褑	褒	褓	褔	褕	褖	褗	褘	褙	褚	褛	褜	褝	褞	褟
892	褠	褡	褢	褣	褤	褥	褦	褧	褨	褩	褪	褫	褬	褭	褮	褯
893	褰	褱	褲	褳	褴	褵	褶	褷	褸	褹	褺	褻	褼	褽	褾	褿
894	襀	襁	襂	襃	襄	襅	襆	襇	襈	襉	襊	襋	襌	襍	襎	襏
895	襐	襑	襒	襓	襔	襕	襖	襗	襘	襙	襚	襛	襜	襝	襞	襟
896	襠	襡	襢	襣	襤	襥	襦	襧	襨	襩	襪	襫	襬	襭	襮	襯
897	襰	襱	襲	襳	襴	襵	襶	襷	襸	襹	襺	襻	襼	襽	襾	西
898	覀	要	覂	覃	覄	覅	覆	覇	覈	覉	覊	見	覌	覍	覎	規
899	覐	覑	覒	覓	覔	覕	視	覗	覘	覙	覚	覛	覜	覝	覞	覟
89A	覠	覡	覢	覣	覤	覥	覦	覧	覨	覩	親	覫	覬	覭	覮	覯
89B	覰	覱	覲	観	覴	覵	覶	覷	覸	覹	覺	覻	覼	覽	覾	覿
89C	觀	见	观	觃	规	觅	视	觇	览	觉	觊	觋	觌	觍	觎	觏
89D	觐	觑	角	觓	觔	觕	觖	觗	觘	觙	觚	觛	觜	觝	觞	觟
89E	觠	觡	觢	解	觤	觥	触	觧	觨	觩	觪	觫	觬	觭	觮	觯
89F	觰	觱	觲	觳	觴	觵	觶	觷	觸	觹	觺	觻	觼	觽	觾	觿

	0	1	2	3	4	5	6	7	8	9	A	B	C	D	E	F
8A0	言	訁	訂	訃	訄	訅	訆	訇	計	訉	訊	訋	訌	訍	討	訏
8A1	訐	訑	訒	訓	訔	訕	訖	託	記	訙	訚	訛	訜	訝	訞	訟
8A2	訠	訡	訢	訣	訤	訥	訦	訧	訨	訩	訪	訫	訬	設	訮	訯
8A3	訰	許	訲	訳	訴	訵	訶	訷	訸	訹	診	註	証	訽	訾	訿
8A4	詀	詁	詂	詃	詄	詅	詆	詇	詈	詉	詊	詋	詌	詍	詎	詏
8A5	詐	詑	詒	詓	詔	評	詖	詗	詘	詙	詚	詛	詜	詝	詞	詟
8A6	詠	詡	詢	詣	詤	詥	試	詧	詨	詩	詪	詫	詬	詭	詮	詯
8A7	詰	話	該	詳	詴	詵	詶	詷	詸	詹	詺	詻	詼	詽	詾	詿
8A8	誀	誁	誂	誃	誄	誅	誆	誇	誈	誉	誊	誋	誌	認	誎	誏
8A9	誐	誑	誒	誓	誔	誕	誖	誗	誘	誙	誚	誛	誜	誝	語	誟
8AA	誠	誡	誢	誣	誤	誥	誦	誧	誨	誩	說	誫	説	読	誮	誯
8AB	誰	誱	課	誳	誴	誵	誶	誷	誸	誹	誺	誻	誼	誽	誾	調
8AC	諀	諁	諂	諃	諄	諅	諆	談	諈	諉	諊	請	諌	諍	諎	諏
8AD	諐	諑	諒	諓	諔	諕	論	諗	諘	諙	諚	諛	諜	諝	諞	諟
8AE	諠	諡	諢	諣	諤	諥	諦	諧	諨	諩	諪	諫	諬	諭	諮	諯
8AF	諰	諱	諲	諳	諴	諵	諶	諷	諸	諹	諺	諻	諼	諽	諾	諿
8B0	謀	謁	謂	謃	謄	謅	謆	謇	謈	謉	謊	謋	謌	謍	謎	謏
8B1	謐	謑	謒	謓	謔	謕	謖	謗	謘	謙	謚	講	謜	謝	謞	謟
8B2	謠	謡	謢	謣	謤	謥	謦	謧	謨	謩	謪	謫	謬	謭	謮	謯
8B3	謰	謱	謲	謳	謴	謵	謶	謷	謸	謹	謺	謻	謼	謽	謾	謿
8B4	譀	譁	譂	譃	譄	譅	譆	譇	譈	證	譊	譋	譌	譍	譎	譏
8B5	譐	譑	譒	譓	譔	譕	譖	譗	識	譙	譚	譛	譜	譝	譞	譟
8B6	譠	譡	譢	譣	譤	譥	警	譧	譨	譩	譪	譫	譬	譭	譮	譯
8B7	議	譱	譲	譳	譴	譵	譶	護	譸	譹	譺	譻	譼	譽	譾	譿

	0	1	2	3	4	5	6	7	8	9	A	B	C	D	E	F
8B8	讀	讁	讂	讃	讄	讅	讆	讇	讈	讉	變	讋	讌	讍	讎	讏
8B9	讐	讑	讒	讓	讔	讕	讖	讗	讘	讙	讚	讛	讜	讝	讞	讟
8BA	讠	计	订	讣	认	讥	讦	讧	讨	让	讪	讫	讬	训	议	讯
8BB	记	讱	讲	讳	讴	讵	讶	讷	许	讹	论	讻	讼	讽	设	访
8BC	诀	证	诂	诃	评	诅	识	诇	诈	诉	诊	诋	诌	词	诎	诏
8BD	诐	译	诒	诓	诔	试	诖	诗	诘	诙	诚	诛	诜	话	诞	诟
8BE	诠	诡	询	诣	诤	该	详	诧	诨	诩	诪	诫	诬	语	诮	误
8BF	诰	诱	诲	诳	说	诵	诶	请	诸	诹	诺	读	诼	诽	课	诿
8C0	谀	谁	谂	调	谄	谅	谆	谇	谈	谉	谊	谋	谌	谍	谎	谏
8C1	谐	谑	谒	谓	谔	谕	谖	谗	谘	谙	谚	谛	谜	谝	谞	谟
8C2	谠	谡	谢	谣	谤	谥	谦	谧	谨	谩	谪	谫	谬	谭	谮	谯
8C3	谰	谱	谲	谳	谴	谵	谶	谷	谸	谹	谺	谻	谼	谽	谾	谿
8C4	豀	豁	豂	豃	豄	豅	豆	豇	豈	豉	豊	豋	豌	豍	豎	豏
8C5	豐	豑	豒	豓	豔	豕	豖	豗	豘	豙	豚	豛	豜	豝	豞	豟
8C6	豠	象	豢	豣	豤	豥	豦	豧	豨	豩	豪	豫	豬	豭	豮	豯
8C7	豰	豱	豲	豳	豴	豵	豶	豷	豸	豹	豺	豻	豼	豽	豾	豿
8C8	貀	貁	貂	貃	貄	貅	貆	貇	貈	貉	貊	貋	貌	貍	貎	貏
8C9	貐	貑	貒	貓	貔	貕	貖	貗	貘	貙	貚	貛	貜	貝	貞	貟
8CA	負	財	貢	貣	貤	貥	貦	貧	貨	販	貪	貫	責	貭	貮	貯
8CB	貰	貱	貲	貳	貴	貵	貶	買	貸	貹	貺	費	貼	貽	貾	貿
8CC	賀	賁	賂	賃	賄	賅	賆	資	賈	賉	賊	賋	賌	賍	賎	賏
8CD	賐	賑	賒	賓	賔	賕	賖	賗	賘	賙	賚	賛	賜	賝	賞	賟
8CE	賠	賡	賢	賣	賤	賥	賦	賧	賨	賩	質	賫	賬	賭	賮	賯
8CF	賰	賱	賲	賳	賴	賵	賶	賷	賸	賹	賺	賻	購	賽	賾	賿

	0	1	2	3	4	5	6	7	8	9	A	B	C	D	E	F
8D0	贀	贁	贂	贃	贄	贅	贆	贇	贈	贉	贊	贋	贌	贍	贎	贏
8D1	贐	贑	贒	贓	贔	贕	贖	贗	贘	贙	贚	贛	贜	贝	贞	负
8D2	贠	贡	财	责	贤	败	账	货	质	贩	贪	贫	贬	购	贮	贯
8D3	贰	贱	贲	贳	贴	贵	贶	贷	贸	费	贺	贻	贼	贽	贾	贿
8D4	赀	赁	赂	赃	资	赅	赆	赇	赈	赉	赊	赋	赌	赍	赎	赏
8D5	赐	赑	赒	赓	赔	赕	赖	赗	赘	赙	赚	赛	赜	赝	赞	赟
8D6	赠	赡	赢	赣	赤	赥	赦	赧	赨	赩	赪	赫	赬	赭	赮	赯
8D7	走	赱	赲	赳	赴	赵	赶	起	赸	赹	赺	赻	赼	赽	赾	赿
8D8	趀	趁	趂	趃	趄	超	趆	趇	趈	趉	越	趋	趌	趍	趎	趏
8D9	趐	趑	趒	趓	趔	趕	趖	趗	趘	趙	趚	趛	趜	趝	趞	趟
8DA	趠	趡	趢	趣	趤	趥	趦	趧	趨	趩	趪	趫	趬	趭	趮	趯
8DB	趰	趱	趲	足	趴	趵	趶	趷	趸	趹	趺	趻	趼	趽	趾	趿
8DC	跀	跁	跂	跃	跄	跅	跆	跇	跈	跉	跊	跋	跌	跍	跎	跏
8DD	跐	跑	跒	跓	跔	跕	跖	跗	跘	跙	跚	跛	跜	距	跞	跟
8DE	跠	跡	跢	跣	跤	跥	跦	跧	跨	跩	跪	跫	跬	跭	跮	路
8DF	跰	跱	跲	跳	跴	践	跶	跷	跸	跹	跺	跻	跼	跽	跾	跿
8E0	踀	踁	踂	踃	踄	踅	踆	踇	踈	踉	踊	踋	踌	踍	踎	踏
8E1	踐	踑	踒	踓	踔	踕	踖	踗	踘	踙	踚	踛	踜	踝	踞	踟
8E2	踠	踡	踢	踣	踤	踥	踦	踧	踨	踩	踪	踫	踬	踭	踮	踯
8E3	踰	踱	踲	踳	踴	踵	踶	踷	踸	踹	踺	踻	踼	踽	踾	踿
8E4	蹀	蹁	蹂	蹃	蹄	蹅	蹆	蹇	蹈	蹉	蹊	蹋	蹌	蹍	蹎	蹏
8E5	蹐	蹑	蹒	蹓	蹔	蹕	蹖	蹗	蹘	蹙	蹚	蹛	蹜	蹝	蹞	蹟
8E6	蹠	蹡	蹢	蹣	蹤	蹥	蹦	蹧	蹨	蹩	蹪	蹫	蹬	蹭	蹮	蹯
8E7	蹰	蹱	蹲	蹳	蹴	蹵	蹶	蹷	蹸	蹹	蹺	蹻	蹼	蹽	蹾	蹿

	0	1	2	3	4	5	6	7	8	9	A	B	C	D	E	F
8E8	躀	躁	躂	躃	躄	躅	躆	躇	躈	躉	躊	躋	躌	躍	躎	躏
8E9	躐	躑	躒	躓	躔	躕	躖	躗	躘	躙	躚	躛	躜	躝	躞	躟
8EA	躠	躡	躢	躣	躤	躥	躦	躧	躨	躩	躪	身	躬	躭	躮	躯
8EB	躰	躱	躲	躳	躴	躵	躶	躷	躸	躹	躺	躻	躼	躽	躾	躿
8EC	軀	軁	軂	軃	軄	軅	軆	軇	軈	軉	車	軋	軌	軍	軎	軏
8ED	軐	軑	軒	軓	軔	軕	軖	軗	軘	軙	軚	軛	軜	軝	軞	軟
8EE	軠	軡	転	軣	軤	軥	軦	軧	軨	軩	軪	軫	軬	軭	軮	軯
8EF	軰	軱	軲	軳	軴	軵	軶	軷	軸	軹	軺	軻	軼	軽	軾	軿
8F0	輀	輁	輂	較	輄	輅	輆	輇	輈	載	輊	輋	輌	輍	輎	輏
8F1	輐	輑	輒	輓	輔	輕	輖	輗	輘	輙	輚	輛	輜	輝	輞	輟
8F2	輠	輡	輢	輣	輤	輥	輦	輧	輨	輩	輪	輫	輬	輭	輮	輯
8F3	輰	輱	輲	輳	輴	輵	輶	輷	輸	輹	輺	輻	輼	輽	輾	輿
8F4	轀	轁	轂	轃	轄	轅	轆	轇	轈	轉	轊	轋	轌	轍	轎	轏
8F5	轐	轑	轒	轓	轔	轕	轖	轗	轘	轙	轚	轛	轜	轝	轞	轟
8F6	轠	轡	轢	轣	轤	轥	车	轧	轨	轩	轪	轫	转	轭	轮	软
8F7	轰	轱	轲	轳	轴	轵	轶	轷	轸	轹	轺	轻	轼	载	轾	轿
8F8	辀	辁	辂	较	辄	辅	辆	辇	辈	辉	辊	辋	辌	辍	辎	辏
8F9	辐	辑	辒	输	辔	辕	辖	辗	辘	辙	辚	辛	辜	辝	辞	辟
8FA	辠	辡	辢	辣	辤	辥	辦	辧	辨	辩	辪	辫	辬	辭	辮	辯
8FB	辰	辱	農	辳	辴	辵	辶	辷	辸	边	辺	辻	込	辽	达	辿
8FC	迀	迁	迂	迃	迄	迅	迆	过	迈	迉	迊	迋	迌	迍	迎	迏
8FD	运	近	迒	迓	返	迕	迖	迗	还	这	迚	进	远	违	连	迟
8FE	迠	迡	迢	迣	迤	迥	迦	迧	迨	迩	迪	迫	迬	迭	迮	迯
8FF	述	迱	迲	迳	迴	迵	迶	迷	迸	迹	迺	迻	迼	追	迾	迿

	0	1	2	3	4	5	6	7	8	9	A	B	C	D	E	F
900	退	送	适	逃	逄	逅	逆	逇	逈	选	逊	逋	逌	逍	逎	透
901	逐	逑	递	逓	途	逕	逖	逗	逘	這	通	逛	逜	逝	逞	速
902	造	逡	逢	連	逤	逥	逦	逧	逨	逩	逪	逫	逬	逭	逮	逯
903	逰	週	進	逳	逴	逵	逶	逷	逸	逹	逺	逻	逼	逽	逾	逿
904	遀	遁	遂	遃	遄	遅	遆	遇	遈	遉	遊	運	遌	遍	過	遏
905	遐	遑	遒	道	達	違	遖	遗	遘	遙	遚	遛	遜	遝	遞	遟
906	遠	遡	遢	遣	遤	遥	遦	遧	遨	適	遪	遫	遬	遭	遮	遯
907	遰	遱	遲	遳	遴	遵	遶	遷	選	遹	遺	遻	遼	遽	遾	避
908	邀	邁	邂	邃	還	邅	邆	邇	邈	邉	邊	邋	邌	邍	邎	邏
909	邐	邑	邒	邓	邔	邕	邖	邗	邘	邙	邚	邛	邜	邝	邞	邟
90A	邠	邡	邢	那	邤	邥	邦	邧	邨	邩	邪	邫	邬	邭	邮	邯
90B	邰	邱	邲	邳	邴	邵	邶	邷	邸	邹	邺	邻	邼	邽	邾	邿
90C	郀	郁	郂	郃	郄	郅	郆	郇	郈	郉	郊	郋	郌	郍	郎	郏
90D	郐	郑	郒	郓	郔	郕	郖	郗	郘	郙	郚	郛	郜	郝	郞	郟
90E	郠	郡	郢	郣	郤	郥	郦	郧	部	郩	郪	郫	郬	郭	郮	郯
90F	郰	郱	郲	郳	郴	郵	郶	郷	郸	郹	郺	郻	郼	都	郾	郿
910	鄀	鄁	鄂	鄃	鄄	鄅	鄆	鄇	鄈	鄉	鄊	鄋	鄌	鄍	鄎	鄏
911	鄐	鄑	鄒	鄓	鄔	鄕	鄖	鄗	鄘	鄙	鄚	鄛	鄜	鄝	鄞	鄟
912	鄠	鄡	鄢	鄣	鄤	鄥	鄦	鄧	鄨	鄩	鄪	鄫	鄬	鄭	鄮	鄯
913	鄰	鄱	鄲	鄳	鄴	鄵	鄶	鄷	鄸	鄹	鄺	鄻	鄼	鄽	鄾	鄿
914	酀	酁	酂	酃	酄	酅	酆	酇	酈	酉	酊	酋	酌	配	酎	酏
915	酐	酑	酒	酓	酔	酕	酖	酗	酘	酙	酚	酛	酜	酝	酞	酟
916	酠	酡	酢	酣	酤	酥	酦	酧	酨	酩	酪	酫	酬	酭	酮	酯
917	酰	酱	酲	酳	酴	酵	酶	酷	酸	酹	酺	酻	酼	酽	酾	酿

	0	1	2	3	4	5	6	7	8	9	A	B	C	D	E	F
918	醀	醁	醂	醃	醄	醅	醆	醇	醈	醉	醊	醋	醌	醍	醎	醏
919	醐	醑	醒	醓	醔	醕	醖	醗	醘	醙	醚	醛	醜	醝	醞	醟
91A	醠	醡	醢	醣	醤	醥	醦	醧	醨	醩	醪	醫	醬	醭	醮	醯
91B	醰	醱	醲	醳	醴	醵	醶	醷	醸	醹	醺	醻	醼	醽	醾	醿
91C	釀	釁	釂	釃	釄	釅	釆	采	釈	釉	释	釋	里	重	野	量
91D	釐	金	釒	釓	釔	釕	釖	釗	釘	釙	釚	釛	釜	針	釞	釟
91E	釠	釡	釢	釣	釤	釥	釦	釧	釨	釩	釪	釫	釬	釭	釮	釯
91F	釰	釱	釲	釳	釴	釵	釶	釷	釸	釹	釺	釻	釼	釽	釾	釿
920	鈀	鈁	鈂	鈃	鈄	鈅	鈆	鈇	鈈	鈉	鈊	鈋	鈌	鈍	鈎	鈏
921	鈐	鈑	鈒	鈓	鈔	鈕	鈖	鈗	鈘	鈙	鈚	鈛	鈜	鈝	鈞	鈟
922	鈠	鈡	鈢	鈣	鈤	鈥	鈦	鈧	鈨	鈩	鈪	鈫	鈬	鈭	鈮	鈯
923	鈰	鈱	鈲	鈳	鈴	鈵	鈶	鈷	鈸	鈹	鈺	鈻	鈼	鈽	鈾	鈿
924	鉀	鉁	鉂	鉃	鉄	鉅	鉆	鉇	鉈	鉉	鉊	鉋	鉌	鉍	鉎	鉏
925	鉐	鉑	鉒	鉓	鉔	鉕	鉖	鉗	鉘	鉙	鉚	鉛	鉜	鉝	鉞	鉟
926	鉠	鉡	鉢	鉣	鉤	鉥	鉦	鉧	鉨	鉩	鉪	鉫	鉬	鉭	鉮	鉯
927	鉰	鉱	鉲	鉳	鉴	鉵	鉶	鉷	鉸	鉹	鉺	鉻	鉼	鉽	鉾	鉿
928	銀	銁	銂	銃	銄	銅	銆	銇	銈	銉	銊	銋	銌	銍	銎	銏
929	銐	銑	銒	銓	銔	銕	銖	銗	銘	銙	銚	銛	銜	銝	銞	銟
92A	銠	銡	銢	銣	銤	銥	銦	銧	銨	銩	銪	銫	銬	銭	銮	銯
92B	銰	銱	銲	銳	銴	銵	銶	銷	銸	銹	銺	銻	銼	銽	銾	銿
92C	鋀	鋁	鋂	鋃	鋄	鋅	鋆	鋇	鋈	鋉	鋊	鋋	鋌	鋍	鋎	鋏
92D	鋐	鋑	鋒	鋓	鋔	鋕	鋖	鋗	鋘	鋙	鋚	鋛	鋜	鋝	鋞	鋟
92E	鋠	鋡	鋢	鋣	鋤	鋥	鋦	鋧	鋨	鋩	鋪	鋫	鋬	鋭	鋮	鋯
92F	鋰	鋱	鋲	鋳	鋴	鋵	鋶	鋷	鋸	鋹	鋺	鋻	鋼	鋽	鋾	鋿

	0	1	2	3	4	5	6	7	8	9	A	B	C	D	E	F
930	錀	錁	錂	錃	錄	錅	錆	錇	錈	錉	錊	錋	錌	錍	錎	錏
931	錐	錑	錒	錓	錔	錕	錖	錗	錘	錙	錚	錛	錜	錝	錞	錟
932	錠	錡	錢	錣	錤	錥	錦	錧	錨	錩	錪	錫	錬	錭	錮	錯
933	錰	錱	録	錳	錴	錵	錶	錷	錸	錹	錺	錻	錼	錽	錾	錿
934	鍀	鍁	鍂	鍃	鍄	鍅	鍆	鍇	鍈	鍉	鍊	鍋	鍌	鍍	鍎	鍏
935	鍐	鍑	鍒	鍓	鍔	鍕	鍖	鍗	鍘	鍙	鍚	鍛	鍜	鍝	鍞	鍟
936	鍠	鍡	鍢	鍣	鍤	鍥	鍦	鍧	鍨	鍩	鍪	鍫	鍬	鍭	鍮	鍯
937	鍰	鍱	鍲	鍳	鍴	鍵	鍶	鍷	鍸	鍹	鍺	鍻	鍼	鍽	鍾	鍿
938	鎀	鎁	鎂	鎃	鎄	鎅	鎆	鎇	鎈	鎉	鎊	鎋	鎌	鎍	鎎	鎏
939	鎐	鎑	鎒	鎓	鎔	鎕	鎖	鎗	鎘	鎙	鎚	鎛	鎜	鎝	鎞	鎟
93A	鎠	鎡	鎢	鎣	鎤	鎥	鎦	鎧	鎨	鎩	鎪	鎫	鎬	鎭	鎮	鎯
93B	鎰	鎱	鎲	鎳	鎴	鎵	鎶	鎷	鎸	鎹	鎺	鎻	鎼	鎽	鎾	鎿
93C	鏀	鏁	鏂	鏃	鏄	鏅	鏆	鏇	鏈	鏉	鏊	鏋	鏌	鏍	鏎	鏏
93D	鏐	鏑	鏒	鏓	鏔	鏕	鏖	鏗	鏘	鏙	鏚	鏛	鏜	鏝	鏞	鏟
93E	鏠	鏡	鏢	鏣	鏤	鏥	鏦	鏧	鏨	鏩	鏪	鏫	鏬	鏭	鏮	鏯
93F	鏰	鏱	鏲	鏳	鏴	鏵	鏶	鏷	鏸	鏹	鏺	鏻	鏼	鏽	鏾	鏿
940	鐀	鐁	鐂	鐃	鐄	鐅	鐆	鐇	鐈	鐉	鐊	鐋	鐌	鐍	鐎	鐏
941	鐐	鐑	鐒	鐓	鐔	鐕	鐖	鐗	鐘	鐙	鐚	鐛	鐜	鐝	鐞	鐟
942	鐠	鐡	鐢	鐣	鐤	鐥	鐦	鐧	鐨	鐩	鐪	鐫	鐬	鐭	鐮	鐯
943	鐰	鐱	鐲	鐳	鐴	鐵	鐶	鐷	鐸	鐹	鐺	鐻	鐼	鐽	鐾	鐿
944	鑀	鑁	鑂	鑃	鑄	鑅	鑆	鑇	鑈	鑉	鑊	鑋	鑌	鑍	鑎	鑏
945	鑐	鑑	鑒	鑓	鑔	鑕	鑖	鑗	鑘	鑙	鑚	鑛	鑜	鑝	鑞	鑟
946	鑠	鑡	鑢	鑣	鑤	鑥	鑦	鑧	鑨	鑩	鑪	鑫	鑬	鑭	鑮	鑯
947	鑰	鑱	鑲	鑳	鑴	鑵	鑶	鑷	鑸	鑹	鑺	鑻	鑼	鑽	鑾	鑿

	0	1	2	3	4	5	6	7	8	9	A	B	C	D	E	F
948	钀	钁	钂	钃	钄	钅	钆	钇	针	钉	钊	钋	钌	钍	钎	钏
949	钐	钑	钒	钓	钔	钕	钖	钗	钘	钙	钚	钛	钜	钝	钞	钟
94A	钠	钡	钢	钣	钤	钥	钦	钧	钨	钩	钪	钫	钬	钭	钮	钯
94B	钰	钱	钲	钳	钴	钵	钶	钷	钸	钹	钺	钻	钼	钽	钾	钿
94C	铀	铁	铂	铃	铄	铅	铆	铇	铈	铉	铊	铋	铌	铍	铎	铏
94D	铐	铑	铒	铓	铔	铕	铖	铗	铘	铙	铚	铛	铜	铝	铞	铟
94E	铠	铡	铢	铣	铤	铥	铦	铧	铨	铩	铪	铫	铬	铭	铮	铯
94F	铰	铱	铲	铳	铴	铵	银	铷	铸	铹	铺	铻	铼	铽	链	铿
950	销	锁	锂	锃	锄	锅	锆	锇	锈	锉	锊	锋	锌	锍	锎	锏
951	锐	锑	锒	锓	锔	锕	锖	锗	锘	错	锚	锛	锜	锝	锞	锟
952	锠	锡	锢	锣	锤	锥	锦	锧	锨	锩	锪	锫	锬	锭	键	锯
953	锰	锱	锲	锳	锴	锵	锶	锷	锸	锹	锺	锻	锼	锽	锾	锿
954	镀	镁	镂	镃	镄	镅	镆	镇	镈	镉	镊	镋	镌	镍	镎	镏
955	镐	镑	镒	镓	镔	镕	镖	镗	镘	镙	镚	镛	镜	镝	镞	镟
956	镠	镡	镢	镣	镤	镥	镦	镧	镨	镩	镪	镫	镬	镭	镮	镯
957	镰	镱	镲	镳	镴	镵	镶	長	镸	镹	镺	镻	镼	镽	镾	长
958	門	閁	閂	閃	閄	閅	閆	閇	閈	閉	閊	開	閌	閍	閎	閏
959	閐	閑	閒	間	閔	閕	閖	閗	閘	閙	閚	閛	閜	閝	閞	閟
95A	閠	閡	関	閣	閤	閥	閦	閧	閨	閩	閪	閫	閬	閭	閮	閯
95B	閰	閱	閲	閳	閴	閵	閶	閷	閸	閹	閺	閻	閼	閽	閾	閿
95C	闀	闁	闂	闃	闄	闅	闆	闇	闈	闉	闊	闋	闌	闍	闎	闏
95D	闐	闑	闒	闓	闔	闕	闖	闗	闘	闙	闚	闛	關	闝	闞	闟
95E	闠	闡	闢	闣	闤	闥	闦	闧	门	闩	闪	闫	闬	闭	问	闯
95F	闰	闱	闲	闳	间	闵	闶	闷	闸	闹	闺	闻	闼	闽	闾	闿

	0	1	2	3	4	5	6	7	8	9	A	B	C	D	E	F
960	阀	阁	阂	阃	阄	阅	阆	阇	阈	阉	阊	阋	阌	阍	阎	阏
961	阐	阑	阒	阓	阔	阕	阖	阗	阘	阙	阚	阛	阜	阝	阞	队
962	阠	阡	阢	阣	阤	阥	阦	阧	阨	阩	阪	阫	阬	阭	阮	阯
963	阰	阱	防	阳	阴	阵	阶	阷	阸	阹	阺	阻	阼	阽	阾	阿
964	陀	陁	陂	陃	附	际	陆	陇	陈	陉	陊	陋	陌	降	陎	陏
965	限	陑	陒	陓	陔	陕	陖	陗	陘	陙	陚	陛	陜	陝	陞	陟
966	陠	陡	院	陣	除	陥	陦	陧	陨	险	陪	陫	陬	陭	陮	陯
967	陰	陱	陲	陳	陴	陵	陶	陷	陸	陹	険	陻	陼	陽	陾	陿
968	隀	隁	隂	隃	隄	隅	隆	隇	隈	隉	隊	隋	隌	隍	階	随
969	隐	隑	隒	隓	隔	隕	隖	隗	隘	隙	隚	際	障	隝	隞	隟
96A	隠	隡	隢	隣	隤	隥	隦	隧	隨	隩	險	隫	隬	隭	隮	隯
96B	隰	隱	隲	隳	隴	隵	隶	隷	隸	隹	隺	隻	隼	隽	难	隿
96C	雀	雁	雂	雃	雄	雅	集	雇	雈	雉	雊	雋	雌	雍	雎	雏
96D	雐	雑	雒	雓	雔	雕	雖	雗	雘	雙	雚	雛	雜	雝	雞	雟
96E	雠	雡	離	難	雤	雥	雦	雧	雨	雩	雪	雫	雬	雭	雮	雯
96F	雰	雱	雲	雳	雴	雵	零	雷	雸	雹	雺	電	雼	雽	雾	雿
970	需	霁	霂	霃	霄	霅	霆	震	霈	霉	霊	霋	霌	霍	霎	霏
971	霐	霑	霒	霓	霔	霕	霖	霗	霘	霙	霚	霛	霜	霝	霞	霟
972	霠	霡	霢	霣	霤	霥	霦	霧	霨	霩	霪	霫	霬	霭	霮	霯
973	霰	霱	露	霳	霴	霵	霶	霷	霸	霹	霺	霻	霼	霽	霾	霿
974	靀	靁	靂	靃	靄	靅	靆	靇	靈	靉	靊	靋	靌	靍	靎	靏
975	靐	靑	青	靓	靔	靕	靖	靗	靘	静	靚	靛	靜	靝	非	靟
976	靠	靡	面	靣	靤	靥	靦	靧	靨	革	靪	靫	靬	靭	靮	靯
977	靰	靱	靲	靳	靴	靵	靶	靷	靸	靹	靺	靻	靼	靽	靾	靿

	0	1	2	3	4	5	6	7	8	9	A	B	C	D	E	F
978	鞀	鞁	鞂	鞃	鞄	鞅	鞆	鞇	鞈	鞉	鞊	鞋	鞌	鞍	鞎	鞏
979	鞐	鞑	鞒	鞓	鞔	鞕	鞖	鞗	鞘	鞙	鞚	鞛	鞜	鞝	鞞	鞟
97A	鞠	鞡	鞢	鞣	鞤	鞥	鞦	鞧	鞨	鞩	鞪	鞫	鞬	鞭	鞮	鞯
97B	鞰	鞱	鞲	鞳	鞴	鞵	鞶	鞷	鞸	鞹	鞺	鞻	鞼	鞽	鞾	鞿
97C	韀	韁	韂	韃	韄	韅	韆	韇	韈	韉	韊	韋	韌	韍	韎	韏
97D	韐	韑	韒	韓	韔	韕	韖	韗	韘	韙	韚	韛	韜	韝	韞	韟
97E	韠	韡	韢	韣	韤	韥	韦	韧	韨	韩	韪	韫	韬	韭	韮	韯
97F	韰	韱	韲	音	韴	韵	韶	韷	韸	韹	韺	韻	韼	韽	韾	響
980	頀	頁	頂	頃	頄	項	順	頇	須	頉	頊	頋	頌	頍	頎	頏
981	預	頑	頒	頓	頔	頕	頖	頗	領	頙	頚	頛	頜	頝	頞	頟
982	頠	頡	頢	頣	頤	頥	頦	頧	頨	頩	頪	頫	頬	頭	頮	頯
983	頰	頱	頲	頳	頴	頵	頶	頷	頸	頹	頺	頻	頼	頽	頾	頿
984	顀	顁	顂	顃	顄	顅	顆	顇	顈	顉	顊	顋	題	額	顎	顏
985	顐	顑	顒	顓	顔	顕	顖	顗	願	顙	顚	顛	顜	顝	類	顟
986	顠	顡	顢	顣	顤	顥	顦	顧	顨	顩	顪	顫	顬	顭	顮	顯
987	顰	顱	顲	顳	顴	页	顶	顷	顸	项	顺	须	顼	顽	顾	顿
988	颀	颁	颂	颃	预	颅	领	颇	颈	颉	颊	颋	颌	颍	颎	颏
989	颐	频	颒	颓	颔	颕	颖	颗	题	颙	颚	颛	颜	额	颞	颟
98A	颠	颡	颢	颣	颤	颥	颦	颧	風	颩	颪	颫	颬	颭	颮	颯
98B	颰	颱	颲	颳	颴	颵	颶	颷	颸	颹	颺	颻	颼	颽	颾	颿
98C	飀	飁	飂	飃	飄	飅	飆	飇	飈	飉	飊	飋	飌	飍	风	飏
98D	飐	飑	飒	飓	飔	飕	飖	飗	飘	飙	飚	飛	飜	飝	飞	食
98E	飠	飡	飢	飣	飤	飥	飦	飧	飨	飩	飪	飫	飬	飭	飮	飯
98F	飰	飱	飲	飳	飴	飵	飶	飷	飸	飹	飺	飻	飼	飽	飾	飿

	0	1	2	3	4	5	6	7	8	9	A	B	C	D	E	F
990	餀	餁	餂	餃	餄	餅	餆	餇	餈	餉	養	餋	餌	餍	餎	餏
991	餐	餑	餒	餓	餔	餕	餖	餗	餘	餙	餚	餛	餜	餝	餞	餟
992	餠	餡	餢	餣	餤	餥	餦	餧	館	餩	餪	餫	餬	餭	餮	餯
993	餰	餱	餲	餳	餴	餵	餶	餷	餸	餹	餺	餻	餼	餽	餾	餿
994	饀	饁	饂	饃	饄	饅	饆	饇	饈	饉	饊	饋	饌	饍	饎	饏
995	饐	饑	饒	饓	饔	饕	饖	饗	饘	饙	饚	饛	饜	饝	饞	饟
996	饠	饡	饢	饣	饤	饥	饦	饧	饨	饩	饪	饫	饬	饭	饮	饯
997	饰	饱	饲	饳	饴	饵	饶	饷	饸	饹	饺	饻	饼	饽	饾	饿
998	馀	馁	馂	馃	馄	馅	馆	馇	馈	馉	馊	馋	馌	馍	馎	馏
999	馐	馑	馒	馓	馔	馕	首	馗	馘	香	馚	馛	馜	馝	馞	馟
99A	馠	馡	馢	馣	馤	馥	馦	馧	馨	馩	馪	馫	馬	馭	馮	馯
99B	馰	馱	馲	馳	馴	馵	馶	馷	馸	馹	馺	馻	馼	馽	馾	馿
99C	駀	駁	駂	駃	駄	駅	駆	駇	駈	駉	駊	駋	駌	駍	駎	駏
99D	駐	駑	駒	駓	駔	駕	駖	駗	駘	駙	駚	駛	駜	駝	駞	駟
99E	駠	駡	駢	駣	駤	駥	駦	駧	駨	駩	駪	駫	駬	駭	駮	駯
99F	駰	駱	駲	駳	駴	駵	駶	駷	駸	駹	駺	駻	駼	駽	駾	駿
9A0	騀	騁	騂	騃	騄	騅	騆	騇	騈	騉	騊	騋	騌	騍	騎	騏
9A1	騐	騑	騒	験	騔	騕	騖	騗	騘	騙	騚	騛	騜	騝	騞	騟
9A2	騠	騡	騢	騣	騤	騥	騦	騧	騨	騩	騪	騫	騬	騭	騮	騯
9A3	騰	騱	騲	騳	騴	騵	騶	騷	騸	騹	騺	騻	騼	騽	騾	騿
9A4	驀	驁	驂	驃	驄	驅	驆	驇	驈	驉	驊	驋	驌	驍	驎	驏
9A5	驐	驑	驒	驓	驔	驕	驖	驗	驘	驙	驚	驛	驜	驝	驞	驟
9A6	驠	驡	驢	驣	驤	驥	驦	驧	驨	驩	驪	驫	马	驭	驮	驯
9A7	驰	驱	驲	驳	驴	驵	驶	驷	驸	驹	驺	驻	驼	驽	驾	驿

	0	1	2	3	4	5	6	7	8	9	A	B	C	D	E	F
9A8	骀	骁	骂	骃	骄	骅	骆	骇	骈	骉	骊	骋	验	骍	骎	骏
9A9	骐	骑	骒	骓	骔	骕	骖	骗	骘	骙	骚	骛	骜	骝	骞	骟
9AA	骠	骡	骢	骣	骤	骥	骦	骧	骨	骩	骪	骫	骬	骭	骮	骯
9AB	骰	骱	骲	骳	骴	骵	骶	骷	骸	骹	骺	骻	骼	骽	骾	骿
9AC	髀	髁	髂	髃	髄	髅	髆	髇	髈	髉	髊	髋	髌	髍	髎	髏
9AD	髐	髑	髒	髓	體	髕	髖	髗	高	髙	髚	髛	髜	髝	髞	髟
9AE	髠	髡	髢	髣	髤	髥	髦	髧	髨	髩	髪	髫	髬	髭	髮	髯
9AF	髰	髱	髲	髳	髴	髵	髶	髷	髸	髹	髺	髻	髼	髽	髾	髿
9B0	鬀	鬁	鬂	鬃	鬄	鬅	鬆	鬇	鬈	鬉	鬊	鬋	鬌	鬍	鬎	鬏
9B1	鬐	鬑	鬒	鬓	鬔	鬕	鬖	鬗	鬘	鬙	鬚	鬛	鬜	鬝	鬞	鬟
9B2	鬠	鬡	鬢	鬣	鬤	鬥	鬦	鬧	鬨	鬩	鬪	鬫	鬬	鬭	鬮	鬯
9B3	鬰	鬱	鬲	鬳	鬴	鬵	鬶	鬷	鬸	鬹	鬺	鬻	鬼	鬽	鬾	鬿
9B4	魀	魁	魂	魃	魄	魅	魆	魇	魈	魉	魊	魋	魌	魍	魎	魏
9B5	魐	魑	魒	魓	魔	魕	魖	魗	魘	魙	魚	魛	魜	魝	魞	魟
9B6	魠	魡	魢	魣	魤	魥	魦	魧	魨	魩	魪	魫	魬	魭	魮	魯
9B7	魰	魱	魲	魳	魴	魵	魶	魷	魸	魹	魺	魻	魼	魽	魾	魿
9B8	鮀	鮁	鮂	鮃	鮄	鮅	鮆	鮇	鮈	鮉	鮊	鮋	鮌	鮍	鮎	鮏
9B9	鮐	鮑	鮒	鮓	鮔	鮕	鮖	鮗	鮘	鮙	鮚	鮛	鮜	鮝	鮞	鮟
9BA	鮠	鮡	鮢	鮣	鮤	鮥	鮦	鮧	鮨	鮩	鮪	鮫	鮬	鮭	鮮	鮯
9BB	鮰	鮱	鮲	鮳	鮴	鮵	鮶	鮷	鮸	鮹	鮺	鮻	鮼	鮽	鮾	鮿
9BC	鯀	鯁	鯂	鯃	鯄	鯅	鯆	鯇	鯈	鯉	鯊	鯋	鯌	鯍	鯎	鯏
9BD	鯐	鯑	鯒	鯓	鯔	鯕	鯖	鯗	鯘	鯙	鯚	鯛	鯜	鯝	鯞	鯟
9BE	鯠	鯡	鯢	鯣	鯤	鯥	鯦	鯧	鯨	鯩	鯪	鯫	鯬	鯭	鯮	鯯
9BF	鯰	鯱	鯲	鯳	鯴	鯵	鯶	鯷	鯸	鯹	鯺	鯻	鯼	鯽	鯾	鯿

	0	1	2	3	4	5	6	7	8	9	A	B	C	D	E	F
9C0	鰀	鰁	鰂	鰃	鰄	鰅	鰆	鰇	鰈	鰉	鰊	鰋	鰌	鰍	鰎	鰏
9C1	鰐	鰑	鰒	鰓	鰔	鰕	鰖	鰗	鰘	鰙	鰚	鰛	鰜	鰝	鰞	鰟
9C2	鰠	鰡	鰢	鰣	鰤	鰥	鰦	鰧	鰨	鰩	鰪	鰫	鰬	鰭	鰮	鰯
9C3	鰰	鰱	鰲	鰳	鰴	鰵	鰶	鰷	鰸	鰹	鰺	鰻	鰼	鰽	鰾	鰿
9C4	鱀	鱁	鱂	鱃	鱄	鱅	鱆	鱇	鱈	鱉	鱊	鱋	鱌	鱍	鱎	鱏
9C5	鱐	鱑	鱒	鱓	鱔	鱕	鱖	鱗	鱘	鱙	鱚	鱛	鱜	鱝	鱞	鱟
9C6	鱠	鱡	鱢	鱣	鱤	鱥	鱦	鱧	鱨	鱩	鱪	鱫	鱬	鱭	鱮	鱯
9C7	鱰	鱱	鱲	鱳	鱴	鱵	鱶	鱷	鱸	鱹	鱺	鱻	鱼	鱽	鱾	鱿
9C8	鲀	鲁	鲂	鲃	鲄	鲅	鲆	鲇	鲈	鲉	鲊	鲋	鲌	鲍	鲎	鲏
9C9	鲐	鲑	鲒	鲓	鲔	鲕	鲖	鲗	鲘	鲙	鲚	鲛	鲜	鲝	鲞	鲟
9CA	鲠	鲡	鲢	鲣	鲤	鲥	鲦	鲧	鲨	鲩	鲪	鲫	鲬	鲭	鲮	鲯
9CB	鲰	鲱	鲲	鲳	鲴	鲵	鲶	鲷	鲸	鲹	鲺	鲻	鲼	鲽	鲾	鲿
9CC	鳀	鳁	鳂	鳃	鳄	鳅	鳆	鳇	鳈	鳉	鳊	鳋	鳌	鳍	鳎	鳏
9CD	鳐	鳑	鳒	鳓	鳔	鳕	鳖	鳗	鳘	鳙	鳚	鳛	鳜	鳝	鳞	鳟
9CE	鳠	鳡	鳢	鳣	鳤	鳥	鳦	鳧	鳨	鳩	鳪	鳫	鳬	鳭	鳮	鳯
9CF	鳰	鳱	鳲	鳳	鳴	鳵	鳶	鳷	鳸	鳹	鳺	鳻	鳼	鳽	鳾	鳿
9D0	鴀	鴁	鴂	鴃	鴄	鴅	鴆	鴇	鴈	鴉	鴊	鴋	鴌	鴍	鴎	鴏
9D1	鴐	鴑	鴒	鴓	鴔	鴕	鴖	鴗	鴘	鴙	鴚	鴛	鴜	鴝	鴞	鴟
9D2	鴠	鴡	鴢	鴣	鴤	鴥	鴦	鴧	鴨	鴩	鴪	鴫	鴬	鴭	鴮	鴯
9D3	鴰	鴱	鴲	鴳	鴴	鴵	鴶	鴷	鴸	鴹	鴺	鴻	鴼	鴽	鴾	鴿
9D4	鵀	鵁	鵂	鵃	鵄	鵅	鵆	鵇	鵈	鵉	鵊	鵋	鵌	鵍	鵎	鵏
9D5	鵐	鵑	鵒	鵓	鵔	鵕	鵖	鵗	鵘	鵙	鵚	鵛	鵜	鵝	鵞	鵟
9D6	鵠	鵡	鵢	鵣	鵤	鵥	鵦	鵧	鵨	鵩	鵪	鵫	鵬	鵭	鵮	鵯
9D7	鵰	鵱	鵲	鵳	鵴	鵵	鵶	鵷	鵸	鵹	鵺	鵻	鵼	鵽	鵾	鵿

	0	1	2	3	4	5	6	7	8	9	A	B	C	D	E	F
9D8	鶀	鶁	鶂	鶃	鶄	鶅	鶆	鶇	鶈	鶉	鶊	鶋	鶌	鶍	鶎	鶏
9D9	鶐	鶑	鶒	鶓	鶔	鶕	鶖	鶗	鶘	鶙	鶚	鶛	鶜	鶝	鶞	鶟
9DA	鶠	鶡	鶢	鶣	鶤	鶥	鶦	鶧	鶨	鶩	鶪	鶫	鶬	鶭	鶮	鶯
9DB	鶰	鶱	鶲	鶳	鶴	鶵	鶶	鶷	鶸	鶹	鶺	鶻	鶼	鶽	鶾	鶿
9DC	鷀	鷁	鷂	鷃	鷄	鷅	鷆	鷇	鷈	鷉	鷊	鷋	鷌	鷍	鷎	鷏
9DD	鷐	鷑	鷒	鷓	鷔	鷕	鷖	鷗	鷘	鷙	鷚	鷛	鷜	鷝	鷞	鷟
9DE	鷠	鷡	鷢	鷣	鷤	鷥	鷦	鷧	鷨	鷩	鷪	鷫	鷬	鷭	鷮	鷯
9DF	鷰	鷱	鷲	鷳	鷴	鷵	鷶	鷷	鷸	鷹	鷺	鷻	鷼	鷽	鷾	鷿
9E0	鸀	鸁	鸂	鸃	鸄	鸅	鸆	鸇	鸈	鸉	鸊	鸋	鸌	鸍	鸎	鸏
9E1	鸐	鸑	鸒	鸓	鸔	鸕	鸖	鸗	鸘	鸙	鸚	鸛	鸜	鸝	鸞	鸟
9E2	鸠	鸡	鸢	鸣	鸤	鸥	鸦	鸧	鸨	鸩	鸪	鸫	鸬	鸭	鸮	鸯
9E3	鸰	鸱	鸲	鸳	鸴	鸵	鸶	鸷	鸸	鸹	鸺	鸻	鸼	鸽	鸾	鸿
9E4	鹀	鹁	鹂	鹃	鹄	鹅	鹆	鹇	鹈	鹉	鹊	鹋	鹌	鹍	鹎	鹏
9E5	鹐	鹑	鹒	鹓	鹔	鹕	鹖	鹗	鹘	鹙	鹚	鹛	鹜	鹝	鹞	鹟
9E6	鹠	鹡	鹢	鹣	鹤	鹥	鹦	鹧	鹨	鹩	鹪	鹫	鹬	鹭	鹮	鹯
9E7	鹰	鹱	鹲	鹳	鹴	鹵	鹶	鹷	鹸	鹹	鹺	鹻	鹼	鹽	鹾	鹿
9E8	麀	麁	麂	麃	麄	麅	麆	麇	麈	麉	麊	麋	麌	麍	麎	麏
9E9	麐	麑	麒	麓	麔	麕	麖	麗	麘	麙	麚	麛	麜	麝	麞	麟
9EA	麠	麡	麢	麣	麤	麥	麦	麧	麨	麩	麪	麫	麬	麭	麮	麯
9EB	麰	麱	麲	麳	麴	麵	麶	麷	麸	麹	麺	麻	麼	麽	麾	麿
9EC	黀	黁	黂	黃	黄	黅	黆	黇	黈	黉	黊	黋	黌	黍	黎	黏
9ED	黐	黑	黒	黓	黔	黕	黖	黗	默	黙	黚	黛	黜	黝	點	黟
9EE	黠	黡	黢	黣	黤	黥	黦	黧	黨	黩	黪	黫	黬	黭	黮	黯
9EF	黰	黱	黲	黳	黴	黵	黶	黷	黸	黹	黺	黻	黼	黽	黾	黿

	0	1	2	3	4	5	6	7	8	9	A	B	C	D	E	F
9F0	鼀	鼁	鼂	鼃	鼄	鼅	鼆	鼇	鼈	鼉	鼊	鼋	鼌	鼍	鼎	鼏
9F1	鼐	鼑	鼒	鼓	鼔	鼕	鼖	鼗	鼘	鼙	鼚	鼛	鼜	鼝	鼞	鼟
9F2	鼠	鼡	鼢	鼣	鼤	鼥	鼦	鼧	鼨	鼩	鼪	鼫	鼬	鼭	鼮	鼯
9F3	鼰	鼱	鼲	鼳	鼴	鼵	鼶	鼷	鼸	鼹	鼺	鼻	鼼	鼽	鼾	鼿
9F4	齀	齁	齂	齃	齄	齅	齆	齇	齈	齉	齊	齋	齌	齍	齎	齏
9F5	齐	齑	齒	齓	齔	齕	齖	齗	齘	齙	齚	齛	齜	齝	齞	齟
9F6	齠	齡	齢	齣	齤	齥	齦	齧	齨	齩	齪	齫	齬	齭	齮	齯
9F7	齰	齱	齲	齳	齴	齵	齶	齷	齸	齹	齺	齻	齼	齽	齾	齿
9F8	龀	龁	龂	龃	龄	龅	龆	龇	龈	龉	龊	龋	龌	龍	龎	龏
9F9	龐	龑	龒	龓	龔	龕	龖	龗	龘	龙	龚	龛	龜	龝	龞	龟
9FA	龠	龡	龢	龣	龤	龥										

附 录 A
（规范性附录）
汉字 24 点阵字型数据

A.1 汉字 24 点阵字型数据的表示

本部分中，汉字的字型可由其点阵数据表示。每个字型的点阵数据为 24×24（横行点数×纵列点数），共 576 个二进制位，72 个字节。

A.2 汉字 24 点阵字型数据的记录格式

汉字 24 点阵字型数据的 72 个字节排列次序以 0 字节开始至 71 字节结束，均用十六进制表示，每行 3 个字节，其记录格式如下：

<table>
<tr><th rowspan="2">行数</th><th colspan="24">列 数</th></tr>
<tr><th>0</th><th>1</th><th>2</th><th>3</th><th>4</th><th>5</th><th>6</th><th>7</th><th>8</th><th>9</th><th>10</th><th>11</th><th>12</th><th>13</th><th>14</th><th>15</th><th>16</th><th>17</th><th>18</th><th>19</th><th>20</th><th>21</th><th>22</th><th>23</th></tr>
<tr><td>0</td><td colspan="8">0 字节</td><td colspan="8">1 字节</td><td colspan="8">2 字节</td></tr>
<tr><td>1
2
⋮
22</td><td colspan="8"></td><td colspan="8"></td><td colspan="8"></td></tr>
<tr><td>23</td><td colspan="8">69 字节</td><td colspan="8">70 字节</td><td colspan="8">71 字节</td></tr>
</table>

A.3 汉字 24 点阵字型数据举例

长 957F	洽 6CBB	久 4E45	安 5B89
02 00 00	00 02 00	00 80 00	00 60 00
03 80 00	18 03 80	00 E0 00	00 30 00
03 00 80	0C 03 00	00 C0 00	00 18 00
03 00 E0	06 06 00	01 80 00	10 10 18
03 03 80	04 86 00	01 83 00	1F FF FC
03 07 00	00 8C 40	03 FF 80	30 40 18
03 0C 00	00 88 20	03 07 00	30 70 20
03 18 00	61 10 18	06 06 00	60 60 00
03 20 00	31 20 0C	06 0C 00	00 60 00
03 40 00	19 FF FE	0C 0C 00	00 C0 00
03 00 0C	12 70 06	18 0E 00	00 C0 0C
FF FF FE	02 00 04	10 1A 00	7F FF FE
03 08 00	02 20 30	20 1A 00	01 81 80
03 08 00	04 3F F8	00 33 00	01 81 80
03 04 00	04 30 30	00 31 00	03 03 00
03 04 00	0C 30 30	00 61 80	03 03 00
03 02 00	7C 30 30	00 C0 80	07 86 00

03 03 00			0C 30 30			01 80 C0			00 FC 00	
03 09 80			0C 30 30			03 00 60			00 1E 00	
03 10 C0			0C 30 30			06 00 70			00 37 80	
03 60 70			0C 3F F0			0C 00 3C			00 E1 E0	
03 80 3E			0C 30 30			30 00 1F			03 80 78	
07 00 18			04 30 30			40 00 08			0E 00 18	
02 00 00			00 20 20			00 00 00			70 00 08	

附　录　B

（规范性附录）

减省笔画处理的汉字

本部分中有些汉字笔画较多，因 24 点阵字型受栅格数的限制，不能完整地表现这些字的笔画，故在保留原字型特征的基础上，进行了必要的减省笔画处理。

减省笔画处理的汉字属非规范字，只限于在本部分和有关的电子信息设备中使用，不得在正式印刷出版物中出现。本部分减省笔画处理的汉字共 9 个，如下所示：

864B CC8A	974C EC64	9A61 F347	9B18 F44E	9B24 F458	9E17 FB54	9EA0 FB97	9F7E FD85	9F98 FD93
虋	靌	驡	鬘	鬤	鸗	麠	齾	龘
虋	靌	驡	鬘	鬤	鸗	麠	齾	龘

参 考 文 献

[1] 第一批异体字整理表.中华人民共和国文化部,中国文字改革委员会.1955年12月22日.

[2] 简化字总表.中国文字改革委员会,中华人民共和国文化部,中华人民共和国教育部.1964年3月7日(1986年10月10日国家语言文字工作委员会重新发表).

[3] 印刷通用汉字字形表.中华人民共和国文化部,中国文字改革委员会.1965年1月30日.

[4] 现代汉语通用字表.国家语言文字工作委员会,中华人民共和国新闻出版署.1988年3月25日.

ICS 35.040
L 71

中华人民共和国国家标准

GB 16794.1—2010
代替 GB 16794.1—1997

信息技术 通用多八位编码字符集（CJK 统一汉字） 48 点阵字型 第 1 部分：宋体

Information technology—Universal multiple-octet coded character set (CJK unified ideographs)—48 dot matrix font—Part 1: Song Ti

2011-01-10 发布 2011-11-01 实施

中华人民共和国国家质量监督检验检疫总局
中国国家标准化管理委员会 发布

前　言

GB 16794 的本部分的全部技术内容为强制性。

GB 16794《信息技术　通用多八位编码字符集(CJK 统一汉字)　48 点阵字型》分为如下四个部分：

——第 1 部分：宋体；

——第 2 部分：黑体；

——第 3 部分：楷体；

——第 4 部分：仿宋体。

本部分为 GB 16794 的第 1 部分。

本部分规定的 48 点阵汉字字型是以《第一批异体字整理表》、《简化字总表》、《印刷通用汉字字形表》和《现代汉语通用字表》(见参考文献)为依据，按照现行汉字字形整理原则进行设计。

本部分代替 GB 16794.1—1997《信息技术　通用多八位编码字符集(Ⅰ区)　汉字 48 点阵字型》。

本部分依据 GB 13000 中 CJK 统一汉字所提供的汉字字符，设计了汉字信息系统用 48 点阵宋体字型。为了进一步提高字型质量和保证字型标准之间的协调统一，对 GB 16794.1—1997 中不正确的汉字字型进行了修正。

本部分的附录 A 是规范性附录。

本部分由中华人民共和国工业和信息化部提出。

本部分由全国信息技术标准化技术委员会(SAC/TC 28)归口。

本部分起草单位：中国电子技术标准化研究所、北京仓颉博雅信息技术有限公司、中国科学院成都计算所。

本部分起草人：代红、熊涛、王立建、周济萍、翟广臣、戴涌、王啸、王颜尊。

本部分历次版本发布情况为：

——GB 16794.1—1997。

引　言

有关字型数据的授权转让使用事宜，字型标准数据的维护、更新及修订工作，统一由归口单位负责。

地　址：北京市东城区安定门东大街1号（北京市1101信箱）
邮　编：100007
电　话：64007689　84029173
传　真：64007681
E-mail：daihong@cesi.ac.cn

信息技术 通用多八位编码字符集（CJK 统一汉字） 48 点阵字型 第1部分:宋体

1 范围

GB 16794 的本部分规定了 GB 13000—2010 中 CJK 统一汉字的 48 点阵宋体字型。

本部分主要适用于各种电子信息产品、各种数字化产品，也可用于其他有关设备。

2 规范性引用文件

下列文件中的条款通过 GB 16794 的本部分的引用而成为本部分的条款。凡是注日期的引用文件，其随后所有的修改单(不包括勘误的内容)或修订版均不适用于本部分，然而，鼓励根据本部分达成协议的各方，研究是否可使用这些文件的最新版本。凡是不注日期的引用文件，其最新版本适用于本部分。

GB 13000—2010 信息技术 通用多八位编码字符集(UCS)(ISO/IEC 10646:2003,IDT)

3 术语和定义

下列术语和定义适用于 GB 16794 的本部分。

3.1

字形 glyph

一种可辨认的抽象的图形符号，它不依赖于任何特定的设计。

3.2

字型 font

具有同一基本设计的字形图像的集合，如：宋体。

3.3

点阵字型 dot matrix font

以点的集合来表现图形字符的型(形)。

3.4

字序 character order

图形字符在集合中按一定规则排列的次序。

4 点阵字型的排列次序

本部分汉字点阵字型的字序按 GB 13000—2010 中 CJK 统一汉字的字序排列。

5 标准数据的管理

为加强对电子信息技术产品使用汉字字型标准数据的管理，保证本部分在实施中数据的正确性和一致性，有关字型数据的授权转让使用事宜，字型标准数据的维护、更新及修订工作，统一由归口单位负责。

6 点阵字型的表示方法

6.1 栅格

栅格由若干条等距离的垂直线与水平线交叉而形成。

本部分规定的是48点阵字型，其栅格横向48格，纵向48格。每个方格的中心定为点的中心位置。栅格仅对构成点阵字型的各点进行定位。48点阵的栅格图如图1所示。

图1 48点阵栅格图

6.2 点

点是构成点阵字型的最小单位，以圆形表示，它是位于各方格内的黑色区域。

6.3 点阵字样

汉字点阵字型的字样，由置于栅格内的若干个点的集合来表示。汉字“永”的48点阵字样如图2所示。

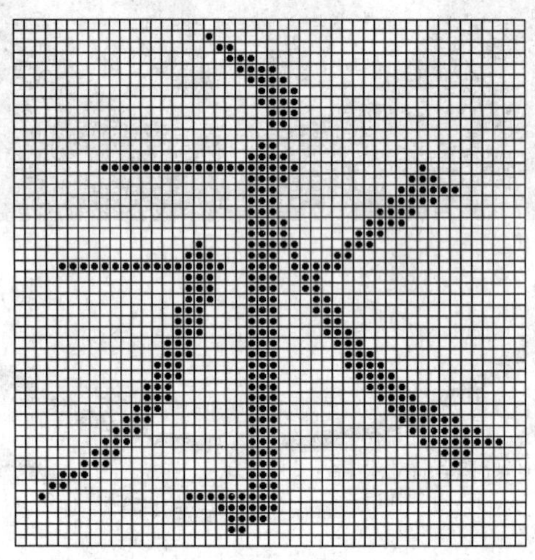

图2 汉字“永”的48点阵字样

7 汉字点阵字型

7.1 字数

本部分依据GB 13000—2010中CJK统一汉字设计了20 902个汉字的48点阵宋体字型。

7.2 汉字字型数据

汉字48点阵字型数据的表示，见附录A。

7.3 汉字点阵字型表

本部分提供的20 902个48点阵宋体字型如下：

	0	1	2	3	4	5	6	7	8	9	A	B	C	D	E	F
4E0	一	丁	丂	七	丄	丅	丆	万	丈	三	上	下	丌	不	与	丏
4E1	丐	丑	丒	专	且	丕	世	丗	丘	丙	业	丛	东	丝	丞	丟
4E2	丠	両	丢	丣	两	严	並	丧	丨	丩	个	丫	丬	中	丮	丯
4E3	丰	丱	串	丳	临	丵	丶	丷	丸	丹	为	主	丼	丽	举	丿
4E4	乀	乁	乂	乃	乄	久	乆	乇	么	义	乊	之	乌	乍	乎	乏
4E5	乐	乑	乒	乓	乔	乕	乖	乗	乘	乙	乚	乛	乜	九	乞	也
4E6	习	乡	乢	乣	乤	乥	书	乧	乨	乩	乪	乫	乬	乭	乮	乯
4E7	买	乱	乲	乳	乴	乵	乶	乷	乸	乹	乺	乻	乼	乽	乾	乿
4E8	亀	亁	亂	亃	亄	亅	了	亇	予	争	亊	事	二	亍	于	亏
4E9	亐	云	互	亓	五	井	亖	亗	亘	亙	亚	些	亜	亝	亞	亟
4EA	亠	亡	亢	亣	交	亥	亦	产	亨	亩	亪	享	京	亭	亮	亯
4EB	亰	亱	亲	亳	亴	亵	亶	亷	亸	亹	人	亻	亼	亽	亾	亿
4EC	什	仁	仂	仃	仄	仅	仆	仇	仈	仉	今	介	仌	仍	从	仏
4ED	仐	仑	仒	仓	仔	仕	他	仗	付	仙	仚	仛	仜	仝	仞	仟
4EE	仠	仡	仢	代	令	以	仦	仧	仨	仩	仪	仫	们	仭	仮	仯
4EF	仰	仱	仲	仳	仴	仵	件	价	仸	仹	仺	任	仼	份	仾	仿
4F0	伀	企	伂	伃	伄	伅	伆	伇	伈	伉	伊	伋	伌	伍	伎	伏
4F1	伐	休	伒	伓	伔	伕	伖	众	优	伙	会	伛	伜	伝	伞	伟
4F2	传	伡	伢	伣	伤	伥	伦	伧	伨	伩	伪	伫	伬	伭	伮	伯
4F3	估	伱	伲	伳	伴	伵	伶	伷	伸	伹	伺	伻	似	伽	伾	伿
4F4	佀	佁	佂	佃	佄	佅	但	佇	佈	佉	佊	佋	佌	位	低	住
4F5	佐	佑	佒	体	佔	何	佖	佗	佘	余	佚	佛	作	佝	佞	佟
4F6	你	佡	佢	佣	佤	佥	佦	佧	佨	佩	佪	佫	佬	佭	佮	佯
4F7	佰	佱	佲	佳	佴	併	佶	佷	佸	佹	佺	佻	佼	佽	佾	使

	0	1	2	3	4	5	6	7	8	9	A	B	C	D	E	F
4F8	侀	侁	侂	侃	侄	侅	來	侇	侈	侉	侊	例	侌	侍	侎	侏
4F9	侐	侑	侒	侓	侔	侕	侖	侗	侘	侙	侚	供	侜	依	侞	侟
4FA	侠	価	侢	侣	侤	侥	侦	侧	侨	侩	侪	侫	侬	侭	侮	侯
4FB	侰	侱	侲	侳	侴	侵	侶	侷	侸	侹	侺	侻	侼	侽	侾	便
4FC	俀	俁	係	促	俄	俅	俆	俇	俈	俉	俊	俋	俌	俍	俎	俏
4FD	俐	俑	俒	俓	俔	俕	俖	俗	俘	俙	俚	俛	俜	保	俞	俟
4FE	俠	信	俢	俣	俤	俥	俦	俧	俨	俩	俪	俫	俬	俭	修	俯
4FF	俰	俱	俲	俳	俴	俵	俶	俷	俸	俹	俺	俻	俼	俽	俾	俿
500	倀	倁	倂	倃	倄	倅	倆	倇	倈	倉	倊	個	倌	倍	倎	倏
501	倐	們	倒	倓	倔	倕	倖	倗	倘	候	倚	倛	倜	倝	倞	借
502	倠	倡	倢	倣	値	倥	倦	倧	倨	倩	倪	倫	倬	倭	倮	倯
503	倰	倱	倲	倳	倴	倵	倶	倷	倸	倹	债	倻	值	倽	倾	倿
504	偀	偁	偂	偃	偄	偅	偆	假	偈	偉	偊	偋	偌	偍	偎	偏
505	偐	偑	偒	偓	偔	偕	偖	偗	偘	偙	做	偛	停	偝	偞	偟
506	偠	偡	偢	偣	偤	健	偦	偧	偨	偩	偪	偫	偬	偭	偮	偯
507	偰	偱	偲	偳	側	偵	偶	偷	偸	偹	偺	偻	偼	偽	偾	偿
508	傀	傁	傂	傃	傄	傅	傆	傇	傈	傉	傊	傋	傌	傍	傎	傏
509	傐	傑	傒	傓	傔	傕	傖	傗	傘	備	傚	傛	傜	傝	傞	傟
50A	傠	傡	傢	傣	傤	傥	傦	傧	储	傩	傪	傫	催	傭	傮	傯
50B	傰	傱	傲	傳	傴	債	傶	傷	傸	傹	傺	傻	傼	傽	傾	傿
50C	僀	僁	僂	僃	僄	僅	僆	僇	僈	僉	僊	僋	僌	働	僎	像
50D	僐	僑	僒	僓	僔	僕	僖	僗	僘	僙	僚	僛	僜	僝	僞	僟
50E	僠	僡	僢	僣	僤	僥	僦	僧	僨	僩	僪	僫	僬	僭	僮	僯
50F	僰	僱	僲	僳	僴	僵	僶	僷	僸	價	僺	僻	僼	僽	僾	僿

	0	1	2	3	4	5	6	7	8	9	A	B	C	D	E	F
510	儀	儁	儂	儃	億	儅	儆	儇	儈	儉	儊	儋	儌	儍	儎	儏
511	儐	儑	儒	儓	儔	儕	儖	儗	儘	儙	儚	儛	儜	儝	儞	償
512	儠	儡	儢	儣	儤	儥	儦	儧	儨	儩	優	儫	儬	儭	儮	儯
513	儰	儱	儲	儳	儴	儵	儶	儷	儸	儹	儺	儻	儼	儽	儾	儿
514	兀	允	兂	元	兄	充	兆	兇	先	光	兊	克	兌	免	兎	兏
515	児	兑	兒	兓	兔	兕	兖	兗	兘	兙	党	兛	兜	兝	兞	兟
516	兠	兡	兢	兣	兤	入	兦	內	全	兩	兪	八	公	六	兮	兯
517	兰	共	兲	关	兴	兵	其	具	典	兹	兺	养	兼	兽	兾	兿
518	冀	冁	冂	冃	冄	内	円	冇	冈	冉	冊	冋	册	再	冎	冏
519	冐	冑	冒	冓	冔	冕	冖	冗	冘	写	冚	军	农	冝	冞	冟
51A	冠	冡	冢	冣	冤	冥	冦	冧	冨	冩	冪	冫	冬	冭	冮	冯
51B	冰	冱	冲	决	冴	况	冶	冷	冸	冹	冺	冻	冼	冽	冾	冿
51C	净	凁	凂	凃	凄	凅	准	凇	凈	凉	凊	凋	凌	凍	凎	减
51D	凐	凑	凒	凓	凔	凕	凖	凗	凘	凙	凚	凛	凜	凝	凞	凟
51E	几	凡	凢	凣	凤	凥	処	凧	凨	凩	凪	凫	凬	凭	凮	凯
51F	凰	凱	凲	凳	凴	凵	凶	凷	凸	凹	出	击	凼	函	凾	凿
520	刀	刁	刂	刃	刄	刅	分	切	刈	刉	刊	刋	刌	刍	刎	刏
521	刐	刑	划	刓	刔	刕	刖	列	刘	则	刚	创	刜	初	刞	刟
522	删	刡	刢	刣	判	別	刦	刧	刨	利	刪	别	刬	刭	刮	刯
523	到	刱	刲	刳	刴	刵	制	刷	券	刹	刺	刻	刼	刽	刾	刿
524	剀	剁	剂	剃	剄	剅	剆	則	剈	剉	削	剋	剌	前	剎	剏
525	剐	剑	剒	剓	剔	剕	剖	剗	剘	剙	剚	剛	剜	剝	剞	剟
526	剠	剡	剢	剣	剤	剥	剦	剧	剨	剩	剪	剫	剬	剭	剮	副
527	剰	剱	割	剳	剴	創	剶	剷	剸	剹	剺	剻	剼	剽	剾	剿

	0	1	2	3	4	5	6	7	8	9	A	B	C	D	E	F
528	劀	劁	劂	劃	劄	劅	劆	劇	劈	劉	劊	劋	劌	劍	劎	劏
529	劐	劑	劒	劓	劔	劕	劖	劗	劘	劙	劚	力	劜	劝	办	功
52A	加	务	劢	劣	劤	劥	劦	劧	动	助	努	劫	劬	劭	劮	劯
52B	劰	励	劲	劳	労	劵	劶	劷	劸	効	劺	劻	劼	劽	劾	势
52C	勀	勁	勂	勃	勄	勅	勆	勇	勈	勉	勊	勋	勌	勍	勎	勏
52D	勐	勑	勒	勓	勔	動	勖	勗	勘	務	勚	勛	勜	勝	勞	募
52E	勠	勡	勢	勣	勤	勥	勦	勧	勨	勩	勪	勫	勬	勭	勮	勯
52F	勰	勱	勲	勳	勴	勵	勶	勷	勸	勹	勺	勻	勼	勽	勾	勿
530	匀	匁	匂	匃	匄	包	匆	匇	匈	匉	匊	匋	匌	匍	匎	匏
531	匐	匑	匒	匓	匔	匕	化	北	匘	匙	匚	匛	匜	匝	匞	匟
532	匠	匡	匢	匣	匤	匥	匦	匧	匨	匩	匪	匫	匬	匭	匮	匯
533	匰	匱	匲	匳	匴	匵	匶	匷	匸	匹	区	医	匼	匽	匾	匿
534	區	十	卂	千	卄	卅	卆	升	午	卉	半	卋	卌	卍	华	协
535	卐	卑	卒	卓	協	单	卖	南	単	卙	博	卛	卜	卝	卞	卟
536	占	卡	卢	卣	卤	卥	卦	卧	卨	卩	卪	卫	卬	卭	卮	卯
537	印	危	卲	即	却	卵	卶	卷	卸	卹	卺	卻	卼	卽	卾	卿
538	厀	厁	厂	厃	厄	厅	历	厇	厈	厉	厊	压	厌	厍	厎	厏
539	厐	厑	厒	厓	厔	厕	厖	厗	厘	厙	厚	厛	厜	厝	厞	原
53A	厠	厡	厢	厣	厤	厥	厦	厧	厨	厩	厪	厫	厬	厭	厮	厯
53B	厰	厱	厲	厳	厴	厵	厶	厷	厸	厹	厺	去	厼	厽	厾	县
53C	叀	叁	参	參	叄	叅	叆	叇	又	叉	及	友	双	反	収	叏
53D	叐	发	叒	叓	叔	叕	取	受	变	叙	叚	叛	叜	叝	叞	叟
53E	叠	叡	叢	口	古	句	另	叧	叨	叩	只	叫	召	叭	叮	可
53F	台	叱	史	右	叴	叵	叶	号	司	叹	叺	叻	叼	叽	叾	叿

	0	1	2	3	4	5	6	7	8	9	A	B	C	D	E	F
540	吀	吁	吂	吃	各	吅	吆	吇	合	吉	吊	吋	同	名	后	吏
541	吐	向	吒	吓	吔	吕	吖	吗	吘	吙	吚	君	吜	吝	吞	吟
542	吠	吡	吢	吣	吤	吥	否	吧	吨	吩	吪	含	听	吭	吮	启
543	吰	吱	吲	吳	吴	吵	吶	吷	吸	吹	吺	吻	吼	吽	吾	吿
544	呀	呁	呂	呃	呄	呅	呆	呇	呈	呉	告	呋	呌	呍	呎	呏
545	呐	呑	呒	呓	呔	呕	呖	呗	员	呙	呚	呛	呜	呝	呞	呟
546	呠	呡	呢	呣	呤	呥	呦	呧	周	呩	呪	呫	呬	呭	呮	呯
547	呰	呱	呲	味	呴	呵	呶	呷	呸	呹	呺	呻	呼	命	呾	呿
548	咀	咁	咂	咃	咄	咅	咆	咇	咈	咉	咊	咋	和	咍	咎	咏
549	咐	咑	咒	咓	咔	咕	咖	咗	咘	咙	咚	咛	咜	咝	咞	咟
54A	咠	咡	咢	咣	咤	咥	咦	咧	咨	咩	咪	咫	咬	咭	咮	咯
54B	咰	咱	咲	咳	咴	咵	咶	咷	咸	咹	咺	咻	咼	咽	咾	咿
54C	哀	品	哂	哃	哄	哅	哆	哇	哈	哉	哊	哋	哌	响	哎	哏
54D	哐	哑	哒	哓	哔	哕	哖	哗	哘	哙	哚	哛	哜	哝	哞	哟
54E	哠	員	哢	哣	哤	哥	哦	哧	哨	哩	哪	哫	哬	哭	哮	哯
54F	哰	哱	哲	哳	哴	哵	哶	哷	哸	哹	哺	哻	哼	哽	哾	哿
550	唀	唁	唂	唃	唄	唅	唆	唇	唈	唉	唊	唋	唌	唍	唎	唏
551	唐	唑	唒	唓	唔	唕	唖	唗	唘	唙	唚	唛	唜	唝	唞	唟
552	唠	唡	唢	唣	唤	唥	唦	唧	唨	唩	唪	唫	唬	唭	售	唯
553	唰	唱	唲	唳	唴	唵	唶	唷	唸	唹	唺	唻	唼	唽	唾	唿
554	啀	啁	啂	啃	啄	啅	商	啇	啈	啉	啊	啋	啌	啍	啎	問
555	啐	啑	啒	啓	啔	啕	啖	啗	啘	啙	啚	啛	啜	啝	啞	啟
556	啠	啡	啢	啣	啤	啥	啦	啧	啨	啩	啪	啫	啬	啭	啮	啯
557	啰	啱	啲	啳	啴	啵	啶	啷	啸	啹	啺	啻	啼	啽	啾	啿

	0	1	2	3	4	5	6	7	8	9	A	B	C	D	E	F
558	喀	喁	喂	喃	善	喅	喆	喇	喈	喉	喊	喋	喌	喍	喎	喏
559	喐	喑	喒	喓	喔	喕	喖	喗	喘	喙	喚	喛	喜	喝	喞	喟
55A	喠	喡	喢	喣	喤	喥	喦	喧	喨	喩	喪	喫	喬	喭	單	喯
55B	喰	喱	喲	喳	喴	喵	営	喷	喸	喹	喺	喻	喼	喽	喾	喿
55C	嗀	嗁	嗂	嗃	嗄	嗅	嗆	嗇	嗈	嗉	嗊	嗋	嗌	嗍	嗎	嗏
55D	嗐	嗑	嗒	嗓	嗔	嗕	嗖	嗗	嗘	嗙	嗚	嗛	嗜	嗝	嗞	嗟
55E	嗠	嗡	嗢	嗣	嗤	嗥	嗦	嗧	嗨	嗩	嗪	嗫	嗬	嗭	嗮	嗯
55F	嗰	嗱	嗲	嗳	嗴	嗵	嗶	嗷	嗸	嗹	嗺	嗻	嗼	嗽	嗾	嗿
560	嘀	嘁	嘂	嘃	嘄	嘅	嘆	嘇	嘈	嘉	嘊	嘋	嘌	嘍	嘎	嘏
561	嘐	嘑	嘒	嘓	嘔	嘕	嘖	嘗	嘘	嘙	嘚	嘛	嘜	嘝	嘞	嘟
562	嘠	嘡	嘢	嘣	嘤	嘥	嘦	嘧	嘨	嘩	嘪	嘫	嘬	嘭	嘮	嘯
563	嘰	嘱	嘲	嘳	嘴	嘵	嘶	嘷	嘸	嘹	嘺	嘻	嘼	嘽	嘾	嘿
564	噀	噁	噂	噃	噄	噅	噆	噇	噈	噉	噊	噋	噌	噍	噎	噏
565	噐	噑	噒	噓	噔	噕	噖	噗	噘	噙	噚	噛	噜	噝	噞	噟
566	噠	噡	噢	噣	噤	噥	噦	噧	器	噩	噪	噫	噬	噭	噮	噯
567	噰	噱	噲	噳	噴	噵	噶	噷	噸	噹	噺	噻	噼	噽	噾	噿
568	嚀	嚁	嚂	嚃	嚄	嚅	嚆	嚇	嚈	嚉	嚊	嚋	嚌	嚍	嚎	嚏
569	嚐	嚑	嚒	嚓	嚔	嚕	嚖	嚗	嚘	嚙	嚚	嚛	嚜	嚝	嚞	嚟
56A	嚠	嚡	嚢	嚣	嚤	嚥	嚦	嚧	嚨	嚩	嚪	嚫	嚬	嚭	嚮	嚯
56B	嚰	嚱	嚲	嚳	嚴	嚵	嚶	嚷	嚸	嚹	嚺	嚻	嚼	嚽	嚾	嚿
56C	囀	囁	囂	囃	囄	囅	囆	囇	囈	囉	囊	囋	囌	囍	囎	囏
56D	囐	囑	囒	囓	囔	囕	囖	囗	囘	囙	囚	四	囜	囝	回	囟
56E	因	囡	团	団	囤	囥	囦	囧	囨	囩	囪	囫	囬	园	囮	囯
56F	困	囱	囲	図	围	囵	囶	囷	囸	囹	固	囻	囼	国	图	囿

	0	1	2	3	4	5	6	7	8	9	A	B	C	D	E	F
570	圀	圁	圂	圃	圄	圅	圆	圇	圈	圉	圊	國	圌	圍	圎	圏
571	圐	圑	園	圓	圔	圕	圖	圗	團	圙	圚	圛	圜	圝	圞	土
572	圠	圡	圢	圣	圤	圥	圦	圧	在	圩	圪	圫	圬	圭	圮	圯
573	地	圱	圲	圳	圴	圵	圶	圷	圸	圹	场	圻	圼	圽	圾	圿
574	址	坁	坂	坃	坄	坅	坆	均	坈	坉	坊	坋	坌	坍	坎	坏
575	坐	坑	坒	坓	坔	坕	坖	块	坘	坙	坚	坛	坜	坝	坞	坟
576	坠	坡	坢	坣	坤	坥	坦	坧	坨	坩	坪	坫	坬	坭	坮	坯
577	坰	坱	坲	坳	坴	坵	坶	坷	坸	坹	坺	坻	坼	坽	坾	坿
578	垀	垁	垂	垃	垄	垅	垆	垇	垈	垉	垊	型	垌	垍	垎	垏
579	垐	垑	垒	垓	垔	垕	垖	垗	垘	垙	垚	垛	垜	垝	垞	垟
57A	垠	垡	垢	垣	垤	垥	垦	垧	垨	垩	垪	垫	垬	垭	垮	垯
57B	垰	垱	垲	垳	垴	垵	垶	垷	垸	垹	垺	垻	垼	垽	垾	垿
57C	埀	埁	埂	埃	埄	埅	埆	埇	埈	埉	埊	埋	埌	埍	城	埏
57D	埐	埑	埒	埓	埔	埕	埖	埗	埘	埙	埚	埛	埜	埝	埞	域
57E	埠	埡	埢	埣	埤	埥	埦	埧	埨	埩	埪	埫	埬	埭	埮	埯
57F	埰	埱	埲	埳	埴	埵	埶	執	埸	培	基	埻	埼	埽	埾	埿
580	堀	堁	堂	堃	堄	堅	堆	堇	堈	堉	堊	堋	堌	堍	堎	堏
581	堐	堑	堒	堓	堔	堕	堖	堗	堘	堙	堚	堛	堜	堝	堞	堟
582	堠	堡	堢	堣	堤	堥	堦	堧	堨	堩	堪	堫	堬	堭	堮	堯
583	堰	報	堲	堳	場	堵	堶	堷	堸	堹	堺	堻	堼	堽	堾	堿
584	塀	塁	塂	塃	塄	塅	塆	塇	塈	塉	塊	塋	塌	塍	塎	塏
585	塐	塑	塒	塓	塔	塕	塖	塗	塘	塙	塚	塛	塜	塝	塞	塟
586	塠	塡	塢	塣	塤	塥	塦	塧	塨	塩	塪	填	塬	塭	塮	塯
587	塰	塱	塲	塳	塴	塵	塶	塷	塸	塹	塺	塻	塼	塽	塾	塿

	0	1	2	3	4	5	6	7	8	9	A	B	C	D	E	F
588	墀	墁	墂	境	墄	墅	墆	墇	墈	墉	墊	墋	墌	墍	墎	墏
589	墐	墑	墒	墓	墔	墕	墖	増	墘	墙	墚	墛	墜	墝	增	墟
58A	墠	墡	墢	墣	墤	墥	墦	墧	墨	墩	墪	墫	墬	墭	墮	墯
58B	墰	墱	墲	墳	墴	墵	墶	墷	墸	墹	墺	墻	墼	墽	墾	墿
58C	壀	壁	壂	壃	壄	壅	壆	壇	壈	壉	壊	壋	壌	壍	壎	壏
58D	壐	壑	壒	壓	壔	壕	壖	壗	壘	壙	壚	壛	壜	壝	壞	壟
58E	壠	壡	壢	壣	壤	壥	壦	壧	壨	壩	壪	士	壬	壭	壮	壯
58F	声	壱	売	壳	壴	壵	壶	壷	壸	壹	壺	壻	壼	壽	壾	壿
590	夀	夁	夂	夃	处	夅	夆	备	夈	変	夊	夋	夌	复	夎	夏
591	夐	夑	夒	夓	夔	夕	外	夗	夘	夙	多	夛	夜	夝	夞	够
592	夠	夡	夢	夣	夤	夥	夦	大	夨	天	太	夫	夬	夭	央	夯
593	夰	失	夲	夳	头	夵	夶	夷	夸	夹	夺	夻	夼	夽	夾	夿
594	奀	奁	奂	奃	奄	奅	奆	奇	奈	奉	奊	奋	奌	奍	奎	奏
595	奐	契	奒	奓	奔	奕	奖	套	奘	奙	奚	奛	奜	奝	奞	奟
596	奠	奡	奢	奣	奤	奥	奦	奧	奨	奩	奪	奫	奬	奭	奮	奯
597	奰	奱	奲	女	奴	奵	奶	奷	奸	她	奺	奻	奼	好	奾	奿
598	妀	妁	如	妃	妄	妅	妆	妇	妈	妉	妊	妋	妌	妍	妎	妏
599	妐	妑	妒	妓	妔	妕	妖	妗	妘	妙	妚	妛	妜	妝	妞	妟
59A	妠	妡	妢	妣	妤	妥	妦	妧	妨	妩	妪	妫	妬	妭	妮	妯
59B	妰	妱	妲	妳	妴	妵	妶	妷	妸	妹	妺	妻	妼	妽	妾	妿
59C	姀	姁	姂	姃	姄	姅	姆	姇	姈	姉	姊	始	姌	姍	姎	姏
59D	姐	姑	姒	姓	委	姕	姖	姗	姘	姙	姚	姛	姜	姝	姞	姟
59E	姠	姡	姢	姣	姤	姥	姦	姧	姨	姩	姪	姫	姬	姭	姮	姯
59F	姰	姱	姲	姳	姴	姵	姶	姷	姸	姹	姺	姻	姼	姽	姾	姿

	0	1	2	3	4	5	6	7	8	9	A	B	C	D	E	F
5A0	娀	威	娂	娃	娄	娅	娆	娇	娈	娉	娊	娋	娌	娍	娎	娏
5A1	娐	娑	娒	娓	娔	娕	娖	娗	娘	娙	娚	娛	娜	娝	娞	娟
5A2	娠	娡	娢	娣	娤	娥	娦	娧	娨	娩	娪	娫	娬	娭	娮	娯
5A3	娰	娱	娲	娳	娴	娵	娶	娷	娸	娹	娺	娻	娼	娽	娾	娿
5A4	婀	婁	婂	婃	婄	婅	婆	婇	婈	婉	婊	婋	婌	婍	婎	婏
5A5	婐	婑	婒	婓	婔	婕	婖	婗	婘	婙	婚	婛	婜	婝	婞	婟
5A6	婠	婡	婢	婣	婤	婥	婦	婧	婨	婩	婪	婫	婬	婭	婮	婯
5A7	婰	婱	婲	婳	婴	婵	婶	婷	婸	婹	婺	婻	婼	婽	婾	婿
5A8	媀	媁	媂	媃	媄	媅	媆	媇	媈	媉	媊	媋	媌	媍	媎	媏
5A9	媐	媑	媒	媓	媔	媕	媖	媗	媘	媙	媚	媛	媜	媝	媞	媟
5AA	媠	媡	媢	媣	媤	媥	媦	媧	媨	媩	媪	媫	媬	媭	媮	媯
5AB	媰	媱	媲	媳	媴	媵	媶	媷	媸	媹	媺	媻	媼	媽	媾	媿
5AC	嫀	嫁	嫂	嫃	嫄	嫅	嫆	嫇	嫈	嫉	嫊	嫋	嫌	嫍	嫎	嫏
5AD	嫐	嫑	嫒	嫓	嫔	嫕	嫖	嫗	嫘	嫙	嫚	嫛	嫜	嫝	嫞	嫟
5AE	嫠	嫡	嫢	嫣	嫤	嫥	嫦	嫧	嫨	嫩	嫪	嫫	嫬	嫭	嫮	嫯
5AF	嫰	嫱	嫲	嫳	嫴	嫵	嫶	嫷	嫸	嫹	嫺	嫻	嫼	嫽	嫾	嫿
5B0	嬀	嬁	嬂	嬃	嬄	嬅	嬆	嬇	嬈	嬉	嬊	嬋	嬌	嬍	嬎	嬏
5B1	嬐	嬑	嬒	嬓	嬔	嬕	嬖	嬗	嬘	嬙	嬚	嬛	嬜	嬝	嬞	嬟
5B2	嬠	嬡	嬢	嬣	嬤	嬥	嬦	嬧	嬨	嬩	嬪	嬫	嬬	嬭	嬮	嬯
5B3	嬰	嬱	嬲	嬳	嬴	嬵	嬶	嬷	嬸	嬹	嬺	嬻	嬼	嬽	嬾	嬿
5B4	孀	孁	孂	孃	孄	孅	孆	孇	孈	孉	孊	孋	孌	孍	孎	孏
5B5	子	孑	孒	孓	孔	孕	孖	字	存	孙	孚	孛	孜	孝	孞	孟
5B6	孠	孡	孢	季	孤	孥	学	孧	孨	孩	孪	孫	孬	孭	孮	孯
5B7	孰	孱	孲	孳	孴	孵	孶	孷	學	孹	孺	孻	孼	孽	孾	孿

	0	1	2	3	4	5	6	7	8	9	A	B	C	D	E	F
5B8	宀	宁	宂	它	宄	宅	宆	宇	守	安	宊	宋	完	宍	宎	宏
5B9	宐	宑	宒	宓	宔	宕	宖	宗	官	宙	定	宛	宜	宝	实	実
5BA	宠	审	客	宣	室	宥	宦	宧	宨	宩	宪	宫	宬	宭	宮	宯
5BB	宰	宱	宲	害	宴	宵	家	宷	宸	容	宺	宻	宼	宽	宾	宿
5BC	寀	寁	寂	寃	寄	寅	密	寇	寈	寉	寊	寋	富	寍	寎	寏
5BD	寐	寑	寒	寓	寔	寕	寖	寗	寘	寙	寚	寛	寜	寝	寞	察
5BE	寠	寡	寢	寣	寤	寥	實	寧	寨	審	寪	寫	寬	寭	寮	寯
5BF	寰	寱	寲	寳	寴	寵	寶	寷	寸	对	寺	寻	导	寽	対	寿
5C0	尀	封	専	尃	射	尅	将	將	專	尉	尊	尋	尌	對	導	小
5C1	尐	少	尒	尓	尔	尕	尖	尗	尘	尙	尚	尛	尜	尝	尞	尟
5C2	尠	尡	尢	尣	尤	尥	尦	尧	尨	尩	尪	尫	尬	尭	尮	尯
5C3	尰	就	尲	尳	尴	尵	尶	尷	尸	尹	尺	尻	尼	尽	尾	尿
5C4	局	屁	层	屃	屄	居	屆	屇	屈	屉	届	屋	屌	屍	屎	屏
5C5	屐	屑	屒	屓	屔	展	屖	屗	屘	屙	屚	屛	屜	屝	属	屟
5C6	屠	屡	屢	屣	層	履	屦	屧	屨	屩	屪	屫	屬	屭	屮	屯
5C7	屰	山	屲	屳	屴	屵	屶	屷	屸	屹	屺	屻	屼	屽	屾	屿
5C8	岀	岁	岂	岃	岄	岅	岆	岇	岈	岉	岊	岋	岌	岍	岎	岏
5C9	岐	岑	岒	岓	岔	岕	岖	岗	岘	岙	岚	岛	岜	岝	岞	岟
5CA	岠	岡	岢	岣	岤	岥	岦	岧	岨	岩	岪	岫	岬	岭	岮	岯
5CB	岰	岱	岲	岳	岴	岵	岶	岷	岸	岹	岺	岻	岼	岽	岾	岿
5CC	峀	峁	峂	峃	峄	峅	峆	峇	峈	峉	峊	峋	峌	峍	峎	峏
5CD	峐	峑	峒	峓	峔	峕	峖	峗	峘	峙	峚	峛	峜	峝	峞	峟
5CE	峠	峡	峢	峣	峤	峥	峦	峧	峨	峩	峪	峫	峬	峭	峮	峯
5CF	峰	峱	峲	峳	峴	峵	島	峷	峸	峹	峺	峻	峼	峽	峾	峿

	0	1	2	3	4	5	6	7	8	9	A	B	C	D	E	F
5D0	崀	崁	崂	崃	崄	崅	崆	崇	崈	崉	崊	崋	崌	崍	崎	崏
5D1	崐	崑	崒	崓	崔	崕	崖	崗	崘	崙	崚	崛	崜	崝	崞	崟
5D2	崠	崡	崢	崣	崤	崥	崦	崧	崨	崩	崪	崫	崬	崭	崮	崯
5D3	崰	崱	崲	崳	崴	崵	崶	崷	崸	崹	崺	崻	崼	崽	崾	崿
5D4	嵀	嵁	嵂	嵃	嵄	嵅	嵆	嵇	嵈	嵉	嵊	嵋	嵌	嵍	嵎	嵏
5D5	嵐	嵑	嵒	嵓	嵔	嵕	嵖	嵗	嵘	嵙	嵚	嵛	嵜	嵝	嵞	嵟
5D6	嵠	嵡	嵢	嵣	嵤	嵥	嵦	嵧	嵨	嵩	嵪	嵫	嵬	嵭	嵮	嵯
5D7	嵰	嵱	嵲	嵳	嵴	嵵	嵶	嵷	嵸	嵹	嵺	嵻	嵼	嵽	嵾	嵿
5D8	嶀	嶁	嶂	嶃	嶄	嶅	嶆	嶇	嶈	嶉	嶊	嶋	嶌	嶍	嶎	嶏
5D9	嶐	嶑	嶒	嶓	嶔	嶕	嶖	嶗	嶘	嶙	嶚	嶛	嶜	嶝	嶞	嶟
5DA	嶠	嶡	嶢	嶣	嶤	嶥	嶦	嶧	嶨	嶩	嶪	嶫	嶬	嶭	嶮	嶯
5DB	嶰	嶱	嶲	嶳	嶴	嶵	嶶	嶷	嶸	嶹	嶺	嶻	嶼	嶽	嶾	嶿
5DC	巀	巁	巂	巃	巄	巅	巆	巇	巈	巉	巊	巋	巌	巍	巎	巏
5DD	巐	巑	巒	巓	巔	巕	巖	巗	巘	巙	巚	巛	巜	川	州	巟
5DE	巠	巡	巢	巣	巤	工	左	巧	巨	巩	巪	巫	巬	巭	差	巯
5DF	巰	己	已	巳	巴	巵	巶	巷	巸	巹	巺	巻	巼	巽	巾	巿
5E0	帀	币	市	布	帄	帅	帆	帇	师	帉	帊	帋	希	帍	帎	帏
5E1	帐	帑	帒	帓	帔	帕	帖	帗	帘	帙	帚	帛	帜	帝	帞	帟
5E2	帠	帡	帢	帣	帤	帥	带	帧	帨	帩	帪	師	帬	席	帮	帯
5E3	帰	帱	帲	帳	帴	帵	帶	帷	常	帹	帺	帻	帼	帽	帾	帿
5E4	幀	幁	幂	幃	幄	幅	幆	幇	幈	幉	幊	幋	幌	幍	幎	幏
5E5	幐	幑	幒	幓	幔	幕	幖	幗	幘	幙	幚	幛	幜	幝	幞	幟
5E6	幠	幡	幢	幣	幤	幥	幦	幧	幨	幩	幪	幫	幬	幭	幮	幯
5E7	幰	幱	干	平	年	幵	并	幷	幸	幹	幺	幻	幼	幽	幾	广

	0	1	2	3	4	5	6	7	8	9	A	B	C	D	E	F
5E8	庀	庁	庂	広	庄	庅	庆	庇	庈	庉	床	庋	庌	庍	庎	序
5E9	庐	庑	庒	库	应	底	庖	店	庘	庙	庚	庛	府	庝	庞	废
5EA	庠	庡	庢	庣	庤	庥	度	座	庨	庩	庪	庫	庬	庭	庮	庯
5EB	庰	庱	庲	庳	庴	庵	庶	康	庸	庹	庺	庻	庼	庽	庾	庿
5EC	廀	廁	廂	廃	廄	廅	廆	廇	廈	廉	廊	廋	廌	廍	廎	廏
5ED	廐	廑	廒	廓	廔	廕	廖	廗	廘	廙	廚	廛	廜	廝	廞	廟
5EE	廠	廡	廢	廣	廤	廥	廦	廧	廨	廩	廪	廫	廬	廭	廮	廯
5EF	廰	廱	廲	廳	廴	廵	延	廷	廸	廹	建	廻	廼	廽	廾	廿
5F0	开	弁	异	弃	弄	弅	弆	弇	弈	弉	弊	弋	弌	弍	弎	式
5F1	弐	弑	弒	弓	弔	引	弖	弗	弘	弙	弚	弛	弜	弝	弞	弟
5F2	张	弡	弢	弣	弤	弥	弦	弧	弨	弩	弪	弫	弬	弭	弮	弯
5F3	弰	弱	弲	弳	弴	張	弶	強	弸	弹	强	弻	弼	弽	弾	弿
5F4	彀	彁	彂	彃	彄	彅	彆	彇	彈	彉	彊	彋	彌	彍	彎	彏
5F5	彐	彑	归	当	彔	录	彖	彗	彘	彙	彚	彛	彜	彝	彞	彟
5F6	彠	彡	形	彣	彤	彥	彦	彧	彨	彩	彪	彫	彬	彭	彮	彯
5F7	彰	影	彲	彳	彴	彵	彶	彷	彸	役	彺	彻	彼	彽	彾	彿
5F8	往	征	徂	徃	径	待	徆	徇	很	徉	徊	律	後	徍	徎	徏
5F9	徐	徑	徒	従	徔	徕	徖	得	徘	徙	徚	徛	徜	徝	從	徟
5FA	徠	御	徢	徣	徤	徥	徦	徧	徨	復	循	徫	徬	徭	微	徯
5FB	徰	徱	徲	徳	徴	徵	徶	德	徸	徹	徺	徻	徼	徽	徾	徿
5FC	忀	忁	忂	心	忄	必	忆	忇	忈	忉	忊	忋	忌	忍	忎	忏
5FD	忐	忑	忒	忓	忔	忕	忖	志	忘	忙	忚	忛	応	忝	忞	忟
5FE	忠	忡	忢	忣	忤	忥	忦	忧	忨	忩	忪	快	忬	忭	忮	忯
5FF	忰	忱	忲	忳	忴	念	忶	忷	忸	忹	忺	忻	忼	忽	忾	忿

	0	1	2	3	4	5	6	7	8	9	A	B	C	D	E	F
600	怀	态	怂	怃	怄	怅	怆	怇	怈	怉	怊	怋	怌	怍	怎	怏
601	怐	怑	怒	怓	怔	怕	怖	怗	怘	怙	怚	怛	怜	思	怞	怟
602	怠	怡	怢	怣	怤	急	怦	性	怨	怩	怪	怫	怬	怭	怮	怯
603	怰	怱	怲	怳	怴	怵	怶	怷	怸	怹	怺	总	怼	怽	怾	怿
604	恀	恁	恂	恃	恄	恅	恆	恇	恈	恉	恊	恋	恌	恍	恎	恏
605	恐	恑	恒	恓	恔	恕	恖	恗	恘	恙	恚	恛	恜	恝	恞	恟
606	恠	恡	恢	恣	恤	恥	恦	恧	恨	恩	恪	恫	恬	恭	恮	息
607	恰	恱	恲	恳	恴	恵	恶	恷	恸	恹	恺	恻	恼	恽	恾	恿
608	悀	悁	悂	悃	悄	悅	悆	悇	悈	悉	悊	悋	悌	悍	悎	悏
609	悐	悑	悒	悓	悔	悕	悖	悗	悘	悙	悚	悛	悜	悝	悞	悟
60A	悠	悡	悢	患	悤	悥	悦	悧	您	悩	悪	悫	悬	悭	悮	悯
60B	悰	悱	悲	悳	悴	悵	悶	悷	悸	悹	悺	悻	悼	悽	悾	悿
60C	惀	惁	惂	惃	惄	情	惆	惇	惈	惉	惊	惋	惌	惍	惎	惏
60D	惐	惑	惒	惓	惔	惕	惖	惗	惘	惙	惚	惛	惜	惝	惞	惟
60E	惠	惡	惢	惣	惤	惥	惦	惧	惨	惩	惪	惫	惬	惭	惮	惯
60F	惰	惱	惲	想	惴	惵	惶	惷	惸	惹	惺	惻	惼	惽	惾	惿
610	愀	愁	愂	愃	愄	愅	愆	愇	愈	愉	愊	愋	愌	愍	愎	意
611	愐	愑	愒	愓	愔	愕	愖	愗	愘	愙	愚	愛	愜	愝	愞	感
612	愠	愡	愢	愣	愤	愥	愦	愧	愨	愩	愪	愫	愬	愭	愮	愯
613	愰	愱	愲	愳	愴	愵	愶	愷	愸	愹	愺	愻	愼	愽	愾	愿
614	慀	慁	慂	慃	慄	慅	慆	慇	慈	慉	慊	態	慌	慍	慎	慏
615	慐	慑	慒	慓	慔	慕	慖	慗	慘	慙	慚	慛	慜	慝	慞	慟
616	慠	慡	慢	慣	慤	慥	慦	慧	慨	慩	慪	慫	慬	慭	慮	慯
617	慰	慱	慲	慳	慴	慵	慶	慷	慸	慹	慺	慻	慼	慽	慾	慿

	0	1	2	3	4	5	6	7	8	9	A	B	C	D	E	F
618	憀	憁	憂	憃	憄	憅	憆	憇	憈	憉	憊	憋	憌	憍	憎	憏
619	憐	憑	憒	憓	憔	憕	憖	憗	憘	憙	憚	憛	憜	憝	憞	憟
61A	憠	憡	憢	憣	憤	憥	憦	憧	憨	憩	憪	憫	憬	憭	憮	憯
61B	憰	憱	憲	憳	憴	憵	憶	憷	憸	憹	憺	憻	憼	憽	憾	憿
61C	懀	懁	懂	懃	懄	懅	懆	懇	懈	應	懊	懋	懌	懍	懎	懏
61D	懐	懑	懒	懓	懔	懕	懖	懗	懘	懙	懚	懛	懜	懝	懞	懟
61E	懠	懡	懢	懣	懤	懥	懦	懧	懨	懩	懪	懫	懬	懭	懮	懯
61F	懰	懱	懲	懳	懴	懵	懶	懷	懸	懹	懺	懻	懼	懽	懾	懿
620	戀	戁	戂	戃	戄	戅	戆	戇	戈	戉	戊	戋	戌	戍	戎	戏
621	成	我	戒	戓	戔	戕	或	戗	战	戙	戚	戛	戜	戝	戞	戟
622	戠	戡	戢	戣	戤	戥	戦	戧	戨	戩	截	戫	戬	戭	戮	戯
623	戰	戱	戲	戳	戴	戵	戶	户	戸	戹	戺	戻	戼	戽	戾	房
624	所	扁	扂	扃	扄	扅	扆	扇	扈	扉	扊	手	扌	才	扎	扏
625	扐	扑	扒	打	扔	払	扖	扗	托	扙	扚	扛	扜	扝	扞	扟
626	扠	扡	扢	扣	扤	扥	扦	执	扨	扩	扪	扫	扬	扭	扮	扯
627	扰	扱	扲	扳	扴	扵	扶	扷	扸	批	扺	扻	扼	扽	找	承
628	技	抁	抂	抃	抄	抅	抆	抇	抈	抉	把	抋	抌	抍	抎	抏
629	抐	抑	抒	抓	抔	投	抖	抗	折	抙	抚	抛	抜	抝	択	抟
62A	抠	抡	抢	抣	护	报	抦	抧	抨	抩	抪	披	抬	抭	抮	抯
62B	抰	抱	抲	抳	抴	抵	抶	抷	抸	抹	抺	抻	押	抽	抾	抿
62C	拀	拁	拂	拃	拄	担	拆	拇	拈	拉	拊	拋	拌	拍	拎	拏
62D	拐	拑	拒	拓	拔	拕	拖	拗	拘	拙	拚	招	拜	拝	拞	拟
62E	拠	拡	拢	拣	拤	拥	拦	拧	拨	择	拪	拫	括	拭	拮	拯
62F	拰	拱	拲	拳	拴	拵	拶	拷	拸	拹	拺	拻	拼	拽	拾	拿

	0	1	2	3	4	5	6	7	8	9	A	B	C	D	E	F
630	挀	持	挂	挃	挄	挅	挆	指	挈	按	挊	挋	挌	挍	挎	挏
631	挐	挑	挒	挓	挔	挕	挖	挗	挘	挙	挚	挛	挜	挝	挞	挟
632	挠	挡	挢	挣	挤	挥	挦	挧	挨	挩	挪	挫	挬	挭	挮	振
633	挰	挱	挲	挳	挴	挵	挶	挷	挸	挹	挺	挻	挼	挽	挾	挿
634	捀	捁	捂	捃	捄	捅	捆	捇	捈	捉	捊	捋	捌	捍	捎	捏
635	捐	捑	捒	捓	捔	捕	捖	捗	捘	捙	捚	捛	捜	捝	捞	损
636	捠	捡	换	捣	捤	捥	捦	捧	捨	捩	捪	捫	捬	捭	据	捯
637	捰	捱	捲	捳	捴	捵	捶	捷	捸	捹	捺	捻	捼	捽	捾	捿
638	掀	掁	掂	掃	掄	掅	掆	掇	授	掉	掊	掋	掌	掍	掎	掏
639	掐	掑	排	掓	掔	掕	掖	掗	掘	掙	掚	掛	掜	掝	掞	掟
63A	掠	採	探	掣	掤	接	掦	控	推	掩	措	掫	掬	掭	掮	掯
63B	掰	掱	掲	掳	掴	掵	掶	掷	掸	掹	掺	掻	掼	掽	掾	掿
63C	揀	揁	揂	揃	揄	揅	揆	揇	揈	揉	揊	揋	揌	揍	揎	描
63D	提	揑	插	揓	揔	揕	揖	揗	揘	揙	揚	換	揜	揝	揞	揟
63E	揠	握	揢	揣	揤	揥	揦	揧	揨	揩	揪	揫	揬	揭	揮	揯
63F	揰	揱	揲	揳	援	揵	揶	揷	揸	揹	揺	揻	揼	揽	揾	揿
640	搀	搁	搂	搃	搄	搅	搆	搇	搈	搉	搊	搋	搌	損	搎	搏
641	搐	搑	搒	搓	搔	搕	搖	搗	搘	搙	搚	搛	搜	搝	搞	搟
642	搠	搡	搢	搣	搤	搥	搦	搧	搨	搩	搪	搫	搬	搭	搮	搯
643	搰	搱	搲	搳	搴	搵	搶	搷	搸	搹	携	搻	搼	搽	搾	搿
644	摀	摁	摂	摃	摄	摅	摆	摇	摈	摉	摊	摋	摌	摍	摎	摏
645	摐	摑	摒	摓	摔	摕	摖	摗	摘	摙	摚	摛	摜	摝	摞	摟
646	摠	摡	摢	摣	摤	摥	摦	摧	摨	摩	摪	摫	摬	摭	摮	摯
647	摰	摱	摲	摳	摴	摵	摶	摷	摸	摹	摺	摻	摼	摽	摾	摿

	0	1	2	3	4	5	6	7	8	9	A	B	C	D	E	F
648	撀	撁	撂	撃	撄	撅	撆	撇	撈	撉	撊	撋	撌	撍	撎	撏
649	撐	撑	撒	撓	撔	撕	撖	撗	撘	撙	撚	撛	撜	撝	撞	撟
64A	撠	撡	撢	撣	撤	撥	撦	撧	撨	撩	撪	撫	撬	播	撮	撯
64B	撰	撱	撲	撳	撴	撵	撶	撷	撸	撹	撺	撻	撼	撽	撾	撿
64C	擀	擁	擂	擃	擄	擅	擆	擇	擈	擉	擊	擋	擌	操	擎	擏
64D	擐	擑	擒	擓	擔	擕	擖	擗	擘	擙	據	擛	擜	擝	擞	擟
64E	擠	擡	擢	擣	擤	擥	擦	擧	擨	擩	擪	擫	擬	擭	擮	擯
64F	擰	擱	擲	擳	擴	擵	擶	擷	擸	擹	擺	擻	擼	擽	擾	擿
650	攀	攁	攂	攃	攄	攅	攆	攇	攈	攉	攊	攋	攌	攍	攎	攏
651	攐	攑	攒	攓	攔	攕	攖	攗	攘	攙	攚	攛	攜	攝	攞	攟
652	攠	攡	攢	攣	攤	攥	攦	攧	攨	攩	攪	攫	攬	攭	攮	支
653	攰	攱	攲	攳	攴	攵	收	攷	攸	改	攺	攻	攼	攽	放	政
654	敀	敁	敂	敃	敄	故	敆	敇	效	敉	敊	敋	敌	敍	敎	敏
655	敐	救	敒	敓	敔	敕	敖	敗	敘	教	敚	敛	敜	敝	敞	敟
656	敠	敡	敢	散	敤	敥	敦	敧	敨	敩	敪	敫	敬	敭	敮	敯
657	数	敱	敲	敳	整	敵	敶	敷	數	敹	敺	敻	敼	敽	敾	敿
658	斀	斁	斂	斃	斄	斅	斆	文	斈	斉	斊	斋	斌	斍	斎	斏
659	斐	斑	斒	斓	斔	斕	斖	斗	斘	料	斚	斛	斜	斝	斞	斟
65A	斠	斡	斢	斣	斤	斥	斦	斧	斨	斩	斪	斫	斬	断	斮	斯
65B	新	斱	斲	斳	斴	斵	斶	斷	斸	方	斺	斻	於	施	斾	斿
65C	旀	旁	旂	旃	旄	旅	旆	旇	旈	旉	旊	旋	旌	旍	旎	族
65D	旐	旑	旒	旓	旔	旕	旖	旗	旘	旙	旚	旛	旜	旝	旞	旟
65E	无	旡	既	旣	旤	日	旦	旧	旨	早	旪	旫	旬	旭	旮	旯
65F	旰	旱	旲	旳	旴	旵	时	旷	旸	旹	旺	旻	旼	旽	旾	旿

	0	1	2	3	4	5	6	7	8	9	A	B	C	D	E	F
660	昀	昁	昂	昃	昄	昅	昆	昇	昈	昉	昊	昋	昌	昍	明	昏
661	昐	昑	昒	易	昔	昕	昖	昗	昘	昙	昚	昛	昜	昝	昞	星
662	映	昡	昢	昣	昤	春	昦	昧	昨	昩	昪	昫	昬	昭	昮	是
663	昰	昱	昲	昳	昴	昵	昶	昷	昸	昹	昺	昻	昼	昽	显	昿
664	晀	晁	時	晃	晄	晅	晆	晇	晈	晉	晊	晋	晌	晍	晎	晏
665	晐	晑	晒	晓	晔	晕	晖	晗	晘	晙	晚	晛	晜	晝	晞	晟
666	晠	晡	晢	晣	晤	晥	晦	晧	晨	晩	晪	晫	晬	晭	普	景
667	晰	晱	晲	晳	晴	晵	晶	晷	晸	晹	智	晻	晼	晽	晾	晿
668	暀	暁	暂	暃	暄	暅	暆	暇	暈	暉	暊	暋	暌	暍	暎	暏
669	暐	暑	暒	暓	暔	暕	暖	暗	暘	暙	暚	暛	暜	暝	暞	暟
66A	暠	暡	暢	暣	暤	暥	暦	暧	暨	暩	暪	暫	暬	暭	暮	暯
66B	暰	暱	暲	暳	暴	暵	暶	暷	暸	暹	暺	暻	暼	暽	暾	暿
66C	曀	曁	曂	曃	曄	曅	曆	曇	曈	曉	曊	曋	曌	曍	曎	曏
66D	曐	曑	曒	曓	曔	曕	曖	曗	曘	曙	曚	曛	曜	曝	曞	曟
66E	曠	曡	曢	曣	曤	曥	曦	曧	曨	曩	曪	曫	曬	曭	曮	曯
66F	曰	曱	曲	曳	更	曵	曶	曷	書	曹	曺	曻	曼	曽	曾	替
670	最	朁	朂	會	朄	朅	朆	朇	月	有	朊	朋	朌	服	朎	朏
671	朐	朑	朒	朓	朔	朕	朖	朗	朘	朙	朚	望	朜	朝	朞	期
672	朠	朡	朢	朣	朤	朥	朦	朧	木	朩	未	末	本	札	朮	术
673	朰	朱	朲	朳	朴	朵	朶	朷	朸	朹	机	朻	朼	朽	朾	朿
674	杀	杁	杂	权	杄	杅	杆	杇	杈	杉	杊	杋	杌	杍	李	杏
675	材	村	杒	杓	杔	杕	杖	杗	杘	杙	杚	杛	杜	杝	杞	束
676	杠	条	杢	杣	杤	来	杦	杧	杨	杩	杪	杫	杬	杭	杮	杯
677	杰	東	杲	杳	杴	杵	杶	杷	杸	杹	杺	杻	杼	杽	松	板

	0	1	2	3	4	5	6	7	8	9	A	B	C	D	E	F
678	枀	极	枂	枃	构	枅	枆	枇	枈	枉	枊	枋	枌	枍	枎	枏
679	析	枑	枒	枓	枔	枕	枖	林	枘	枙	枚	枛	果	枝	枞	枟
67A	枠	枡	枢	枣	枤	枥	枦	枧	枨	枩	枪	枫	枬	枭	枮	枯
67B	枰	枱	枲	枳	枴	枵	架	枷	枸	枹	枺	枻	枼	枽	枾	枿
67C	柀	柁	柂	柃	柄	柅	柆	柇	柈	柉	柊	柋	柌	柍	柎	柏
67D	某	柑	柒	染	柔	柕	柖	柗	柘	柙	柚	柛	柜	柝	柞	柟
67E	柠	柡	柢	柣	柤	查	柦	柧	柨	柩	柪	柫	柬	柭	柮	柯
67F	柰	柱	柲	柳	柴	柵	柶	柷	柸	柹	柺	査	柼	柽	柾	柿
680	栀	栁	栂	栃	栄	栅	栆	标	栈	栉	栊	栋	栌	栍	栎	栏
681	栐	树	栒	栓	栔	栕	栖	栗	栘	栙	栚	栛	栜	栝	栞	栟
682	栠	校	栢	栣	栤	栥	栦	栧	栨	栩	株	栫	栬	栭	栮	栯
683	栰	栱	栲	栳	栴	栵	栶	样	核	根	栺	栻	格	栽	栾	栿
684	桀	桁	桂	桃	桄	桅	框	桇	案	桉	桊	桋	桌	桍	桎	桏
685	桐	桑	桒	桓	桔	桕	桖	桗	桘	桙	桚	桛	桜	桝	桞	桟
686	桠	桡	桢	档	桤	桥	桦	桧	桨	桩	桪	桫	桬	桭	桮	桯
687	桰	桱	桲	桳	桴	桵	桶	桷	桸	桹	桺	桻	桼	桽	桾	桿
688	梀	梁	梂	梃	梄	梅	梆	梇	梈	梉	梊	梋	梌	梍	梎	梏
689	梐	梑	梒	梓	梔	梕	梖	梗	梘	梙	梚	梛	梜	條	梞	梟
68A	梠	梡	梢	梣	梤	梥	梦	梧	梨	梩	梪	梫	梬	梭	梮	梯
68B	械	梱	梲	梳	梴	梵	梶	梷	梸	梹	梺	梻	梼	梽	梾	梿
68C	检	棁	棂	棃	棄	棅	棆	棇	棈	棉	棊	棋	棌	棍	棎	棏
68D	棐	棑	棒	棓	棔	棕	棖	棗	棘	棙	棚	棛	棜	棝	棞	棟
68E	棠	棡	棢	棣	棤	棥	棦	棧	棨	棩	棪	棫	棬	棭	森	棯
68F	棰	棱	棲	棳	棴	棵	棶	棷	棸	棹	棺	棻	棼	棽	棾	棿

	0	1	2	3	4	5	6	7	8	9	A	B	C	D	E	F
690	椀	椁	椂	椃	椄	椅	椆	椇	椈	椉	椊	椋	椌	植	椎	椏
691	椐	椑	椒	椓	椔	椕	椖	椗	椘	椙	椚	椛	検	椝	椞	椟
692	椠	椡	椢	椣	椤	椥	椦	椧	椨	椩	椪	椫	椬	椭	椮	椯
693	椰	椱	椲	椳	椴	椵	椶	椷	椸	椹	椺	椻	椼	椽	椾	椿
694	楀	楁	楂	楃	楄	楅	楆	楇	楈	楉	楊	楋	楌	楍	楎	楏
695	楐	楑	楒	楓	楔	楕	楖	楗	楘	楙	楚	楛	楜	楝	楞	楟
696	楠	楡	楢	楣	楤	楥	楦	楧	楨	楩	楪	楫	楬	業	楮	楯
697	楰	楱	楲	楳	楴	極	楶	楷	楸	楹	楺	楻	楼	楽	楾	楿
698	榀	榁	概	榃	榄	榅	榆	榇	榈	榉	榊	榋	榌	榍	榎	榏
699	榐	榑	榒	榓	榔	榕	榖	榗	榘	榙	榚	榛	榜	榝	榞	榟
69A	榠	榡	榢	榣	榤	榥	榦	榧	榨	榩	榪	榫	榬	榭	榮	榯
69B	榰	榱	榲	榳	榴	榵	榶	榷	榸	榹	榺	榻	榼	榽	榾	榿
69C	槀	槁	槂	槃	槄	槅	槆	槇	槈	槉	槊	構	槌	槍	槎	槏
69D	槐	槑	槒	槓	槔	槕	槖	槗	様	槙	槚	槛	槜	槝	槞	槟
69E	槠	槡	槢	槣	槤	槥	槦	槧	槨	槩	槪	槫	槬	槭	槮	槯
69F	槰	槱	槲	槳	槴	槵	槶	槷	槸	槹	槺	槻	槼	槽	槾	槿
6A0	樀	樁	樂	樃	樄	樅	樆	樇	樈	樉	樊	樋	樌	樍	樎	樏
6A1	樐	樑	樒	樓	樔	樕	樖	樗	樘	標	樚	樛	樜	樝	樞	樟
6A2	樠	模	樢	樣	樤	樥	樦	樧	樨	権	横	樫	樬	樭	樮	樯
6A3	樰	樱	樲	樳	樴	樵	樶	樷	樸	樹	樺	樻	樼	樽	樾	樿
6A4	橀	橁	橂	橃	橄	橅	橆	橇	橈	橉	橊	橋	橌	橍	橎	橏
6A5	橐	橑	橒	橓	橔	橕	橖	橗	橘	橙	橚	橛	橜	橝	橞	機
6A6	橠	橡	橢	橣	橤	橥	橦	橧	橨	橩	橪	橫	橬	橭	橮	橯
6A7	橰	橱	橲	橳	橴	橵	橶	橷	橸	橹	橺	橻	橼	橽	橾	橿

	0	1	2	3	4	5	6	7	8	9	A	B	C	D	E	F
6A8	檀	檁	檂	檃	檄	檅	檆	檇	檈	檉	檊	檋	檌	檍	檎	檏
6A9	檐	檑	檒	檓	檔	檕	檖	檗	檘	檙	檚	檛	檜	檝	檞	檟
6AA	檠	檡	檢	檣	檤	檥	檦	檧	檨	檩	檪	檫	檬	檭	檮	檯
6AB	檰	檱	檲	檳	檴	檵	檶	檷	檸	檹	檺	檻	檼	檽	檾	檿
6AC	櫀	櫁	櫂	櫃	櫄	櫅	櫆	櫇	櫈	櫉	櫊	櫋	櫌	櫍	櫎	櫏
6AD	櫐	櫑	櫒	櫓	櫔	櫕	櫖	櫗	櫘	櫙	櫚	櫛	櫜	櫝	櫞	櫟
6AE	櫠	櫡	櫢	櫣	櫤	櫥	櫦	櫧	櫨	櫩	櫪	櫫	櫬	櫭	櫮	櫯
6AF	櫰	櫱	櫲	櫳	櫴	櫵	櫶	櫷	櫸	櫹	櫺	櫻	櫼	櫽	櫾	櫿
6B0	欀	欁	欂	欃	欄	欅	欆	欇	欈	欉	權	欋	欌	欍	欎	欏
6B1	欐	欑	欒	欓	欔	欕	欖	欗	欘	欙	欚	欛	欜	欝	欞	欟
6B2	欠	次	欢	欣	欤	欥	欦	欧	欨	欩	欪	欫	欬	欭	欮	欯
6B3	欰	欱	欲	欳	欴	欵	欶	欷	欸	欹	欺	欻	欼	欽	款	欿
6B4	歀	歁	歂	歃	歄	歅	歆	歇	歈	歉	歊	歋	歌	歍	歎	歏
6B5	歐	歑	歒	歓	歔	歕	歖	歗	歘	歙	歚	歛	歜	歝	歞	歟
6B6	歠	歡	止	正	此	步	武	歧	歨	歩	歪	歫	歬	歭	歮	歯
6B7	歰	歱	歲	歳	歴	歵	歶	歷	歸	歹	歺	死	歼	歽	歾	歿
6B8	殀	殁	殂	殃	殄	殅	殆	殇	殈	殉	殊	残	殌	殍	殎	殏
6B9	殐	殑	殒	殓	殔	殕	殖	殗	殘	殙	殚	殛	殜	殝	殞	殟
6BA	殠	殡	殢	殣	殤	殥	殦	殧	殨	殩	殪	殫	殬	殭	殮	殯
6BB	殰	殱	殲	殳	殴	段	殶	殷	殸	殹	殺	殻	殼	殽	殾	殿
6BC	毀	毁	毂	毃	毄	毅	毆	毇	毈	毉	毊	毋	毌	母	毎	每
6BD	毐	毑	毒	毓	比	毕	毖	毗	毘	毙	毚	毛	毜	毝	毞	毟
6BE	毠	毡	毢	毣	毤	毥	毦	毧	毨	毩	毪	毫	毬	毭	毮	毯
6BF	毰	毱	毲	毳	毴	毵	毶	毷	毸	毹	毺	毻	毼	毽	毾	毿

	0	1	2	3	4	5	6	7	8	9	A	B	C	D	E	F
6C0	氀	氁	氂	氃	氄	氅	氆	氇	氈	氉	氊	氋	氌	氍	氎	氏
6C1	氐	民	氒	氓	气	氕	氖	気	氘	氙	氚	氛	氜	氝	氞	氟
6C2	氠	氡	氢	氣	氤	氥	氦	氧	氨	氩	氪	氫	氬	氭	氮	氯
6C3	氰	氱	氲	氳	水	氵	氶	氷	永	氹	氺	氻	氼	氽	氾	氿
6C4	汀	汁	求	汃	汄	汅	汆	汇	汈	汉	汊	汋	汌	汍	汎	汏
6C5	汐	汑	汒	汓	汔	汕	汖	汗	汘	汙	汚	汛	汜	汝	汞	江
6C6	池	污	汢	汣	汤	汥	汦	汧	汨	汩	汪	汫	汬	汭	汮	汯
6C7	汰	汱	汲	汳	汴	汵	汶	汷	汸	汹	決	汻	汼	汽	汾	汿
6C8	沀	沁	沂	沃	沄	沅	沆	沇	沈	沉	沊	沋	沌	沍	沎	沏
6C9	沐	沑	沒	沓	沔	沕	沖	沗	沘	沙	沚	沛	沜	沝	沞	沟
6CA	沠	没	沢	沣	沤	沥	沦	沧	沨	沩	沪	沫	沬	沭	沮	沯
6CB	沰	沱	沲	河	沴	沵	沶	沷	沸	油	沺	治	沼	沽	沾	沿
6CC	泀	況	泂	泃	泄	泅	泆	泇	泈	泉	泊	泋	泌	泍	泎	泏
6CD	泐	泑	泒	泓	泔	法	泖	泗	泘	泙	泚	泛	泜	泝	泞	泟
6CE	泠	泡	波	泣	泤	泥	泦	泧	注	泩	泪	泫	泬	泭	泮	泯
6CF	泰	泱	泲	泳	泴	泵	泶	泷	泸	泹	泺	泻	泼	泽	泾	泿
6D0	洀	洁	洂	洃	洄	洅	洆	洇	洈	洉	洊	洋	洌	洍	洎	洏
6D1	洐	洑	洒	洓	洔	洕	洖	洗	洘	洙	洚	洛	洜	洝	洞	洟
6D2	洠	洡	洢	洣	洤	津	洦	洧	洨	洩	洪	洫	洬	洭	洮	洯
6D3	洰	洱	洲	洳	洴	洵	洶	洷	洸	洹	洺	活	洼	洽	派	洿
6D4	浀	流	浂	浃	浄	浅	浆	浇	浈	浉	浊	测	浌	浍	济	浏
6D5	浐	浑	浒	浓	浔	浕	浖	浗	浘	浙	浚	浛	浜	浝	浞	浟
6D6	浠	浡	浢	浣	浤	浥	浦	浧	浨	浩	浪	浫	浬	浭	浮	浯
6D7	浰	浱	浲	浳	浴	浵	浶	海	浸	浹	浺	浻	浼	浽	浾	浿

	0	1	2	3	4	5	6	7	8	9	A	B	C	D	E	F
6D8	涀	涁	涂	涃	涄	涅	涆	涇	消	涉	涊	涋	涌	涍	涎	涏
6D9	涐	涑	涒	涓	涔	涕	涖	涗	涘	涙	涚	涛	涜	涝	涞	涟
6DA	涠	涡	涢	涣	涤	涥	润	涧	涨	涩	涪	涫	涬	涭	涮	涯
6DB	涰	涱	液	涳	涴	涵	涶	涷	涸	涹	涺	涻	涼	涽	涾	涿
6DC	淀	淁	淂	淃	淄	淅	淆	淇	淈	淉	淊	淋	淌	淍	淎	淏
6DD	淐	淑	淒	淓	淔	淕	淖	淗	淘	淙	淚	淛	淜	淝	淞	淟
6DE	淠	淡	淢	淣	淤	淥	淦	淧	淨	淩	淪	淫	淬	淭	淮	淯
6DF	淰	深	淲	淳	淴	淵	淶	混	淸	淹	淺	添	淼	淽	淾	淿
6E0	渀	渁	渂	渃	渄	清	渆	渇	済	渉	渊	渋	渌	渍	渎	渏
6E1	渐	渑	渒	渓	渔	渕	渖	渗	渘	渙	渚	減	渜	渝	渞	渟
6E2	渠	渡	渢	渣	渤	渥	渦	渧	渨	温	渪	渫	測	渭	渮	港
6E3	渰	渱	渲	渳	渴	渵	渶	渷	游	渹	渺	渻	渼	渽	渾	渿
6E4	湀	湁	湂	湃	湄	湅	湆	湇	湈	湉	湊	湋	湌	湍	湎	湏
6E5	湐	湑	湒	湓	湔	湕	湖	湗	湘	湙	湚	湛	湜	湝	湞	湟
6E6	湠	湡	湢	湣	湤	湥	湦	湧	湨	湩	湪	湫	湬	湭	湮	湯
6E7	湰	湱	湲	湳	湴	湵	湶	湷	湸	湹	湺	湻	湼	湽	湾	湿
6E8	満	溁	溂	溃	溄	溅	溆	溇	溈	溉	溊	溋	溌	溍	溎	溏
6E9	源	溑	溒	溓	溔	溕	準	溗	溘	溙	溚	溛	溜	溝	溞	溟
6EA	溠	溡	溢	溣	溤	溥	溦	溧	溨	溩	溪	溫	溬	溭	溮	溯
6EB	溰	溱	溲	溳	溴	溵	溶	溷	溸	溹	溺	溻	溼	溽	溾	溿
6EC	滀	滁	滂	滃	滄	滅	滆	滇	滈	滉	滊	滋	滌	滍	滎	滏
6ED	滐	滑	滒	滓	滔	滕	滖	滗	滘	滙	滚	滛	滜	滝	滞	滟
6EE	滠	满	滢	滣	滤	滥	滦	滧	滨	滩	滪	滫	滬	滭	滮	滯
6EF	滰	滱	滲	滳	滴	滵	滶	滷	滸	滹	滺	滻	滼	滽	滾	滿

	0	1	2	3	4	5	6	7	8	9	A	B	C	D	E	F
6F0	漀	漁	漂	漃	漄	漅	漆	漇	漈	漉	漊	漋	漌	漍	漎	漏
6F1	漐	漑	漒	漓	演	漕	漖	漗	漘	漙	漚	漛	漜	漝	漞	漟
6F2	漠	漡	漢	漣	漤	漥	漦	漧	漨	漩	漪	漫	漬	漭	漮	漯
6F3	漰	漱	漲	漳	漴	漵	漶	漷	漸	漹	漺	漻	漼	漽	漾	漿
6F4	潀	潁	潂	潃	潄	潅	潆	潇	潈	潉	潊	潋	潌	潍	潎	潏
6F5	潐	潑	潒	潓	潔	潕	潖	潗	潘	潙	潚	潛	潜	潝	潞	潟
6F6	潠	潡	潢	潣	潤	潥	潦	潧	潨	潩	潪	潫	潬	潭	潮	潯
6F7	潰	潱	潲	潳	潴	潵	潶	潷	潸	潹	潺	潻	潼	潽	潾	潿
6F8	澀	澁	澂	澃	澄	澅	澆	澇	澈	澉	澊	澋	澌	澍	澎	澏
6F9	澐	澑	澒	澓	澔	澕	澖	澗	澘	澙	澚	澛	澜	澝	澞	澟
6FA	澠	澡	澢	澣	澤	澥	澦	澧	澨	澩	澪	澫	澬	澭	澮	澯
6FB	澰	澱	澲	澳	澴	澵	澶	澷	澸	澹	澺	澻	澼	澽	澾	澿
6FC	激	濁	濂	濃	濄	濅	濆	濇	濈	濉	濊	濋	濌	濍	濎	濏
6FD	濐	濑	濒	濓	濔	濕	濖	濗	濘	濙	濚	濛	濜	濝	濞	濟
6FE	濠	濡	濢	濣	濤	濥	濦	濧	濨	濩	濪	濫	濬	濭	濮	濯
6FF	濰	濱	濲	濳	濴	濵	濶	濷	濸	濹	濺	濻	濼	濽	濾	濿
700	瀀	瀁	瀂	瀃	瀄	瀅	瀆	瀇	瀈	瀉	瀊	瀋	瀌	瀍	瀎	瀏
701	瀐	瀑	瀒	瀓	瀔	瀕	瀖	瀗	瀘	瀙	瀚	瀛	瀜	瀝	瀞	瀟
702	瀠	瀡	瀢	瀣	瀤	瀥	瀦	瀧	瀨	瀩	瀪	瀫	瀬	瀭	瀮	瀯
703	瀰	瀱	瀲	瀳	瀴	瀵	瀶	瀷	瀸	瀹	瀺	瀻	瀼	瀽	瀾	瀿
704	灀	灁	灂	灃	灄	灅	灆	灇	灈	灉	灊	灋	灌	灍	灎	灏
705	灐	灑	灒	灓	灔	灕	灖	灗	灘	灙	灚	灛	灜	灝	灞	灟
706	灠	灡	灢	灣	灤	灥	灦	灧	灨	灩	灪	火	灬	灭	灮	灯
707	灰	灱	灲	灳	灴	灵	灶	灷	灸	灹	灺	灻	灼	災	灾	灿

	0	1	2	3	4	5	6	7	8	9	A	B	C	D	E	F
708	炀	炁	炂	炃	炄	炅	炆	炇	炈	炉	炊	炋	炌	炍	炎	炏
709	炐	炑	炒	炓	炔	炕	炖	炗	炘	炙	炚	炛	炜	炝	炞	炟
70A	炠	炡	炢	炣	炤	炥	炦	炧	炨	炩	炪	炫	炬	炭	炮	炯
70B	炰	炱	炲	炳	炴	炵	炶	炷	炸	点	為	炻	炼	炽	炾	炿
70C	烀	烁	烂	烃	烄	烅	烆	烇	烈	烉	烊	烋	烌	烍	烎	烏
70D	烐	烑	烒	烓	烔	烕	烖	烗	烘	烙	烚	烛	烜	烝	烞	烟
70E	烠	烡	烢	烣	烤	烥	烦	烧	烨	烩	烪	烫	烬	热	烮	烯
70F	烰	烱	烲	烳	烴	烵	烶	烷	烸	烹	烺	烻	烼	烽	烾	烿
710	焀	焁	焂	焃	焄	焅	焆	焇	焈	焉	焊	焋	焌	焍	焎	焏
711	焐	焑	焒	焓	焔	焕	焖	焗	焘	焙	焚	焛	焜	焝	焞	焟
712	焠	無	焢	焣	焤	焥	焦	焧	焨	焩	焪	焫	焬	焭	焮	焯
713	焰	焱	焲	焳	焴	焵	然	焷	焸	焹	焺	焻	焼	焽	焾	焿
714	煀	煁	煂	煃	煄	煅	煆	煇	煈	煉	煊	煋	煌	煍	煎	煏
715	煐	煑	煒	煓	煔	煕	煖	煗	煘	煙	煚	煛	煜	煝	煞	煟
716	煠	煡	煢	煣	煤	煥	煦	照	煨	煩	煪	煫	煬	煭	煮	煯
717	煰	煱	煲	煳	煴	煵	煶	煷	煸	煹	煺	煻	煼	煽	煾	煿
718	熀	熁	熂	熃	熄	熅	熆	熇	熈	熉	熊	熋	熌	熍	熎	熏
719	熐	熑	熒	熓	熔	熕	熖	熗	熘	熙	熚	熛	熜	熝	熞	熟
71A	熠	熡	熢	熣	熤	熥	熦	熧	熨	熩	熪	熫	熬	熭	熮	熯
71B	熰	熱	熲	熳	熴	熵	熶	熷	熸	熹	熺	熻	熼	熽	熾	熿
71C	燀	燁	燂	燃	燄	燅	燆	燇	燈	燉	燊	燋	燌	燍	燎	燏
71D	燐	燑	燒	燓	燔	燕	燖	燗	燘	燙	燚	燛	燜	燝	燞	營
71E	燠	燡	燢	燣	燤	燥	燦	燧	燨	燩	燪	燫	燬	燭	燮	燯
71F	燰	燱	燲	燳	燴	燵	燶	燷	燸	燹	燺	燻	燼	燽	燾	燿

	0	1	2	3	4	5	6	7	8	9	A	B	C	D	E	F
720	爀	爁	爂	爃	爄	爅	爆	爇	爈	爉	爊	爋	爌	爍	爎	爏
721	爐	爑	爒	爓	爔	爕	爖	爗	爘	爙	爚	爛	爜	爝	爞	爟
722	爠	爡	爢	爣	爤	爥	爦	爧	爨	爩	爪	爫	爬	爭	爮	爯
723	爰	爱	爲	爳	爴	爵	父	爷	爸	爹	爺	爻	爼	爽	爾	爿
724	牀	牁	牂	牃	牄	牅	牆	片	版	牉	牊	牋	牌	牍	牎	牏
725	牐	牑	牒	牓	牔	牕	牖	牗	牘	牙	牚	牛	牜	牝	牞	牟
726	牠	牡	牢	牣	牤	牥	牦	牧	牨	物	牪	牫	牬	牭	牮	牯
727	牰	牱	牲	牳	牴	牵	牶	牷	牸	特	牺	牻	牼	牽	牾	牿
728	犀	犁	犂	犃	犄	犅	犆	犇	犈	犉	犊	犋	犌	犍	犎	犏
729	犐	犑	犒	犓	犔	犕	犖	犗	犘	犙	犚	犛	犜	犝	犞	犟
72A	犠	犡	犢	犣	犤	犥	犦	犧	犨	犩	犪	犫	犬	犭	犮	犯
72B	犰	犱	犲	犳	犴	犵	状	犷	犸	犹	犺	犻	犼	犽	犾	犿
72C	狀	狁	狂	狃	狄	狅	狆	狇	狈	狉	狊	狋	狌	狍	狎	狏
72D	狐	狑	狒	狓	狔	狕	狖	狗	狘	狙	狚	狛	狜	狝	狞	狟
72E	狠	狡	狢	狣	狤	狥	狦	狧	狨	狩	狪	狫	独	狭	狮	狯
72F	狰	狱	狲	狳	狴	狵	狶	狷	狸	狹	狺	狻	狼	狽	狾	狿
730	猀	猁	猂	猃	猄	猅	猆	猇	猈	猉	猊	猋	猌	猍	猎	猏
731	猐	猑	猒	猓	猔	猕	猖	猗	猘	猙	猚	猛	猜	猝	猞	猟
732	猠	猡	猢	猣	猤	猥	猦	猧	猨	猩	猪	猫	猬	猭	献	猯
733	猰	猱	猲	猳	猴	猵	猶	猷	猸	猹	猺	猻	猼	猽	猾	猿
734	獀	獁	獂	獃	獄	獅	獆	獇	獈	獉	獊	獋	獌	獍	獎	獏
735	獐	獑	獒	獓	獔	獕	獖	獗	獘	獙	獚	獛	獜	獝	獞	獟
736	獠	獡	獢	獣	獤	獥	獦	獧	獨	獩	獪	獫	獬	獭	獮	獯
737	獰	獱	獲	獳	獴	獵	獶	獷	獸	獹	獺	獻	獼	獽	獾	獿

	0	1	2	3	4	5	6	7	8	9	A	B	C	D	E	F
738	玀	玁	玂	玃	玄	玅	玆	率	玈	玉	玊	王	玌	玍	玎	玏
739	玐	玑	玒	玓	玔	玕	玖	玗	玘	玙	玚	玛	玜	玝	玞	玟
73A	玠	玡	玢	玣	玤	玥	玦	玧	玨	玩	玪	玫	玬	玭	玮	环
73B	现	玱	玲	玳	玴	玵	玶	玷	玸	玹	玺	玻	玼	玽	玾	玿
73C	珀	珁	珂	珃	珄	珅	珆	珇	珈	珉	珊	珋	珌	珍	珎	珏
73D	珐	珑	珒	珓	珔	珕	珖	珗	珘	珙	珚	珛	珜	珝	珞	珟
73E	珠	珡	珢	珣	珤	珥	珦	珧	珨	珩	珪	珫	珬	班	珮	珯
73F	珰	珱	珲	珳	珴	珵	珶	珷	珸	珹	珺	珻	珼	珽	現	珿
740	琀	琁	琂	球	琄	琅	理	琇	琈	琉	琊	琋	琌	琍	琎	琏
741	琐	琑	琒	琓	琔	琕	琖	琗	琘	琙	琚	琛	琜	琝	琞	琟
742	琠	琡	琢	琣	琤	琥	琦	琧	琨	琩	琪	琫	琬	琭	琮	琯
743	琰	琱	琲	琳	琴	琵	琶	琷	琸	琹	琺	琻	琼	琽	琾	琿
744	瑀	瑁	瑂	瑃	瑄	瑅	瑆	瑇	瑈	瑉	瑊	瑋	瑌	瑍	瑎	瑏
745	瑐	瑑	瑒	瑓	瑔	瑕	瑖	瑗	瑘	瑙	瑚	瑛	瑜	瑝	瑞	瑟
746	瑠	瑡	瑢	瑣	瑤	瑥	瑦	瑧	瑨	瑩	瑪	瑫	瑬	瑭	瑮	瑯
747	瑰	瑱	瑲	瑳	瑴	瑵	瑶	瑷	瑸	瑹	瑺	瑻	瑼	瑽	瑾	瑿
748	璀	璁	璂	璃	璄	璅	璆	璇	璈	璉	璊	璋	璌	璍	璎	璏
749	璐	璑	璒	璓	璔	璕	璖	璗	璘	璙	璚	璛	璜	璝	璞	璟
74A	璠	璡	璢	璣	璤	璥	璦	璧	璨	璩	璪	璫	璬	璭	璮	璯
74B	環	璱	璲	璳	璴	璵	璶	璷	璸	璹	璺	璻	璼	璽	璾	璿
74C	瓀	瓁	瓂	瓃	瓄	瓅	瓆	瓇	瓈	瓉	瓊	瓋	瓌	瓍	瓎	瓏
74D	瓐	瓑	瓒	瓓	瓔	瓕	瓖	瓗	瓘	瓙	瓚	瓛	瓜	瓝	瓞	瓟
74E	瓠	瓡	瓢	瓣	瓤	瓥	瓦	瓧	瓨	瓩	瓪	瓫	瓬	瓭	瓮	瓯
74F	瓰	瓱	瓲	瓳	瓴	瓵	瓶	瓷	瓸	瓹	瓺	瓻	瓼	瓽	瓾	瓿

	0	1	2	3	4	5	6	7	8	9	A	B	C	D	E	F
750	甀	甁	甂	甃	甄	甅	甆	甇	甈	甉	甊	甋	甌	甍	甎	甏
751	甐	甑	甒	甓	甔	甕	甖	甗	甘	甙	甚	甛	甜	甝	甞	生
752	甠	甡	產	産	甤	甥	甦	甧	用	甩	甪	甫	甬	甭	甮	甯
753	田	由	甲	申	甴	电	甶	男	甸	甹	町	画	甼	甽	甾	甿
754	畀	畁	畂	畃	畄	畅	畆	畇	畈	畉	畊	畋	界	畍	畎	畏
755	畐	畑	畒	畓	畔	畕	畖	畗	畘	留	畚	畛	畜	畝	畞	畟
756	畠	畡	畢	畣	畤	略	畦	畧	畨	畩	番	畫	畬	畭	畮	畯
757	異	畱	畲	畳	畴	畵	當	畷	畸	畹	畺	畻	畼	畽	畾	畿
758	疀	疁	疂	疃	疄	疅	疆	疇	疈	疉	疊	疋	疌	疍	疎	疏
759	疐	疑	疒	疓	疔	疕	疖	疗	疘	疙	疚	疛	疜	疝	疞	疟
75A	疠	疡	疢	疣	疤	疥	疦	疧	疨	疩	疪	疫	疬	疭	疮	疯
75B	疰	疱	疲	疳	疴	疵	疶	疷	疸	疹	疺	疻	疼	疽	疾	疿
75C	痀	痁	痂	痃	痄	病	痆	症	痈	痉	痊	痋	痌	痍	痎	痏
75D	痐	痑	痒	痓	痔	痕	痖	痗	痘	痙	痚	痛	痜	痝	痞	痟
75E	痠	痡	痢	痣	痤	痥	痦	痧	痨	痩	痪	痫	痬	痭	痮	痯
75F	痰	痱	痲	痳	痴	痵	痶	痷	痸	痹	痺	痻	痼	痽	痾	痿
760	瘀	瘁	瘂	瘃	瘄	瘅	瘆	瘇	瘈	瘉	瘊	瘋	瘌	瘍	瘎	瘏
761	瘐	瘑	瘒	瘓	瘔	瘕	瘖	瘗	瘘	瘙	瘚	瘛	瘜	瘝	瘞	瘟
762	瘠	瘡	瘢	瘣	瘤	瘥	瘦	瘧	瘨	瘩	瘪	瘫	瘬	瘭	瘮	瘯
763	瘰	瘱	瘲	瘳	瘴	瘵	瘶	瘷	瘸	瘹	瘺	瘻	瘼	瘽	瘾	瘿
764	癀	癁	療	癃	癄	癅	癆	癇	癈	癉	癊	癋	癌	癍	癎	癏
765	癐	癑	癒	癓	癔	癕	癖	癗	癘	癙	癚	癛	癜	癝	癞	癟
766	癠	癡	癢	癣	癤	癥	癦	癧	癨	癩	癪	癫	癬	癭	癮	癯
767	癰	癱	癲	癳	癴	癵	癶	癷	癸	癹	発	登	發	白	百	癿

	0	1	2	3	4	5	6	7	8	9	A	B	C	D	E	F
768	皀	皁	皂	皃	的	皅	皆	皇	皈	皉	皊	皋	皌	皍	皎	皏
769	皐	皑	皒	皓	皔	皕	皖	皗	皘	皙	皚	皛	皜	皝	皞	皟
76A	皠	皡	皢	皣	皤	皥	皦	皧	皨	皩	皪	皫	皬	皭	皮	皯
76B	皰	皱	皲	皳	皴	皵	皶	皷	皸	皹	皺	皻	皼	皽	皾	皿
76C	盀	盁	盂	盃	盄	盅	盆	盇	盈	盉	益	盋	盌	盍	盎	盏
76D	盐	监	盒	盓	盔	盕	盖	盗	盘	盙	盚	盛	盜	盝	盞	盟
76E	盠	盡	盢	監	盤	盥	盦	盧	盨	盩	盪	盫	盬	盭	目	盯
76F	盰	盱	盲	盳	直	盵	盶	盷	相	盹	盺	盻	盼	盽	盾	盿
770	眀	省	眂	眃	眄	眅	眆	眇	眈	眉	眊	看	県	眍	眎	眏
771	眐	眑	眒	眓	眔	眕	眖	眗	眘	眙	眚	眛	眜	眝	眞	真
772	眠	眡	眢	眣	眤	眥	眦	眧	眨	眩	眪	眫	眬	眭	眮	眯
773	眰	眱	眲	眳	眴	眵	眶	眷	眸	眹	眺	眻	眼	眽	眾	眿
774	着	睁	睂	睃	睄	睅	睆	睇	睈	睉	睊	睋	睌	睍	睎	睏
775	睐	睑	睒	睓	睔	睕	睖	睗	睘	睙	睚	睛	睜	睝	睞	睟
776	睠	睡	睢	督	睤	睥	睦	睧	睨	睩	睪	睫	睬	睭	睮	睯
777	睰	睱	睲	睳	睴	睵	睶	睷	睸	睹	睺	睻	睼	睽	睾	睿
778	瞀	瞁	瞂	瞃	瞄	瞅	瞆	瞇	瞈	瞉	瞊	瞋	瞌	瞍	瞎	瞏
779	瞐	瞑	瞒	瞓	瞔	瞕	瞖	瞗	瞘	瞙	瞚	瞛	瞜	瞝	瞞	瞟
77A	瞠	瞡	瞢	瞣	瞤	瞥	瞦	瞧	瞨	瞩	瞪	瞫	瞬	瞭	瞮	瞯
77B	瞰	瞱	瞲	瞳	瞴	瞵	瞶	瞷	瞸	瞹	瞺	瞻	瞼	瞽	瞾	瞿
77C	矀	矁	矂	矃	矄	矅	矆	矇	矈	矉	矊	矋	矌	矍	矎	矏
77D	矐	矑	矒	矓	矔	矕	矖	矗	矘	矙	矚	矛	矜	矝	矞	矟
77E	矠	矡	矢	矣	矤	知	矦	矧	矨	矩	矪	矫	矬	短	矮	矯
77F	矰	矱	矲	石	矴	矵	矶	矷	矸	矹	矺	矻	矼	矽	矾	矿

	0	1	2	3	4	5	6	7	8	9	A	B	C	D	E	F
780	砀	码	砂	砃	砄	砅	砆	砇	砈	砉	砊	砋	砌	砍	砎	砏
781	砐	砑	砒	砓	研	砕	砖	砗	砘	砙	砚	砛	砜	砝	砞	砟
782	砠	砡	砢	砣	砤	砥	砦	砧	砨	砩	砪	砫	砬	砭	砮	砯
783	砰	砱	砲	砳	破	砵	砶	砷	砸	砹	砺	砻	砼	砽	砾	砿
784	础	硁	硂	硃	硄	硅	硆	硇	硈	硉	硊	硋	硌	硍	硎	硏
785	硐	硑	硒	硓	硔	硕	硖	硗	硘	硙	硚	硛	硜	硝	硞	硟
786	硠	硡	硢	硣	硤	硥	硦	硧	硨	硩	硪	硫	硬	硭	确	硯
787	硰	硱	硲	硳	硴	硵	硶	硷	硸	硹	硺	硻	硼	硽	硾	硿
788	碀	碁	碂	碃	碄	碅	碆	碇	碈	碉	碊	碋	碌	碍	碎	碏
789	碐	碑	碒	碓	碔	碕	碖	碗	碘	碙	碚	碛	碜	碝	碞	碟
78A	碠	碡	碢	碣	碤	碥	碦	碧	碨	碩	碪	碫	碬	碭	碮	碯
78B	碰	碱	碲	碳	碴	碵	碶	碷	碸	碹	確	碻	碼	碽	碾	碿
78C	磀	磁	磂	磃	磄	磅	磆	磇	磈	磉	磊	磋	磌	磍	磎	磏
78D	磐	磑	磒	磓	磔	磕	磖	磗	磘	磙	磚	磛	磜	磝	磞	磟
78E	磠	磡	磢	磣	磤	磥	磦	磧	磨	磩	磪	磫	磬	磭	磮	磯
78F	磰	磱	磲	磳	磴	磵	磶	磷	磸	磹	磺	磻	磼	磽	磾	磿
790	礀	礁	礂	礃	礄	礅	礆	礇	礈	礉	礊	礋	礌	礍	礎	礏
791	礐	礑	礒	礓	礔	礕	礖	礗	礘	礙	礚	礛	礜	礝	礞	礟
792	礠	礡	礢	礣	礤	礥	礦	礧	礨	礩	礪	礫	礬	礭	礮	礯
793	礰	礱	礲	礳	礴	礵	礶	礷	礸	礹	示	礻	礼	礽	社	礿
794	祀	祁	祂	祃	祄	祅	祆	祇	祈	祉	祊	祋	祌	祍	祎	祏
795	祐	祑	祒	祓	祔	祕	祖	祗	祘	祙	祚	祛	祜	祝	神	祟
796	祠	祡	祢	祣	祤	祥	祦	祧	票	祩	祪	祫	祬	祭	祮	祯
797	祰	祱	祲	祳	祴	祵	祶	祷	祸	祹	祺	祻	祼	祽	祾	祿

	0	1	2	3	4	5	6	7	8	9	A	B	C	D	E	F
798	禀	禁	禂	禃	禄	禅	禆	禇	禈	禉	禊	禋	禌	禍	禎	福
799	禐	禑	禒	禓	禔	禕	禖	禗	禘	禙	禚	禛	禜	禝	禞	禟
79A	禠	禡	禢	禣	禤	禥	禦	禧	禨	禩	禪	禫	禬	禭	禮	禯
79B	禰	禱	禲	禳	禴	禵	禶	禷	禸	禹	禺	离	禼	禽	禾	禿
79C	秀	私	秂	秃	秄	秅	秆	秇	秈	秉	秊	秋	秌	种	秎	秏
79D	秐	科	秒	秓	秔	秕	秖	秗	秘	秙	秚	秛	秜	秝	秞	租
79E	秠	秡	秢	秣	秤	秥	秦	秧	秨	秩	秪	秫	秬	秭	秮	积
79F	称	秱	秲	秳	秴	秵	秶	秷	秸	秹	秺	移	秼	秽	秾	秿
7A0	稀	稁	稂	稃	稄	稅	稆	稇	稈	稉	稊	程	稌	稍	税	稏
7A1	稐	稑	稒	稓	稔	稕	稖	稗	稘	稙	稚	稛	稜	稝	稞	稟
7A2	稠	稡	稢	稣	稤	稥	稦	稧	稨	稩	稪	稫	稬	稭	種	稯
7A3	稰	稱	稲	稳	稴	稵	稶	稷	稸	稹	稺	稻	稼	稽	稾	稿
7A4	穀	穁	穂	穃	穄	穅	穆	穇	穈	穉	穊	穋	穌	積	穎	穏
7A5	穐	穑	穒	穓	穔	穕	穖	穗	穘	穙	穚	穛	穜	穝	穞	穟
7A6	穠	穡	穢	穣	穤	穥	穦	穧	穨	穩	穪	穫	穬	穭	穮	穯
7A7	穰	穱	穲	穳	穴	穵	究	穷	穸	穹	空	穻	穼	穽	穾	穿
7A8	窀	突	窂	窃	窄	窅	窆	窇	窈	窉	窊	窋	窌	窍	窎	窏
7A9	窐	窑	窒	窓	窔	窕	窖	窗	窘	窙	窚	窛	窜	窝	窞	窟
7AA	窠	窡	窢	窣	窤	窥	窦	窧	窨	窩	窪	窫	窬	窭	窮	窯
7AB	窰	窱	窲	窳	窴	窵	窶	窷	窸	窹	窺	窻	窼	窽	窾	窿
7AC	竀	竁	竂	竃	竄	竅	竆	竇	竈	竉	竊	立	竌	竍	竎	竏
7AD	竐	竑	竒	竓	竔	竕	竖	竗	竘	站	竚	竛	竜	竝	竞	竟
7AE	章	竡	竢	竣	竤	童	竦	竧	竨	竩	竪	竫	竬	竭	竮	端
7AF	竰	竱	竲	竳	竴	竵	競	竷	竸	竹	竺	竻	竼	竽	竾	竿

	0	1	2	3	4	5	6	7	8	9	A	B	C	D	E	F
7B0	笀	笁	笂	笃	笄	笅	笆	笇	笈	笉	笊	笋	笌	笍	笎	笏
7B1	笐	笑	笒	笓	笔	笕	笖	笗	笘	笙	笚	笛	笜	笝	笞	笟
7B2	笠	笡	笢	笣	笤	笥	符	笧	笨	笩	笪	笫	第	笭	笮	笯
7B3	笰	笱	笲	笳	笴	笵	笶	笷	笸	笹	笺	笻	笼	笽	笾	笿
7B4	筀	筁	筂	筃	筄	筅	筆	筇	筈	等	筊	筋	筌	筍	筎	筏
7B5	筐	筑	筒	筓	答	筕	策	筗	筘	筙	筚	筛	筜	筝	筞	筟
7B6	筠	筡	筢	筣	筤	筥	筦	筧	筨	筩	筪	筫	筬	筭	筮	筯
7B7	筰	筱	筲	筳	筴	筵	筶	筷	筸	筹	筺	筻	筼	筽	签	筿
7B8	简	箁	箂	箃	箄	箅	箆	箇	箈	箉	箊	箋	箌	箍	箎	箏
7B9	箐	箑	箒	箓	箔	箕	箖	算	箘	箙	箚	箛	箜	箝	箞	箟
7BA	箠	管	箢	箣	箤	箥	箦	箧	箨	箩	箪	箫	箬	箭	箮	箯
7BB	箰	箱	箲	箳	箴	箵	箶	箷	箸	箹	箺	箻	箼	箽	箾	箿
7BC	節	篁	篂	篃	範	篅	篆	篇	篈	築	篊	篋	篌	篍	篎	篏
7BD	篐	篑	篒	篓	篔	篕	篖	篗	篘	篙	篚	篛	篜	篝	篞	篟
7BE	篠	篡	篢	篣	篤	篥	篦	篧	篨	篩	篪	篫	篬	篭	篮	篯
7BF	篰	篱	篲	篳	篴	篵	篶	篷	篸	篹	篺	篻	篼	篽	篾	篿
7C0	簀	簁	簂	簃	簄	簅	簆	簇	簈	簉	簊	簋	簌	簍	簎	簏
7C1	簐	簑	簒	簓	簔	簕	簖	簗	簘	簙	簚	簛	簜	簝	簞	簟
7C2	簠	簡	簢	簣	簤	簥	簦	簧	簨	簩	簪	簫	簬	簭	簮	簯
7C3	簰	簱	簲	簳	簴	簵	簶	簷	簸	簹	簺	簻	簼	簽	簾	簿
7C4	籀	籁	籂	籃	籄	籅	籆	籇	籈	籉	籊	籋	籌	籍	籎	籏
7C5	籐	籑	籒	籓	籔	籕	籖	籗	籘	籙	籚	籛	籜	籝	籞	籟
7C6	籠	籡	籢	籣	籤	籥	籦	籧	籨	籩	籪	籫	籬	籭	籮	籯
7C7	籰	籱	籲	米	籴	籵	籶	籷	籸	籹	籺	类	籼	籽	籾	籿

	0	1	2	3	4	5	6	7	8	9	A	B	C	D	E	F
7C8	粀	粁	粂	粃	粄	粅	粆	粇	粈	粉	粊	粋	粌	粍	粎	粏
7C9	粐	粑	粒	粓	粔	粕	粖	粗	粘	粙	粚	粛	粜	粝	粞	粟
7CA	粠	粡	粢	粣	粤	粥	粦	粧	粨	粩	粪	粫	粬	粭	粮	粯
7CB	粰	粱	粲	粳	粴	粵	粶	粷	粸	粹	粺	粻	粼	粽	精	粿
7CC	糀	糁	糂	糃	糄	糅	糆	糇	糈	糉	糊	糋	糌	糍	糎	糏
7CD	糐	糑	糒	糓	糔	糕	糖	糗	糘	糙	糚	糛	糜	糝	糞	糟
7CE	糠	糡	糢	糣	糤	糥	糦	糧	糨	糩	糪	糫	糬	糭	糮	糯
7CF	糰	糱	糲	糳	糴	糵	糶	糷	糸	糹	糺	系	糼	糽	糾	糿
7D0	紀	紁	紂	紃	約	紅	紆	紇	紈	紉	紊	紋	紌	納	紎	紏
7D1	紐	紑	紒	紓	純	紕	紖	紗	紘	紙	級	紛	紜	紝	紞	紟
7D2	素	紡	索	紣	紤	紥	紦	紧	紨	紩	紪	紫	紬	紭	紮	累
7D3	細	紱	紲	紳	紴	紵	紶	紷	紸	紹	紺	紻	紼	紽	紾	紿
7D4	絀	絁	終	絃	組	絅	絆	絇	絈	絉	絊	絋	経	絍	絎	絏
7D5	結	絑	絒	絓	絔	絕	絖	絗	絘	絙	絚	絛	絜	絝	絞	絟
7D6	絠	絡	絢	絣	絤	絥	給	絧	絨	絩	絪	絫	絬	絭	絮	絯
7D7	絰	統	絲	絳	絴	絵	絶	絷	絸	絹	絺	絻	絼	絽	絾	絿
7D8	綀	綁	綂	綃	綄	綅	綆	綇	綈	綉	綊	綋	綌	綍	綎	綏
7D9	綐	綑	綒	經	綔	綕	綖	綗	綘	継	続	綛	綜	綝	綞	綟
7DA	綠	綡	綢	綣	綤	綥	綦	綧	綨	綩	綪	綫	綬	維	綮	綯
7DB	綰	綱	網	綳	綴	綵	綶	綷	綸	綹	綺	綻	綼	綽	綾	綿
7DC	緀	緁	緂	緃	緄	緅	緆	緇	緈	緉	緊	緋	緌	緍	緎	総
7DD	緐	緑	緒	緓	緔	緕	緖	緗	緘	緙	線	緛	緜	緝	緞	緟
7DE	締	緡	緢	緣	緤	緥	緦	緧	編	緩	緪	緫	緬	緭	緮	緯
7DF	緰	緱	緲	緳	練	緵	緶	緷	緸	緹	緺	緻	緼	緽	緾	緿

	0	1	2	3	4	5	6	7	8	9	A	B	C	D	E	F
7E0	縀	縁	縂	縃	縄	縅	縆	縇	縈	縉	縊	縋	縌	縍	縎	縏
7E1	縐	縑	縒	縓	縔	縕	縖	縗	縘	縙	縚	縛	縜	縝	縞	縟
7E2	縠	縡	縢	縣	縤	縥	縦	縧	縨	縩	縪	縫	縬	縭	縮	縯
7E3	縰	縱	縲	縳	縴	縵	縶	縷	縸	縹	縺	縻	縼	總	績	縿
7E4	繀	繁	繂	繃	繄	繅	繆	繇	繈	繉	繊	繋	繌	繍	繎	繏
7E5	繐	繑	繒	繓	織	繕	繖	繗	繘	繙	繚	繛	繜	繝	繞	繟
7E6	繠	繡	繢	繣	繤	繥	繦	繧	繨	繩	繪	繫	繬	繭	繮	繯
7E7	繰	繱	繲	繳	繴	繵	繶	繷	繸	繹	繺	繻	繼	繽	繾	繿
7E8	纀	纁	纂	纃	纄	纅	纆	纇	纈	纉	纊	纋	續	纍	纎	纏
7E9	纐	纑	纒	纓	纔	纕	纖	纗	纘	纙	纚	纛	纜	纝	纞	纟
7EA	纠	纡	红	纣	纤	纥	约	级	纨	纩	纪	纫	纬	纭	纮	纯
7EB	纰	纱	纲	纳	纴	纵	纶	纷	纸	纹	纺	纻	纼	纽	纾	线
7EC	绀	绁	绂	练	组	绅	细	织	终	绉	绊	绋	绌	绍	绎	经
7ED	绐	绑	绒	结	绔	绕	绖	绗	绘	给	绚	绛	络	绝	绞	统
7EE	绠	绡	绢	绣	绤	绥	绦	继	绨	绩	绪	绫	绬	续	绮	绯
7EF	绰	绱	绲	绳	维	绵	绶	绷	绸	绹	绺	绻	综	绽	绾	绿
7F0	缀	缁	缂	缃	缄	缅	缆	缇	缈	缉	缊	缋	缌	缍	缎	缏
7F1	缐	缑	缒	缓	缔	缕	编	缗	缘	缙	缚	缛	缜	缝	缞	缟
7F2	缠	缡	缢	缣	缤	缥	缦	缧	缨	缩	缪	缫	缬	缭	缮	缯
7F3	缰	缱	缲	缳	缴	缵	缶	缷	缸	缹	缺	缻	缼	缽	缾	缿
7F4	罀	罁	罂	罃	罄	罅	罆	罇	罈	罉	罊	罋	罌	罍	罎	罏
7F5	罐	网	罒	罓	罔	罕	罖	罗	罘	罙	罚	罛	罜	罝	罞	罟
7F6	罠	罡	罢	罣	罤	罥	罦	罧	罨	罩	罪	罫	罬	罭	置	罯
7F7	罰	罱	署	罳	罴	罵	罶	罷	罸	罹	罺	罻	罼	罽	罾	罿

	0	1	2	3	4	5	6	7	8	9	A	B	C	D	E	F
7F8	羀	羁	羂	羃	羄	羅	羆	羇	羈	羉	羊	羋	羌	羍	美	羏
7F9	羐	羑	羒	羓	羔	羕	羖	羗	羘	羙	羚	羛	羜	羝	羞	羟
7FA	羠	羡	羢	羣	群	羥	羦	羧	羨	義	羪	羫	羬	羭	羮	羯
7FB	羰	羱	羲	羳	羴	羵	羶	羷	羸	羹	羺	羻	羼	羽	羾	羿
7FC	翀	翁	翂	翃	翄	翅	翆	翇	翈	翉	翊	翋	翌	翍	翎	翏
7FD	翐	翑	習	翓	翔	翕	翖	翗	翘	翙	翚	翛	翜	翝	翞	翟
7FE	翠	翡	翢	翣	翤	翥	翦	翧	翨	翩	翪	翫	翬	翭	翮	翯
7FF	翰	翱	翲	翳	翴	翵	翶	翷	翸	翹	翺	翻	翼	翽	翾	翿
800	耀	老	耂	考	耄	者	耆	耇	耈	耉	耊	耋	而	耍	耎	耏
801	耐	耑	耒	耓	耔	耕	耖	耗	耘	耙	耚	耛	耜	耝	耞	耟
802	耠	耡	耢	耣	耤	耥	耦	耧	耨	耩	耪	耫	耬	耭	耮	耯
803	耰	耱	耲	耳	耴	耵	耶	耷	耸	耹	耺	耻	耼	耽	耾	耿
804	聀	聁	聂	聃	聄	聅	聆	聇	聈	聉	聊	聋	职	聍	聎	聏
805	聐	聑	聒	聓	联	聕	聖	聗	聘	聙	聚	聛	聜	聝	聞	聟
806	聠	聡	聢	聣	聤	聥	聦	聧	聨	聩	聪	聫	聬	聭	聮	聯
807	聰	聱	聲	聳	聴	聵	聶	職	聸	聹	聺	聻	聼	聽	聾	聿
808	肀	肁	肂	肃	肄	肅	肆	肇	肈	肉	肊	肋	肌	肍	肎	肏
809	肐	肑	肒	肓	肔	肕	肖	肗	肘	肙	肚	肛	肜	肝	肞	肟
80A	肠	股	肢	肣	肤	肥	肦	肧	肨	肩	肪	肫	肬	肭	肮	肯
80B	肰	肱	育	肳	肴	肵	肶	肷	肸	肹	肺	肻	肼	肽	肾	肿
80C	胀	胁	胂	胃	胄	胅	胆	胇	胈	胉	胊	胋	背	胍	胎	胏
80D	胐	胑	胒	胓	胔	胕	胖	胗	胘	胙	胚	胛	胜	胝	胞	胟
80E	胠	胡	胢	胣	胤	胥	胦	胧	胨	胩	胪	胫	胬	胭	胮	胯
80F	胰	胱	胲	胳	胴	胵	胶	胷	胸	胹	胺	胻	胼	能	胾	胿

	0	1	2	3	4	5	6	7	8	9	A	B	C	D	E	F
810	脀	脁	脂	脃	脄	脅	脆	脇	脈	脉	脊	脋	脌	脍	脎	脏
811	脐	脑	脒	脓	脔	脕	脖	脗	脘	脙	脚	脛	脜	脝	脞	脟
812	脠	脡	脢	脣	脤	脥	脦	脧	脨	脩	脪	脫	脬	脭	脮	脯
813	脰	脱	脲	脳	脴	脵	脶	脷	脸	脹	脺	脻	脼	脽	脾	脿
814	腀	腁	腂	腃	腄	腅	腆	腇	腈	腉	腊	腋	腌	腍	腎	腏
815	腐	腑	腒	腓	腔	腕	腖	腗	腘	腙	腚	腛	腜	腝	腞	腟
816	腠	腡	腢	腣	腤	腥	腦	腧	腨	腩	腪	腫	腬	腭	腮	腯
817	腰	腱	腲	腳	腴	腵	腶	腷	腸	腹	腺	腻	腼	腽	腾	腿
818	膀	膁	膂	膃	膄	膅	膆	膇	膈	膉	膊	膋	膌	膍	膎	膏
819	膐	膑	膒	膓	膔	膕	膖	膗	膘	膙	膚	膛	膜	膝	膞	膟
81A	膠	膡	膢	膣	膤	膥	膦	膧	膨	膩	膪	膫	膬	膭	膮	膯
81B	膰	膱	膲	膳	膴	膵	膶	膷	膸	膹	膺	膻	膼	膽	膾	膿
81C	臀	臁	臂	臃	臄	臅	臆	臇	臈	臉	臊	臋	臌	臍	臎	臏
81D	臐	臑	臒	臓	臔	臕	臖	臗	臘	臙	臚	臛	臜	臝	臞	臟
81E	臠	臡	臢	臣	臤	臥	臦	臧	臨	臩	自	臫	臬	臭	臮	臯
81F	臰	臱	臲	至	致	臵	臶	臷	臸	臹	臺	臻	臼	臽	臾	臿
820	舀	舁	舂	舃	舄	舅	舆	與	興	舉	舊	舋	舌	舍	舎	舏
821	舐	舑	舒	舓	舔	舕	舖	舗	舘	舙	舚	舛	舜	舝	舞	舟
822	舠	舡	舢	舣	舤	舥	舦	舧	舨	舩	航	舫	般	舭	舮	舯
823	舰	舱	舲	舳	舴	舵	舶	舷	舸	船	舺	舻	舼	舽	舾	舿
824	艀	艁	艂	艃	艄	艅	艆	艇	艈	艉	艊	艋	艌	艍	艎	艏
825	艐	艑	艒	艓	艔	艕	艖	艗	艘	艙	艚	艛	艜	艝	艞	艟
826	艠	艡	艢	艣	艤	艥	艦	艧	艨	艩	艪	艫	艬	艭	艮	良
827	艰	艱	色	艳	艴	艵	艶	艷	艸	艹	艺	艻	艼	艽	艾	艿

	0	1	2	3	4	5	6	7	8	9	A	B	C	D	E	F
828	芀	芁	节	芃	芄	芅	芆	芇	芈	芉	芊	芋	芌	芍	芎	芏
829	芐	芑	芒	芓	芔	芕	芖	芗	芘	芙	芚	芛	芜	芝	芞	芟
82A	芠	芡	芢	芣	芤	芥	芦	芧	芨	芩	芪	芫	芬	芭	芮	芯
82B	芰	花	芲	芳	芴	芵	芶	芷	芸	芹	芺	芻	芼	芽	芾	芿
82C	苀	苁	苂	苃	苄	苅	苆	苇	苈	苉	苊	苋	苌	苍	苎	苏
82D	苐	苑	苒	苓	苔	苕	苖	苗	苘	苙	苚	苛	苜	苝	苞	苟
82E	苠	苡	苢	苣	苤	若	苦	苧	苨	苩	苪	苫	苬	苭	苮	苯
82F	苰	英	苲	苳	苴	苵	苶	苷	苸	苹	苺	苻	苼	苽	苾	苿
830	茀	茁	茂	范	茄	茅	茆	茇	茈	茉	茊	茋	茌	茍	茎	茏
831	茐	茑	茒	茓	茔	茕	茖	茗	茘	茙	茚	茛	茜	茝	茞	茟
832	茠	茡	茢	茣	茤	茥	茦	茧	茨	茩	茪	茫	茬	茭	茮	茯
833	茰	茱	茲	茳	茴	茵	茶	茷	茸	茹	茺	茻	茼	茽	茾	茿
834	荀	荁	荂	荃	荄	荅	荆	荇	荈	草	荊	荋	荌	荍	荎	荏
835	荐	荑	荒	荓	荔	荕	荖	荗	荘	荙	荚	荛	荜	荝	荞	荟
836	荠	荡	荢	荣	荤	荥	荦	荧	荨	荩	荪	荫	荬	荭	荮	药
837	荰	荱	荲	荳	荴	荵	荶	荷	荸	荹	荺	荻	荼	荽	荾	荿
838	莀	莁	莂	莃	莄	莅	莆	莇	莈	莉	莊	莋	莌	莍	莎	莏
839	莐	莑	莒	莓	莔	莕	莖	莗	莘	莙	莚	莛	莜	莝	莞	莟
83A	莠	莡	莢	莣	莤	莥	莦	莧	莨	莩	莪	莫	莬	莭	莮	莯
83B	莰	莱	莲	莳	莴	莵	莶	获	莸	莹	莺	莻	莼	莽	莾	莿
83C	菀	菁	菂	菃	菄	菅	菆	菇	菈	菉	菊	菋	菌	菍	菎	菏
83D	菐	菑	菒	菓	菔	菕	菖	菗	菘	菙	菚	菛	菜	菝	菞	菟
83E	菠	菡	菢	菣	菤	菥	菦	菧	菨	菩	菪	菫	菬	菭	菮	華
83F	菰	菱	菲	菳	菴	菵	菶	菷	菸	菹	菺	菻	菼	菽	菾	菿

	0	1	2	3	4	5	6	7	8	9	A	B	C	D	E	F
840	萀	萁	萂	萃	萄	萅	萆	萇	萈	萉	萊	萋	萌	萍	萎	萏
841	萐	萑	萒	萓	萔	萕	萖	萗	萘	萙	萚	萛	萜	萝	萞	萟
842	萠	萡	萢	萣	萤	营	萦	萧	萨	萩	萪	萫	萬	萭	萮	萯
843	萰	萱	萲	萳	萴	萵	萶	萷	萸	萹	萺	萻	萼	落	萾	萿
844	葀	葁	葂	葃	葄	葅	葆	葇	葈	葉	葊	葋	葌	葍	葎	葏
845	葐	葑	葒	葓	葔	葕	葖	著	葘	葙	葚	葛	葜	葝	葞	葟
846	葠	葡	葢	董	葤	葥	葦	葧	葨	葩	葪	葫	葬	葭	葮	葯
847	葰	葱	葲	葳	葴	葵	葶	葷	葸	葹	葺	葻	葼	葽	葾	葿
848	蒀	蒁	蒂	蒃	蒄	蒅	蒆	蒇	蒈	蒉	蒊	蒋	蒌	蒍	蒎	蒏
849	蒐	蒑	蒒	蒓	蒔	蒕	蒖	蒗	蒘	蒙	蒚	蒛	蒜	蒝	蒞	蒟
84A	蒠	蒡	蒢	蒣	蒤	蒥	蒦	蒧	蒨	蒩	蒪	蒫	蒬	蒭	蒮	蒯
84B	蒰	蒱	蒲	蒳	蒴	蒵	蒶	蒷	蒸	蒹	蒺	蒻	蒼	蒽	蒾	蒿
84C	蓀	蓁	蓂	蓃	蓄	蓅	蓆	蓇	蓈	蓉	蓊	蓋	蓌	蓍	蓎	蓏
84D	蓐	蓑	蓒	蓓	蓔	蓕	蓖	蓗	蓘	蓙	蓚	蓛	蓜	蓝	蓞	蓟
84E	蓠	蓡	蓢	蓣	蓤	蓥	蓦	蓧	蓨	蓩	蓪	蓫	蓬	蓭	蓮	蓯
84F	蓰	蓱	蓲	蓳	蓴	蓵	蓶	蓷	蓸	蓹	蓺	蓻	蓼	蓽	蓾	蓿
850	蔀	蔁	蔂	蔃	蔄	蔅	蔆	蔇	蔈	蔉	蔊	蔋	蔌	蔍	蔎	蔏
851	蔐	蔑	蔒	蔓	蔔	蔕	蔖	蔗	蔘	蔙	蔚	蔛	蔜	蔝	蔞	蔟
852	蔠	蔡	蔢	蔣	蔤	蔥	蔦	蔧	蔨	蔩	蔪	蔫	蔬	蔭	蔮	蔯
853	蔰	蔱	蔲	蔳	蔴	蔵	蔶	蔷	蔸	蔹	蔺	蔻	蔼	蔽	蔾	蔿
854	蕀	蕁	蕂	蕃	蕄	蕅	蕆	蕇	蕈	蕉	蕊	蕋	蕌	蕍	蕎	蕏
855	蕐	蕑	蕒	蕓	蕔	蕕	蕖	蕗	蕘	蕙	蕚	蕛	蕜	蕝	蕞	蕟
856	蕠	蕡	蕢	蕣	蕤	蕥	蕦	蕧	蕨	蕩	蕪	蕫	蕬	蕭	蕮	蕯
857	蕰	蕱	蕲	蕳	蕴	蕵	蕶	蕷	蕸	蕹	蕺	蕻	蕼	蕽	蕾	蕿

	0	1	2	3	4	5	6	7	8	9	A	B	C	D	E	F
858	薀	薁	薂	薃	薄	薅	薆	薇	薈	薉	薊	薋	薌	薍	薎	薏
859	薐	薑	薒	薓	薔	薕	薖	薗	薘	薙	薚	薛	薜	薝	薞	薟
85A	薠	薡	薢	薣	薤	薥	薦	薧	薨	薩	薪	薫	薬	薭	薮	薯
85B	薰	薱	薲	薳	薴	薵	薶	薷	薸	薹	薺	薻	薼	薽	薾	薿
85C	藀	藁	藂	藃	藄	藅	藆	藇	藈	藉	藊	藋	藌	藍	藎	藏
85D	藐	藑	藒	藓	藔	藕	藖	藗	藘	藙	藚	藛	藜	藝	藞	藟
85E	藠	藡	藢	藣	藤	藥	藦	藧	藨	藩	藪	藫	藬	藭	藮	藯
85F	藰	藱	藲	藳	藴	藵	藶	藷	藸	藹	藺	藻	藼	藽	藾	藿
860	蘀	蘁	蘂	蘃	蘄	蘅	蘆	蘇	蘈	蘉	蘊	蘋	蘌	蘍	蘎	蘏
861	蘐	蘑	蘒	蘓	蘔	蘕	蘖	蘗	蘘	蘙	蘚	蘛	蘜	蘝	蘞	蘟
862	蘠	蘡	蘢	蘣	蘤	蘥	蘦	蘧	蘨	蘩	蘪	蘫	蘬	蘭	蘮	蘯
863	蘰	蘱	蘲	蘳	蘴	蘵	蘶	蘷	蘸	蘹	蘺	蘻	蘼	蘽	蘾	蘿
864	虀	虁	虂	虃	虄	虅	虆	虇	虈	虉	虊	虋	虌	虍	虎	虏
865	虐	虑	虒	虓	虔	處	虖	虗	虘	虙	虚	虛	虜	虝	虞	號
866	虠	虡	虢	虣	虤	虥	虦	虧	虨	虩	虪	虫	虬	虭	虮	虯
867	虰	虱	虲	虳	虴	虵	虶	虷	虸	虹	虺	虻	虼	虽	虾	虿
868	蚀	蚁	蚂	蚃	蚄	蚅	蚆	蚇	蚈	蚉	蚊	蚋	蚌	蚍	蚎	蚏
869	蚐	蚑	蚒	蚓	蚔	蚕	蚖	蚗	蚘	蚙	蚚	蚛	蚜	蚝	蚞	蚟
86A	蚠	蚡	蚢	蚣	蚤	蚥	蚦	蚧	蚨	蚩	蚪	蚫	蚬	蚭	蚮	蚯
86B	蚰	蚱	蚲	蚳	蚴	蚵	蚶	蚷	蚸	蚹	蚺	蚻	蚼	蚽	蚾	蚿
86C	蛀	蛁	蛂	蛃	蛄	蛅	蛆	蛇	蛈	蛉	蛊	蛋	蛌	蛍	蛎	蛏
86D	蛐	蛑	蛒	蛓	蛔	蛕	蛖	蛗	蛘	蛙	蛚	蛛	蛜	蛝	蛞	蛟
86E	蛠	蛡	蛢	蛣	蛤	蛥	蛦	蛧	蛨	蛩	蛪	蛫	蛬	蛭	蛮	蛯
86F	蛰	蛱	蛲	蛳	蛴	蛵	蛶	蛷	蛸	蛹	蛺	蛻	蛼	蛽	蛾	蛿

	0	1	2	3	4	5	6	7	8	9	A	B	C	D	E	F
870	蜀	蜁	蜂	蜃	蜄	蜅	蜆	蜇	蜈	蜉	蜊	蜋	蜌	蜍	蜎	蜏
871	蜐	蜑	蜒	蜓	蜔	蜕	蜖	蜗	蜘	蜙	蜚	蜛	蜜	蜝	蜞	蜟
872	蜠	蜡	蜢	蜣	蜤	蜥	蜦	蜧	蜨	蜩	蜪	蜫	蜬	蜭	蜮	蜯
873	蜰	蜱	蜲	蜳	蜴	蜵	蜶	蜷	蜸	蜹	蜺	蜻	蜼	蜽	蜾	蜿
874	蝀	蝁	蝂	蝃	蝄	蝅	蝆	蝇	蝈	蝉	蝊	蝋	蝌	蝍	蝎	蝏
875	蝐	蝑	蝒	蝓	蝔	蝕	蝖	蝗	蝘	蝙	蝚	蝛	蝜	蝝	蝞	蝟
876	蝠	蝡	蝢	蝣	蝤	蝥	蝦	蝧	蝨	蝩	蝪	蝫	蝬	蝭	蝮	蝯
877	蝰	蝱	蝲	蝳	蝴	蝵	蝶	蝷	蝸	蝹	蝺	蝻	蝼	蝽	蝾	蝿
878	螀	螁	螂	螃	螄	螅	螆	螇	螈	螉	螊	螋	螌	融	螎	螏
879	螐	螑	螒	螓	螔	螕	螖	螗	螘	螙	螚	螛	螜	螝	螞	螟
87A	螠	螡	螢	螣	螤	螥	螦	螧	螨	螩	螪	螫	螬	螭	螮	螯
87B	螰	螱	螲	螳	螴	螵	螶	螷	螸	螹	螺	螻	螼	螽	螾	螿
87C	蟀	蟁	蟂	蟃	蟄	蟅	蟆	蟇	蟈	蟉	蟊	蟋	蟌	蟍	蟎	蟏
87D	蟐	蟑	蟒	蟓	蟔	蟕	蟖	蟗	蟘	蟙	蟚	蟛	蟜	蟝	蟞	蟟
87E	蟠	蟡	蟢	蟣	蟤	蟥	蟦	蟧	蟨	蟩	蟪	蟫	蟬	蟭	蟮	蟯
87F	蟰	蟱	蟲	蟳	蟴	蟵	蟶	蟷	蟸	蟹	蟺	蟻	蟼	蟽	蟾	蟿
880	蠀	蠁	蠂	蠃	蠄	蠅	蠆	蠇	蠈	蠉	蠊	蠋	蠌	蠍	蠎	蠏
881	蠐	蠑	蠒	蠓	蠔	蠕	蠖	蠗	蠘	蠙	蠚	蠛	蠜	蠝	蠞	蠟
882	蠠	蠡	蠢	蠣	蠤	蠥	蠦	蠧	蠨	蠩	蠪	蠫	蠬	蠭	蠮	蠯
883	蠰	蠱	蠲	蠳	蠴	蠵	蠶	蠷	蠸	蠹	蠺	蠻	蠼	蠽	蠾	蠿
884	血	衁	衂	衃	衄	衅	衆	衇	衈	衉	衊	衋	行	衍	衎	衏
885	衐	衑	衒	術	衔	衕	衖	街	衘	衙	衚	衛	衜	衝	衞	衟
886	衠	衡	衢	衣	衤	补	衦	衧	表	衩	衪	衫	衬	衭	衮	衯
887	衰	衱	衲	衳	衴	衵	衶	衷	衸	衹	衺	衻	衼	衽	衾	衿

	0	1	2	3	4	5	6	7	8	9	A	B	C	D	E	F
888	袀	袁	袂	袃	袄	袅	袆	袇	袈	袉	袊	袋	袌	袍	袎	袏
889	袐	袑	袒	袓	袔	袕	袖	袗	袘	袙	袚	袛	袜	袝	袞	袟
88A	袠	袡	袢	袣	袤	袥	袦	袧	袨	袩	袪	被	袬	袭	袮	袯
88B	袰	袱	袲	袳	袴	袵	袶	袷	袸	袹	袺	袻	袼	袽	袾	袿
88C	裀	裁	裂	裃	裄	装	裆	裇	裈	裉	裊	裋	裌	裍	裎	裏
88D	裐	裑	裒	裓	裔	裕	裖	裗	裘	裙	裚	裛	補	裝	裞	裟
88E	裠	裡	裢	裣	裤	裥	裦	裧	裨	裩	裪	裫	裬	裭	裮	裯
88F	裰	裱	裲	裳	裴	裵	裶	裷	裸	裹	裺	裻	裼	製	裾	裿
890	褀	褁	褂	褃	褄	褅	褆	複	褈	褉	褊	褋	褌	褍	褎	褏
891	褐	褑	褒	褓	褔	褕	褖	褗	褘	褙	褚	褛	褜	褝	褞	褟
892	褠	褡	褢	褣	褤	褥	褦	褧	褨	褩	褪	褫	褬	褭	褮	褯
893	褰	褱	褲	褳	褴	褵	褶	褷	褸	褹	褺	褻	褼	褽	褾	褿
894	襀	襁	襂	襃	襄	襅	襆	襇	襈	襉	襊	襋	襌	襍	襎	襏
895	襐	襑	襒	襓	襔	襕	襖	襗	襘	襙	襚	襛	襜	襝	襞	襟
896	襠	襡	襢	襣	襤	襥	襦	襧	襨	襩	襪	襫	襬	襭	襮	襯
897	襰	襱	襲	襳	襴	襵	襶	襷	襸	襹	襺	襻	襼	襽	襾	西
898	覀	要	覂	覃	覄	覅	覆	覇	覈	覉	覊	見	覌	覍	覎	規
899	覐	覑	覒	覓	覔	覕	視	覗	覘	覙	覚	覛	覜	覝	覞	覟
89A	覠	覡	覢	覣	覤	覥	覦	覧	覨	覩	親	覫	覬	覭	覮	覯
89B	覰	覱	覲	観	覴	覵	覶	覷	覸	覹	覺	覻	覼	覽	覾	覿
89C	觀	见	观	觃	规	觅	视	觇	览	觉	觊	觋	觌	觍	觎	觏
89D	觐	觑	角	觓	觔	觕	觖	觗	觘	觙	觚	觛	觜	觝	觞	觟
89E	觠	觡	觢	解	觤	觥	触	觧	觨	觩	觪	觫	觬	觭	觮	觯
89F	觰	觱	觲	觳	觴	觵	觶	觷	觸	觹	觺	觻	觼	觽	觾	觿

	0	1	2	3	4	5	6	7	8	9	A	B	C	D	E	F
8A0	言	訁	訂	訃	訄	訅	訆	訇	計	訉	訊	訋	訌	訍	討	訏
8A1	訐	訑	訒	訓	訔	訕	訖	託	記	訙	訚	訛	訜	訝	訞	訟
8A2	訠	訡	訢	訣	訤	訥	訦	訧	訨	訩	訪	訫	訬	設	訮	訯
8A3	訰	許	訲	訳	訴	訵	訶	訷	訸	訹	診	註	証	訽	訾	訿
8A4	詀	詁	詂	詃	詄	詅	詆	詇	詈	詉	詊	詋	詌	詍	詎	詏
8A5	詐	詑	詒	詓	詔	評	詖	詗	詘	詙	詚	詛	詜	詝	詞	詟
8A6	詠	詡	詢	詣	詤	詥	試	詧	詨	詩	詪	詫	詬	詭	詮	詯
8A7	詰	話	該	詳	詴	詵	詶	詷	詸	詹	詺	詻	詼	詽	詾	詿
8A8	誀	誁	誂	誃	誄	誅	誆	誇	誈	誉	誊	誋	誌	認	誎	誏
8A9	誐	誑	誒	誓	誔	誕	誖	誗	誘	誙	誚	誛	誜	誝	語	誟
8AA	誠	誡	誢	誣	誤	誥	誦	誧	誨	誩	說	誫	説	読	誮	誯
8AB	誰	誱	課	誳	誴	誵	誶	誷	誸	誹	誺	誻	誼	誽	誾	調
8AC	諀	諁	諂	諃	諄	諅	諆	談	諈	諉	諊	請	諌	諍	諎	諏
8AD	諐	諑	諒	諓	諔	諕	論	諗	諘	諙	諚	諛	諜	諝	諞	諟
8AE	諠	諡	諢	諣	諤	諥	諦	諧	諨	諩	諪	諫	諬	諭	諮	諯
8AF	諰	諱	諲	諳	諴	諵	諶	諷	諸	諹	諺	諻	諼	諽	諾	諿
8B0	謀	謁	謂	謃	謄	謅	謆	謇	謈	謉	謊	謋	謌	謍	謎	謏
8B1	謐	謑	謒	謓	謔	謕	謖	謗	謘	謙	謚	講	謜	謝	謞	謟
8B2	謠	謡	謢	謣	謤	謥	謦	謧	謨	謩	謪	謫	謬	謭	謮	謯
8B3	謰	謱	謲	謳	謴	謵	謶	謷	謸	謹	謺	謻	謼	謽	謾	謿
8B4	譀	譁	譂	譃	譄	譅	譆	譇	譈	證	譊	譋	譌	譍	譎	譏
8B5	譐	譑	譒	譓	譔	譕	譖	譗	識	譙	譚	譛	譜	譝	譞	譟
8B6	譠	譡	譢	譣	譤	譥	警	譧	譨	譩	譪	譫	譬	譭	譮	譯
8B7	議	譱	譲	譳	譴	譵	譶	護	譸	譹	譺	譻	譼	譽	譾	譿

	0	1	2	3	4	5	6	7	8	9	A	B	C	D	E	F
8B8	讀	讁	讂	讃	讄	讅	讆	讇	讈	讉	變	讋	讌	讍	讎	讏
8B9	讐	讑	讒	讓	讔	讕	讖	讗	讘	讙	讚	讛	讜	讝	讞	讟
8BA	讠	计	订	讣	认	讥	讦	讧	讨	让	讪	讫	讬	训	议	讯
8BB	记	讱	讲	讳	讴	讵	讶	讷	许	讹	论	讻	讼	讽	设	访
8BC	诀	证	诂	诃	评	诅	识	诇	诈	诉	诊	诋	诌	词	诎	诏
8BD	诐	译	诒	诓	诔	试	诖	诗	诘	诙	诚	诛	诜	话	诞	诟
8BE	诠	诡	询	诣	诤	该	详	诧	诨	诩	诪	诫	诬	语	诮	误
8BF	诰	诱	诲	诳	说	诵	诶	请	诸	诹	诺	读	诼	诽	课	诿
8C0	谀	谁	谂	调	谄	谅	谆	谇	谈	谉	谊	谋	谌	谍	谎	谏
8C1	谐	谑	谒	谓	谔	谕	谖	谗	谘	谙	谚	谛	谜	谝	谞	谟
8C2	谠	谡	谢	谣	谤	谥	谦	谧	谨	谩	谪	谫	谬	谭	谮	谯
8C3	谰	谱	谲	谳	谴	谵	谶	谷	谸	谹	谺	谻	谼	谽	谾	谿
8C4	豀	豁	豂	豃	豄	豅	豆	豇	豈	豉	豊	豋	豌	豍	豎	豏
8C5	豐	豑	豒	豓	豔	豕	豖	豗	豘	豙	豚	豛	豜	豝	豞	豟
8C6	豠	象	豢	豣	豤	豥	豦	豧	豨	豩	豪	豫	豬	豭	豮	豯
8C7	豰	豱	豲	豳	豴	豵	豶	豷	豸	豹	豺	豻	豼	豽	豾	豿
8C8	貀	貁	貂	貃	貄	貅	貆	貇	貈	貉	貊	貋	貌	貍	貎	貏
8C9	貐	貑	貒	貓	貔	貕	貖	貗	貘	貙	貚	貛	貜	貝	貞	負
8CA	負	財	貢	貣	貤	貥	貦	貧	貨	販	貪	貫	責	貭	貮	貯
8CB	貰	貱	貲	貳	貴	貵	貶	買	貸	貹	貺	費	貼	貽	貾	貿
8CC	賀	賁	賂	賃	賄	賅	賆	資	賈	賉	賊	賋	賌	賍	賎	賏
8CD	賐	賑	賒	賓	賔	賕	賖	賗	賘	賙	賚	賛	賜	賝	賞	賟
8CE	賠	賡	賢	賣	賤	賥	賦	賧	賨	賩	質	賫	賬	賭	賮	賯
8CF	賰	賱	賲	賳	賴	賵	賶	賷	賸	賹	賺	賻	購	賽	賾	賿

	0	1	2	3	4	5	6	7	8	9	A	B	C	D	E	F
8D0	贀	贁	贂	贃	贄	贅	贆	贇	贈	贉	贊	贋	贌	贍	贎	贏
8D1	贐	贑	贒	贓	贔	贕	贖	贗	贘	贙	贚	贛	贜	贝	贞	负
8D2	贠	贡	财	责	贤	败	账	货	质	贩	贪	贫	贬	购	贮	贯
8D3	贰	贱	贲	贳	贴	贵	贶	贷	贸	费	贺	贻	贼	贽	贾	贿
8D4	赀	赁	赂	赃	资	赅	赆	赇	赈	赉	赊	赋	赌	赍	赎	赏
8D5	赐	赑	赒	赓	赔	赕	赖	赗	赘	赙	赚	赛	赜	赝	赞	赟
8D6	赠	赡	赢	赣	赤	赥	赦	赧	赨	赩	赪	赫	赬	赭	赮	赯
8D7	走	赱	赲	赳	赴	赵	赶	起	赸	赹	赺	赻	赼	赽	赾	赿
8D8	趀	趁	趂	趃	趄	超	趆	趇	趈	趉	越	趋	趌	趍	趎	趏
8D9	趐	趑	趒	趓	趔	趕	趖	趗	趘	趙	趚	趛	趜	趝	趞	趟
8DA	趠	趡	趢	趣	趤	趥	趦	趧	趨	趩	趪	趫	趬	趭	趮	趯
8DB	趰	趱	趲	足	趴	趵	趶	趷	趸	趹	趺	趻	趼	趽	趾	趿
8DC	跀	跁	跂	跃	跄	跅	跆	跇	跈	跉	跊	跋	跌	跍	跎	跏
8DD	跐	跑	跒	跓	跔	跕	跖	跗	跘	跙	跚	跛	跜	距	跞	跟
8DE	跠	跡	跢	跣	跤	跥	跦	跧	跨	跩	跪	跫	跬	跭	跮	路
8DF	跰	跱	跲	跳	跴	践	跶	跷	跸	跹	跺	跻	跼	跽	跾	跿
8E0	踀	踁	踂	踃	踄	踅	踆	踇	踈	踉	踊	踋	踌	踍	踎	踏
8E1	踐	踑	踒	踓	踔	踕	踖	踗	踘	踙	踚	踛	踜	踝	踞	踟
8E2	踠	踡	踢	踣	踤	踥	踦	踧	踨	踩	踪	踫	踬	踭	踮	踯
8E3	踰	踱	踲	踳	踴	踵	踶	踷	踸	踹	踺	踻	踼	踽	踾	踿
8E4	蹀	蹁	蹂	蹃	蹄	蹅	蹆	蹇	蹈	蹉	蹊	蹋	蹌	蹍	蹎	蹏
8E5	蹐	蹑	蹒	蹓	蹔	蹕	蹖	蹗	蹘	蹙	蹚	蹛	蹜	蹝	蹞	蹟
8E6	蹠	蹡	蹢	蹣	蹤	蹥	蹦	蹧	蹨	蹩	蹪	蹫	蹬	蹭	蹮	蹯
8E7	蹰	蹱	蹲	蹳	蹴	蹵	蹶	蹷	蹸	蹹	蹺	蹻	蹼	蹽	蹾	蹿

	0	1	2	3	4	5	6	7	8	9	A	B	C	D	E	F
8E8	躀	躁	躂	躃	躄	躅	躆	躇	躈	躉	躊	躋	躌	躍	躎	躏
8E9	躐	躑	躒	躓	躔	躕	躖	躗	躘	躙	躚	躛	躜	躝	躞	躟
8EA	躠	躡	躢	躣	躤	躥	躦	躧	躨	躩	躪	身	躬	躭	躮	躯
8EB	躰	躱	躲	躳	躴	躵	躶	躷	躸	躹	躺	躻	躼	躽	躾	躿
8EC	軀	軁	軂	軃	軄	軅	軆	軇	軈	軉	車	軋	軌	軍	軎	軏
8ED	軐	軑	軒	軓	軔	軕	軖	軗	軘	軙	軚	軛	軜	軝	軞	軟
8EE	軠	軡	転	軣	軤	軥	軦	軧	軨	軩	軪	軫	軬	軭	軮	軯
8EF	軰	軱	軲	軳	軴	軵	軶	軷	軸	軹	軺	軻	軼	軽	軾	軿
8F0	輀	輁	輂	較	輄	輅	輆	輇	輈	載	輊	輋	輌	輍	輎	輏
8F1	輐	輑	輒	輓	輔	輕	輖	輗	輘	輙	輚	輛	輜	輝	輞	輟
8F2	輠	輡	輢	輣	輤	輥	輦	輧	輨	輩	輪	輫	輬	輭	輮	輯
8F3	輰	輱	輲	輳	輴	輵	輶	輷	輸	輹	輺	輻	輼	輽	輾	輿
8F4	轀	轁	轂	轃	轄	轅	轆	轇	轈	轉	轊	轋	轌	轍	轎	轏
8F5	轐	轑	轒	轓	轔	轕	轖	轗	轘	轙	轚	轛	轜	轝	轞	轟
8F6	轠	轡	轢	轣	轤	轥	车	轧	轨	轩	轪	轫	转	轭	轮	软
8F7	轰	轱	轲	轳	轴	轵	轶	轷	轸	轹	轺	轻	轼	载	轾	轿
8F8	辀	辁	辂	较	辄	辅	辆	辇	辈	辉	辊	辋	辌	辍	辎	辏
8F9	辐	辑	辒	输	辔	辕	辖	辗	辘	辙	辚	辛	辜	辝	辞	辟
8FA	辠	辡	辢	辣	辤	辥	辦	辧	辨	辩	辪	辫	辬	辭	辮	辯
8FB	辰	辱	農	辳	辴	辵	辶	辷	辸	边	辺	辻	込	辽	达	辿
8FC	迀	迁	迂	迃	迄	迅	迆	过	迈	迉	迊	迋	迌	迍	迎	迏
8FD	运	近	迒	迓	返	迕	迖	迗	还	这	迚	进	远	违	连	迟
8FE	迠	迡	迢	迣	迤	迥	迦	迧	迨	迩	迪	迫	迬	迭	迮	迯
8FF	述	迱	迲	迳	迴	迵	迶	迷	迸	迹	迺	迻	迼	追	迾	迿

	0	1	2	3	4	5	6	7	8	9	A	B	C	D	E	F
900	退	送	适	逃	逄	逅	逆	逇	逈	选	逊	逋	逌	逍	逎	透
901	逐	逑	递	逓	途	逕	逖	逗	逘	這	通	逛	逜	逝	逞	速
902	造	逡	逢	連	逤	逥	逦	逧	逨	逩	逪	逫	逬	逭	逮	逯
903	逰	週	進	逳	逴	逵	逶	逷	逸	逹	逺	逻	逼	逽	逾	逿
904	遀	遁	遂	遃	遄	遅	遆	遇	遈	遉	遊	運	遌	遍	過	遏
905	遐	遑	遒	道	達	違	遖	遗	遘	遙	遚	遛	遜	遝	遞	遟
906	遠	遡	遢	遣	遤	遥	遦	遧	遨	適	遪	遫	遬	遭	遮	遯
907	遰	遱	遲	遳	遴	遵	遶	遷	選	遹	遺	遻	遼	遽	遾	避
908	邀	邁	邂	邃	還	邅	邆	邇	邈	邉	邊	邋	邌	邍	邎	邏
909	邐	邑	邒	邓	邔	邕	邖	邗	邘	邙	邚	邛	邜	邝	邞	邟
90A	邠	邡	邢	那	邤	邥	邦	邧	邨	邩	邪	邫	邬	邭	邮	邯
90B	邰	邱	邲	邳	邴	邵	邶	邷	邸	邹	邺	邻	邼	邽	邾	邿
90C	郀	郁	郂	郃	郄	郅	郆	郇	郈	郉	郊	郋	郌	郍	郎	郏
90D	郐	郑	郒	郓	郔	郕	郖	郗	郘	郙	郚	郛	郜	郝	郞	郟
90E	郠	郡	郢	郣	郤	郥	郦	郧	部	郩	郪	郫	郬	郭	郮	郯
90F	郰	郱	郲	郳	郴	郵	郶	郷	郸	郹	郺	郻	郼	都	郾	郿
910	鄀	鄁	鄂	鄃	鄄	鄅	鄆	鄇	鄈	鄉	鄊	鄋	鄌	鄍	鄎	鄏
911	鄐	鄑	鄒	鄓	鄔	鄕	鄖	鄗	鄘	鄙	鄚	鄛	鄜	鄝	鄞	鄟
912	鄠	鄡	鄢	鄣	鄤	鄥	鄦	鄧	鄨	鄩	鄪	鄫	鄬	鄭	鄮	鄯
913	鄰	鄱	鄲	鄳	鄴	鄵	鄶	鄷	鄸	鄹	鄺	鄻	鄼	鄽	鄾	鄿
914	酀	酁	酂	酃	酄	酅	酆	酇	酈	酉	酊	酋	酌	配	酎	酏
915	酐	酑	酒	酓	酔	酕	酖	酗	酘	酙	酚	酛	酜	酝	酞	酟
916	酠	酡	酢	酣	酤	酥	酦	酧	酨	酩	酪	酫	酬	酭	酮	酯
917	酰	酱	酲	酳	酴	酵	酶	酷	酸	酹	酺	酻	酼	酽	酾	酿

	0	1	2	3	4	5	6	7	8	9	A	B	C	D	E	F
918	醀	醁	醂	醃	醄	醅	醆	醇	醈	醉	醊	醋	醌	醍	醎	醏
919	醐	醑	醒	醓	醔	醕	醖	醗	醘	醙	醚	醛	醜	醝	醞	醟
91A	醠	醡	醢	醣	醤	醥	醦	醧	醨	醩	醪	醫	醬	醭	醮	醯
91B	醰	醱	醲	醳	醴	醵	醶	醷	醸	醹	醺	醻	醼	醽	醾	醿
91C	釀	釁	釂	釃	釄	釅	釆	采	釈	釉	释	釋	里	重	野	量
91D	釐	金	釒	釓	釔	釕	釖	釗	釘	釙	釚	釛	釜	針	釞	釟
91E	釠	釡	釢	釣	釤	釥	釦	釧	釨	釩	釪	釫	釬	釭	釮	釯
91F	釰	釱	釲	釳	釴	釵	釶	釷	釸	釹	釺	釻	釼	釽	釾	釿
920	鈀	鈁	鈂	鈃	鈄	鈅	鈆	鈇	鈈	鈉	鈊	鈋	鈌	鈍	鈎	鈏
921	鈐	鈑	鈒	鈓	鈔	鈕	鈖	鈗	鈘	鈙	鈚	鈛	鈜	鈝	鈞	鈟
922	鈠	鈡	鈢	鈣	鈤	鈥	鈦	鈧	鈨	鈩	鈪	鈫	鈬	鈭	鈮	鈯
923	鈰	鈱	鈲	鈳	鈴	鈵	鈶	鈷	鈸	鈹	鈺	鈻	鈼	鈽	鈾	鈿
924	鉀	鉁	鉂	鉃	鉄	鉅	鉆	鉇	鉈	鉉	鉊	鉋	鉌	鉍	鉎	鉏
925	鉐	鉑	鉒	鉓	鉔	鉕	鉖	鉗	鉘	鉙	鉚	鉛	鉜	鉝	鉞	鉟
926	鉠	鉡	鉢	鉣	鉤	鉥	鉦	鉧	鉨	鉩	鉪	鉫	鉬	鉭	鉮	鉯
927	鉰	鉱	鉲	鉳	鉴	鉵	鉶	鉷	鉸	鉹	鉺	鉻	鉼	鉽	鉾	鉿
928	銀	銁	銂	銃	銄	銅	銆	銇	銈	銉	銊	銋	銌	銍	銎	銏
929	銐	銑	銒	銓	銔	銕	銖	銗	銘	銙	銚	銛	銜	銝	銞	銟
92A	銠	銡	銢	銣	銤	銥	銦	銧	銨	銩	銪	銫	銬	銭	銮	銯
92B	銰	銱	銲	銳	銴	銵	銶	銷	銸	銹	銺	銻	銼	銽	銾	銿
92C	鋀	鋁	鋂	鋃	鋄	鋅	鋆	鋇	鋈	鋉	鋊	鋋	鋌	鋍	鋎	鋏
92D	鋐	鋑	鋒	鋓	鋔	鋕	鋖	鋗	鋘	鋙	鋚	鋛	鋜	鋝	鋞	鋟
92E	鋠	鋡	鋢	鋣	鋤	鋥	鋦	鋧	鋨	鋩	鋪	鋫	鋬	鋭	鋮	鋯
92F	鋰	鋱	鋲	鋳	鋴	鋵	鋶	鋷	鋸	鋹	鋺	鋻	鋼	鋽	鋾	鋿

	0	1	2	3	4	5	6	7	8	9	A	B	C	D	E	F
930	錀	錁	錂	錃	錄	錅	錆	錇	錈	錉	錊	錋	錌	錍	錎	錏
931	錐	錑	錒	錓	錔	錕	錖	錗	錘	錙	錚	錛	錜	錝	錞	錟
932	錠	錡	錢	錣	錤	錥	錦	錧	錨	錩	錪	錫	錬	錭	錮	錯
933	錰	錱	録	錳	錴	錵	錶	錷	錸	錹	錺	錻	錼	錽	錾	錿
934	鍀	鍁	鍂	鍃	鍄	鍅	鍆	鍇	鍈	鍉	鍊	鍋	鍌	鍍	鍎	鍏
935	鍐	鍑	鍒	鍓	鍔	鍕	鍖	鍗	鍘	鍙	鍚	鍛	鍜	鍝	鍞	鍟
936	鍠	鍡	鍢	鍣	鍤	鍥	鍦	鍧	鍨	鍩	鍪	鍫	鍬	鍭	鍮	鍯
937	鍰	鍱	鍲	鍳	鍴	鍵	鍶	鍷	鍸	鍹	鍺	鍻	鍼	鍽	鍾	鍿
938	鎀	鎁	鎂	鎃	鎄	鎅	鎆	鎇	鎈	鎉	鎊	鎋	鎌	鎍	鎎	鎏
939	鎐	鎑	鎒	鎓	鎔	鎕	鎖	鎗	鎘	鎙	鎚	鎛	鎜	鎝	鎞	鎟
93A	鎠	鎡	鎢	鎣	鎤	鎥	鎦	鎧	鎨	鎩	鎪	鎫	鎬	鎭	鎮	鎯
93B	鎰	鎱	鎲	鎳	鎴	鎵	鎶	鎷	鎸	鎹	鎺	鎻	鎼	鎽	鎾	鎿
93C	鏀	鏁	鏂	鏃	鏄	鏅	鏆	鏇	鏈	鏉	鏊	鏋	鏌	鏍	鏎	鏏
93D	鏐	鏑	鏒	鏓	鏔	鏕	鏖	鏗	鏘	鏙	鏚	鏛	鏜	鏝	鏞	鏟
93E	鏠	鏡	鏢	鏣	鏤	鏥	鏦	鏧	鏨	鏩	鏪	鏫	鏬	鏭	鏮	鏯
93F	鏰	鏱	鏲	鏳	鏴	鏵	鏶	鏷	鏸	鏹	鏺	鏻	鏼	鏽	鏾	鏿
940	鐀	鐁	鐂	鐃	鐄	鐅	鐆	鐇	鐈	鐉	鐊	鐋	鐌	鐍	鐎	鐏
941	鐐	鐑	鐒	鐓	鐔	鐕	鐖	鐗	鐘	鐙	鐚	鐛	鐜	鐝	鐞	鐟
942	鐠	鐡	鐢	鐣	鐤	鐥	鐦	鐧	鐨	鐩	鐪	鐫	鐬	鐭	鐮	鐯
943	鐰	鐱	鐲	鐳	鐴	鐵	鐶	鐷	鐸	鐹	鐺	鐻	鐼	鐽	鐾	鐿
944	鑀	鑁	鑂	鑃	鑄	鑅	鑆	鑇	鑈	鑉	鑊	鑋	鑌	鑍	鑎	鑏
945	鑐	鑑	鑒	鑓	鑔	鑕	鑖	鑗	鑘	鑙	鑚	鑛	鑜	鑝	鑞	鑟
946	鑠	鑡	鑢	鑣	鑤	鑥	鑦	鑧	鑨	鑩	鑪	鑫	鑬	鑭	鑮	鑯
947	鑰	鑱	鑲	鑳	鑴	鑵	鑶	鑷	鑸	鑹	鑺	鑻	鑼	鑽	鑾	鑿

	0	1	2	3	4	5	6	7	8	9	A	B	C	D	E	F
948	钀	钁	钂	钃	钄	钅	钆	钇	针	钉	钊	钋	钌	钍	钎	钏
949	钐	钑	钒	钓	钔	钕	钖	钗	钘	钙	钚	钛	钜	钝	钞	钟
94A	钠	钡	钢	钣	钤	钥	钦	钧	钨	钩	钪	钫	钬	钭	钮	钯
94B	钰	钱	钲	钳	钴	钵	钶	钷	钸	钹	钺	钻	钼	钽	钾	钿
94C	铀	铁	铂	铃	铄	铅	铆	铇	铈	铉	铊	铋	铌	铍	铎	铏
94D	铐	铑	铒	铓	铔	铕	铖	铗	铘	铙	铚	铛	铜	铝	铞	铟
94E	铠	铡	铢	铣	铤	铥	铦	铧	铨	铩	铪	铫	铬	铭	铮	铯
94F	铰	铱	铲	铳	铴	铵	银	铷	铸	铹	铺	铻	铼	铽	链	铿
950	销	锁	锂	锃	锄	锅	锆	锇	锈	锉	锊	锋	锌	锍	锎	锏
951	锐	锑	锒	锓	锔	锕	锖	锗	锘	错	锚	锛	锜	锝	锞	锟
952	锠	锡	锢	锣	锤	锥	锦	锧	锨	锩	锪	锫	锬	锭	键	锯
953	锰	锱	锲	锳	锴	锵	锶	锷	锸	锹	锺	锻	锼	锽	锾	锿
954	镀	镁	镂	镃	镄	镅	镆	镇	镈	镉	镊	镋	镌	镍	镎	镏
955	镐	镑	镒	镓	镔	镕	镖	镗	镘	镙	镚	镛	镜	镝	镞	镟
956	镠	镡	镢	镣	镤	镥	镦	镧	镨	镩	镪	镫	镬	镭	镮	镯
957	镰	镱	镲	镳	镴	镵	镶	長	镸	镹	镺	镻	镼	镽	镾	长
958	門	閁	閂	閃	閄	閅	閆	閇	閈	閉	閊	開	閌	閍	閎	閏
959	閐	閑	閒	間	閔	閕	閖	閗	閘	閙	閚	閛	閜	閝	閞	閟
95A	閠	閡	関	閣	閤	閥	閦	閧	閨	閩	閪	閫	閬	閭	閮	閯
95B	閰	閱	閲	閳	閴	閵	閶	閷	閸	閹	閺	閻	閼	閽	閾	閿
95C	闀	闁	闂	闃	闄	闅	闆	闇	闈	闉	闊	闋	闌	闍	闎	闏
95D	闐	闑	闒	闓	闔	闕	闖	闗	闘	闙	闚	闛	關	闝	闞	闟
95E	闠	闡	闢	闣	闤	闥	闦	闧	门	闩	闪	闫	闬	闭	问	闯
95F	闰	闱	闲	闳	间	闵	闶	闷	闸	闹	闺	闻	闼	闽	闾	闿

	0	1	2	3	4	5	6	7	8	9	A	B	C	D	E	F
960	阀	阁	阂	阃	阄	阅	阆	阇	阈	阉	阊	阋	阌	阍	阎	阏
961	阐	阑	阒	阓	阔	阕	阖	阗	阘	阙	阚	阛	阜	阝	阞	队
962	阠	阡	阢	阣	阤	阥	阦	阧	阨	阩	阪	阫	阬	阭	阮	阯
963	阰	阱	防	阳	阴	阵	阶	阷	阸	阹	阺	阻	阼	阽	阾	阿
964	陀	陁	陂	陃	附	际	陆	陇	陈	陉	陊	陋	陌	降	陎	陏
965	限	陑	陒	陓	陔	陕	陖	陗	陘	陙	陚	陛	陜	陝	陞	陟
966	陠	陡	院	陣	除	陥	陦	陧	陨	险	陪	陫	陬	陭	陮	陯
967	陰	陱	陲	陳	陴	陵	陶	陷	陸	陹	険	陻	陼	陽	陾	陿
968	隀	隁	隂	隃	隄	隅	隆	隇	隈	隉	隊	隋	隌	隍	階	随
969	隐	隑	隒	隓	隔	隕	隖	隗	隘	隙	隚	際	障	隝	隞	隟
96A	隠	隡	隢	隣	隤	隥	隦	隧	隨	隩	險	隫	隬	隭	隮	隯
96B	隰	隱	隲	隳	隴	隵	隶	隷	隸	隹	隺	隻	隼	隽	难	隿
96C	雀	雁	雂	雃	雄	雅	集	雇	雈	雉	雊	雋	雌	雍	雎	雏
96D	雐	雑	雒	雓	雔	雕	雖	雗	雘	雙	雚	雛	雜	雝	雞	雟
96E	雠	雡	離	難	雤	雥	雦	雧	雨	雩	雪	雫	雬	雭	雮	雯
96F	雰	雱	雲	雳	雴	雵	零	雷	雸	雹	雺	電	雼	雽	雾	雿
970	需	霁	霂	霃	霄	霅	霆	震	霈	霉	霊	霋	霌	霍	霎	霏
971	霐	霑	霒	霓	霔	霕	霖	霗	霘	霙	霚	霛	霜	霝	霞	霟
972	霠	霡	霢	霣	霤	霥	霦	霧	霨	霩	霪	霫	霬	霭	霮	霯
973	霰	霱	露	霳	霴	霵	霶	霷	霸	霹	霺	霻	霼	霽	霾	霿
974	靀	靁	靂	靃	靄	靅	靆	靇	靈	靉	靊	靋	靌	靍	靎	靏
975	靐	青	靑	靓	靔	靕	靖	靗	靘	静	靚	靛	靜	靝	非	靟
976	靠	靡	面	靣	靤	靥	靦	靧	靨	革	靪	靫	靬	靭	靮	靯
977	靰	靱	靲	靳	靴	靵	靶	靷	靸	靹	靺	靻	靼	靽	靾	靿

	0	1	2	3	4	5	6	7	8	9	A	B	C	D	E	F
978	鞀	鞁	鞂	鞃	鞄	鞅	鞆	鞇	鞈	鞉	鞊	鞋	鞌	鞍	鞎	鞏
979	鞐	鞑	鞒	鞓	鞔	鞕	鞖	鞗	鞘	鞙	鞚	鞛	鞜	鞝	鞞	鞟
97A	鞠	鞡	鞢	鞣	鞤	鞥	鞦	鞧	鞨	鞩	鞪	鞫	鞬	鞭	鞮	鞯
97B	鞰	鞱	鞲	鞳	鞴	鞵	鞶	鞷	鞸	鞹	鞺	鞻	鞼	鞽	鞾	鞿
97C	韀	韁	韂	韃	韄	韅	韆	韇	韈	韉	韊	韋	韌	韍	韎	韏
97D	韐	韑	韒	韓	韔	韕	韖	韗	韘	韙	韚	韛	韜	韝	韞	韟
97E	韠	韡	韢	韣	韤	韥	韦	韧	韨	韩	韪	韫	韬	韭	韮	韯
97F	韰	韱	韲	音	韴	韵	韶	韷	韸	韹	韺	韻	韼	韽	韾	響
980	頀	頁	頂	頃	頄	項	順	頇	須	頉	頊	頋	頌	頍	頎	頏
981	預	頑	頒	頓	頔	頕	頖	頗	領	頙	頚	頛	頜	頝	頞	頟
982	頠	頡	頢	頣	頤	頥	頦	頧	頨	頩	頪	頫	頬	頭	頮	頯
983	頰	頱	頲	頳	頴	頵	頶	頷	頸	頹	頺	頻	頼	頽	頾	頿
984	顀	顁	顂	顃	顄	顅	顆	顇	顈	顉	顊	顋	題	額	顎	顏
985	顐	顑	顒	顓	顔	顕	顖	顗	願	顙	顚	顛	顜	顝	類	顟
986	顠	顡	顢	顣	顤	顥	顦	顧	顨	顩	顪	顫	顬	顭	顮	顯
987	顰	顱	顲	顳	顴	页	顶	顷	顸	项	顺	须	顼	顽	顾	顿
988	颀	颁	颂	颃	预	颅	领	颇	颈	颉	颊	颋	颌	颍	颎	颏
989	颐	频	颒	颓	颔	颕	颖	颗	题	颙	颚	颛	颜	额	颞	颟
98A	颠	颡	颢	颣	颤	颥	颦	颧	風	颩	颪	颫	颬	颭	颮	颯
98B	颰	颱	颲	颳	颴	颵	颶	颷	颸	颹	颺	颻	颼	颽	颾	颿
98C	飀	飁	飂	飃	飄	飅	飆	飇	飈	飉	飊	飋	飌	飍	风	飏
98D	飐	飑	飒	飓	飔	飕	飖	飗	飘	飙	飚	飛	飜	飝	飞	食
98E	飠	飡	飢	飣	飤	飥	飦	飧	飨	飩	飪	飫	飬	飭	飮	飯
98F	飰	飱	飲	飳	飴	飵	飶	飷	飸	飹	飺	飻	飼	飽	飾	飿

	0	1	2	3	4	5	6	7	8	9	A	B	C	D	E	F
990	餀	餁	餂	餃	餄	餅	餆	餇	餈	餉	養	餋	餌	餍	餎	餏
991	餐	餑	餒	餓	餔	餕	餖	餗	餘	餙	餚	餛	餜	餝	餞	餟
992	餠	餡	餢	餣	餤	餥	餦	餧	館	餩	餪	餫	餬	餭	餮	餯
993	餰	餱	餲	餳	餴	餵	餶	餷	餸	餹	餺	餻	餼	餽	餾	餿
994	饀	饁	饂	饃	饄	饅	饆	饇	饈	饉	饊	饋	饌	饍	饎	饏
995	饐	饑	饒	饓	饔	饕	饖	饗	饘	饙	饚	饛	饜	饝	饞	饟
996	饠	饡	饢	饣	饤	饥	饦	饧	饨	饩	饪	饫	饬	饭	饮	饯
997	饰	饱	饲	饳	饴	饵	饶	饷	饸	饹	饺	饻	饼	饽	饾	饿
998	馀	馁	馂	馃	馄	馅	馆	馇	馈	馉	馊	馋	馌	馍	馎	馏
999	馐	馑	馒	馓	馔	馕	首	馗	馘	香	馚	馛	馜	馝	馞	馟
99A	馠	馡	馢	馣	馤	馥	馦	馧	馨	馩	馪	馫	馬	馭	馮	馯
99B	馰	馱	馲	馳	馴	馵	馶	馷	馸	馹	馺	馻	馼	馽	馾	馿
99C	駀	駁	駂	駃	駄	駅	駆	駇	駈	駉	駊	駋	駌	駍	駎	駏
99D	駐	駑	駒	駓	駔	駕	駖	駗	駘	駙	駚	駛	駜	駝	駞	駟
99E	駠	駡	駢	駣	駤	駥	駦	駧	駨	駩	駪	駫	駬	駭	駮	駯
99F	駰	駱	駲	駳	駴	駵	駶	駷	駸	駹	駺	駻	駼	駽	駾	駿
9A0	騀	騁	騂	騃	騄	騅	騆	騇	騈	騉	騊	騋	騌	騍	騎	騏
9A1	騐	騑	騒	験	騔	騕	騖	騗	騘	騙	騚	騛	騜	騝	騞	騟
9A2	騠	騡	騢	騣	騤	騥	騦	騧	騨	騩	騪	騫	騬	騭	騮	騯
9A3	騰	騱	騲	騳	騴	騵	騶	騷	騸	騹	騺	騻	騼	騽	騾	騿
9A4	驀	驁	驂	驃	驄	驅	驆	驇	驈	驉	驊	驋	驌	驍	驎	驏
9A5	驐	驑	驒	驓	驔	驕	驖	驗	驘	驙	驚	驛	驜	驝	驞	驟
9A6	驠	驡	驢	驣	驤	驥	驦	驧	驨	驩	驪	驫	马	驭	驮	驯
9A7	驰	驱	驲	驳	驴	驵	驶	驷	驸	驹	驺	驻	驼	驽	驾	驿

	0	1	2	3	4	5	6	7	8	9	A	B	C	D	E	F
9A8	骀	骁	骂	骃	骄	骅	骆	骇	骈	骉	骊	骋	验	骍	骎	骏
9A9	骐	骑	骒	骓	骔	骕	骖	骗	骘	骙	骚	骛	骜	骝	骞	骟
9AA	骠	骡	骢	骣	骤	骥	骦	骧	骨	骩	骪	骫	骬	骭	骮	骯
9AB	骰	骱	骲	骳	骴	骵	骶	骷	骸	骹	骺	骻	骼	骽	骾	骿
9AC	髀	髁	髂	髃	髄	髅	髆	髇	髈	髉	髊	髋	髌	髍	髎	髏
9AD	髐	髑	髒	髓	體	髕	髖	髗	高	髙	髚	髛	髜	髝	髞	髟
9AE	髠	髡	髢	髣	髤	髥	髦	髧	髨	髩	髪	髫	髬	髭	髮	髯
9AF	髰	髱	髲	髳	髴	髵	髶	髷	髸	髹	髺	髻	髼	髽	髾	髿
9B0	鬀	鬁	鬂	鬃	鬄	鬅	鬆	鬇	鬈	鬉	鬊	鬋	鬌	鬍	鬎	鬏
9B1	鬐	鬑	鬒	鬓	鬔	鬕	鬖	鬗	鬘	鬙	鬚	鬛	鬜	鬝	鬞	鬟
9B2	鬠	鬡	鬢	鬣	鬤	鬥	鬦	鬧	鬨	鬩	鬪	鬫	鬬	鬭	鬮	鬯
9B3	鬰	鬱	鬲	鬳	鬴	鬵	鬶	鬷	鬸	鬹	鬺	鬻	鬼	鬽	鬾	鬿
9B4	魀	魁	魂	魃	魄	魅	魆	魇	魈	魉	魊	魋	魌	魍	魎	魏
9B5	魐	魑	魒	魓	魔	魕	魖	魗	魘	魙	魚	魛	魜	魝	魞	魟
9B6	魠	魡	魢	魣	魤	魥	魦	魧	魨	魩	魪	魫	魬	魭	魮	魯
9B7	魰	魱	魲	魳	魴	魵	魶	魷	魸	魹	魺	魻	魼	魽	魾	魿
9B8	鮀	鮁	鮂	鮃	鮄	鮅	鮆	鮇	鮈	鮉	鮊	鮋	鮌	鮍	鮎	鮏
9B9	鮐	鮑	鮒	鮓	鮔	鮕	鮖	鮗	鮘	鮙	鮚	鮛	鮜	鮝	鮞	鮟
9BA	鮠	鮡	鮢	鮣	鮤	鮥	鮦	鮧	鮨	鮩	鮪	鮫	鮬	鮭	鮮	鮯
9BB	鮰	鮱	鮲	鮳	鮴	鮵	鮶	鮷	鮸	鮹	鮺	鮻	鮼	鮽	鮾	鮿
9BC	鯀	鯁	鯂	鯃	鯄	鯅	鯆	鯇	鯈	鯉	鯊	鯋	鯌	鯍	鯎	鯏
9BD	鯐	鯑	鯒	鯓	鯔	鯕	鯖	鯗	鯘	鯙	鯚	鯛	鯜	鯝	鯞	鯟
9BE	鯠	鯡	鯢	鯣	鯤	鯥	鯦	鯧	鯨	鯩	鯪	鯫	鯬	鯭	鯮	鯯
9BF	鯰	鯱	鯲	鯳	鯴	鯵	鯶	鯷	鯸	鯹	鯺	鯻	鯼	鯽	鯾	鯿

	0	1	2	3	4	5	6	7	8	9	A	B	C	D	E	F
9C0	鰀	鰁	鰂	鰃	鰄	鰅	鰆	鰇	鰈	鰉	鰊	鰋	鰌	鰍	鰎	鰏
9C1	鰐	鰑	鰒	鰓	鰔	鰕	鰖	鰗	鰘	鰙	鰚	鰛	鰜	鰝	鰞	鰟
9C2	鰠	鰡	鰢	鰣	鰤	鰥	鰦	鰧	鰨	鰩	鰪	鰫	鰬	鰭	鰮	鰯
9C3	鰰	鰱	鰲	鰳	鰴	鰵	鰶	鰷	鰸	鰹	鰺	鰻	鰼	鰽	鰾	鰿
9C4	鱀	鱁	鱂	鱃	鱄	鱅	鱆	鱇	鱈	鱉	鱊	鱋	鱌	鱍	鱎	鱏
9C5	鱐	鱑	鱒	鱓	鱔	鱕	鱖	鱗	鱘	鱙	鱚	鱛	鱜	鱝	鱞	鱟
9C6	鱠	鱡	鱢	鱣	鱤	鱥	鱦	鱧	鱨	鱩	鱪	鱫	鱬	鱭	鱮	鱯
9C7	鱰	鱱	鱲	鱳	鱴	鱵	鱶	鱷	鱸	鱹	鱺	鱻	鱼	鱽	鱾	鱿
9C8	鲀	鲁	鲂	鲃	鲄	鲅	鲆	鲇	鲈	鲉	鲊	鲋	鲌	鲍	鲎	鲏
9C9	鲐	鲑	鲒	鲓	鲔	鲕	鲖	鲗	鲘	鲙	鲚	鲛	鲜	鲝	鲞	鲟
9CA	鲠	鲡	鲢	鲣	鲤	鲥	鲦	鲧	鲨	鲩	鲪	鲫	鲬	鲭	鲮	鲯
9CB	鲰	鲱	鲲	鲳	鲴	鲵	鲶	鲷	鲸	鲹	鲺	鲻	鲼	鲽	鲾	鲿
9CC	鳀	鳁	鳂	鳃	鳄	鳅	鳆	鳇	鳈	鳉	鳊	鳋	鳌	鳍	鳎	鳏
9CD	鳐	鳑	鳒	鳓	鳔	鳕	鳖	鳗	鳘	鳙	鳚	鳛	鳜	鳝	鳞	鳟
9CE	鳠	鳡	鳢	鳣	鳤	鳥	鳦	鳧	鳨	鳩	鳪	鳫	鳬	鳭	鳮	鳯
9CF	鳰	鳱	鳲	鳳	鳴	鳵	鳶	鳷	鳸	鳹	鳺	鳻	鳼	鳽	鳾	鳿
9D0	鴀	鴁	鴂	鴃	鴄	鴅	鴆	鴇	鴈	鴉	鴊	鴋	鴌	鴍	鴎	鴏
9D1	鴐	鴑	鴒	鴓	鴔	鴕	鴖	鴗	鴘	鴙	鴚	鴛	鴜	鴝	鴞	鴟
9D2	鴠	鴡	鴢	鴣	鴤	鴥	鴦	鴧	鴨	鴩	鴪	鴫	鴬	鴭	鴮	鴯
9D3	鴰	鴱	鴲	鴳	鴴	鴵	鴶	鴷	鴸	鴹	鴺	鴻	鴼	鴽	鴾	鴿
9D4	鵀	鵁	鵂	鵃	鵄	鵅	鵆	鵇	鵈	鵉	鵊	鵋	鵌	鵍	鵎	鵏
9D5	鵐	鵑	鵒	鵓	鵔	鵕	鵖	鵗	鵘	鵙	鵚	鵛	鵜	鵝	鵞	鵟
9D6	鵠	鵡	鵢	鵣	鵤	鵥	鵦	鵧	鵨	鵩	鵪	鵫	鵬	鵭	鵮	鵯
9D7	鵰	鵱	鵲	鵳	鵴	鵵	鵶	鵷	鵸	鵹	鵺	鵻	鵼	鵽	鵾	鵿

	0	1	2	3	4	5	6	7	8	9	A	B	C	D	E	F
9D8	鶀	鶁	鶂	鶃	鶄	鶅	鶆	鶇	鶈	鶉	鶊	鶋	鶌	鶍	鶎	鶏
9D9	鶐	鶑	鶒	鶓	鶔	鶕	鶖	鶗	鶘	鶙	鶚	鶛	鶜	鶝	鶞	鶟
9DA	鶠	鶡	鶢	鶣	鶤	鶥	鶦	鶧	鶨	鶩	鶪	鶫	鶬	鶭	鶮	鶯
9DB	鶰	鶱	鶲	鶳	鶴	鶵	鶶	鶷	鶸	鶹	鶺	鶻	鶼	鶽	鶾	鶿
9DC	鷀	鷁	鷂	鷃	鷄	鷅	鷆	鷇	鷈	鷉	鷊	鷋	鷌	鷍	鷎	鷏
9DD	鷐	鷑	鷒	鷓	鷔	鷕	鷖	鷗	鷘	鷙	鷚	鷛	鷜	鷝	鷞	鷟
9DE	鷠	鷡	鷢	鷣	鷤	鷥	鷦	鷧	鷨	鷩	鷪	鷫	鷬	鷭	鷮	鷯
9DF	鷰	鷱	鷲	鷳	鷴	鷵	鷶	鷷	鷸	鷹	鷺	鷻	鷼	鷽	鷾	鷿
9E0	鸀	鸁	鸂	鸃	鸄	鸅	鸆	鸇	鸈	鸉	鸊	鸋	鸌	鸍	鸎	鸏
9E1	鸐	鸑	鸒	鸓	鸔	鸕	鸖	鸗	鸘	鸙	鸚	鸛	鸜	鸝	鸞	鸟
9E2	鸠	鸡	鸢	鸣	鸤	鸥	鸦	鸧	鸨	鸩	鸪	鸫	鸬	鸭	鸮	鸯
9E3	鸰	鸱	鸲	鸳	鸴	鸵	鸶	鸷	鸸	鸹	鸺	鸻	鸼	鸽	鸾	鸿
9E4	鹀	鹁	鹂	鹃	鹄	鹅	鹆	鹇	鹈	鹉	鹊	鹋	鹌	鹍	鹎	鹏
9E5	鹐	鹑	鹒	鹓	鹔	鹕	鹖	鹗	鹘	鹙	鹚	鹛	鹜	鹝	鹞	鹟
9E6	鹠	鹡	鹢	鹣	鹤	鹥	鹦	鹧	鹨	鹩	鹪	鹫	鹬	鹭	鹮	鹯
9E7	鹰	鹱	鹲	鹳	鹴	鹵	鹶	鹷	鹸	鹹	鹺	鹻	鹼	鹽	鹾	鹿
9E8	麀	麁	麂	麃	麄	麅	麆	麇	麈	麉	麊	麋	麌	麍	麎	麏
9E9	麐	麑	麒	麓	麔	麕	麖	麗	麘	麙	麚	麛	麜	麝	麞	麟
9EA	麠	麡	麢	麣	麤	麥	麦	麧	麨	麩	麪	麫	麬	麭	麮	麯
9EB	麰	麱	麲	麳	麴	麵	麶	麷	麸	麹	麺	麻	麼	麽	麾	麿
9EC	黀	黁	黂	黃	黄	黅	黆	黇	黈	黉	黊	黋	黌	黍	黎	黏
9ED	黐	黑	黒	黓	黔	黕	黖	黗	默	黙	黚	黛	黜	黝	點	黟
9EE	黠	黡	黢	黣	黤	黥	黦	黧	黨	黩	黪	黫	黬	黭	黮	黯
9EF	黰	黱	黲	黳	黴	黵	黶	黷	黸	黹	黺	黻	黼	黽	黾	黿

	0	1	2	3	4	5	6	7	8	9	A	B	C	D	E	F
9F0	黿	鼀	鼁	鼂	鼃	鼄	鼅	鼆	鼇	鼈	鼉	鼊	鼌	鼍	鼎	鼏
9F1	鼐	鼑	鼒	鼓	鼔	鼕	鼖	鼗	鼘	鼙	鼚	鼛	鼜	鼝	鼞	鼟
9F2	鼠	鼡	鼢	鼣	鼤	鼥	鼦	鼧	鼨	鼩	鼪	鼫	鼬	鼭	鼮	鼯
9F3	鼰	鼱	鼲	鼳	鼴	鼵	鼶	鼷	鼸	鼹	鼺	鼻	鼼	鼽	鼾	鼿
9F4	齀	齁	齂	齃	齄	齅	齆	齇	齈	齉	齊	齋	齌	齍	齎	齏
9F5	齐	齑	齒	齓	齔	齕	齖	齗	齘	齙	齚	齛	齜	齝	齞	齟
9F6	齠	齡	齢	齣	齤	齥	齦	齧	齨	齩	齪	齫	齬	齭	齮	齯
9F7	齰	齱	齲	齳	齴	齵	齶	齷	齸	齹	齺	齻	齼	齽	齾	齿
9F8	龀	龁	龂	龃	龄	龅	龆	龇	龈	龉	龊	龋	龌	龍	龎	龏
9F9	龐	龑	龒	龓	龔	龕	龖	龗	龘	龙	龚	龛	龜	龝	龞	龟
9FA	龠	龡	龢	龣	龤	龥										

附 录 A
（规范性附录）
汉字48点阵字型数据

A.1 汉字48点阵字型数据的表示

本部分中，汉字的字型可由点阵数据表示，每个字型的点阵数据为48×48（横行点数×纵列点数），共2 304个二进制位，288个字节。

A.2 汉字48点阵字型数据的记录格式

汉字48点阵字型数据的288个字节排列次序是以0字节开始至287字节结束，均用十六进制表示，每行6个字节，其记录格式如下：

行数	列数																
	0	1	2	3	4	5	6	7	……	40	41	42	43	44	45	46	47
0	0字节								……	5字节							
1 2 3 4 ⋮ 46																	
47	282字节								……	287字节							

A.3 汉字48点阵字型数据举例

长 957F	治 6CBB	久 4E45	安 5B89
00 00 00 00 00 00	00 00 00 00 00 00	00 00 00 00 00 00	00 00 00 00 00 00
00 08 00 00 00 00	00 00 00 00 00 00	00 00 20 00 00 00	00 00 20 00 00 00
00 0F 80 00 00 00	02 00 00 08 00 00	00 00 38 00 00 00	00 00 18 00 00 00
00 0F 00 00 00 00	01 80 00 0E 00 00	00 00 3E 00 00 00	00 00 0E 00 00 00
00 0E 00 00 00 00	00 E0 00 0F 80 00	00 00 3C 00 00 00	00 00 07 00 00 00
00 0E 00 00 40 00	00 70 00 1F 00 00	00 00 38 00 00 00	00 00 07 80 00 00
00 0E 00 00 E0 00	00 78 00 1E 00 00	00 00 78 00 00 00	00 00 03 C0 00 00
00 0E 00 01 FC 00	00 38 00 3C 00 00	00 00 70 00 00 00	00 00 03 C0 00 00
00 0E 00 03 F0 00	00 38 00 38 00 00	00 00 70 00 00 00	00 00 01 C0 00 00
00 0E 00 07 C0 00	00 30 80 70 00 00	00 00 E0 06 00 00	01 00 01 80 00 40
00 0E 00 0F 80 00	00 00 80 70 00 00	00 00 E0 0F 00 00	01 00 00 00 00 E0
00 0E 00 1E 00 00	00 01 80 E0 00 00	00 00 FF FF 80 00	03 FF FF FF FF F0
00 0E 00 78 00 00	00 01 01 C0 10 00	00 01 C0 0F 00 00	03 00 00 00 00 F8

00 0E 00 F0 00 00
00 0E 03 C0 00 00
00 0E 07 00 00 00
00 0E 1C 00 00 00
00 0E 38 00 00 00
00 0E E0 00 00 00
00 0F 80 00 00 00
00 0E 00 00 00 40
00 0E 00 00 00 E0
00 0E 00 00 01 F0
7F FF FF FF FF F8
00 0E 01 00 00 00
00 0E 01 00 00 00
00 0E 01 80 00 00
00 0E 01 80 00 00
00 0E 00 C0 00 00
00 0E 00 C0 00 00
00 0E 00 60 00 00
00 0E 00 60 00 00
00 0E 00 30 00 00
00 0E 00 38 00 00
00 0E 00 1C 00 00
00 0E 00 1E 00 00
00 0E 00 8F 00 00
00 0E 03 07 80 00
00 0E 0E 03 C0 00
00 0E 38 01 F0 00
00 0E F0 00 FC 00
00 0F C0 00 7F 00
00 1F 80 00 3F C0
00 3F 00 00 1F F8
00 1E 00 00 07 FE
00 0C 00 00 01 C0
00 08 00 00 00 80
00 00 00 00 00 00

00 01 01 C0 0C 00
20 03 03 80 07 00
18 03 07 00 03 80
0E 02 06 00 01 C0
07 06 0C 00 00 E0
07 86 18 00 00 70
03 84 7F FF FF F8
03 8C 3F FC 00 3C
03 0C 1F 80 00 3C
00 0C 0E 00 00 3C
00 18 04 00 00 1C
00 18 00 00 00 18
00 18 00 00 00 00
00 30 08 00 00 C0
00 30 0E 00 01 E0
00 30 0F FF FF F0
00 60 0E 00 01 E0
00 60 0E 00 01 C0
00 E0 0E 00 01 C0
00 E0 0E 00 01 C0
01 C0 0E 00 01 C0
3F C0 0E 00 01 C0
07 C0 0E 00 01 C0
01 C0 0E 00 01 C0
01 C0 0E 00 01 C0
01 C0 0E 00 01 C0
01 C0 0E 00 01 C0
01 C0 0E 00 01 C0
03 C0 0F FF FF C0
03 C0 0E 00 01 C0
03 C0 0E 00 01 C0
03 C0 0E 00 01 C0
01 80 0C 00 01 80
00 00 00 00 00 00
00 00 00 00 00 00

00 01 C0 0E 00 00
00 03 80 0E 00 00
00 03 80 1C 00 00
00 07 00 1C 00 00
00 06 00 1C 00 00
00 0E 00 38 00 00
00 0C 00 38 00 00
00 18 00 38 00 00
00 38 00 7C 00 00
00 30 00 74 00 00
00 60 00 E4 00 00
00 C0 00 E6 00 00
01 80 01 C6 00 00
02 00 01 C6 00 00
00 00 03 83 00 00
00 00 03 83 00 00
00 00 07 03 80 00
00 00 07 01 80 00
00 00 0E 01 C0 00
00 00 1C 00 C0 00
00 00 1C 00 E0 00
00 00 38 00 70 00
00 00 70 00 70 00
00 00 E0 00 38 00
00 01 C0 00 3C 00
00 03 80 00 1E 00
00 0F 00 00 0F 00
00 1C 00 00 0F C0
00 78 00 00 07 F0
00 E0 00 00 03 FE
03 80 00 00 01 F0
0E 00 00 00 00 E0
70 00 00 00 00 40
00 00 00 00 00 00
00 00 00 00 00 00

07 00 00 00 00 E0
0F 00 08 00 01 C0
1E 00 0E 00 01 80
1E 00 0F 80 03 00
0C 00 1E 00 02 00
00 00 1E 00 00 00
00 00 1C 00 00 00
00 00 3C 00 00 00
00 00 38 00 00 10
00 00 38 00 00 38
00 00 70 00 00 7C
7F FF FF FF FF FE
00 00 E0 01 C0 00
00 00 E0 01 C0 00
00 00 C0 01 C0 00
00 01 C0 03 80 00
00 01 80 03 80 00
00 03 80 03 80 00
00 03 00 07 00 00
00 06 00 07 00 00
00 07 C0 0E 00 00
00 00 7C 0E 00 00
00 00 0F 9C 00 00
00 00 01 F8 00 00
00 00 00 7E 00 00
00 00 00 EF 80 00
00 00 01 C3 E0 00
00 00 07 80 F8 00
00 00 1E 00 7E 00
00 00 78 00 3F 00
00 01 E0 00 1F 80
00 0F 80 00 0F 80
00 FC 00 00 07 80
3F C0 00 00 03 00
00 00 00 00 00 00

参 考 文 献

[1] 第一批异体字整理表.中华人民共和国文化部,中国文字改革委员会.1955年12月22日.

[2] 简化字总表.中国文字改革委员会,中华人民共和国文化部,中华人民共和国教育部.1964年3月7日(1986年10月10日国家语言文字工作委员会重新发表).

[3] 印刷通用汉字字形表.中华人民共和国文化部,中国文字改革委员会.1965年1月30日.

[4] 现代汉语通用字表.国家语言文字工作委员会,中华人民共和国新闻出版署.1988年3月25日.

ICS 21.060.01
J 13

中华人民共和国国家标准

GB/T 16823.3—2010/ISO 16047:2005
代替 GB/T 16823.3—1997

紧固件　扭矩-夹紧力试验

Fasteners—Torque/clamp force testing

(ISO 16047:2005,IDT)

2011-01-10 发布　　2011-10-01 实施

中华人民共和国国家质量监督检验检疫总局
中国国家标准化管理委员会　发布

前 言

GB/T 16823 的本部分(以下简称本部分)是“螺纹紧固件扭-拉关系”系列标准之一，该系统包括：

——GB/T 16823.1—1997 螺纹紧固件应力截面积和承载面积；

——GB/T 16823.2—1997 螺纹紧固件紧固通则；

——GB/T 16823.3—2010 紧固件 扭矩-夹紧力试验。

本部分是 GB/T 16823 的第 3 部分。

本部分等同采用 ISO 16047:2005《紧固件 扭矩-夹紧力试验》(英文版)，主要编辑性修改如下：

——在引用文件中，用我国标准代替国际标准(第 2 章)。

本部分代替 GB/T 16823.3—1997《螺纹紧固件拧紧试验方法》。

本部分与 GB/T 16823.3—1997 相比主要变化如下：

——修改标准名称；

——规定适用于由碳钢和合金钢制造的、螺纹规格为 M3～M39 的紧固件(第 1 章)；

——紧固件的机械性能应分别符合 GB/T 3098.1、GB/T 3098.2 或 GB/T 3098.4 的规定(第 1 章)；

——规定了试验应在室温下进行，而标准的试验条件为 10 ℃～35 ℃(第 1 章)；

——调整引用标准(第 2 章)；

——增加了术语与定义、代号及其含义(第 3 章、第 4 章)；

——增加了总摩擦系数(见 10.2)；

——增加了极限紧固扭矩(见 10.8)；

——取消旧标准图 3“紧固转角与紧固轴力、紧固扭矩曲线图”，并规定：有多种方法确定屈服夹紧力(屈服紧固扭矩)，具体使用方法由合同双方协议(见 10.5、10.6)；

——规定极限夹紧力应在试验过程中，当夹紧力达到最大时读出(见 10.7)；

——调整了各种摩擦系数的确定方法和计算公式(第 10 章)。

本部分由中国机械工业联合会提出。

本部分由全国紧固件标准化技术委员会(SAC/TC 85)归口。

本部分负责起草单位：中机生产力促进中心。

本部分参加起草单位：机械工业通用零部件产品质量监督检测中心、宁波九龙紧固件制造有限公司、北京科瑞思测控科技有限公司、浙江泽恩标准件有限公司、上海申光高强度螺栓有限公司。

本部分所代替标准的历次版本发布情况为：

——GB/T 16823.3—1997。

紧固件　扭矩-夹紧力试验

1　范围

GB/T 16823 的本部分规定了螺纹紧固件和相关零件进行扭矩-夹紧力试验的条件。

本部分主要适用于由碳钢和合金钢制造的、螺纹规格为 M3～M39 的螺栓、螺钉、螺柱和螺母。其机械性能应分别符合 GB/T 3098.1、GB/T 3098.2 或 GB/T 3098.4。本部分也适用于符合 ISO 68-1 规定的其他内、外螺纹紧固件连接副。

本部分不适用于紧定螺钉及类似的不受拉力的螺纹紧固件，也不适用于有锁紧性能，自攻或自挤成型的螺纹紧固件。

除非另有协议，试验在室温下进行。而标准的试验条件为 10 ℃～35 ℃。

本部分规定的方法可以确定螺纹紧固件与相关零件的紧固特性。

2　规范性引用文件

下列文件中的条款通过 GB/T 16823 的本部分的引用而成为本部分的条款。凡是注日期的引用文件，其随后所有的修改单(不包括勘误的内容)或修订版均不适用于本部分，然而，鼓励根据本部分达成协议的各方研究是否可使用这些文件的最新版本。凡是不注日期的引用文件，其最新版本适用于本部分。

GB/T 70.1　内六角圆柱头螺钉(GB/T 70.1—2008,ISO 4762:2004,MOD)

GB/T 96.1　大垫圈　A 级(GB/T 96.1—2002,eqv ISO 7093-1:2000)

GB/T 192　普通螺纹　基本牙型(GB/T 192—2003,ISO 68-1:1998,MOD)

GB/T 228　金属材料　室温拉伸试验方法(GB/T 228—2002,eqv ISO 6892:1998)

GB/T 3098.1　紧固件机械性能　螺栓、螺钉和螺柱(GB/T 3098.1—2010,ISO 898-1:1999,IDT)

GB/T 3098.2　紧固件机械性能　螺母　粗牙螺纹(GB/T 3098.2—2000,idt ISO 898-2:1992)

GB/T 3098.4　紧固件机械性能　螺母　细牙螺纹(GB/T 3098.4—2000,idt ISO 898-6:1994)

GB/T 3103.3　紧固件公差　平垫圈(GB/T 3103.3—2000,idt ISO 4759-3:2000)

GB/T 5267.1　紧固件　电镀层(GB/T 5267.1—2002,ISO 4092:1999,IDT)

GB/T 5267.2　紧固件　非电解锌片涂层(GB/T 5267.2—2002,ISO 10683:2000,IDT)

GB/T 5277　紧固件　螺栓和螺钉通孔(GB/T 5277—1985,eqv ISO 273:1979)

GB/T 5782　六角头螺栓(GB/T 5782—2000,eqv ISO 4014:1999)

GB/T 5783　六角头螺栓　全螺纹(GB/T 5783—2000,eqv ISO 4017:1999)

GB/T 5785　六角头螺栓　细牙(GB/T 5785—2000,eqv ISO 8765:1999)

GB/T 6170　1 型六角螺母(GB/T 6170—2000,eqv ISO 4032:1999)

GB/T 6171　1 型六角螺母　细牙(GB/T 6171—2000,eqv ISO 8673:1999)

GB/T 6175　2 型六角螺母(GB/T 6175—2000,eqv ISO 4033:1999)

GB/T 6176　2 型六角螺母　细牙(GB/T 6176—2000,eqv ISO 8674:1999)

GB/T 16674.1　六角法兰面螺栓　小系列(GB/T 16674.1—2004,ISO 15071:1999,MOD)

GB/T 16674.2　六角法兰面螺栓　细牙　小系列(GB/T 16674.2—2004,ISO 15072:1999,MOD)

3　术语与定义

下列术语与定义适用于本部分。

3.1

夹紧力　clamp force

F

拧紧过程中，作用在螺栓杆部的拉力或被连接零件之间的压力。

3.2

屈服夹紧力　yield clamp force

F_y

拧紧时，在复合应力状态下，螺杆或啮合螺纹达到屈服时的夹紧力。

3.3

极限夹紧力　ultimate clamp force

F_u

在复合应力状态下，螺杆断裂前可能产生的最大夹紧力。

3.4

紧固扭矩　tightening torque

扳紧扭矩　wrenching torque

施加扭矩　applied torque

T

拧紧时，施加于螺母或螺栓头部的扭矩。

3.5

屈服紧固扭矩　yield tightening torque

T_y

达到屈服夹紧力的紧固扭矩。

3.6

螺纹扭矩　thread torque

T_{th}

拧紧过程中，通过啮合螺纹作用于螺栓杆部的扭矩。

3.7

支承面摩擦扭矩　brering surface friction torque

T_b

拧紧过程中，通过支承面作用于被连接件之间的扭矩。

3.8

极限紧固扭矩　ultimate tightening torque

T_u

达到极限夹紧力的紧固扭矩。

4　代号与含义

使用的代号及其含义或名称，见表1。

表1

代号	代号含义或名称
d	螺纹公称直径　nominal thread diameter
d_2	螺纹中径　basic pitch diameter of thread
d_4	试验夹具的孔径　diameter of hole of test fixture

表 1（续）

代号	代号含义或名称
D_b	螺栓通过的垫圈或支承零件的孔径（公称值） clearance hole diameter of washer or bearing part (nominal value)
D_b	螺母或螺栓头下支承面的摩擦直径（理论的或实测的） diameter of bearing surface under nut or bolt head for friction(theoretical or measured)
D_o	支承面外径 d_w min 或 d_k min（见产品标准） outer diameter of bearing surface, d_w min or d_k min (see product standards)
D_p	支承垫片的直径 diameter of plain area of bearing plate
F	夹紧力 clamp force
F_p	保证载荷(按 GB/T 3098.1、GB/T 3098.2 或 GB/T 3098.4) proof load according to ISO 898-1, ISO 898-2 or ISO 898-6, whichever is relevant
F_u	极限夹紧力 ultimate clamp force
F_y	屈服夹紧力 yield clamp force
H	试验垫片或试验垫圈的厚度 thickness of test-bearing plate or test washer
K	扭矩系数 torque coefficient, $K=T/Fd$
L_c	夹紧长度 clamp length
L_t	支承面之间完整螺纹的长度 length of complete thread between bearing surfaces
P	螺距 pitch of the thread
T	紧固扭矩 tightening torque
T_b	支承面摩擦扭矩 bearing surface friction torque
T_{th}	螺纹扭矩 thread torque
T_u	极限紧固扭矩 ultimate tightening torque
T_y	屈服紧固扭矩 yield tightening torque
θ	转角角度 rotation angle
μ_b	螺母或螺栓支承面摩擦系数 coefficient of friction between bearing surfaces under nut or bolt head
μ_{th}	螺纹摩擦系数 coefficient of friction between threads
μ_{tot}	总摩擦系数 coefficient of total friction

5 试验原理

5.1 通则

紧固扭矩平稳地作用于螺栓-螺母连接副或者螺钉-螺母连接副以产生夹紧力，测量和(或)确定一个或更多紧固特性。这些特性包括摩擦系数、总摩擦系数、螺纹摩擦系数、支承面摩擦系数、屈服夹紧力、屈服紧固扭矩、转角和极限夹紧力。在弹性变形的范围内，扭矩与夹紧力理论上呈线性关系。

注：对螺柱只能测定螺纹摩擦系数。

有两种不同目的的试验：

a) 在标准条件下，紧固件的紧固特性试验(见第 8 章)，即使用 7.2.2 和 7.2.3 规定的试验垫板或试验垫圈(HH 型或 HL 型)，以及 7.3 和 7.4 规定的试验螺母和试验螺栓。

b) 在特殊情况下，紧固件的紧固特性试验见第 9 章。

拟测定的紧固特性与参数/项目间的关系见表 2。

用不同方法描述不同表面状态和润滑状态下，螺栓连接副的扭矩-夹紧力关系，见5.2～5.4。

表2

可测的紧固特性	被测参数/项目					条款序号
	夹紧力 F	紧固扭矩 T	螺纹扭矩 T_{th}	支承面摩擦扭矩 T_b	转角 θ	
扭矩系数	○	○	—	—	—	10.1
总摩擦系数	○	○	—	—	—	10.2
螺纹摩擦系数	○	—	○	—	—	10.3
支承面摩擦系数	○	—	—	○	—	10.4
屈服夹紧力	○	—	—	—	○	10.5
屈服紧固扭矩	○	○	—	—	○	10.6
极限夹紧力	○	—	—	—	—	10.7
极限紧固扭矩	○	○	—	—	—	10.8

5.2 摩擦系数的确定

在最普通的摩擦条件下，如不考虑紧固件的形状和尺寸，则可用于测定各种摩擦系数（见10.2～10.4）。摩擦系数是一个无量纲数据，由可测量的物理特性计算得出，它取决于所连结的表面类型和几何形状。所需的测量方法是相当昂贵的，因为必须有一个测量夹紧力的传感器和至少两个不同扭矩的传感器，并且需要测得所有相关的几何尺寸（d_2，P，D_b）。为确定摩擦系数，在相同摩擦条件下，对所有规格范围内的紧固件可用扭矩-夹紧力计算。

5.3 扭矩系数 *K*（*K*-指数）的确定

扭矩系数 K 的测量方法是比较简单的，可由公式 $K=T/(Fd)$ 计算得出（见10.1）。在这种情况下，仅与 d 有关。这表示 K-指数仅由一个尺寸限定。为确定 K，需要测出夹紧力 F 和拧紧扭矩 T。

在相同摩擦条件、相同尺寸 d 和相同几何面积的紧固件上，K-指数可以用于扭矩-夹紧力的计算。

5.4 比值 *T*/*F* 的确定

最简单也是最高级的方法是测量出纯理论的扭矩和夹紧力的关系。T/F 的比值仅用于非常特殊的连接研究。这时，不需要知道紧固件的尺寸和形状。

6 设备

6.1 试验机

试验机应能自动地或者通过手动旋转螺母或螺栓（钉）头施加紧固扭矩，并装有能够测量表2所列项目的装置，除非另有规定，测量相对误差应在2%范围内。角度测量允许误差为2°或测量值的2%（取二者中的较大值）。仲裁时，应使用能定速旋转的可控机动工具拧紧，试验结果用电子仪器记录。

试验机的刚度，包括载荷传感器和夹具的刚度，都很重要，在整个试验过程中不能变化。

6.2 试验夹具

试验夹具应能承受紧固轴力和支承面摩擦扭矩的复合载荷，而不应产生永久变形和位移。图1给出试验夹具的基本要求。

试验螺柱时，夹具和试验件的安装类似图1a)所示。但只能检测拧入螺母端，试验前，螺柱拧入基体端不应转动。

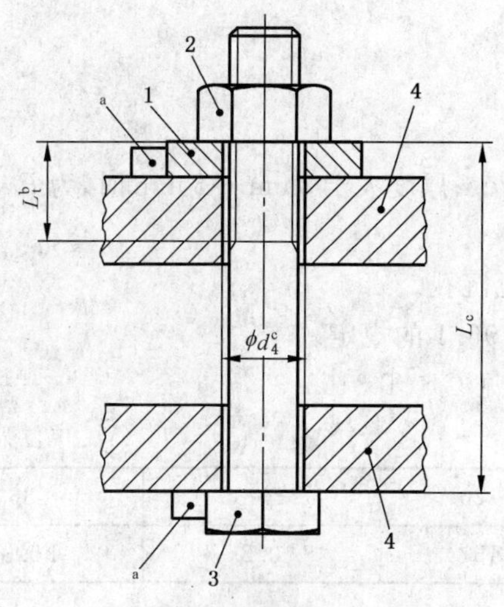

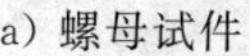

a）螺母试件

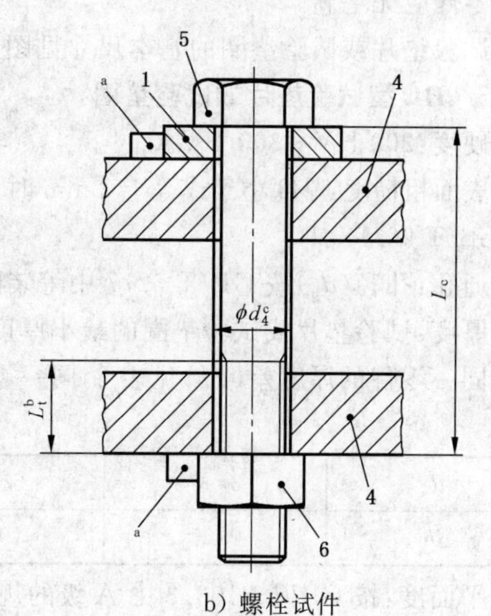

b）螺栓试件

1——试验垫片，试验垫圈或者专用垫圈；

2——螺母试件；

3——试验螺栓（或试验螺钉）；

4——试验装置（夹紧元件）；

5——螺栓（或螺钉）试件；

6——试验螺母。

[a] 应采用适当的方法固定试验垫片或试验垫圈和螺栓头部或螺母以防止转动，并应对中。

[b] 在达到屈服夹紧力或极限夹紧力的情况下，L_t 至少为 1 d。

[c] d_4 符合 GB/T 5277 精装配系列的规定。

图 1　夹具和试件装夹

7　检测零件

7.1　通则

检测零件应与零件试件相匹配。

在标准条件下，对螺栓、螺钉或螺母进行检测，应使用规定的试验零件（试验垫圈、试验垫片、试验螺母、试验螺栓、试验螺钉），见图 1。试验零件应按 7.2～7.4 的规定。

试验前应清除试验件上的所有油脂、油和其他污物。应使用超声波法，以及符合健康及安全要求的溶液去除油污。如有争议，去油污的方法由合同双方协议确定。

7.2　试验垫片或试验垫圈

7.2.1　类型

试验垫片或试验垫圈有高硬度（淬硬的，HH 型）或低硬度（HL 型）两种。除非需方在订货时有其他要求，供应商应按经验选择试验垫片或试验垫圈及其表面状态。

7.2.2　HH 型试验垫片或试验垫圈

硬度：50 HRC～60 HRC。

表面粗糙度：Ra 0.5±0.3。

通孔：孔径（d_h）按 GB/T 5277 中等装配系列、无倒角、无沉孔。

厚度：试验垫片或试验垫圈的最小厚度 h 应符合 GB/T 96.1 的规定。

同一零件的厚度差（Δh）见表 3，同一零件厚度差的定义见 GB/T 3103.3。

平面度：按 GB/T 3103.3 中 A 级的规定。

表面状态：a)　表面无镀覆层、无油污；

b)　按 A1J（GB/T 5267.1 电镀锌、1 μm、光亮-无色），并去油脂。

零件应无毛刺。

试验垫片或试验垫圈的基本尺寸见图 2。

7.2.3 HL 型试验垫片或试验垫圈

硬度:200 HV~300 HV。

表面粗糙度:厚度小于或等于 3 mm 时,粗糙度为 Ra1.6 μm;厚度大于 3 mm~6 mm 时,为 Ra3.2 μm(按 GB/T 96.1)。

通孔:孔径(d_h)按 GB/T 5277 中等装配系列、无倒角、无沉孔。

厚度:试验垫片或试验垫圈的最小厚度 h 应符合 GB/T 96.1 的规定。

同一零件的厚度差(Δh)见表 3,同一零件厚度差的定义见 GB/T 3103.3。

表 3

单位为毫米

d	3~5	6~10	12~20	22~33	36
Δh	0.05	0.1	0.15	0.2	0.3

平面度:按 GB/T 3103.3 中 A 级的规定。

表面状态:a) 表面无镀覆,并去油脂;

b) 按 A1J(GB/T 5267.1 电镀锌、1 μm、光亮-无色),并去油脂。

零件应无毛刺。

试验垫片或试验垫圈的基本尺寸见图 2。

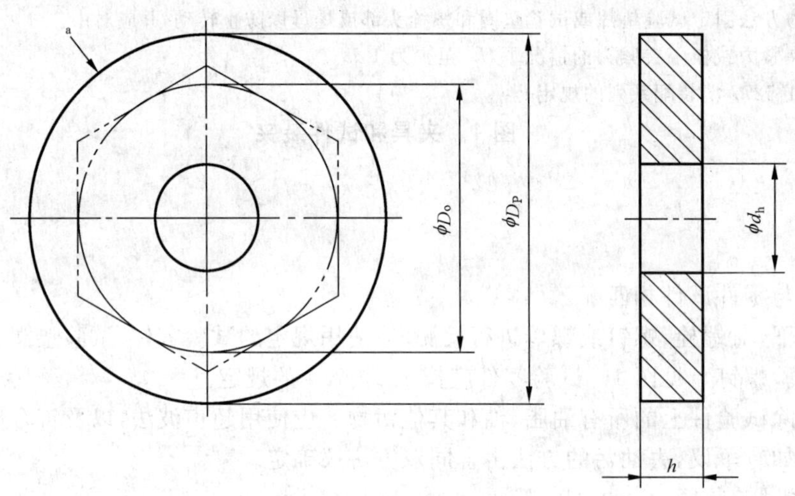

图 2 试验垫片或试验垫圈(HH 型和 HL 型)

不规定试验垫片或试验垫圈的外形,但其直径 D_p 应大于螺栓试件(或螺母试件,或螺钉试件的垫圈面)支承面或螺钉和垫圈组合件试件的垫圈的外径 D_o。

7.3 检测螺栓、螺钉或螺柱用的试验螺母

检测性能等级等于或低于 10.9 级的螺栓、螺钉和螺柱时,所用的试验螺母应符合 GB/T 6170 或 GB/T 6171 规定的 10 级;检测 12.9 级的螺栓、螺钉和螺柱时,所用的试验螺母应符合 GB/T 6175 或 GB/T 6176 规定的 12 级。

表面状态:a) 表面无镀覆,并去油脂;

b) 按 A1J(GB/T 5267.1 电镀锌、1 μm、光亮-无色),并去油脂。

检测短螺钉或者螺柱的拧入螺母端时,可用一个带内螺纹孔的垫块代替试验螺母;螺纹的旋合长度不小于 0.8d。

7.4 检测螺母用的试验螺栓或试验螺钉

检测螺母时，所用的试验螺栓或试验螺钉应符合 GB/T 5782、GB/T 5783、GB/T 70.1、GB/T 5785、GB/T 16674.1 或 GB/T 16674.2 的规定，性能等级与螺母试件相当，但不应低于 8.8 级。螺纹应滚压成形。

表面状态：a）表面无镀覆，并去油脂；

b）按 A1J（GB/T 5267.1 电镀锌、1 μm、光亮-无色），并去油脂。

当螺母试件与试验垫片或试验垫圈贴合时，试验螺栓或试验螺钉应伸出 2～7 倍螺距的长度（由螺母试件的型式确定）。拧紧螺母试件时，夹层内应至少有两个完整螺纹。试验螺栓末端应是平整的并倒角。螺纹部分应无影响紧固扭矩的毛刺和污物。

8 标准条件下的试验

标准条件下，应使用 6.1 和 6.2 规定的试验机和试验夹具，试验零件应按 7 章的规定。

仲裁时，零件试件不能在镀覆后 24 h 内试验。试验的试件温度应与室温一致。

除非另有规定，试验零件（试验螺栓、试验螺钉、试验螺母、试验垫片和试验垫圈）只能使用一次。当试验中，计划重复使用试验垫圈时，每一个试验垫圈的历次使用情况都应有清楚的记录。

试验螺栓（或试验螺钉）的头部或者试验螺母应固定在试验夹具的一侧，而试验垫片或试验垫圈则应固定在夹具的另一侧。试件应装在夹具中，当施加紧固扭矩时，螺母或螺栓（螺钉）头应能自由转动（见图 1）。

试验条件应详细记录（见第 11 章），并在固定的条件下进行试验。除非另有规定，则对 M3～M16 的拧紧速度为 10 r/min～40 r/min；对大于 M16～M39 的拧紧速度为 5 r/min～15 r/min。旋转速度应均匀。

9 特殊情况下的试验

特殊情况下，应使用 6.1 和 6.2 规定的试验机和试验夹具。但试验螺栓、试验螺钉或试验螺柱、试验螺母、试验垫片或试验垫圈，以及拧紧速度，均应符合合同双方认可的特殊要求。

若试验零件与 7.2～7.4 规定的不同，则应在试验报告中详细记录。

当试验螺钉和垫圈组合件或螺母和垫圈组合件时，合同双方应协商全部试验条件。例如，在试验过程中是否固定垫圈。

10 结果评估

10.1 扭矩系数 *K* 的确定

根据紧固扭矩与夹紧力的关系使用下列公式确定扭矩系数：

$$K=\frac{T}{Fd}$$

除非另有规定，则夹紧力应为试验零件或零件试件保证载荷的 75%（$0.75F_p$），并取两者中的较小值。

10.2 总摩擦系数 μ_{tot} 的确定

对于紧固扭矩 T，下列公式建立在 Kellermann 和 Klein 公式的基础上：

$$T=F\times\left[\frac{1}{2}\times\frac{P+1,154\times\pi\times\mu_{th}\times d_2}{\pi-1,154\times\mu_{th}\times\dfrac{P}{d_2}}+\mu_b\times\frac{D_o+d_h}{4}\right]$$

总摩擦系数 μ_{tot} 根据紧固扭矩与夹紧力的比值，用近似公式计算确定：

$$\mu_{tot}=\frac{\dfrac{T}{F}-\dfrac{P}{2\pi}}{0,577d_2+0,5D_b}$$

式中：

$$D_b = \frac{D_o + d_h}{2}$$

注：近似公式引起的误差约1%～2%，可以忽略不计。

如果使用 D_b 的实测值，应由合同双方协议。

总摩擦系数只用于比较不同摩擦条件下的螺栓连接副。总摩擦系数的计算公式是假设螺纹摩擦系数与支承面摩擦系数相等。

除非另有规定，则夹紧力应为试验零件或零件试件保证载荷的75%（0.75F_p），并取两者中的较小值。

10.3 螺纹摩擦系数 μ_{th} 的确定

螺纹摩擦系数应根据螺纹扭矩与夹紧力的关系，用下列近似公式计算确定：

$$\mu_{th} = \frac{\frac{T_{th}}{F} - \frac{P}{2\pi}}{0{,}577 d_2}$$

除非另有规定，则夹紧力应为试验零件或零件试件保证载荷的75%（0.75F_p），并取两者中的较小值。

注：螺纹扭矩可以通过实测紧固扭矩和支承面摩擦扭矩计算得到：

$$T_{th} = T - T_b$$

10.4 支承面摩擦系数 μ_b 的确定

支承面摩擦系数应根据支承面摩擦扭矩与夹紧力的关系，用下列近似公式计算确定：

$$\mu_b = \frac{T_b}{0{,}5 D_b F}$$

式中：

$$D_b = \frac{D_o + d_h}{2}$$

对于环形支承接触面，如果使用 D_b 的实测值，应由合同双方协议。

除非另有规定，则夹紧力应为试验零件或零件试件保证载荷的75%（0.75F_p），并取两者中的较小值。

注：支承面摩擦扭矩可由紧固扭矩和螺纹扭矩计算得出，公式如下：

$$T_b = T - T_{th}$$

10.5 屈服夹紧力 F_y 的确定

屈服夹紧力应由夹紧力与转角或其他等效的关系来确定。有多种方法确定屈服夹紧力，具体使用方法由合同双方协议。

10.6 屈服紧固扭矩 T_y 的确定

屈服紧固扭矩应在达到屈服夹紧力时读取。有多种方法确定屈服紧固扭矩，具体使用方法由合同双方协议。

10.7 极限夹紧力 F_u 的确定

极限夹紧力应在试验过程中，当夹紧力达到最大时读出。试验理应进行到螺纹紧固件失效，但如果很容易断裂，则应在达到最大夹紧力后立即停止试验，否则断裂的紧固件不容易从夹具上拆卸下来。

10.8 极限紧固扭矩 T_u 的确定

极限紧固扭矩应由紧固扭矩-夹紧力的关系或者其他相当的关系来确定，当达到极限夹紧力时可读取极限紧固扭矩的数值。试验理应进行到螺纹紧固件失效，但如果很容易断裂，则应在达到最大紧固扭矩后立即停止试验，否则断裂的紧固件不容易从夹具上拆卸下来。

11 试验报告

11.1 通则

报告中应详细记录紧固特性、试验条件。试验报告应包括以下信息，与本部分不同之处应明确指出。

11.2 紧固件试件的描述

11.2.1 螺栓、螺钉和螺柱

强制信息：

a) 标准紧固件标记；

b) D_b 计算值；

c) 非标准紧固件的型式、性能等级、螺纹规格和长度；

d) 表面镀覆层；

e) 润滑；

f) 螺纹加工方法。

如有要求可提供的信息：

a) 实际机械性能(拉伸强度或硬度)；

b) 表面粗糙度；

c) 紧固件的制造方法；

d) 其他信息。

11.2.2 螺母

强制信息：

a) 标准紧固件的标记；

b) D_b 计算值；

c) 非标准紧固件的型式、性能等级和螺纹规格；

d) 表面镀覆层；

e) 润滑；

f) 螺纹加工方法。

如有要求可提供的信息：

a) 实际硬度；

b) 表面粗糙度；

c) 紧固件的制造方法；

d) 其他信息。

11.2.3 垫圈

必要信息：

a) 标准紧固件的标记；

b) 非标准垫圈的尺寸与公差；

c) 表面状态；

d) 实际硬度。

如有要求可提供的信息：

a) 表面粗糙度；

b) 制造方法；

c) 其他信息。

11.3 试验零件的描述

11.3.1 试验螺栓或试验螺钉

下列任选其一：

——符合 7.4 的试验螺栓或螺钉中的一种，或

——特殊条件下的试验时，符合 11.2.1 的一种。

11.3.2 试验螺母

下列任选其一：

——符合 7.3 的试验螺母的一种，或

——特殊条件下的试验时，符合 11.2.2 的一种。

11.3.3 试验支承件

下列任选其一：

——符合 7.2 的试验支承零件的一种，或

——特殊条件下的试验时，符合 11.2.3 的一种。

11.4 试验机

应给出以下信息：

a) 量程；

b) 测量设备的类型及其量程；

c) 驱动速度；

d) 驱动方式(手动或机动)。

11.5 试验夹具

应给出以下信息：

a) 夹层长度 L_c；

b) 两支承面之间的完整螺纹长度；

c) 驱动件(螺栓或螺母)。

11.6 环境条件

应给出以下信息：

a) 温度；

b) 空气湿度。

11.7 特殊条件

按合同双方协议的内容。

11.8 试验结果

11.8.1 实测值

应给出以下信息：

a) 样本数量；

b) 若未按 10.2 或 10.4 计算出，则应给出 D_b 值；

c) 特定紧固轴力下对应的扭矩，或者特定扭矩下对应的紧固轴力；

d) 转角角度(如有要求时)。

11.8.2 已确定的数值(要求其中的一个)

应给出以下信息：

a) 扭矩系数 K；

b) 扭矩-夹紧力的关系 T/F 或者 F/T；

c) 总摩擦系数 μ_{tot}；

d) 螺纹摩擦系数 μ_{th}；

e) 支承面摩擦系数 μ_{b}。

11.8.3 其他结果

应给出以下信息：

a) 合同双方协议的结果；

b) 观测到的其他信息。

参 考 文 献

[1] KELLERMANN, R. and KLEIN, H-C. Investigations on the influence of friction on the clamp force and the tightening torque of bolted joints. R. Konstruktion, 2, 1955. Springer-Verlag. Berlin/Göttingen/Heidelberg

克莱曼·R和克林·H-C,《螺纹连接副中摩擦力对夹紧力和紧固扭矩的影响的研究》.

ICS 91.140.50
Q 77

中华人民共和国国家标准

GB 16895.8—2010/IEC 60364-7-706:2005
代替 GB 16895.8—2000

低压电气装置 第7-706部分:特殊装置或场所的要求 活动受限制的可导电场所

**Low-voltage electrical installations—
Part 7-706:Requirements for special installations or locations—
Conducting locations with restricted movement**

(IEC 60364-7-706:2005,IDT)

2010-11-10 发布　　　　2011-09-01 实施

中华人民共和国国家质量监督检验检疫总局
中国国家标准化管理委员会　发布

前　言

GB(GB/T)16895 本部分的全部技术内容为强制性。

GB(GB/T)16895《建筑物(低压)电气装置》系列国家标准共分为5个部分,每个部分又分为多个子部分:

——第1部分:基本原则、一般特性评估和定义;

——第4部分:安全防护;

——第5部分:电气设备的选择和安装;

——第6部分:检验;

——第7部分:特殊装置或场所的要求。

本部分是GB(GB/T) 16895的第7部分:特殊装置或场所的要求中的第706部分。

本部分依据GB/T 1.1—2009《标准化工作导则　第1部分:标准的结构和编写》和GB/T 20000.2—2009《标准化工作指南　第2部分:采用国际标准》的规则起草。

本部分代替GB 16895.8—2000《建筑物电气装置　第7部分:特殊装置或场所的要求　第706节:狭窄的可导电场所》。与GB 16895.8—2000相比,主要技术变化如下:

——对于所有的便携式设备,而不只限于测量设备,只有SELV和电气分隔才是允许的[见706.410.3.1.6的a)]。

——允许采用PELV向固定设备供电,而且,如果利用RCD提供附加保护对固定式设备供电,则允许使用Ⅱ类设备或与之等效绝缘的设备[见706.410.3.1.6的c)]。

本部分等同采用IEC 60364-7-706:2005(第2版)《低压电气装置　第7-706部分:特殊装置或场所的要求　活动受限制的可导电场所》(英文版)。本部分与IEC 60364-7-703:2004(第2版)相比,章条编号完全一致,技术内容完全相同,但做了以下编辑性修改:

——用小数点符号“.”代替小数点符号“,”;

——删去了IEC标准的“前言”;

——在本部分中有其他国家应用该标准的国家注与我国无关,在采用中予以删除。

本部分由全国建筑物电气装置标准化技术委员会(SAC/TC 205)提出并归口。

本部分负责起草单位:中机中电设计研究院。

本部分主要起草人:贺湘琨、王增尧、黄宝生。

本部分所代替标准的历次版本发布情况为:

——GB 16895.8—2000。

引　言

GB(GB/T)16895 的本部分的要求是补充、修改或代替 GB(GB/T)16895 其他部分的一般要求中的某些内容。

本部分条款的编号遵循 GB(GB/T)16895 的模式并作相应地引用。接在第 706 部分的专用编号后面的是 GB(GB/T)16895 的相应部分或条款的编号。

本部分没有引用的章或条,意味着 GB(GB/T)16895 相应的一般要求仍然是适用的。

低压电气装置
第7-706部分：特殊装置或场所的要求
活动受限制的可导电场所

706.1 范围

GB(GB/T)16895的本部分的特殊要求适用于在人的活动受到限制的场所的可导电场所中的固定设备，并且适用于在这样的场所使用的便携式设备的供电。

活动受限制的可导电场所，主要是由金属或其他可导电体包围的部分而构成的，在这种场所中的人很可能通过其身体的大面积与金属或其他的可导电体包围的部分相接触，而阻止这种接触的可能性是很小的。

本部分的特殊要求不适用于人体可自由地工作和进出不受约束的场所。

注：关于电弧焊接设备的安装和使用见IEC 62081 TS。

706.410.3 电击防护措施的应用

增加下列要求：

706.410.3.1.6 在活动受限制的可导电场所中，下列的防护措施适用于为以下用电设备供电的回路：

a) 向手持式工具和便携式设备供电：

——SELV(411.1)；或

——隔离变压器二次绕组只连接一台设备的电气分隔(413.5)。

注：隔离变压器可能有若干个二次绕组。

b) 向手持灯供电：

——SELV (411.1)。

注：允许荧光灯具内的升压变压器由SELV系统的电气分隔变压器绕组供电。

c) 向固定设备供电：

——具有辅助等电位联结(413.1.6)的自动切断电源(413.1)，此等电位联结应将固定设备的外露可导电部分和该场所的外界可导电部分连接；或

——SELV(411.1)；或

——PELV(411.1)，这时，所有的外露可导电部分和在活动受限制的可导电场所内的所有外界可导电部分之间都应进行等电位联结，并应将PELV系统接地；或

——隔离变压器二次绕组只连接一台设备的电气隔离(413.5)；或

——采用Ⅱ类设备或具有与其等效绝缘的设备(413.2)，其供电回路装设具有额定剩余动作电流不超过30 mA的剩余电流保护电器作为附加防护(412.5)。

注：允许荧光灯具内的升压变压器由SELV系统的电气分隔变压器绕组供电。

706.411 直接接触和间接接触两者兼有的防护

增加下列要求：

706.411.1.2　**SELV 和 PELV 电源**

706.411.1.2.6　SELV 和 PELV 电源都应设置在活动受限制的可导电场所外面，除非它们是706.410.3.1.6的 c)项认可的活动受限制的可导电场所内部的固定设备的一部分。

706.411.1.4　**不接地回路(SELV)的要求**

706.411.1.4.3　根据 411.1.4.3 的规定，应提供基本防护(对直接接触的防护)，而与 SELV 回路的标称电压无关。

706.411.1.5　**接地回路(PELV)的要求**

706.411.1.5.2　根据 411.1.5.1 的规定，应提供基本防护(对直接接触的防护)，而与 PELV 回路的标称电压无关。

706.412　**对直接接触的防护**

增加下列要求：

706.412.3　**阻挡物**

不允许采用阻挡物的防护(412.3)。

706.412.4　**设置于伸臂范围之外的防护**

不允许采用设置于伸臂范围之外的防护(412.4)。

706.413　**对间接接触的防护**

增加下列要求：

只允许采用 706.410.3.1.6 规定的给设备供电的回路和其防护措施。

706.413.1.2.3　**等电位联结和功能性接地**

如果某些设备，例如测量和控制仪表，需作功能性接地，则在活动受限制的可导电场所内部的所有的外露可导电部分、外界可导电部分与该功能接地之间，应进行等电位联结。

706.413.5　**电气分隔**

706.413.5.1.1　按照 413.5.1.1 实施保护分隔的电源，应被设置在活动受限制的可导电场所的外面，除非该电源是在活动受限制的可导电场所内的固定装置的一部分。

ICS 91.140.50
Q 77

中华人民共和国国家标准

GB/T 16895.10—2010/IEC 60364-4-44:2007
代替 GB 16895.11—2001、GB 16895.12—2001、GB/T 16895.10—2001、GB/T 16895.16—2002

低压电气装置　第4-44部分:安全防护　电压骚扰和电磁骚扰防护

Low-voltage electrical installations—Part 4-44: Protection for safety—Protection against voltage disturbances and electromagnetic disturbances

(IEC 60364-4-44:2007,IDT)

2011-01-14 发布　　2011-07-01 实施

中华人民共和国国家质量监督检验检疫总局
中国国家标准化管理委员会　发布

前　言

《建筑物(低压)电气装置》分为5个部分,每个部分又分为多个子部分:

——第1部分:基本原则,一般特性的评估和定义;

——第4部分:安全防护;

——第5部分:电气设备的选择和安装;

——第6部分:检验;

——第7部分:特殊装置或场所的要求。

本部分为第4部分:安全防护中的第4-44部分。

本部分按照GB/T 1.1—2009和GB/T 20000.2—2009给出的规则起草。

本部分代替GB 16895.11—2001、GB 16895.12—2001 、GB/ T 16895.10—2001、GB/T 16895.16—2002。

本部分与GB 16895.11—2001、GB 16895.12—2001、GB/T 16895.10—2001和GB/T 16895.16—2002相比,主要技术变化如下:

——将442、443、444和445四节整合在一起(见442、443、444、445);

——用列表的形式替代原有的各种接地型式图形(见442.2);

——高压接地故障引起的故障电压与持续时间曲线替代原有曲线(见442.2.1);

——修改了每年每km^2闪电次数计算公式(见443.3.2.1);

——增加了"基于风险评估的保护过电压抑制"的内容(见443.3.2.2);

——增加444节新增术语的定义(见444.3);

——增加电磁干扰源的描述(见444.4.1);

——降低电磁干扰措施中增加采用旁路导体措施(见444.4.2);

——增加IT、TT系统降低电磁干扰采取的措施(见444.4.3、444.4.4);

——增加多电源系统接地的要求(见444.4.6);

——增加接地和等电位联结(见444.5);

——增加回路的分隔(见444.6);

——增加电缆管理系统(见444.7)。

本部分等同采用IEC 60364-4-44:2007(第2版)《低压电气装置　第4-44部分:安全防护　低压骚扰和电磁骚扰防护》(英文版)。本部分与IEC 60364-4-44:2007(第2版)相比,章条编号完全一致,技术内容完全相同,但做了以下编辑性修改:

——用小数点符号"."代替小数点符号",";

——删去了IEC标准的"前言"。

本部分由全国建筑物电气装置标准化技术委员会提出并归口(SAC/TC 205)。

本部分负责起草单位:中机中电设计研究院。

本部分参加起草单位:中国航空规划建设发展有限公司。

本部分参加主要起草人:刘屏周、苏碧萍。

本部分所代替标准的历次版本发布情况为:

——GB 16895.11—2001;

——GB 16895.12—2001;

——GB/T 16895.16—2002;

——GB/ T 16895.10—2001。

引　　言

GB(GB/T) 16895 的本部分包含电气装置的保护和电压骚扰与电磁骚扰的防护措施。

详细要求列在以下四节中：

442　因高压系统接地故障和低压系统故障引起的低压装置暂时过电压的防护；

443　大气过电压或操作过电压保护；

444　防止电磁影响的措施；

445　欠电压保护。

低压电气装置　第4-44部分:安全防护　电压骚扰和电磁骚扰防护

440.1　范围

本部分规定了对由于各种原因产生的电压骚扰和电磁骚扰,电气装置的安全要求。

本部分不适用于共用配电系统或此系统的发电和输电(见GB/T 16895.1的“范围”),尽管此骚扰可在电气装置内部或电气装置之间通过电源系统传导。

440.2　规范性引用文件

下列文件对于本文件的应用是必不可少的。凡是注日期的引用文件,仅注日期的版本适用于本文件。凡是不注日期的引用文件,其最新版本(包括所有的修改单)适用于本文件。

GB/T 156—2007　标准电压(IEC 60038:2002,MOD)

GB/T 2900.57—2008　电工术语　发电、输电及配电　运行(IEC 60050-604:1987,MOD)

GB 4943　信息技术设备的安全(GB 4943—2001,idt IEC 60950-1:1999)

GB/T 13870.1—2008　电流对人和家畜的效应　第1部分:通用部分(IEC 60479-1:2005,IDT)

GB/T 16895.1　低压电气装置　第1部分:基本原则、一般特性评估和定义(GB/T 16895.1—2008,IEC 60364-1:2005,IDT)

GB 16895.3—2004　建筑物电气装置　第5-54部分:电气设备的选择和安装　接地配置、保护导体和保护联结导体(IEC 60364-5-54:2002,IDT)

GB/T 16935.1—2008　低压系统内设备的绝缘配合　第1部分:原理、要求和试验(IEC 60664:2007,IDT)

GB/T 17799.1　电磁兼容　通用标准　居住、商业和轻工业环境中的抗扰度试验(GB/T 17799.1—1999,idt IEC 61000-6-1:1997)

GB/T 17799.2　电磁兼容　通用标准　工业环境中的抗扰度试验(GB/T 17799.2—2003,IEC 61000-6-2:1999,IDT)

GB/T 17799.3　电磁兼容　通用标准　居住、商业和轻工业环境中的发射标准(GB 17799.3—2001,idt IEC 61000-6-3:1996)

GB/T 17799.4　电磁兼容　通用标准　工业环境中的发射标准(GB 17799.4—2001,idt IEC 61000-6-4:1997)

GB/Z 18039.1—2000　电磁兼容　环境　电磁环境的分类(idt IEC 61000-2-5:1996)

GB/T 18802(全系列)　低压配电系统的电涌保护器(SPD)(idt IEC 61643(全系列))

GB 19212.5　电力变压器、电源装置和类似产品的安全　第5部分:一般用途隔离变压器的特殊要求(GB 19212.5—2006,IEC 61558-2-4:1997,MOD)

GB 19212.7　电力变压器、电源装置和类似产品的安全　第7部分:一般用途安全隔离变压器的特殊要求(GB 19212.7—2006,IEC 61558-2-6:1997,MOD)

GB 19212.16　电力变压器、电源装置和类似产品的安全　第16部分:医疗场所供电用隔离变压器的特殊要求(GB 19212.16—2005,IEC 61558-2-15:1999,MOD)

GB/T 21714.1　雷电防护　第1部分:总则(GB/T 21714.1—2008,IEC 62305-1:2005,IDT)

GB/T 21714.3　雷电防护　第3部分:建筑物的物理损坏和生命危险(GB/T 21714.3—2008,IEC 62305-3:2006,IDT)

GB/T 21714.4　雷电防护　第4部分:建筑物内电气和电子系统(GB/T 21714.4—2008,IEC 62305-4:2006,IDT)

IEC 60364-4-41:2005　建筑物电气装置　第4-41部分:安全防护　电击防护

IEC 61936-1　1 kV以上交流电力装置　第1部分:通则

441(暂空)

442　因高压系统接地故障和低压系统故障引起的低压装置暂时过电压的防护

442.1　适用范围

本条规定了低压装置在以下故障时的安全要求:

——为低压装置供电的变电所内高压系统与地之间的故障;

——低压系统中性导体中断;

——线导体与中性导体之间短路;

——低压IT系统线导体非正常接地。

变电所接地配置要求见IEC 61936-1。

442.1.1　一般规则

442包括高压/低压变电所高压线导体与地之间故障时,给出对变电所的设计者和安装者的规定。需要有以下涉及高压系统资料:

——系统接地类别;

——接地故障电流最大值;

——接地配置的电阻。

以下考虑了442.1提及的通常引起最严重的暂时过电压(IEC 60050-604定义)4种情况:

——高压系统与地之间故障(见442.2);

——低压系统中性导体中断(见442.3);

——低压IT系统非正常接地(见442.4);

——低压装置短路(见442.5)。

442.1.2　符号

442使用以下的符号(见图44.A1):

I_E ——流过变电所接地配置的高压系统部分接地故障电流;

R_E ——变电所接地配置的接地电阻;

R_A ——低压配置中的设备外露可导电部分接地配置接地电阻;

R_B ——当变电所的接地配置与低压系统中性点接地配置在电气上相互独立时,低压系统中性点接地配置的电阻;

U_0 ——在TN和TT系统内为线导体对地标称交流方均根电压;在IT系统内为线导体与中性导体或专用的中间导体之间标称交流电压;

U_f ——低压系统在故障持续期内外露可导电部分与地之间出现的工频故障电压;

U_1 ——故障持续期内线导体与变电所低压设备外露可导电部分之间的工频应力电压;

U_2 ——故障持续期内线导体与低压装置的低压设备外露可导电部分之间的工频应力电压。

注1:工频应力电压(U_1 和 U_2)是连接在低压设备的绝缘和低压系统的电涌保护器上两端呈现的电压。

低压装置的设备外露可导电部分的接地配置与变电所的接地配置在电气上相互独立的 IT 系统，使用以下的附加符号：

I_h ——高压故障和低压装置第一次故障(见表 44. A1)时，流过低压装置的设备外露可导电部分接地配置的故障电流；

I_d ——依据 411. 6. 2，低压系统第一次故障(见表 44. A1)时，流过低压装置外露可导电部分接地配置的故障电流；

Z ——低压系统与接地配置之间的阻抗(例如，IMD 内阻抗，人工中性点阻抗)。

注 2：若接地配置对地的电位升高不引起其他接地配置对地的电位不可接受升高，接地配置可认为是与其他接地配置在电气上独立。见 IEC 61936-1。

442.2 高压接地故障时低压系统的过电压

若变电所高压侧有接地故障，以下类型过电压将影响低压系统：

——工频故障电压(U_f)；

——工频应力电压(U_1 和 U_2)。

表 44. A1 规定不同类型过电压相关计算方法。

注 1：表 44. A1 仅涉及有中性点的 IT 系统。无中性点的 IT 系统，公式宜相应地修正。

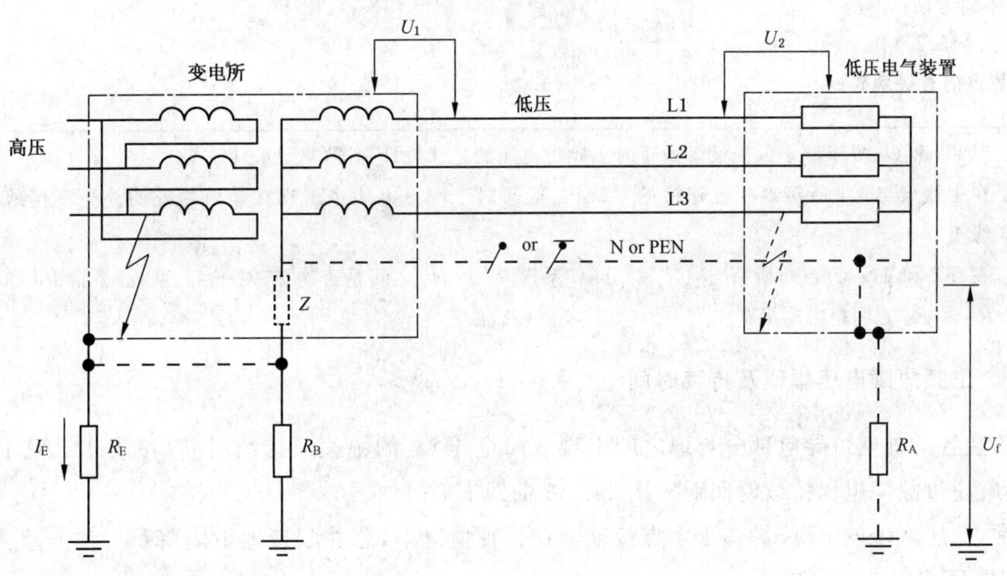

图 44. A1 变电所和低压装置可能对地的连接及故障时出现过电压的典型示意图

若高、低压系统接地相互靠近，目前可采用以下两种措施：

——所有的高压接地系统(R_E)和低压接地系统(R_B)相互连接；

——高压接地系统(R_E)和低压接地系统(R_B)分隔。

相互连接是常采用的方式。若低压系统完全处在高压系统接地所包围的区域内，高、低压系统接地应相互连接(见 IEC 61936-1)。

注 2：低压系统接地不同类型(TN，TT，IT)详见 GB/T 16895. 1。

表 44. A1 低压系统内的工频应力电压和工频故障电压

系统接地类型	对地连接类型	U_1	U_2	U_f
TT	R_E 与 R_B 连接	U_0^*	$R_E \times I_E + U_0$	0^*
	R_E 与 R_B 分隔	$R_E \times I_E + U_0$	U_0^*	0^*
TN	R_E 与 R_B 连接	U_0^*	U_0^*	$R_E \times I_E^{**}$
	R_E 与 R_B 分隔	$R_E \times I_E + U_0$	U_0^*	0^*
IT	R_E 与 Z 连接	U_0^*	$R_E \times I_E + U_0$	0^*
	R_E 与 R_A 分隔	$U_0 \times \sqrt{3}$	$R_E \times I_E + U_0 \times \sqrt{3}$	$R_A \times I_h$
	R_E 与 Z 连接	U_0^*	U_0^*	$R_E \times I_E$
	R_E 与 R_A 互连	$U_0 \times \sqrt{3}$	$U_0 \times \sqrt{3}$	$R_E \times I_E$
	R_E 与 Z 分隔	$R_E \times I_E + U_0$	U_0^*	0^*
	R_E 与 R_A 分隔	$R_E \times I_E + U_0 \times \sqrt{3}$	$U_0 \times \sqrt{3}$	$R_A \times I_d$

* 不需考虑。

** 见 442.2.1 第 2 段。

▩ 装置内有接地故障。

注 3：对 U_1 和 U_2 要求源于低压设备耐暂时工频过电压的绝缘设计标准(可见表 44. A2)。

注 4：在中性点与变电所接地配置连接的系统内，此暂时工频过电压也出现在建筑物外的外壳不接地的设备绝缘上。

注 5：在 TT 和 TN 系统中，所谓“连接”和“分隔”系指 R_E 和 R_B 之间是否连接；对于 IT 系统，系指 R_E 和 Z 之间和 R_E 和 R_B 之间是否连接。

442.2.1 工频故障电压幅值及持续时间

低压装置的外露可导电部分与地之间出现故障电压 U_f 的幅值及持续时间(按表 44. A1 计算得出的值)不应超过故障电压持续时间对应图 44. A2 曲线上 U_f 的值。

通常，低压系统的 PEN 导体为多点接地。在这种情况下，总并联接地电阻降低。对于多点接地的 PEN 导体，U_f 按下式计算：

$$U_f = 0.5R_E \times I_E$$

442.2.2 工频应力电压幅值及持续时间

由于 321 高压系统接地故障，根据表 44. A1 计算得出值的低压装置中的低压设备工频应力电压(U_1 和 U_2)的幅值与持续时间，不应超过表 44. A2 提出的要求。

公式 $U_f = 0.5R_E \times I_E$ 中，R_E、I_E 在原文中是 R_F、I_F，应为 R_E、I_E，原文笔误。

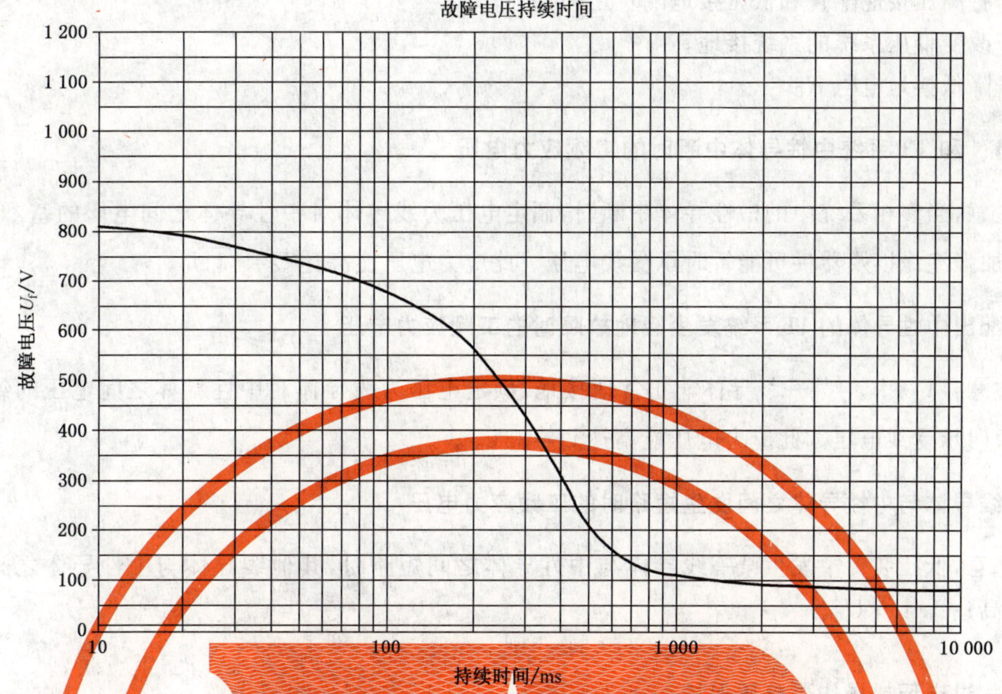

图 44.A2 变电所内高压侧发生接地故障时允许的故障电压值

注：图 44.A2 所示的曲线取自 IEC 61936-1。根据概率和统计的数据，该曲线表征仅当低压中性导体接地与变电所接地共用接地配置时的低发生率最不利情况。有关其他情况的导则在 IEC 61936-1 规定。

表 44.A2 允许的工频应力电压

高压系统接地故障持续时间 t	低压装置中的设备允许的工频应力电压 U
>5 s	U_0+250 V
≤5 s	U_0+1 200 V
注：对于无中性导体的系统，U_0 应是相对相的电压。	
注 1：表中第 1 行数值适用于接地故障切断时间较长的高压系统，例如中性点绝缘和谐振接地的高压系统；表中第 2 行数值适用于接地故障切断时间较短的高压系统，例如中性点低阻抗接地的高压系统。两行数值是低压设备对于暂时工频过电压绝缘的相关设计准则(见 GB/T 16935.1)。 注 2：对于中性点与变电所接地配置连接的系统，此暂时工频过电压也出现在处于建筑物外的设备外壳不接地的绝缘上。	

442.2.3 电压限值计算的要求

表 44.A1 要求的场所，允许的工频应力电压不应超过表 44.A2 规定值。

表 44.A1 要求的场所，允许的工频故障电压不应超过图 44.A2 所示值。

由公共配电系统低压供电的装置应满足 442.2.1 和 442.2.2 的要求。

为满足上述要求，高压系统运行者与低压系统建设者之间的协调是必要的。符合上述要求主要是变电所建设者/业主/运行者的责任，这些人员也需满足 IEC 61936-1 规定的要求。因此，U_1、U_2 和 U_f 的计算，对低压系统建设者在正常情况下不必要的。

满足上述要求的可能措施是，例如：

——将高压接地配置和低压接地配置之间分开；
——改变低压系统的系统接地；
——降低接地电阻 R_E。

442.3 TN 和 TT 系统中性导体中断时的工频应力电压

应注意，当多相系统中的中性导体中断时，额定电压为线导体对中性导体之间电压的基本绝缘、双重绝缘、加强绝缘以及器件可能暂时承受线电压。此应力电压能高达 $U=\sqrt{3}U_0$。

442.4 配出中性导体的 IT 系统发生接地故障时的工频应力电压

应注意，IT 系统中某一线导体非正常地接地，额定电压为线导体对中性导体之间电压的绝缘或器件可能暂时承受线电压。此应力电压能高达 $U=\sqrt{3}U_0$。

442.5 线导体与中性导体之间发生短路时的工频应力电压

应注意，低压装置中发生某一线导体与中性导体之间短路时，其他线导体与中性导体之间电压在 5 s 内能高达 $1.45\times U_0$。

443 大气过电压或操作过电压保护

443.1 一般规则

本条规定了装置对配电系统引入的大气瞬态过电压的保护和操作过电压的保护。

通常，操作过电压低于大气过电压，因此，防止大气过电压的要求一般地包括操作过电压的保护。

注 1：测量统计评估表明，对于高于过电压类别Ⅱ水平的设备，操作过电压的危险性低，见 443.2。

应考虑以下几点：在装置的电源进线端可能出现的过电压；当地的预期雷击水平；电涌保护器的位置和特性；考虑的目的是使由于过电压侵入引发事故的可能性降低到人员和财产的安全以及公共设施所期望的不间断供电允许的水平。

瞬态过电压值取决于供配电系统的类型（地下或架空），在装置的供电端上级装有电涌保护器的可能性和供配电系统的电压等级。

本条对固有抑制或保护抑制过电压保护提供指导。如未按照本条要求提供过电压保护，则不能保证绝缘配合，应对过电压的危险做出评估。

本条不适用于直接雷击或附近雷击的过电压情况。直接雷击引起的瞬态过电压保护，适用 GB/T 21714.1、GB/T 21714.3、GB/T 21714.4 和 GB/T 18802 系列标准。本条不包括数据传输系统过电压。

注 2：关于瞬态大气过电压，在接地和不接地系统之间未予区别。

注 3：装置外部产生的和电网传输的操作过电压在考虑中。

注 4：过电压引起的危险见 GB/T 21714.2。

443.2 耐冲击电压（过电压类别）的划分

443.2.1 耐冲击电压（过电压类别）划分的目的

注 1：为了绝缘配合的目的，在电气装置内规定了过电压类别及设备耐冲击电压类别划分，见表 44B。

注 2：额定耐冲击电压是由设备制造商对于设备或设备的一部分确定耐冲击电压，用以表示规定的设备绝缘耐受过电压的能力（根据 GB/T 16935.1 的 3.9.2）。

耐冲击电压（过电压类别）用于划分直接从电源线上供电的设备。

根据标称电压选择设备的耐冲击电压，是对供电连续性和能承受的事故后果来划分设备适用的不同类别。对设备耐冲击类别的选择，使整个装置达到绝缘配合，将故障的危害降低到允许的水平。

注3：供配电系统传输的瞬态过电压在大多数装置中不会明显地在下游衰减。

443.2.2 设备耐冲击电压与过电压类别的关系

对应于过电压类别Ⅳ的耐冲击电压设备用于装置电源进线端或其附近，例如总配电盘电源侧。Ⅳ类设备有很高的耐冲击能力，提供高可靠性。

注1：此类设备举例：电气测量仪表、一次过电流保护电器以及滤波器。

对应于过电压类别Ⅲ的耐冲击电压设备用于总配电盘及以下的固定装置，具有较高的可用性。

注2：此类设备举例：固定装置中的配电盘、断路器、布线系统（参见 GB/T 2900.71，826-15-01 定义，包括电缆、母线、接线盒、开关、插座），工业用设备以及某些其他设备，如与固定装置永久相连的固定式电动机。

对应于过电压类别Ⅱ的耐冲击电压设备适用于固定电气装置相连，通常是用电设备所要求的，具有正常的可用性。

注3：此类设备举例：家用电器及类似负荷。

对应于过电压类别Ⅰ的耐冲击电压设备仅适用于建筑物内的固定电气装置，防护措施应在此设备之外，限制瞬态过电压在规定的水平。

注4：此类设备举例：含有电子电路设备，如电子计算机、采用电子编程器的器具等。

对应于过电压类别Ⅰ的耐冲击电压设备不应与公共供电系统直接连接。

443.3 过电压抑制的设置

过电压抑制根据以下要求进行设置。

443.3.1 固有过电压抑制

按 443.3.2.2 风险评估时，本条不适用。

在电气装置全部由埋地的低压系统而不含架空线供电的情况下，依据表 44B 所规定的设备耐冲击电压值便足够了，而不需要大气过电压保护。

注1：具有接地金属屏蔽的绝缘导体的悬挂电缆视作与地下电缆等同。

在装置由低压架空线供电或含有低压架空线供电的情况下，且雷暴日数低于或等于 25 日/年（AQ1）时，不需要大气过电压保护。

注2：不考虑 AQ 数值的高低，在要求可靠性较高或预期有较高危险性（如火灾）的情况下，可考虑增设大气过电压保护。

在两种情况下，按照过电压类别Ⅰ的设备耐冲击电压考虑瞬态过电压保护（见 443.3.2）。

443.3.2 保护过电压抑制

应用以下方法有关电涌保护器规定，由各国委员会基于本国情况决定。

在任何情况下，按照过电压类别Ⅰ的设备耐冲击电压考虑瞬态过电压保护（见 443.3.2）。

443.3.2.1 基于外界影响条件的保护过电压抑制

装置由架空线或含有架空线的线路供电，且雷暴日数大于 25 日/年（AQ2）时，应设置大气过电压保护。保护器件的保护水平应不高于表 44B 规定的过电压类别Ⅱ水平。

注1：过电压的水平受到电涌保护器的抑制，该电涌保护器装在靠近装置电源进线端的架空线上（见附录 B）或建筑物装置内。

注2：根据 GB/T 21714.3—2008 的 A.1，每年 25 个雷暴日相当于 2.5 次闪电（km^2 · 年），由以下公式推导而来

$$N_g = 0.1T_d$$

式中：

N_g ——每年每 km^2 的闪电次数；

T_d ——每年雷暴日数。

443.3.2.2 基于风险评估的保护过电压抑制

注1：在 GB/T 21714.2 叙述一般风险评估的方法。443 所涉及的是对该方法必要的简化，已被采用，它基于引入线临界长度 d_c 和下所述后果。

以下是不同防护水平的后果：

a) 涉及人身生命的后果，例如安全的服务设施、医院的医疗设备；

b) 涉及公共服务设施的后果，例如公共设施中断、信息技术(IT)中心、博物馆；

c) 涉及商业或工业活动的后果，例如酒店或宾馆、银行、工业、商业市场、农场；

d) 涉及群体建筑的后果，例如大型住宅建筑物、教堂、办公楼、学校；

e) 涉及单体建筑的后果，例如住宅建筑物、小型办公楼。

对 a)～c)的后果，应采取过电压防护的措施。

注2：对于 a)～c)的后果，不必依照附录 C 进行危险评估计算，由于此计算总是导致要求过电压防护。

对 d)和 e)的后果，防护要求取决于计算结果。依照附录 C 中的公式计算出基于等效并称为等效长度 d。

若符合下式条件，则需采取过电压防护：

$$d > d_c$$

式中：

d ——建筑物的供电线路的等效长度(最大值 1 km)，km；

d_c——临界长度，d_c 以 km 计，对 d)的后果其值等于 $\frac{1}{N_g}$；对 e)的情况其值等于 $\frac{2}{N_g}$；N_g 为每年每 km^2 的闪电次数。

若计算需设置电涌保护器，则电涌保护器的保护水平不高于表 44.B 中过电压类别Ⅱ要求的耐冲击电压值。

443.4 设备要求的耐冲击电压

设备的选择应保证其额定耐冲击电压值不低于表 44.B 中所列的耐冲击电压要求值。产品标准委员会有责任在相关标准中提出按 GB/T 16935.1 规定的额定耐冲击电压要求。

表 44.B 要求设备的额定耐冲击电压值

装置标称电压[a] V		要求的耐冲击电压值 kV[b]			
三相系统	带中间点的单相系统	装置电源进线端的设备(耐冲击类别Ⅳ)	配电设备和终端回路(耐冲击类别Ⅲ)	用电器具(耐冲击类别Ⅱ)	有特殊保护的设备(耐冲击类别Ⅰ)
—	120～240	4	2.5	1.5	0.8
230/400	—	6	4	2.5	1.5
400/690	—	8	6	4	2.5
1 000	—	12	8	6	4

[a] 依据 GB/T 156。

[b] 耐冲击电压是呈现于带电导体与 PE 线之间。

444 防止电磁影响的措施

444.1 通则

444 提出降低电磁骚扰的基本建议。电磁干扰(EMI)可能骚扰或损坏信息技术系统、信息技术设备及有电子器件或电路的设备。由于雷击、开关操作、短路和其他电磁现象产生的电流可引起过电压和电磁干扰。

以下的效应是最严重：

——存在较大的金属闭环的；和

——不同的布线系统沿同路由敷设,例如,同一建筑物内的电源的和信息技术的设备布线系统。

感应电压值取决于干扰电流的变化率(di/dt)和闭环大小。

承载大电流且有较高电流的变化率(di/dt)的电力电缆(例如,电梯起动电流或可控整流电流),使信息技术系统电缆感应过电压,该过电压可影响或危及信息技术设备或类似的电气设备。

医疗房间内或邻近的电气装置产生的电场和磁场能干扰医疗电气设备。

本条为建筑物建筑师、建筑物电气装置的设计者与安装者提供一些限制电磁影响概念性信息。此处主要考虑的是降低可能造成骚扰的这些影响。

444.2 (暂空)

444.3 定义

基础性的定义见 GB/T 16895.1。444 采用以下定义：

444.3.1

联结网 bonding network;BN

相互连接可导电部分的组合,它可为电子系统提供频率由直流到低无线电频率(射频)“电磁屏蔽”。

[3.2.2 of ETS 300 253:1995]

注:“电磁屏蔽”术语是指用于分流、阻断、防止电磁能量通过任何装置。通常,BN 不需与地连接,但在本部分中 BN 与地连接。

444.3.2

联结环形导体 bonding ring conductor;BRC

形成封闭环形接地母线导体。

[3.1.3 of EN 50310:2000]

注:通常,联结环形导体作为联结网的一部分,需多次与 BRC 连接,提高其效果。

444.3.3

共用等电位联结系统 common equipotential bonding system

共用联结网 common bonding network

CBN

用于保护等电位联结和功能等电位联结的等电位联结系统。

[IEV 195-02-25]

444.3.4

等电位联结 equipotential bonding

为达到等电位的目的,可导电部分间作电气连接的措施。

[IEV 195-01-10]

444.3.5

接地极网　earth-electrode network;ground-electrode network (US)

接地配置的组成部分,仅包括接地极及其相互连接的部分。

[IEV 195-02-21]

444.3.6

网状联结网　meshed bonding network;MESH-BN

所有相关的设备框架、支架和壳体以及直流电源返回导体相互联结的联结网,并多点与CBN连接,形成网状形式。

[3.2.2 of ETS 300 253:1995]

注:MESH-BN是CBN的扩大。

444.3.7

旁路等电位联结导体　by-pass equipotential bonding conductor

并联接地导体　parallel earthing conductor

PEC

为减少通过屏蔽层电流,与信号和(或)数据电缆的屏蔽层并联的接地导体。

444.4　降低电磁干扰(EMI)

电气装置的设计者或安装者应考虑以下所述降低电气设备的电磁干扰措施。

应使用满足相应电磁兼容(EMC)标准要求或相关产品的电磁兼容(EMC)要求的电气设备。

444.4.1　电磁干扰(EMI)源

对电磁干扰敏感的电气设备不宜设置在潜在电磁辐射源附近,诸如:

——电感负荷开关电器;

——电动机;

——荧光灯;

——电焊机;

——电子计算机;

——整流器;

——斩波器;

——变频器/调节器;

——电梯;

——变压器;

——成套开关设备;

——配电母线。

444.4.2　降低电磁干扰(EMI)措施

以下措施降低电磁干扰:

a)　对电磁干扰敏感的电气设备,为改善传导的电磁现象的电磁兼容,设置电涌保护器和(或)滤波器;

b)　电缆的金属护套与共用联结网(CBN)连接;

c)　将电力、信号和数据电缆布置在同一路径内时,宜避免形成封闭感应环;

d)　电力和信号电缆宜保持分隔,且在实际上有可能时相互直角交叉;

e)　为降低在保护导体中的感应电流采用同心电缆;

f) 调频驱动的变频器与电动机之间电气连接采用对称布置的多芯电缆(例如包括包含单独的保护导体的屏蔽电缆);

g) 根据制造商规定的电磁兼容(EMC)要求采用信号和数据电缆;

h) 在设有防雷装置的场所:

——电力和信号电缆应与防雷装置(LPS)引下线隔开适当距离或使用屏蔽电缆。其最小间距应由防雷装置(LPS)设计者依据 GB/T 21714.3 确定。

——电力和信号电缆的金属护套或铠装可依据 GB/T 21714.3 和 GB/T 21714.4 雷电防护要求做联结;

i) 使用信号和数据屏蔽电缆时,宜限制来自电源线路的通过信号电缆或数据电缆接地的屏蔽层或芯线故障电流。附加一根导体是需要的,例如,一根加强屏蔽作用的旁路等电位联结导体,见图 44.R1;

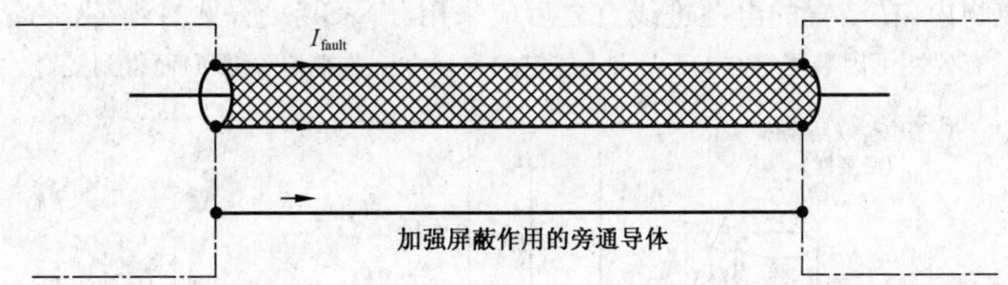

图 44.R1 加强屏蔽作用的旁路导体提供共用等电位联结系统

注 1:信号或数据电缆护套附近旁路导体的措施,也降低与仅由一根保护导体接地的设备的环路面积。此作法极大地降低雷电电磁脉冲(LEMP)的电磁兼容(EMC)效应。

j) 信号和数据屏蔽电缆为几座 TT 系统供电的建筑物共用时,宜采用旁路等电位联结导体,见图 44.R2。旁路等电位联结导体的最小截面应为 16 mm² 铜或等值。等值截面应根据 GB 16895.3—2004 中的 541.1 确定;

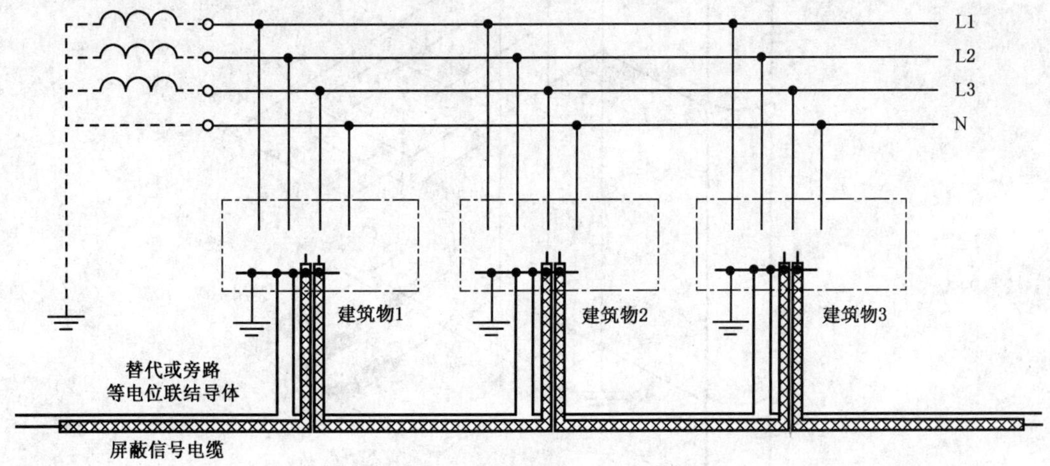

图 44.R2 TT 系统中替代或旁路等电位联结导体的示例

注 2:接地护套作为信号的返回通路时,可采用双芯同轴电缆。

注 3:若不能获得根据 411.3.1.2 (最后一段)的许可,消除因未连接到总等电位联结的电缆的危险是业主或管理者的责任。

注 4:大型公共通信网络不同的地电位的问题是网络管理者的责任,管理者可采用其他方法。

k) 等电位联结宜尽可能低阻抗:

——尽可能短;

——导体截面的形状为单位长度低电抗和阻抗，例如，等电位联结编织导体宽度与厚度之比为 5∶1；

l) 接地母线提供建筑物内重要信息技术装置等电位联结系统时，可设置接地闭环接地母线。

注 5：本措施优先应用于通信业建筑物内。

444.4.3 TN 系统

为降低电磁干扰，以下各条适用：

444.4.3.1 装有或可能装有大量信息技术设备的现有的建筑物内，建议不宜采用 TN-C 系统。

装有或可能装有大量信息技术设备的新建的建筑物内，不应采用 TN-C 系统。

注：任何 TN-C 系统会将负载和故障电流通过等电位联结转移到建筑物内金属公共设施和构件。

444.4.3.2 由公共低压电网供电且装有或可能装有大量信息技术设备的现有建筑物内，在装置的电源进线点之后宜采用 TN-S 系统，见图 44.R3A。

在新建的建筑物内，在装置的电源进线点之后应采用 TN-S 系统，见图 44.R3A。

注：TN-S 系统的有效性可因装用符合 GB 19214 规定的剩余电流监视器(RCM)而得到提高。

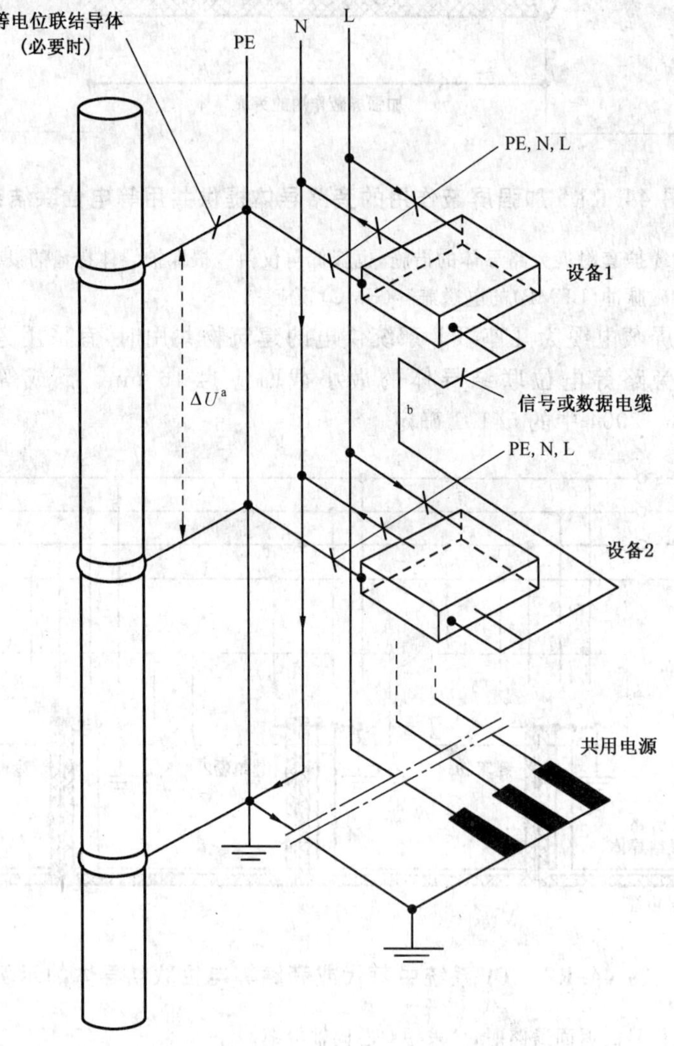

a 正常运行情况下，沿 PE 导体无电压降 ΔU；

b 信号和数据电缆形成面积较小的环路。

图 44.R3A 从公共电源供电点直到及包括建筑物内的终端回路采用 TN-S 系统避免在联结的构件中的中性导体电流

444.4.3.3 包括由使用者管理的变压器的整套低压装置且装有或将要装有大量信息技术设备现有建筑物内，宜采用 TN-S 系统，见图 44. R3B。

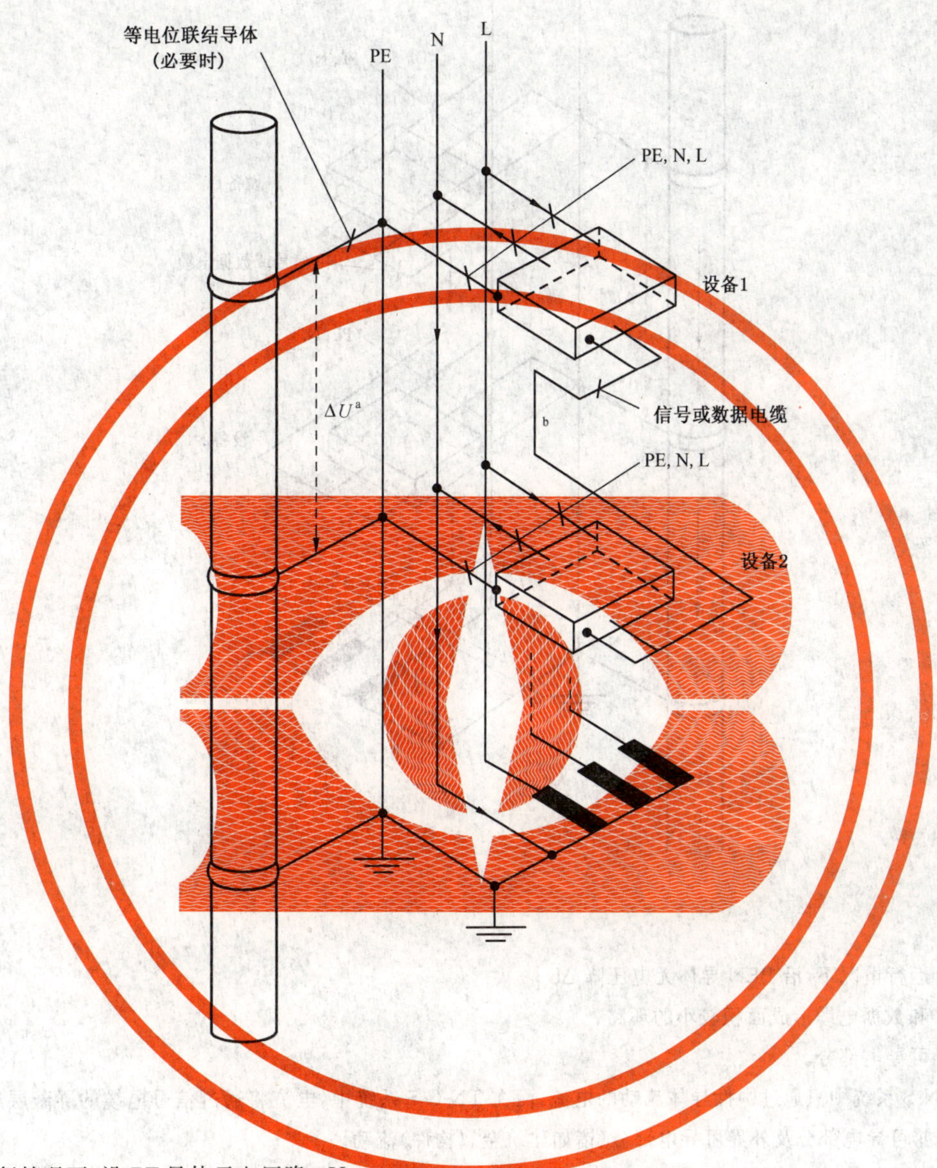

a 正常运行情况下，沿 PE 导体无电压降 ΔU；

b 信号和数据电缆形成面积较小的环路。

图 44. R3B 用户自用供电变压器负荷侧采用 TN-S 系统避免在联结构件中的中性导体电流

444.4.3.4 现有装置采用 TN-C-S 系统时，为避免信号和数据电缆形成环路宜采取：

——将图 44. R4 所示的装置所有 TN-C-S 系统变换为 TN-S 系统，如图 44. R3A 所示；或

——此变换不可能时，避免 TN-S 装置不同部分之间信号和数据电缆的相互连接。

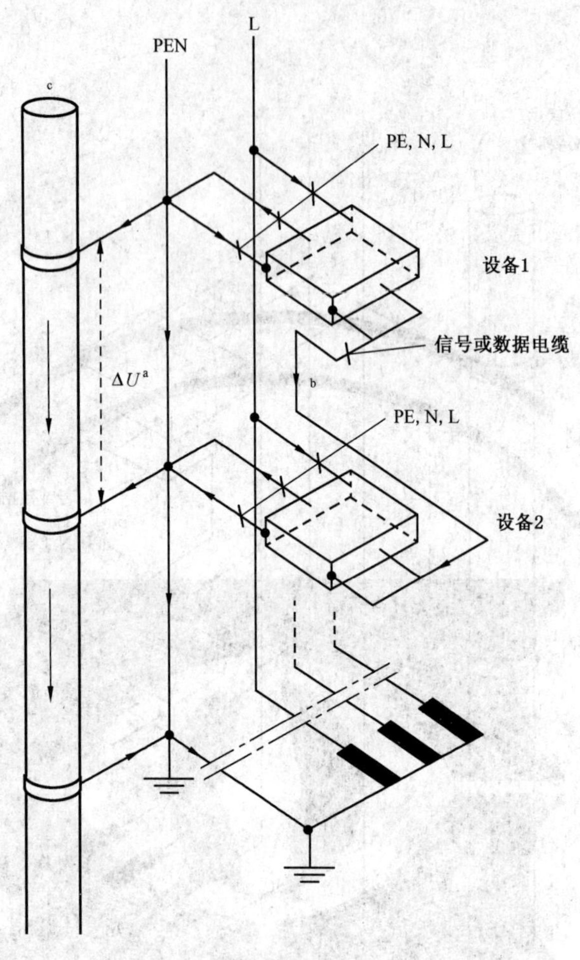

[a] 正常运行情况下，沿 PEN 导体无电压降 ΔU；

[b] 信号和数据电缆形成面积较小的环路；

[c] 外界可导电部分。

注：TN-S 系统中只通过中性导体流动的电流，而在 TN-C-S 系统中，电流将通过信号电缆的屏蔽层或参考地导体、外露可导电部分及外界可导电部分(诸如建筑金属构件)流动。

图 44. R4　建筑物装置内的 TN-C-S 系统

444.4.4　TT 系统

如图 44. R5 所示的 TT 系统，当不同建筑物的外露可导电部分连接不同的接地极时，宜考虑带电部分与外露可导电部分间可能出现的过电压。

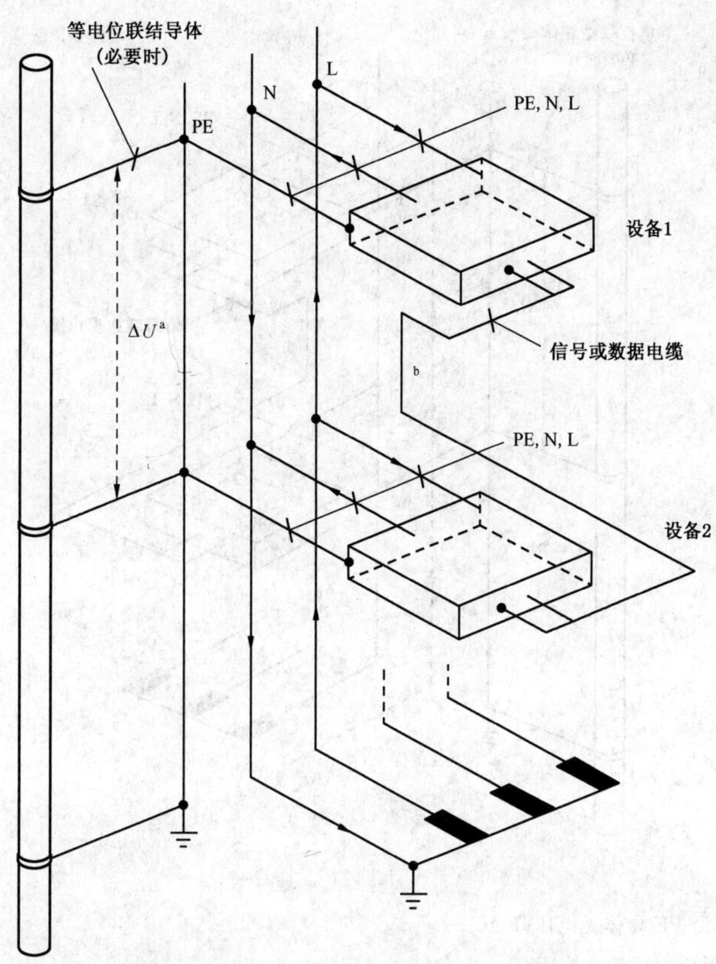

[a] 正常运行情况下,沿 PE 导体无电压降 ΔU;

[b] 信号和数据电缆形成面积较小的环路。

图 44.R5　建筑物装置内的 TT 系统

444.4.5　IT 系统

三相 IT 系统中(见图 44.R6),在发生线导体与外露可导电部分间的单一故障时,要考虑非故障线导体与外露可导电部分间的电压上升到线电压。

注:直接由线导体和中性导体供电的电子设备,设计成能耐受线导体与外露可导电部分间的此电压,见 GB 4943 对信息技术设备的相应要求。

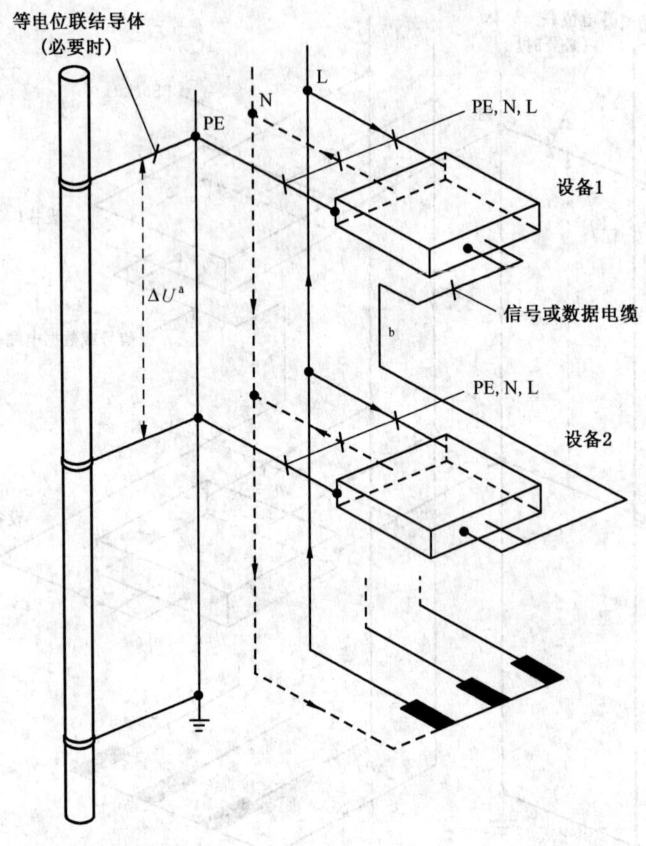

[a] 正常运行情况下,沿 PE 导体无电压降 ΔU;

[b] 信号和数据电缆形成面积较小的环路。

图 44.R6　建筑物装置内的 IT 系统

444.4.6　多电源供电

对多电源供电,应采用 444.4.6.1 和 444.4.6.2 的措施。

注:多电源采用星形点多点接地时,中性导体电流不仅通过中性导体,也通过保护导体流回相应的星形点,如图 44.R7A 所示。由于此原因,在装置中流过的各部分电流之和不再为零,这时类似一单芯电缆而产生杂散电磁场。

在承载交流电流的单芯电缆的情况下,芯线周围产生环形电磁场而干扰电子设备。谐波电流产生类似的电磁场,但比基波电流产生的电磁场更快地衰减。

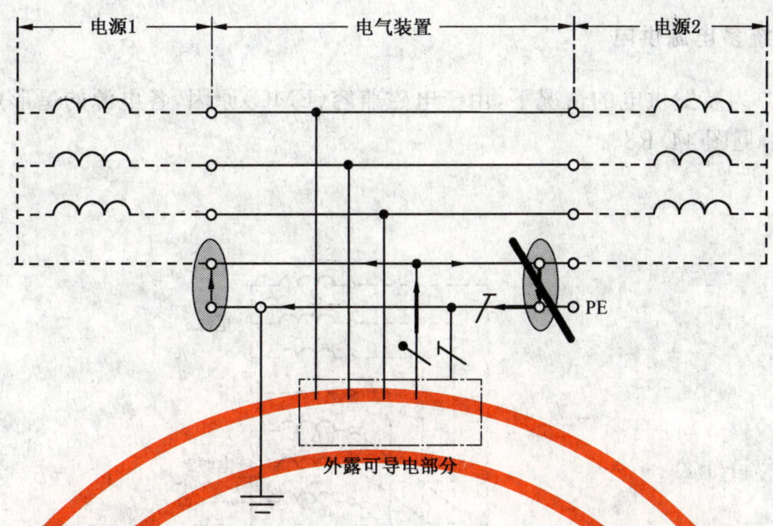

图 44.R7A　PEN 导体与地之间不当的多点连接的 TN 系统多电源供电

444.4.6.1　TN 系统多电源供电

TN 系统多电源为装置供电的情况下，由于电磁兼容(EMC)原因，各电源的星形点应采用绝缘导体集中在同一点相互连接，见图 44.R7B。

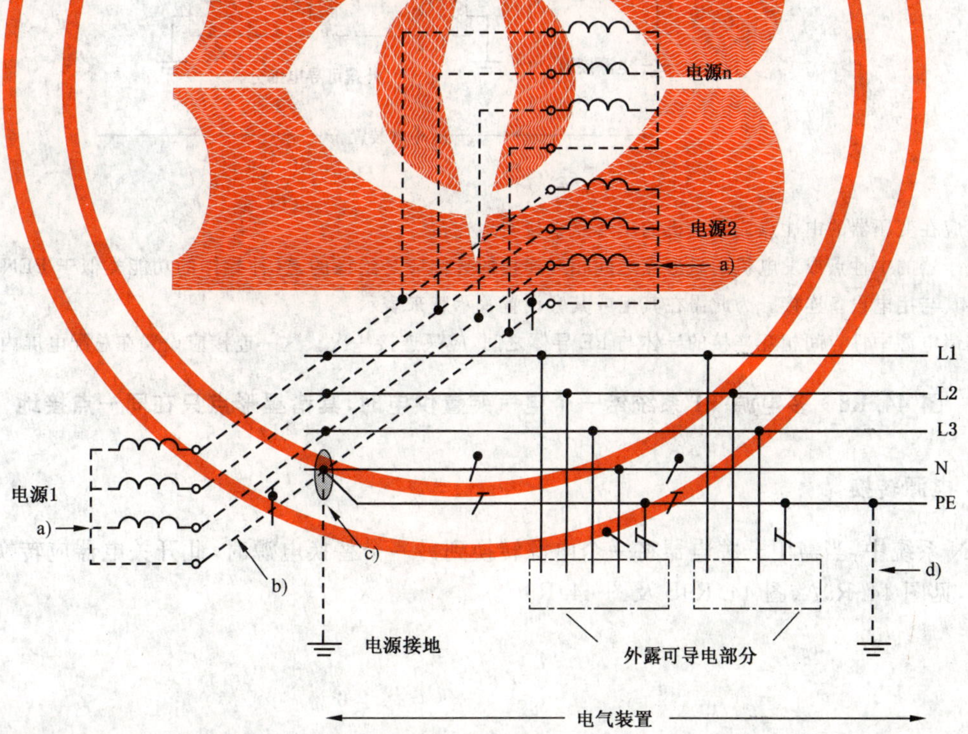

a)　不应在变压器的中性点或发电机的星形点直接对地连接。

b)　变压器的中性点或发电机的星形点之间相互连接的导体应是绝缘的，这种导体的功能类似于 PEN，然而，不得将其与用电设备连接。为此需在其上或其旁设置警示牌来表示。

c)　在诸电源中性点间相互连接的导体与 PE 导体之间，应只连接一次。连接应设置在总配电屏内。

d)　对装置的 PE 导体可另外增设接地。

图 44.R7B　多电源 TN 系统给一个电气装置供电时，其诸星形点只在同一点接地

444.4.6.2 TT 系统多电源供电

TT 系统多电源为装置供电的情况下，由于电磁兼容(EMC)原因，各电源的星形点应相互连接并集中在一点与地连接，见图 44.R8。

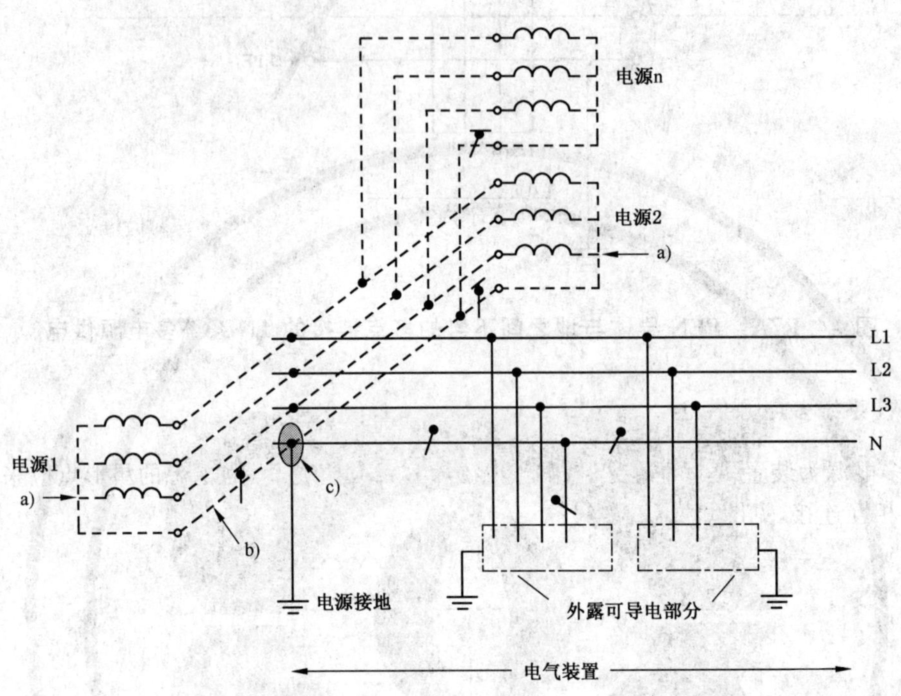

a) 不应在变压器的中性点或发电机的星形点直接对地连接。

b) 变压器的中性点或发电机的星形点之间相互连接的导体应是绝缘的，这种导体的功能类似于 PEN，然而，不得将其与用电设备连接。为此需在其上或其旁设置警示牌来表示。

c) 在诸电源中性点间相互连接的导体与 PE 导体之间，应只连接一次。这一连接应设置在总配电屏内。

图 44.R8 多电源 TT 系统给一个电气装置供电时，其诸星形点只在同一点接地

444.4.7 电源转换

在 TN 系统中，当需用开关电器将一个电源转换到另一个替换电源时，此开关电器应转换线导体和中性导体，见图 44.R9A、图 44.R9B 及图 44.R9C。

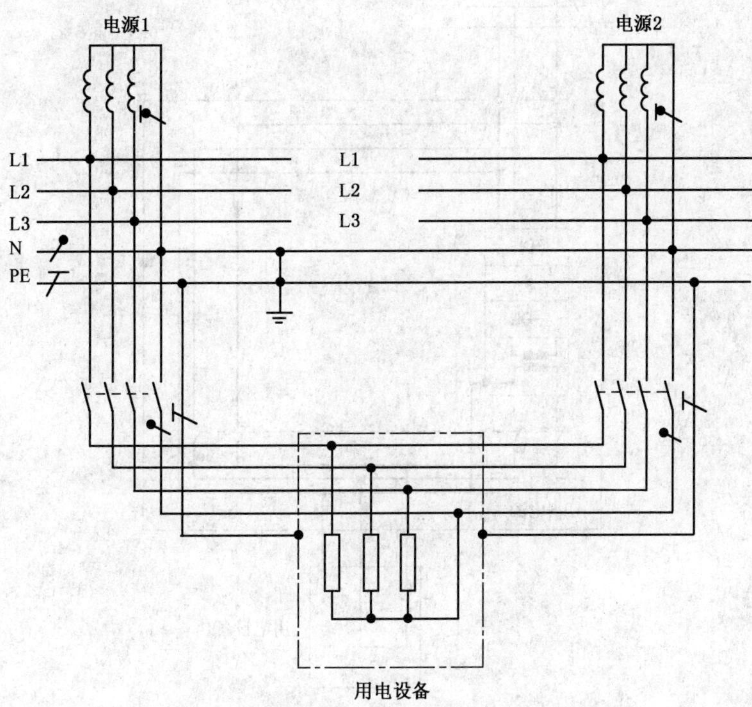

注：此方法防止装置电源系统的杂散电流的电磁场。一根电缆内的电流之和必须为零。需保证中性电流只在该回路接通的中性导体内流动。线导体的 3 次谐波(150 Hz)电流将以相同的相位叠加到中性导体电流内。

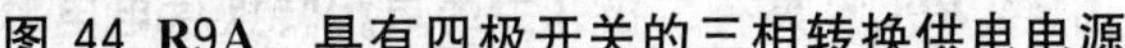

图 44.R9A　具有四极开关的三相转换供电电源

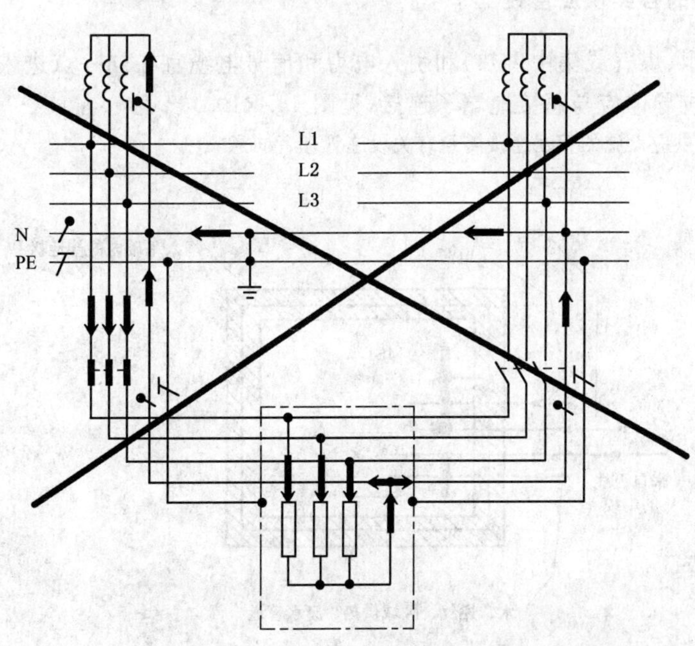

注：具有不当的三极开关的三相转换供电电源引起不期望的环流，环流产生电磁场。

图 44.R9B　在具有不当的三极开关的三相转换供电电源中中性电流流动

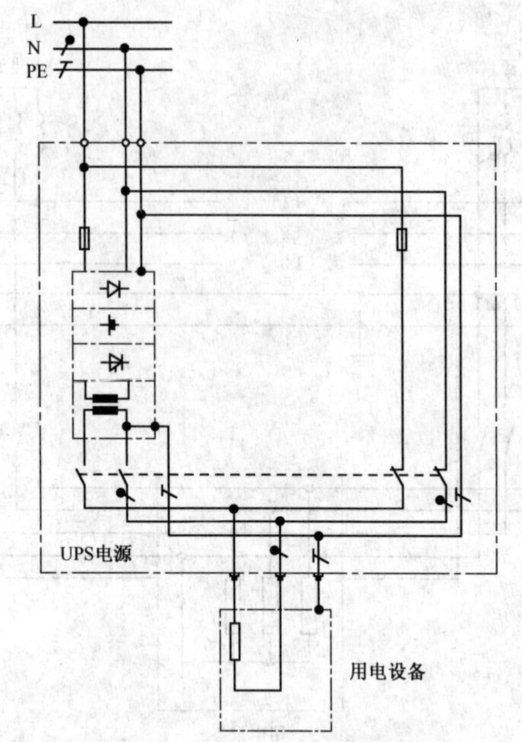

注：UPS次级回路与地连接不是强制性的。若不接地，UPS模式时将是IT系统型式；UPS为旁路模式时，其接地系统与其前的低压供电系统的接地系统相同。

图 44.R9C　具有二极开关的单相转换供电电源

444.4.8　进入建筑物的各类供应管线

金属管道(例如，水、煤气或集中供热)和引入电力和信号电缆宜在同一点进入建筑物。金属管道和电缆铠装应采用低阻抗导体应与总接地端子连接，见图 44.R10。

注：与非电源的其他供应设施的相互连接需经有关设施管理者同意。

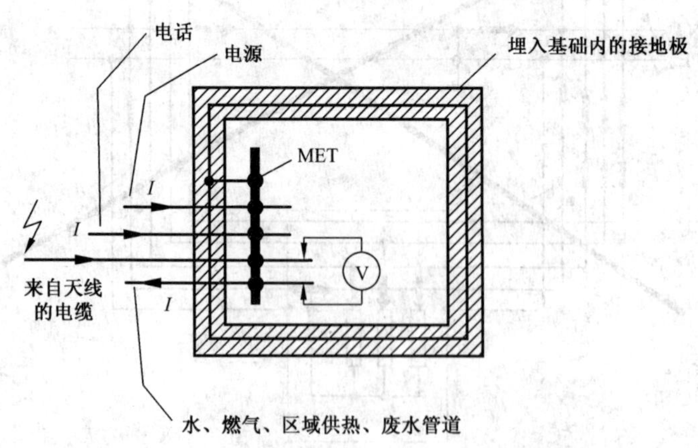

MET——总接地端子；

I　——感应电流。

注：推荐采用同一点进入 $U\cong 0$ V。

图 44.R10　铠装电缆和金属管道进入建筑物(示例)

鉴于电磁兼容(EMC)原因,内安置有电气装置的组成部分的建筑空隙宜专用于安置电气和电子设备(诸如监视、控制或保护器件,连接器件等),它应易于接近以便维护。

444.4.9 分开的建筑物

当不同的建筑物内各具有分隔的等电位联结系统时,无金属的光纤电缆或其他非导电系统可用于信号和数据传输,例如,根据 GB 19212.2、GB 19212.5、GB 19212.7、GB 19212.16 及 GB 4943 规定的微波信号隔离变压器。

注 1:大型公共通信网络的大幅值地电位差问题的处理是网络管理者的责任,管理者可使用其他方法。

注 2:若遇到非导电数据传输系统的情况,采用旁路导体是不必要的。

444.4.10 建筑物内

现有建筑物装置电磁干扰的问题,以下措施可改善其状况,见图 44.R11。

a) 信号和数据回路采用无金属光纤联系,见 444.4.9;

b) 采用Ⅱ类设备;

c) 采用符合 GB 19212.2、GB 19212.5、GB 19212.7 或 GB 19212.16 要求的双绕组变压器。其次级回路除特殊情况采用 IT 系统外宜优先采用 TN-S 系统。

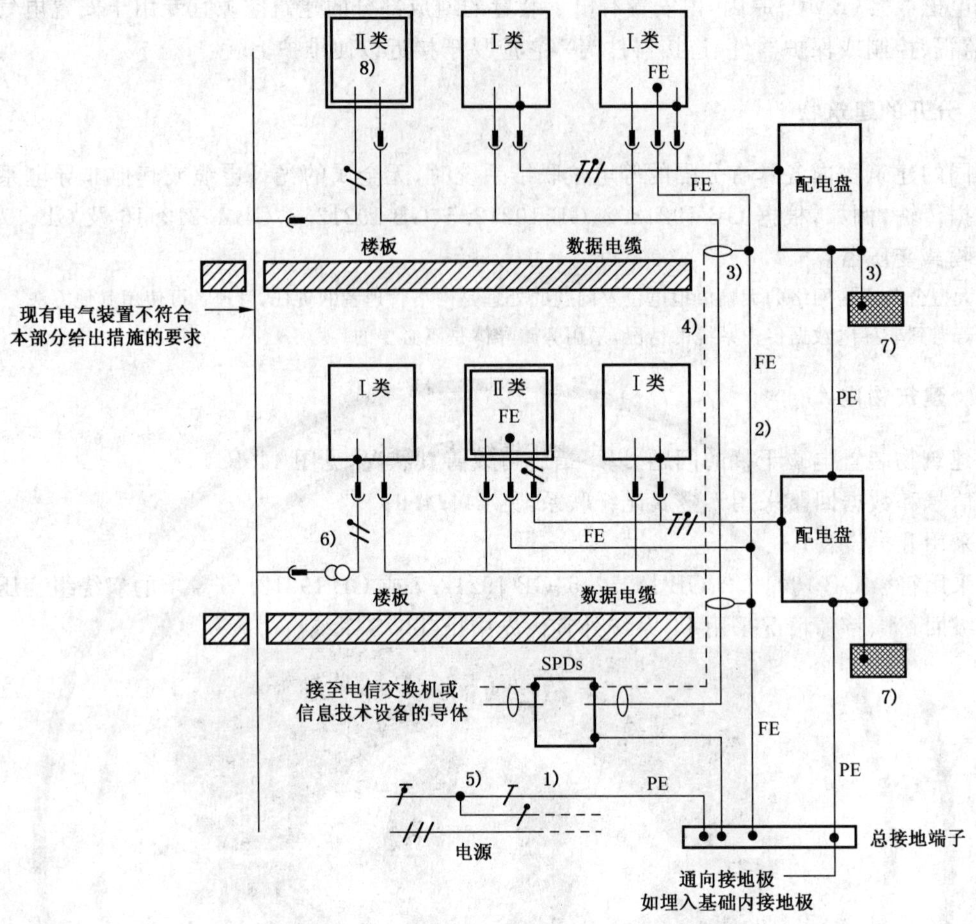

图例

- 保护或功能接地导体的联结点

FE　功能接地导体(可选择)根据操作手册使用和联结

SPDs　电涌保护器

PE 导体符号

中性导体符号

线导体符号

图 注	措 施 说 明	条 款
1)	电缆和金属管道在同一点进入建筑物	444.4.8
2)	共同路径有适当的分隔和避免出现环路	444.4.2
3)	联结应尽可能短,并使用与电缆平行的接地导体	GB/Z 18039.1;444.4.2
4)	带屏蔽的信号电缆和/或双绞线	444.4.12
5)	在电源进入点之后避免采用 TN-C 系统	444.4.3
6)	使用有分隔绕组的变压器	444.4.10
7)	局部水平联结系统	444.5.4
8)	采用Ⅱ类设备	444.4.10

图 44.R11　现有建筑物中措施举例

444.4.11　保护电器

保护电器宜选择具有适当的功能,它能避免因大幅值的瞬态电流而误动作,例如,延时或滤波。

444.4.12 信号电缆

信号电缆宜采用屏蔽电缆和/或双绞线电缆。

444.5 接地与等电位联结

444.5.1 接地极的相互连接

对于数座建筑物，当电子设备用于各建筑物间的通信和数据交换时，连接到等电位导体网的多个专用的和独立的接地极的概念可能不能满足要求，理由如下：

——不同接地极间存有耦合并导致设备电压不可控地升高；

——相互连接的设备可有不同的参考地电位；

——存有电击的危险，特别是大气过电压的情况。

因此，所有保护和功能接地导体宜连接到同一个的总接地端子。

此外，与建筑物有关的所有接地极，即保护、功能和雷电防护的接地极应相互连接，见图 44.R12。

在数座建筑物的情况下，接地极相互连接不可能或不可行时，推荐通信网络采用电气分隔，例如，采用光纤连接，见 444.4.10。

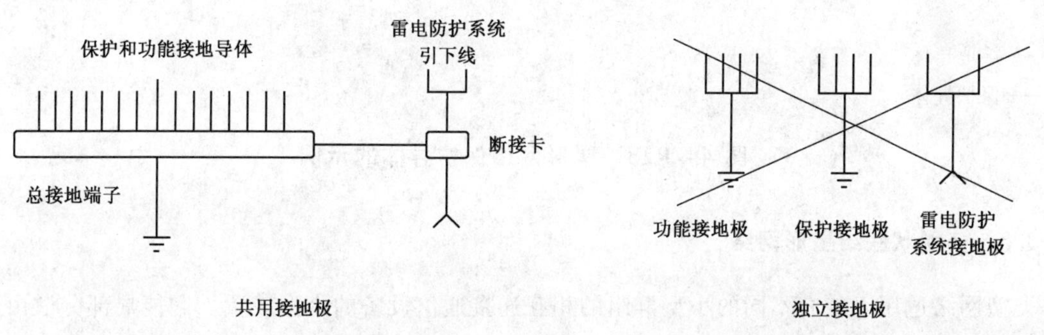

图 44.R12 相互连接的接地极

保护和功能联结导体应各自连接到总接地端子上，这样当一根导体断开时，所有的其余导体仍保持固定的方式连接到总接地端子上。

444.5.2 进线网络相互连接和接地配置

建筑物内信息技术和电子设备的外露可导电部分通过保护导体而相互连接。

通常使用电子设备不多的住宅，可采用星形网络形状的保护导体网络，见 444.R13。

装有众多电子设备的商业、工业及类似的建筑物，为适应不同类型设备电磁兼容(EMC)的要求，适于采用共用等电位联结系统，见 444.R15。

444.5.3 不同类型的等电位联结导体网络和接地导体

按设备的重要性和抗干扰性能，可采用以下各款所述的四种基本类型。

444.5.3.1 连接到环形联结导体的保护导体

联结环形导体(BRC)形式的等电位联结网络，如图 44.R16 中的建筑顶层所示。联结环形导体(BRC)优先选用裸或绝缘的铜材，以处处可接近的方式安装，例如，采用电缆托盘、明敷金属导管(见 GB 20041 系列)或电缆槽盒。所有保护和功能接地导体可连接到联结环形导体(BRC)。

444.5.3.2 星形网络的保护导体

本类型网络适用于住宅、小型商业建筑等的小型装置，而从设备观点，设备之间是不能连接信号电缆的，见图 44.R13。

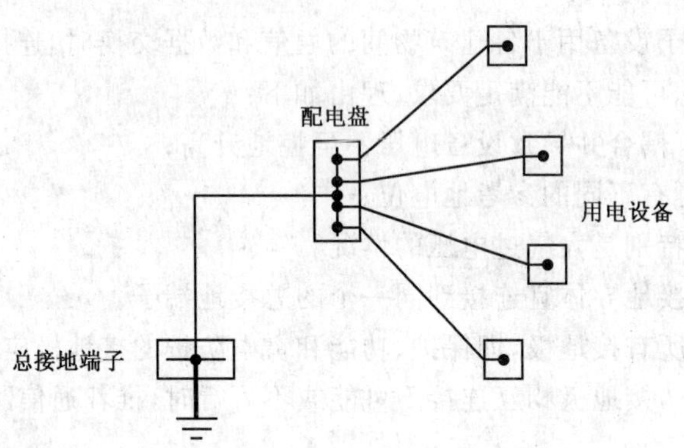

接地导体
保护导体

图 44.R13 星形网络保护导体的示例

444.5.3.3 多网状联结星形网络

本类型网络适用于装有不同的小型群组的相互连接通信设备的小型装置。它能局部分散由电磁干扰引起的电流，见图 44.R14。

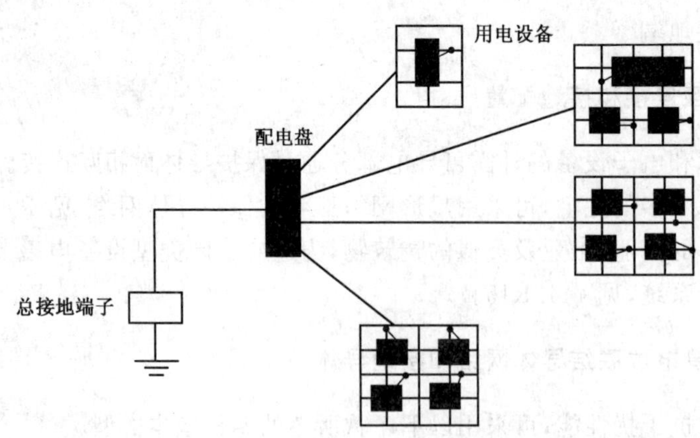

接地导体(保护或功能)
功能联结导体。其长度应尽可能短(例如<50 cm)

图 44.R14 多网状联结星形网络的示例

444.5.3.4 共用的网状联结星形网络

本类型网络适用于装有重要用途的高密度通信设备，见图 44.R15。

网状等电位联结网络的作用通过与建筑物原有的金属结构的连接而加强。它因由导体组成方形网络而加强其作用。

网孔尺寸取决雷电防护的防护水平、装置内设备的抗干扰能力和数据传输使用的频率。

网孔尺寸应与被防护装置的尺寸相适应，在安装有对电磁干扰敏感的场所。网孔尺寸不应大于 2 m×2 m。

共用的网状等电位联结星形网络适用于专用自动小交换机(PABX)和中央数据处理系统的防护。

有时为满足特殊的要求，本网络的某部分的网孔尺寸可更小些。

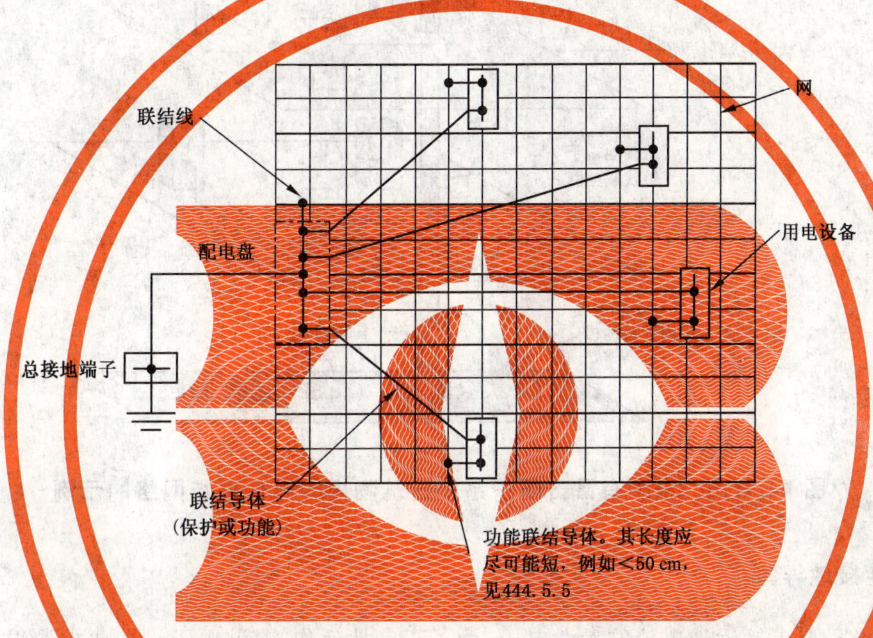

网孔包围的面积应布满全部区域，网孔尺寸指的是形成网孔导体包围的方形区域。

图 44.R15 共用的网状联结星形网络的示例

444.5.4 多层建筑物的等电位联结网络

对于多层建筑物，建议在每一楼层设置等电位联结系统，常用的等电位联结网络的示例见图 44.R16，每层所示是一种网络的类型。各层的联结系统宜至少用导体连接两次。

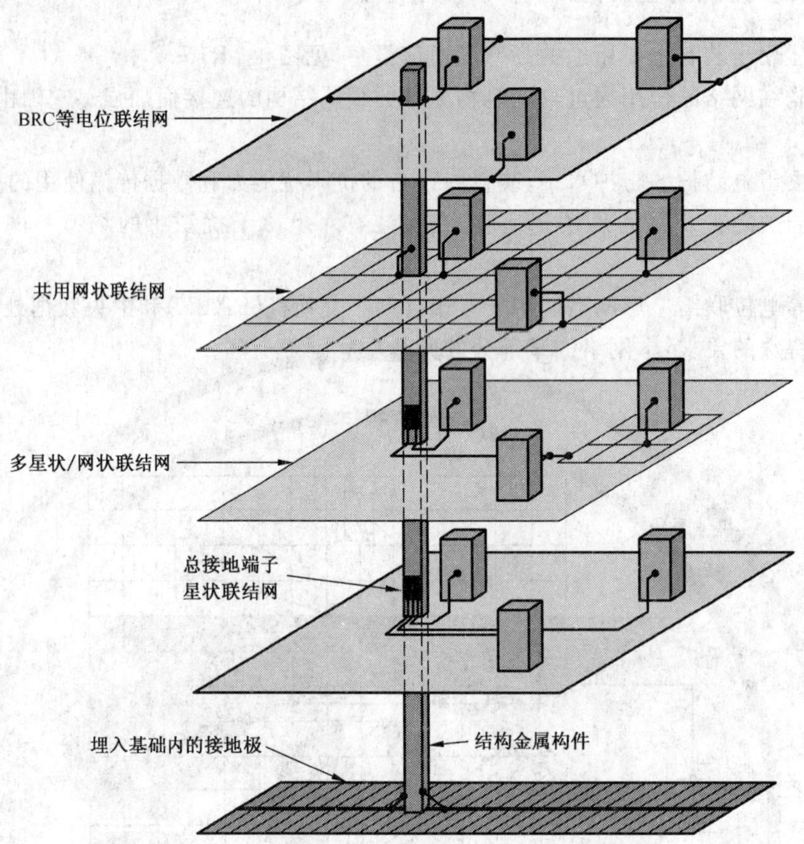

图 44.R16　未装有雷击防护系统建筑物内等电位联结网络的示例

444.5.5　功能接地导体

有些电子设备要求接近地电位的参考电压，为了正确地运作，有些电子设备要求取得地电位的参考电位，此参考电位可用功能接地导体取得。

功能接地导体可采用金属带、扁平编织线和具有圆形截面的电缆。

对于高频运行的设备，优先采用金属带或扁平编织线，并尽可能短的连接。

功能接地导体未规定颜色标识。因此，接地导体规定的黄/绿色组合的颜色标识不应用于功能接地导体，相同的颜色标识推荐用于整个装置中的每根功能接地导体的端部。

对于低频运行的设备，GB 16895.3—2004 的 544.1.1 规定的截面是适合的，与导体的形状无关，见 444.4.2b)和 444.4.2k)。

444.5.6　装有大量信息技术设备的商业或工业建筑物

以下补充的规定可用于降低对信息技术设备运行的电磁骚扰。

在严酷的电磁环境中，推荐采用 444.5.3.3 所述的共用网状联结星形网络。

444.5.6.1　联结环形网络导体的截面和安装

用于等电位联结环形网络导体应有以下最小的尺寸：

——铜带截面：30 mm×2 mm；

——铜棒直径：8 mm。

裸导体在支撑处和通过墙体处应防腐蚀。

444.5.6.2 与等电位联结网络连接的部分

以下部分应与等电位联结网络连接：

——数据传输或信息技术设备的电缆的导电屏蔽层、导电的外护层或铠装；

——天线系统的接地导体；

——信息技术设备直流电源接地端的接地导体；

——功能接地导体。

444.5.7 功能用途的信息技术设备接地配置和等电位联结

444.5.7.1 接地母线

当为功能目的而设置接地母线时，可将建筑物内的总接地端子(MET)的延伸作接地母线。为此信息技术设备可在建筑物内的任何处可以最短捷的路径接向总接地端子。当在建筑物内用接地母线作为等电位联结网时，可按联结环形网络设置，见图 44. R16。

注 1：接地母线可为裸露的或绝缘的。

注 2：接地母线推荐沿全部长度上可接近的方式安装，例如，明敷在线槽上。为防止腐蚀，裸导体在支撑处及贯穿墙体处采取必要的措施。

444.5.7.2 接地母线截面

接地母线的效能取决于其路由和采用导体的阻抗。对容量为每相电流大于 200 A 的装置，接地母线截面应不小于 50 mm^2 铜或依据 444.4.2 k)标示的尺寸。

注：本部分适用于 10 MHz 以下频率。

接地母线用作直流返回电流通路一部分时，截面应根据返回电流确定其尺寸。每一用作直流配电返回导体的接地母线的最大直流电压降应小于 1 V。

444.6 回路间的分隔

444.6.1 一般规则

共用同一电缆管理系统和相同路由的信息技术电缆和电力电缆应根据以下各款的要求进行安装。

应实施根据 GB/T 16895.23 和/或 GB 16895.6 的 528.1 的电气安全校验和电气分隔，见 IEC 60364-4-41 的 413 和/或 444.7.2。有时电气安全和电磁兼容对间距的要求是不同的。电气安全总是优先的。

布线系统的外露可导电部分，例如，护套、附件和遮拦，应按故障防护要求实施防护，见 GB 16895.21 的 413。

444.6.2 设计导则

为避免骚扰，电力电缆和信息技术电缆最小间隔与以下诸因素有关：

a) 与信息技术电缆连接的设备对各种电磁骚扰(瞬变、雷电脉冲、猝发脉冲、振铃波及连续波等)的抗干扰水平；

b) 设备与接地系统的连接；

c) 局部电磁环境(骚扰同时出现，例如，谐波＋猝发脉冲＋连续波)；

d) 电磁频谱；

e) 在同一路径内平行敷设的电缆间距(耦合区域)；

f) 电缆类型；

g) 电缆耦合衰减；

h) 接线件与电缆间的连接质量；

i) 电缆敷设系统的类型及构造。

本标准的执行系假定电磁环境骚扰水平低于 GB/T 17799.1、GB/T 17799.2、GB 17799.3 及 GB 17799.4 规定的传导和辐射骚扰的试验水平。

电力电缆和信息技术电缆平行时，以下内容适用，见图 44.R17A 和图 44.R17B。

若平行电缆的长度不大于 35 m，不要求进行分隔。

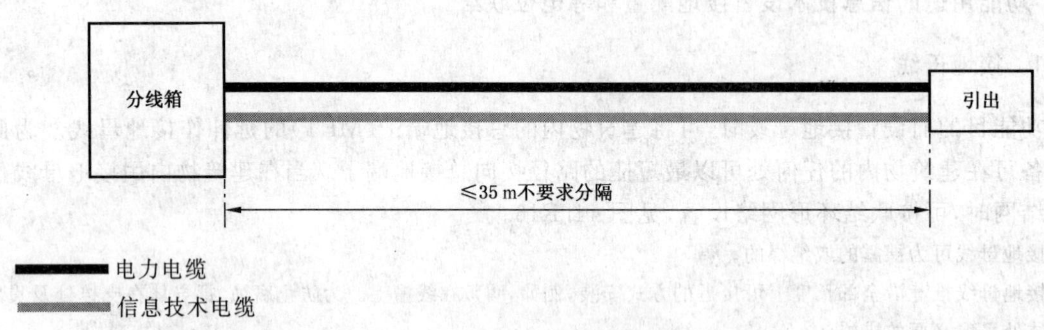

图 44.R17A 电缆路由长度≤35 m，电力和信息技术电缆间的分隔

若非屏蔽电缆平行电缆长度大于 35 m，距末段 15 m 以外全部长度应有分隔间距。

注：隔离可用诸如在空中分隔间距为 30 mm 或在电缆间安装金属隔板来获得。

若屏蔽电缆平行电缆长度大于 35 m，不采用分隔间距。

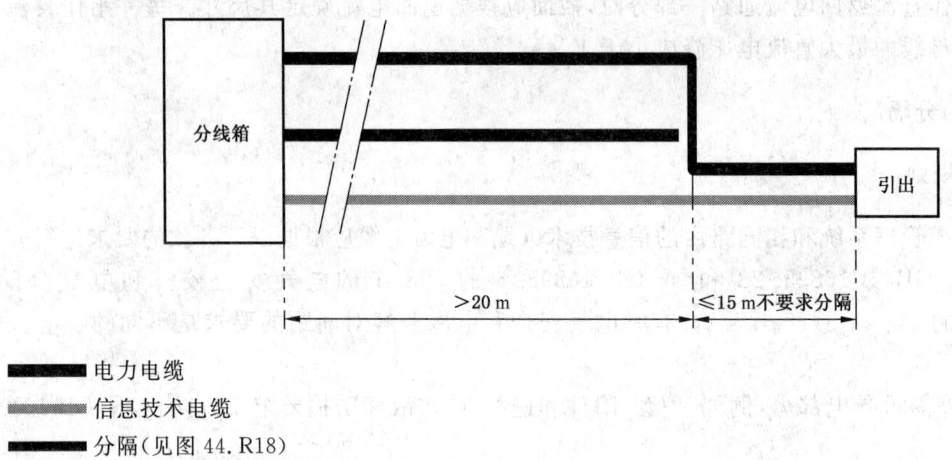

图 44.R17B 电缆路由长度>35 m，电力和信息技术电缆间的分隔

444.6.3 安装导则

信息技术电缆与荧光灯、氖灯和荧光高压汞灯(或其他高强气体放电灯)之间的最小间距应为 130 mm。电力布线组件和数据布线组件宜优先布置在单独的箱柜内。数据布线的托架宜总是与电气设备分隔。

凡有可能，电缆宜直角交叉。不同用途的电缆(例如，电源和信息技术电缆)不宜一起成束。各束相互间宜电磁分隔，见图 44.R18。

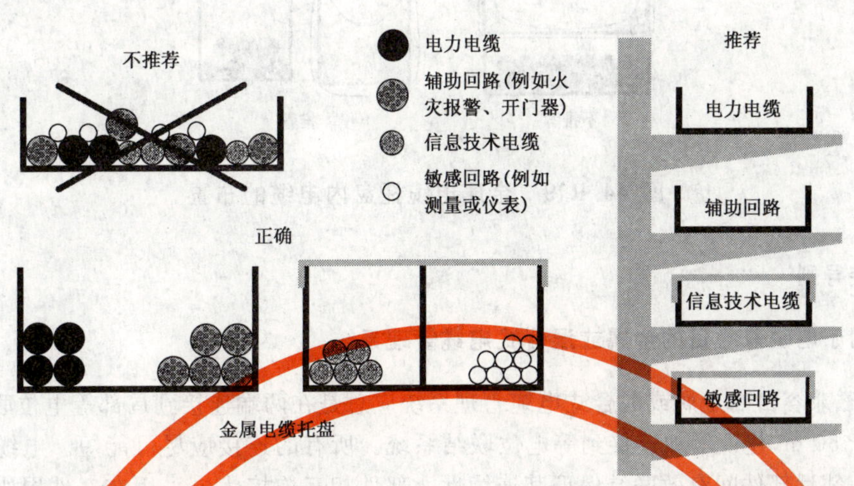

图 44.R18 布线系统中电缆的分隔

444.7 电缆管理系统

444.7.1 一般规则

电缆管理系统有金属的和非金属的。金属敷设系统能提供 444.7.3 实施安装所提供的电磁干扰(EMI)增强防护的不同等级。

444.7.2 设计导则

电缆管理系统的材料和形状选择依赖于以下的考虑：

a) 沿路径电磁场强度(邻近电磁传导和辐射骚扰源)；

b) 传导和辐射的允许水平；

c) 电缆类型(屏蔽、绞线和光纤)；

d) 与信息技术电缆系统连接的设备抗扰度；

e) 其他环境限制(化学、机械、气候和消防等)；

f) 信息技术电缆系统将来扩展可能性。

非金属布线系统适用于以下情况：

——骚扰持久低水平的电磁环境；

——电缆系统为低发射系统；

——光纤电缆。

就电缆承载系统的金属构件而言，形状(平面、U 形和管状等)而不是截面将决定电缆管理系统的特性阻抗。封闭型是最好的，因它能降低共模耦合。

电缆托盘未占用空间允许安装适当数量添加电缆。电缆束高度应低于电缆托盘的侧壁，如图 44.R19 所示。采用盖板改善电缆托盘的电磁兼容性能。

U 形电缆托盘，磁场在两个角落附近降低。由于此原因，优先采用高侧壁电缆托盘，见图 44.R19。

注：电缆托盘的深度宜至少为涉及的最大电缆直径的两倍。

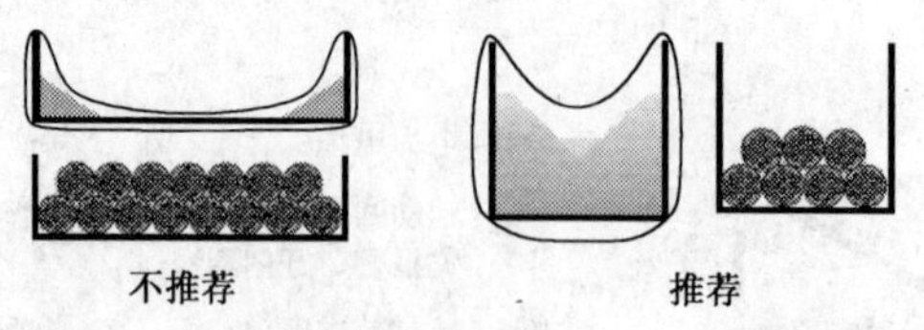

图 44.R19　金属电缆托盘内电缆的布置

444.7.3　安装导则

444.7.3.1　用于电磁兼容目的金属或混合式电缆管理系统

专用于电磁兼容目的金属或混合式电缆管理系统应总是在两端连接到局部等电位联结系统。对于长距离，即大于 50 m，建议增加连接到等电位联结系统。所有的连接应尽可能短。电缆管理系统由若干部件组成时，邻近部件间有效联结保证其连续性。部件相互连接优先采用在部件周边焊接。允许采用铆接、螺栓或螺钉连接，保持接触面是良导体，即接触面未涂漆或绝缘；它们本身是抗腐蚀的，并保证邻近部件间良好的电气接触。

金属截面的形状在其全部长度上宜保持不变。所有的连接应是低阻抗。电缆管理系统两部分间的一根短引线连接导致高的局部阻抗，因此，其电磁兼容性能降低，见图 44.R20。

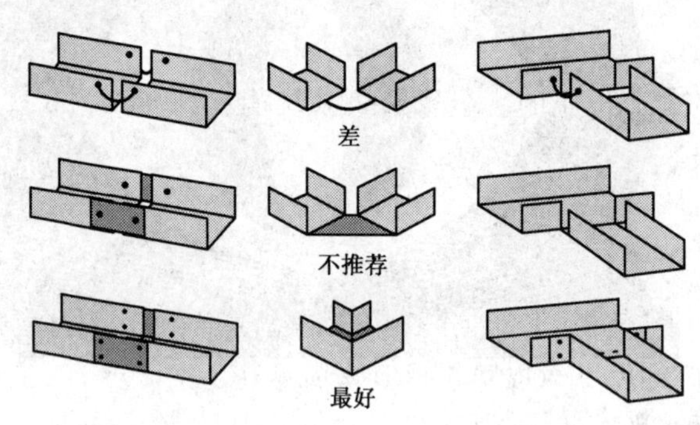

图 44.R20　金属系统部件的导电连续性

对于数兆赫兹以上的频率，电缆管理系统两部分间的 10 cm 网状带屏蔽效应的降低系数大于 10。

但实施调整或扩展时，重要的是其工程严格监理，以保证符合电磁兼容的建议的实现，例如，不用塑料管取代钢管。

建筑物金属构件能很好地用作电磁兼容物体。L、H、U 或 T 形钢梁通常构成连续接地的构件，其构件有较大的截面和表面多处与地连接。电缆优先沿此钢梁敷设。内角落优于外表面，见图 44.R21。

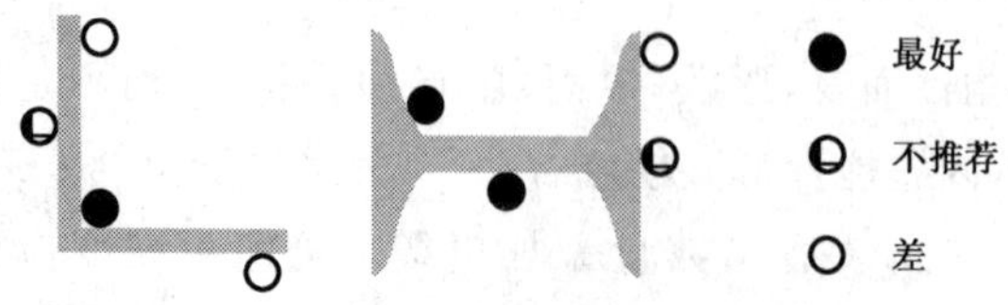

图 44.R21　金属构件内电缆位置

金属托盘的盖板应满足电缆托盘的相同要求。建议盖板在整个长度上有多处接触。若不可能时，盖板宜至少在两端用短于 10 cm 连接线与电缆托盘连接，例如，连接线为编织或网状带。

专用于电磁兼容目的金属或混合式电缆管理系统穿越墙体，例如，防火隔断，被分为两部分，两部分金属应采用诸如编织或网状带低阻抗连接线实施联结。

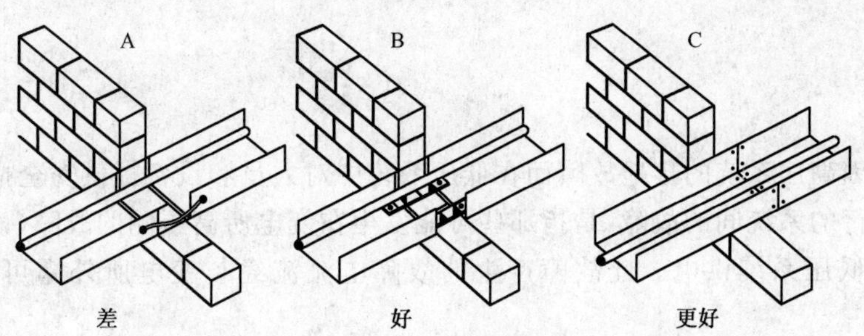

图 44. R22　分断的金属部分连接

444.7.3.2　非金属电缆管理系统

当用非屏蔽电缆接向电缆系统而不受低频骚扰时，在其内部安装单独引线，作为旁路等电位联结导体，可改善非金属电缆管理系统的性能。引线应在两端(例如在设备框架的金属底座处)有效地连接到设备的接地系统。

旁路等电位联结导体应能承载大的共模和被分流的故障电流。

445　欠电压保护

445.1　基本要求

445.1.1　在电压下降或失压以及随后电压恢复会对人员和财产造成危险的情况下，应当采取适当的预防措施。同样，在电压下降能造成装置或用电设备的某一部分损坏的情况下，也应采取预防措施。

如果装置或用电设备受到损坏的风险是可以接受的，且不会危及人员安全，则不要求装设欠电压保护器。

445.1.2　如果被保护用电器具的运行方式允许短暂断电或失压而无危险，欠电压保护器可延时动作。

445.1.3　如果装用了接触器，在接触器断开时和再次闭合时的延时，不应妨碍控制电器或保护电器瞬时分断接触器。

445.1.4　欠电压保护器的特性应符合中国标准对设备起动和使用的要求。

445.1.5　当保护电器的重合闸可能造成危险时，此重合闸不应是自动的。

附 录 A
(资料性附录)
有关 442.1 和 442.2 的注释说明

A442.1 通则

本附录规定了因高压系统的接地故障而在低压系统中对人员和设备提供安全措施。

以不同电压运行的系统间的故障,是指那些可能发生在变电所高压侧的故障,该变电所运行于较高电压的配电系统向低压系统供电。此故障产生的故障电流流经与变电所外露可导电部分相接的接地极。

故障电流的大小取决于故障环路的阻抗,即取决于高压系统中性点如何接地的。

流经与变电所外露可导电部分相连的接地极的电流,引起变电所外露可导电部分对地电位的升高,这个电位的高低受以下因素影响:

——故障电流的大小;

——变电所外露可导电部分的接地极电阻。

故障电压可能高达数千伏,取决于装置接地系统接地类型,它可引起:

——接地的低压系统外露可导电部分对地电位的普遍升高,可导致故障和接触电压升高;

——接地的低压系统对地电位的普遍升高,可引起低压设备的绝缘击穿。

切断高压系统中的故障通常比切断低压系统中的故障有更长的时间,因继电器需要有延时,以避免瞬态时的误动作。高压开关设备的动作时间比低压开关设备的动作时间长。这就意味着,低压系统外露可导电部分上的故障电压和相对应的接触电压的持续时间,会比低压装置规范中规定的时间长。

变电所或用户装置的低压系统中,可能还有绝缘被击穿的危险。保护电器在瞬态恢复电压异常情况下动作,可能难于切断电路,甚至不能切断电路。

应考虑高压系统的以下故障条件:

——有效接地的高压系统

这类系统包括中性点直接接地的或中性点经低阻抗接地的系统,接地故障都由保护设备在合理的短时间内予以消除。

在负荷侧变电所中考虑中性点不接地。

通常,电容电流忽略不计。

——对地绝缘的高压系统

仅考虑由高压带电部分与变电所外露可导电部分之间的第一次接地故障形成的单一故障。故障引起的电容电流是否切断,取决于电容电流大小和其保护系统。

——带有消弧线圈的高压系统

在相关的变电所中不设置消弧线圈。

当高压系统的接地故障发生在高压导体与变电所外露可导电部分之间,只产生较小的故障电流(残余电流通常为几十安培),残余电流可持续较长时间。

A442.2 高压系统接地故障时低压系统的过电压

图 44.A2 推导于 GB/T 13870.1—2008 图 20 的曲线 C2 和同时在 IEC 61936-1 中它也是作为经过实践验证的一个规定。

在探讨故障电压值时，宜考虑以下因素：

a) 高压系统接地故障低风险；

b) 只要等电位联结符合 IEC 60364-4-41 的 411.3.1.2 的要求，并在用户装置或其他地方设有重复接地，接触电压通常低于故障电压的。

由 ITU-T（国际电信联盟电信标准局）给出的自动切断时间与故障电压的对应关系：0.2 s 时为 650 V；大于 0.2 s 时为 430 V。其值仅略高于图 44.A2 所示的值。

附 录 B
（资料性附录）
SPD 应用在架空线上过电压抑制的导则

在 443.3.2.1 所列条件并按照注 1 的说明，对过电压水平的保护抑制可通过在装置中直接安装电涌保护器，或经电网运行管理者的同意，在供配电网的架空线上安装电涌保护器来实现。

例如，可以采取以下措施：

a) 如果是架空供配电网，应在电网的结点，尤其在每个长度超过 500 m 的线路末端安装过电压防护。沿供配电线路每隔 500 m 就应安装过电压保护器件。过电压保护器件之间的距离应小于 1 000 m。

b) 如果供配电网中部分为架空线路，部分为地下线路，在架空电网应按照上述 a）进行过电压防护，并应在架空线与地下电缆的转接点处进行过电压防护。

c) 在 TN 配电网供电的电气装置中，在由自动切断电源为间接接触提供保护处，连接到线导体的过电压保护器件的接地导体与 PEN 导体或 PE 导体连接。

d) 在 TT 配电网供电的电气装置中，在由自动切断电源为间接接触提供保护处，为相导体和中性导体设置过电压保护器件。在供电网的中性导体有效地接地处，中性导体上过电压保护器件是不必要的。

表 B.1 IT 系统可能发生的不同情况（考虑了低压装置中的第一次故障）

系统	变电所低压设备的外露可导电部分	中性点阻抗（如果有）	低压电气装置中设备外露可导电部分	U_1	U_2	U_f
a	●	●	●	$U_0\sqrt{3}$	$U_0\sqrt{3}$	$R\times I_m$
b	●	●	0	$U_0\sqrt{3}$	$R\times I_m+U_0\sqrt{3}$	0[a]
c[b]	0	0	0	$R\times I_m+U_0\sqrt{3}$	$U_0\sqrt{3}$	0[a]
d	0	●	●	$R\times I_m+U_0\sqrt{3}$	$U_0\sqrt{3}$	0[a]
e[b]	●	0	●	$R\times I_m+U_0\sqrt{3}$	$R\times I_m+U_0\sqrt{3}$	$R\times I_m$

[a] 事实上，U_f 等于第一次故障电流与外露可导电部分接地极电阻的乘积（$R_A\times I_d$），它应小于或等于 U_L。进而言之，在系统 a、b 和 d 中，在某些情况下，第一次故障的电容电流可能会使 U_f 的值增大，但这种情况通常忽略。

[b] 在系统 c_1 和 e_1 中，中性点与地之间装设有阻抗（有阻抗的中性点）。

c_2 和 e_2 中，中性点与地之间没有装设阻抗（中性点绝缘）。

附 录 C
（规范性附录）
对约定长度 d 的确定

在低电压配电线路的结构中，其接地，绝缘水平和考虑到感应耦合以及电阻耦合的现象将导致 d 值的不同的选择。下面推荐的计算方法，通常为最不利的情况。

注：此简化方法基于 IEC 62305-2。

$$d=d_1+\frac{d_2}{K_g}+\frac{d_3}{K_t}$$

通常 d 值不大于 1 km，

式中：

d_1——低压架空供电线路到建筑物的长度，不大于 1 km；

d_2——建筑物低压地下非屏蔽线路的长度，不大于 1 km；

d_3——建筑物高压架空供电线路的长度，不大于 1 km。

高压地下供电线路的长度可以忽略。

带屏蔽的低压地下线路的长度可以忽略。

$K_g=4$ 是基于架空线和地下非屏蔽线缆间的雷击影响比率减少系数，系在土壤电阻系数为 250 Ω·m 条件下计算求得。

$K_t=4$ 是变压器的典型递减系数。

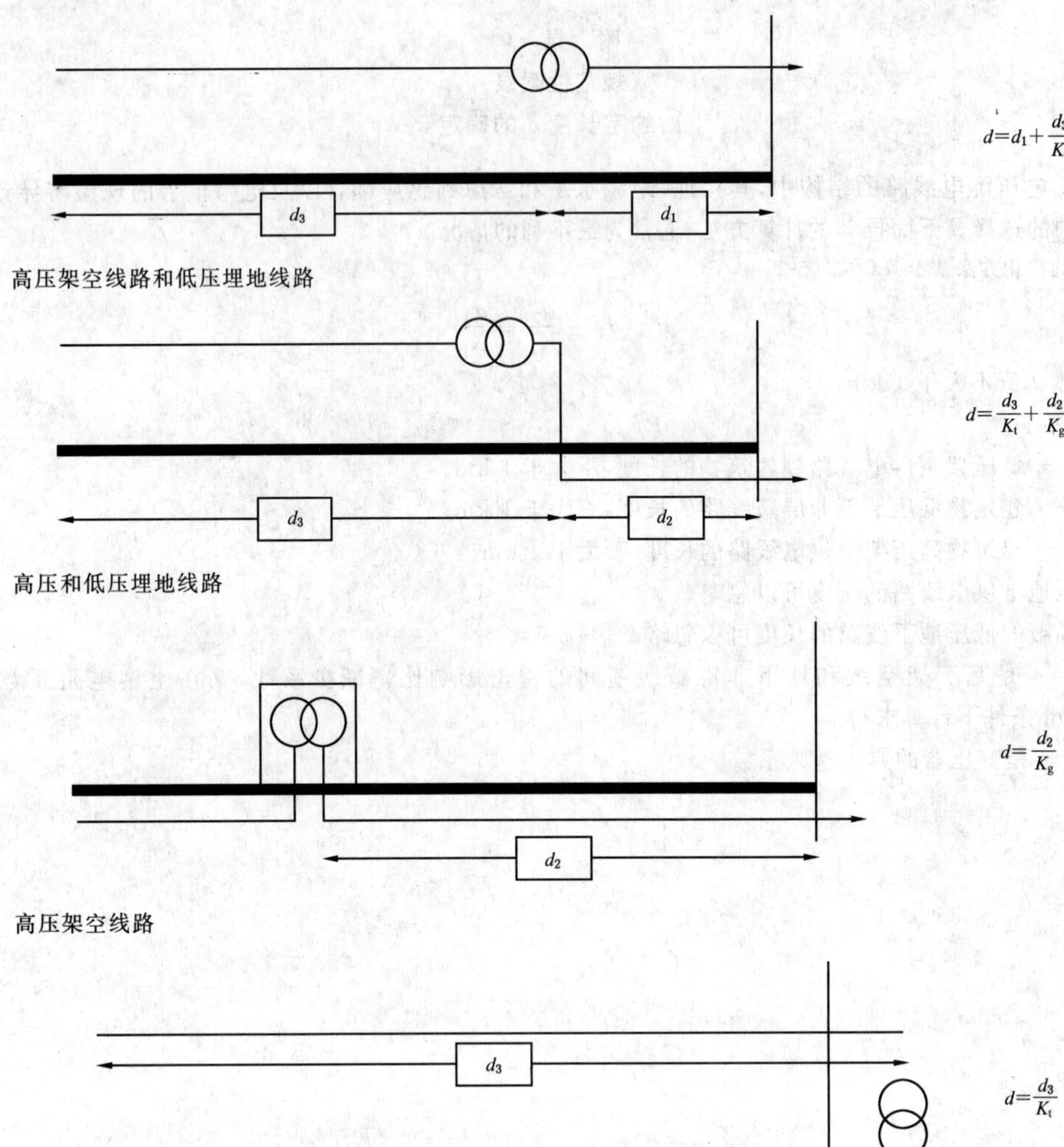

注：当高压/低压变压器设置在建筑物内部时，$d_1=d_2=0$。

图 44Q 应用 d_1、d_2 和 d_3 确定 d 例子

参 考 文 献

[1] GB/T 2900.71—2008 电工术语 电气装置

[2] GB/T 2900.73—2008 电工术语 接地与电击防护

[3] GB/T 16895.18—2010 低压电气装置 第 5-51 部分:电气设备的选择和安装 通用规则

[4] GB/T 18015(全部) 数字通信用对绞或星绞多芯对称电缆

[5] GB 18039(全部) 电磁兼容 第 2 部分:环境

[6] GB 19214—2003 电气附件 家用和类似用途剩余电流监视器

[7] GB/T 19856.1 雷电防护 通信线路 第 1 部分:光缆

[8] GB 20041 系列 电气安装用导管系统

[9] IEC 61000-5 (all parts), Electromagnetic compatibility (EMC)—Part 5: Installation and mitigation guidelines

[10] IEC 61000-5 (all parts), Electromagnetic compatibility (EMC)—Part 5: Installation and mitigation guidelines

[11] IEC 61662:1995, Assessment of the risk of damage due to lightning Amendment 1(1996)

[12] ETS 300 253:1995, Equipment Engineering (EE)—Earthing and bonding of telecommunication equipment in telecommunication centres

[13] EN 50310, Application of equipotential bonding and earthing in buildings with information technology equipment

[14] EN 50288 (all parts), Multi-element metallic cables used in analogue and digital communication and control

ICS 91.140.50
Q 77

中华人民共和国国家标准

GB 16895.14—2010/IEC 60364-7-703:2004
代替 GB 16895.14—2002

建筑物电气装置 第7-703部分:特殊装置或场所的要求 装有桑拿浴加热器的房间和小间

**Electrical installations of buildings—
Part 7-703:Requirements for special installations or locations—
Rooms and cabins containing sauna heaters**

(IEC 60364-7-703:2004,IDT)

2010-11-10 发布　　　　2011-09-01 实施

中华人民共和国国家质量监督检验检疫总局
中国国家标准化管理委员会　发布

前　言

GB(GB/T) 16895 本部分的全部技术内容为强制性。

GB(GB/T) 16895《建筑物(低压)电气装置》系列国家标准共分为 5 个部分,每部分又分为多个子部分:

——第 1 部分:基本原则、一般特性评估和定义;

——第 4 部分:安全防护;

——第 5 部分:电气设备的选择和安装;

——第 6 部分:检验;

——第 7 部分:特殊装置或场所的要求。

本部分是 GB(GB/T) 16895 的第 7 部分:特殊装置或场所的要求中的第 703 部分。

本部分依据 GB/T 1.1—2009《标准化工作导则　第 1 部分:标准的结构和编写》和 GB/T 20000.2—2009《标准化工作指南　第 2 部分:采用国际标准》的规则起草。

本部分代替 GB 16895.14—2002《建筑物电气装置　第 7 部分:特殊装置或场所的要求　第 703 节:装有桑拿浴加热器的场所》,与 GB 16895.14—2002 相比,主要技术变化如下:

——标准的适用范围增加了桑拿浴预制室和冷水盆或淋浴器等场所(见 703.11);

——场所区域划分取消了区域 4,区域 2 的距地板高度从 0.5 m 增至 1 m,区域 3 上部扩大至顶板(见 703.32.2、703.32.3);

——布线系统和功能开关两条增加了相应的要求,比原规定更为具体明确(见 703.52、703.536.5);

——增加了规范性引用文件(见 703.12)。

本部分等同采用 IEC 60364-7-703:2004(第 2 版)《建筑物电气装置　第 7-703 部分:特殊装置或场所的要求　装有桑拿浴加热器的房间和小间》(英文版)。本部分与 IEC 60364-7-703:2004(第 2 版)相比,章条编号完全一致,技术内容完全相同,但做了以下编辑性修改:

——用小数点符号“.”代替小数点符号“,”;

——删去了 IEC 标准的“前言”;

——IEC 标准的附录是其他国家应用该标准的国家注,与我国无关,在本部分中删去。

本部分由全国建筑物电气装置标准化技术委员会(SAC/TC 205)提出并归口。

本部分负责起草单位:中机中电设计研究院。

本部分主要起草人:王增尧、贺湘琨、黄宝生。

本部分所代替标准的历次版本发布情况为:

——GB 16895.14—2002。

引　言

GB(GB/T) 16895 本部分的要求是补充、修改或代替 GB(GB/T) 16895 其他部分的一般要求中的某些内容。

本部分条款的编号遵循 GB(GB/T) 16895 的模式并作相应的引用。接在第 703 部分的专用编号后面的是 GB(GB/T) 16895 的相应部分或条款的编号。

本部分没有列出的章或条，意味着 GB(GB/T) 16895 相应的一般要求仍然是适用的。

建筑物电气装置 第 7-703 部分:特殊装置或场所的要求 装有桑拿浴加热器的房间和小间

703.11 范围

GB(GB/T) 16895 的本部分的特殊要求适用于:

——安装桑拿浴小间的地方,例如:在一个场所或在一个房间中;

——安装桑拿浴加热器或桑拿浴加热设备的房间,整个房间就被认为是个桑拿浴室。

不适用于符合相关设备标准、由厂家制造的桑拿浴预制小间。

安装有如冷水盆或淋浴器等设备的场所,还应符合第 701 部分的要求。

703.12 规范性引用文件

下列文件对于本文件的应用是必不可少的。凡是注日期的引用文件,仅注日期的版本适用于本文件。凡是不注日期的引用文件,其最新版本(包括所有的修改单)适用于本文件。

GB 16895.13 建筑物电气装置 第 7 部分:特殊装置或场所的要求 第 701 节:装有浴盆或淋浴盆的场所[GB 16895.13—2002,idt IEC 60364-7-701:1984]

GB 4706.31 家用和类似用途电器的安全 桑那浴加热器具的特殊要求[GB 4706.31—2008,IEC 60335-2-53:2007(Ed3.1),IDT]

703.30 一般特性的评估

703.32 通则

在使用本部分时,应考虑到在 703.32.1～703.32.3 中详细说明的区域(也可参见图 703)。

703.32.1 区域 1 的说明

区域 1,是由装有桑拿浴加热器的地板面、顶板隔热层的冷侧面以及距桑拿浴加热器表面 0.5 m 界定桑拿浴界限的垂直面所限定的立体空间。如果桑拿浴加热器距墙壁小于 0.5 m,区域 1 的界限即是墙壁隔热层的冷侧面。

703.32.2 区域 2 的说明

区域 2,是在区域 1 外,由地板面、墙壁隔热层的冷侧面以及位于地板面上方 1 m 的水平面所界定的立体空间。

703.32.3 区域 3 的说明

区域 3,是在区域 1 外,由顶板和墙壁隔热层的冷侧面以及位于地板面上方 1 m 的水平面以上所界定的立体空间。

703.41 安全防护 电击防护

703.411 直接接触和间接接触两者兼有的防护

703.411.1 SELV 和 PELV

703.411.1.4.3 对所有的电气设备都应提供的直接接触防护,采用:

——能提供至少为 IPXXB 或 IP2X 防护等级的遮拦或外壳;或

——能承受 500 V 的交流方均根值试验电压达 1 min 的绝缘。

703.411.1.5.2 不适用。

703.412 直接接触防护

703.412.3 阻挡物

不允许采用阻挡物措施作为直接接触防护。

703.412.4 置于伸臂范围之外

不允许采用置于伸臂范围之外的措施作为直接接触防护。

703.412.5 用剩余电流保护器(RCD)的附加保护

除桑拿浴加热器外,所有的桑拿浴回路都应利用一个或多个具有额定剩余动作电流不超过 30 mA 的剩余电流保护器,以提供附加保护。

703.413 间接接触防护

703.413.3 非导电场所

不允许采用非导电场所的防护措施作为间接接触防护。

703.413.4 采用不接地的局部等电位联结的防护

不允许采用不接地的局部等电位联结作为间接接触防护。

703.51 电气设备的选择和安装 通用规则

703.512.2 外界影响

设备应有至少为 IP24 的防护等级。

如果预期可能采用喷水进行清洗,则电气设备应至少具有 IP×5 的防护等级

所定义的三个区域如图 703 所示:

——在区域 1 中:只应安装属于桑拿浴加热器的设备;

——在区域 2 中:对于设备的耐热,没有特殊要求;

——在区域 3 中:设备应能耐受的最低温度为 125 ℃,而导线绝缘应能耐受的最低温度为 170 ℃(也可参见 703.52 关于布线的要求)。

703.52 电气设备的选择和安装 布线系统

布线系统最好是安装在各区域以外,即安装在隔热层的冷的一面。如果布线系统被安装在区域 1 或区域 3 以内,即安装在隔热层的热的一面,按 703.512.2 的规定,该系统应是耐热的。在正常使用中,金属

套和金属管应是不可接近的。

703.53 电气设备的选择和安装 隔离、通断和控制

703.536.5 功能开关(控制)

构成桑拿浴加热器的开关和控制设备或安装在区域2的其他固定设备,可按厂家的说明书安装在桑拿浴房间或桑拿浴小间。其他例如关于照明的开关和控制,都应安装在桑拿浴房间或桑拿浴小间的外面。电源插座不应安装在有桑拿浴加热器的地方。

703.55 其他设备

桑拿浴加热设备应按厂家的说明书安装,见GB 4706.31—2008的7.12.1。

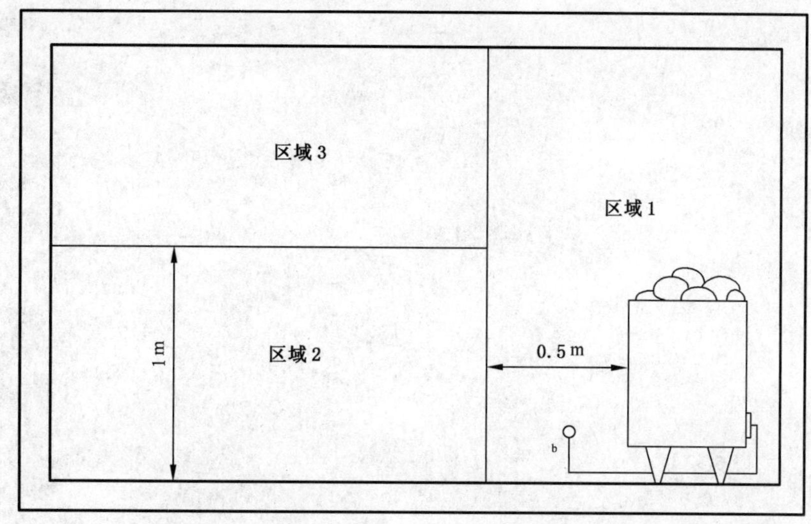

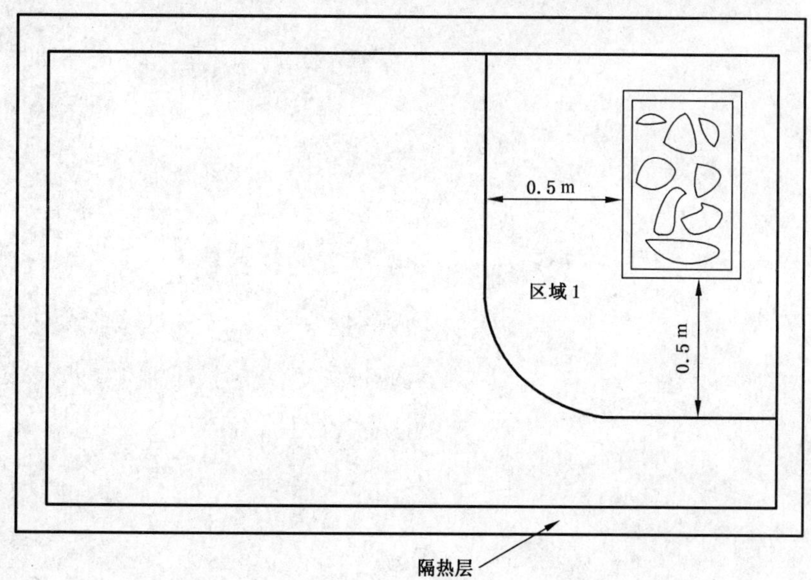

b 接线盒。

图703 场所温度的分区

ICS 91.140.50
Q 77

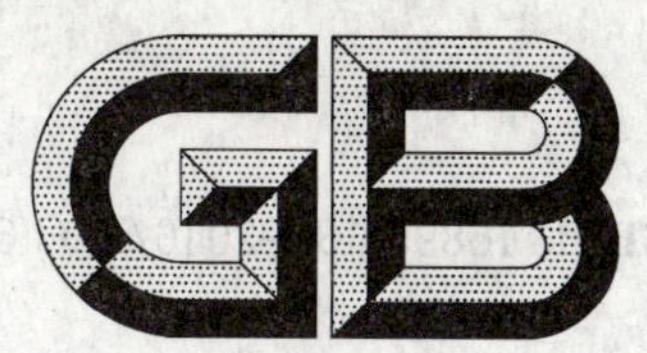

中华人民共和国国家标准

GB/T 16895.18—2010/IEC 60364-5-51:2005
代替 GB/T 16895.18—2002

建筑物电气装置 第5-51部分:电气设备的选择和安装 通用规则

Electrical installations of buildings—
Part 5-51:Selection and erection of electrical equipment—
Common rules

(IEC 60364-5-51:2005,IDT)

2011-01-14 发布　　2011-07-01 实施

中华人民共和国国家质量监督检验检疫总局
中国国家标准化管理委员会　发布

前　言

《建筑物(低压)电气装置》分为5个部分,每个部分又分为多个子部分:

——第1部分:基本原则,一般特性的评估和定义;

——第4部分:安全防护;

——第5部分:电气设备的选择和安装;

——第6部分:检验;

——第7部分:特殊装置或场所的要求。

本部分为第5部分:电气设备的选择和安装中的第5-51部分。

本部分按照GB/T 1.1—2009《标准化工作导则　第1部分:标准的结构和编写》和GB/T 20000.2—2009《标准化工作指南　第2部分:采用国际标准》给出的规则起草。

本部分代替GB/T 16895.18—2002《建筑物电气装置　第5部分:电气设备的选择和安装　第51章　通用规则》。

本部分与GB/T 16895.18—2002相比,主要技术变化如下:

——表51A中AD1～AD8及AE4～AE6等条件下的设备选择和安装要求的特性增加较为详尽内容(见表51A);

——新增516　与保护导体电流有关的措施(见516);

——删除原附录A,其内容列在新增的参考文献内(见参考文献);

——新增附录A～附录E(见附录A至附录E)。

本部分等同采用IEC 60364-5-51:2005(第5版)《建筑物电气装置　第5-51部分:电气设备的选择和安装—通用规则》(英文版)。本部分与IEC 60364-5-51:2005(第5版)相比,章条编号完全一致,技术内容完全相同,但做了以下编辑性修改:

——用小数点符号“.”代替小数点符号“,”;

——删去了IEC标准的“前言”;

——IEC标准的附录是其他国家应用该标准的国家注与我国无关,在本部分中删去;

——表51A中的BC人与地电位的接触,设备按GB/T 17045的分类,未有0-Ⅰ类,故将其删除。

本部分由全国建筑物电气装置标准化技术委员会(SAC/TC 205)提出并归口。

本部分负责起草单位:中机中电设计研究院。

本部分参加起草单位:中国航空规划建设发展有限公司。

本部分参加主要起草人:刘屏周、苏碧萍。

本部分所代替标准的历次版本发布情况为:

——GB/T 16895.18—2002。

建筑物电气装置 第5-51部分:电气设备的选择和安装 通用规则

510 引言

510.1 范围

本部分规定了设备的选择和安装。

本部分适用于依据安全防护、针对电气装置预期使用适当的功能要求和适合外界影响要求的通用规则。

510.2 规范性引用文件

下列文件对于本文件的应用是必不可少的。凡是注日期的引用文件,仅注日期的版本适用于本文件。凡是不注日期的引用文件,其最新版本(包括所有的修改单)适用于本文件。

GB/T 2423.17—2008 电工电子产品环境试验 第2部分:试验方法 试验Ka:盐雾(IEC 60068-2-11:1981)

GB 3836(所有部分) 爆炸性气体环境用电气设备[IEC 60079(所有部分)]

GB/T 4025—2003 人-机界面标志标识的基本和安全规则 指示器和操作器的编码规则(IEC 60073:1996)

GB/T 4205—2003 人机界面(MMI)操作规则(IEC 60447:1993)

GB 4208—2008 外壳防护等级(IP代码)(IEC 60529:1989)

GB/T 4728(所有部分) 电气简图用图形符号(IEC 60617)

GB/T 4798.4—2007 电工电子产品应用环境条件 第4部分:无气候防护场所固定使用(IEC 60721-3-4:1995,MOD)

GB/T 5094.1—2002 工业系统、装置与设备以及工业产品结构原则与参照代号 第1部分:基本规则(IEC 61346-1:1996,IDT)

GB/T 6988(所有部分) 电气技术用文件的编制(IEC 61082)

GB 7947—2006 人机界面标志标识的基本和安全规则 导体的颜色或数字标识(IEC 60446:1999)

GB/T 11020—2005 固体非金属材料暴露在火焰源时的燃烧性试验方法清单(IEC 60707:1999,IDT)

GB/T 14598.13—2008 电气继电器 第22-1部分:量度继电器和保护装置的电气骚扰试验 1 MHz脉冲群抗扰度试验(IEC 60255-22-1:1988,eqv)

GB 16895.2—2005 建筑物电气装置 第4-42部分:安全防护 热效应保护(IEC 60364-4-42:2001,IDT)

GB 16895.3—2004 建筑物电气装置 第5-54部分:电气设备的选择和安装 接地配置、保护导体和保护联结导体(IEC 60364-5-54:2002,IDT)

GB 16895.21—2004 建筑物电气装置 第4-41部分:安全防护 电击防护(IEC 60364-4-41:2001,IDT)

GB/T 17045—2008 电击防护 装置和设备的通用部分(IEC 61140:2001+A1:2004,IDT)

GB/T 17626.3—2006 电磁兼容 试验和测量技术 射频电磁场辐射抗扰度试验(IEC 61000-4-3:2002)

GB/T 17626.12—1998 电磁兼容 试验和测量技术 振荡波抗扰度试验(IEC 61000-4-12:1995)

GB 18039 (所有部分) 电磁兼容 环境(IEC 61000-2)

GB/Z 18039.1—2000 电磁兼容 环境 电磁环境的分类 (IEC 61000-2-5:1996)

GB/T 18039.3—2003 电磁兼容 环境 公用低压供电系统低频传导骚扰及信号传输的兼容水平(IEC 61000-2-2:1990)

IEC 60364-1:2001 建筑物电气装置 第1部分:基本原则

IEC 60364-4-44:2001 建筑物电气装置 第4-44部分:安全防护 电压骚扰和电磁骚扰防护

IEC 60364-5-52:2001 建筑物电气装置 第5-52部分:电气设备的选择和安装 布线系统

IEC 60721-3-0:1984 环境条件分类 第3部分:环境参数组及其严酷程度的分类 导言

IEC 60721-3-3:1994 环境条件分类 第3部分:环境参数组及其严酷程度的分类 第3节:气候防护场所的固定使用

IEC 60884-1 2002 家用和类似用途的插头和插座—第1部分:通用要求

IEC 61000-4-2:1995 电磁兼容 试验和测量技术 静电放电抗扰度试验

IEC 61000-4-4:1995 电磁兼容 试验和测量技术 电快速瞬变脉冲群抗扰度试验

IEC 61000-4-6:1996 电磁兼容 试验和测量技术 射频场感应的传导骚扰抗扰度

IEC 61000-4-8:1993 电磁兼容 试验和测量技术 工频磁场抗扰度试验

IEC 61024-1:1990 建筑物防雷 第1部分:总则

510.3 概述

每台设备的选择和安装,都应符合本部分的规则和其他部分的相关规则。

511 符合标准

511.1 每台设备都应符合相应的标准,也应符合任一适用的ISO标准。

511.2 若有关设备没有适用标准或没有ISO标准,则应由提出电气装置要求的人员与安装人员协商确定。

512 工作条件和外界影响

512.1 工作条件

512.1.1 电压

设备应适应装置的标称电压(交流为方均根值)。

在IT装置中,如果有中性导体引出,连接在相导体与中性导体之间的设备应采用耐相间电压绝缘。

注:对某些设备,尚需考虑在正常工作时可能出现的最高和/或最低电压。

512.1.2 电流

设备应按在正常工作时承载的设计电流(交流为方均根值)进行选择。

设备还应能承载在异常情况下由保护电器特性确定的在持续时间的流过电流的能力。

512.1.3 频率

如果频率对设备的特性有影响，则设备的额定频率应与该回路的电流频率相对应。

512.1.4 功率

按功率特性选择的设备应适用于考虑负荷系数后的正常工作条件。

512.1.5 兼容性

除非在安装时采取其他适当的预防措施，则选择的所有设备，包括开关操作在内的正常工作期间，既不应对其他设备产生有害的影响，也不应损害其供电电源。

512.2 外界影响

512.2.1 电气设备应按表 51A 的要求进行选择和安装。该表中规定了按照设备可能遇到的外界影响所需具备的特性。

设备的特性既可由防护等级也可依据试验来确定。

512.2.2 如设备其结构不具备与其所在场所的外界影响所需的特性时，若在装置安装时提供了适当的附加防护措施，则设备仍可在此场所使用。这种防护对被保护设备的工作不应有不利的影响。

512.2.3 不同的外界影响同时存在时，这些影响可能单独地或相互间地作用，应提供相应的防护等级。

512.2.4 按外界影响选择设备，不仅是为了功能需要，也是为了保证符合 GB(GB/T) 16895(所有部分)的安全防护措施的其可靠性。设备结构提供的防护措施，仅在所给定的外界影响条件才是有效的，因为设备是在此给定的外界影响条件下通过试验的。

注 1：作为本部分来说，下列的外界影响等级通常被认为是常规等级：

AA 环境温度	AA4
AB 空气湿度	AB4
其他的环境条件(AC 至 AR)	每项参数为××1
建筑物使用情况和结构(B 和 C)	除对 BC 参数为××2 外，其余每项参数均为××1。

注 2：在表 51A 的第 3 列中出现的“常规”一词表示设备通常必须满足适用的 IEC 标准。

表 51A 外界影响的特性

代号	外 界 影 响	选择和安装要求的设备特性	参 照
A	环境条件		
AA	环境温度 环境温度是指设备安装处周围空气的温度 它也包括受安装在同一场所的其他设备的影响在内的环境温度 设备的环境温度是指被安装处的温度，而该温度是由安装在同一场所的所有其他设备共同影响的结果；在工作时的环境温度，并不考虑该设备的发热量所提供的影响环境 环境温度范围的下限和上限：		

表 51A（续）

<table>
<tr><th>代号</th><th colspan="3">外界影响</th><th>选择和安装要求的设备特性</th><th>参照</th></tr>
<tr><td>AA1</td><td colspan="3">−60 ℃ +5 ℃</td><td rowspan="3">特殊设计的设备或适当配置[a]</td><td>包括 IEC 60721-3-3 中 3K8 等级的温度范围，气温上限为＋5℃；GB/T 4798.4 中的一部分温度范围，4K4 等级的气温下限为－60℃，上限为＋5℃</td></tr>
<tr><td>AA2</td><td colspan="3">−40 ℃ +5 ℃</td><td>IEC 60721-3-3 中 3K7 等级的温度范围的一部分，气温上限为＋5℃。包括 GB/T 4798.4 中的一部分温度范围，4K3 等级的气温上限为＋5℃</td></tr>
<tr><td>AA3</td><td colspan="3">−25 ℃ +5 ℃</td><td>IEC 60721-3-3 中 3K6 等级的温度范围的一部分，气温上限为＋5℃。包括 GB/T 4798.4 中温度范围，4K1 等级的气温上限为＋5℃</td></tr>
<tr><td>AA4</td><td colspan="3">−5 ℃ +40 ℃</td><td>常规(在某些情况下可能需要特殊的预防措施)</td><td>IEC 60721-3-3 中温度范围的一部分，3K5 等级的气温上限为＋40 ℃</td></tr>
<tr><td>AA5</td><td colspan="3">+5 ℃ +40 ℃</td><td>常规</td><td>等同于 IEC 60721-3-3 中 3K3 等级的温度范围</td></tr>
<tr><td>AA6</td><td colspan="3">+5 ℃ +60 ℃</td><td>专门设计的设备或适当的配置[a]</td><td>IEC 60721-3-3 中 3K7 等级的温度范围的一部分，气温下限为＋5 ℃，上限为＋60 ℃。包括 GB/T 4798.4 中温度范围，4K4 等级的气温下限为＋5 ℃</td></tr>
<tr><td>AA7</td><td colspan="3">−25 ℃ +55 ℃</td><td rowspan="2">专门设计的设备或适当的配置[a]</td><td>等同于 IEC 60721-3-3 中 3K6 等级的温度范围</td></tr>
<tr><td>AA8</td><td colspan="3">−50 ℃ +40 ℃</td><td>等同于 GB/T 4798.4 中 4K3 等级的温度范围</td></tr>
<tr><td></td><td colspan="3">环境温度的级别适用于没有湿度影响的场合
超过 24 h 期间的平均温度不超过上限以下 5 ℃
对某些环境可能需要将两种温度范围的组合来定义其环境特征
若装置的环境超出温度范围需特殊考虑</td><td></td><td></td></tr>
<tr><td rowspan="2">AB</td><td colspan="3">空气湿度</td><td rowspan="2"></td><td rowspan="2"></td></tr>
<tr><td>气温
℃
a)下限 b)上限</td><td>相对湿度
%
c)低 d)高</td><td>绝对湿度
g/m³
e)低 f)高</td></tr>
<tr><td>AB1</td><td>−60 +5</td><td>3 100</td><td>0.003 7</td><td>具有极低环境温度的户内和户外场所
应采取适当的配置[c]</td><td>包括 IEC 60721-3-3 中 3K8 等级的温度范围，气温上限为＋5 ℃。GB/T 4798.4 中的温度范围的一部分，4K4 等级的气温下限为－60 ℃，上限为＋5 ℃</td></tr>
</table>

表 51A（续）

代号	外界影响						选择和安装要求的设备特性	参照
AB2	−40	+5	10	100	0.1	7	具有低环境温度的户内和户外场所 应采取适当的配置[c]	IEC 60721-3-3 中 3K7 等级的温度范围的一部分，气温上限为 +5 ℃。GB/T 4798.4中 4K4 等级的温度范围，气温下限为−60 ℃，上限为+5 ℃
AB3	−25	+5	10	100	0.5	7	具有低环境温度的户内和户外场所 应采取适当的配置[c]	IEC 60721-3-3 中 3K6 等级的温度范围的一部分，气温上限为+5 ℃。包括 GB/T 4798.4 中 4K1 等级的温度范围，气温上限为+5 ℃
AB4	−5	+40	5	95	1	29	天气防护场所，不具有温度和湿度控制。发热可用于提升低的环境温度 常规[b]	等同于 IEC 60721-3-3 中 3K5 等级的温度范围，温度上限为+40℃
AB5	+5	+40	5	85	1	25	天气防护场所，具有温度和湿度控制 常规[b]	等同于 IEC 60721-3-3 中 3K3 等级的温度范围
AB6	+5	+60	10	100	1	35	环境温度非常高的户内和户外场所，能防止低的环境温度的影响。存在阳光和热辐射 应采取适当的配置[c]	IEC 60721-3-3 中 3K7 等级的温度范围的一部分，气温下限为+5 ℃，上限为+60 ℃。包括 GB/T 4798.4 中 4K4 等级的温度范围，气温下限为+5 ℃
AB7	−25	+55	10	100	0.5	29	没有温度和湿度调节的能防止天气影响的户内场所，该场所可能开有直接对外的通风口并易于遭受太阳的辐射 应采取适当的配置[c]	等同于 IEC 60721-3-3 中 3K6 等级的温度范围
AB8	−50	+40	15	100	0.04	36	具有低温和高温而没有天气防护的户外场所 应采取适当的配置[c]	等同于 GB/T 4798.4 中 4K3 等级的温度范围

表 51A（续）

代号	外界影响	选择和安装要求的设备特性	参　照
AC	海拔高度		
ACl AC2	≤2 000 m >2 000 m	常规[b] 可能需要特殊的预防措施，例如采用降低系数等 某些设备用在海拔 1 000 m 及以上高度时可能需要采取特殊配置	
AD	水		
AD1	可忽略	水出现的概率是可以忽略 在此场所的墙壁上通常不显示水痕，但在短时间内有可能显现，例如，具有良好的通风而快速干掉的水蒸气 IP×0	GB/T 4798.4 中的 4Z6 等级 IEC 60529
AD2	滴水	有垂直滴落的可能性 在此场所中有偶尔凝结的水蒸气滴落或偶尔可能出现水蒸气 IP×1 或 IP×2	IEC 60721-3-3 中的 3Z7 等级 IEC 60529
AD3	淋水	与垂直的方向成 60°及以下角淋水的可能性 在此场所淋水在地坂和(或)墙壁上形成连续的水膜 IP×3	IEC 60721-3-3 中的 3Z8 等级 GB/T 4798.4 中的 4Z7 等级 IEC 60529
AD4	溅水	具有从任何方向溅水的可能性 设备可能处于易遭受溅水场所，例如适用于某些外部照明、施工现场设备 IP×4	IEC 60721-3-3 中的 3Z9 等级 GB/T 4798.4 中的 4Z7 等级 IEC 60529
AD5	喷水	有从任何方向喷水的可能性 经常使用热水的场所(停车场、洗车房) IP×5	IEC 60721-3-3 中的 3Z10 等级 GB/T 4798.4 中的 4Z8 等级 IEC 60529
AD6	水浪	有水波浪的可能性 如码头、海滩、防波堤等海滨场所 IP×6	GB/T 4798.4 中的 4Z9 等级 IEC 60529
AD7	浸水	设备有间歇的部分或全部被水覆盖的可能性 设备所在的场所可能被水淹没和(或)设备被水浸如下： • 高度小于 850 mm 的设备，设备安装的最低点在水平面以下不大于 1 000 mm。 • 高度等于或大于 850 mm 的设备，设备安装的最高点在水平面以下不大于 150 mm IP×7	IEC 60529
AD8	潜水	有永久和整体被水覆盖的可能性 如游泳池，其电气设备在压力大于 10 kPa 的水下永久和整体的被水覆盖 IP×8	IEC 60529

表 51A(续)

代号	外界影响	选择和安装要求的设备特性	参照
AE	外来固体物或尘埃		
AE1	可忽略	尘埃或固体物的数量和性质无显著的不利影响 IP0×	IEC 60721-3-3 中的 3S1 等级 GB/T 4798.4 中的 4S1 等级 IEC 60529
AE2	小物体 (2.5 mm)	外来的固体物的最小尺寸不小于 2.5 mm IP3× 器具和小物体是最小尺寸不小于 2.5 mm 的外来固体物的例子	IEC 60721-3-3 中的 3S2 等级 GB/T 4798.4 中的 4S2 等级 IEC 60529
AE3	很小物体 (1 mm)	外来的固体物的最小尺寸不小于 1 mm IP4× 金属线是最小尺寸不小于 1 mm 的外来固体物的例子	IEC 60721-3-3 中的 3S3 等级 GB/T 4798.4 中的 4S3 等级 IEC 60529
AE4	轻度尘埃	尘埃有少量的沉积: 10 mg/m²·d＜尘埃沉积量≤35 mg/m²·d IP5×或尘埃不宜进入设备则为 IP6×	IEC 60721-3-3 中的 3S2 等级 GB/T 4798.4 中的 4S2 等级 IEC 60529
AE5	中度尘埃	尘埃有中量的沉积: 35 mg/m²·d＜尘埃沉积量≤350 mg/m²·d IP5×或尘埃不宜进入设备则为 IP6×	IEC 60721-3-3 中的 3S3 等级 GB/T 4798.4 中的 4S3 等级 IEC 60529
AE6	重度尘埃	大量的沉积尘埃: 350 mg/m²·d＜尘埃沉积量≤1 000 mg/m²·d IP6×	IEC 60721-3-3 中的 3S4 等级 GB/T 4798.4 中的 4S4 等级 IEC 60529
AF	腐蚀或污染物		
AF1	可忽略	腐蚀或污染性物的数量或性质无显著不利的影响 常规的[b]	IEC 60721-3-3 中的 3C1 等级 GB/T 4798.4 中的 4C1 等级
AF2	大气	来自大气的腐蚀或污染物是较显著 位于海边或靠近对大气产生严重污染的工业区的装置,例如,化工厂、水泥厂,其污染主要发生在生产过程中产生的导致磨损的、绝缘的或传导性的粉尘 根据物质的性质(例如盐雾,满足 GB/T 2423.17 要求)	IEC 60721-3-3 中的 3C2 等级 GB/T 4798.4 中的 4C2 等级
AF3	间歇或偶然	对使用或生产的腐蚀或污染化学物质间歇或偶然出现 使用少量的一些化学产品,且仅偶然与电气设备接触的场所,如工厂的试验室、其他的试验室或使用碳氢化合物类的场所(锅炉房、汽车修理间等) 根据设备的技术要求采取防腐措施	IEC 60721-3-3 中的 3C3 等级 GB/T 4798.4 中的 4C3 等级
AF4	连续	连续遭受腐蚀或污染化学物质数量相当巨大,如化工厂 根据物质的性质对设备进行特殊设计	IEC 60721-3-3 中的 3C4 等级 GB/T 4798.4 中的 4C4 等级

表 51A（续）

代号	外界影响	选择和安装要求的设备特性	参　照
AG	机械撞击(见附录 C)		
AG1	轻微	常规,例如家用和类似的设备	IEC 60721-3-3 中 3M1/3M2/3M3 等级 GB/T 4798.4 中 4M1/4M2/4M3 等级
AG2	中等	标准工业设备(如果有),或加强防护	IEC 60721-3-3 中 3M4/3M5/3M6 等级 GB/T 4798.4 中 4M4/4M5/4M6 等级
AG3	强烈	加强防护	IEC 60721-3-3 中 3M7/3M8 等级 GB/T 4798.4 中 4M7/4M8 等级
AH	振动(见附录 C)		
AH1	轻微	振动影响通常是可以忽略的家用和类似条件 常规[b]	IEC 60721-3-3 中 3M1/3M2/3M3 等级 GB/T 4798.4 中 4M1/4M2/4M3 等级
AH2	中等	通常的工业条件 专门设计的设备或特殊的配置	IEC 60721-3-3 中 3M4/3M5/3M6 等级 GB/T 4798.4 中 4M4/4M5/4M6 等级
AH3	强烈	易于遭受恶劣条件的工业装置 专门设计的设备或特殊的配置	IEC 60721-3-3 中 3M7/3M8 等级 GB/T 4798.4 中 4M7/4M8 等级
AK	植物和/或霉菌生长		
AK1	无害	来自植物和/或霉菌生长无害 常规[b]	IEC 60721-3-3 中 3B1 等级 GB/T 4798.4 中 4B1 等级
AK2	有害	来自植物和/或霉菌生长有害 是否有害取决于当地的条件和植物的特性。应区分植物间有害的生长或霉菌滋生条件 特殊的防护,例如: —提高防护等级(见 AE); —用特殊的材料或有保护层的外护物; —从场所配置上避免植物生长	IEC 60721-3-3 中 3B2 等级 GB/T 4798.4 中 4B2 等级
AL	动物		
AL1	无害	来自动物无害 常规[b]	IEC 60721-3-3 中的 3B1 等级 GB/T 4798.4 中的 4B1 等级
AL2	有害	来自动物(昆虫、鸟类、小动物)有害 有害取决于动物的种类 下列情况之间宜区分: —昆虫有害的数量或入侵的危害性; —小动物或鸟类有害的数量或入侵的危害性 防护可包括:	IEC 60721-3-3 中的 3B2 等级 GB/T 4798.4 中的 4B2 等级

表 51A（续）

代号	外界影响	选择和安装要求的设备特性	参 照
AL2	有害	—对外来固体物渗入的适当的防护等级(见 AE)； —足够的机械阻力(见 AG)； —从场所清除动物的预防措施(例如清扫、使用杀虫剂)； —专门的设备或保护涂层的外护物	
AM	电磁、静电或电离的干扰(见 GB 18039 系列和 GB 17626 系列)		
	低频的电磁现象(传导或辐射)		
	谐波、间谐波		
AM1-1	受控制	宜注意受控状态不受损害	
AM1-2	常规	设计装置时要采取特殊措施,如选用滤波器	根据 GB/T 18039.3 表 1 的规定
AM1-3	严重		局部的高于 GB/T 18039.3 中表 1 的规定
	信号电压		
AM2-1	受控制	可能性:闭锁电路	低于以下规定值： GB/Z 18039.5 和 GB/T 18039.3
AM2-2	中等	无附加要求	
AM2-3	强	采用适当的措施	
	电压幅度偏差		
AM3-1	受控制		
AM3-2	常规	符合 IEC 60364-4-44	
AM4	电压不平衡度		依据 GB/T 18039.3
AM5	电源频率偏差		根据 GB/T 18039.3 标准为 ±1 Hz
	感应低频电压		
AM6	无分类	参照 IEC 60364-4-44 开关设备和控制设备的信号及控制系统的高耐受能力	ITU-T(联合国国际电信联盟—电信部门)
	交流网络中的直流电		
AM7	无分级	采取措施限制在用电设备或其附近出现的直流电的水平和时间	
	辐射磁场		
AM8-1	中等	常规[b]	GB/T 17626.8 的 2 级
AM8-2	强	采取适当的防护措施,例如屏蔽和(或)分隔	GB/T 17626.8 的 4 级
	电场		
AM9-1	可忽略	常规[b]	
AM9-2	中等	参照 GB/Z 18039.1	GB/Z 18039.1
AM9-3	强	参照 GB/Z 18039.1	
AM9-4	特强	参照 GB/Z 18039.1	

表 51A(续)

代号	外界影响	选择和安装要求的设备特性	参　照
	传导、感应或辐射的高频电磁现象(连续或瞬变的)		
	感应振荡电压或电流		
AM21	无分类	常规的[b]	GB/T 17626.6
	传导毫微秒级单向瞬变		GB/T 17626.4
AM22-1 AM22-2 AM22-3 AM22-4	可忽略 中等 强 特强	需采取防护措施 需采取防护措施(见 321.10.2.2) 常规的设备 抗扰度高设备	1 级 2 级 3 级 4 级
	传导微秒至毫秒级单向瞬变		
AM23-1 AM23-2 AM23-3	受控制 中等 强	在选择设备和过电压防护器件的冲击耐受能力时要考虑标称电源电压和按 IEC 60364-4-44 规定的耐受冲击类别	IEC 60364-4-44 IEC 60364-4-44
	传导振荡瞬变		
AM24-1 AM24-2	中等 强	参照 GB/T 17626.12 参照 GB/T 14598.13	GB/T 17626.12 GB/T 14598.13
	高频辐射现象		GB/T 17626.3
AM25-1 AM25-2 AM25-3	可忽略 中等 强	 常规的[b] 加强级	1 级 2 级 3 级
	静电放电		GB/T 17626.2
AM31-1 AM31-2 AM31-3 AM31-4	轻微 中等 强 特强	常规[b] 常规[b] 常规[b] 加强	1 级 2 级 3 级 4 级
	电离		
AM41-1	无分级	特殊防护,例如: —保持与电离源距离; —中间加屏蔽,用特殊材料作外护物	
AN	太阳辐射		
AN1	轻微	强度≤500 W/m^2 常规[b]	IEC 60721-3-3
AN2	中等	500 W/m^2<强度≤700 W/m^2 进行适当的配置[c]	IEC 60721-3-3
AN3	强	700W/m^2<强度≤1 120W/m^2 进行适当的配置[c],诸如: —抗紫外线辐射材料; —特殊色的涂层; —加中间屏蔽体	GB/T 4798.4

表 51A（续）

代号	外界影响	选择和安装要求的设备特性	参　照
AP	地震影响		
AP1	可忽略	加速度≤30 Gal(1 Gal=1 cm/s²) 常规	
AP2	轻微	30 Gal<加速度≤300 Gal 在考虑中	
AP3	中等	300 Gal<加速度≤600 Gal 在考虑中	
AP4	强	600 Gal<加速度 在考虑中 使建筑物破坏的震动超出分级的范围 在分级中没有考虑频率，如果地震波与建筑物产生谐振，则地震影响必须特殊考虑。通常地震加速度的频率是在 0 Hz 和 10 Hz 之间	
AQ	雷击		
AQ1	可忽略	雷暴日每年等于或少于 25 d 或依据 IEC 60364-4-44 中第 443 章风险评估结果 常规	
AQ2	间接雷击	雷暴日每年大于 25 d 或依据 IEC 60364-4-44 中第 443 章风险评估结果 常规	
AQ3	直接雷击	设备有可能遭受直接雷击危险 若需采取雷击保护，则按 IEC 61024-1 的规定配置	
AR	气流		
AR1	轻微	流速小于 1 m/s 常规[b]	
AR2	中等	1 m/s<流速≤5 m/s 进行适当的配置[c]	
AR3	强	5 m/s<流速≤10 m/s 进行适当的配置[c]	
AS	风		
AS1	微风	风速≤20 m/s 常规[b]	
AS2	中风	20 m/s<风速≤30 m/s 进行适当的配置[c]	
AS3	大风	30 m/s<风速≤50 m/s 进行适当的配置[c]	
B	使用情况		
BA	人的能力		

表 51A（续）

代号	外界影响	选择和安装要求的设备特性	参照
BA1	一般人员	未受过培训的人 常规[b]	
BA2	儿童	预期的为儿童群体使用的场所[d] 托儿所 设备的防护等级高于 IP2× 电源插座应具有至少为 IP2×或 IP××B 的防护等级，并按照 IEC 60884-1 规定，提供加强的防护 难于接近外表面温度高于 80 ℃（托儿所和类似场所为 60 ℃）的设备	
BA3	残疾人	对于身体和智能都不能自由支配的人（病人、老年人） 医院 按残疾的性质	
BA4	受过培训人员	在熟练技术人员适当地指导或监督下能避免因电可能产生危险的人员（操作和维修人员） 电气的运行区域	
BA5	熟练技术人员	具有技术知识或足够的经验而能使自已避免因电可能产生危险的人员（工程师和技术人员） 封闭的电气运行区域	
BB	人体电阻（在考虑中）		
BC	人与地电位的接触		
BC1	不接触	设备按 GB/T 17045 的分类 0　Ⅰ　Ⅱ　Ⅲ 处于非导电场所人员： A　Y　A　A	GB/T 16895.21 中 413.3
BC2	不频繁	在通常的情况下人员不与外界可导电部分进行接触，或不站在导电地面上： A　A　A　A	
BC3	频繁	频繁地与外界可导电部分接触或站在导电地面上人员 场所中具有的外界可导部分数量既多面积又大 X　A　A　A A 允许的设备类别 X 禁用的设备类别 Y 允许按 0 类设备使用	
BC4	连续	浸在水中或长时间固定地同外围金属部分接触人员，而要中断此接触的可能性是受限制 外围金属部分例如锅炉和容器 在考虑中	
BD	紧急疏散条件		
BD1	（低密度/疏散容易	低密度人群，疏散容易 普通或低层的住宅 常规	

表 51A（续）

代号	外界影响	选择和安装要求的设备特性	参照
BD2	（低密度/疏散困难	低密度人群，疏散困难 高层建筑物	
BD3	（高密度/疏散容易）	高密度人群，疏散容易 对公众开放的场所（剧院、电影院、百货商店等）	
BD4	（高密度/疏散困难）	高密度人群，疏散困难 对公众开放的高层楼房（宾馆、医院等）	
BE	加工或储存材料的性质		
BE1	无显著危险	常规[b]	
BE2	火灾危险	包括有粉尘在内可燃材料的制造、加工或储存 谷仓、木材加工车间、造纸厂 设备用阻燃材料制造 其配置应满足电气设备内部有较高温升或火花时不能引燃外部火灾	GB 16895.2 GB 16895.6
BE3	爆炸危险	包括有爆炸性的粉尘在内爆炸性的或低闪点材料的加工或储存 炼油厂、碳氢化合物类仓库 关于爆炸性气体环境用电气设备的要求（见 GB 3638）	在考虑中
BE4	污染危险	存在无防护设施的食品、药品和类似的产品 食品加工业、厨房 某些预防措施可能是必要的，在故障的情况下，防止被加工的原料由于电气设备，例如因灯泡的破碎而被污染 适当的配置，例如： —防止来自破碎的灯泡和其他易碎物的碎片的坠落； —诸如红外线或紫外线有害辐射的屏蔽	在考虑中
C	建筑物结构		
CA	建筑材料		
CA1	不可燃	常规[b]	
CA2	可燃	建筑物建造主要用可燃材料 木制楼房 在考虑中	GB 16895.2
CB	建筑物设计		
CB1	风险可忽略	常规[b]	
CB2	火灾蔓延	建筑物的形状和容积易助火灾蔓延（例如烟囱效应） 高层楼房，强迫通风系统 阻止火灾（包括不是由电气装置引起的火灾）蔓延的材料制成的设备。防火隔板[d]	GB 16895.2 GB 16895.6

表 51A（续）

代号	外界影响	选择和安装要求的设备特性	参照
CB3	位移	由于结构的位移（例如，建筑物的不同部分之间，或建筑物与地或建筑物的基础之间的移动）的风险 相当长或建筑在不稳定地基上的建筑物在电气布线中，用可伸缩的接头	可收缩或延伸的接头（在考虑中） GB 16895.6
CB4	柔性的或不稳定的	单薄或易遭受移动的结构（例如：振荡） 帐蓬、充气支撑结构、吊顶、可拆装的间隔。自撑式结构的装置 在考虑中	柔性布线（在考虑中） GB 16895.6

注 1：所有给定的值均为最大或极限值，其被超过的可能性是很小的。

注 2：低和高相对湿度是受低和高绝对湿度限定，例如对于所给的环境参数的极限值 a 和 c 或 b 和 d 不能同时出现。因此，附录 B 包含表明规定的气候等级的空气温度、相对湿度和绝对湿度相互关系的气候图。

[a] 可能需要某些辅助预防措施（例如特殊润滑）。

[b] 这意味着普通设备能在所描述的外界影响下安全运行。

[c] 这意味着例如对于特殊设计的设备、装置的设计人员与设备制造商之间需要协商确定特殊的配置。

[d] 可能提供火灾探测器。

513 可接近性

513.1 概述

包括布线在内所有设备的布置应便于操作、检查和维修，并便于接近连接点。这种便利不得因将设备安装在外护物或间隔内而受到严重影响。

514 识别

514.1 概述

除非不存在混淆的可能外，开关设备和控制设备都应用标签或其他合适的识别方法标示其用途。

对操作人员观察不到开关设备和控制设备运行状况和可能发生危险的场合，应在操作人员可见的部位按 GB/T 4025 和 GB/T 4205 的规定安装一个合适的指示器。

514.2 布线系统

对线路的配置或标示，应做到在对装置进行检查、试验、修理或改造时能对其识别。

514.3 中性导体和保护导体的标识

514.3.1 分开的中性导体和保护导体的标识，应符合 GB 7947 的规定

514.3.2 绝缘的 PEN 导体应采用下列方法之一进行标示：

——全长用绿色/黄色，在终端另加浅兰色；或

——全长用浅兰色，在终端另加绿色/黄色。

514.4 保护电器

保护电器的配置和标识应使被保护的回路易于辨认，为此将保护电器成组安在配电盘（箱）内可能

较为方便。

514.5 简图

514.5.1 在合适的地方，应有符合 GB/T 5094.1 和 IEC 61082 系列标准规定的简图、图表或表格，用以特别标明：

——回路的类型和组成(用电点、导体数量和规格、布线的型式)；

——为识别执行防护、隔离和通断等功能的电器所需的特性及其所处的位置。

对于简单的装置，上述资料可用一览表示出。

514.5.2 所使用的符号应选自 GB/T 4728 系列标准。

515 相互不利影响的预防

515.1 设备的选择和安装应避免在电气装置和任何非电气装置之间的任何有害的影响。

没有后挡板的设备不能安装在建物的表面上，除非满足下列要求：

——能防止电压传导到建筑物的表面；

——在设备和可燃建筑物表面之间设有隔火层。

如果建筑物表面是非金属的和非可燃时，则不需另加防护措施。否则，采取下列措施之一来满足这些要求：

——如果建筑物表面是金属材料的，应按 GB 16895.21—2004 中 413.1.6 和 GB 16895.3—2004 的规定，应将其与保护导体(PE)或装置的等电位联结导体相连接；

——如果建筑物表面是可燃的，应按 GB/T 11020 的规定，将它与合适的有焰燃烧等级为 FHl 的绝缘材料制成的中间层分离。

515.2 将不同电流类型或不同电压等级的设备组装在一个共用单元（诸如一个配电盘、一台开关柜、一台控制台或一台控制箱)中时，如果要避免相互间的不利影响，应将任何一类型电流或任何一电压等级的所有设备在其需要处有效地分隔开。

515.3 电磁兼容

515.3.1 抗干扰电平和辐射电平的选择

515.3.1.1 选择设备的抗干扰电平应考虑到正常使用时，设备连接和安装会出现的电磁干扰(见附表 51A)，还应考虑到与设备用途相对应的预期的工作连续性。

515.3.1.2 应选择发射电平足够低度的设备，避免因电气传导或空中传播对建筑物内外的其他电气设备造成电磁干扰。必要时，应安装抑制设备将发射电平降至最低(见 IEC 60364-4-44)。

注：用电器具或设备应符合 GB 4824、GB 14023、GB 13837、GB 4343、GB 9254 和 IEC/TC 77 的相关标准(IEC 61000 系列)。

516 与保护导体电流有关的措施

在正常运行条件下电气设备产生的保护导体电流与电气装置的设计应相适应，以提供安全保证和确保正常运行。

关于设备可允许的保护导体电流在 GB/T 17045—2008 的 7.5.2 中已规定，并复制在附录 E 中，当资料无法从制造厂家获得时应按此考虑。

注 1：作为 516 的目的，保护导体电流是指设备无故障且正常运行时，在保护导体中流通的电流。

注 2：为防止由于保护导体电流而导致剩余电流防保护器误动作，见 GB 16895.4—1997 的 531.2.1.3。

注 3：安装者应告知装置的业主，最好选用制造厂能提供相关的保护导体电流值资料的设备，为避免误动作应选择保护导体电流较低值的设备。

注 4：对于加强型的保护导体见 GB 16895.3—2004 中的 543.7。

516.1 变压器

为限制保护导体电流，采取具有分隔绕组的变压器向小范围供电的方式的措施。

516.2 信号系统

不允许利用任何带电导体同保护导体一起作为信号的返回回路。

注：关于直流返回导体应用的要求，见 GB 16895.3—2004 的 543.5.1。

附 录 A
（资料性附录）
外界影响简明一览表

A	环境条件				
AA	温度(℃)				
AA1	−60	+5			
AA2	−40	+5			
AA3	−25	+5			
AA4	−5	+40			
AA5	+5	+40			
AA6	+5	+60			
AA7	−25	+55			
AA8	−50	+40			
AB	温度和湿度				
AB1	−60℃	+5℃	3%	100%	
AB2	−40℃	+5℃	10%	100%	
AB3	−25℃	+5℃	0%	100%	
AB4	−5℃	+40℃	5%	95%	
AB5	+5℃	+40℃	5%	85%	
AB6	+5℃	+60℃	10%	100%	
AB7	−25℃	+55℃	10%	100%	
AB8	−50℃	+40℃	15%	100%	
AC	海拔(m)				
ACl	≤2 000				
AC2	>2 000				
AD	水				
ADl	可忽略				
AD2	滴水				
AD3	淋水				
AD4	溅水				
AD5	喷水				
AD6	水浪				
AD7	浸水				

AD8	潜水
AE	外来固体物
AE1	可忽略
AE2	小物体
AE3	很小物体
AE4	轻度尘埃
AE5	中度尘埃
AE6	重度尘埃
AF	腐蚀
AF1	可忽略
AF2	大气
AF3	间歇
AF4	连续
AG	机械撞击
AG1	轻微
AG2	中等
AG3	强烈
AH	振动
AH1	轻微
AH2	中等
AH3	强烈
AK	植物
AK1	无害
AK2	有害
AL	动物
AL1	无害
AL2	有害

AM	电磁、静电、电离的干扰
	低频电磁现象(传导或辐射)
AM1	谐波,间谐波
AM1-1	受控制
AM1-2	常规
AM1-3	严重
AM2	信号电压
AM2-1	受控制
AM2-2	中等
AM2-3	强
AM3	电压幅度偏差
AM3-1	受控制
AM3-2	常规
AM4	电压不平衡度
AM5	电源频率偏差
AM6	感应低频电压
AM7	交流网络中的直流电
AM8	辐射磁场
AM8-1	中等
AM8-2	强
AM9	电场
AM9-1	可忽略
AM9-2	中等
AM9-3	强
AM9-4	特强
	传导、感应或辐射(连续的或瞬变的)的高频电磁现象
AM21	感应振荡电压或电流
AM22	传导毫微秒级单向瞬变
AM22-1	可忽略
AM22-2	中等
AM22-3	强
AM22-4	特强
AM23	传导微秒至毫秒级单向瞬变
AM23-1	受控制
AM23-2	中等
AM23-3	强
AM24	传导振荡瞬变
AM24-1	中等
AM24-2	强
AM25	高频辐射现象
AM25-1	可忽略
AM25-2	中等
AM25-3	强
AM31	静电放电
AM31-1	轻微
AM31-2	中等
AM31-3	强
AM31-4	特强
AM41	电离
AN	太阳辐射
AN1	轻微
AN2	中等
AN3	强
AP	地震影响
AP1	可忽略
AP2	轻微
AP3	中等
AP4	强
AQ	雷击
AQ1	可忽略
AQ2	间接雷击
AQ3	直接雷击
AR	气流
AR1	轻微
AR2	中等
AR3	强
AS	风
AS1	微风
AS2	中风
AS3	大风

B	使用情况	BD	紧急疏散条件
		BD1	低密度/疏散容易
BA	人的能力	BD2	低密度/疏散困难
BA1	一般人员	BD3	高密度/疏散容易
BA2	儿童	BD4	高密度/疏散困难
BA3	残疾人		
BA4	受过培训人员	BE	加工或储存材料的性质
BA5	熟练技术人员	BE1	无显著危险
		BE2	火灾危险
BB	人体电阻	BE3	爆炸危险
BC	人与地电位的接触	BE4	污染危险
BC1	不接触		
BC2	不频繁		
BC3	频繁		
BC4	连续		
C	建筑物结构	CB	建筑物设计
CA	结构材料	CB1	没有危险
CA1	不可燃	CB2	火灾蔓延
CA2	可燃	CB3	位移
		CB4	柔性的或不稳定的

附 录 B
（资料性附录）
气温、空气相对湿度和空气绝对湿度的相互关系

本附录包含有关于每一类环境气候条件的气候图，该图是通过恒定绝对湿度的曲线与气温和相对湿度的直线表示气温、空气相对湿度和空气绝对湿度的相互关系。

在所涉及的气温范围内，气候图表示由该类所包括的任何场所可能的最大温差。

在所涉及的空气湿度范围内，气候图包括根据出现该类所包括范围内的任一气温的空气相对湿度值的分布范围。温度和湿度两者的相互关系是由在该类范围内出现的空气绝对湿度值确定的。

正如表51A的注中的说明，例如通常不存在该类中给出的高气温和空气相对湿度的上限值组合出现。通常，较高的气温值与较低的空气相对湿度值的组合出现。

这条规则的特例AB1、AB2和AB3分类，对所规定的范围相对湿度的任何值都可以同气温的上限值组合。这些情况与该类中与高气温上限值对应的高绝对湿度的较低值联系起来考虑。

为研究此情况，在下表中的对每一类可能出现的气温的上限值与该类空气相对湿度的上限值一同列出。如气温高于表中给出值时，空气相对湿度是较低的，即在该类的限值以下。

类别代号	空气相对湿度的极限值	与空气相对湿度极限值一起出现的气温上限值
AB1	100%	+5 ℃
AB2	100%	+5 ℃
AB3	100%	+5 ℃
AB4	95%	+31 ℃
AB5	85%	+28 ℃
AB6	100%	+33 ℃
AB7	100%	+27 ℃
AB8	100%	+33 ℃

实际上，气候图可如下使用：

在某一类气温范围内，给定气温值所对应的空气相对湿度值，可以在由恒定的空气绝对湿度曲线分别与气温和空气相对湿度的直线的交点处求得。

例如：

按AB6类的装置条件选择产品。为了查找产品应承受的空气相对湿度的极限值，例如：40 ℃时，沿AB6类的气候图中气温为40 ℃的垂直线向上，与空气绝对湿度为35 g/m³ 的曲线（是该类的空气绝对湿度的上限值）的交点。从这点引出一条水平线直至空气相对湿度的座标轴，就会得出一个67%的空气相对湿度值。

采用这种方法，可以得到分类范围内其他任何气温与空气相对湿度的可能组合，例如，在AB6类中，可以查找到空气相对湿度为27%时对应的高气温上限值为60 ℃。

气候图

气温、空气相对湿度和空气绝对湿度的相互关系

AB1 类

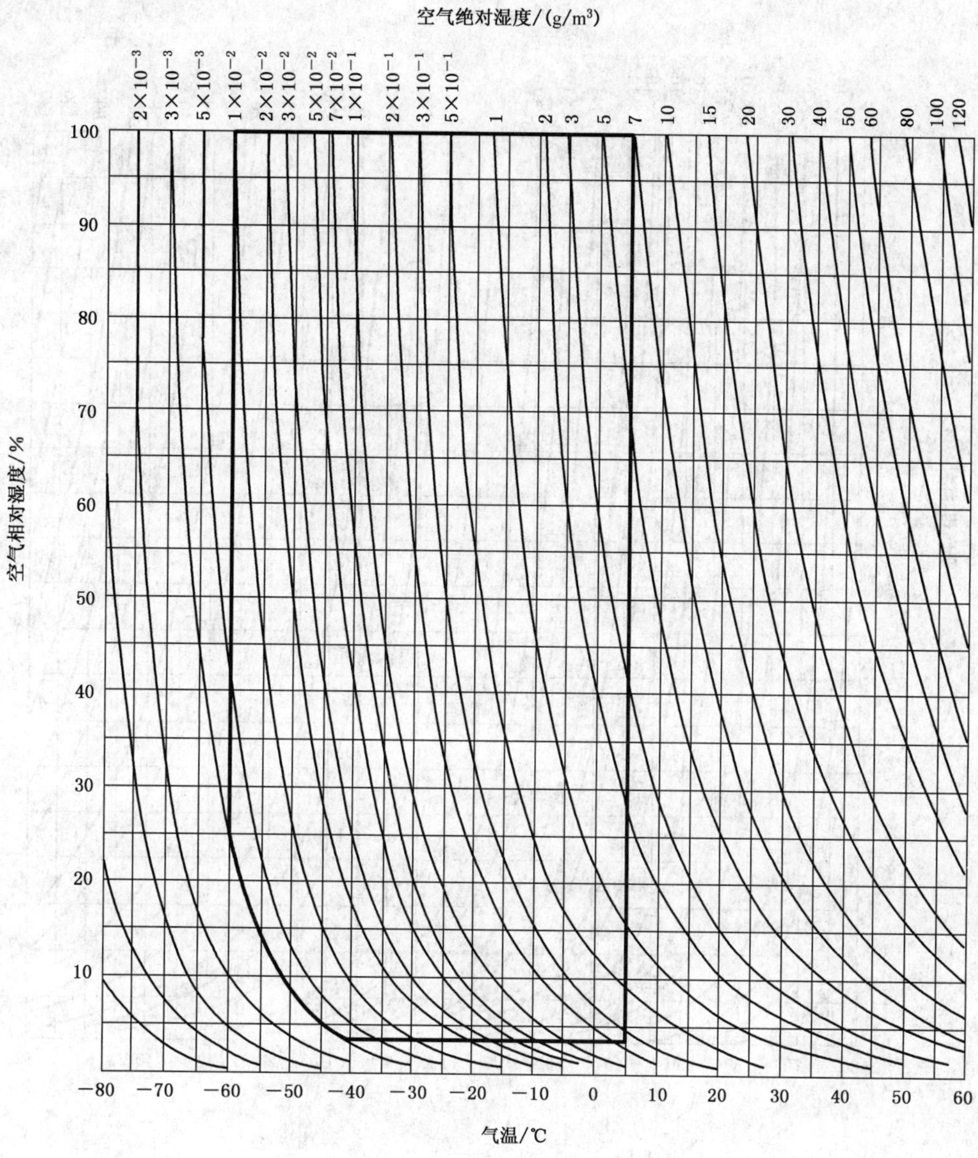

气候图

气温、空气相对湿度和空气绝对湿度的相互关系

AB2 类

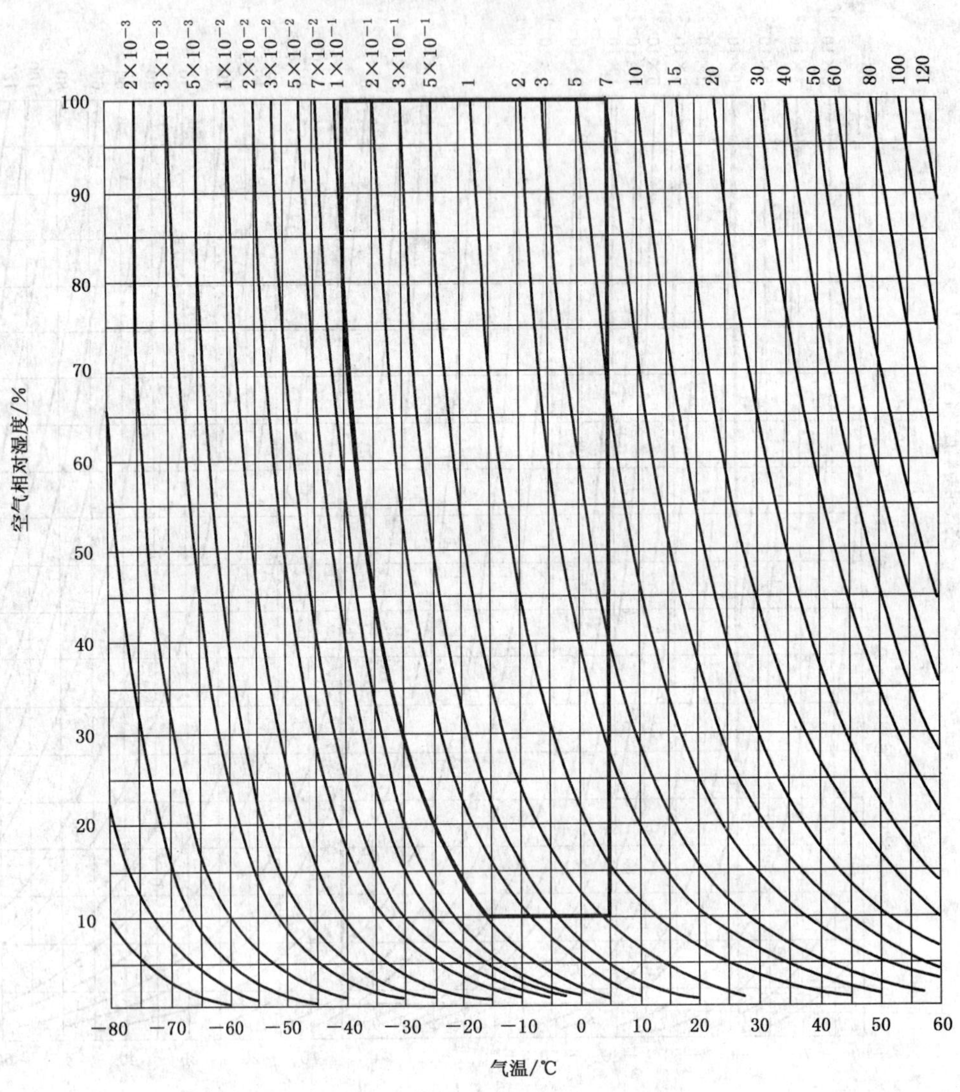

气候图

气温、空气相对湿度和空气绝对湿度的相互关系

AB3 类

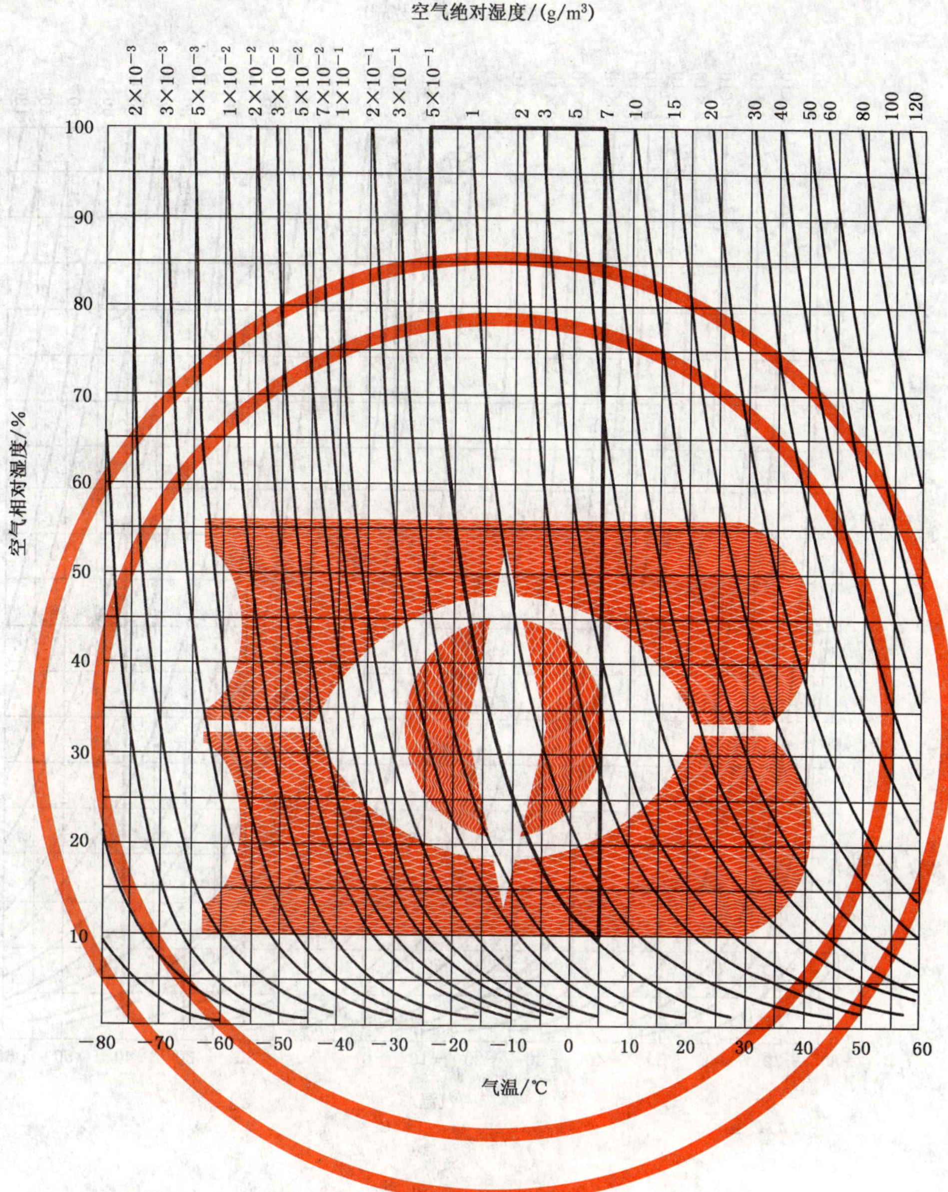

气候图

气温、空气相对湿度和空气绝对湿度的相互关系

AB4 类

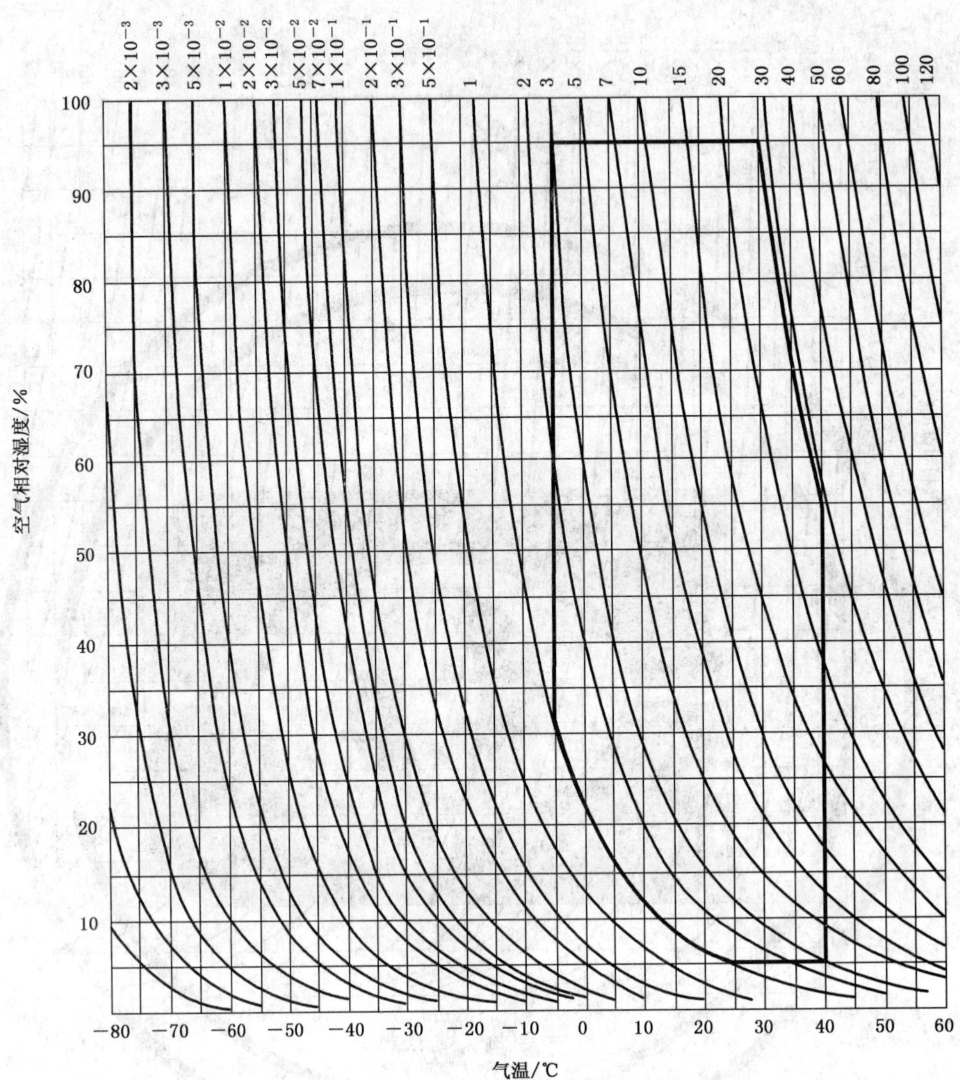

气候图

气温、空气相对湿度和空气绝对湿度的相互关系

AB5 类

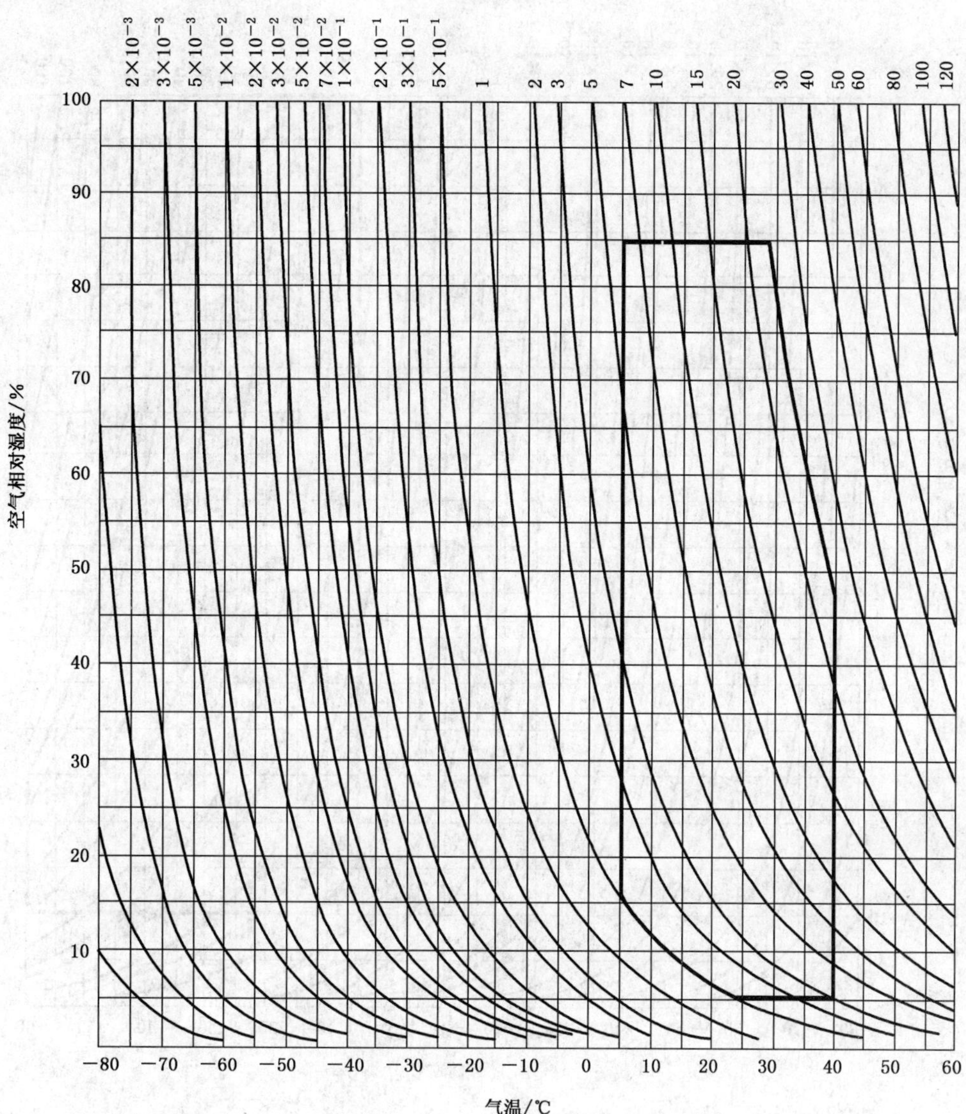

气候图

气温、空气相对湿度和空气绝对湿度的相互关系

AB6 类

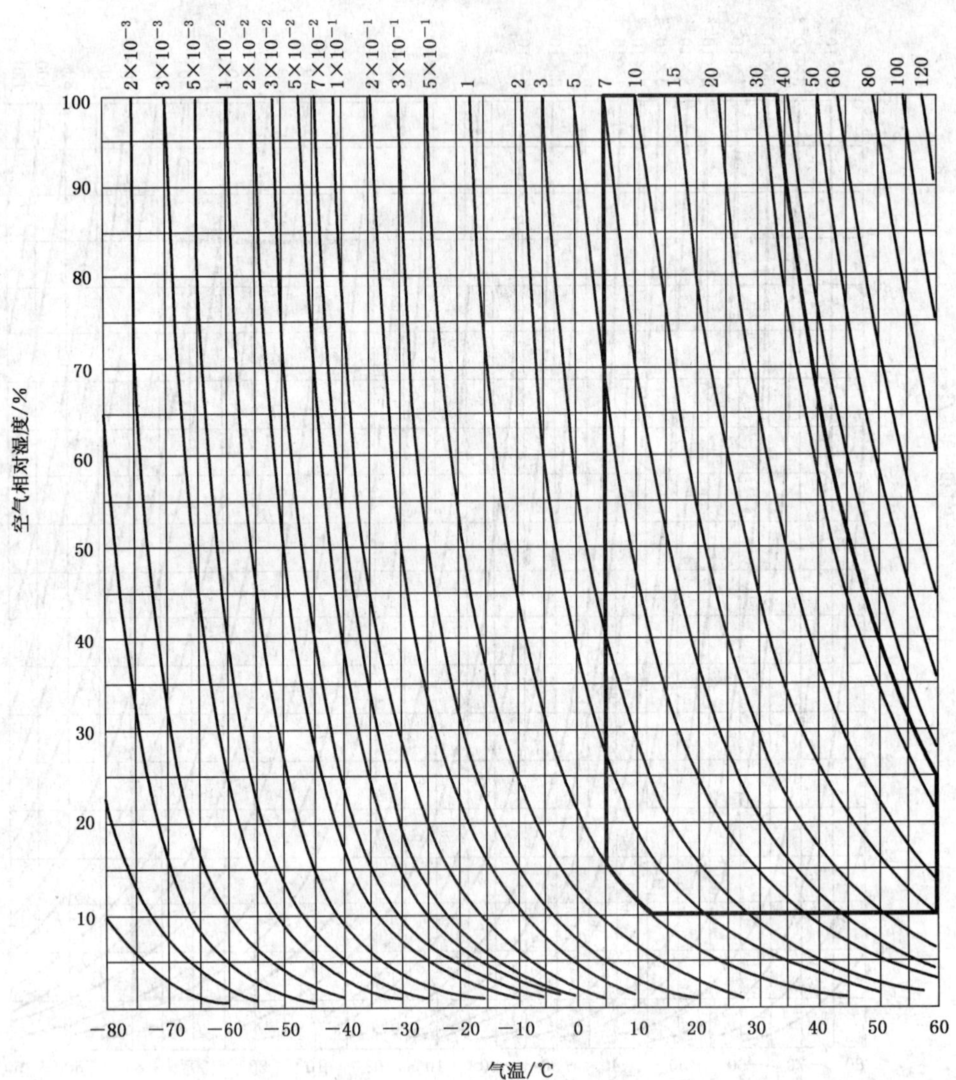

气候图

气温、空气相对湿度和空气绝对湿度的相互关系

AB7 类

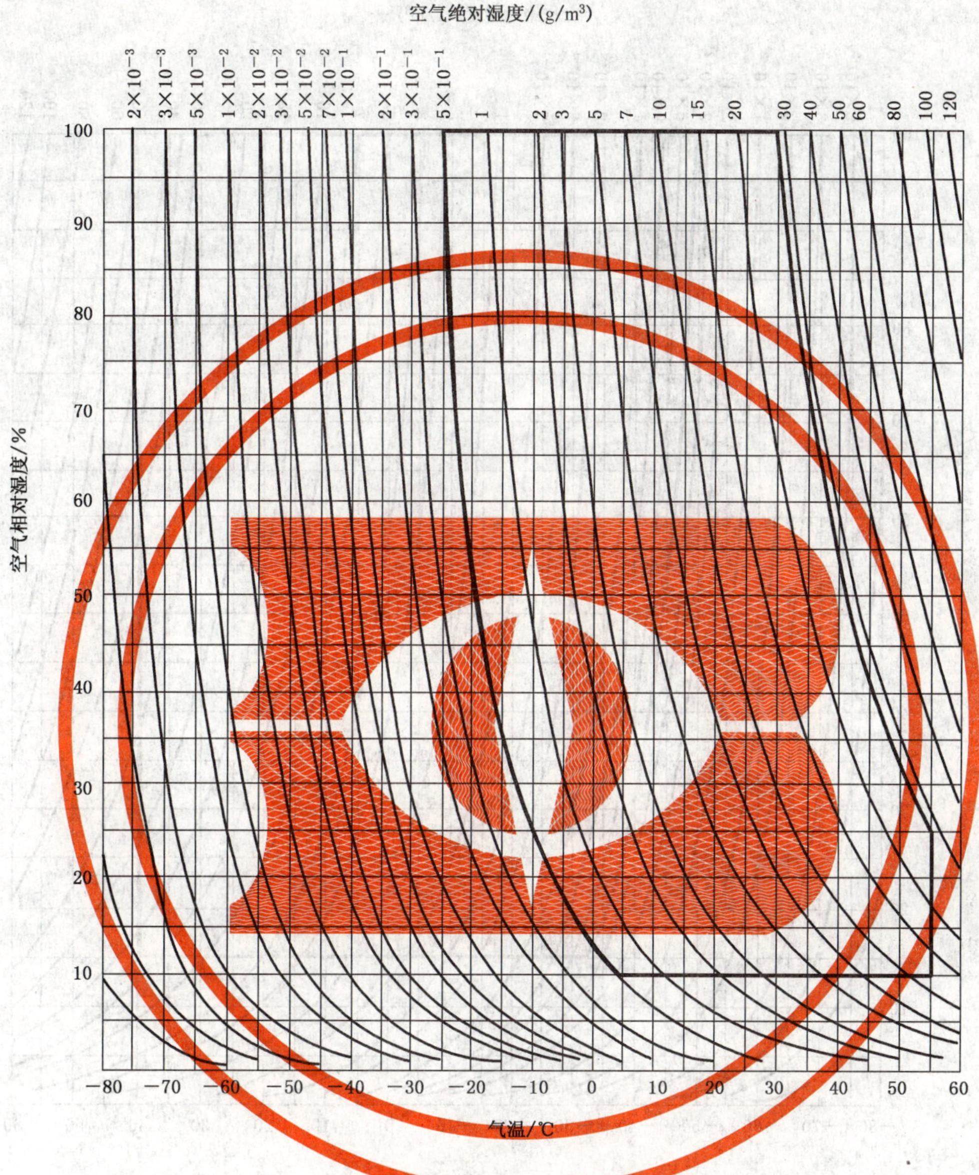

气候图

气温、空气相对湿度和空气绝对湿度的相互关系

AB8 类

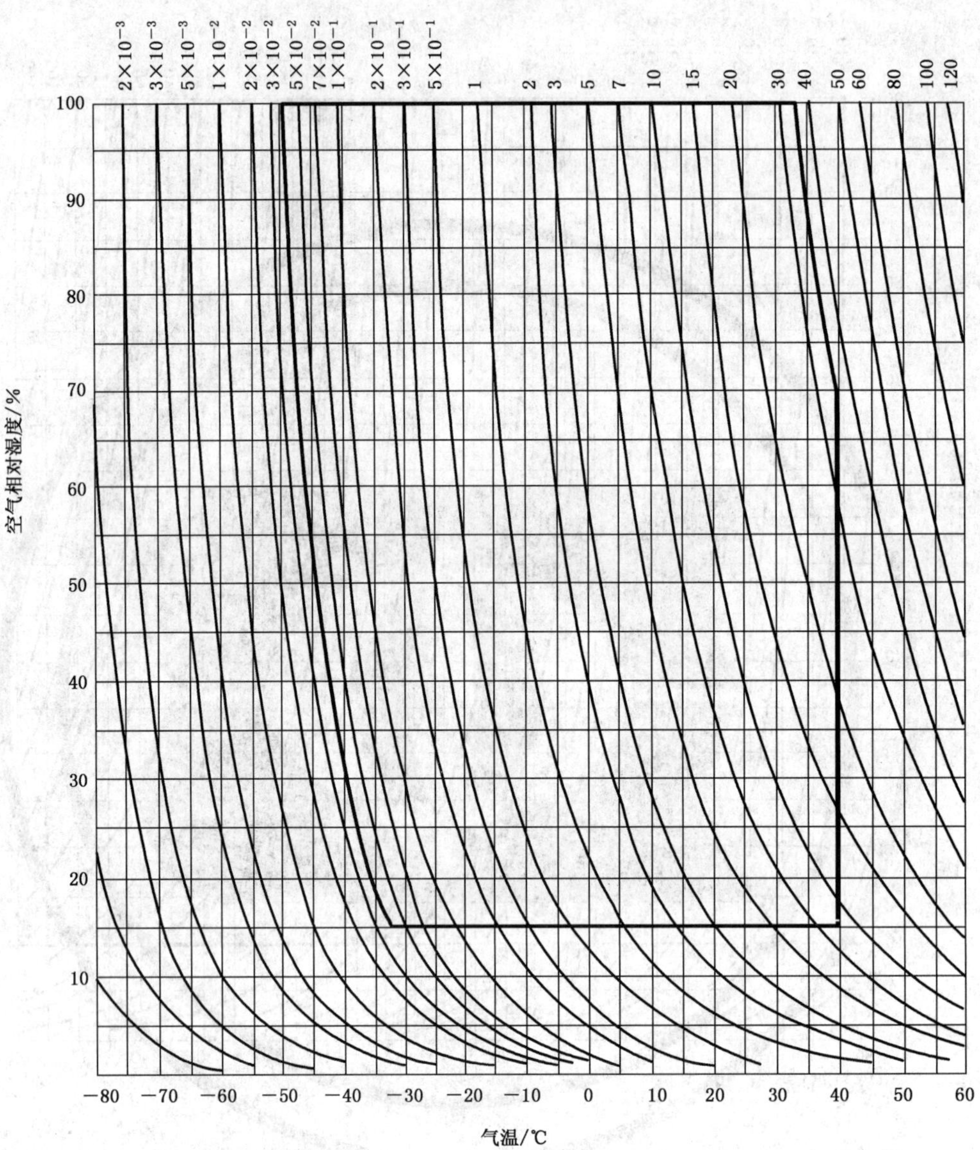

附　录　C
（规范性附录）
机械条件的分类

环境参数	单位	分　类															
		AG1/AH1						AG2/AH2				AG3/AH3					
		3M1 4M1		3M2 4M2		3M3 4M3		3M4 4M4		3M5 4M5		3M6 4M6		3M7 4M7		3M8 4M8	
稳态振动，正弦																	
位移幅值	mm	0.3		1.5		1.5		3.0		3.0		7.0		10		15	
加速度幅度	m/s^2		1		5		5		10		10		20		30		50
频率范围	Hz	2～9	9～200	2～9	9～200	2～9	9～200	2～9	9～200	2～9	9～200	2～9	9～200	2～9	9～200	2～9	9～200
非稳态振动，包括冲击																	
冲击响应频谱 L(â)型	m/s^2	40		40		70		—		—		—		—		—	
冲击响应频谱 Ⅰ(â)型	m/s^2	—		—		—		100		—		—		—		—	
冲击响应频谱 Ⅱ(â)型	m/s^2	—		—		—		—		250		250		250		250	
注：â＝最大加速度。																	

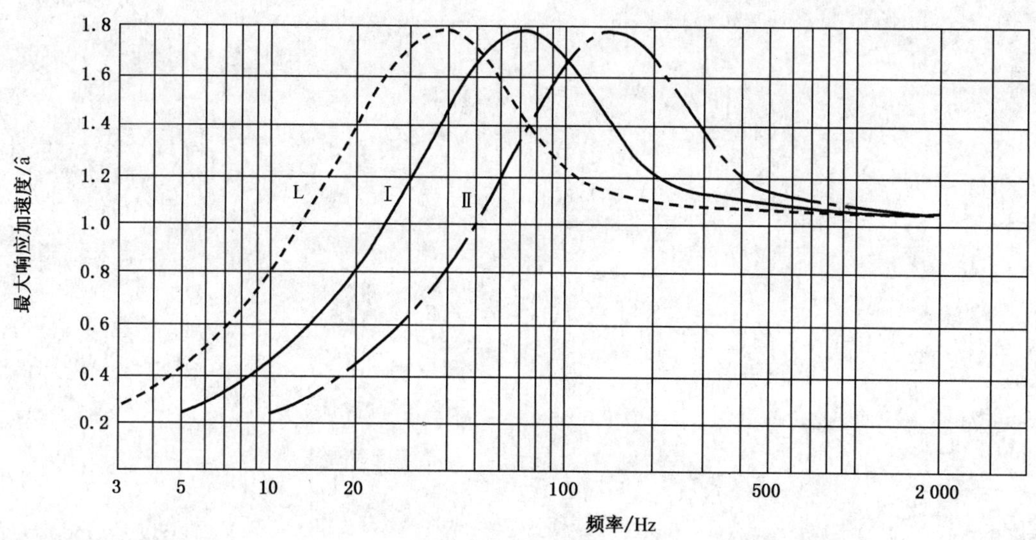

L 型频谱　持续时间＝22 ms

Ⅰ型频谱　持续时间＝11 ms

Ⅱ型频谱　持续时间＝6 ms

图 C.1　典型的冲击响应频谱

（第 1 序列“最大”冲击响应频谱）

附 录 D
（规范性附录）
宏观环境的分类

环境类别	气候条件	化学和机械的活性物质[a]
Ⅰ	AB5 3K3	AF2/AEl 3C2/3S1
Ⅱ	AB4 3K5,但气温上限为+40	AF1/AE4 3C1/3S2
Ⅲ	AB7 3K6	AF2/AE5 3C2/3S3
Ⅳ	AB8 4K3	AF3/AE6 3C3/3S4

注：宏观环境是指设备安装或使用所处的房间或其他场所。

[a] 每单元格的第 1 行表示依据表 51A 的分类命名。第 2 行表示依据 IEC 60721.3-0 的分类命名。

附　录　E
（资料性附录）
设备允许的保护导体电流

GB/T 17045—2008(IEC 61140:2001+A1:2004,IDT)中规定的保护导体电流及其限值，作为对516条的补充资料如下。

注：7.5.2～7.5.2.5 所包括的内容是从 GB/T 17045—2008(IEC 61140:2001+A1:2004,IDT)直接录用的。

7.5.2　保护导体电流

在装置和设备中，应采取措施，以防止因过量的保护导体电流而损害装置的安全或正常使用。应确保向该设备供电的和由该设备产生的所有频率的电流的兼容性。

7.5.2.1　防止用电设备保护导体电流过量的要求

对于在正常运行条件下产生流入保护导体电流的电气设备，应不影响其正常使用，且与其防护措施兼容。7.5 的要求已计及设备预期由插头插座系统供电的，或者是采用固定连接的设备或者是固定设备的情况。

7.5.2.2　用电设备保护导体电流的最大交流限值

注：根据 GB/T 13870.2 规定的计及的高频分量的保护导体电流的测量方法，正在由 TC 74 考虑中。

测量应在设备交付时进行。

下列限值适用于额定频率为 50 Hz 或 60 Hz 供电的设备：

a)　接至额定电流值不大于 32 A 的单相或多相插头插座系统的用电设备。限值是由 GB/T 17045—2008附录 B 中给出；

b)　对于没有为保护导体设置专门措施的固定连接和不易移动的用电设备，或接自额定值大于 32A 的单相或多相插头插座系统的用电设备。其限值由 GB/T 17045—2008 附录 B 中给出；

c)　对于预期要与按 GB/T 17045—2008 中 7.5.2.4 规定与加强型保护导体做固定连接的用电设备，产品委员会宜规定保护导体电流的最大值。该值在任何情况下都不应超过每相额定输入电流的 5%。

然而，产品技术委员会应考虑到，出于保护的理由，在装置中可能设置剩余电流防护器，在这种情况下，保护导体电流应与所提供的防护措施相适应。另一种替代方法是采用至少有简单分隔的带分隔绕组的变压器。

7.5.2.3　直流保护导体电流

在正常使用中，交流设备不应在保护导体中产生影响剩余电流防护器或其他设备正常功能的带直流分量的电流。

注：对于带直流分量的故障电流的要求，在考虑中。

7.5.2.4　装置中保护导体电流超过 10 mA 的加强型保护导体回路

用电设备中应提供：

——设计成至少能连接 10 mm^2 铜材或 16 mm^2 铝材保护导体的连接端子；或

——为连接其面积与正常的保护导体截面积相同的保护导体的第二个端子，以便将第二个保护导体连接到用电设备上。

7.5.2.5 资料

对于预期与加强型保护导体作为固定连接的设备，其保护导体的电流值应由生产厂家在其文件资料中给出，而且还要提供符合 GB/T 17045—2008 中 7.5.3.2 的安装说明。

GB/T 17045—2008 的附录 B 摘录

（资料性附录）

7.5.2.2a）和 7.5.2.2b）中的保护导体电流的最大交流限值

7.5.2.6 7.5.2.2a）和 7.5.2.2b）中的保护导体电流的最大交流极限值

本条内下列数值是由产品委员会考虑的，其目的是防止出现过量的保护导体电流，以实现电气装置内的电气设备及其防护措施的配合。

鼓励产品委员会采用保护导体电流限值的最低实用值。

产品技术委员会应意识到，多数情况下采用的电流限值不超过下列值时，可避免使剩余电流保护器误动作。

关于 7.5.2.2 a）的值

接自额定电流值不大于 32A 的单相或多相插头和插座系统的用电设备：

设备的额定电流	保护导体最大的电流
≤4 A	2 mA
>4 A 但≤10 A	0.5 mA/A
>10 A	5 mA

关于 7.5.2.2 b）的值

对于没有为保护导体设置专门措施的固定连接的和不易移动的用电设备，或接自额定电流值大于 32 A 的单相或多相插头和插座系统的用电设备：

设备的额定电流	保护导体最大的电流
≤7 A	3.5 mA
>7 A 但≤20 A	0.5 mA/A
>20 A	10 mA

参 考 文 献

[1] GB/T 13870.2—1997 电流通过人体的效应 第2部分:特殊情况

[2] CISPR 11:1997 Industrial, scientific and medical(ISM) radio-frequency equipment—Electromagnetic disturbance characteristics—Limits and methods of measurement

[3] CISPR 12:1997 Vehicles, motorboats and spark-ignited engine-driven devices—Radio disturbance characteristics—Limits and methods of measurement

[4] CISPR 13:1996 Limits and methods of measurement of radio interference characteristics of sound and television broadcast receivers and associated equipment

[5] CISPR 14-1:2000 Electromagnetic compatibility—Requirements for household appliances, electric tools and similar apparatus—Part 1:Emission

[6] CISPR 14-2:2000 Electromagnetic compatibility—Requirements for household appliances, electric tools and similar apparatus—Part 2:Immunity—Product family standard

[7] CISPR 15:1996 Limits and methods of measurement of radio disturbance characteristics of electrical lightning and similar equipment

[8] CISPR 22:1997 Information technology equipment—Radio disturbance characteristics—Limits and methods of measurement

[9] IEC 60364-5-53: 2001 Electrical installations of buildings—Part 5-53: Selection and erection of electrical equipment—Isolation switching and control